煤炭高等教育“十四五”规划教材
中国矿业大学“十四五”规划教材

矿井安全工程

中国矿业大学安全工程专业组织编写

主　编　王　亮（中国矿业大学）
　　　　王　凯（中国矿业大学）
　　　　时国庆（中国矿业大学）

副主编　朱金佗（中国矿业大学）
　　　　潘荣锟（河南理工大学）
　　　　张保勇（黑龙江科技大学）
　　　　林海飞（西安科技大学）
　　　　周　刚（山东科技大学）
　　　　葛少成（太原理工大学）

中国矿业大学出版社
·徐州·

内容提要

本书以煤炭资源开采为背景，聚焦煤矿安全生产系统与“一通三防”典型灾害防控相关基础理论与技术，同时围绕煤矿智能化建设需求，介绍了智能采矿与灾害智能防控的相关知识，以便提高读者对复杂矿井工程施工及安全防护技术的认知水平，提升解决煤矿安全生产过程中复杂工程难题的能力。本书共分6章，主要介绍煤矿开采、矿井通风、矿井瓦斯、矿井火灾、安全监测监控、矿山职业安全与健康。

本书可供普通高等学校矿业工程、安全工程、煤层气工程等相关专业师生使用，可供非矿山安全方向学生作为知识拓展读物，也可供煤炭企业管理技术人员、矿山安全监察监管人员和科研院所研究人员参考使用。

图书在版编目(CIP)数据

矿井安全工程/王亮，王凯，时国庆主编. —徐州：中国矿业大学出版社，2024. 12. —ISBN 978 - 7 - 5646 - 6437 - 4

Ⅰ. TD214

中国国家版本馆 CIP 数据核字第 2024SC7957 号

书　　名　矿井安全工程
主　　编　王　亮　王　凯　时国庆
责任编辑　周　红　孙　景
出版发行　中国矿业大学出版社有限责任公司
　　　　　　(江苏省徐州市解放南路　邮编 221008)
营销热线　(0516)83885370　83884103
出版服务　(0516)83995789　83884920
网　　址　http://www.cumtp.com　**E-mail**:cumtpvip@cumtp.com
印　　刷　苏州市古得堡数码印刷有限公司
开　　本　787 mm×1092 mm　1/16　**印张** 24.5　**字数** 627 千字
版次印次　2024 年 12 月第 1 版　2024 年 12 月第 1 次印刷
定　　价　58.00 元

前　言

我国煤炭资源丰富，资源量和产量位居世界前列，面对当前能源革命与复杂多变的国际形势，煤炭作为我国能源安全“压舱石”的作用更加重要而且短期内无法替代。我国煤炭自给率达90%以上，实际生产以井工开采为主，井工开采产量占总产量的80%以上。随着开采深度的加深、机械化水平和开采强度的提高，井工煤矿面临着日益复杂的地质和技术难题，尤其是瓦斯、火灾、粉尘、水灾、冒顶等典型灾害所带来的安全风险巨大。这些问题直接关系到能源生产的稳定性以及矿工的生命安全，亟需通过技术创新和安全管理措施来应对，确保煤炭资源的高效、安全开发。

“一通三防”(通风、防尘、防瓦斯、防火)是煤矿安全生产工作的重中之重，做好“一通三防”工作，对于防范和遏制煤矿重特大事故意义重大。《矿井安全工程》相关知识是在煤炭科技工作者通过长期矿井灾害防控实践、积累经验并总结规律的基础上逐步形成的，是了解煤矿安全生产系统与“一通三防”典型灾害防控相关基础理论与技术的特色书籍。

煤矿安全发展史是人类在能源开发与安全生产之间不断博弈与进步的历程，反映了技术、法律和社会意识的演变。前工业时代(18世纪以前)，煤炭开采技术原始，早期安全意识已现萌芽，如中国宋代的竹筒导气，欧洲中世纪的木支架等。工业革命以后(18世纪后期至19世纪)，大量的能源需求，带动了煤矿的大规模开采，但安全措施滞后。瓦斯爆炸、透水、塌方事故剧增，如英国1812年费灵煤矿爆炸(90人死亡)引发社会震动，美国1869年阿冯代尔矿难(110人死亡)成为推动立法的导火索，英国1842年颁布的《煤矿法》成为了早期安全法规的雏形。20世纪初期，随着工业化进程的加速，煤矿安全问题日益突出。各国开始制定煤矿安全法律法规，加强对煤矿的管理和监管。随着科技的进步，煤矿安全技术得到了显著革新，引入了更先进的通风系统、瓦斯检测装置和顶板支护技术，大大提升了煤矿工作环境的安全性。根据不同时期煤矿安全生产的实际需求和管理新要求，我国从1949年起对《煤矿安全规程》进行了多次修订，明确了煤矿的安全生产要求和管理措施，为后续安全管理工作奠定了基础，成为保障煤矿职工安全与健康、保证国家资源和财产不受损失、促进煤炭工业现代化建设必须遵循的准则。进入21世纪以来，国家通过立法和政策，要求煤矿企业强化安全生产责任，加强事故预防和应急管理能力。同时，随着我国信息技术的应用和普及，煤矿智能化改革蓬勃推进，煤矿监测系统的应用逐步向智能化、信息化方向发展，煤矿多灾害智能防控技术不断应用到矿井安全管理，实现了矿井安全风险的全过程智能管控，最大程度降低了安全隐患及灾害对生产的影响，有效地保障了矿井的安全高效生产。总体而言，煤矿安全经历了从简单的防范措施到系统化、科技化、智能化管理的演变过程。尽管在一些地区仍存在挑战，但全球范围内对煤矿安全的重视和投入不断增加，有助于进一步降低煤矿事故发生率，保障矿井的安全可持续发展以及矿工的生命安全健康。

本书共分6章，书中系统地阐述了国内外煤矿开采、矿井通风、矿井瓦斯、矿井火灾、安全监测监控、矿山职业安全与健康等方面的研究成果及发展动向。本书内容精选，重视基础，力求理论联系实际，阐述问题深入浅出。希望本书能够为矿业工程、安全工程等领域的科研工作者以及高等院校的师生、矿山企业管理技术人员、安全生产监管人员提供参考，为推动煤炭行业的绿色转型和智能化发展贡献力量。

本书由王亮教授统筹，由王亮、王凯、时国庆担任主编。具体编写分工如下：第一章由王亮教授和赵才智博士负责编写，第二章由时国庆教授、王凯教授负责编写，第三章由王亮教授、张保勇教授负责编写，第四章由时国庆教授、潘荣锟教授负责编写，第五章由王凯教授、林海飞教授负责编写，第六章由朱金佗副教授、周刚教授、葛少成教授负责编写。本书在资料整理、图表绘制、排版、校对等方面得到了研究生郑思文、倪思佳、田辰浩、宋自航、苏升、邓紫怡、程荣涛、聂兴一、徐晨熙、伍凌锋的大力帮助。

本书的编写得到了中国矿业大学安全科学与工程学科和安全工程国家级一流专业建设点的大力支持。本书的出版得到了中国矿业大学“十四五”规划教材建设项目(GHJC2034)、煤炭高等教育“十四五”规划教材项目、江苏省青蓝工程优秀教学团队(安全工程卓越教学团队)项目、中国矿业大学教学学术研究重大课题(2022ZDKT02)、中国矿业大学“动力中国·课程思政”示范项目(2023KCSZ67)、江苏高校品牌专业建设工程二期(“安全工程”)的资助。同时，本书的编写得到了众多矿山安全专家和行业学者的大力支持，他们的丰富经验和深刻见解为本书的完成提供了重要支撑。在此，我们向所有参与审校的专家和研究人员表示衷心的感谢。

由于编者水平有限，书中难免存在不足和疏漏之处，我们也期待读者的反馈和建议，以便持续改进、更新和完善书中内容。

编　者

2024年12月于徐州

目　录

第1章 煤矿开采

根据煤炭赋存条件的不同，煤矿开采可分为露天煤矿开采和地下煤矿开采。露天煤矿开采是指将覆盖在煤层上的土壤和岩石全部移除，露出煤层，再进行采掘。地下煤矿开采是指从地面向地下挖掘巷道通达煤层，并采用一定的工艺技术和工具设备开采煤炭。

1.1 煤矿开采的基本概念

1.1.1 煤的生成与变质

埋藏在地下的煤和其他矿产资源，都是地壳物质运动和各种地质作用的产物。因此，了解地壳物质运动的规律，认识煤炭资源的形成与各种地质作用的关系，了解煤层的性质及其埋藏特征，是从事采矿工作必须具备的基础。

1.1.1.1 煤的生成

煤是一种固体可燃有机岩，是植物残骸经过复杂的生物化学、物理化学以及地球化学的成煤作用转变而成的。成煤作用分为两个阶段。第一阶段为泥炭化阶段或腐泥化阶段，主要发生在地表的泥炭沼泽、湖泊以及浅海地带，植物死亡后的遗体在各种微生物的作用下，不断分解、化合和聚积，起主要作用的是表生的生物地球化学作用，结果使低等植物转变为腐泥，高等植物形成泥炭，如图 1-1 所示；第二阶段为煤化作用阶段，煤化作用分为煤成岩作用和煤变质作用。已经形成的泥炭或腐泥，由于地壳的沉降被埋藏在地表深处，随着温度和压力不断升高，泥炭转变为褐煤所经受的作用称为煤成岩作用，从褐煤转变为烟煤、无烟煤所经受的作用称为煤变质作用，如图 1-2 所示。

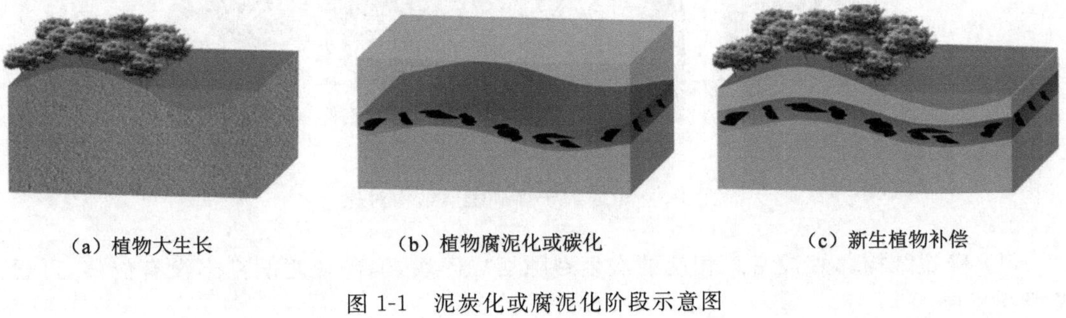

(a) 植物大生长　(b) 植物腐泥化或碳化　(c) 新生植物补偿

图 1-1 泥炭化或腐泥化阶段示意图

我国从早古生代腐泥煤类的石煤至第四纪泥炭，共有 14 个聚煤期，其中最重要的聚煤期是：① 南方早石炭世；② 华北石炭—二叠纪；③ 华南二叠纪；④ 华南晚三叠世；⑤ 西北

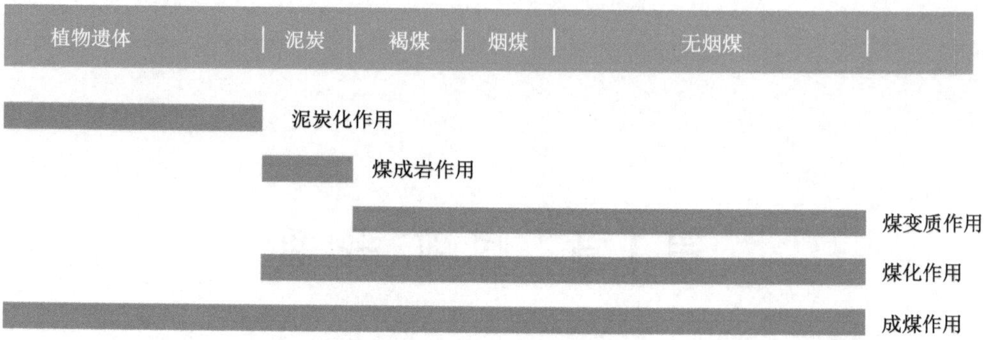

图 1-2　煤化作用的阶段划分

早、中侏罗世；⑥ 东北晚侏罗—早白垩世；⑦ 东北、西南和沿海第三纪。早、中侏罗世聚煤期煤炭资源量占全国煤炭资源总量的 60%，华北石炭—二叠纪聚煤期资源量占总量的 26%。

1.1.1.2　煤的结构

煤的结构是指煤岩成分的形态、大小、厚度、植物组织残迹，以及它们之间相互关系所表现出来的特征。它反映了成煤原始物质的成分、性质及在成煤时和成煤后的变化。在低阶煤中，煤的结构较易辨认；随着煤化程度的增高，各种煤岩成分的性质逐渐接近，因而煤的结构就逐渐变得均一。煤的结构分原生结构和次生结构 2 种。

原生结构煤是指保留了原生沉积结构、构造特征的煤层，原生结构煤的煤岩成分、结构、构造、内生裂隙清晰可辨。

次生结构煤是指煤层形成后受到构造应力作用而产生各种次生的宏观结构，也称为构造煤。其宏观结构常见碎裂结构、碎粒结构、粉粒结构、糜棱结构等，对应的构造煤命名为碎裂煤、碎粒煤、粉粒煤和糜棱煤。图 1-3 为山西大宁煤矿煤层结构对比。

图 1-3　山西大宁煤矿煤层结构对比

（1）碎裂结构。煤被密集相交的次生裂隙切成碎块，但碎块之间基本没有位移，可看到煤层的层理。

（2）碎粒结构。煤被破碎成粒状，主要粒级大于 1 mm。大部分煤粒由于相互位移摩擦失去棱角，煤的层理被破坏。

(3) 粉粒煤。光泽暗淡、土状、粉状、无粒感,断面平坦、块状构造。

(4) 糜棱结构。煤被破碎成很细的粉末,主要粒级小于 1 mm,有时被重新压紧,已看不到煤层的层理和节理。

1.1.1.3 煤的组成、性质和分类

(1) 煤的宏观煤岩成分

宏观煤岩成分是用肉眼可以区分的煤的基本组成单位,包括镜煤、丝炭、亮煤和暗煤。镜煤和丝炭是简单的煤岩成分,亮煤和暗煤是复杂的煤岩成分。

镜煤是由植物的木质纤维组织经凝胶化作用转变而成的。镜煤显微组成比较单一,是一种简单的宏观煤岩成分。镜煤颜色深黑、光泽强,是煤岩成分中颜色最深和光泽最强的成分。它质地纯净、结构均一,具贝壳状断口和内生裂隙。镜煤性脆,易碎成棱角状小块。在煤层中,镜煤常呈凸透镜状或条带状,条带厚几毫米至 1~2 cm,有时呈线理状存在于亮煤和暗煤之中。

丝炭是植物的木质纤维组织在缺水的多氧环境中缓慢氧化或由于森林火灾所形成的。丝炭也是一种简单的宏观煤岩成分。丝炭的孔隙度大,吸氧性强,丝炭多的煤层易发生自燃。丝炭外观像木炭,颜色灰黑,具明显的纤维状结构和丝绢光泽。丝炭疏松多孔,性脆易碎,能染指。丝炭的胞腔有时被矿物质充填,此类丝炭称为矿化丝炭,矿化丝炭坚硬致密,密度较大。在煤层中,丝炭常呈扁平透镜体沿煤层的层理面分布,厚度多在几毫米之间,有时能形成不连续的薄层。个别地区,丝炭层的厚度可达几十厘米以上。

亮煤的组成比较复杂,它是在覆水的还原条件下,由植物的木质纤维组织经凝胶化作用,并掺入一些由水或风带来的其他组分和矿物杂质转变而成的。亮煤的光泽仅次于镜煤,一般呈黑色,其性较脆易碎,断面比较平坦,密度较小。亮煤的均一程度不如镜煤,表面隐约可见微细层理。亮煤有时也有内生裂隙,但内生裂隙发育程度不如镜煤。在煤层中,亮煤是最常见的宏观煤岩成分,常呈较厚的分层,有时甚至组成整个煤层。

暗煤的组成比较复杂,它是在活水有氧的条件下,富集了壳质组、惰性组或掺进较多的矿物质转变而成的。含惰性组或矿物质多的暗煤,煤质较差;富含壳质组的暗煤,则煤质较好,且密度往往较小。暗煤光泽暗淡,一般呈灰黑色,致密坚硬,密度大,韧性大,不易破碎,断面比较粗糙,一般不发育内生裂隙。在煤层中,暗煤是常见的宏观煤岩成分,常呈厚、薄不等的分层,也可组成整个煤层。

宏观煤岩成分的典型共生组合,称为宏观煤岩类型。可以根据煤的平均光泽强度、煤岩成分的数量比例和组合情况,将宏观煤岩类型划分为四种类型,即光亮型煤、半亮型煤、半暗型煤和暗淡型煤,如表 1-1 所示。

表 1-1 宏观煤岩类型特征

宏观煤岩类型	镜煤与亮煤含量比例/%	煤岩性质特征
光亮型煤	>80	光泽强,内生裂隙发育,脆性大,黏结性较强
半亮型煤	50~80	光泽较光亮,呈条带状构造,具有阶梯状或菱角状断口
半暗型煤	20~50	光泽比较暗淡,硬度、韧性、相对密度均较大
暗淡型煤	<20	光泽十分微弱,致密坚硬,比重大,不显层理

(2) 煤的矿物成分与化学性质

煤是由有机质和无机质两种组成的，是一种非均质体，化学组成十分复杂，煤中的有机质主要由C、H、O、N、S、P 等六种元素组成，其中又以C、H、O为主，其总和占有机质的95%以上；无机质包括矿物质及水分。煤中除上述六种元素外还存在许多种稀有元素以及放射性元素，如锗、镓、铀、钒、砷、氯等。

硫在煤中以无机硫和有机硫两种形式存在。无机硫可分为硫化物硫和硫酸盐硫，其中硫化物硫主要是黄铁矿，是煤中硫的主要存在形式。有机硫是成煤植物本身含有的硫或在成煤过程中转化到有机质中的硫。

硫是煤中的有害元素之一，在炼焦时如果煤中的硫超标，就会使钢铁热脆成为废品，煤燃烧产生的二氧化硫会形成酸雨，但是煤中的硫是制造硫酸的重要化工原料。

到目前为止，已发现煤中的无机矿物达数十种。其中含量较高、较常见的有十余种。不同地区、不同种类的煤，矿物的种类和相对含量也有很大差异。矿物在煤中的种类和含量，与成煤的地质环境、物理化学条件、元素的含量及煤的开采、贮、运、处理条件等因素有关。开采后贮、运的时间越长，具有高电价(氧化态)的矿物成分越多。煤中的矿物成分决定了煤中化学成分的种类和含量。影响煤中微量元素含量的因素较为复杂。事实上，元素周期表中的绝大多数元素都可在煤中出现，只是含量高低不同。电厂燃煤中常见的矿物成分如表1-2所示。

表1-2 电厂燃煤中的常见矿物成分

矿物类别	矿物名称	晶体化学式	相对含量/%
氧化物	石英	SiO_2	5～70
硅酸盐	高岭石	$Al_4[Si_4O_{10}](OH)_8$	5～75
	伊利石	$K_{1-x}\{Al_2[AlSi_3O_{10}](OH)_2\}\cdot xH_2O$	5～80
	蒙脱石	$Na_{0.7}\{(AlMg)_4[(Al,Si)_8O_{20}](OH)_4\}\cdot nH_2O$	0～30
	绿泥石	$(MgFeAl)_6[(SiAl)_4O_{10}](OH)_8$	0～10
	混层黏土	(伊利石-蒙脱石 伊利石-蒙脱石-绿泥石 伊利石-绿泥石)(略)	0～20
	斜长石	$Na[AlSi_3O_8]-Ca[Al_2Si_2O_8]$	0～5
	正长石	$K[AlSi_3O_8]$	0～5
碳酸盐	方解石	$Ca[CO_3]$	0～35
	白云石	$(Ca,Mg)[CO_3]_2$	0～10
	铁白云石	$Ca(Fe,Mg)[CO_3]_2$	0～25
	菱铁矿	$Fe[CO_3]$	0～35
硫酸盐	石膏	$Ca[SO_4]\cdot 2H_2O$	0～10
	烧石膏	$Ca[SO_4]\cdot 1/2H_2O$	0～5
	硬石膏	$Ca[SO_4]$	0～2
硫化物	黄铁矿	$Fe[S_2]$	2～70
	白铁矿	$Fe[S_2]$	0～20

表 1-2(续)

<table>
<tr><th>矿物类别</th><th>矿物名称</th><th>晶体化学式</th><th>相对含量/%</th></tr>
<tr><td rowspan="3">硫化物</td><td>闪锌矿</td><td>ZnS</td><td>0～2</td></tr>
<tr><td>方铅矿</td><td>PbS</td><td>0～2</td></tr>
<tr><td>磁黄铁矿</td><td>$Fe_{1-x}S$</td><td>0～5</td></tr>
</table>

(3) 煤的物理性质

煤的物理性质是煤的化学组成和分子结构的外部表现，受到煤化程度、煤岩组成和煤风化程度的影响，因此煤在不同的条件下，具有不同的物理性质。根据不同类型的煤对比其物理性质，如表 1-3 所示。

表 1-3　腐植煤光泽、颜色、条痕色对比表

<table>
<tr><th>煤化程度</th><th>光泽</th><th>条痕色</th><th>颜色</th></tr>
<tr><td>褐煤</td><td>无光泽或暗淡的沥青光泽</td><td>浅棕色、深棕色</td><td>褐色、深褐色、黑褐色</td></tr>
<tr><td>长焰煤</td><td>沥青光泽</td><td>深棕色</td><td>黑色、带褐</td></tr>
<tr><td>气煤</td><td>强沥青光泽、弱玻璃光泽</td><td>棕黑色</td><td rowspan="4">黑色</td></tr>
<tr><td>肥煤</td><td>玻璃光泽</td><td rowspan="2">黑色，带棕</td></tr>
<tr><td>焦煤</td><td rowspan="2">强玻璃光泽</td></tr>
<tr><td>瘦煤</td><td rowspan="2">黑色</td></tr>
<tr><td>贫煤</td><td>金刚光泽</td><td>黑色，有时带灰</td></tr>
<tr><td>无烟煤</td><td>似金属光泽</td><td>灰黑色</td><td>灰黑色，带有古铜色、钢灰色色彩</td></tr>
</table>

(4) 煤的分类

我国煤炭资源丰富，煤种齐全，各工业部门对煤类和煤质均有特定要求，为了正确区分煤的工业用途，同时为了充分合理利用煤炭资源，依据煤化程度和工艺性能，对煤进行工业分类。现行标准的分类体系中，先根据干燥无灰基、挥发分等指标，将煤炭分为无烟煤、烟煤和褐煤；再根据干燥无灰基、挥发分及黏结指数等指标，将烟煤划分为贫煤、贫瘦煤、瘦煤、焦煤、肥煤、1/3 焦煤、气肥煤、气煤、1/2 中黏煤、弱黏煤、不黏煤及长焰煤。各类煤的名称可用下列汉语拼音字母为代号表示：

WY：无烟煤；YM：烟煤；HM：褐煤；PM：贫煤；PS：贫瘦煤；SM：瘦煤；JM：焦煤；FM：肥煤；1/3JM：1/3 焦煤；QF：气肥煤；QM：气煤；1/2ZN：1/2 中黏煤；RN：弱黏煤；BN：不黏煤；CY：长焰煤。

表 1-4 中编码十位数，按煤的挥发分分组，无烟煤为 0($V_{daf}\leqslant 10.0\%$)，烟煤为 1～4($V_{daf}>10.0\%\sim 20.0\%$，$>20.0\%\sim 28.0\%$，$>28.0\%\sim 37.0\%$ 和 $>37.0\%$)，褐煤为 5($V_{daf}>37.0\%$)。编码个位数，无烟煤类为 1～3，表示煤化程度；烟煤类为 1～6，表示黏结性；褐煤类为 1～2，表示煤化程度。

根据新的煤炭分类国家标准，将我国煤炭分为 14 类，其各种煤类的基本性质和主要用途见表 1-5。

表 1-4　中国煤炭分类简表

类别	代号	编码	分类指标					
			干燥无灰基挥发分 $V_{daf}/\%$	烟煤黏结指数 G	烟煤胶质层最大厚度 Y/mm	烟煤奥阿膨胀度 $B/\%$	低煤阶煤透光率 $P_M/\%$[b]	恒湿无灰基高位发热量 $Q_{gr,maf}$[c] /(MJ/kg)
无烟煤	WY	01,02,03	≤10.0					
贫煤	PM	11	>10.0～20.0	≤5				
贫瘦煤	PS	12	>10.0～20.0	>5～20				
瘦煤	SM	13,14	>10.0～20.0	>20～65				
焦煤	JM	24 15,25	>20.0～28.0 >10.0～28.0	>50～65 >65[a]	≤25.0	≤150		
肥煤	FM	16,26,36	>10.0～37.0	(>85)[a]	>25.0			
1/3 焦煤	1/3JM	35	>28.0～37.0	>65[a]	≤25.0	≤220		
气肥煤	QF	46	>37.0	(>85)[a]	>25.0	>220		
气煤	QM	34 43,44,45	>28.0～37.0 >37.0	>50～65 >35	≤25.0	≤220		
1/2 中黏煤	1/2ZN	23,33	>20.0～37.0	>30～50				
弱黏煤	RN	22,32	>20.0～37.0	>5～30				
不黏煤	BN	21,31	>20.0～37.0	≤5				
长焰煤	CY	41,42	>37.0	≤35			>50	
褐煤	HM	51 52	>37.0 >37.0				≤30 >30～50	≤24

[a] 在 $G>85$ 的情况下，用 Y 值或 b 值来区分肥煤、气肥煤与其他煤类，当 $Y>25.00$ mm 时，根据 V_{daf} 的大小可划分为肥煤或气肥煤；当 $Y\leqslant 25.00$ mm 时，则根据 V_{daf} 的大小可划分为焦煤、1/3 焦煤或气煤。按 b 值划分类别时，当 $V_{daf}\leqslant 28.0\%$ 时，$b>150\%$ 的为肥煤；当 $V_{daf}>28.0\%$ 时，$b>220\%$ 的为肥煤或气肥煤。如按 b 值和 Y 值划分的类别有矛盾时，以 Y 值划分的类别为准。

[b] 对 $V_{daf}>37.0\%$，$G\leqslant 5$ 的煤，再以透光率 P_M 来区分其为长焰煤或褐煤。

[c] 对 $V_{daf}>37.0\%$，$P_M>30\%\sim 50\%$ 的煤，再测 $Q_{gr,maf}$，如其值大于 24 MJ/kg，应划分为长焰煤，否则为褐煤。

表 1-5　各种煤类的基本性质和主要用途

煤类	基本性质	主要用途
无烟煤	钢灰色，似金属光泽，碳含量最高，密度和硬度最大，无黏结性	可作为动力或民用燃料，也可作为制造合成氨、电石、电极等工业原料
贫煤	灰黑色，强玻璃光泽或金刚光泽，无黏结性或弱黏结性	主要作为动力用煤或民用煤
贫瘦煤	黏结性较弱，结焦性比典型瘦煤差	一般作为动力用煤或民用燃料，也可作为炼焦配煤
瘦煤	黑色，强金属光泽，黏结性中等，单独炼焦时能得到块度大、裂纹少、抗碎强度好的焦炭，但耐磨强度较低	可作为炼焦用煤（配煤），还可作为动力掺烧燃料
焦煤	深黑色，强玻璃光泽，中等-强黏结性，单独炼焦时能得到块度大、裂纹少、抗碎强度高、耐磨强度高的焦炭，但推焦困难	作为炼焦用煤（配煤）

表 1-5(续)

煤类	基本性质	主要用途
1/3 焦煤	单独炼焦时能得到熔融性良好、强度较高的焦炭	常作为炼焦用煤(基础煤)
肥煤	深黑色,玻璃光泽,黏结性很强,单独炼焦时得到熔融性好、强度高的焦炭,耐磨强度高	常作为炼焦用煤(基础煤)
气肥煤	单独炼焦时能产生大量气体和液体化学产品,黏结性强	作为炼焦用煤(配煤)或气化用煤
气煤	黑色,弱玻璃-强沥青光泽,黏结性强,单独炼焦时得到的焦炭呈细长条,纵裂纹较多,抗碎强度和耐磨强度均比其他炼焦用煤差	作为炼焦用煤或气化用煤
1/2 中黏煤	黏结性中等,单独炼焦时得到的焦炭部分有一定强度、部分强度差	一般作为气化用煤或动力用煤,也可作为炼焦配煤
弱黏煤	黏结性很弱	一般作为气化原料或动力燃料
不黏煤	加热时基本不产生胶质体,无黏结性	气化原料或动力和民用燃料
长焰煤	褐黑色,沥青光泽,黏结性差	气化原料或动力和民用燃料
褐煤	褐色,光泽暗淡,比重轻,碳含量低,水分大,无黏结性	一般作为动力或民用燃料,也可作为化工和气化原料

根据煤的不同用途,可将煤分为以下七类,如表 1-6 所示。

表 1-6　不同用途煤的煤质要求

煤类	主要用途	煤　　种
炼焦用煤	冶金工业主要燃料和还原剂	气煤、肥煤、焦煤、瘦煤,不同煤种的配煤
动力用煤	煤燃烧提供热能,作为动力来源	褐煤、烟煤、无烟煤,火力发电用洗后中煤,石煤
炼油用煤	用于炼油	褐煤、长焰煤、弱黏煤和气煤
气化用煤	用作气化	褐煤、长焰煤、贫煤、无烟煤
腐殖酸用煤	用于农业、林业、牧业、工业和医药业	泥炭、褐煤、各类煤的风化煤
液化用煤	人造液体燃料	褐煤、长焰煤、气煤
其他用煤	铸造,石墨,电极,碳化物	无烟煤,铸造用煤

1.1.2　含煤地层

中国含煤地层的时间分布与全球主要聚煤期基本一致。中国南方和北方含煤地层时代的差异主要受控于潮湿气候带的变迁和构造沉积环境的变化。在我国地质历史上,从震旦纪出现菌藻植物开始就有聚煤作用发生,但各时代的聚煤程度很不均匀,石炭世-二叠纪在我国聚煤期中占有极为重要的地位,早石炭世、晚三叠世和第三纪是我国次要的聚煤期。

(1) 石炭世含煤地层

早石炭世含煤地层主要分布于华南上扬子古陆南缘、江南古陆东南侧和下扬子区,西南地区芒康、昌都一带,西北地区河西走廊及北祁连山等地也有少量分布,以滇东的万寿山组、黔南的旧司组、湘中和粤北的测水组及桂北的寺门组含煤性较好。

晚石炭世含煤地层集中分布于华北和西北地区，以华北区和甘肃走廊地区的上石炭统上部太原组含煤性最好，而上石炭统中、下部，包括华北的本溪组，甘肃的红土洼组、羊虎沟组，北秦岭的草凉驿组等含煤性不佳。

(2) 二叠纪含煤地层

北方二叠纪含煤地层的分布与晚石炭世含煤地层大体一致，华北及祁连-走廊地区的下二叠统下部山西组分布普遍，含煤性较好。下二叠统上部下石盒子组和上二叠统下部的上石盒子组，含煤范围则局限于华北区南部。

南方早二叠世早期处于海进阶段，以碳酸盐沉积为主，聚煤作用局限于古陆边缘地带，含煤地层分布于四川、云南等地，称梁山组；早二叠世晚期大范围海退，聚煤作用向东南地区迁移，在闽、粤、浙、赣、湘南、苏南、皖南等地形成以闽西童子岩组为代表的含煤地层。

晚二叠世早期是我国华南地区聚煤作用的盛世，含煤沉积与海退和广泛成陆过程中的滨海环境有关。重要的含煤岩组有滇东、黔西、川南一带的宣威组、龙潭组、圭山组，以及湘、赣、粤北一带的龙潭组、斗岭组、乐平组等。晚二叠世晚期，我国南方广大地区沦为浅海，长兴期的含煤范围主要集中于川滇古陆东侧，即滇东—黔西的宣威—安顺一带。

(3) 三叠纪、侏罗纪含煤地层

我国晚三叠世含煤地层，主要分布于南方上扬子地区、东南地区和藏北唐古拉山南麓等地，多为近海盆地及海陆交互沉积，其次为陆相盆地的含煤沉积。重要的含煤岩组有：四川的须家河组，鄂西的沙镇溪组，滇中的大荞地组、罗家大山组、干海子组，江西的安源组，湘东南的出炭垅组、杨梅垅组，闽西的大坑组、焦坑组，粤北的红卫坑组及藏北的土门格拉群，昌都地区的巴贡组等。

北方晚三叠世含煤地层为陆相沉积，分布局限。比较重要的含煤岩组(群)有：新疆库车盆地的塔里奇克组、甘肃北祁连及走廊地区的南营儿群、陕甘宁盆地的瓦窑堡组等。我国侏罗纪含煤地层分布于全国多数省区，但以西北和华北地区的陆相含煤地层占绝对优势。

南方早侏罗世含煤地层主要分布于华南东部，以鄂西、鄂南的香溪组和武昌组，江苏的象山群，广东的金鸡组，湘赣的门口山组为代表；中侏罗世含煤地层仅见于喜马拉雅山北坡定日县，属海陆交互相含煤沉积，称普那组，含有局部可采的劣质煤层。

北方早、中侏罗世含煤地层分布广泛，主要有北疆的八道湾组、西山窑组，南疆的康苏组，祁连山的窑街组、木里组，柴达木盆地北缘的大煤沟组，鄂尔多斯盆地的延安组，晋北的大同组，冀北的下花园组，京西的窑坡组，辽西的北票组，吉林的红旗组，内蒙古的阿拉坦合力群等，均为陆相含煤地层。比较重要的含煤盆地主要集中在新疆北部、甘青、鄂尔多斯和晋北燕山地区。晚侏罗世含煤地层主要分布于内蒙古东部及黑龙江等地，如九峰山组、久大组，安民组。黑龙江东部近海坳陷盆地中的龙爪沟群中部云山组、鸡西群下部滴道组也含局部可采煤层或薄煤层。

(4) 白垩世含煤地层

早白垩世含煤地层主要分布在东北及华北北部许多小型陆相含煤盆地中，比较重要的有甘肃北山的新民堡群，阴山固阳盆地的固阳组，内蒙古二连—海拉尔盆地群中的霍林河群、巴彦花群和扎赉诺尔群，冀北的青石砬组，辽西的阜新组，吉林的沙河子组、奶子山组、长财组，黑龙江东部的城子河组、穆棱组、珠山组等。

我国南方早白垩世含煤地层零星分布，主要有怒江中游地区的多尼组，拉萨一带的林布宗组和改则一带的川巴组，含煤性均较差。

(5) 第三纪含煤地层

我国第三纪含煤地层主要分布于东北—华北东部及云南—东南沿海和台湾等地。其中，北方含煤岩组主要有抚顺盆地的粟子沟组、古城子组，依兰盆地的达莲河组、梅河组、桦甸组、虎林组、舒兰组、宝泉岭组、珲春组，孙吴盆地的乌云组等。此外，下辽河盆地的杨连屯组，鲁东的黄县组、五图组，冀北的灵山组含煤性也较好。可见该区较好的含煤层位是古新统上部至始新统，而渐新统含煤性差。区内上第三系中新统在部分地区含劣质煤，局部可采。

南方主要聚煤期为晚第三纪，以上新世最盛，而早第三纪的始新世—渐新世聚煤作用居次要地位。早第三纪含煤地层主要有广东茂名的油柑窝组，广西百色盆地的那读组、百岗组，西藏的秋乌组、门土组等，以广东茂名和广西百色盆地含煤性较好；晚第三纪中新世含煤地层以云南先锋、开远等地最为发育，最著名的含煤岩组是开远的小龙潭组，其次有广东茂名盆地的黄牛岭组，海南长坡组，滇西的双河组，台湾的石底组。

上新世是我国南方第三纪聚煤的高峰期，著名的含煤地层为云南昭通组，其次有滇西的三营组，开远小龙潭盆地的茨营组，四川的盐源组，福建的佛昙群，台湾的南庄组等。

1.1.3 煤层赋存特征

受成煤时期的原始条件和受地壳运动的影响不同，埋藏在地下的煤层的赋存状态有明显的差别。与采矿工作密切相关的赋存特征包含煤层厚度、倾角、稳定性等。

(1) 煤层倾角

煤层倾角是指煤层层面与水平面所夹的两面角。按煤层倾角将煤层划分为以下4类：

近水平煤层，倾角＜8°；

缓(倾)斜煤层，倾角8°～25°；

中斜煤层，倾角25°～45°；

急(倾)斜煤层，倾角＞45°。

我国煤矿以开采近水平煤层和缓(倾)斜煤层为主，此类矿井数约占65%，生产能力约占78%。

(2) 煤层厚度

煤层厚度是指煤层顶底板之间的法线距离。按煤层厚度将煤层分为以下3类：

薄煤层，煤厚＜1.3 m；

中厚煤层，煤厚1.3～3.5 m；

厚煤层，煤厚＞3.5 m；

特厚煤层，煤厚＞8 m。

根据煤种、煤质和煤层倾角，我国煤矿薄煤层的最小开采厚度为0.5～0.8 m，开采的薄煤层产量小于可采储量。我国煤矿的可采储量和产量均以厚煤层和中厚煤层为主，两者分别约占总储量的81%和总产量的93%。

(3) 煤层的稳定性

煤层的稳定性是指煤层形态、厚度、结构和可采性的变化程度。按稳定性可将煤层分为稳定煤层、中等稳定煤层、不稳定煤层和极不稳定煤层。煤层顶底板的强度、节理裂隙发育程度和稳定性，直接影响采煤工艺的选择。

我国北方地区煤层一般比较稳定，南方地区煤层普遍较薄、稳定性较差，有时呈鸡窝状。

地层的地质构造如断层和褶曲对矿井开采有重大影响，煤田中的断层越多，开采越困难。我国南方各煤田的地质构造较北方复杂。

1.1.4 煤矿开采的基本概念

由于煤矿开采对象是赋存于地下的煤层，受地质条件和生产技术条件的限制和影响，一个矿井所能开采的煤层范围是有限的，往往难以开采整个煤田。同一大型煤田中的邻近几个井田或相邻煤田往往统一规划和开发，称之为矿区。矿区内划归一个煤矿开采的范围称为井田。在一个井田上进行开采的煤矿一般称为矿井。煤矿采用地下开采时，要从地面开凿通道(井)通往地下，再在地下开掘一系列巷道和硐室进入煤体。下面对煤矿开采涉及的主要概念进行简单介绍。

阶段——平行走向沿一定标高划分的一部分井田。

开采水平——布置有井底车场、阶段运输大巷，并担负全阶段运输任务的水平。

采区——阶段范围内，沿走向把阶段划分为具有独立生产系统的开采块段，每一块段叫一个采区。

区段——在采区内沿倾向方向划分的开采块段。

带区——阶段范围内，沿走向把阶段划分为适合布置采煤工作面的长条，每一个长条叫一个分带。

矿井设计资源/储量——矿井工业资源/储量减去设计计算的断层煤柱、防水煤柱、井田境界煤柱和地面建(构)筑物煤柱等永久煤柱损失量之后的资源/储量。

矿井设计可采储量——矿井设计资源/储量减去工业场地和主要井巷煤柱的煤量后乘以采区采出率。

矿井设计生产能力——设计中规定矿井在单位时间内采出的煤炭和其他矿产品的数量。

矿井核定生产能力——矿井经过技术改造，核定后的生产能力。

矿井年产量——矿井实际生产的煤炭数量。

1.1.4.1 矿井井巷

矿井井巷是为采矿开掘的各种巷道和硐室的总称。矿井井巷种类很多，根据井巷的长轴线与水平面的关系，可以分为3类：直立巷道、水平巷道和倾斜巷道。具体如图1-4所示。

1. 直立巷道

直立巷道的长轴线与水平面垂直，如立井、暗立井和溜井等。

(1) 立井，在地层中开凿的直通地面的直立巷道，又称竖井。专门或主要用于提升煤炭的立井，叫作主立井；主要用于提升矸石、下放设备和材料、升降人员等辅助提升工作的叫作副立井。

(2) 暗立井，不与地面直通的直立巷道，其用途同立井。

(3) 溜井，一种专门用来由高到低溜放煤炭的暗立井，其中高度不大、直径较小的溜井称为溜煤眼。

2. 水平巷道

水平巷道的长轴线与水平面近似平行，如平硐、平巷和石门等。

(1) 平硐，地层中开凿的直通地面的水平巷道，有主平硐、副平硐、排水平硐和通风平硐等，作用类似于立井。

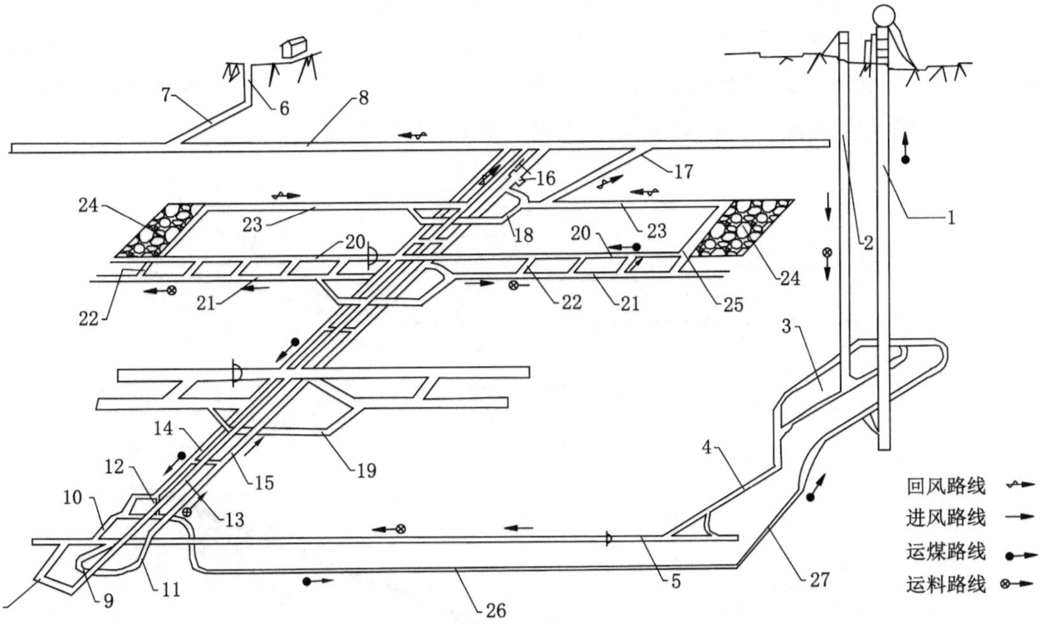

1—主井；2—副井；3—井底车场；4—运输石门；5—轨道大巷；6—风井；7—回风石门；8—回风大巷；
9—采区运输；10—采区下部车场底板绕道；11—采区下部材料车场；12—采区煤仓；13—回风上山；
14—运输上山；15—轨道上山；16—上山绞车房；17—采区回风石门；18—采区上部车场；19—采区下部车场；
20—区段运输平巷；21—下区段回风平巷；22—联络巷；23—区段回风平巷；24—采空区；
25—采煤工作面；26—运输大巷；27—运输石门。

图 1-4　矿井巷道类型

(2) 平巷，地层中开凿的、不直通地面、其长轴方向与煤层走向大致平行的水平巷道。常见平巷有运输大巷、回风大巷、区段平巷等。

(3) 石门，岩层中开凿的、不直通地面、与煤层走向垂直或斜交的岩石平巷。按服务范围有主石门、采区石门等。

(4) 煤门，在厚煤层内开凿的、不直通地面、与煤层走向垂直或较大角度斜交的岩石平巷。

3. 倾斜巷道

倾斜巷道的长轴线与水平面有一定夹角，如斜井、上山、下山和分带斜巷等。

(1) 斜井，地层中开凿的直通地面的倾斜巷道，作用类似于立井，分主斜井和副斜井。不与地面直接相通的斜井，称为暗斜井，作用类似于暗立井。

(2) 上山，位于开采水平以上，为本水平或采区服务的倾斜巷道。

(3) 下山，位于开采水平以下，为本水平或采区服务的倾斜巷道。

上下山按所在岩层层位分为煤层上下山和岩石上下山；按用途和作用分为运输上下山、轨道上下山和通风、行人上下山。

1.1.4.2　井田内的划分

如图 1-5 所示，井田尺寸由井田走向长度、倾斜宽度和面积来反映。井田走向长度是表征矿井开采范围的重要参数，与单位面积可采出煤量有关，与矿井生产期内的开采技术及装备水平相适应。井田的倾斜宽度是井田沿煤层倾斜方向的水平投影宽度。

井田可以划分为阶段和水平。阶段是在井田范围内沿平行走向按一定标高划分的一部分井田。每个阶段都必须有独立的运输和通风系统。开采水平通常是指布置有井底车场和阶段运输大巷，并且承担全阶段运输任务的水平，有时简称为“水平”。

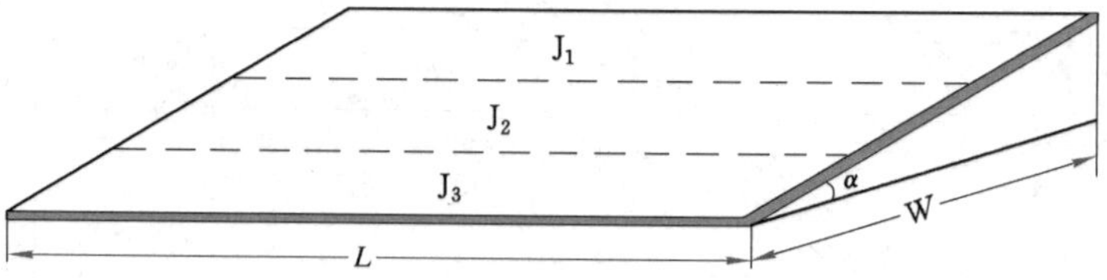

(a) 井田划分阶段立体图

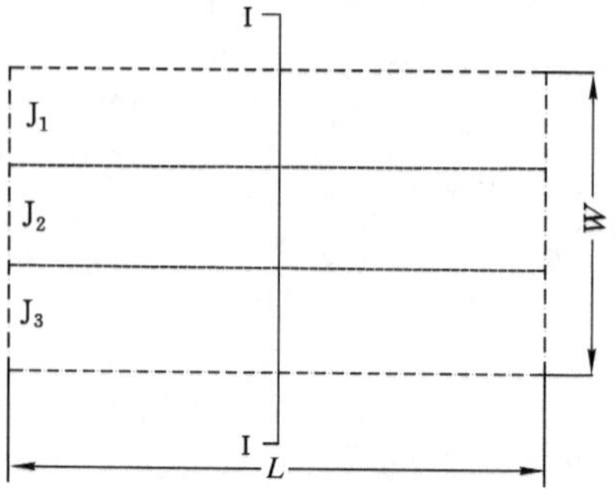

(b) 井田划分阶段平面图

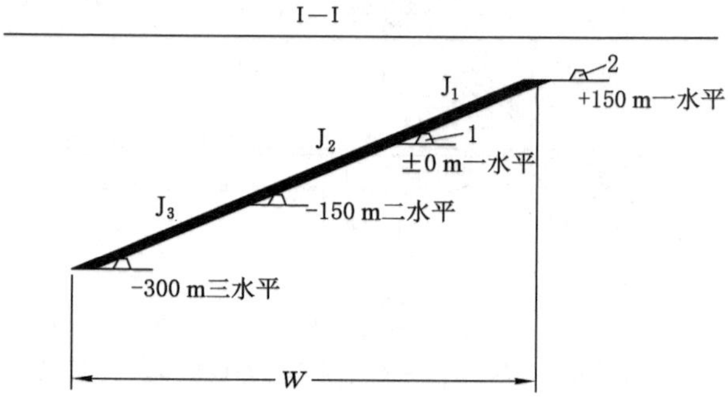

(c) 井田划分阶段剖面图

L—井田走向长度；W—井田倾斜宽度；J_1，J_2，J_3—第 1、第 2、第 3 阶段；

1—阶段运输大巷；2—阶段回风大巷。

图 1-5 井田内的划分

在阶段内沿煤层走向把阶段划分为若干个具有独立生产系统的开采块段，每一开采块段称为一个采区，如图 1-6 所示。采区的倾斜长度就是阶段的斜长。

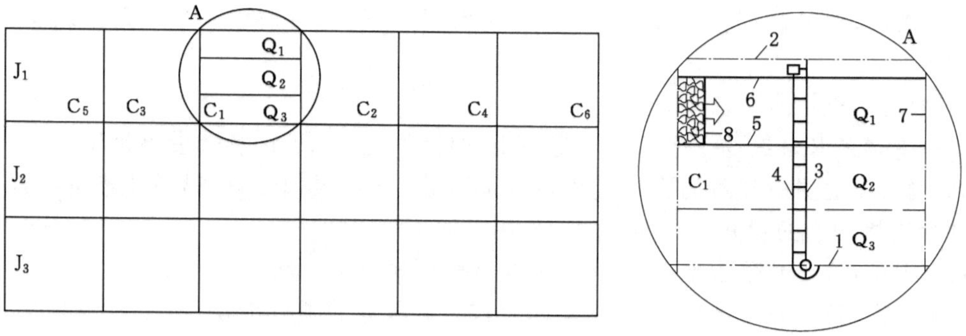

J_1，J_2，J_3—第 1、第 2、第 3 阶段；C_1，C_2，C_3，C_4，C_5，C_6—第 1、第 2、第 3、第 4、第 5、第 6 采区；

Q_1，Q_2，Q_3—第 1、第 2、第 3 区段；1—阶段运输大巷；2—阶段回风大巷；

3—采区运输上山；4—采区轨道上山；5—区段运输平巷；6—区段回风平巷；7—开切眼；8—工作面。

图 1-6 采区式划分

在阶段内沿煤层走向把阶段划分为若干适合于布置采煤工作面的长条，每一个长条称为一个分带，如图 1-7 所示。

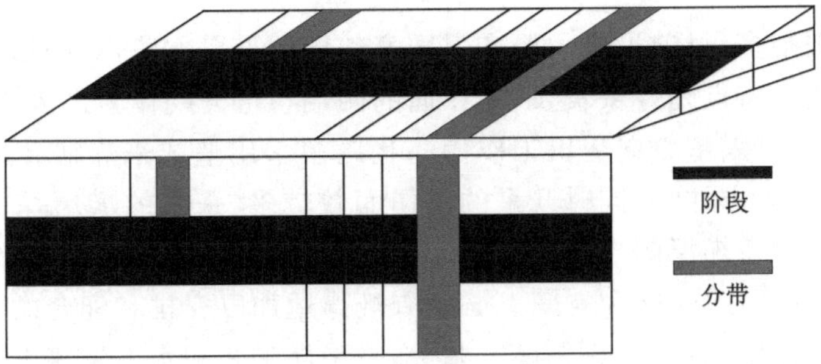

图 1-7　带区式划分

1.1.5　矿井生产系统

（1）矿井开拓、准备和回采的概念

按作用和服务范围不同，可将矿井井巷分为开拓巷道、准备巷道和回采巷道。

开拓巷道是为井田开拓而开掘的基本巷道，是为全矿井、一个开采水平或若干采区服务的巷道，服务年限较长，如主副井、风井、主运输石门、阶段运输大巷、阶段回风大巷等。开拓巷道的作用在于形成新的或扩展原有的阶段或开采水平，为构成矿井完整的生产系统奠定基础。

准备巷道是为准备采区、带区而掘进的基本巷道。准备巷道是在采区、带区范围内，从已开掘好的开拓巷道起，到达区段或分带斜巷的通路，这些通路在一定时期内为全采区、带区服务，或为数个区段或分带服务，如采区上下山、采区或带区车场、变电所、煤仓等。准备巷道的作用在于准备新的采区、带区，以便构成采区、带区生产系统。

回采巷道是形成采煤工作面及为其服务的巷道，如采区式布置有区段运输平巷、区段轨道平巷、区段回风平巷和开切眼；带区式布置有分带运输斜巷、分带轨道斜巷、分带回风斜巷和开切眼。回采巷道的作用在于切割出新的采煤工作面，并进行生产。

（2）井巷开掘顺序

矿井巷道开掘的原则是尽量平行作业，尽快沟通风路。倾斜巷道尽量从下往上开掘。当两个方向的开拓和准备巷道均已掘通形成通风回路后，即可自采区上山向采区两翼掘进第一区段的回采巷道，开切眼完成后即可安装并调试工作面。为保证采煤工作面正常接替，在第一区段生产期间，需要适时开掘为第二区段生产服务的中部车场、区段平巷和开切眼。

（3）矿井生产系统

矿井生产系统，是指由完成特定功能的设施、设备、构筑物、线路和井巷组成的总称，主要由矿井的运煤、通风、运料、排矸、排水、动力供应、通信、监测等子系统组成，在充填开采矿井中还有充填系统。

1.2 采煤方法及工艺

采煤方法种类很多，目前世界主要产煤国家使用的采煤方法，总的划分为壁式和柱式两大类。壁式采煤法的特点是煤壁较长，工作面的两端巷道分别作为进风和回风、运煤和运料用，采出的煤炭平行于煤壁方向运出工作面。我国多采用壁式采煤法开采煤层。柱式采煤法的特点是煤壁短、呈方柱形，同时开采的工作面数较多，采出的煤炭垂直于工作面方向运出。采煤工艺是指由于煤层的自然条件和采用的机械不同，完成回采工作各工序的方法也不同，并且在进行的顺序、时间和空间上必须有规律地加以安排和配合的一种工艺。我国最常用的典型采煤工艺包括：机械化采煤工艺、炮采采煤工艺和水力采煤工艺。

1.2.1 采煤工艺

我国长壁工作面的采煤工艺分为三种：爆破采煤工艺（炮采工艺）、普通机械化采煤工艺（普采工艺）和综合机械化采煤工艺（综采工艺）。

(1) 炮采工艺——爆破落煤（装煤）、人工装煤、刮板输送机运煤、单体支柱支护顶板的采煤工艺。其特点是爆破落煤、人工装煤、机械运煤。通常炮采工作面的主要装备有煤电钻、可弯曲刮板输送机、单体液压支柱、金属铰接顶梁等。爆破采煤的工艺过程包括钻眼、爆破落煤、人工装煤、刮板输送机运煤、推移输送机、支护、回柱放顶等主要工序。

(2) 普采工艺——采煤机破煤和装煤、刮板输送机运煤、单体支柱支护顶板的采煤工艺。我国绝大多数普采工作面采用滚筒采煤机，只有少数薄煤层工作面采用刨煤机。为与早期采用金属摩擦支柱支护的工作面区别，采用单体液压支柱支护的普采习惯上称为高档普采。目前，我国煤矿普遍采用单体液压支柱支护顶板。

(3) 综采工艺——采煤机破煤和装煤、刮板输送机运煤、液压支架支护顶板的采煤工艺。综采工作面的主要设备有采煤机、自移式液压支架、可弯曲刮板输送机。综合机械化采煤工艺与普通机械化采煤工艺的区别在于，工作面支护采用自移式液压支架，从而使采煤过程中破煤、装煤、运煤、支护和处理采空区等主要工序全部实现机械化，大幅度降低了劳动强度，提高了工作面单产和安全性。

1.2.2 采煤方法

采煤方法是采煤工艺与回采巷道布置及其在时间、空间上的相互配合。按照采煤工艺和矿山压力控制特点，可以将采煤方法分为壁式和柱式两大体系。具体分类见图 1-8。

1.2.2.1 长壁采煤法

长壁采煤法以工作面的开采长度为主要标志，一般长度在 50 m 以上的采煤工作面称为长壁工作面。

壁式体系采煤方法的一般特点：① 采煤工作面较长，通常在 80～400 m；② 随着采煤工作面推进，顶板暴露面积增大，矿山压力显现比较强烈；③ 采煤工作面两端，一般至少各有一条回采巷道与之相连，以形成生产系统；④ 采煤工作面可分别用爆破、滚筒式采煤机或刨煤机破煤、装煤，一般用与采煤工作面平行铺设的刮板输送机运煤，用支架支护空间，用垮落或充填法处理采空区。

一次采出煤层全厚的开采方法称为整层采煤法，按采煤工艺不同又分为单一长壁采煤

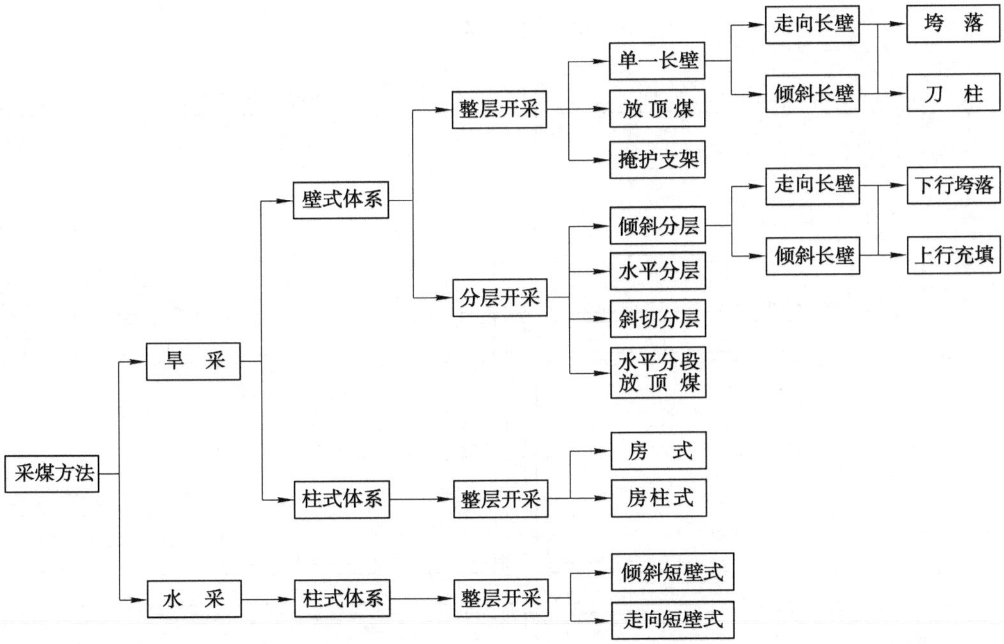

图 1-8　采煤方法分类

法、放顶煤长壁采煤法和柔性掩护支架采煤法。

单一长壁采煤法中“单一”表示不分层开采，多用于薄及中厚煤层，对于厚度在 3.5～5.0 m的近水平、缓(倾)斜煤层，采煤工作面一般采用综合机械化采煤工艺；对于急(倾)斜煤层中的薄及中厚煤层，为减小工作面倾角，采煤工作面可沿伪斜布置。单一长壁采煤法生产系统如图 1-9 所示。

放顶煤长壁采煤法是对于厚度在 4.0～5.0 m 以上的近水平、缓(倾)斜煤层，可沿底板布置采高为 2.0～3.0 m 的采煤工作面，工作面向前推进采煤的同时，在工作面后部放落上部和后部的顶煤，实现整层开采的方法。放顶煤的工艺流程为割煤、移架、推前刮板输送机、放煤、拉后刮板输送机。放顶煤工作面前部采煤机割煤与普通综采相同，增加了放顶煤系统和装备，即放煤尾梁、后部刮板输送机及相应的操作系统。综采放顶煤矿压显现比想象的缓和，周期来压不明显，支架载荷没有随采厚加大而大幅度增加，支架的工作阻力多未达到额定工作阻力，开采引起的支承压力对两巷的影响距离增加、影响程度降低。综放工作面如图 1-10所示。

综采放顶煤与厚煤层分层开采相比有以下特点：① 有利于合理集中生产，单产高，效率高，巷道少，系统简单(兖州矿区综放面产量已超过 5.0 Mt/a，工效已超过 200 t/工)；② 对煤层厚度变化适应性强；③ 经济效益好，减少了巷道掘进费、维护费、分层开采的设备占用费、材料消耗费、工作面安装费和工作面拆迁费、工资；④ 煤损大，比分层开采高 10%以上；⑤ 采空区丢煤后易发火，易自燃，防火的难度较分层开采大；⑥ 瓦斯隐患较大，要求管理严格；⑦ 煤尘大，比分层开采高 1～2 倍以上。

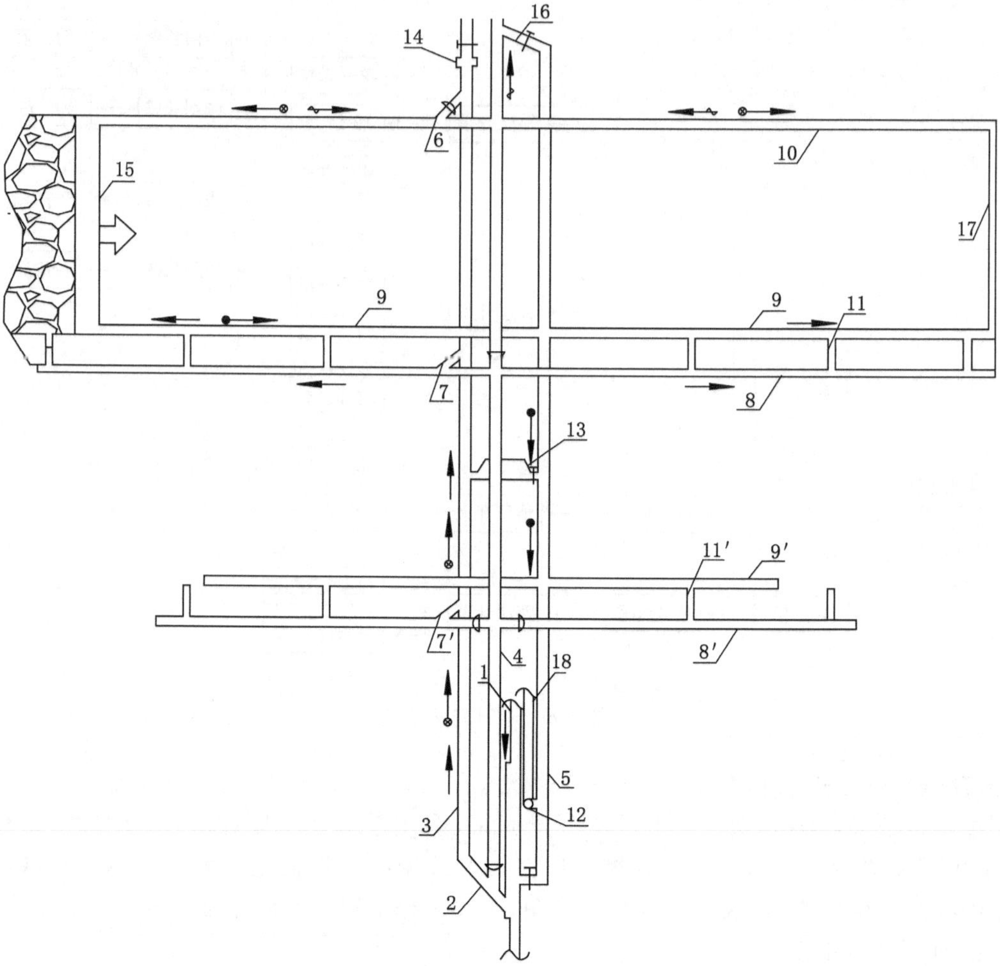

1—采区轨道石门；2—采区下部车场；3—轨道上山；4—回风上山；5—运输上山；6—采区上部车场；7,7′—采区中部车场；8,8′—区段回风平巷；9,9′—区段运输平巷；10—第一区段回风平巷；11,11′—区段联络巷；12—采区煤仓；13—采区变电所；14—采区绞车房；15—采煤工作面；16—回风斜巷；17—开切眼；18—采区运输石门。

图 1-9　单一长壁采煤法生产系统

图 1-10　综放工作面

柔性掩护支架采煤法是在急(倾)斜煤层中,随着采煤工作面俯斜或俯伪斜采煤,利用柔性掩护支架自重及其上垮落的矸石重力下放支架,并在支架掩护下实现整层采煤的方法。

近年来,随着机械装备制造技术和我国煤矿开采技术水平的发展,神东矿区出现了采高7.0～8.8 m的大采高工作面(图1-11),即采用单一长壁采煤法一次性将7.0～8.8 m厚的煤层整层采出,我国的这项技术处于国际领先水平。

图1-11 神东上湾煤矿8.8 m大采高工作面

长壁体系采煤方法适用性强,采出率高,可广泛用于不同厚度、倾角、围岩条件的煤层,并为发展综合机械化创造了有利条件,在世界范围内广泛采用。

我国煤矿长壁工作面长度一般为120～300 m。炮采工作面长度一般小于普采和综采工作面长度,综采工作面长度不宜小于150 m。近几年,我国一部分高产高效工作面长度超过了300 m,有的达到400～500 m。

1.2.2.2 柱式采煤法

这种采煤法以间隔开掘煤房采煤和留设煤柱为主要标志。其一般特点是:

(1) 在煤层内布置一系列宽为5～7 m的煤房,采煤房时形成窄工作面,一般成组向前推进。煤房之间留设煤柱,煤柱宽数米至20～30 m不等,每隔一定距离用联络巷贯通,构成生产系统,并形成条状或块状煤柱,用于支撑顶板。

(2) 采煤房时矿山压力显现较缓和,用锚杆支护工作空间,支护比较简单。

(3) 高度机械化的柱式体系采煤法目前多用连续采煤机及配套设备,且在一组煤房内交替作业。

(4) 采掘合一,掘进准备也是采煤过程,回收煤房间煤柱时,也使用同一种类型的采煤配套设备。

高度机械化的柱式体系采煤法,一般只分为房式和房柱式两种。房间煤柱不回收,作为永久煤柱支撑顶板的称为房式采煤法;房间煤柱作为暂时支撑,在煤房开采结束后进行煤柱回收的称为房柱式采煤法(图1-12)。

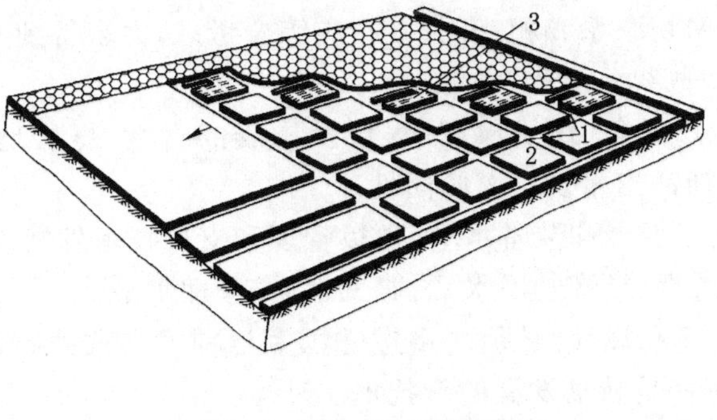

1—煤房;2—煤柱;3—回收的煤柱。

图1-12 房柱式采煤法示意图

机械化柱式体系采煤法应用条件严格，主要适用于近水平薄或中厚煤层、煤层顶板中等稳定以上、底板平整、瓦斯含量低、涌水量小、开采深度不大的矿井，美国、澳大利亚、加拿大、印度、南非等国家应用较多。

1.2.2.3　采煤方法的选择

1. 采煤方法选择的原则

采煤方法选择是否合理，直接影响矿井的安全和各项技术经济指标。所选择的采煤方法必须符合安全、先进、经济、采出率高、因地制宜的基本原则。

(1) 生产安全

对于所选择的采煤方法，应仔细检查采煤工艺的各个工序及各生产环节，务使其符合《煤矿安全规程》的各项规定。要合理布置巷道，保证巷道维护状况良好，满足采掘接替要求，建立妥善的通风、运输行人以及防火、防尘、防瓦斯积聚、防水和处理各种灾害事故的系统和措施。要正确制定和安排采煤工艺过程，针对可能出现的安全隐患，制定完善、合理的安全技术措施并建立制度以保证实施。采用高新技术，加强全方位的生产系统监测监控。

(2) 技术先进

采用先进的采煤技术和装备，工作面机械化程度高，易于实现自动化，工人劳动强度低，有利于单产和效率提高。

(3) 经济上合理

一般要求是采煤工作面单产高、劳动效率高、材料消耗少、煤炭质量好、成本低。

(4) 采出率高

煤炭是不可再生资源，减少煤炭损失、提高采出率是国家对煤矿企业的一项重要政策要求，生产矿井必须贯彻实施。减少煤炭损失也是防止煤炭自燃、减少井下火灾的重要措施。提高采出率对于延长矿井实际服务年限、降低吨煤基建投资和掘进率，也具有重要的现实意义。

(5) 因地制宜

由于煤层赋存条件是多种多样的，因而采煤方法也是多种多样的，因装备不同而不同、因装备发展而发展，同一种采煤方法的机械化水平也有不同的层次，每一种采煤方法又有自身的适用条件范围，机械化水平高的采煤方法所受的限制相对较大，必须充分考虑选择的采煤方法能适应煤层地质条件、装备能充分发挥作用。

以上原则要求是密切联系和相互制约的，应综合考虑，力求得到充分满足。

2. 选择采煤方法的影响因素

(1) 地质因素：煤层倾角、煤层厚度、煤层及围岩的岩性、煤层地质构造及可采块段大小、煤层的含水性、瓦斯涌出量及自燃倾向性。

(2) 技术因素：技术发展和装备水平，顶板管理和支护技术发展。

(3) 经济与管理因素：经济发展水平、职工素质、管理水平。

(4) 技术政策、法律和规程：必须严格遵守国家当前发布或执行的相关技术政策，有些方法是国家淘汰的、有些是鼓励发展的新技术。

1.2.3　采场支护及采空区处理

为了确保回采工作空间的安全，必须对回采工作面形成的矿山压力加以控制。回采工作空间的直接维护对象是直接顶，直接顶的好坏将对生产与安全有直接影响，而直接顶的完整性又受到基本顶平衡特征的影响，例如工作面的初次来压与周期来压都是由于基本顶的活动而形成的。从一定意义上讲，控制回采工作面的矿山压力显现主要是控制基本顶的活动规律，使其不危及工作面的安全。工作面支护的直接对象是直接顶岩层，通过直接顶间接地对基本顶的活动起一定的控制作用。采空区处理的具体措施则对基本顶的活动有着明显的影响。

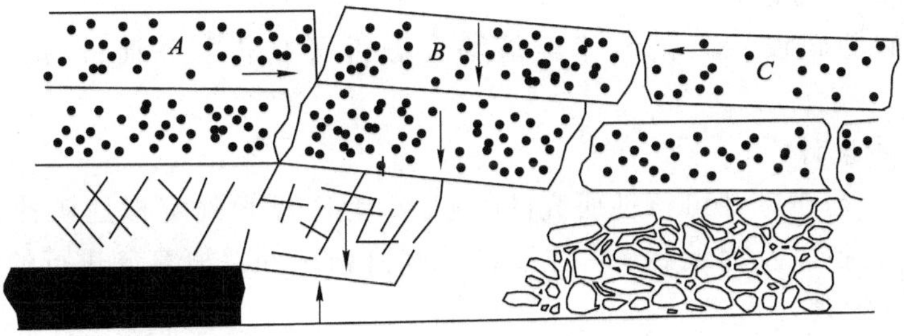

A、B、C—岩块。

图1-13 基本顶周期来压示意图

随着工作面向前推进，顶板悬露面积不断增大，为保证安全和正常生产，需要对采空区及时进行处理。采空区处理方法分为垮落法、充填法、刀柱法和缓慢下沉法。如前所述，由于人们在生产实践中逐渐掌握了顶板来压的规律及控制措施，因而目前几乎绝大部分地区都采用全部垮落法处理采空区。

在采用全部垮落法处理采空区的普采和炮采工作面，从开切眼推进到一定距离后，撤除采煤工作空间以外的支架，使顶板自然或强制垮落，而后随工作面推进采场支护达到最大控顶距后就需要回柱放顶，以减少控顶面积，使顶板垮落后的碎胀岩石充填采空区，从而减轻工作面压力，防止顶板对工作面产生不利影响。

1.2.4 矿井开采设计

矿井建设前必须进行全矿的开采设计。在矿井投产后的整个生产期间，亦必须随生产发展对井田每一部分的开采进行设计。矿井开采设计，是一种综合性的设计，既要对全矿的开采部署、井巷布置进行设计，又要对生产系统、辅助环节、安全措施妥善安排；既需对开采部分在总体上、各环节的相互配合上形成总的部署，又需对其每一局部有详细的设计，以便于施工。

1.2.4.1 *矿井建设的程序*

矿井建设项目按进程可分为预可行性研究、可行性研究、初步设计、施工设计和工程实施等阶段。

(1) 矿井预可行性研究

对矿井建设项目经济意义的初步评价，应根据批准的井田详查或勘探地质报告进行，其研究报告可以为矿井建设的可行性研究提供决策依据。

(2) 矿井可行性研究

对矿井开发建设经济意义的详细评价，是对拟建矿井的必要性、技术可行性和经济合理性进行科学论证和具体分析研究，其结果可以为该矿井建设项目投资决策提供依据，应根据批准的井田勘探地质报告进行。矿井建设预可行性研究报告和可行性研究报告的编制原则如下：

① 通过市场调查分析，并遵照国家对煤炭资源开发和配置的宏观指导，综合研究并提出项目建设的必要性；

② 通过对资源、外部建设条件的调查分析和矿井开发设计方案的论证比较，综合研究并提出项目建设的可行性；

③ 通过对矿井建设项目的技术经济综合分析研究和财务评价，提出项目建设的合理性。

(3) 矿井初步设计

矿井初步设计是在矿井可行性研究的基础上，为选择和确定拟建矿井重大技术决策的初步方案和所需设备以及为编制矿井主要技术经济指标和总概算等进行的设计。

1.2.4.2 矿井建设设计内容

1. 矿井预可行性研究主要内容(项目建议书)

(1) 建议项目提出的必要性和依据；

(2) 拟建规模和建设地点的初步设想；

(3) 资源情况、建设条件、协作关系和引进技术设备的国别、厂商的初步分析；

(4) 投资估算和资金筹措设想，利用外资时要说明利用外资的可能性及偿还贷款能力的测算情况；

(5) 项目的进度安排；

(6) 经济效益和社会效益的初步分析。

2. 矿井可行性研究的主要内容

(1) 总体说明

① 概述。包括矿井位置、隶属关系、设计依据和编制过程。

② 矿井建设综合评价。包括主要特点、资源可靠性、用户、外部协作配套条件、推荐方案的技术经济效益、综合评价。

③ 存在的主要问题及建议。

(2) 井田概况及建设条件

① 井田概况。包括交通、自然地理、地震参数、矿区建设和规划概况、区域经济。

② 矿井建设外部条件。包括运输、电源、水源条件评述，建筑条件供应，协作项目有关问题及其评述。

③ 矿井建设资源条件。包括地质构造和煤层特征，水文地质条件，开采条件评述，查明的矿产资源、勘查程度评价和补充勘探意见。

④ 市场供应情况。包括市场前景预测，以及进入国际市场的前景分析。

(3) 井田开拓与开采

① 井田境界及可采储量。包括井田境界的合理性，井田尺寸与面积，资源/储量和可采储量的计算及其分析。

② 矿井设计生产能力及服务年限。包括矿井工作制度，矿井设计生产能力的论证和确定，矿井和水平的服务年限。

③ 井田开拓。包括开拓方式的论证和确定，井筒数量和用途，井口和工业广场的位置，

水平划分，运输大巷与总回风巷布置、通风方式等的方案比选，大巷运输方式论述与设备选型，井底车场形式的确定。

④ 井筒、井底车场及大巷运输。包括井筒装备和布置，大巷运输方式论述与设备选型，井底车场形式的确定。

⑤ 井下开采。包括采煤方法选择，采煤机械选型论证和配置，工作面尺寸和生产能力确定，移交及达到设计能力时采区、工作面数目、位置的方案比选确定，采掘生产接替安排，移交及达到设计能力时的井巷工程量。

⑥ 通风与安全。包括通风系统与风量确定，瓦斯、煤尘、自燃、煤与瓦斯突出、水害、冲击地压、热害等灾害分析与预防措施以及安全装备。

(4) 矿井主要设备

① 提升设备。包括提升方式的方案比选和设备选型。

② 通风设备。包括通风设备选型。

③ 排水设备。包括排水方式比选和设备选型。

④ 压风设备。包括压风系统设备选型。

(5) 地面设施

① 主井地面工艺布置。包括煤质特征、用户要求、产品方案和加工方式；地面生产系统方案比选和主要设备选型。

② 副井地面工艺布置。包括辅助运输方式、工艺布置和设备选型、排矸方式确定。

③ 地面运输。包括地面运输方式比选，标准轨铁路运输时运网衔接方案比选。

④ 工业场地总平面布置。包括工程地质、洪水位和井口标高的确定，总平面布置比选，占地指标及场地平等。

⑤ 供电。包括电力负荷估算、供电方案和系统衔接比选。

⑥ 供水及供热。包括生产和生活用水量估算、水源方案比选和供水系统确定，生产和生活热力负荷估算，供热方案和系统布置，设备选型。

⑦ 工业、行政、公共建设。包括主要建(构)筑物的结构形式、各类建筑总面积。

⑧ 居住区。包括位置比选、平面布置方案比选、与地方城镇建设规划协调问题评述。

⑨ 环境保护与综合利用。包括环境影响评价和治理措施(烟、尘、噪声、塌陷区、污水、矸石等)，工业场地和居住区绿化，煤、矸石等其他有益矿产的综合利用。

⑩ 重大改迁和保护工程。包括河流、国铁、区域电源线路、城镇和文物、大型水利工程设施的改迁和保护的论述。

(6) 建井工期

① 建井工期。包括施工准备，主要工程施工方法方案比选和确定；井巷主要连锁工程确定，三类工程综合进度表，建井工期估算。

② 产量递增安排和达产时间。

(7) 技术经济分析与评估

① 企业组织、劳动定员及劳动生产率。包括项目管理体制，机构设置，劳动定员配置方案，对技术和管理人员的素质要求，人员培训计划。

② 投资估算和资金筹措。包括建设资金估算范围、依据、方法和总投资估算，逐年投资分配，流动资金估算，贷款利息计算，资金来源。

③ 生产成本估算。包括估算依据和估算结果。

④ 产品销售。包括售价和销售收入。

⑤ 财务评价。包括计算出财务内部收益率，投资回收期、偿还期，投资利润率、利税率，年利润总额和利税总额。

⑥ 国民经济评价。

⑦ 不稳定性分析。包括盈亏平衡点分析，敏感性分析，抗风险能力分析。

⑧ 技术经济总评价。综合论述矿井建设的技术经济合理性，矿井主要技术经济指标。

（8）附图

包括矿井交通位置图、矿井地质地形图、主要煤层地质图、矿井水文地质图、井田开拓图、移交采区布置图、地面主要生产工艺系统图、工业场地总平面图、矿井地面总布置图、井巷和土建及机电安装综合进度图表。

1.2.4.3 矿井初步设计主要内容

1. 总说明

（1）初步设计编制依据、编制情况；

（2）设计指导思想；

（3）矿井（井田）特点、设计确定的主要技术原则和主要技术经济指标；

（4）存在的主要问题和建议。

2. 井田概况和地质特征

（1）概述井田自然地理、交通、电源、水源、区域经济和建设材料；

（2）概述井田地质构造、地层、煤层和煤质情况，水文地质、开采技术条件以及其他有益矿产的开采和利用评价。重点对地质报告进行全面分析研究，应对勘查程度、开采技术条件和资源可靠性等作出评价并提出补充勘探意见。

3. 井田开拓

井田开拓是矿井设计的重要部分，对矿井生产经营有长远影响，关系矿井地面与井下整体布局，对建设工程量、建设工期、基建投资、生产技术面貌和经济效益有重大作用，需经全面技术经济方案论证并综合政策、经验、技术、经济诸多因素决定。按矿井初步设计要求，井田开拓包括下列内容：

（1）井田境界与资源/储量的确定；

（2）矿井设计年生产能力和服务年限的确定；

（3）选择井田开拓方式，井筒位置、数目和用途，水平划分，主要运输大巷和总回风巷布置，采区划分和配采安排；

（4）井筒井底车场和硐室布置。

4. 大巷运输和设备

（1）运输方式选择。包括煤炭和辅助运输方式的比较和选定。

（2）主要运输设备选型。当煤炭采用矿车运输时，计算机车类型和数量及配套的附属设备（矿车、整流设备等）的型号和数量。当煤炭采用胶带运送时，应对输送机型号、长度、带宽、运输速度、运输能力、输送机功率等进行选择和计算。

（3）辅助运输设备选型。分别计算运送人员、设备、材料、矸石等机车的类型、型号和数量。

5. 采区布置和装备

(1) 采煤方法。根据地质构造、煤层稳定性和开采条件选择采煤方法,选择工作面采煤、装煤、运煤方式和设备型号,确定工作面顶板管理方式,选择支架设备。

(2) 采区布置。包括初期采区数目、位置选择,移交采区巷道布置,采区特征和采区煤炭、矸石和辅助运输方式及设备选型。

(3) 采煤工作面布置。包括移交时的采煤工作面布置、数量、长度、推进度、产量。

(4) 巷道掘进。包括移交生产和达到设计能力时的掘进工作面数量、组数,掘进机械设备配备,巷道断面和支护方式,移交时井巷总工程量。

6. 通风和安全

(1) 概述邻近矿井和本井田的瓦斯煤尘、自燃、煤与瓦斯突出、突水和地温等情况。

(2) 矿井通风。包括通风方式和通风系统选择及其依据,矿井风量计算及其依据,矿井风压和等积孔计算,附矿井通风系统图。

(3) 灾害预防和安全装备。包括预防瓦斯及煤与瓦斯突出的措施、预防井下火灾的措施,防治矿井冲击地压的措施等。

(4) 提升、通风、排水和压缩空气设备选型与计算。

7. 地面生产系统

包括煤质情况及煤的加工、生产系统和辅助设施等。

8. 地面运输

包括铁路专用线、场外公路和其他运输概况。

除此之外还包含总平面布置和防洪排涝、电气(供电电源、电力负荷、送变电、地面供配电、井下供配电、监控与计算机管理、矿井通信等)、地面建筑物和构筑物、给水和排水、采暖、通风和供热(采暖与通风、井筒防冻、锅炉房设备、室外热力管网等)、职业安全卫生、环境保护、建筑防火、节能(建筑、供电、机电设备、供热、给排水及环保等节能设计和节能措施)、建井工期和产量递增计划、技术经济分析等。

矿井初步设计完成后,需提交设计说明书、设计附图、机电设备和器材清册、矿井初步设计概算书、矿井初步设计安全专篇。初步设计和安全专篇同时报批。安全专篇规定的安全设施必须和主体工程同时设计、同时施工、同时投入生产和使用。

安全专篇的主要内容一般有前言,矿井概况及安全条件,矿井通风,粉尘灾害防治,瓦斯灾害防治,矿井防灭火,矿井防治水,井下其他灾害防治,矿井集中安全监测监控,矿井安全检测及其他装备,矿山救护队,劳动定员和概算,附图等。

1.2.4.3 生产矿井开采设计

矿井整个生产期间对井田每一部分的开采都需要进行设计。按设计开采范围不同,可分为全矿性的设计(如矿井改扩建设计、新水平开拓延深设计)和局部性的设计(如采区、盘区或带区设计和采煤工作面设计)。

矿井改扩建设计的程序、内容和深度与新建矿井的设计基本相同。

矿井新水平开拓延深设计也采用两阶段设计:首先进行开拓延深方案设计,相当于新建矿井的初步设计,然后根据批准的方案设计再进行各单项工程的施工图设计。由于矿井的开拓延深需尽可能利用原有的井巷工程、生产系统设备和设施,故延深设计涉及的范围一般较新井设计窄一些,其所受制约也严一些。

采区、盘区或带区通常也采用两段设计：首先确定采区、盘区或带区的主要技术方案，再根据方案设计编制区内各项单项工程的施工图设计。

采煤工作面设计，是在已经开拓和准备的采区、盘区或带区范围内进行的，主要是根据区段或分带范围内的煤层赋存和地质构造情况，确定机巷、风巷、开切眼、中切眼、联络巷等巷道的具体位置和掘进要求，如巷道的标高、方向、坡度等，确定区段或分带范围内的地质变化，如断层、变薄带、陷落柱等的处理方法，选择机巷和风巷内的运输设备和设施。对开采煤层数目较多、地质条件比较复杂的联合布置采区、盘区或带区，应对每个采煤工作面进行设计。一些矿井的开采煤层数目不多、地质条件较简单，在采区、盘区或带区设计内已有具体安排，可不另进行采煤工作面设计，只完成工作面作业规程，在掘进工作面各回采巷道时需根据条件变化及时调整。

1.3 巷道围岩控制

巷道围岩控制是指在地下巷道开挖过程中，综合考虑地质条件、工程要求和施工技术等因素，根据巷道围岩应力、围岩强度以及它们之间的相互关系，选择合理的巷道布置方法及支护方式，降低围岩压力，增加围岩强度，改善围岩受力条件，通过采取一系列的措施和手段，有效地控制围岩的变形与破坏，以保证巷道周围岩层的稳定性和安全性。

1.3.1 巷道类型

巷道是井下生产的动脉，巷道断面设计合理与否，直接影响煤矿生产的安全和经济效益。

1.3.1.1 巷道类型

(1) 按巷道用途划分

① 为开采水平服务的巷道。包括大巷(运输大巷、轨道大巷和回风大巷等)、主要石门、主要上下山(运输、轨道回风上下山)等。这类巷道是矿井的主要通道，服务年限长，对巷道的质量及变形控制要求严格。

② 为采(盘)区服务的巷道。包括采(盘)区集中巷、采区石门、采(盘)区上下山、采区车场等。这类巷道是采区的主要通道，服务年限比较长，对巷道变形与破坏控制有较高要求。

③ 为回采工作面服务的巷道。包括工作面运输巷、工作面回风巷、瓦斯抽放巷、开切眼、回撤通道等。这类巷道服务年限比较短，受回采工作面动压影响显著，而且多数巷道要求回采工作面采前保持稳定，采后又能及时垮落。

④ 联络巷。联结 2 条或 2 条以上巷道的短巷，又分水平和倾斜联络巷。

⑤ 硐室。空间 3 个轴线相差不大的巷道。

⑥ 交岔点。巷道分岔或两条巷道交汇的地点。在各类巷道中，都有大量交叉点存在。

(2) 按巷道层位划分

按巷道在煤岩层中的位置划分，一般分为岩石巷道、半煤岩巷道和煤层巷道 3 类。其中，煤层巷道又分为岩石顶板煤巷、煤层顶板煤巷和全煤巷道。与岩石半煤岩巷道相比，一般情况下煤巷，特别是煤层顶板巷道和全煤巷道，支护难度显著增加。但同时巷道的掘进费用有所降低，施工速度也较快，并且掘进出煤也能增加经济效益。而且，回采巷道必须布置在煤层中，以满足采煤工作面的生产要求。具体见图 1-14。

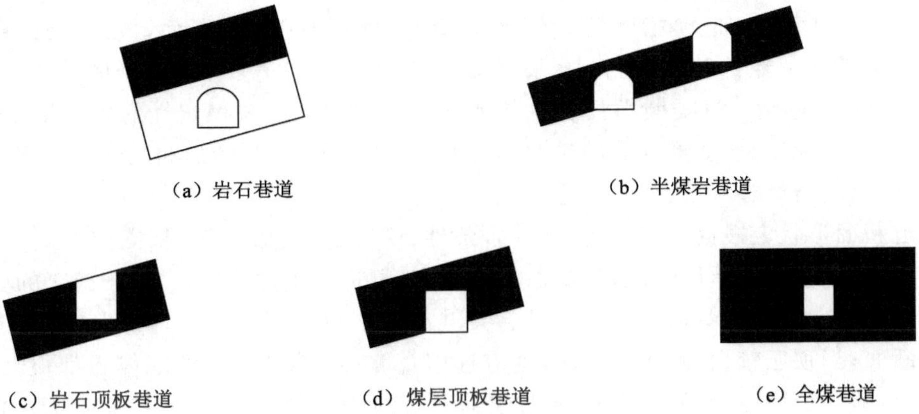

图 1-14 巷道类型(按层位划分)

1.3.1.2 巷道断面形状

我国煤矿井下使用的巷道断面形状,按其构成的轮廓线可分为矩形类、梯形类、拱形类和圆形类,如图 1-15 所示。

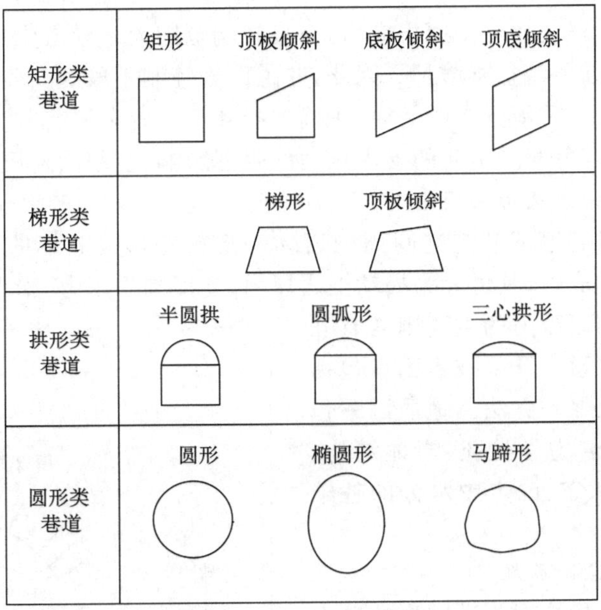

图 1-15 巷道断面类型

(1) 矩形类巷道。该类巷道断面是两帮垂直水平面。包括矩形断面,以及为了适应煤层倾角的顶板倾斜、底板倾斜和顶底板都倾斜的断面。煤层大巷、煤层上下山和集中巷、回采巷道较多采用这种断面。

(2) 梯形类巷道。这类巷道断面的底板是水平的,两帮与水平面呈相同的角度。包括梯形断面,以及为了适应煤层倾角的顶板倾斜的断面。煤层上下山和集中巷、回采巷道可采用这种断面。

(3) 拱形类巷道。它是指底板水平、两帮垂直、顶板为弧形的断面,包括半圆拱、圆弧拱和三心拱形断面。岩石大巷、上下山、采区集中巷、半煤岩巷道多采用这类断面。

(4) 圆形类巷道。这类断面只有在其他断面无法保证围岩稳定性的条件下采用,主要用于围岩松软、地压大、变形强烈的矿井主要巷道,包括圆形、马蹄形和椭圆形断面。

1.3.1.3　巷道断面形状选择

巷道断面形状应根据巷道的用途、围岩条件、矿压特点、服务年限、支护方式、掘进工艺等因素确定,并应符合承压性能好、断面利用率高、掘进与支护费用低、便于施工的要求。地应力大小和方向在选择巷道断面形状时起关键作用。当顶压和侧压均不大时,可选用矩形或梯形断面;当顶压较大、侧压较小时,则应选用直墙拱形断面;当顶压、侧压都很大,同时底鼓严重时,就须选用诸如马蹄形、椭圆形或圆形等封闭式断面。一般巷道的地压主要是顶压,侧压不明显,直墙半圆拱形断面承受顶压的性能最好,而且施工方便,因此应优先选用直墙半圆拱形断面。直墙三心拱形、直墙圆弧拱形断面的利用率较直墙半圆拱形断面高,但承压性稍差,在地压较小时可选用。由于直墙抗侧压能力差,侧压明显的巷道宜选用曲墙的拱形断面。

1.3.2　巷道围岩控制原理

降低巷道围岩应力、提高围岩稳定性以及合理选择支护是巷道围岩控制的基本途径。回采引起的支承压力不仅数倍于原岩应力,而且影响范围大。巷道受到回采影响后,围岩应力、变形会成倍甚至近十倍急剧增长。因此,巷道围岩控制手段的实质是如何利用煤层开采引起采场周围岩体应力重新分布的规律,正确选择巷道布置和护巷方法,使巷道位于应力降低区内,从而减轻或避免回采引起的支承压力的强烈影响,控制围岩压力。

1.3.2.1　巷道围岩压力及影响因素

围岩压力是指引起地下开挖空间周围岩体和支护变形或破坏的作用力,如图 1-16 所示。根据围岩压力的成因,其可分为松动围岩压力、变形围岩压力、膨胀围岩压力、冲击和撞击围岩压力。影响围岩压力的主要因素有开采技术因素和地质因素。开采技术因素包括回采工作状况和巷道保护方法。地质因素包括原岩应力状态、围岩力学性质、岩体结构、岩石的组成和胶结状态、围岩中水分的补给状况等。

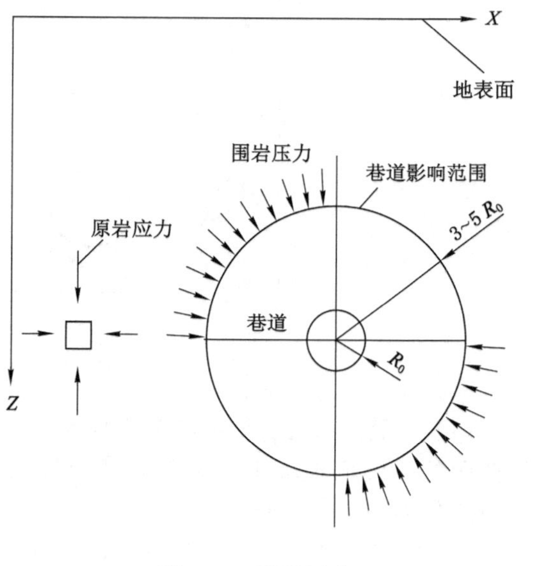

图 1-16　围岩压力

1.3.2.2　巷道围岩控制原理

巷道围岩控制是指控制巷道围岩的矿山压力和周边位移所采取措施的总和,基本原理是人们根据巷道围岩应力、围岩强度以及它们之间相互关系,选择合适的巷道布置和保护及支护方式,降低围岩应力,增加围岩强度,改善围岩受力条件和赋存环境,有效地控制围岩的变形破坏。需要强调指出,受到采动影响的巷道,巷道围岩岩体结构、赋存条件在很大程度上受到回采工作的制约。因此，巷道围岩控制的效果，极大程度上取决于对回采活动影响巷道围岩控制的认识，对巷道围岩岩体力学模型、变形及破坏机制判断的正确性，以及对巷道围岩赋存条件和岩体力学性质掌握的程度。围绕降低巷道围岩应力，增加围岩强度，改善围岩受力条件和赋存环境，巷道围岩控制方法可归结为巷道布置和巷道保护及支护两方面内容。

1. 巷道布置方法

从巷道围岩控制的角度出发，布置巷道时应重视下列问题：

(1) 将巷道布置在煤层开采后所形成的应力降低区域内。

(2) 应尽量避免支承压力叠加的强烈作用，或尽量缩短支承压力影响时间，例如跨越巷道开采，避免在遗留煤柱下方布置巷道等。

(3) 在采矿系统允许的距离范围内，选择稳定的岩层或煤层布置巷道，尽量避免水与松软膨胀岩层直接接触。

(4) 巷道通过地质构造带时，巷道走向应尽量垂直断层构造带或向背斜构造。

(5) 相邻巷道或硐室之间选择合理的岩柱宽度。

(6) 巷道的轴线方向尽可能与构造应力方向平行，避免与构造应力方向垂直。

2. 巷道保护及支护

巷道的保护及支护措施可以归纳为以下几点：

(1) 通过在巷道围岩中钻孔卸压、切槽卸压、宽面掘巷卸压以及在巷旁留专门的卸压空间等方法，使巷道围岩压力受到某种形式的不同程度的卸载，将本该作用于巷道周围的集中载荷，转移到离巷道较远的新的支承区，达到降低围岩应力的目的。

(2) 采用围岩钻孔注浆、锚杆支护、锚索支护、巷道周边喷浆、支架壁后充填、围岩疏干封闭等方法，增大围岩强度，优化围岩受力条件和赋存环境。

(3) 架设支架对围岩施加径向力，既支撑松动塌落岩石，又能加大巷道的围压，保持围岩三向受力状态，提高围岩强度，限制塑性变形区和破裂区的发展。根据巷道不同时期的矿压显现规律，巷道支护可以分为巷内基本支架支护、巷内加强支架支护、巷旁支护、联合支护四种形式。

1.3.3 锚杆支护

巷道支护的目的是防止围岩垮落或产生过大变形，满足正常生产和安全。巷道支护方式分为被动支护、主动支护和联合支护。被动支护，包括木棚支架、钢筋混凝土支架、金属型钢支架、料石碹、混凝土及钢筋混凝土碹等形式；主动支护是以锚杆支护为主，旨在改善巷道围岩力学性能的积极支护形式，包括锚喷支护、锚网支护、锚喷网支护等；联合支护是以锚杆和注浆加固为主的积极主动加固形式，如锚注支护、预应力锚索支护技术等。

1.3.3.1 锚杆种类和锚固力

锚杆是锚固在岩体内维护围岩稳定的杆状结构物。单体锚杆主要由锚头（锚固段）、杆体、锚尾（外头）、托盘等部件组成，如图 1-17 所示。

1. 锚杆的分类

目前，适用于不同地质条件、具有不同功能和用途的锚杆有数百种，锚杆的分类方法也遵循不同原则和分类标志。最基本的分类方法是按锚杆的锚固方式划分。按机械锚固式，锚杆可分为胀壳式锚杆、倒楔式锚杆、楔缝式锚杆；按黏结锚固式可分为树脂锚杆、快硬水泥卷锚杆和水泥砂浆锚杆;按摩擦锚固式,可分为缝管式锚杆、水胀式管状锚杆等。

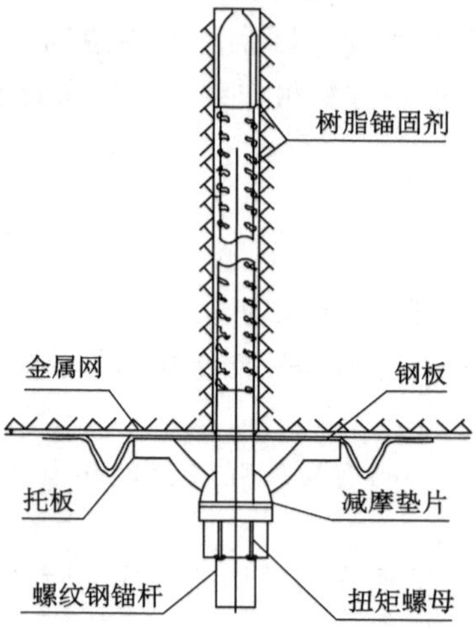

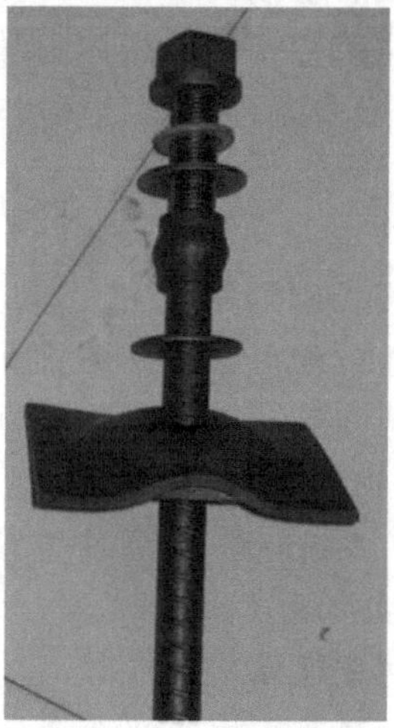

图 1-17　锚杆示意图

同时,按锚杆杆体锚固段长短锚杆可分为端头锚固、全长锚固和加长锚固;按锚杆杆体的工作特性分为刚性锚杆、有限可拉伸锚杆及可拉伸锚杆;按锚杆作用特点,可分为主动式锚杆和被动式锚杆;按制造锚杆杆体的材料,可分为木锚杆、竹锚杆、金属锚杆、(钢筋)混凝土锚杆以及聚酯锚杆等。

2. 锚杆的锚固力

锚杆支护通过锚入围岩内部的杆体,改变围岩本身的力学状态。锚杆的受力状况以及它对围岩的作用方式比棚式支架复杂得多。锚固力为锚杆对围岩所产生的约束力。

(1) 根据锚杆对围岩的约束方式定义锚固力

① 托锚力:托锚力包括安装锚杆时,通过拧紧螺母产生的锚杆托板对围岩的预紧力,水胀式管状锚杆杆体纵向收缩,使托盘对围岩产生的预紧力,以及锚杆托板阻止围岩向巷道内位移时,对围岩施加的径向支护力。

② 黏锚力:黏结剂将围岩与锚杆黏结成整体,在围岩深部与浅部变形的差异中,锚杆通过黏结剂对围岩施加黏结力来抑制围岩变形,这种锚杆杆体的轴力就是黏锚力。摩擦锚固式锚杆通过杆体与围岩之间的摩擦力对围岩施加锚固力来抑制围岩变形。

③ 切向锚固力:围岩的变形大多从岩体的弱面开始,在围压作用下围岩沿弱面滑动或张开。锚杆体贯穿弱面,限制围岩沿弱面滑动或张开,这种限制力称为切向锚固力。

(2) 根据锚杆的锚固作用阶段定义锚固力

① 初锚力:安设锚杆时,对锚杆进行拉张而使其具有的作用于围岩的力称为初锚力。

② 工作锚固力:锚杆安设后,围岩变形,锚固剂发挥黏结作用;或者杆体与围岩之间的摩擦力制约围岩变形,此时锚杆对围岩的作用力为工作锚固力。

③ 残余锚固力:当围岩表面和深部的相对变形量超过锚固剂的极限变形量以后,锚固剂被破坏,工作锚固力丧失。但由于已破坏的锚固剂仍具有残存黏结强度,在钻孔围岩、破坏的锚固剂、锚杆杆体之间存在摩擦力,锚杆对围岩仍具有约束力,此时称之为残余锚固力。

1.3.3.2 锚杆支护理论

锚杆支护促使围岩由载荷体转化为承载体。尽管锚杆在不同地质条件下作用机理有所不同,但都是在巷道周边围岩内部对围岩进行加固,形成围岩承载体,有利于围岩的稳定。国内外现场对比试验表明,在同一条件下锚杆支护与刚性金属支架支护比较,巷道围岩移近量减少约 1/2。传统的锚杆支护理论都是以一定假说为基础,各自从不同角度不同条件阐述锚杆支护的作用机理,其力学模型简单,计算方法简洁,适用于不同的围岩条件。近年来,锚杆支护理论研究有了进一步发展,提出了巷道锚杆支护围岩强度强化理论,并且对锚固技术系统进行整体研究,进一步揭示了锚杆支护的实质。

悬吊理论认为,锚杆支护的作用是将巷道顶板较软弱岩层悬吊在上部稳定岩层上,增强较软弱岩层的稳定性。对于回采巷道经常遇到的层状岩体,锚杆的悬吊作用如图 1-18(a)所示。如果巷道浅部围岩松软破碎,顶板出现松动破裂区,锚杆的悬吊作用是将这部分易垮落岩体锚固在深部未松动的岩层上,如图 1-18(b)所示。

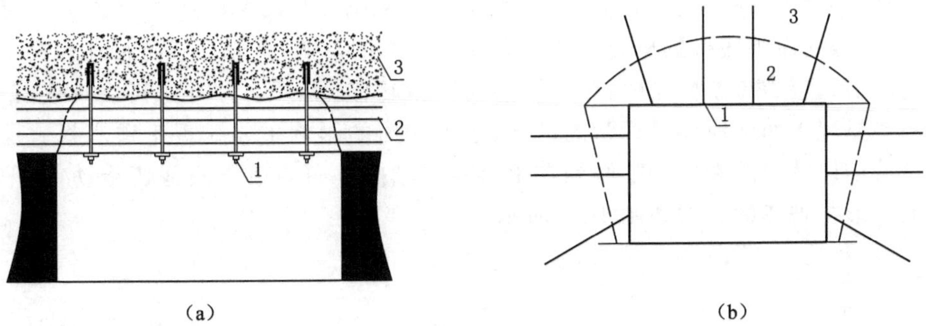

1—锚杆;2—松散破碎岩层;3—稳定岩层。

图 1-18 锚杆支护的悬吊作用

组合梁理论认为,如果顶板岩层中存在若干分层,锚杆的作用一方面提供锚固力增加各岩层间的摩擦力,阻止岩层沿层面继续滑动,避免出现离层现象;另一方面锚杆杆体可增加岩层间的抗剪刚度,阻止岩层间的水平错动,从而将巷道顶板锚固范围内的几个薄岩层锁成一个较厚的岩层,如图 1-19 所示。

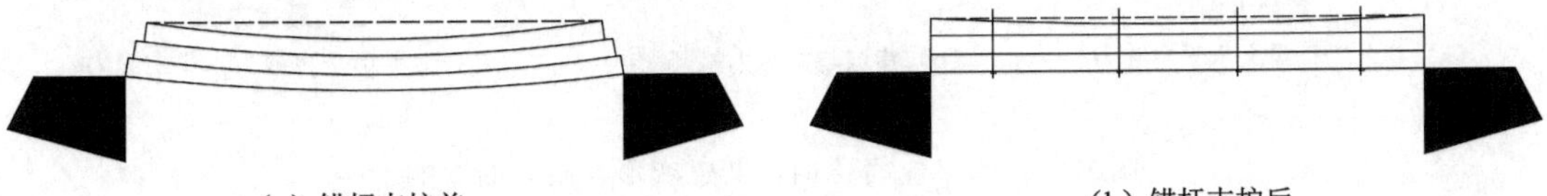

图 1-19 锚杆支护的组合梁作用

组合拱理论认为,在拱形巷道围岩的破裂区中安装预应力锚杆,从杆体两端起形成圆锥形分布的压应力区,如果锚杆间距足够小,各个锚杆形成的压应力圆锥体相互交错,在岩体中形成一个均匀的压缩带,即压缩拱。压缩拱内岩石径向、切向均受压,处于三向应力状态,围岩强度得到提高,支承能力相应增大,如图 1-20 所示。

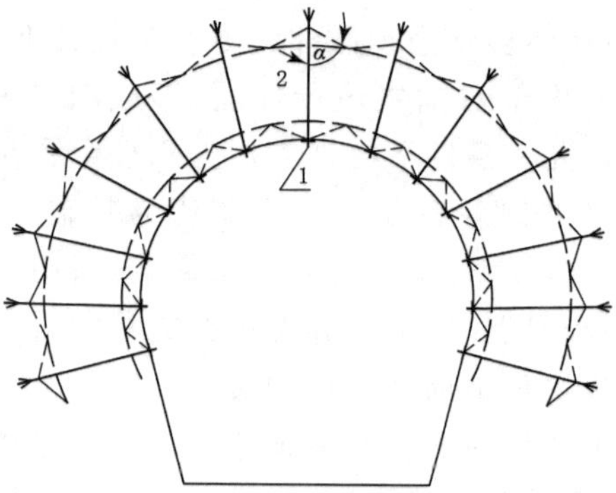

1—锚杆；2—加固拱。

图 1-20　锚杆支护的加固拱作用

最大水平应力理论由澳大利亚学者 W. J. Gale 提出，他认为矿井岩层的水平应力通常大于铅直应力，巷道顶底板的稳定性主要受水平应力的影响；围岩层状特征比较突出的回采巷道开挖后引起应力重新分布时，铅直应力向两帮转移，水平应力向顶底板转移，铅直应力的影响主要显现于两帮而导致两帮的破坏；水平应力的影响主要显现于顶底板岩层。锚杆的作用是沿锚杆轴向约束岩层膨胀和在垂直锚杆轴向方向约束岩层剪切错动，水平应力方向对巷道变形与破坏的影响如图 1-21 所示。

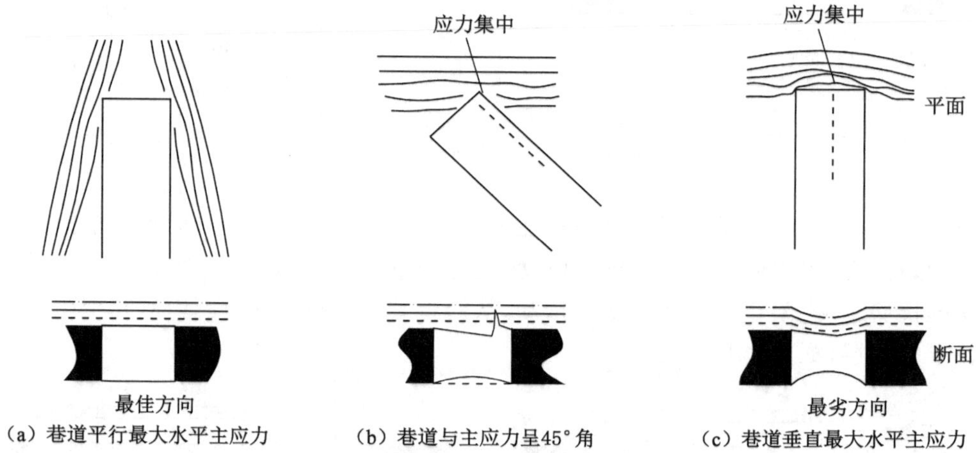

图 1-21　水平应力方向对巷道变形与破坏的影响

围岩强度强化理论是针对软岩煤巷围岩特点提出的。通过巷道围岩锚固前后相似材料模拟试验和理论分析，围岩强度强化理论的要点如下：

(1) 巷道锚杆支护的实质是锚杆和锚固区域的岩体相互作用形成统一的承载结构；

(2) 巷道锚杆支护可提高锚固体的力学参数，改善被锚固岩体的力学性能；

(3) 巷道围岩存在破碎区、塑性区和弹性区，锚杆锚固区的岩体则处于破碎区或处于上述 2～3 个区域中，相应的锚固区的岩石强度处于峰后强度或残余强度，锚杆支护使巷道围岩特别是处于峰后区围岩的强度得到强化，提高了峰值强度和残余强度；

(4) 煤巷锚杆支护可以改变围岩的应力状态，增加围压，从而提高围岩的承载能力；

(5) 巷道围岩锚固体强度提高以后，可减少巷道周围破碎区、塑性区的范围和巷道的表面位移，控制围岩破碎区、塑性区的发展，从而有利于保持巷道围岩的稳定。

1.4　露天开采

露天采矿的最终目的是经济有效地把矿产资源从地壳中开采出来。为了采出有用矿物，必须首先将覆盖在有用矿物之上的土层和岩层去除，这是露天开采与地下开采的最大区别。土层和岩层的剥离是矿石开采的前提，矿石开采是土层和岩层剥离的目的。

1.4.1　露天开采基本概念

一个矿(煤)田中适合于露天开采的那部分，称为露天矿田(或露天煤田)。在露天矿田中，通过项目规划、可行性研究、露天开采初步设计和施工设计等工作，可形成若干个露天采场。露天采场也称为露天矿坑、采场、掘场、采掘场、采石场等。露天采场的剥离物和矿体厚度有时可达数十米到数百米，在开采过程中按剥离、采矿或排土作业的要求，需要将其划分成若干个具有一定高度的水平或近水平的分层(一般由采掘设备的挖掘高度决定)，从而形成阶梯，这种阶梯状分层称为台阶，也称作梯段或水平。覆盖在矿石之上暂时不能加以利用的土层和岩层称为剥离物，包括表土、岩石和低于开采品位的贫矿；如果开采的矿床有多层，其层间的夹石则称为内剥离物。露天矿存放剥离物的场所称为排土场，位于开采境界以外的场所称外排土场，位于开采境界以内的场所称内排土场。

1.4.1.1　台阶及其组成要素

露天矿开采作业时，通常从最上部的台阶开始拉沟作业，然后逐步向外围扩展、向深部延深。台阶根据其下部平盘所在的海拔标高命名，如+80 m台阶(水平)。

台阶由平盘、坡面、坡顶线、坡底线、坡面、台阶高度(h)等要素组成，如图 1-22 所示。平盘指台阶的水平部分或近水平部分，由上部平盘和下部平盘构成。坡面指连接台阶上、下平盘之间的倾斜面。坡顶线指台阶上部平盘与坡面的交线。坡底线指台阶下部平盘与坡面的交线。坡面角指台阶坡面与水平面的夹角。台阶高度指台阶上、下水平之间的垂直距离。

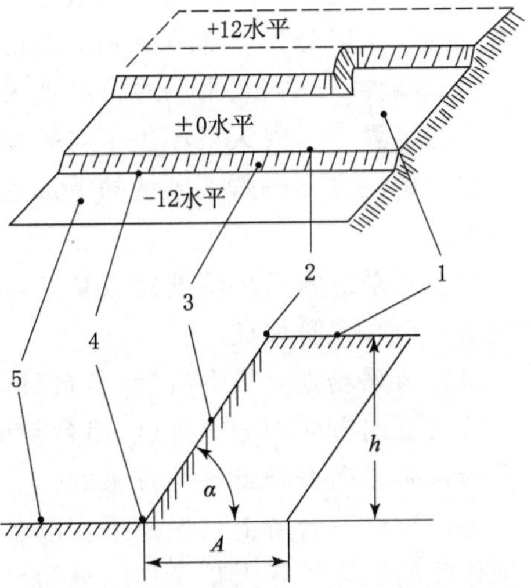

α—坡面角；h—台阶高度；A—坡面；
1—上部平盘；2—坡顶线；3—台阶坡面；
4—坡底线；5—下部平盘。

图 1-22　露天矿台阶的组成要素

1.4.1.2　露天采场要素

采场，是指从事露天采矿作业的场所，通常由若干台阶和相关平台构成。典型的掘坑开采的露天采场要素如图 1-23 所示。

露天采场的组成要素有以下几个：

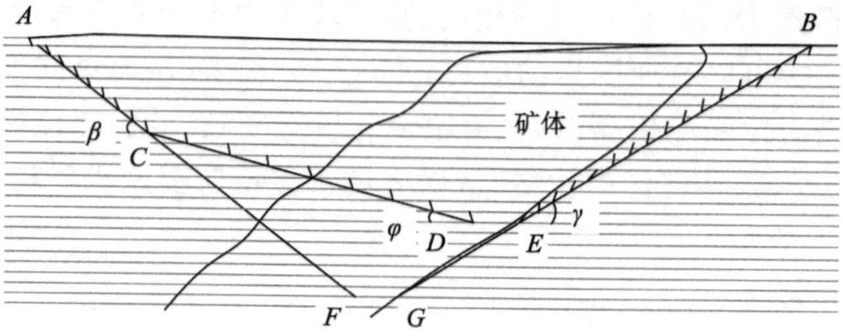

AB—地表境界；ACFB—下部境界；FC—设计最终坑底；BE—底帮；ACD—顶帮；
AC，BE—非工作帮；CD—帮；DE—当前坑底；β，γ—非工作帮坡角；φ—工作帮坡角。

图 1 23　露天采场要素

边帮——由露天采场各台阶要素组成的总体，由顶帮、底帮、端帮构成。边帮根据各台阶在某个时期的作业性质又分成工作帮和非工作帮。

顶帮——位于露天采场矿体顶板侧的边帮。

底帮——位于露天采场矿体底板侧的边帮。

端帮——连接露天采场顶、底帮的边帮，对于圆形、近圆形采场端帮特色不明显。

工作帮——露天采场内由正在进行开采作业的台阶组成的边帮。

非工作帮——露天采场内由已结束开采作业的台阶组成的边帮。

工作帮坡角——通过工作帮最上台阶和最下台阶坡底线的假想平面与水平面的夹角。

非工作帮坡角——通过非工作帮最上台阶的坡顶线和最下台阶坡底线的假想平面与水平面的夹角，当最下部台阶到达终点位置时为最终边坡角。

露天开采境界——露天采场从开始开采到矿山关闭时所影响到的最终空间范围，对于凹陷式露天矿可分为上部境界和下部境界。

上部境界——露天采场边帮与地表面的最终交界线，在平面上通常是一条封闭曲线。

下部境界——露天采场边帮与采场底面的交线。

露天矿坑底——露天矿坑的下部底面，一般为露天开采最下层矿体的底面，呈倾斜面或阶梯状。

山坡开采的露天矿情况比较复杂，可能最终境界在平面上看就是一条封闭曲线或者最终就是一个高台阶坡面。

将露天采场划分成台阶后，各台阶自上而下顺序作业，多个台阶可同时作业。露天矿又将台阶沿纵向方向划分成采区，沿台阶横向方向划分成采掘带进行开采。即露天矿在台阶上是沿台阶纵向按条带进行开采的。

工作线——台阶上已做好采掘准备，并配有采掘设备、运输线路、动力供应等正在从事采掘作业的区段。露天矿工作线分为台阶工作线和矿山工作线。台阶工作线，是指一个台阶上正在进行采掘作业的区段；矿山工作线，是指露天矿全部台阶工作线长度的总和。

采掘带——开采作业中，通常将台阶划分成具有一定宽度的条带并逐条进行开采作业，这个条带称为采掘带。

采掘区——工作帮台阶采掘带如果足够长，可以同时布置几台采掘设备作业，划归一台采掘设备作业的区段称为采掘区，简称采区。

剥采比是指露天矿的某个时期剥离量与采出矿量的比值，单位可为 m^3/t、t/t 或 m^3/m^3，露天矿常用剥采比如下：

生产剥采比——在一定生产时期露天采场所采出的剥离量与矿量的比值。

平均剥采比——露天采场境界内剥离物总量与矿产总量的比值。

经济剥采比——在一定技术经济条件下，露天开采经济上合理的极限剥采比。

1.4.2 露天开采方法及工艺

矿床赋存状态，特别是矿体倾角对露天开采方法的选择具有决定性影响。

1.4.2.1 矿床按倾角进行的分类

露天开采一般要求矿体埋藏较浅、厚度较大且赋存面积较大。对于层状矿体来说，按矿体的倾角(α)不同，我国《露天煤矿设计规范》将露天矿床分为以下四类：

水平及近水平矿床，$\alpha<5°$；

缓(倾)斜矿床，$5°\leqslant\alpha\leqslant10°$；

倾斜矿床，$10°<\alpha\leqslant45°$；

急(倾)斜矿床，$\alpha>45°$。

煤(矿)层倾角不同，则露天开采方法、工艺系统和开采程序也有所不同。对于煤炭开采而言，一般煤层倾角在10°以下时多采用倒堆开采法开采；倾角在10°以上时多采用掘坑开采法开采。金属、非金属矿山倾角一般较大，多采用掘坑开采法开采。

1.4.2.2 露天开采方法的分类

近代露天开采方法以机械化开采方法为主，各个国家根据矿产资源赋存状态的不同采用了不同的露天开采方法。最常用的露天开采方法有以下五种。

(1) 掘坑开采法。它是目前世界上使用最广泛的露天开采方法。其主要特征是分台阶开采，剥离物排弃至开采境界以外，适用于开采金属、非金属矿床和倾斜赋存的层状矿床。我国金属、非金属露天矿山，1949年至1980年建设的露天煤矿大多数采用掘坑开采法。

(2) 倒堆开采法。主要用于开采近水平层状矿床，特别是煤层开采。其显著特征是除了第一条区开采的剥离物排卸于境界之外，其余后续条区的剥离物依次排卸于前一条区的采空区内，属于边开采、边内排、边复垦的环保型绿色开采方法。这种方法根据覆盖层厚度、矿体厚度不同，又衍生出许多种不同的开采方法。我国1980年后建设的大型露天煤矿多采用倒堆开采法。

(3) 石料开采法。开采对象为建筑业使用的集料、石材等。石料开采主要采用坑采法。石料开采法与坑采法的显著区别是坑采法剥采比一般大于1，最大可达20～30，而石料开采法剥采比一般远小于1，开采物料80%以上属于有用物料；坑采法需要对开采矿床进行选择性开采，低于要求品位的矿床不采或作为废弃物排卸，而石料开采法对矿石品位没有明确要求。石料分为建筑用的集料(亦称骨料)，如沙石、路基建设用的渣石、混凝土拌料中的碎石、水泥制造使用的石灰石、房屋建筑用的料石、饰面装饰石材等。

(4) 螺旋钻开采法。主要用于开采露天煤矿到界边帮下面揭露出的煤层，使用的工具是螺旋钻。该方法的主要特点是不用剥离，回收开采境界之外的残余煤层，开采煤层的倾角不大于25°。这种方法在美国的露天煤矿应用较多。

(5) 水采法。该方法以水作为基本媒介或者开采作业与水溶液密切相关。这种方法在不同国家有不同的含义。美国使用词组 aqueous mining methods，包括水枪(水射流)开采、砂矿床开采、疏浚开采、溶浸采矿法等，aqueous 一词有“水的、含水的”意思，因此上述四种方法可均列为水采法一类。该方法适用于松散物料、水体下赋存的物料以及难选矿床的开采。对于不同的矿产，可以采用不同的方法和设备。

以上五种露天开采方法从开采工具和开采对象的作用方式看，主要属于机械化开采方法，即人类借助于机械设备将矿产资源从赋存地分离出来。机械化开采方法的特点是不改变开采对象的理化特征，而溶浸开采是利用化学溶液或细菌把固体矿床中有用资源(多为难选贫矿)分解到溶液中，然后再从溶液中分离出所需要的矿产品的一种获取矿产资源的采、选方法，其开采仍然以机械化开采为主。

1.4.2.3 露天开采的工艺环节和工艺系统

1. 生产工艺环节

在正常剥离和采矿生产过程中，露天开采一般包括以下 7 个生产工艺环节。

(1) 地面准备。露天矿在正式开始剥离、采矿作业之前，需要先清理地表面有碍生产正常进行的障碍物，包括天然障碍物如河流、树木，人工障碍物如村庄、建(构)筑物、道路、输电线路等。

(2) 穿孔。由于采掘设备的挖掘力有限，对大多数具有一定硬度的矿岩必须首先将其松碎，以便于机械设备进行采掘。目前最经济的矿岩松碎方法是穿孔爆破法。穿孔，是指利用机械设备在岩石中穿凿孔洞，为后续的爆破作业准备放置炸药场所。小型露天矿也采用机械松碎矿岩。对于松软物料，若机械设备能够直接挖掘，则无须穿孔爆破。露天矿常用的穿孔机械有潜孔钻、牙轮钻等。

(3) 爆破。其是当前露天矿最常用、最经济的矿岩松碎方法。

(4) 采掘。其是指露天矿利用采掘设备将矿岩直接倒至内部排土场或装入运输设备的作业过程，它是露天开采的核心生产环节。露天矿常用的采掘设备是挖掘机。矿用挖掘机可分为很多种类，按铲斗数量，可分为单斗挖掘机、多斗挖掘机；按动力系统，可分为电力驱动、液压驱动的挖掘机；按走行方式，可分为履带走行式、轮式、迈步式挖掘机等。露天矿使用最多的是单斗挖掘机，斗容一般为几立方米至 70 m^3。

(5) 运输。其主要是指把矿石运送到选矿厂或储矿场所，把剥离物运送到排土场所。运输环节设备多，涉及面广，在主要生产环节中起纽带作用。露天矿常用的运输设备有载重汽车(卡车)、带式输送机、铁道运输车辆等。

(6) 排卸。其主要是指对运送到排土场的废弃物进行合理的堆放工作，也包括将有用矿物向选矿厂或储矿场卸载。露天矿排土场作业最常用的设备是推土机，主要负责将排卸物料推送至指定地点、平整场地、清理道路上的障碍物等。

(7) 土地复垦。关于土地治理，各国虽有不同的法律、法规要求，但普遍的要求是将土地恢复至可供利用的状态。因此，露天矿山在生产的同时就要对采场、排土场进行有效治理，使其达到可资利用的状态，这一过程称为土地复垦。根据土地利用形式不同，复垦的过程和环节要求各不相同。

以上各环节均为露天矿与生产矿石直接相关的环节，称为直接生产环节，或简称生产环节，其中采掘、运输、排卸环节是必备环节，称为主要生产环节或主要环节。并非所有露天矿都必须经历上述各工艺环节，部分露天矿由于其地面没有任何障碍物、矿岩松软，机械设备可以直接挖掘，因而地面准备、穿孔、爆破几个环节就可以省略。

2. 辅助工艺环节

露天矿维持正常生产，除了上述生产环节之外，还需要动力供应(如供电、供油)、设备维修、疏干排水、边坡维护、通信等辅助工艺环节，简称辅助环节。辅助环节是保证露天矿山正常生产不可或缺的环节，在管理活动中必须给予高度关注。

3. 露天开采工艺系统

露天开采工艺系统，主要根据采掘、运输环节所使用的设备命名。按采、运、排三大主要生产环节中矿岩流的特征，露天开采工艺系统可分为间断、连续和组合工艺系统三类。按三个环节是否使用同一设备又可分为独立式和合并式两类系统。

(1) 间断开采工艺系统。采装、运输和排卸作业均各自采用周期式设备，即各个环节分别由不同设备完成作业，形成不连续物料流的开采工艺系统，亦称周期式、循环式系统，如单斗挖掘机-汽车工艺系统，单斗挖掘机-铁路工艺系统等。就单斗汽车系统而言，所谓物料流不连续，是指挖掘机挖掘物料，然后卸载到汽车上，待汽车装满后再运到排卸地点，卸载后再返回装车地点。其中，物料时断时续地从采掘地点到达卸载地点，并没有形成一个连续不断的移动过程。

(2) 连续开采工艺系统。采装、运输和排卸作业环节均采用连续式作业设备，即从采掘至排卸环节物料流不停顿地到达最后卸载点的开采工艺系统，如轮斗挖掘机-带式输送机开采工艺系统，链斗挖掘机-运输排土桥开采工艺系统等。在开采作业期间，只要采掘设备不停地开采，物料就会从采掘地点连续不断地到达排卸地点。

(3) 组合开采工艺系统。在一个露天矿山不同岩性的剥离物或矿石分别采用不同的间断连续工艺系统串联式组合在一起(亦称半连续系统)，或者并联式组合在一起完成整个矿山的剥离和采矿作业。

按采、运、排三个生产环节是否各自使用不同的设备，露天开采工艺系统可分为以下两类：

(1) 独立工艺系统。其是指采掘、运输、排卸三个主要工艺环节各自采用独立的设备作业的开采工艺系统，如单斗挖掘机-汽车-推土机开采工艺系统，轮斗挖掘机-带式输送机-排土机开采工艺系统等。采掘、运输、排卸均采用不同的设备作业。

(2) 合并式工艺系统。其是指采掘、运输、排卸三个主要工艺环节合并在一起，通过同一台设备完成的开采工艺系统，如拉铲倒堆开采工艺系统，铲运机倒堆开采工艺系统，轮斗挖掘机-悬臂排土机开采工艺系统等。

综合考虑上述因素，常见的露天开采工艺系统可分为：独立式间断开采工艺系统、独立式连续开采工艺系统、合并式间断开采工艺系统、合并式连续开采工艺系统及组合式开采工艺系统等。

1.4.3 露天开采的特点和发展趋势

1.4.3.1 露天开采的特点

与地下开采相比，露天开采具有以下明显的优势：

(1) 生产能力大。采场作业空间大，可采用大型生产设备。中国煤炭工业协会发布的数据显示，截至2022年年底，全国共有露天煤矿357处，产能11.62亿t，平均产能325 Mt/a，约是井工矿的3倍，千万吨级露天矿超过30处。

(2) 劳动生产率高。《世界露天煤矿发展综述》表明露天开采的劳动生产率约为井工开采的5～25倍。

(3) 作业安全。露天开采不受瓦斯和顶板垮落等灾害的威胁，2023年全年煤矿百万吨死亡率为0.094，显著低于井下开采。

(4) 开采成本低。世界露天煤矿的开采成本约为井工开采的50%。

(5) 建设速度快。千万吨级露天煤矿一般在3年左右即可建成。

露天开采也存在一些明显的弱点，例如：

(1) 受气候影响大。由于露天矿生产场所是敞露的，因而直接受严寒、酷暑、大风、雨、雪等恶劣天气影响，特别是在我国北方地区生产具有明显的季节性。

(2) 大型露天矿设备大、投资大。露天开采多引入大型机械设备，加上矿山大量征用土地，往往导致基建投资较大。

(3) 需要移运大量的废弃剥离物。剥离物的移运是纯粹的非盈利生产环节，剥离量的大小直接影响矿山的经济效益，大型露天矿山年剥离量可高达上亿吨。

(4) 地表面受扰动面积大。露天开采影响生态环境，会对土地造成较大的扰动，包括露天矿采场和外部排土场，开采期间或矿山关闭以后需要做大量的土地复垦工作。

(5) 对矿床埋藏条件要求严格。一般埋藏浅、矿体厚的矿田适合露天开采。

1.4.3.2 露天开采的发展趋势

由于露天开采在规模、安全和资源回收率等方面有无可比拟的优越性，因此在条件具备的情况下露天开采已成为矿产资源开采的首选开采方法。目前，露天开采呈现出较快发展态势，在开采规模、开采工艺、设计思想、经营理念、管理水平等方面具有明显的时代特征。

(1) 开采规模大型化。1980年以来，我国露天煤矿生产能力已由过去的数百万吨发展为现在的数千万吨。

(2) 设备大型化。我国露天煤矿单斗挖掘机斗容已由3～4 m^3 提高到23～35 m^3，最大已达75 m^3；自卸车载重由20～30 t提高到154～190 t，最大达400 t，排土机能力由2 000 m^3/h 提高到4 800～6 600 m^3/h；破碎机(站)能力最大可达12 000 t/h。目前，国内自主研制的75 m^3 级矿用电铲、400 t自卸式矿车、大型自移式破碎机、全液压轮斗挖掘机、大功率推土机等相继投入使用或试运行，露天开采设备已由改革开放初期的全部进口发展为绝大部分为国产。

(3) 工艺系统多样化。单斗汽车工艺系统由于其机动性、灵活性强因而受到更多的青睐；连续开采工艺具有生产成本低、效率高等优点；坑内破碎与带式输送机系统配合使得单斗汽车工艺系统在大型矿山得到越来越多的应用。

(4) 管理现代化。随着信息化不断推进，我国部分大型露天煤矿引进了卡车智能调度系统、设备故障诊断系统、钻孔爆破智能化系统、综合工艺监控集成系统、疏干排水监控系统、碰撞系统等，降低设备故障率，提高设备利用率，充分发挥系统的效能。

(5) 注重矿山环境保护工程。在露天矿项目规划、可行性研究、开采设计阶段就重视做好环境评价工程设计工作，使得矿山开采与环境保护工作有机结合，人与自然和谐相处成为可能。

1.5 矿山环境保护与资源综合利用

开发利用矿产资源，虽然能生产大量的物质财富，但也会广泛和直接地破坏生态环境。采、选矿过程中生成的有毒有害气体、矿渣、尾矿、废水、粉尘及噪声、振动、塌陷等，污染水源、江河和大气，挤占大量土地、农田，破坏景观和植被，给人类生产和生活带来严重影响。因此，矿产资源开采必须采取环境保护措施，减少对环境的污染和破坏；对造成的环境污染和破坏须及时采取措施进行治理，复垦土地，恢复环境，以达到国家或者当地要求的环境保护标准。同时，在矿产资源开采过程中对共生、伴生矿进行综合开发与合理利用；对生产过程中产生的废渣、废水(液)、废气、余热、余压等进行回收和合理利用；对社会生产和消费过程中产生的各种废旧物资进行回收和再生利用。

1.5.1 矿产资源开发对环境的影响

煤炭开采在为社会建设提供能源的同时，也对生态环境造成巨大的破坏。煤炭开采过程中产生的有毒有害气体对水资源、土地和空气都造成了不同程度的污染破坏，其主要表现形式有以下几个方面。

1.5.1.1 煤矿开采对水资源的破坏

煤矿开采对水资源的破坏主要表现在两个方面：一方面，煤矿开采过程中进行的人为疏干排水和采动形成的导水裂隙对煤系含水层的自然疏干，导致地下水位大面积、大幅度下降，矿区主要供水水源枯竭，地表植被干枯，自然景观破坏，农业产量下降，严重时可引起地表土壤沙化，如图 1-24 所示。

图 1-24 煤矿开采造成土地破坏

另一方面，开采造成地表及地下水污染。矿井水、矸石堆淋溶水、选煤废水等普遍含有煤粉、岩粉悬浮物及可溶性的无机盐类。例如，在我国西部、黄淮地区，矿井水矿化度较高，而南方矿井含硫高，矿井水多呈酸性。这些废水的排放对地表河、海、水库等水资源污染较严重，并会使矿区土地贫化，植被污染，严重影响农业可持续发展。

1.5.1.2 煤矿开采造成土地资源的破坏

我国煤炭工业经过七十余年的发展取得了骄人的成绩，但传统的垮落法采空区处理方式造成岩层大范围移动破坏、地表沉陷变形等生态环境问题不断发生(图 1-25)。据估算，全国平均采出万吨煤开采沉陷面积在 0.2 hm^2 以上，已有开采沉陷地 0.45 Mhm^2 以上，分布于华东、华北、西北、西南、华中等省区。

图 1-25　露天矿坑和矸石山

1.5.1.3　煤矿开采产生的固废及其危害

矸石是伴随着煤炭资源的采出、分选而产生的，据统计，我国每生产 1 亿 t 煤炭将产出约1 400 万 t矸石，每分选 1 亿 t 炼焦煤将排放约 2 000 万 t 矸石，每分选 1 亿 t 动力煤将排放约 1 500 万 t 矸石。煤炭生产过程中，矸石排放量一般为原煤产量的 8%～20%，平均约为 12%。受到自然地理环境因素的影响，矿山企业对矸石的处理方式主要是自然堆存法，在距煤炭开采分选较近的山坡、深沟等地直接裸露堆放，这使得散体矸石易产生滑坡、自燃等潜在危害。风化后的矸石粉尘对空气具有一定污染，而在降雨(尤其是酸雨)作用下矸石堆体中浸出的重金属离子对土壤、地下水的危害也同样值得关注。

目前，全国大中型煤矿有矸石山 1 500 多座，矸石堆放量达 30 亿 t 以上。据统计，全国正在自燃的矸石山约 600 座，占总数的 1/3，自燃过程排出大量有害气体，如 SO_2、CO_2、H_2S 及氮氧化合物、烟尘等，污染空气，形成酸雨，污染水源和土地，抑制植物生长，危及人类健康。

1.5.1.4　煤矿开采产生大量有毒有害气体

地下矿层中赋存着大量有毒有害气体，如 CH_4、CO、CO_2、SO_2、H_2S 等，由于开采经矿井通风风流携带大量粉尘排至大气，我国煤矿每年排放至大气中的 CH_4 约100 亿 m^3，排放粉尘约 40 万 t，这不仅对矿区环境造成了严重污染(图 1-26)，而且由此引发尘肺病患者达几十万人。

上述问题若得不到有效解决，在未来几十年内，随着能源总需求和煤炭产量的不断增长，煤炭资源开采所带来的矿区安全和生态环境问题会更为严重，人类的生存和社会发展环境会受到严重威胁。

图 1-26　露天矿扬尘

1.5.2 矿山减损开采方法

1.5.2.1 煤矿绿色开采理念的提出

循环经济是指遵循自然生态系统的物质循环和能量流动规律重构经济系统，把经济活动高效有序地组织成一个"资源利用—绿色工业—资源再生"的封闭型物质能量循环的反馈式流程，保持经济生产的低消耗、高质量、低废弃，从而将经济活动对自然环境的影响和破坏减少到最低限度。它不同于传统经济的"高开采、低利用、高排放"，而是要达到"低开采、高利用、低排放"的可持续发展目标。显然，此处的"绿色工业"是广义的概念，应由各个工业部门去实现。对矿业来说就是要实现"绿色矿业"。"绿色矿业"的核心内容之一就是要实现"绿色开采"。"绿色开采"的内涵是努力遵循循环经济中绿色工业的原则，形成一种与环境协调一致的"低开采、高利用、低排放"的开采技术。

矿井瓦斯即煤层气，是比 CO_2 还严重的温室气体，也是导致煤矿重大安全事故的根源。据初步估计，我国 2 km 以浅范围内具有 30 万～35 万亿 m^3 煤层气资源，居世界前列。但由于我国煤层透气性小，难以在开采前抽出。中华人民共和国成立以来，我国煤矿发生煤与瓦斯突出事故 1 500 余次，煤矿每年排放瓦斯 70 亿～190 亿 m^3。同时，瓦斯又是最好的清洁能源，因此必须加以利用，变害为宝。

基于矿业可持续发展被逐步重视，对煤炭开采与环境协调发展的要求越来越高，绿色开采在此背景下产生了。2003 年中国工程院钱鸣高院士首次提出了煤矿绿色开采的概念和技术体系，分析了关键层理论对绿色开采研究的指导作用，阐述了保水开采、建筑物下采煤与离层注浆减沉、条带与充填开采、煤与瓦斯共采、煤巷支护与部分矸石的井下处理、煤炭地下气化等绿色开采技术的主要内容，明确了实现资源开采和环境协调发展的绿色开采研究目标，为绿色开采的研究指明了方向。

发展煤炭绿色开采理论和技术，不是对现有采煤理论、方法和技术的否定，而是在此基础上的发展与创新，并且具有更加丰富的技术内涵和经济原则。

1.5.2.2 煤矿绿色开采的内涵

从广义资源的角度论，在矿区范围内的煤炭、地下水、煤层气(瓦斯)、土地、煤矸石以及在煤层附近的其他矿床，都应该是这个矿区的开发和保护对象。煤矿绿色开采以及相应的绿色开采技术，在基本概念上是要从广义资源的角度来认识和对待煤、瓦斯和水等一切可以利用的各种资源。基本出发点是防止或尽可能减轻开采煤炭对环境和其他资源的不良影响，目标是取得最佳的经济效益和社会效益。根据煤矿中土地、地下水、瓦斯以及矸石排放等，绿色开采技术主要包括以下内容：水资源保护——形成"保水开采"技术；土地与建筑物保护——形成离层注浆、充填与条带开采技术；瓦斯抽放——形成"煤与瓦斯共采技术"；煤层巷道支护技术与减少矸石排放技术；地下气化技术。具体如图 1-27 所示。

开采引起的安全与环境问题都与开采后造成的岩层运动有关，如果岩体不破坏。上述问题都不会发生，因此，绿色开采的重大基础理论为采矿后岩层内的"节理裂隙场"分布以及离层规律、开采对岩层与地表移动的影响规律、水与瓦斯在裂隙岩体中的渗流规律、岩体应力场分布规律及岩层控制技术。

1.5.2.3 煤矿绿色开采的经济原则

随着经济的发展和国家对环境的要求，绿色开采技术必然受到充分的重视。随着科技

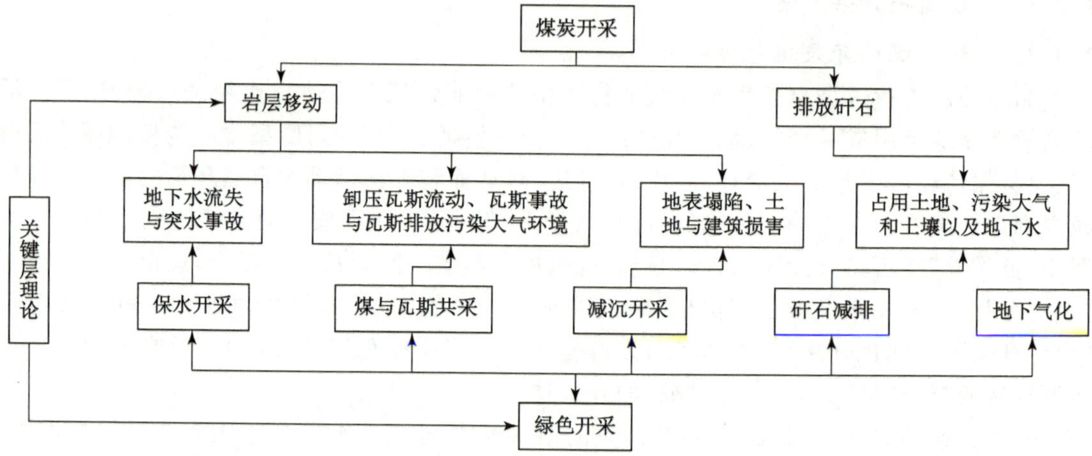

图 1-27 煤矿绿色开采技术体系

的发展，绿色开采的部分技术可以成为产业，甚至可以变废为宝以进一步降低开采成本。另外，若处理不好很容易增加煤矿企业的成本，尤其使一些本来开采成本较高的煤矿企业难以接受。

资源开发必须与环境协调，这是采矿者的责任。但首先必须解决煤炭开发的经济问题，在市场经济条件下矿业开发具有其本身的发展规律，如煤炭的价值是由整个产业链系统表现出来的，而具体的煤炭作为商品很难体现其在开采时的难度及技术含量。煤炭开采成本与售价不仅与技术有关，还与赋存状况及区位等条件有关，这显然与加工类型企业有本质的区别。

因此，为了满足国家经济发展对能源的要求，同时要实现资源开发与环境的协调，必须从煤炭开采到利用的整个系统来考虑加以宏观调控，政府应根据各类情况在政策与税收等方面加以支持，以使煤炭企业得到健康发展。各个矿区煤矿开采对环境影响是不同的，加上开采成本也不一样，因此必须分类做出成本核算，以便提出希望政府给予的政策支持。

1.5.3 矿山资源综合协调开发利用

1.5.3.1 关键层理论

在直接顶上方存在厚度不等、强度不同的多层岩层。实践表明，其中一层至数层厚硬岩层在采场上覆岩层活动中起主要的控制作用。将对采场上覆岩层局部或直至地表的全部岩层活动起控制作用的岩层称为关键层。前者称为亚关键层，后者称为主关键层。采场上覆岩层中的关键层有如下特征：

(1) 几何特征，相对其他同类岩层单层厚度较厚；

(2) 岩性特征，相对其他岩层较为坚硬，即弹性模量较大，强度较高；

(3) 变形特征，关键层下沉变形时，其上覆全部或局部岩层的下沉量同步协调；

(4) 破断特征，关键层的破断将导致全部或局部上覆岩层的同步破断，引起较大范围内的岩层移动；

(5) 承载特征，关键层破断前以“板”(或简化为“梁”)的结构形式作为全部岩层或局部岩层的承载主体，破断后则成为“砌体梁”结构，继续成为承载主体。

煤层开采后上覆岩层会形成结构，该结构形态及稳定性直接影响采场支架的受力大小、参数和性能的选择，同时也影响开采后上覆岩体内节理裂隙和离层区的分布以及地表塌陷。1996 年，在采场基本顶岩层“砌体梁”理论基础上，钱鸣高院士及其课题组提出了岩层控制的关键层理论，关键层是指对岩体活动全部或局部起控制作用的岩层，如图 1-28 所示。

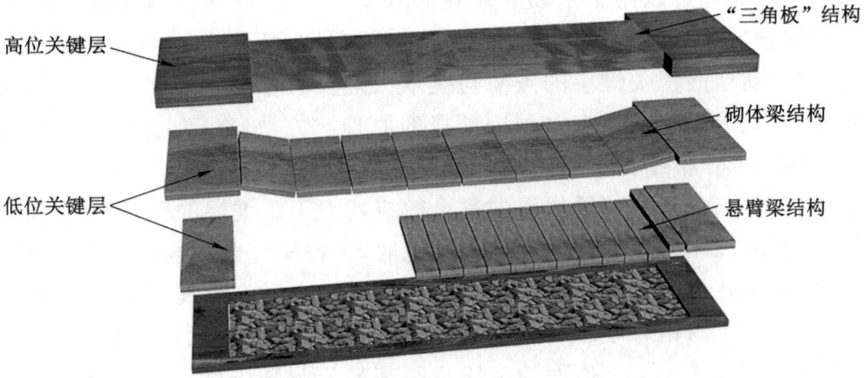

图 1-28　覆岩结构关键层图

将关键层理论及有关采动裂隙分布规律的研究成果应用于我国卸压瓦斯抽采的研究与工程实践，取得了显著性成果。理论与试验研究揭示，当关键层破断后，位于采空区中部的采动裂隙趋于压实，而在采空区四周存在采动裂隙“O”形圈(图 1-29)，采动裂隙“O”形圈能长期保持，周围煤岩体中的瓦斯解吸后通过渗流不断地汇集于“O”形圈，卸压瓦斯抽采钻孔应打到采动裂隙“O”形圈内，以保证钻孔有较长的抽采时间、较大的抽采范围、较高的瓦斯抽采率。“O”形圈理论已在淮北、淮南、阳泉等矿区的卸压瓦斯抽采中得到成功试验与应用。“O”形圈理论对注浆充填的钻孔布置同样具有重要的指导意义。

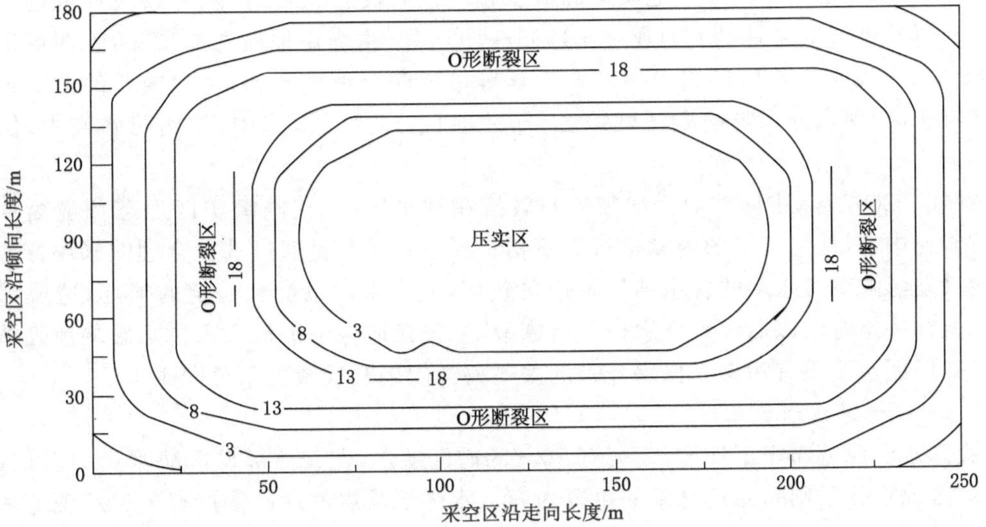

图 1-29　采动裂隙分布的“O”形圈

图中数字为离层率，单位为%

关键层理论为“三下一上”采煤的深入研究提供了理论基础。将关键层理论应用于“三下一上”采煤研究与工程实践，取得了显著的经济效益和社会效益。关键层理论为进一步完善建筑物下开采设计提供了理论指导，其基本原则是保证上覆岩层中的主关键层破断并保持长期稳定，通过条带开采、覆岩离层注浆等技术手段来保证覆岩主关键层的稳定。岩层控制的关键层理论的原理可以用于采场底板突水治理研究中，即在采场底板隔水层中，找出起主要控制作用的岩层隔水关键层，由此展开相应的力学分析。在采场底板突水事故统计分析的基础上，对无断层底板关键层的破断与突水机理及有断层底板关键层的破断与突水机理进行了研究，据此提出了底板突水预测预报的原理与方法，在淮北朱庄矿 6313 工作面底板突水危险性的预测预报中得到了应用与验证。

关键层理论研究表明，相邻硬岩层的复合效应增大了关键层的破断距，当其位置靠近采场时，会引起工作面来压步距的增大和变化。此时，不仅第一层硬岩层对采场矿压显现造成影响，与之产生复合效应的邻近硬岩层也对矿压显现产生影响。其影响主要体现在两方面：其一，当产生复合效应的相邻硬岩层破断距相同时，一方面关键层破断距增大，另一方面一次破断岩层厚度增大，增大了工作面的来压步距和矿压显现强度；其二，当产生复合效应的相邻硬岩层破断距不等时，工作面来压步距呈一大一小的周期性变化。神府浅埋煤层等多个矿井的实测资料都证实了关键层复合效应对采场矿压显现的上述影响。当覆岩中存在典型的主关键层时，由于其一次破断运动的岩层范围大，往往会对采场来压造成影响，尤其当主关键层初次破断时，会引起采场较强烈的来压显现。

关键层理论把整个覆岩作为统一对象，研究岩层中节理裂隙的分布、瓦斯抽采、突水防治以及开采沉陷等采动损害问题，对层状矿体开采过程中的矿山压力控制、开采沉陷控制、瓦斯抽采以及突水防治等具有重要意义。

1.5.3.2 保水开采

1. 保水开采的提出与内涵

“保水开采”是由陕西煤田地质局高级工程师范立民首次在对“陕北煤炭开采过程中的地下水保护”进行叙述时提出的观点。1995～1998 年，由煤田地质总局牵头，陕西煤田地质局 185 队、中煤水文地质局和中国矿业大学等单位联合承担开展了“中国西部侏罗纪煤田(榆神府矿区)保水开采与地质环境综合研究”项目，在这一研究中，首次明确使用“保水开采”一词。

2006～2007 年，中国矿业大学张东升教授在神东矿区“亿吨级矿区生态环境综合防治技术”研究中，对保水开采的内涵进行了概括。保水开采就是通过选择合理的采煤方法和工艺，使采动影响对含水层的含水结构不造成破坏，或含水层虽受到一定的损坏，造成部分水流失，但在一定时间以后含水层水位仍可恢复，流失量应保证最低含水位不影响地表植物的生长，并保证水质没有污染。保水开采的关键科学问题及逻辑关系见图 1-30。

2. 保水开采的理论基础

我国水资源分布很不均衡，大概有 70%的矿区缺水，尤其西部矿区缺水更为严重，对于西部矿区保水开采则是绿色开采的主要内容。水体下采煤的理论依据有“三带”理论和隔水层理论。

(1)“三带”理论。对于地面水体，松散层底部和基岩中的强、中含水层水体，要求保护的水源等水体，不容许导水断裂带波及；对于松散层底部的弱含水层水体，允许导水断裂带

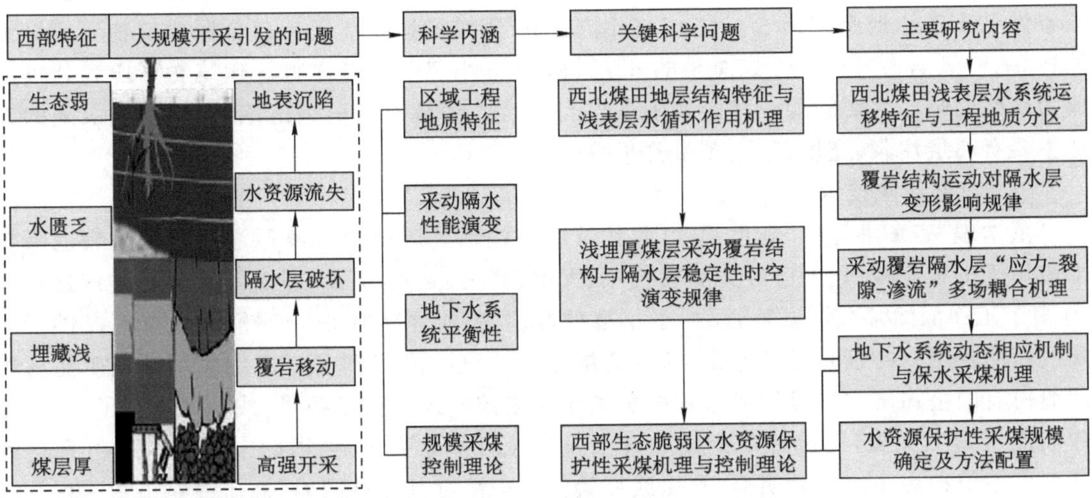

图 1-30　保水开采的关键科学问题及逻辑关系

波及；对于厚松散层底部的极弱含水层或可以疏干的含水层，允许导水断裂带进入，同时允许垮落带波及。采场覆岩“三带”结构示意图见图 1-31。

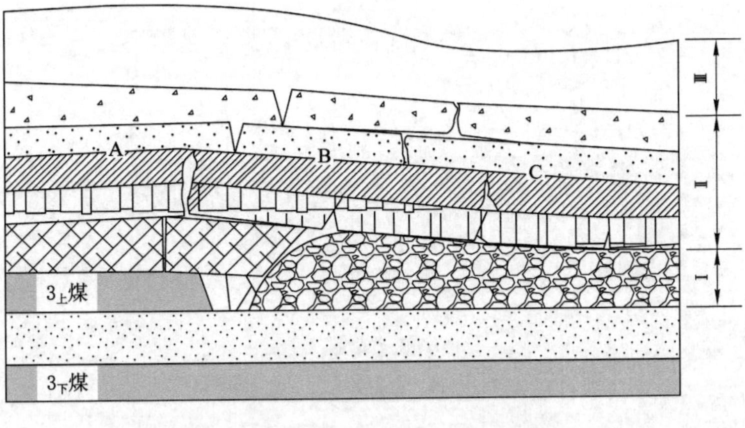

A—煤壁支撑区；B—离层区；C—重新压实区；

Ⅰ—垮落带；Ⅱ—裂缝带；Ⅲ—弯曲下沉带。

图 1-31　采场覆岩“三带”结构示意图

（2）隔水层理论。隔水层理论是指水体底面与煤层之间应有相应厚度的隔水层，实现水体下安全采煤的相应理论。因此，研究采动基岩和隔水层的移动规律，揭示导水裂隙形成规律和采动隔水层的稳定性是实现保水开采的基础，而具体的采煤方法需要综合参考隔水层的厚度、隔水层的性能、水体至煤层的距离、采厚、水量大小以及水源等因素。

1.5.3.3　土地与建筑物保护形成离层注浆充填与条带开采技术

我国是一个产煤大国，开采所引起的地表沉陷及其环境灾害问题日益突出。而这些矿区的地表多属建（构）筑物、水体、铁路、农田、公路、桥涵等设施的分布区。例如，我国村庄下压煤超过亿吨的省份就有9个，河北省村庄下压煤最多为9.5亿t，其次为山西省8亿t，山东省为7.6亿t，河南省为6.5亿t。全国“三下”压煤量达140亿t，仅全国建筑物下压煤量就达87.6亿t，占“三下”压煤总量的62.5%，居“三下”压煤量之首。建筑物下压煤开采已成为矿区面临的主要问题。建筑物下采煤问题的关键是控制地表沉陷，控制地表沉陷的方法主要有离层注浆、充填开采、条带开采等。

(1) 离层注浆技术

范学理、齐东洪等于20世纪80年代首次在抚顺矿区把覆岩离层注浆减缓地表沉降技术应用于工程实践，我国已经先后在抚顺、大屯、新汶、兖州、开滦、淮南和南桐等矿区进行了10多个工作面注浆减沉试验，积累了丰富的经验，特别是为认识和评价该项技术提供了宝贵的实测依据。特别是近几年来，覆岩离层注浆减沉技术得到了广泛的应用。兖矿能源集团股份有限公司济宁二号煤矿采用覆岩离层注浆控制地表沉陷技术，成功地进行了4302工作面高压线下采煤，通过针对地质和开采条件设计注浆系统和注浆工艺，地表减沉率达到59%。不但地表减沉效果明显，高压线杆偏斜均未超过其允许限差，高压线路正常运行。淮南矿业集团李一矿进行了煤层群开采的覆岩离层注浆减沉试验，表明覆岩离层注浆减沉在该地质条件下可行，减沉率达到45%。开滦(集团)有限责任公司唐山煤矿1997年至今已经进行了8个面的注浆减沉工程，其中包括5个综放面，成功解放了铁路下压煤资源。覆岩离层注浆充填采煤技术原理示意图见图1-32。

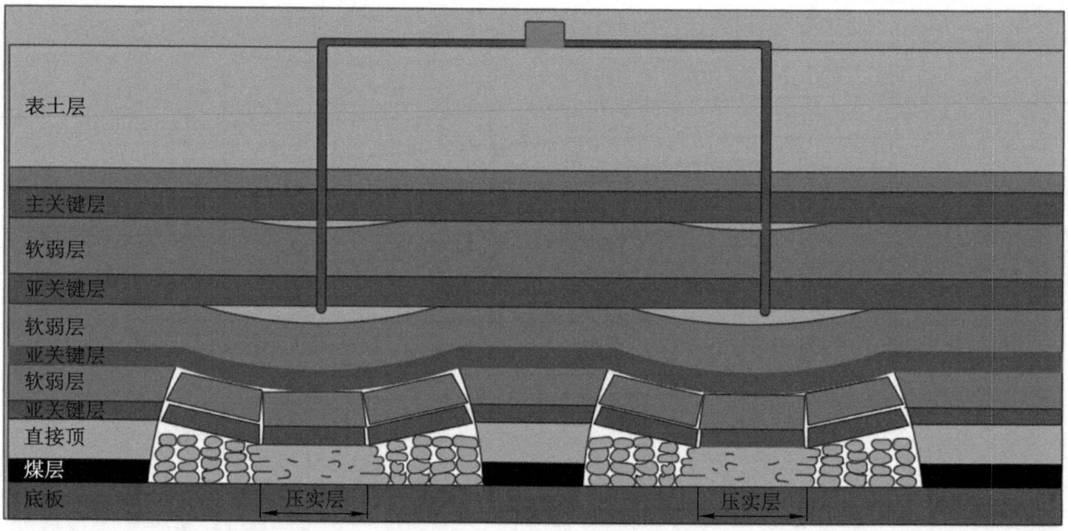

图1-32　覆岩离层注浆充填采煤技术原理示意图

(2) 矸石充填开采技术

充填开采按充填方式可分为风力充填、水力充填、机械充填、自溜充填等，按充填材料可分为水砂充填、尾矿胶结充填、混凝土充填、膏体充填、高水充填和矸石充填等。但综合比较上述几种充填方法，矸石机械化充填在经济效益、环保和可大规模推广方面，具有明显的优势。早期的充填开采主要用于金属矿，煤矿最早有计划矸石充填开采的是澳大利亚北莱尔矿和塔斯马尼亚芒特莱尔矿，于1915年首次应用废石充填采空区进行开采。美国也有过矸石充填开采煤炭资源的记载,它们主要用在长壁工作面和近距离煤层开采中,但总的来说国外对煤矿进行矸石充填开采研究较少。

我国在20世纪60～70年代曾进行过矸石充填采空区试验研究,但由于当时矸石充填基础理论水平不够成熟,充填工艺落后,充填设备简陋,导致充填效率低,充填效果差,使得矸石充填减沉效果差,没有取得预期经济效益,造成矸石充填开采一度没有得到推广和发展。近年来,随着国民经济的高速发展,对煤炭资源的需求量不断增加,急需解放“三下”压覆的煤炭资源,另外,煤炭资源开采过程中排放的矸石对土地形成压占,对环境造成的污染越来越严重,矸石充填开采技术又引起了大家的关注。

目前,国内的矸石充填技术主要在我国的邢台、新汶、兖州、淮北等矿区先后开展了工业性试验研究。中国矿业大学科研人员吸取了以往矸石充填减沉效果差的原因,专门设计了巷采、普采、综采固体充填开采工艺,研发了与之相适应的固体充填设备,比如六柱支撑式采煤充填液压支架、固体直接投料系统、旋转托盘式垂直连续投料系统、固体转载机等关键设备。伴随着这些关键设备的成功研发和充填工艺日趋成熟,固体充填的工业性试验已经取得了圆满成功。根据目前的固体充填工艺和综合机械化水平,综采固体密实充填开采,充填欠接顶距为零,固体充填体的初始压实度约为90%,地表下沉系数控制在0.2左右。矸石充填开采示意图见图1-33。

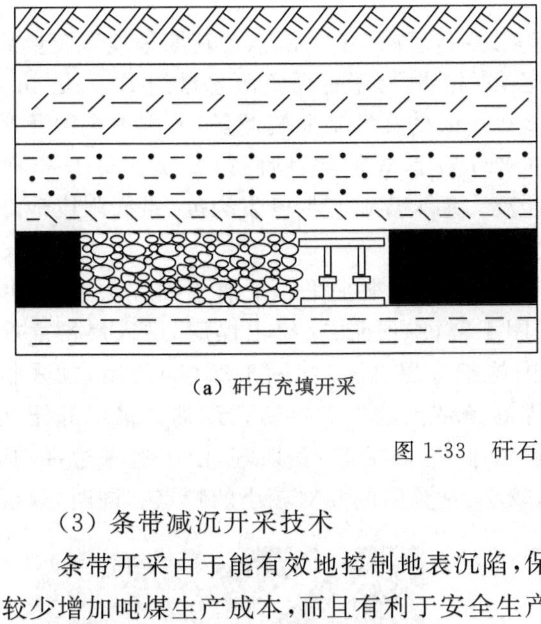

(a) 矸石充填开采

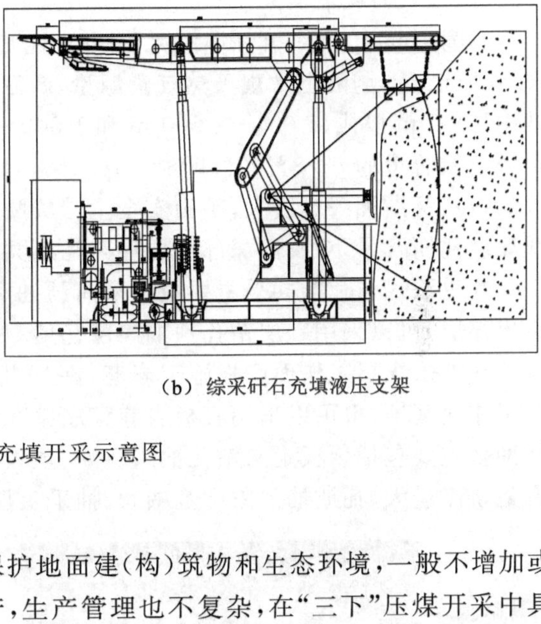

(b) 综采矸石充填液压支架

图1-33 矸石充填开采示意图

(3) 条带减沉开采技术

条带开采由于能有效地控制地表沉陷,保护地面建(构)筑物和生态环境,一般不增加或较少增加吨煤生产成本,而且有利于安全生产,生产管理也不复杂,在“三下”压煤开采中具有广阔的推广应用前景。

条带开采成功的关键在于合理设计条带采出宽度 b 与保留宽度 a,确保覆岩主关键层和留设煤柱的稳定性,如图1-34所示。

国外如波兰、苏联、英国等欧洲主要采煤国家在20世纪50年代就开始应用条带法开采建筑物尤其是村镇、城市下压煤,取得了较为丰富的实践经验。国外条带开采的采深一般小于500 m,开采煤层厚度多为2 m左右,少数为4 m以上,个别达到16 m,采出率一般为40%～60%,除个别因采留宽度太小(小于10 m)使下沉系数偏大以外,地表下沉系数一般

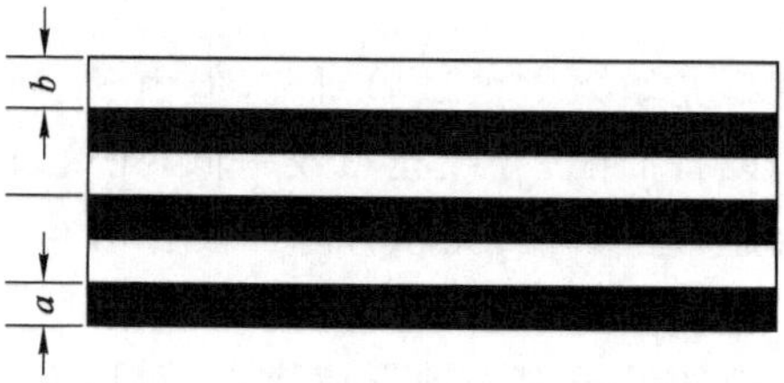

(a) 走向条带

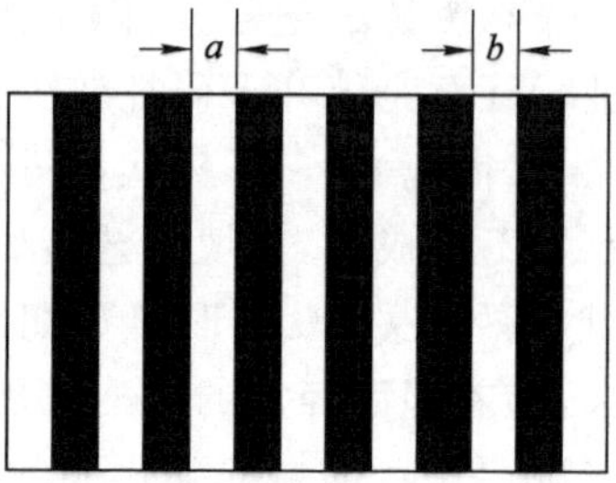

(b) 倾向条带

a—条带保留宽度;b—条带采出宽度。

图 1-34 条带开采的类型

小于 0.1,个别采深较大的条带开采下沉系数达到 0.16,顶板控制方法一般为全部垮落法,仅波兰在开采厚度为 5.9 m 以上的煤层时采用了水砂充填。采用全部垮落法控制顶板时条带煤柱的宽高比为 2.5～3.7 不等,采用水砂充填法控制顶板时条带煤柱的宽高比为 1.2～5.1。这些国家在实践方面做了不少工作,在条带煤柱设计理论研究方面也有大量研究,但对条带开采的地表移动机理、条带开采优化设计及地表移动和变形预计等方面的研究尚不充分。

1.5.3.4 煤与瓦斯共采

我国是世界上煤与瓦斯突出灾害最严重的国家之一,埋深 2 000 m 以浅瓦斯地质资源量约 36.81 万亿 m^3,与陆上常规天然气资源量 38 万亿 m^3 相当,可采瓦斯资源总量约 10 万亿 m^3,其中1 000 m 以浅、1 000～1 500 m 和 1 500～2 000 m 的瓦斯地质资源量,分别占全国瓦斯资源地质总量的 38.8%、28.8%和 32.4%,且大部分矿区煤层透气性低(比美国低2～3 个数量级),瓦斯抽采难度大,矿山安全生产威胁严重。加大煤矿瓦斯开发力度,最大限度地降低煤层瓦斯含量,对我国深部煤层煤与瓦斯共采意义重大。

巷道法煤与瓦斯共采主要包括采前预抽和采中卸压瓦斯抽采。采前预抽方法中,对非突出煤层,可以采用顺层钻孔预抽煤层瓦斯,如图 1-35(a)所示;对突出煤层,进入煤层之前需要在首采煤层工作面底板施工岩巷,在岩巷内施工穿层钻孔,如图 1-35(b)所示,抽采整个工作面瓦斯,也可以采用底板岩巷穿层钻孔煤巷条带预抽＋顺层钻孔预抽。采中卸压瓦斯抽采主要包括顶板走向钻孔抽采瓦斯、顶板巷道抽采(高抽巷)瓦斯等,由于边采边抽,具有瓦斯流量大、瓦斯抽采浓度范围大、抽采负压较小、抽采空间相对较小的特点。同时,煤层

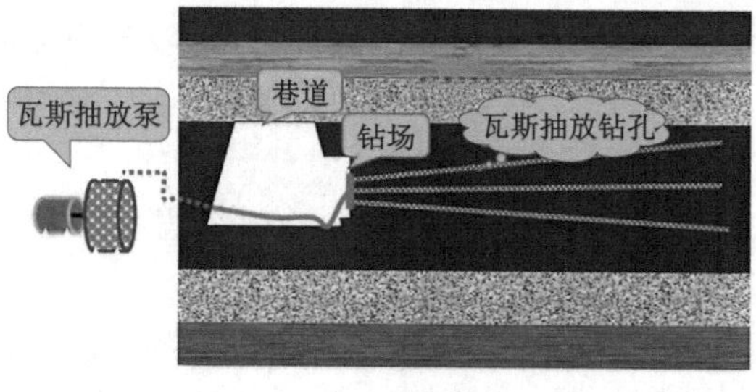

(a) 顺层钻孔

(b) 穿层钻孔

图 1-35 顺层钻孔和穿层钻孔抽采瓦斯

开采以后，高抽巷可以封闭起来继续抽采采空区瓦斯，底抽巷在维护住的前提下，可以继续抽采采空区瓦斯，做到“一巷三用”。

将高瓦斯、高地压、高地温、低透气性煤层群的技术难题等统筹考虑，采用无煤柱沿空留巷，沿煤层采空区边缘将回采巷道保留下来，形成 Y 形通风，消除上隅角瓦斯积聚，降低回采系统热害；相邻区段连续开采，形成大范围连续卸压区，提高煤层渗透性；留巷替代预先布置的专用瓦斯抽采岩巷，在留巷内布置钻孔抽采卸压层及采空区卸压瓦斯，实现采煤与卸压瓦斯抽采同步推进，高、低浓度瓦斯分源抽采，如图 1-36 所示。该方法有效解决高瓦斯、高地应力、高地温的煤层群进入深部开采面临的瓦斯治理、巷道支护、煤炭开采等重大安全生产技术难题，既可以治理瓦斯、保证安全，又能降低开采成本，节约资源，提高采出率，减少瓦斯排放，实现安全、能源和环境三重效益。

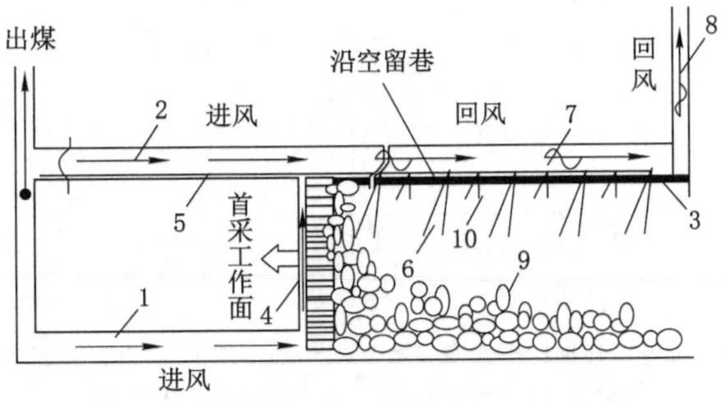

1—主进风巷；2—辅助进风巷；3—充填体；4—工作面；5—抽采瓦斯管道；6—倾向顶板抽采瓦斯钻孔；7—工作面回风巷；8—边界回风巷；9—采空区；10—倾向底板抽采瓦斯钻孔。

图 1-36　留巷钻孔法无煤柱煤与瓦斯共采

当前煤矿区较为成熟的地面钻井法煤与瓦斯共采主要有 2 类：第 1 类是“煤气共采”的“淮南模式”，如图 1-37 所示，即在短期内无法采用地面煤层气开采技术的复杂地质条件低

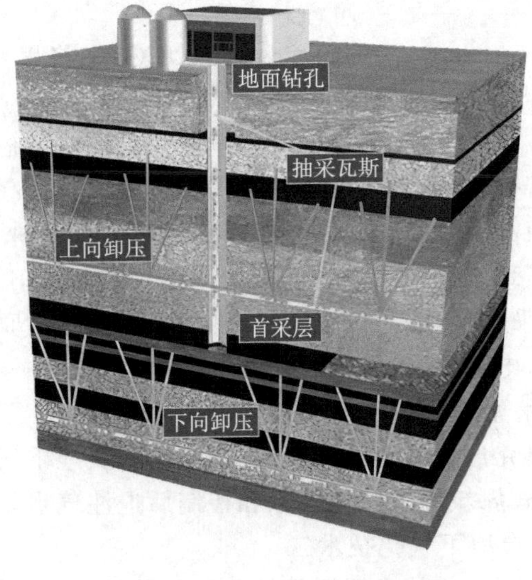

图 1-37　采动区卸压瓦斯立体抽采

透气性高瓦斯煤层的煤矿区，采用地面钻井抽采采动区卸压瓦斯，实现煤采气一体化、煤与瓦斯共采。该方法既可以抽采采空区瓦斯，又可以抽采采动区邻近层卸压瓦斯，适用于低透气性煤层群开采。

第 2 类是“先抽气后采煤”的“晋城模式”，如图 1-38 所示，即将煤矿区划分为远景规划区（一般在 8～10 年甚至更长时间以后进行采煤作业）、开拓准备区（一般为 3～8 年内即将进行回采的区域）。

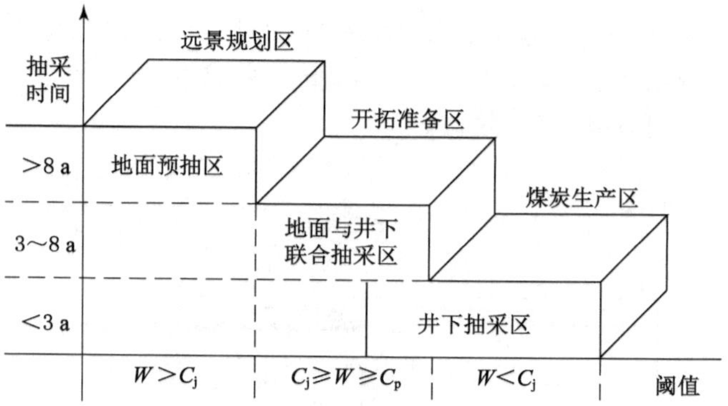

W—煤层瓦斯含量，m^3/t；C_p—工作面回采允许的瓦斯含量，m^3/t；C_j—矿井开拓掘进允许的瓦斯含量，m^3/t。

图 1-38　煤矿区瓦斯三区联动立体抽采

在远景规划区采用地面钻井预抽煤层瓦斯，在开拓准备区采用地面与井下联合抽采技术、区域递进式抽采技术、条带迈步式抽采技术等抽采煤层瓦斯，在煤炭生产区采用边抽边掘、采空区抽采、本煤层钻孔抽采及采动区地面抽采技术等井下瓦斯抽采技术抽采煤层瓦斯，形成采气后采煤的“三区联动立体抽采模式”，实现煤与瓦斯协调开发。该方法适用于地质构造条件相对简单、地势平缓的区域。

1.5.3.5　地下气化技术

煤炭地下气化(underground coal gasification，UCG)是将煤炭在原位进行有控制的燃烧，通过煤的热解以及煤与氧气、水蒸气发生的一系列化学反应，产生 H_2、CO 和 CH_4 等可燃气体的过程，UCG 也被称作“气化采煤”或“化学采煤”。作为新一代化学采煤技术，UCG 集建井、采煤、转化工艺于一体，是对传统物理采煤技术的重要补充，实现了地下无人生产，避免了人身伤害和矿井事故发生，避免了煤炭开采、运输环节带来的粉尘污染，气化后的矸石、灰渣留在地下，减少了地表固体废弃物堆积带来的环境影响，在一定程度上防止地表沉降。UCG 技术适用于难采煤层、低品位煤层，特别是深部煤层的原位开采与转化，提高了资源利用率，并能带动煤炭、电力、化工等传统产业的发展。

1. 煤炭地下气化技术体系

在 100 多年的开发研究过程中，形成了 3 种类型的煤炭地下气化技术，即长壁式气流法煤炭地下气化技术、渗透式煤炭地下气化技术和控制后退注气点煤炭地下气化技术。

(1) 长壁式气流法煤炭地下气化技术

长壁式气流法煤炭地下气化技术采用的气化炉一般由一个进气井、一个出气井和一条连接进、出气井的气化通道组成，如图 1-39 所示。气化通道是人工掘进的煤巷或煤层定向井，其特点是进气点和出气点是固定的，分别位于气化通道的两端，一个井进气，另一个井出气，利用气流流动速度控制气化工作面的移动。

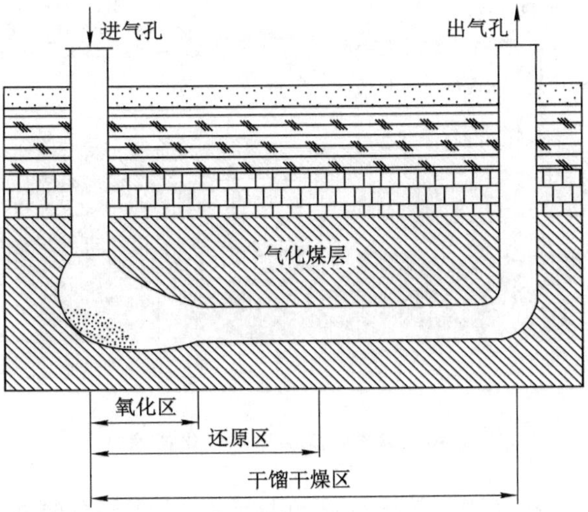

图 1-39 长壁式气流法煤炭地下气化炉

当气化工作面由进气孔向出气孔移动时称为正向气化，当气化工作面由出气孔向进气孔移动时称为逆向气化。

正向气化是气相流动方向与气化工作面移动方向相同的气化方式，煤层点火和初始气化位置位于进气井与气化通道的交叉点，注气点为气化剂与气化反应区最早接触的位置，随着气化过程的进行，当气化剂不断地从进气口输入气化工作面后，气化反应区随气流方向前进而逐渐移动到气化通道末端，即出气孔附近，使还原区和干馏干燥区缺失，不能满足氧化区生成的 CO_2 还原和水蒸气分解反应的需要，煤气质量下降。此时可将原出气孔改为进气孔，原进气孔改为出气孔，进行反向气化，重新形成氧化区、还原区和干馏干燥区，维持气化过程的连续。根据煤层厚度及宽度可多次进行正向和反向气化，以实现高的煤层气化率。

逆向气化是气相流动方向与气化工作面移动方向相反的气化方式，逆向气化时煤层点火和初始气化位置位于出气孔与气化通道的交叉点，通过控制气化剂的流量来控制气化剂在气化区的流速，当煤层燃烧的放热量大于下游带走的热量时，气化工作面（火焰）则逆着气流方向移动。试验表明，当气体流速小于 1 m/s 时则会出现逆向气化。逆向气化要控制气流速度，因此单工作面产能受到了限制。

(2) 渗透式煤炭地下气化技术

渗透式气化的特点是利用煤层自然裂隙或人造裂隙作为气化通道实现煤炭地下气化，如图 1-40 所示。渗透式气化采用高压火力渗透、电力贯通、水力压裂方式开拓气化通道。

(3) 控制后退注气点煤炭地下气化技术

煤炭地下气化料层不能移动，而是要依靠气化工作面的移动来保持气化过程的连续，在长壁式和渗透式气化工艺中气化工作面的移动依靠气流流动自然推进，可控性差。利用注气点的后退移动注气可人为控制气化工作面的移动，从而实现对气化工作面的有效控制。

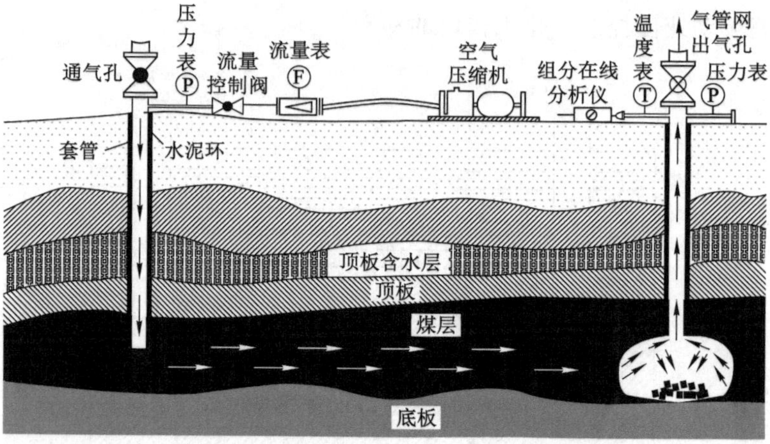

图 1-40　渗透式煤炭地下气化技术

在气化通道中设置注气管，利用注气管连续或间断后撤，实现注气点连续或间断后退移动，如图 1-41 所示。

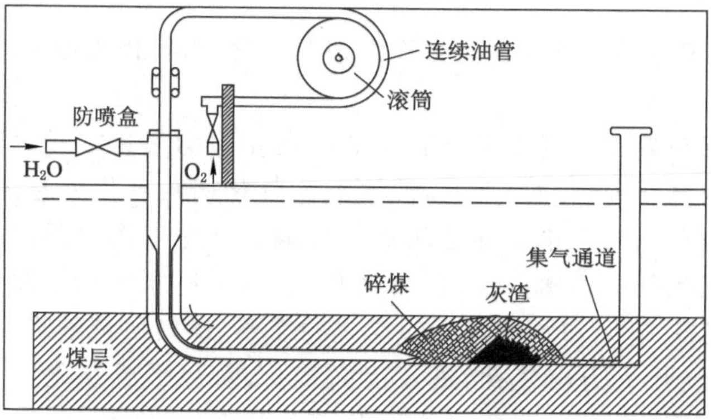

图 1-41　控制后退注气点气化技术

2. 煤炭地下气化技术现状及发展前景

目前关于实体煤气化基础研究薄弱，对受内扩散控制的大尺度煤体的热解、气化与煤体的膨胀、破碎及传热传质关联的内在规律研究较少，因此要加强煤层燃烧、热解、气化特性的研究。例如，研究煤层中火区形状、结构变化、扩展规律以及非均相燃烧过程中物质扩散、传输、传热过程；研究大块实体煤内气体扩散过程，包括气化剂在煤块内的扩散以及煤层热解和气化产物的释放过程；研究大块实体煤在气化过程中膨胀、孔隙结构变化、破碎成灰过程，以及 CO_2 还原、水蒸气分解速率；研究不同工况条件下，煤层特征速度场、温度场、浓度场的非定常演化规律，并建立运行工况参数的内在关联。

地下气化煤层顶板垮落规律不同于传统的矿井开采，地下气化是在高温条件下煤、岩产生热膨胀、破碎和垮落，因此要研究高温条件下煤、岩力学性质及热膨胀、破碎机理；研究气化区煤层顶板在热力作用下的垮落规律及地表沉陷规律，包括气化区煤层上部岩层破坏变形、沉陷和裂隙发育规律，煤层燃空区范围对上覆岩层垮落规律的影响等。

煤层在氧化、还原和干馏过程中，必然要产生无机及有机污染物，这些污染物有可能向周围地质体中迁移而影响地下环境，因此要研究煤层热解气化过程污染物析出、富集及迁移规律；研究污染物随气化全流程，以及沿气化工作面的生成、转化及迁移规律，建立污染物析出与气化工艺参数、气化炉状态参数的相关性；研究特征挥发性污染物及特征残留污染物在不同煤系地层介质中的扩散及迁移行为。

目前煤炭地下气化虽然进行了一些工业性试验，但对气化过程的分析仍停留在人工分析的基础上，因此要研究反应区里化学反应、传热、传质、气相流动、液相流动、固相移动等基本规律，掌握气化区扩展的边界条件及影响因素，建立地下气化过程分析专业知识库，构建地下气化过程分析控制系统。

目前，我国废弃矿井中赋存煤炭高达 420 亿 t，如不开展二次开发将造成巨大的资源浪费。依托废弃矿井和去产能矿井的巨大资源进行煤炭地下气化，变产煤为产气，不仅能够减少煤炭资源浪费、变废为宝，而且为煤矿企业提供了一条转型和可持续发展的途径。

根据中国煤炭地质总局统计，我国埋深 2 000 m 以浅的煤炭资源量共计 45 521.04 亿 t，其中埋深在 1 000～2 000 m 的资源约为 27 080.56 亿 t，占我国资源储量的 59%，该部分深部煤炭资源由于受地温和冲击地压等因素的影响，开采安全性差、成本高，目前还无法进行大规模井工开采，煤炭地下气化技术将为深部煤炭资源的开采开创一条新的道路。我国煤炭地下气化虽然在不同的地质条件下完成了工业性试验，但生产规模达不到支撑一个完整的产业链，从而不能实现经济效益。因此，要在不断完善技术的基础上，扩大气化站的生产规模，使之能够支撑产业化生产。

1.6 智能化开采

基于当前世界能源格局和我国资源禀赋以及现实经济社会的需求，未来相当长时间内，煤炭仍将在世界能源结构中占较大比例，仍将是我国主体能源。在当前第 3 次工业革命与第 4 次工业革命的历史交汇期，应用信息技术、智能制造技术和人工智能技术发展的成果，实现煤炭安全高效绿色开采和清洁高效利用，发展智慧煤矿成为煤炭工业发展的必由之路。

1.6.1 煤矿智能化开采模式的技术内涵

煤矿智能化是采用物联网、云计算、大数据、人工智能、自动控制、移动互联网、智能装备等技术，促使煤矿开拓设计、地测、采掘、运通、分选、安全保障、生产管理等主要系统形成具有自主感知、智能分析与决策、精准控制与执行的能力。开采模式是指针对某一类煤层赋存条件与开采目标设计研发的具有指导意义和实用价值的标准开采工艺、工序流程与配套装备系统。煤矿智能化开采模式则是指针对某一类煤层赋存条件与开采目标，基于煤矿智能化开采技术与装备阶段性发展成果，创新设计的煤炭资源开采标准工艺流程及智能化开采装备配套系统，是一种具有示范性、典型性和对同类煤层赋存条件具有普适性的煤矿智能化开采方案，能够实现该类煤炭资源开采过程的自主感知、智能分析与决策、自动精准控制与执行。

基于上述对煤矿智能化开采模式的定义，煤矿智能化开采模式应具有以下技术内涵与特征：

(1) 煤矿智能化开采模式应具有创新性与多样性。由于我国煤层赋存条件复杂多样，应按煤层赋存条件与开采目标的差异，建立不同类型的煤矿智能化开采模式，且每种类型的煤矿智能化开采模式均应具有创新性的智能化开采工艺、技术与装备，提高对特定煤层赋存条件的适应性。

(2) 煤矿智能化开采模式应具有较高的可靠性与可操作性。煤矿智能化开采模式应基于物联网、云计算、大数据、人工智能等创新性发展成果，选择稳定、可靠的工艺、技术与装备，提高相关技术与装备的可靠性与可操作性。

(3) 煤矿智能化开采模式应力求简单和可复制，可推广。由于受煤矿井下恶劣生产环境、狭小工作空间等因素的制约，煤矿智能化开采相关技术与装备应优先采用模块化设计，简化开采工艺与流程，提高智能化开采技术与装备的适用性，且对不同区域类似煤层条件具有普适性、可复制性与可推广应用价值。

(4) 煤矿智能化开采模式的发展过程具有阶段性与动态性。由于受制于煤矿智能化开采技术与装备的发展水平，煤矿智能化开采模式并不是一成不变的，而是随着煤矿智能化开采技术与装备的不断进步而进步，具有显著的阶段性与动态发展特征。

由于我国煤层赋存条件复杂多样，不同煤炭生产企业、矿区对煤矿智能化开采的要求、技术路径、发展水平、发展目标等存在较大差异，且受制于智能化开采技术与装备的发展水平，各类煤矿智能化开采模式并不是齐头并进同步完成，而是要针对不同煤层条件进行分层次、分阶段、分目标逐步推进，通过建设不同类型的煤矿智能化开采模式示范矿井，以点带面推进煤矿智能化建设向纵深发展。

1.6.2 智能化开采关键技术

1.6.2.1 精准地质信息系统

煤矿地质信息是一种随着采掘活动在时间与空间不断发生变化的四维动态信息。精准地质信息作为掘进与开采的基础，是智能化决策的前提条件。因此开发工作面随掘随采探测关键技术及装备，实现地球物理数据和随掘随采数据的自动采集、处理和解释，建立精准四维动态地质-巷道模型，搭建多源、全方位信息透明的矿井 4DGIS 云平台，实现地质、测量及生产动态信息的一张三维电子图管理，是实现智慧煤矿的先决条件。

实现精准地质信息探测核心技术的研发方向包括矿井 4DGIS 云平台构建，研发测井岩性识别技术，全数字高密度三维地震数据采集、处理、解释方法及采煤工作面随采地震监测装备，提高地震资料的岩性解释水平及随掘随采工作面地层和构造的快速探测精度。

(1) 矿井 4DGIS 云平台。矿井 4DGIS 平云台构建可实现对多源、异构矿井地测数据、地震资料、生产实测数据、矿井 GIS 图件及其时空关系等信息的一体化管理，主要包括完成 3DGIS 基础平台搭建，矿井地测大数据共享服务平台开发，矿井 4DGIS 图形管理平台开发，浏览器端矿图管理系统开发，移动客户端矿图管理系统开发等。

(2) 全数字高密度三维地震数据采集、处理及采煤工作面随采地震监测装备。其重点是根据随采工作面地层和构造岩性差异，应用物探技术实现地质信息多源融合以及工作面快速动态建模与实时修正。主要包括：钻孔岩性探测技术，3D 地震数据采集、处理与解释，工作面随采地震精细探测技术与装备等的研发。

实现精准地质信息及随掘随采探测技术与装备最终统一于全矿的 GIS 系统的高端形式是构建四维可视化平台。其特征是基于 GIS 系统，全面整合三维数字模型、三维高程模型、三维景观建模、三维地质构模，并在生产过程中实时更新、修正形成动态四维模型，与实际空间物理状态保持一致，可随时针对某一变量、特征查询其历史变化特征。最终，实现“透明矿井”。

1.6.2.2　智慧煤矿物联网技术与装备

环境、设备状态的感知是实现智能决策、控制的先决条件。现有煤矿各类监控系统已实现飞跃式发展，实现了对于煤矿生产关键信息的基本感知。然而不同厂家的产品基于本企业标准生产，其数据接口与平台各异，数据独立进行处理，相互之间缺乏通信与融合，数据孤岛与数据碎片化现象严重，因而难以形成有效的数据分析模型与算法，分析结构也就缺乏准确性，难以指导生产。物联网技术旨在打破数据壁垒，实现设备之间、设备与环境之间、设备与人员之间的数据互联，最终实现万物互联。

针对煤矿物联网技术，在应用方面关键是实现以下 2 个方面的突破：

① 物联网位置服务

研究基于超宽带(UWB)定位技术在复杂开采工作面、不同环境温度、不同介质条件下提高定位精度的纠偏算法，并通过惯导和激光雷达进行协同定位/定姿，最终构建协同定位平台。定位基站可实现自组网功能，并针对该基站的走时和晶振误差进行自动补偿，实现对于人员、设备的位置、速度乃至加速度的定位计算，判定设备运行状况，避免碰撞，保证安全。

② 物联网云计算服务

基于分布式计算技术，建立综采工作面大数据计算框架；研发适用于专家分析决策的数据分析引擎，支持时序数据、空间数据、音视频数据、生产管理数据等多种类型；开发标准算法库，实现回归、聚类、分类等大数据分析；研究主流数据可视化工具，开发扩展接口，实现对外数据交互。在此基础上，为各设备控制节点提供边缘计算与云计算服务，如图 1-42 所示。

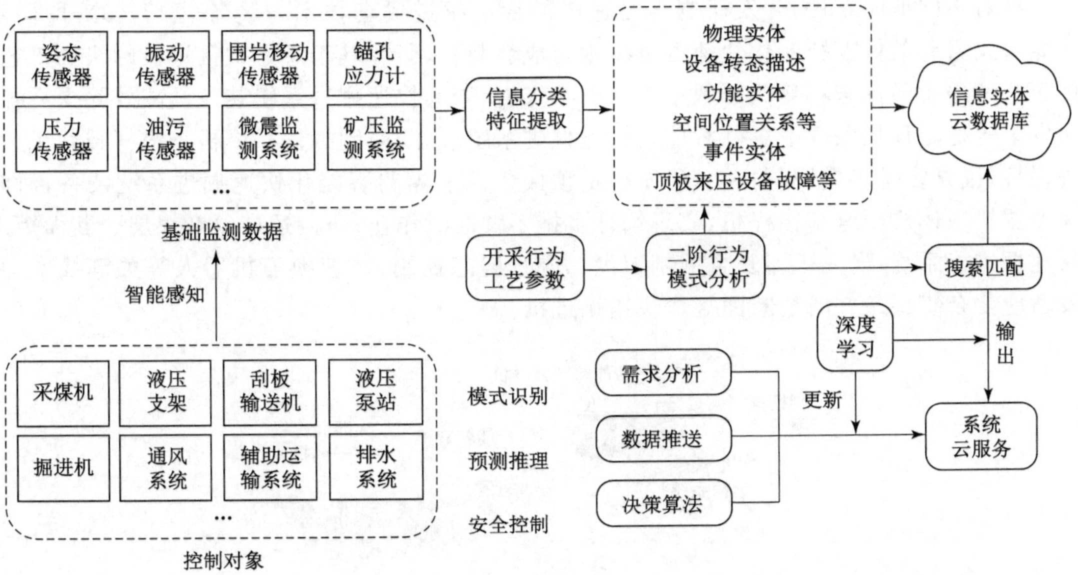

图 1-42　智能化煤矿物联网云计算服务示意图

1.6.2.3 巷道智能化快速掘进技术与装备

掘进工序及装备分散，辅助装备落后、工艺复杂，掘、锚工序在掘进工作面有限空间交替作业成巷效率低，制约了掘进作业的快速化、机械化、智能化。目前巷道快速掘进亟须解决的关键技术问题包括：快速支护及掘支平行作业技术；自主导航与自主连续截割技术；远程智能管控平台技术；适应各类条件的高效无人掘进成套装备。

改进掘进工艺技术模式，攻克快速支护、自主连续掘进等关键技术难题，探索实现配套装备自动化、智能化、一体化掘进模式，构建适用于不同煤层条件的煤矿智能化快速掘进工艺技术与装备体系成为智能化快速掘进的重点研发方向。

(1) 快速支护及掘支平行作业技术

掘进作业过程中最突出的矛盾是"掘—支"矛盾，支护作业难以实现机械化快速化是掘进作业的核心问题。解决这一问题应该从掘进临时支护和钻锚注一次作业工艺 2 个方面进行重点突破。首先研发柔性自移临时支护系统，实现掘进装备机身范围内的主动支护，为锚杆等永久支护滞后创造条件；之后研发新型钻锚注一次性安装新型锚杆及随掘自动钻装机构，将掘进支护分散的生产工序统一起来，实现掘支平行快速化作业；最终研制锚杆支护机器人，构建全自动化智能锚杆支护作业系统，开发紧跟临时支护的自动铺网和联网技术，实现锚杆支护由人工操作到机器人化的转型。

(2) 自主导航与自主连续截割技术

掘进截割速度的提高是从设备到工艺再到控制技术的全方位的提高，要实现以上目标，须从以下方面进行突破：煤岩硬度与截割刀具力学特性研究，提高截割刀具效率；动载识别与智能调速技术；基于自主导航信息的截割断面自动成形控制技术；全巷道高效自适应集料系统等技术的研发。

(3) 适应各类条件的高效智能化掘进成套装备

针对不同地质条件，开发研制与之适应的快速掘进成套技术与装备(图 1-43)：即研发半煤岩及岩巷条件下智能化快速掘进技术与成套装备，研究基于悬臂式掘进机的快掘工艺，用于一般地质条件岩石普氏系数小于 9 的半煤岩、岩巷快速掘进系统装备及高效除尘系统；研发中等稳定顶板条件下煤巷智能化快速掘进系统装备，研制掘锚一体机＋锚杆转载机，实现锚杆、锚索多排多臂同时作业；研发稳定顶板条件下煤巷智能化快速掘进系统装备，研制新型掘锚一体机＋跨骑锚杆机，实现锚杆多排多臂同时作业；研制适应复杂煤层全断面矩形快速掘进机系统，研究矩形复合截割刀盘、方向、姿态控制、快速换刀机器人等关键技术，开发适应复杂煤层条件的全断面矩形快速掘进机。

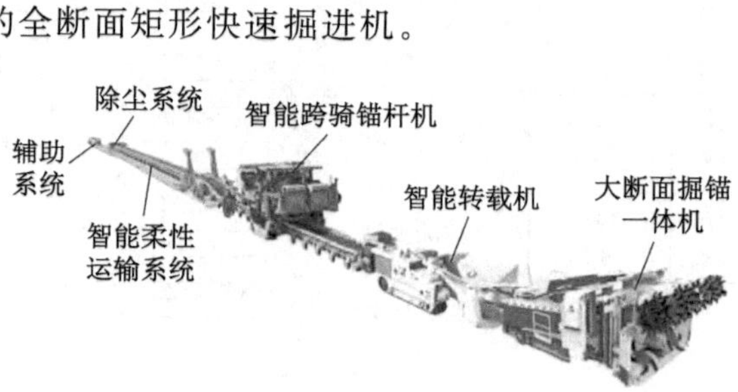

图 1-43　智能化掘进成套设备

1.6.2.4　智能化无人开采关键技术与装备

煤矿智能化无人开采系统是要建立一个从开采准备、工艺规划到开采过程实时控制、设备管理，直至远程监控服务的煤炭生产全过程无人或少人的智慧生产系统。目前，针对智能化无人开采，以下 5 个关键科技问题亟待解决：① 工作面有限空间内装备位姿及运动关系精确探测；② 低照度、高粉尘空间视频监控及图像识别；③ 围岩-开采系统耦合作用规律及多机协同控制；④ 复杂条件下超前巷道装备自动化技术；⑤ 关键材料、元部件及整机可靠性提升技术。

针对上述问题，煤矿智能化无人开采技术与装备研发的关键内容包括：① 工作面装备位姿检测及多信息驱动的三维场景实时再现；② 围岩-装备耦合自适应协同控制系统研发；③ 智能装备关键元部件及可靠性技术研发；④ 煤流及两巷辅助作业智能化系统研发。智能化无人开采技术与装备总体技术路线如图 1-44 所示。

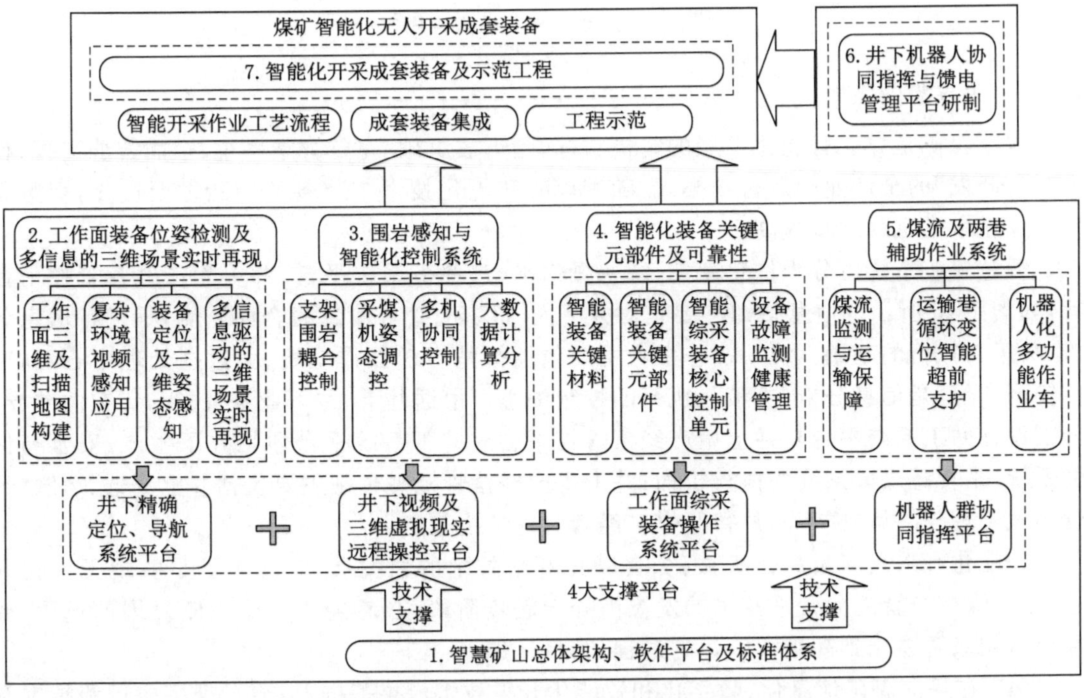

图 1-44　智能化无人开采技术与装备总体技术路线

1.6.2.5　煤矿机器人

煤矿生产系统庞大复杂，井下作业环境恶劣，靠人工操作机械的方式无法有效减少井下一线作业人员，实现“无人则安”的安全生产目标。用机器人替代井下作业、安全管控和应急救援等环节的人工操作是建设智慧煤矿的新要求。煤矿作业类机器人属于重载防爆机器人，其他领域尚无可借鉴的技术和产品。煤矿安控和应急救援类机器人属于极端复杂环境机器人，不单要有必备的感知监控功能，还要求有可靠的防爆、运移、导航、避障、路径规划和抗颠覆及自救等功能。因此，针对煤矿机器人，以下共性的关键技术成为重点研究方向：① 井下机器人自适应变阻抗力跟踪控制方法；② 井下机器人自我状态识别、避障和自主平衡;③ 井下长时可靠供电及自主寻径无线快速充电技术;④ 井下多机器人联合通信及协同控制平台。煤矿巡检机器人应用现场如图 1-45 所示。

图 1-45　煤矿巡检机器人应用现场

1.6.3　未来智慧煤矿

智慧煤矿是煤矿智能化发展的终极目标,是形成煤矿“完整智慧系统、全面智能运行、科学绿色开发”的全产业链运行新模式,随着煤矿智能化技术与装备的不断发展进步,智慧煤矿的建设水平也将逐步提高。

智慧煤矿系统可分为信息感知、统一操作平台、井下系统平台、井上生产经营管控平台等,如图 1-46 所示。信息感知主要是对井下人、机、环、管等信息的全面监测,是进行信息分析、决策与执行的基础。统一操作平台主要包括智慧煤矿操作系统、大数据处理中心、高速传输网络等,是信息分析、决策与执行的控制中心。根据井上、井下业务分类与工艺的差异,分别设计井下系统平台与井上生产经营管控平台。井下系统平台包括井下生产、安全与保障系统,是智慧煤矿系统的执行机构;井上生产经营管控平台则主要包括井上分选、运输、经营绩效管理与决策支持等,是智慧煤矿经营管理的决策层。

智能化开采是煤炭综合机械化、自动化开采技术的新发展,其总目标是实现无人化开采,智慧煤矿与智能化开采技术的发展尚处于起步阶段,必然经历一个不断发展的过程,要经历从初级智能化到高级智能化的过程,其目标如下:

(1) 在目前煤矿信息化、数字化和智能化开采技术成果基础上,通过推广应用和技术升级,建设 100 个示范煤矿,初步构建智慧煤矿系统框架,实现采掘运主要环节单个系统、单项技术的智能化决策和自动化运行,实现工作面内无人操作、有人巡视、远程监控的自动化生产。

(2) 攻克一批智慧煤矿与智能化开采的短板技术,提高煤矿智能化水平,全面实现大型煤矿智能化开采,构建多信息融合的智慧煤矿系统;实现采掘运通多个系统的智能化决策和自动化协同运行,井下主要岗位作业、安控与应急救援的机器人替代,工作面无人化作业。

(3) 全面突破和完善智慧煤矿与智能化开采的关键技术,全面实现煤矿的智能化和现代化,构建煤矿及矿区多产业链、多系统集成的智慧煤矿系统,全面实现生产和管理信息的数字化、全部主要生产环节的智能决策和自动化运行,达到全矿井一线作业、安控和应急救援的机器人化、无人化作业。

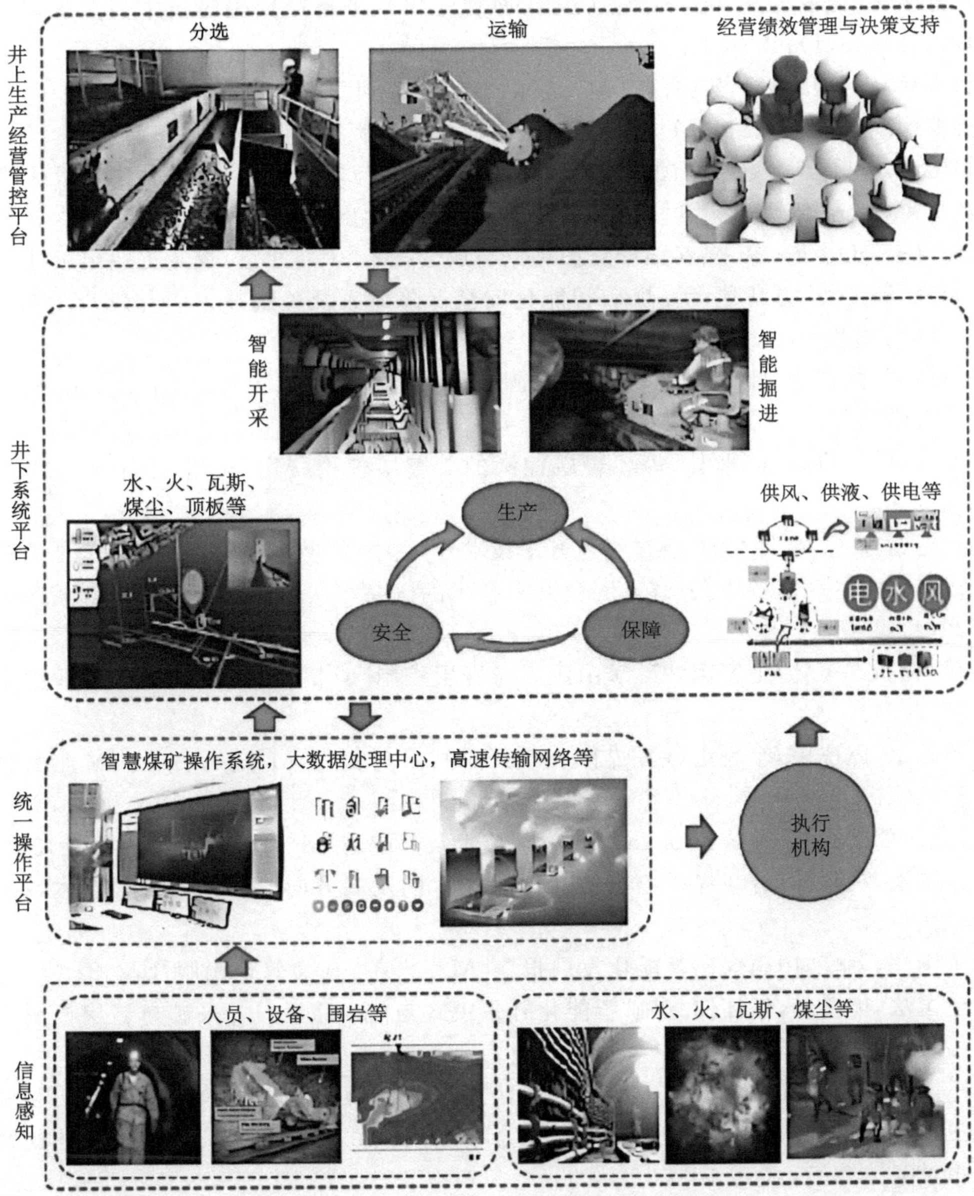

图 1-46 智慧煤矿系统架构

参考文献

[1] 杜计平，孟宪锐. 采矿学[M]. 3 版. 徐州：中国矿业大学出版社，2019.

[2] 方新秋，梁敏富. 智能采矿导论[M]. 徐州：中国矿业大学出版社，2020.

[3] 顾大钊，张建民，李全生，等. 深部煤炭安全绿色开采理论与技术研究[M]. 北京：科学出版社，2021.

[4] 郭广礼，查剑锋. 矿山开采沉陷学[M]. 徐州：中国矿业大学出版社，2020.

[5] 郭金刚,李化敏,王祖洸,等.综采工作面智能化开采路径及关键技术[J].煤炭科学技术,2021,49(1):128-138.
[6] 郭文兵.煤矿开采损害与保护[M].3版.北京:应急管理出版社,2019.
[7] 侯朝炯.巷道围岩控制[M].徐州:中国矿业大学出版社,2013.
[8] 胡振琪,干勇,袁亮,等.中国矿区生态环境修复现状与未来[M].北京:科学出版社,2021.
[9] 姬长生,尚涛.露天采矿学[M].徐州:中国矿业大学出版社,2015.
[10] 康红普,王金华,等.煤巷锚杆支护理论与成套技术[M].北京:煤炭工业出版社,2007.
[11] 李爽,薛广哲,方新秋,等.煤矿智能化安全保障体系及关键技术[J].煤炭学报,2020,45(6):2320-2330.
[12] 缪协兴,张吉雄,郭广礼.综合机械化固体废物充填采煤方法与技术[M].徐州:中国矿业大学出版社,2010.
[13] 钱鸣高,缪协兴,许家林,等..岩层控制的关键层理论[M].徐州:中国矿业大学出版社,2000.
[14] 钱鸣高,许家林,缪协兴.煤矿绿色开采技术[J].中国矿业大学学报,2003,32(4):5-10.
[15] 钱鸣高,许家林,缪协兴.煤矿绿色开采技术的研究与实践[J].能源技术与管理,2004,29(4):1-4.
[16] 钱鸣高,许家林,王家臣,等.矿山压力与岩层控制[M].3版.徐州:中国矿业大学出版社,2021.
[17] 孙希奎,赵庆民,李秀山,等.煤矿充填开采技术与实践[M].徐州:中国矿业大学出版社,2017.
[18] 谭毅,郭文兵.条带式 Wongawilli 采煤技术及其应用[M].北京:科学出版社,2017.
[19] 王国法,杜毅博.智慧煤矿与智能化开采技术的发展方向[J].煤炭科学技术,2019,47(1):1-10.
[20] 王国法,刘峰.中国煤矿智能化发展报告[M].北京:应急管理出版社,2022.
[21] 王国法,庞义辉,任怀伟.煤矿智能化开采模式与技术路径[J].采矿与岩层控制工程学报,2020,2(1):5-19.
[22] 王国法.煤矿智能化最新技术进展与问题探讨[J].煤炭科学技术,2022,50(1):1-27.
[23] 王双明,范立民,黄庆享,等.榆神矿区煤水地质条件及保水开采[J].西安科技大学学报,2010,30(1):1-6.
[24] 许家林.岩层采动裂隙演化规律与应用[M].2版.徐州:中国矿业大学出版社,2016.
[25] 袁亮.煤与瓦斯共采[M].徐州:中国矿业大学出版社,2016.
[26] 赵常辛,刘海青.煤矿智能化开采技术研究现状及展望[J].工矿自动化,2022,48(增刊):27-29.
[27] 中国煤炭工业协会.中国煤炭分类:GB/T 5751—2009[S].北京:中国标准出版社,2010.
[28] 中华人民共和国住房和城乡建设部.岩土锚杆与喷射混凝土支护工程技术规范:GB 50086—2015[S].北京:中国计划出版社,2016.
[29] 朱炎铭,郭英海,曾勇,等.煤矿地质学[M].徐州:中国矿业大学出版社,2016.
[30] BLINDERMAN M S,KLIMENKO A Y. 煤炭地下气化技术[M].北京:石油工业出版社,2021.

第2章 矿井通风

利用机械或自然通风动力，使地面空气进入井下，并在井巷中作定向和定量地流动，最后排出矿井的全过程称为矿井通风。矿井通风为井下各工作地点提供足够的新鲜空气，使其中有毒有害气体、粉尘不超过规定值，形成适宜的气候条件。

2.1 矿内空气

2.1.1 矿内空气成分

井下空气的主要来源是地面空气（大气），它是由多种气体组成的干空气和水蒸气组合而成的混合气体。通常状况下，干空气各组分的数量基本不变（表2-1）。在混合气体中，水蒸气的浓度随地区和季节而变化，其平均浓度约为1%；此外还含有尘埃和烟雾等杂质。

表2-1 干空气主要成分

气体成分	按体积计/%	按质量计/%
氮气（N_2）	78.13	75.55
氧气（O_2）	20.90	23.10
二氧化碳（CO_2）	0.03	0.05
氩气（Ar）	0.93	1.27
其他（水蒸气、惰性稀有气体和微量的灰尘与微生物等）	0.01	0.01

地面空气进入矿井以后，由于受到污染，其成分和性质要发生一系列的变化，如氧浓度降低，二氧化碳浓度增加；混入各种有毒、有害气体和矿尘；空气的状态参数（温度、湿度、压力等）发生改变等。一般来说，将井巷中经过用风地点以前、受污染程度较轻的进风巷道内的空气称为新鲜空气（新风）；经过用风地点以后、受污染程度较重的回风巷道内的空气，称为污浊空气（乏风）。矿内空气主要成分除氧气（O_2）、氮气（N_2）、二氧化碳（CO_2）、水蒸气（H_2O）以外，还混入大量的有毒有害气体，如瓦斯（CH_4）、一氧化碳（CO）、硫化氢（H_2S）、二氧化硫（SO_2）、二氧化氮（NO_2）、氨气（NH_3）、氢气（H_2）和矿尘等。

(1) 氧气（O_2）

氧气是无色、无臭、无味、无毒和无害的气体，比重为1.105。矿内氧气来源于进入矿井的地面大气所固有的含氧量。

当空气中的氧浓度降低时，人体就可能产生不良的生理反应，出现种种不舒适的症状，严重时可能导致缺氧死亡。《煤矿安全规程》(以下简称《规程》)规定,采掘工作面的进风流中氧气浓度不得低于20%。

(2) 氮气(N_2)

氮气是无色、无味、无臭的惰性气体,是新鲜空气中的主要成分,对空气的相对密度为0.97,它本身无毒、不助燃,也不供呼吸。在正常情况下,氮气对人体无害,但空气中若氮气浓度升高,则势必造成氧浓度相对降低,从而也可能导致人员的窒息性伤害。在废弃的旧巷道或隔离火区内,可积存大量的氮,使氧浓度相对减少,人缺氧而窒息。正因为氮气为惰性气体,因此又可将其用于井下防灭火和防止瓦斯爆炸。

矿井空气中氮气主要来源是:地面大气,井下爆破和生物的腐烂,有些煤岩层中也有氮气涌出。

(3) 二氧化碳(CO_2)

二氧化碳是无色略带酸臭味的气体,对空气的相对密度为1.52,是一种较重的气体,很难与空气均匀混合,常积聚于巷道的底部、井筒和下山的掘进迎头,在静止的空气中有明显的分界。二氧化碳不助燃也不能供人呼吸,易溶于水,生成碳酸,使水溶液呈弱酸性,对眼、鼻、喉黏膜有刺激作用。在新鲜空气中含有微量的二氧化碳对人体是无害的,它对人的呼吸有刺激作用,如果空气中完全不含有二氧化碳,人体的正常呼吸功能就不能维持。当肺泡中二氧化碳增多时,能刺激人的呼吸神经中枢,引起呼吸频繁,呼吸量增加,所以在急救受有害气体伤害的患者时,常常首先让其吸入含有5%二氧化碳的氧气以加强呼吸。但当空气中二氧化碳的浓度过高时,也将使空气中的氧浓度相对降低,轻则使人呼吸加快,呼吸量增加,严重时还可能造成人员中毒或窒息。

《煤矿安全规程》规定:采掘工作面的进风流中,二氧化碳不超过0.5%。采区回风巷和采掘工作面回风巷回风流中二氧化碳浓度达到1.5%时,必须停止工作,撤出人员,查明原因,制定措施,进行处理。总回风巷或一翼回风巷中,二氧化碳超过0.75%时,必须查明原因,进行处理。

2.1.2 矿井气候参数及测定

矿井气候是指矿井空气的温度、湿度和风速这三个参数的综合作用状态。这三个参数的不同组合,便构成了不同的矿井气候条件。矿井气候条件对井下作业人员的身体健康和劳动安全有重要的影响。

2.1.2.1 温度和湿度的测定

通常,是用干湿球温度计测算空气温度和湿度的。干湿球温度计由两支相同的温度计或两支其他温度敏感元件组成。其中一支的感温包用干纱布包着,称为干球温度计;另一支用湿纱布包着,称为湿球温度计,如图2-1所示。

干湿球温度计的测试原理为:在一定风速下,湿球外边的湿纱布的水分蒸发带走湿球温度计探头上的热量,使其温度(t_w)低于环境空气的温度;而干球温度计测量出来的就是环境空气的实际温度(t_d),此时,湿球与干球之间的温度差与环境的相对湿度有一个对应的关系,但该关系是非线性的且受很多因素的影响,如:风速、温度计本身的精度、大气压力、干湿球温度计的球泡表面积大小、纱布材质等。干球温度t_d可以直接通过干球温度计读出,但是,对于湿球温度计,只有在热湿交换达到平衡,即稳定条件下的读数才称为湿球温度t_w。

构造简单的常用仪表是风扇湿度计(图2-2),它是由干球温度计和湿球温度计组成的,

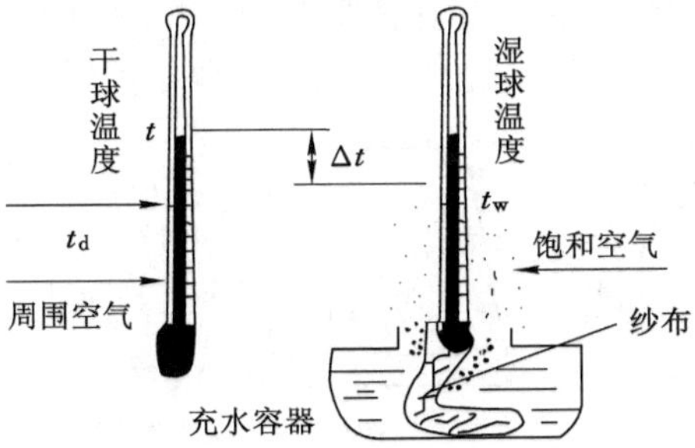

图 2-1 干湿球温度计

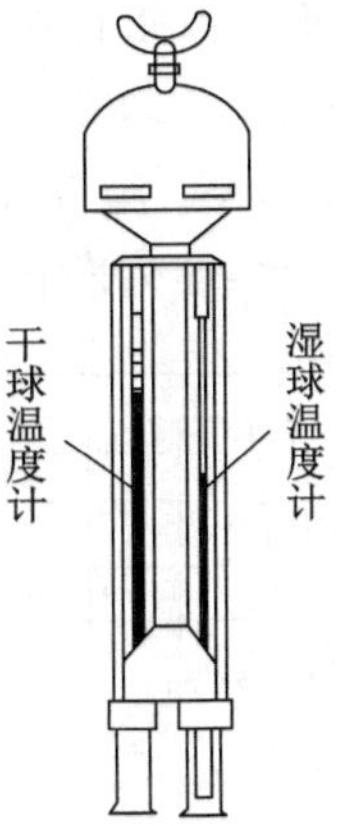

图 2-2 风扇湿度计

用自带的发条转动小风扇(通风干湿表通风速度要在 2.5 m/s 以上)。测量时,从两支温度计上分别读出空气的干温度(又名干球温度)t_d(℃)和湿温度(又名湿球温度)t_w(℃),含水蒸气量较少的空气容易吸收纱布上的水分,或者说湿纱布上的水分比较容易蒸发,水分被蒸发越多,被纱布包着水银球的温度就越降低,则 t_d 与 t_w 之差越大,表示空气越干燥或其相对湿度越小。

2.1.2.2 风速的测定

测量巷道中任一断面上各点风速的平均值,常用检测风速的仪表测得。只要测出巷道断面上各点风速的平均值,就可算得风量。风量是通风管理中经常性监测项目之一。检测风速的仪表主要有便携式风速仪(或风表)和固定式风速传感器。

(1) 便携式风速仪

常用的便携式风速仪有机械翼轮式、电子翼轮式、超声波涡街式及热线式等。目前矿用便携式测风仪器还是以机械式风表为主的。

矿内常用的机械式风表按迎风转动部件的形式大致分为叶式和杯式两种,如图 2-3 所示。叶式风表其中的一种用于测量 0.5～10 m/s 的中等风速,一种用于测量 0.3～0.5 m/s 的低风速。杯式风表适用于测量 5～25 m/s 的较高风速,它的惯性和机械强度较大,开始转动的最低风速为 1.0～1.5 m/s。

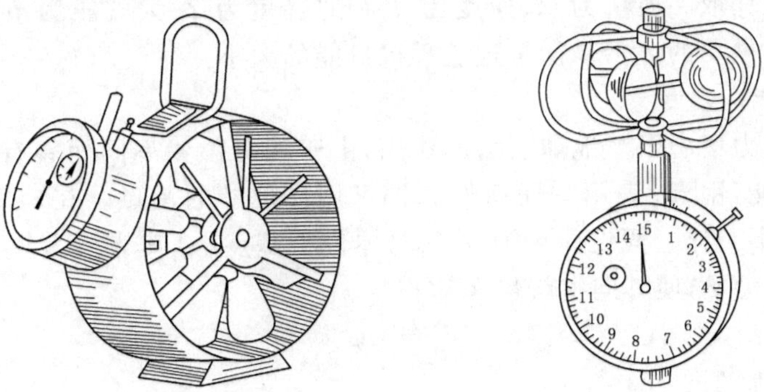

(a) (b)

图 2-3 风表

测定时，先使计数指针回零，手持风表在巷道断面上某点迎风放置，待叶轮转动稳定后打开开关，计数指针开始走动，同时开动秒表，按图 2-4 所示路线移动，记录测定时间。测定 1 或 2 min，关闭开关。根据指针读数和测风时间，算得风表指示风速 v_a，再按风表的校正曲线查得真实风速 v_t，即为断面上该点的风速。

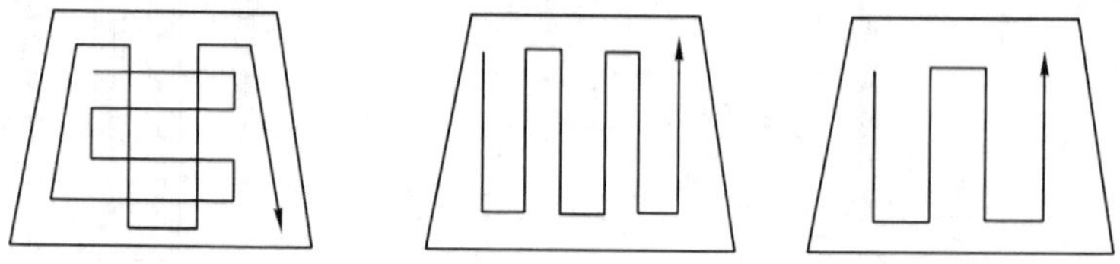

(a)　(b)　(c)

图 2-4　风表移动路线

(2) 固定式风速传感器

常用的固定式风速传感器有超声波涡街式、超声波时差法式和热效应式，将传感器安装在井巷内实现风速测量。

2.2　矿内空气动力学基础

根据能量平衡及转换定律，结合矿井风流的特点，分析矿井风流任一断面上的机械能和风流沿井巷运动的能量变化规律及其应用。

流体是一种分子可以自由相对运动的物质，而固体如果在没有温度和压力破坏条件的情况下，分子的相对位置是固定不变的。这是流体和固体的区别。流体又可细分为液体和气体。

理想流体是既没有内摩擦又没有压缩性的流体。

2.2.1　风流能量

风流任一断面上的能量 E_i（机械能）都由位能 E_{p0}、压能 E_p 和动能 E_v 三部分组成。能量表达式为：

$$E_i = E_{p0} + E_p + E_v \tag{2-1}$$

假设从风流中任取一质量为 m、速度为 u、相对高度为 Z、大气压为 p 的控制体。现在用外力对该控制体做功的多少来衡量这三种机械能的大小。

(1) 位能（势能）

物体在地球重力场中因受地球引力的作用，由于相对位置不同而具有的一种能量叫作重力位能，简称位能，用 E_{p0} 表示。任何标高都可用作位能的基点。在矿井中，不同的地点标高不同，则位能不一样。假设质量为 m 的物体位于基点上，其势能为 0，当我们施加一个能克服重力向上的力 F，使其向上缓慢运动。

$$F = mg$$

式中　g——重力加速度，m/s^2。

当向上移动到高于基准面 Z m 时，物体克服重力所做的功为 mgZ，因而获得同样大小的位能（mgZ），即：

$$W = E_{p0} = mgZ \tag{2-2}$$

重力位能是一种潜在的能量，只能通过计算得到它的大小。

位能的特点如下：① 位能是由空气重力产生的，作用力方向始终铅垂向下；② 位能是相对某一基准面具有的能量，它随选定基准面的变化而变化，因此在讨论位能时，必须首先选定基准面，一般将基准面选在所研究系统风流流经的最低水平；③ 位能是一种潜在的能量，相对基准面而言在某处对外无外力作用，即不呈现压力，不能像静压力那样用仪表进行直接测量，只能通过高度差及空气柱的平均密度进行计算；④ 位能和静压能可以相互转化，在转化时遵循能量守恒定律。

（2）静压能（流动功）

由分子热运动产生的分子动能的一部分转化的能够对外做功的机械能称为静压能。单位体积空气的静压能就是绝对静压，用 E_p 表示。

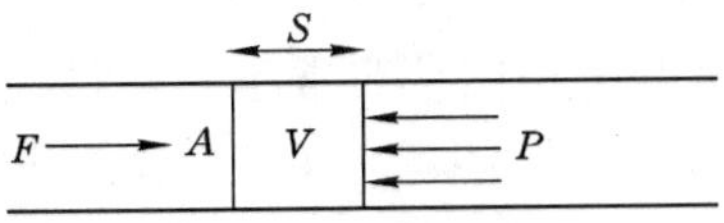

图 2-5　管道内对单位流体做的流动功

如图 2-5 所示，有一两端开口的水平管道，断面积为 A，在其中放入体积为 V、质量为 m 的单元流体，使其从左向右流动，即使不考虑摩擦阻力，由于管道中存在压力 p，单元体的运动就会有阻力，因此必须施加一个力 F 克服这个阻力，单元体才会运动。当该力使单元体移动一段距离 S 后，就做了功。

为平衡管道内的压力，施加的力为：

$$F = pA$$

做的功为：

$$W = E_p = pAS$$

AS 是流体的体积 V，所以

$$W = E_p = pV$$

根据密度的定义：

$$\rho = m/V$$

或者

$$V = m/\rho$$

则对该单元体做的流动功为：

$$W = E_p = pm/\rho$$

或者

$$W = E_p = p/\rho \tag{2-3}$$

当流体在管道中连续流动时，压力就必须对流体连续做功，此时的压力就称作压能，所做的功为流动功。上式就是单位质量流体的静压能表达式。

（3）动能

当空气流动时，除了位能和静压能外，还有空气定向流动而产生的动能，用 E_v 表示。动压因空气运动而产生，它恒为正值并且作用方向与风流方向一致。设断面 i 的空气密度为 ρ_i（kg/m^3），其定向运动的流速为 v_i（m/s）。在规整的风流中，由于 i 断面的中心点风速最大，四周最小，故其中心点动压最大，四周最小，其单位体积的空气所具有的平均动能可以用下式表示，即：

$$E_{vi}=\frac{1}{2}\alpha_i\rho_i v_i^2 \tag{2-4}$$

式中　α_i——i 断面上风流的动能修正系数，一般可取 $\alpha_i=1$。

2.2.2　不可压缩流体的能量方程

能量方程表达了空气在流动过程中的位能、压能和动能的变化规律，是能量守恒的转换定律在矿井通风中的应用。

假设空气不可压缩，则在井下巷道内流动空气的任意断面，它的总能量都等于动能、位能和静压能之和，现有空气在一巷道内流动，考虑到在任意两点间的能量变化，内能的变化和其他形式的能量变化相比是非常小的，所以忽略不计，又因为外加的机械能通常单独考虑，撇开这些因素，在图 2-6中 1 点的总能量等于 2 点的总能量与 1—2 之间损失的能量之和，如果用 U_1 和 U_2 分别表示 1 点和 2 点的单位质量空气的总能量，h_{1-2} 表示 1 点到 2 点单位质量空气的能量损失（通风阻力），则有下式：

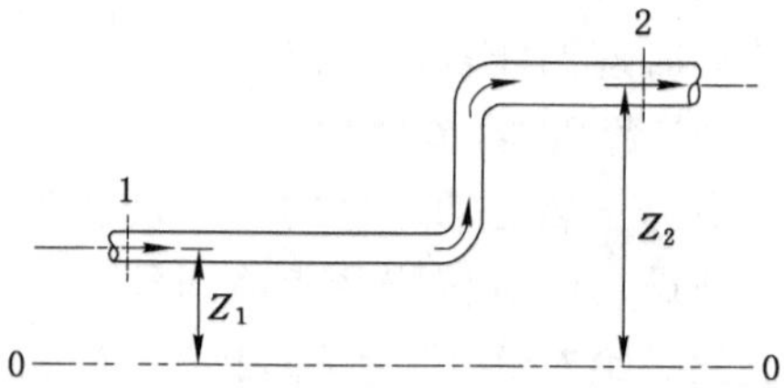

图 2-6　巷道内流动空气能量之间的关系

$$U_1=U_2+h_{1-2}$$

$$U_1=\frac{u_1^2}{2}+Z_1g+\frac{p_1}{\rho_1},\quad U_2=\frac{u_2^2}{2}+Z_2g+\frac{p_2}{\rho_2}$$

由 1—2 断面能量守恒可以得出：

$$\frac{u_1^2}{2}+Z_1g+\frac{p_1}{\rho_1}=\frac{u_2^2}{2}+Z_2g+\frac{p_2}{\rho_2}+h_{1-2} \tag{2-5}$$

式中　$u_i^2/2(i=1,2)$——动能，J/kg；

$Z_ig(i=1,2)$——位能，J/kg；

$\frac{p_i}{\rho_i}(i=1,2)$——流动功（静压能），J/kg。

如果我们认为空气是不可压缩的，此时有：$\rho_1=\rho_2=\rho$。

所以式(2-5)变为：

$$h_{1-2}=\frac{u_1^2-u_2^2}{2}+(Z_1-Z_2)g+\frac{p_1-p_2}{\rho} \tag{2-6}$$

如果在方程两边的各项上同乘以 ρ，那么式(2-6)变为：

$$h'_{1-2}=(p_1-p_2)+\frac{\rho}{2}(u_1^2-u_2^2)+\rho g(Z_1-Z_2) \tag{2-7}$$

式中　h'_{1-2}——点 1 到点 2 的单位体积空气的能量损失。

这就是不可压缩单位质量流体常规的伯努力方程表达式。

2.2.3　可压缩风流能量方程

在矿井通风系统中，严格地说空气的密度是变化的，即矿井风流是可压缩的。当外力对它做功增加其机械能的同时，也增加了风流的内(热)能。因此，在研究矿井风流流动时，风流的机械能加上其内(热)能才能使能量守恒及转换定律成立。

(1) 可压缩空气单位质量流体的能量方程

前面已经介绍理想风流的能量由静压能、动能和位能组成，当考虑到空气的可压缩性时，空气的内能必须包括在风流的能量中，用 e_k 表示单位质量空气所具有的内能。

如图 2-6 所示，在 1 断面上，1 kg 空气所具有的能量为：

$$\frac{u_1^2}{2}+Z_1g+\frac{p_1}{\rho_1}+e_{k1}$$

风流流经 1—2 断面间，到达 2 断面时的能量为：

$$\frac{u_2^2}{2}+Z_2g+\frac{p_2}{\rho_2}+e_{k2}$$

单位质量的空气由 1 断面流至 2 断面的过程中，克服流动阻力消耗的能量为 L_R(J/kg)，这部分被消耗的能量将转化成热能 q_R(J/kg)，仍存在于空气中；另外还有地温（通过井巷壁面或淋水等其他途径）、机电设备等传给单位质量空气的热量为 q(J/kg)。这些热量将增加空气的内能并使空气膨胀做功，假设 1—2 断面间无其他动力源（如局部通风机）。

通过上面的分析，则式(2-5)可变为：

$$\frac{u_1^2}{2}+Z_1g+\frac{p_1}{\rho_1}+e_{k1}+q_R+q=\frac{u_2^2}{2}+Z_2g+\frac{p_2}{\rho_2}+e_{k2}+h_{1-2}$$

即：

$$h_{1-2}=(\frac{u_1^2}{2}-\frac{u_2^2}{2})+(\frac{p_1}{\rho_1}-\frac{p_2}{\rho_2})+g(Z_1-Z_2)+e_{k1}-e_{k2}+q_R+q \tag{2-8}$$

式(2-8)就是单位质量可压缩空气在无压源的井巷中流动时能量方程的一般表达式。

如果图 2-6 中 1、2 断面间有压源（如局部通风机）L_t(J/kg)在，则能量方程为：

$$h_{1-2}=(\frac{u_1^2}{2}-\frac{u_2^2}{2})+(\frac{p_1}{\rho_1}-\frac{p_2}{\rho_2})+g(Z_1-Z_2)+e_{k1}-e_{k2}+q_R+q+L_t \tag{2-9}$$

因此可压缩空气单位质量流体的能量方程可表示为：

无压源能量方程：

$$h_{1-2}=\frac{p_1-p_2}{\rho_m}+(\frac{u_1^2}{2}-\frac{u_2^2}{2})+g(Z_1-Z_2) \tag{2-10}$$

有压源能量方程：

$$h_{1-2}=\frac{p_1-p_2}{\rho_m}+(\frac{u_1^2}{2}-\frac{u_2^2}{2})+g(Z_1-Z_2)+L_t \tag{2-11}$$

(2) 可压缩空气单位体积流体的能量方程

上面详细讨论了单位质量流体的能量方程，但在我国矿井通风中习惯使用单位体积流体的能量方程。在考虑空气的压缩性时，单位体积空气流动过程中的能量损失，即通风阻力 h[J/m³(Pa)]，可由单位质量空气流动过程中的能量损失(h_{1-2})乘以 1、2 断面间按状态过程考虑的空气平均密度 ρ_m，即 $h=h_{1-2}\cdot\rho_m$，并将式(2-10)和式(2-11)代入得：

无压源能量方程：

$$h=(p_1-p_2)+(\frac{u_1^2}{2}-\frac{u_2^2}{2})\rho_m+g\rho_m(Z_1-Z_2) \tag{2-12}$$

有压源能量方程：

$$h=(p_1-p_2)+(\frac{u_1^2}{2}-\frac{u_2^2}{2})\rho_m+g\rho_m(Z_1-Z_2)+H_t \tag{2-13}$$

式(2-12)和式(2-13)就是可压缩空气单位体积流体的能量方程，其中式(2-13)是有压源

(H_t)时的能量方程。

2.3 矿井通风阻力

风流必须具有一定的能量，用以克服井巷对风流所呈现的通风阻力。通常矿井通风阻力分为摩擦阻力与局部阻力两类，它们与风流的流动状态有关。一般情况下，摩擦阻力是矿井通风总阻力的主要组成部分。

2.3.1 风流的流动状态

风流的流动状态分为层流与紊流。流体的流动状态受流体的速度、黏性和管道尺寸等影响。流体速度越大，黏性越小，管道的尺寸越大，则流体越易成为紊流；反之，越易成为层流。可用一个无因次参数 Re（雷诺数）来表示上述三因素的综合作用，对于圆形管道：

$$Re = \frac{Vd}{\nu} \tag{2-14}$$

式中 V——管道中流体的平均速度，m/s；

d——圆形管道的直径，m；

ν——流体的运动黏性系数，与流体的温度、压力有关，对于正常时期矿井风流，一般取平均值 $\nu=14.4\times10^{-6}\ \text{m}^2/\text{s}$。

设 r 为流体的水力半径，指流体的断面 $S(\text{m}^2)$ 与流体的周界 U(m)之比，即 $r=S/U$。因风流充满管道，故在直径为 d 的圆形管道中，风流的水力半径为：

$$r = \frac{\pi d^2}{4}/(\pi d) = d/4$$

或

$$d = 4r = 4S/U \tag{2-15}$$

代入式(2-14)，得出用于非圆形巷道风流雷诺数的计算式为：

$$Re = \frac{4VS}{\nu U} \tag{2-16}$$

据前人的实验，水流在各种粗糙壁面、平直的圆管内流动，当 $Re\leqslant2\ 000$ 时，水流呈层流状态；当 $Re>2\ 000$ 时，水流开始向紊流过渡，故称 2 000 为临界雷诺数；当 $Re\geqslant100\ 000$ 时，水流呈完全紊流。把这些数值近似应用于风流，便可大致估计出风流在各种流态下的平均风速。

2.3.2 摩擦阻力

2.3.2.1 摩擦阻力的意义和理论基础

风流在井巷中做均匀流动时，沿程受到井巷固定壁面的限制，引起内外摩擦而产生的阻力称作摩擦阻力。所谓均匀流动是指风流沿程的速度和方向都不变，而且各断面上的速度分布相同。流态不同的风流，摩擦阻力 h_{fr} 的产生情况和大小也不同。

前人实验得出水流在圆管中的沿程阻力公式是：

$$h_{fr} = \frac{\lambda\rho L V^2}{2d} \tag{2-17}$$

式中 λ——实验比例系数，无因次；

ρ——水流的密度，kg/m³；

L——圆管的长度，m；

d——圆管的直径，m；

V——圆管内水流的平均速度，m/s。

上式是矿井风流摩擦阻力计算式的基础，它对于不同流态的风流都能应用，只是流态不同时，式中 λ 的实验表达式不同。

又据前人在壁面能分别胶结各种粗细砂粒的圆管中，实验得出流态不同的水流 λ 系数与管壁的粗糙度、Re 的关系。实验是用管壁平均突起的高度（即砂粒的平均直径）k(m)和管道的直径 d(m)之比来表示管壁的相对光滑度，并用阀门不断改变管内水流的速度，实验结果如图 2-7 所示，图中表明以下几种情况：

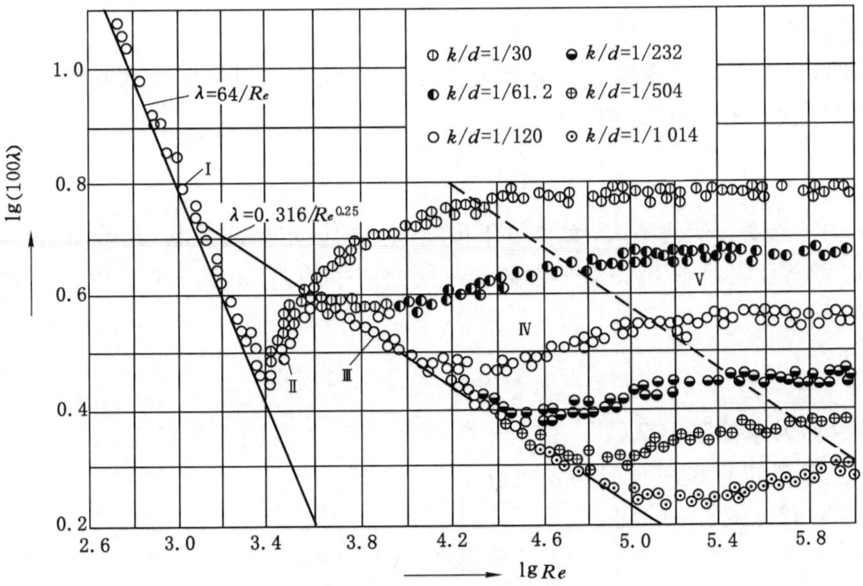

图 2-7　尼古拉茨实验图

(1) 在 $\lg Re \leqslant 3.3$（即 $Re \leqslant 2\ 000$）以下，即当流体做层流运动时，由左边斜线可以看出，相对光滑度不同的所有试验点都分布于其上，λ 随 Re 的增大而减小，且与管道的相对光滑度无关，此时，λ 与 Re 的关系式为：

$$\lambda = 64/Re \tag{2-18}$$

(2) 在 $3.3 < \lg Re < 5.0$（即 $2\ 000 < Re < 100\ 000$）的范围内，即当流体由层流到紊流再到完全紊流的中间过渡状态时，λ 既和 Re 有关，又和管壁的相对光滑度有关。

(3) 在 $\lg Re \geqslant 5.0$（即 $Re \geqslant 100\ 000$）以上，即当流体做完全紊流状态流动时，λ 与 Re 无关，只与管壁的相对光滑度有关，管壁的相对光滑度越大，λ 值越小。其实验式为

$$\lambda = \frac{1}{\left(1.74 + \lg \dfrac{d}{k}\right)^2} \tag{2-19}$$

在紊流状态下，流体的能量损失大大超过层流状态下的能量损失。在层流状态下，能量只损失在速度不同的流体层间的内摩擦力方面，而在紊流状态下，除这种损失外还有消耗在

因流体质点相互混杂、能量交换而引起的附加损失，当雷诺数增加到一定程度时，这种附加损失将急剧增大到主导地位。如图 2-8 所示，紊流的结构可分为层流边层、过渡层和紊流层三个组成部分。紊流层又称紊流核，是紊流的主体，层流区流速很小或接近于零。随着雷诺数增大，层流边层的厚度减薄，以致不能遮盖管壁的突起高度，管壁粗糙度即对流动阻力发生影响。当 $Re \geqslant 100\ 000$，流体呈完全紊流和层流边层厚度趋于零时，则如式(2-19)所示，λ 值只取决于管壁的相对粗糙度，而与 Re 无关。

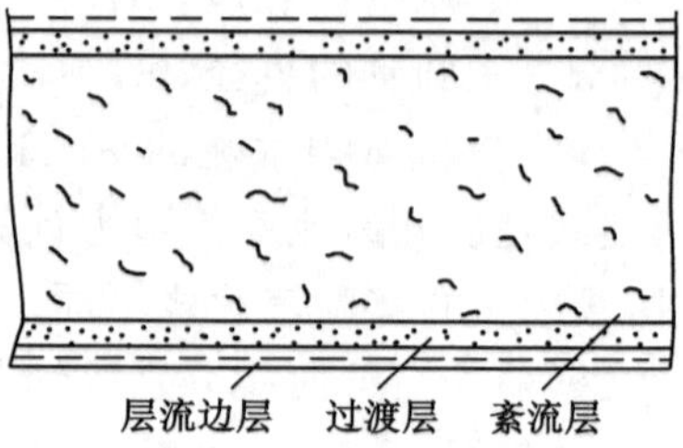

图 2-8　紊流结构简图

2.3.2.2　完全紊流状态下的摩擦阻力定律

前面谈到，井下多数风流属于完全紊流状态，故下面重点讨论完全紊流状态下的摩擦阻力。把式(2-15)代入式(2-17)，得：

$$h_{\mathrm{fr}} = \frac{\lambda \rho L U V^2}{8S} \tag{2-20}$$

因矿井空气密度 ρ 变化不大，而且对于尺度和支护已定型的井巷，其壁面的相对光滑度是定值，则在完全紊流状态下，λ 值是常数。故把上式中的 $\lambda\rho/8$ 用一个系数 α($\mathrm{N \cdot s^2/m^4}$ 或 $\mathrm{kg/m^3}$)来表示，即：

$$\alpha = \frac{\lambda \rho}{8} \tag{2-21}$$

此 α 系数称为摩擦阻力系数。在完全紊流状态下，井巷的 α 值只受 λ、ρ 的影响。对于尺寸和支护已定型的井巷，α 值只与 ρ 成正比。

将式(2-21)代入式(2-20)得：

$$h_{\mathrm{fr}} = \frac{\alpha L U V^2}{S} \tag{2-22}$$

若通过井巷的风量为 Q($\mathrm{m^3/s}$)，则 $V=Q/S$，代入上式，得：

$$h_{\mathrm{fr}} = \frac{\alpha L U Q^2}{S^3} \tag{2-23}$$

式(2-22)与式(2-23)都是完全紊流状态下摩擦阻力的计算式。只要知道井巷的 α、L、U、S 值和其中风流的 Q 或 V 值，便可用上式计算出摩擦阻力。

对于已定型的井巷，L、U 和 S 等各项都为已知数，α 值只与 ρ 成正比。故把上式中的 $\alpha LU/S^3$ 项用符号 R_{fr}($\mathrm{N \cdot s^2/m^8}$ 或 $\mathrm{kg/m^7}$)来表示，即：

$$R_{\mathrm{fr}} = \frac{\alpha L U}{S^3} \tag{2-24}$$

此 R_{fr} 参数为井巷的摩擦风阻，它反映了井巷的特征。它只受 α、L、U、S 的影响，对于已定型井巷，只受 ρ 的影响。

将式(2-24)代入式(2-23)，得

$$h_{\mathrm{fr}} = R_{\mathrm{fr}} Q^2 \tag{2-25}$$

上式就是风流在完全紊流状态下的摩擦阻力定律。当摩擦风阻一定时，摩擦阻力和风量的平方成正比。

2.3.2.3　层流状态下的摩擦阻力定律

前已说明，在层流状态下，具有前述式(2-16)的特点，而且式(2-18)也适用，故将式(2-17)和式(2-16)、式(2-18)代入式(2-17)，得：

$$h_{fr}=\frac{2\nu\rho LU^2V}{S^2}$$

将 $V=Q/S$ 代入上式，得：

$$h_{fr}=\frac{2\nu\rho LU^2Q}{S^3} \tag{2-26}$$

用 α[$N\cdot s/m^2$ 或 $kg/(s\cdot m)$]代表上式中的 $2\nu\rho$，即：

$$\alpha=2\nu\rho \tag{2-27}$$

此 α 系数叫作层流状态下的摩擦阻力系数。

将式(2-27)代入式(2-26)得：

$$h_{fr}=\frac{\alpha LU^2Q}{S^3} \tag{2-28}$$

用 R_{fr}[$N\cdot s^2/m^5$ 或 $kg/(s\cdot m^4)$]代表上式中的 $\alpha LU^2/S^3$，即：

$$R_{fr}=\frac{\alpha LU^2}{S^3} \tag{2-29}$$

此 R_{fr} 参数叫作层流状态下的摩擦风阻。

将式(2-29)代入式(2-28)，得：

$$h_{fr}=R_{fr}Q \tag{2-30}$$

以上式(2-27)、式(2-28)、式(2-29)和式(2-30)都和完全紊流状态下相应的公式不同，式(2-30)就是风流在层流状态下的摩擦阻力定律，即层流状态下 R_{fr} 一定时，h_{fr} 与 Q 的一次方成正比。

2.3.2.4　摩擦阻力的计算方法

完全紊流状态下井巷的摩擦阻力的计算是新矿井通风设计的重要依据。即按照所设计的井巷长度、周界、净断面积、支护方式和要求通过的风量，以及其中有无提升运输设备等，用查表法选定该井巷的摩擦阻力系数 α 值，然后用式(2-22)或式(2-23)计算该井巷的摩擦阻力。确定 α 值的查表法是从前人实验或实测所归纳出来的表中查出适合该井巷的标准值(指空气密度为 1.2 kg/m^3 的 α 值)的方法。对于平原地区的新矿井通风设计，可用此标准值进行计算。井巷摩擦阻力系数 α 值可以通过专业手册查询。

2.3.3　通风阻力测量

2.3.3.1　通风阻力测量的内容与意义

通风阻力测量的内容包括：

(1) 测算风阻

前已说明，井巷的风阻是反映井巷通风特性的重要参数，分析任何通风问题都和这个参数有关。故通风阻力测量的主要内容，是通过测量各巷道的通风阻力和风量以标定它们的标准风阻值(指井下平均空气密度的风阻值)，并编辑成表，作为基本资料。这种测量内容不受风压和风量变化的影响，但精度要求较高，故可用一个小组(4～5 人)逐段进行，不赶时间，力求测准。只要井巷的断面和支护方式不发生变化，测一次即可，发生变化时，才需重测。对于掘进通风用的各种风筒，也要标定出标准风阻表以备用。为了检查或分析比较，有时还要测算各采区、各水平和全矿井的总风阻或总等积孔。

(2) 测算摩擦阻力系数

前已说明，支护方式和断面不同的井巷，其摩擦阻力系数不同。为了适应矿井通风设计工作的需要，须通过测量通风阻力和风量以标定各种类型的井巷的摩擦阻力系数，编辑成表。这也是一项精度要求较高、以小组人力进行的细致工作。各种风筒的摩擦阻力系数也要进行标定。

(3) 测量通风阻力的分配情况

为了分析问题，有时需要沿着通风阻力大的路线，在尽可能短的时间内，连续测量各个区段的通风阻力，以得出整个路线上通风阻力的分配情况。由于各区段的通风阻力难免有波动，故要根据测量路线的长短，分成若干小组，分段同时进行。

总之，通风阻力测量是矿井通风技术管理工作的基础，也是掌握生产矿井通风情况的重要手段。上述内容的测量方法基本有两种：一是用胶皮管和压差计把两测点连起来的测法；二是用气压计不用连接两测点的测法。两类方法各有优缺点和适用条件，可互相补充。

2.3.3.2 用倾斜压差计测算井巷的风阻

用倾斜U形管压差计在图2-9所示的倾斜巷道中进行测算。须在1和2两测点各安置一根静压管(是传送测点绝对静压的工具，可按图2-10所示的尺寸用钢管制作)，大致位于巷道中心，使其尖部迎风，管轴和风向平行；在末点2后至少10 m的地方(或在起点1前至少20 m的地方)安稳压差计，使其U形管的倾角为β度，管内两酒精面相齐，用长短两根内径3～4 mm的胶皮管把两根静压管分别和压差计U形管两个开口连接起来，则U形管内两个酒精面出现一段倾斜距离，即为压差计的读数(倾斜的酒精柱长度mm)，在测量时间内须读三次；同时，用风表在1和2两测点分别量出表风速(即风表的读数m/s)，须量三次。

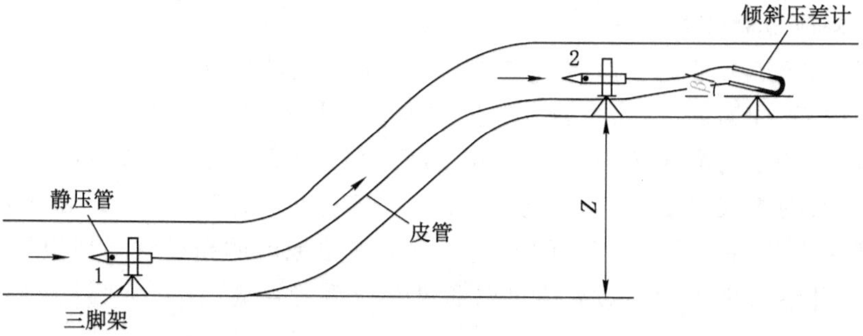

图2-9 倾斜U形管压差计法测量风阻布置简图

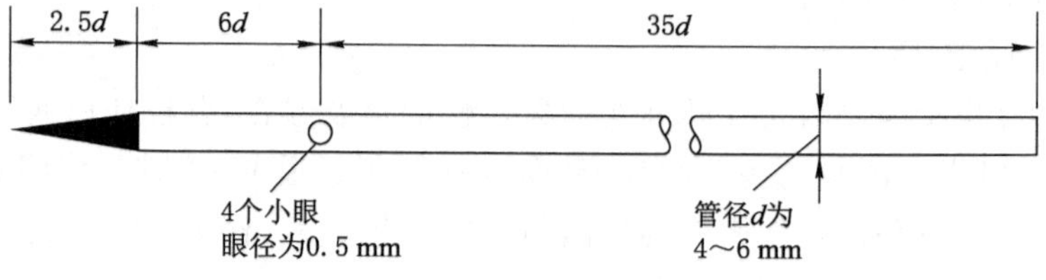

图2-10 静压管结构简图

为了用有关公式测算两测点的空气密度 ρ_1（kg/m³）和 ρ_2（kg/m³），同时还要用湿度计在两测点附近分别测出风流的干温度和湿温度（℃），用气压计分别在两测点量出风流的绝对静压（Pa 或 mmHg）。将以上测得的基本数据分别填入表 2-2、表 2-3、表 2-4 中。最后分别量出两测点的净断面积、周界、两测点的距离，连同井巷名称、形状、支护方式等一并记入表 2-5中。

表 2-2 大气状态的记录表

测点序号	干温度/℃	湿温度/℃	干湿温度差/℃	相对湿度/℃	大气压力/Pa	附注
(1)	(2)	(3)	(4)	(5)	(6)	(7)
1	10.0	7.3	2.2	75	101 391.6	
2	15.0	11.4	3.6	60	101 325	

表 2-3 风速的测定

测点序号	表风速/(m/s)				风速/(m/s)	附注
	第一次	第二次	第三次	第四次		
(1)	(2)				(3)	(4)
1	4.7	4.8	4.9	4.8	5.4	
2	4.0	4.2	4.1	4.1	4.6	

表 2-4 倾斜压差计读数的记录表

测点序号	压差计的倾斜角度/(°)	读数 h_{re}(倾斜的酒精柱长度)/mm				附注
		一次	二次	三次	平均	
(1)	(2)	(3)				(4)
1～2	30	45	45.2	44.8	45	$\delta=0.81,c=0.98$

表 2-5 井巷规格记录表

测点序号	井巷名称	测点位置	井巷形状	支护方式	井巷规格						测点距离/m	附注
					上宽/m	下宽/m	高/m	斜高/m	断面积/m²	周长/m		
(1)	(2)	(3)	(4)	(5)	(6)						(7)	(8)
1	进风巷	1 采区	梯形	木支架	2.40	3.60	2.25	2.40	6.75	10.8	0	
2	同上	同上	同上	同上	3.20	4.08	2.20	2.25	8.00	11.8	300	

压差计 U 形管右边酒精表面所承受的压力，等于从静压管四个小眼传入胶皮管内的 1 断面空气绝对静压与胶皮管内空气柱产生的重力压强之差，即：

$$P_{s2}-Z\rho'_{1-2}g \quad (2\text{-}31)$$

式中 Z——起末两断面的标高差，m；

ρ'_{1-2}——胶皮管内空气的平均密度，kg/m³。

而U形管左边酒精表面所承受的压力则是2断面的绝对静压 P_{s2}。故把两边酒精表面的倾斜距离 h_{re} 换算为垂直水柱的高度(mm)，再换算为Pa值，就是两边酒精表面所承受的压力之差，即：

$$h_{re}\cdot(\sin\beta)\delta c g=(P_{s1}-Z\rho'_{1-2}g)-P_{s2} \tag{2-32}$$

式中 δ——酒精的密度，$0.81\times10^3\ kg/m^3$；

c——压差计的精度校正系数。

据能量方程，知两断面间的通风阻力为：

$$h_{r1-2}=P_{s1}+\rho_1 v_1^2/2-(P_{s2}+\rho_2 v_2^2/2+Z\rho_{1-2}g) \tag{2-33}$$

式中 v_1、v_2——起末断面上的平均风速，m/s，据测得的表风速查风表的校正曲线而得；

ρ_{1-2}——两断面间巷道内的空气密度平均值，即 $(\rho_1-\rho_2)/2$，kg/m^3。

如预先用打气筒向胶皮管内打气，使巷道内的空气进入胶皮管内，则胶皮管内和巷道内的空气密度平均值相等，因而皮管内和巷道内空气柱产生的重力压强也相等，即：

$$Z\rho'_{1-2}g=Z\rho_{1-2}g \tag{2-34}$$

由以上三式可得两断面间风阻力的测算式为：

$$h_{r1-2}=h_{re}\cdot(\sin\beta)\delta c g+\rho_1 v_1^2/2-\rho_2 v_2^2/2 \tag{2-35}$$

上式同样适用于风流向下流的倾斜巷道和水平巷道。用上式算出 h_{r1-2} 以后，再用下式算出两断面间当空气密度平均值为 ρ_{1-2}(kg/m^3)、距离 L_{1-2}(m)时的风阻($N\cdot s^2/m^8$)为：

$$R_{1-2}=h_{r1-2}/Q^2 \tag{2-36}$$

式中 Q——通过该巷道的风量，无漏风时，$Q=V_1S_1=V_2S_2$；有均匀漏风时，$Q=(V_1S_1+V_2S_2)/2$，m^3/s。

再用下式算出两断面的标准风阻值：

$$R_{s1-2}=\rho R_{1-2}/\rho_{1-2} \tag{2-37}$$

只要该巷道的规格尺寸和支护方式不变化，它的 R_{s1-2} 值是个常数。故只要4～5人就可把各条井巷的标准风阻值一一测算出来，汇编成表供通风技术管理工作者使用。

2.4 通风动力

空气之所以能在矿井巷道中流动，是由于风流的起末点间存在着能量差。若这种能量差是由通风机提供的，则称为机械通风；若是由自然因素产生的，则称为自然通风。机械风压和自然风压都是矿井通风的动力，用以克服矿井的通风阻力，促使空气沿巷道流动。但自然风压一般较小且随季节变化，难以满足煤矿尤其是矿井通风的要求，因此《煤矿安全规程》规定：矿井必须采用机械通风。

2.4.1 自然风压

2.4.1.1 自然风压的产生及其计算

(1) 自然风压的形成

图2-11为一个简化的矿井通风系统，1—2、4—5

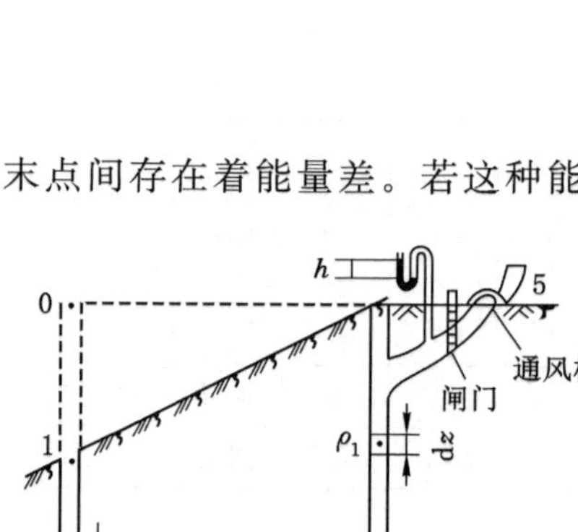

图2-11 矿井通风系统示意图

为垂直巷道，2—3 为水平巷道，0—5 为通过系统最高点的水平线。如果把地表大气视为断面无限大、风阻为零的假想风路，则通风系统可视为一个闭合的回路。在冬季，由于空气柱 0—1—2 比 5—4—3 的平均温度低，平均空气密度较大，两空气柱作用在 2—3 水平面上的重力不等。其重力之差就是该系统的自然风压。它使空气源源不断地从井口 1 流入，从井口 5 流出。在夏季时，若空气柱 5—4—3 比 0—1—2 的平均温度低，平均空气密度大，则系统产生的自然风压方向与冬季相反。地面空气从井口 5 流入，从井口 1 流出。这种由自然因素作用而形成的风压叫自然风压，而由自然风压的作用形成的风流叫自然通风。

(2) 自然风压的计算

如前所述，在一个有高差的闭合回路中，只要两侧巷道中空气的温度或密度不等，则该回路就会产生自然风压。根据自然风压定义，图 2-11 所示系统的自然风压 H_n 可用下式计算：

$$H_n = \int_0^2 \rho_1 g \mathrm{d}z - \int_3^5 \rho_2 g \mathrm{d}z \tag{2-38}$$

式中　z——矿井最高水平至最低水平间的距离，m；

g——重力加速度，m/s^2；

ρ_1、ρ_2——0—1—2 和 5—4—3 井巷中 dz 段空气密度，kg/m^3。

由于空气密度受多种因素影响，与高度 z 呈复杂的函数关系。因此利用式(2-38)计算自然风压较为困难。为了简化计算，一般采用测算出的 0—1—2 和 5—4—3 井巷中空气密度的平均值 ρ_{m1} 和 ρ_{m2} 分别代替式(2-38)中的 ρ_1 和 ρ_2，则式(2-39)可写为：

$$H_n = zg(\rho_{m1} - \rho_{m2}) \tag{2-39}$$

2.4.1.2　自然风压的变化规律及其影响因素

1. 自然风压的变化规律

自然风压的大小和方向，主要受地面空气温度变化的影响。根据实测资料，由于风流与围岩的热交换作用使机械通风的回风井中一年四季气温变化并不太大，而进风井中的气温则随季节变化，两者综合作用的结果，导致一年中自然风压随季节发生周期性的变化。例如在冬季，地面气温很低，空气柱 0—2 比空气柱 5—3 重，风流由 1 流向 2，经出风井 3—5 排至地面；夏季，地面气温高于井筒 3—5 内的平均气温，使风流由 2—1 排出。而在春秋季节，地面气温与井筒内空气柱的平均气温相差不大，自然风压很小，因此，单靠自然风压通风的矿井将造成井下风流停滞的现象。在一些地区，由于气温昼夜变化较大，所以自然风压也会随之发生变化，如夜晚从 1—2 段进风；午间则可能反之。

图 2-12 和图 2-13 所示分别为浅井和位于我国北方地区的深井自然风压随季节变化的情形。由图可以看出，对于浅井，夏季的自然风压会出现负值，而对于北方地区较深的矿井，全年的自然风压都为正值，只是夏季较小。

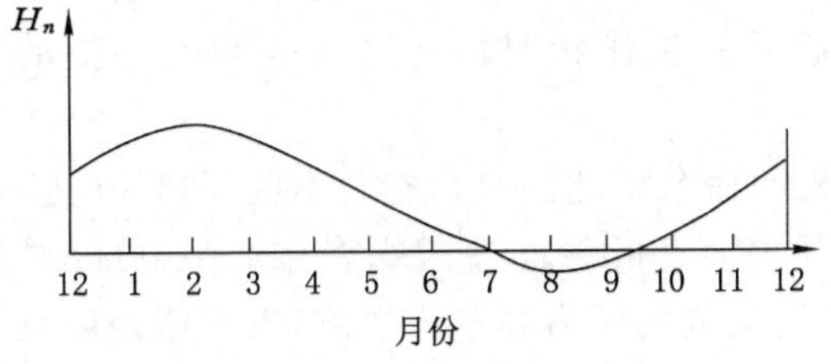

图 2-12　浅井自然风压示意图

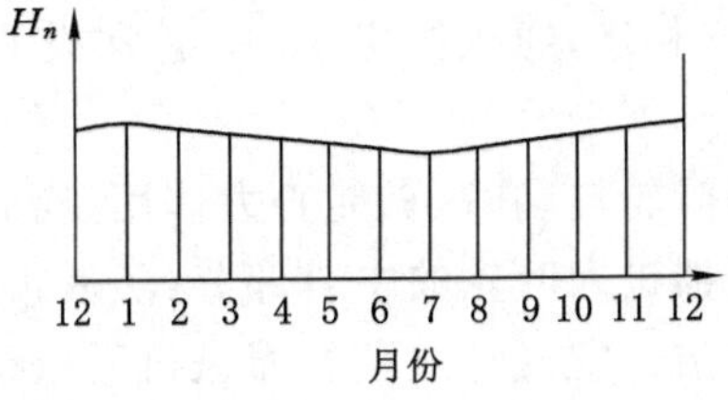

图 2-13　深井自然风压示意图

2. 自然风压的影响因素

影响自然风压的决定性因素是两侧空气柱的密度差，而空气密度除了受温度的影响，还受大气压力和相对湿度等因素影响。

(1) 矿井某一回路中两侧空气柱的温差是影响 H_n 的主要因素。而影响温差的主要因素是地面入风气温及风流与围岩的热交换。其影响程度与矿井的开拓方式、采深、地形和地理位置等因素有关。

(2) 空气成分和湿度也影响空气的密度，因而对自然风压有一定影响，但影响较小。

(3) 井深。当两侧空气柱温差一定时，自然风压与矿井或回路最高与最低点(水平)间的高差 z 成正比。

(4) 机械通风对自然风压的大小也有影响，有时甚至决定自然风压的方向。这是因为矿井主通风机工作时决定了风流的方向，由于风流与围岩的热交换作用，会使回风井气温高于进风井，尤其在冬季，当进风井形成了冷却带以后，即使风机停转或通风系统改变，由于地热作用进、回风井筒之间仍将维持一定的气温差，从而将此自然风压维持下去，有时甚至会干扰通风系统改变后的正常通风工作，这在建井时期表现尤其明显。

2.4.2 主要通风机通风

矿用通风机按其服务范围和所起的作用分为以下两种。

(1) 主要通风机。担负整个矿井或矿井的一翼或一个较大区域通风的通风机，称为矿井的主要通风机。主要通风机必须昼夜运转，它对矿井安全生产和井下工作人员的身体健康、生命安全影响极大。主要通风机一般安装在地面上，也是矿井的主要耗电设备。所以对主要通风机的选用，必须从安全、技术、经济等方面进行综合考虑。

(2) 局部通风机。为满足井下某一局部地点通风需要而使用的通风机，称为局部通风机。局部通风机主要用作井巷掘进通风，将在后续章节中讨论。

2.4.2.1 矿井主要通风机

矿井主要通风机按其构造和工作原理不同，可分为离心式通风机和轴流式通风机两大类。

(1) 离心式通风机

离心式通风机(图 2-14)主要由动轮(工作轮)、蜗壳体、主轴、锥形扩散器和电动机等部件构成。工作轮 1 是在两个圆盘间装有若干个叶片构成的。它由主轴 4 带动旋转。主轴 4 两端分别由止推轴承 5 和径向轴承 6 支撑。这两个轴承由机架 8 支撑并和机座 11 固定。主轴 4 和电动机 14 通过齿轮联轴节 9 连接，形成直接传动(也有用皮带传动的)。前导器 7 (有的通风机没有前导器)用来调节风流进入主要通风机叶轮时的方向，以调节主要通风机所产生的风压和风量。要使主要通风机紧急停转可由制动器 10 完成。通风机吸风口 12 与风硐 15 相连，通风机房 13 中通常设有能反映通风机工作状况的各种仪表和电力拖动装置等。

当叶轮转动时，靠离心力作用(离心式通风机的命名由此而来)，空气由吸风口 12 进入，经前导器进入叶轮的中心部分，然后折转 90°沿径向离开叶轮而流入蜗壳体 2 中，再经扩散器 3 排出。空气经过主要通风机后获得能量，使出风侧的压力高于入风侧，造成压差以克服井巷的通风阻力而能够流动，达到通风的目的。

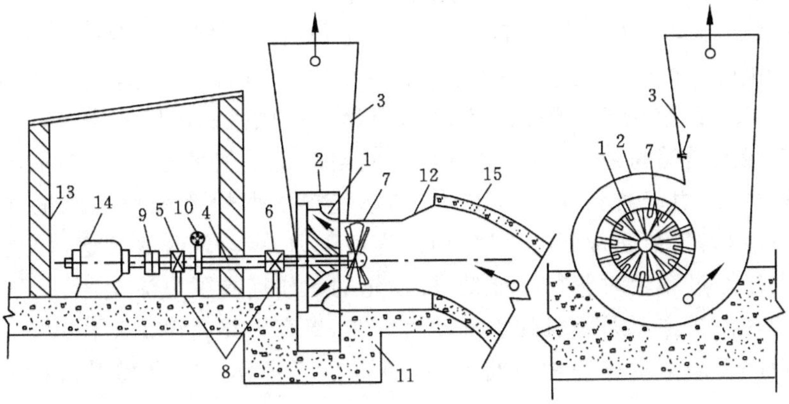

1—工作轮；2—蜗壳体；3—扩散器；4—主轴；5—止推轴承；6—径向轴承；7—前导器；8—机架；9—联轴节；10—制动器；11—机座；12—吸风口；13—通风机房；14—电动机；15—风硐。

图 2-14　离心式通风机的构造

(2) 轴流式通风机

图 2-15 是轴流式通风机构造及安装在井口做抽出式通风布置时的示意图。

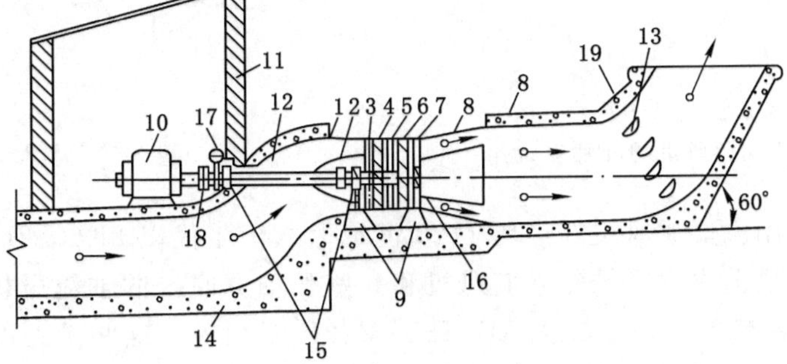

1—集风器；2—前流线体；3—前导器；4—第一级工作轮；5—中间整流器；6—第二级工作轮；7—后整流器；8—扩散器；9—机架；10—电动机；11—通风机房；12—风硐；13—导流板；14—基础；15—径向轴承；16—止推轴承；17—制动器；18—齿轮联轴节；19—扩散器。

图 2-15　轴流式通风机的构造及布置示意图

如图 2-15 所示，轴流式通风机主要由工作轮、圆筒形外壳、集风器、整流器、前流线体和扩散器等组成。集风器是一个外壳呈曲面形、断面收缩的风筒。前流线体是一个遮盖动轮轮毂部分的曲面圆锥形罩，它与集风器构成环形入风口，以减小入口对风流的阻力。整流器用来引导由动轮流出的旋转气流以减小涡流损失。环形扩散器是轴流风机的特有部件，其作用是使环状气流过渡到柱状（风硐或外扩散器内的）空气流，使动压逐渐变小，同时减小冲击损失。工作轮由固定在轮轴上的轮毂和在其上安装的若干叶片组成。叶片用螺栓固定在轮毂上，叶片呈梯形（中间是空的），其横截面和机翼形相似，如图 2-16 所示。一个动轮与其后的一个整流器（固定叶轮）组成一级，依据工作叶轮数不同轴流式通风机有一级（或一段）

和二级(或两段)之分。图 2-16 中 θ 称为轴流式通风机的叶片安装角,其大小是可调的。因为通风机的风压、风量的大小与 θ 角有关,所以工作时可根据所需要的风量、风压调节 θ 的角度。只有一级叶轮的通风机,θ 角的调节范围是 10°～40°;二级叶轮的通风机是 15°～45°,角度可按 5°或 2.5°间隔调节。增加工作轮数可增加通风机的风压和风量。

叶片在轮毂上是等间距分布的,相邻叶片间空隙是空气的流道。当动轮叶片(机翼)在空气中快速扫过时,由于翼面(叶片的凹面)与空气空隙冲击,给空气以能量,产生正压力,空气则从叶道流出;翼背牵动背面的空气,而产生负压力,将空气吸入叶道,如此一推一吸造成空气流动。空气经过动轮时获得了能量,即动轮的工作提高了风流全压。

为了改善轴流式主要通风机的空气动力性能,提高主要通风机工作效率,通常主要通风机的叶片在径向方向都做成各种扭曲形的,如图 2-17 所示。在调整叶片的安装角时,应以叶片根部角度为准。

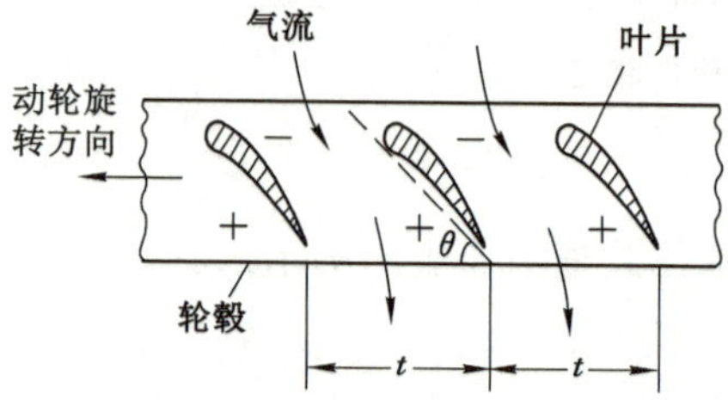

θ—叶片安装角;t—叶片间距。

图 2-16　轴流式通风机的叶片安装角

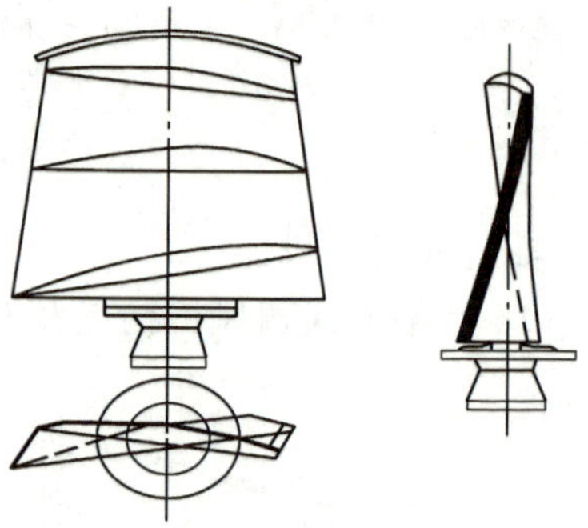

图 2-17　扭曲叶片

目前,国内矿用主要通风机在经历了 20 世纪七八十年代以 2K60、2K58 为代表的轴流风机之后,目前市场上占主流的是对旋风机和一些长轴宽曲线的轴流风机。我国矿用轴流式主要通风机主要有 FCZ、ANN、GAF、FBCDZ、2K 系列等。这些系列的风机是我国煤矿用量较大的一类风机,可用于风量、风压均较大的矿井。

2.4.3　矿井主要通风机性能测定

通风机出厂时的特性曲线大多是制造厂家根据同类风机模型试验的资料按比例定律换算求得的,很少有单独进行测定的,故一般都不能作为个体特性曲线来使用。加之风机安装质量差异、加装扩散器以及使用中的磨损和锈蚀等因素,主要通风机的性能都会发生变化。为了掌握运转条件下通风机的实际性能,合理有效地使用好通风机,我国新版《煤矿安全规程》第一百二十一条规定:新安装的主要通风机投入使用前,必须进行 1 次通风机性能测定和试运转工作,以后每 5 年至少进行 1 次性能测定。

主要通风机性能测定的目的是求得在一定转速或叶片安装角(轴流式)条件下,通风机风量与风压、功率、效率的关系曲线。

主要通风机装置的布置形式多种多样,一般是依主要通风机类型、台数和尺寸、回风井筒的形式及周围地形等因素因地制宜修筑的。因此,在确定测定方案时也须因地制宜,力求使测定工作简单、安全,测定结果能满足精度要求。确定测定方案需考虑的内容如下:

(1) 选择调节主要通风机工况点的地点和方法;

(2) 选择测风速、风量的地点和方法;

(3) 测定风压等其他参数的方法。

风机测定方案的确定,通常可分以下三种情况:

(1) 对新安装的主要通风机在投产前进行测定。这种测定是必须的且内容也是全面的,测定工作既要获得主要通风机装置的特性曲线,又要检验主要通风机装置的制造和安装质量,检验各附属装置的合理性及漏风情况等,为投入正常运转提供基础数据。

(2) 在不影响正常生产条件下对备用通风机进行性能测定。在这种情况下进行测定,风流以短路形式进入主要通风机,且又受运转主要通风机的影响,使系统中难以找到风流稳定区段进行测风测压,故这是用备用主要通风机进行特性测定的难题,测定结果也往往不尽如人意。尤其是目前采用反转反风的风井设计渐成主流,其中很多在设计时没有考虑风机性能测定的需要,使被测风机无法形成独立的风流回路,因此也无法进行不停产测定。

(3) 在停产条件下进行主要通风机装置性能测定。测定工作常安排在节假日或检修日进行。停产测定的工况调节大多在防爆门处进行,测定时,揭开防爆盖,风流由此处进入,经主风洞、分风洞、风机,由扩散塔排出,实现短路通风测定。为测出阻力较高的工况点,还需在井下总回风道中构筑临时密闭以隔断与矿井的联系,密闭应有足够的强度以防大风压时被拉破。停产测定的缺点是测定时间有限,如不能在规定时间内完成,将会影响生产。与不停产测定相比,停产测定能为测定工作提供较佳的条件,特别是在风流稳定方面,从而使测定结果更接近实际。因此,条件许可时应尽量采用停产测定。

有些矿井主要通风机装置在布置上不具备测风、测压的完备条件,所以测定前须周密考虑测定各项指标的地点和所用的方法。必要时可对通风机装置进行简单的改造,以适应测定工作需要。

测定工作中工况点的调节主要有闸门调节、防爆盖处调节以及风窗调节等方法。

大多数主要通风机装置在风硐中都有控制风量的闸门,尤其在离心式主要通风机装置中,这个闸门更是必备的设施。在主要通风机装置性能测定时应充分利用闸门来调节主要通风机的工况点。图2-18是对通风机进行性能测定并可用闸门调节工况点的一种布置方案。

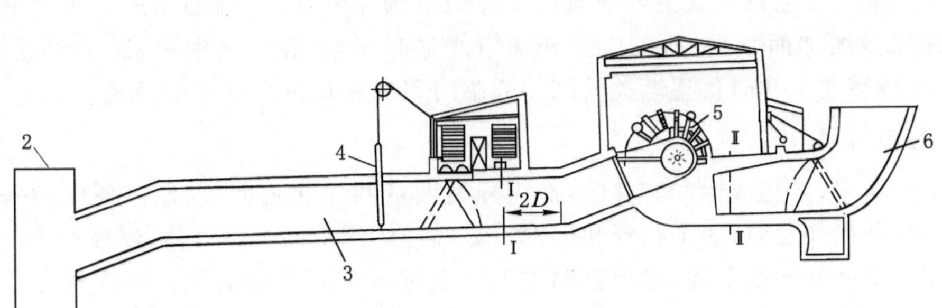

1—风井;2—防爆盖;3—风硐;4—调节闸门;5—离心式通风机;6—扩散塔。

图2-18 离心式通风机性能测定时的布置方案

为了获得更长的风流稳定段，也可如前所述在井下打临时密闭隔断风机与风网的联系，将调节闸门4全部开启，在防爆盖处进行工况调节。

在轴流式主要通风机装置性能测定时，也可用临时风窗调节主要通风机的工况点，临时风窗须在测定前于工况调节地点安设妥善，其构造如图2-19所示。风窗的框架系用木材或型钢制成，须有足够的强度。框架须伸入巷壁中，深度不小于150 mm。用木板变更风窗的面积。木板厚30～50 mm(依风窗两侧压力差而定)，宽度应有不同规格(如50 mm、100 mm或200 mm等)，以满足每次调节幅度的需要。木板长度及数量依调节地点的巷道断面大小而定。调节时木板不得固结在框架上，而是借风窗两侧的压力差将木板附着在框架的迎风侧上。用木板来改变主要通风机的工作风阻，达到调节主要通风机工况点的目的。调节工况点的次数应能保证测得连续完整的特性曲线。一般不应少于6个工况点，并以8～10个工况点为佳。

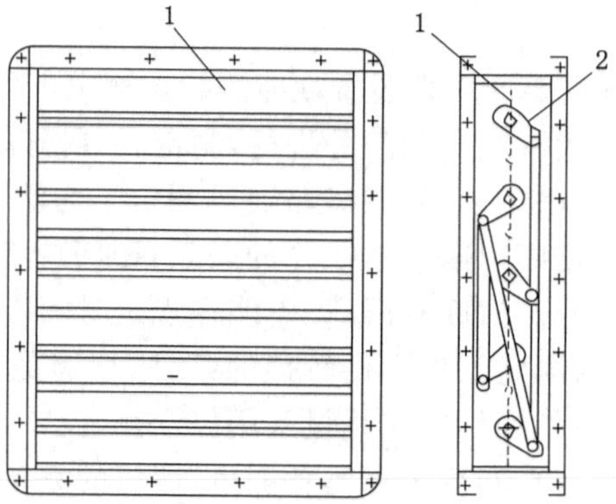

1—叶片；2—联动机构。

图2-19　临时风窗构造

为避免电动机在启动时电流过大超负荷而烧毁，调节工况的顺序须依主要通风机的功率特性而定。因离心式主要通风机的功率特性是功率随风量增加而增大，所以测定时应先关闭闸门或调节风窗，使其在工作风阻较大时启动，待转速正常后再逐渐打开闸门或临时风窗来调节工况点。而轴流式主要通风机工况调节顺序则相反，因轴流式通风机的功率特性是功率随风量增加而减少，所以应打开闸门或临时风窗，在主要通风机工作风阻较小时启动，启动后待转速正常时再逐渐关闭闸门或临时风窗来调节工况点的风量。

2.4.4　局部通风

无论在新建、扩建或生产矿井中，都需开掘大量的井巷工程，以便准备新的采区和采煤工作面。在开掘井巷时，为了稀释和排除自煤(岩)体涌出的有害气体、爆破产生的炮烟和矿尘以及保持良好的气候条件，必须对掘进工作面进行不间断的通风。而这种井巷只有一个出口(称独头巷道)，不能形成贯穿风流，故必须采用局部通风机、高压水气源或主要通风机产生的风压等技术手段向掘进工作面提供新鲜风流并排出污浊风流，这些方法称为局部通风(又称掘进通风)。

利用局部通风机做动力，通过风筒导风的通风方法称局部通风机通风，它是目前局部通风最主要的方法。局部通风机的常用通风方式有压入式、抽出式和混合式。

1. 压入式通风

压入式通风布置如图 2-20 所示，局部通风机及其附属装置安装在离掘进巷道口 10 m 以外的进风侧，将新鲜风流经风筒输送到掘进工作面，污风沿掘进巷道排出。新风流出风筒形成的射流属末端封闭的有限贴壁射流，如图 2-21 所示。气流贴着巷壁射出风筒后，由于卷吸作用，射流断面逐渐扩张，直至射流的断面达到最大值，此段称为扩张段，用 L_e 表示；然后，射流断面逐渐减小，直到为零，此段称收缩段，用 L_a 表示，在收缩段，射流一部分经巷道排走，另一部分又被扩张段射流所卷吸。从风筒出口至射流反向的最远距离（即扩张段和收缩段总长）称射流有效射程，以 L_S 表示。在有效射程以外的独头巷道中会出现循环涡流区，如图 2-22 所示的 L_v 段段。

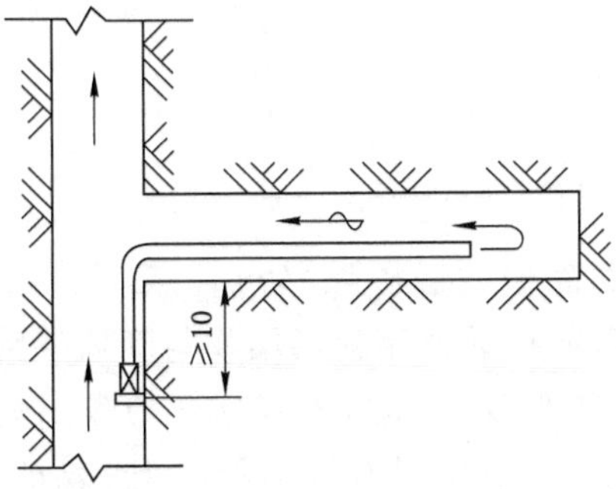

图 2-20　压入式通风

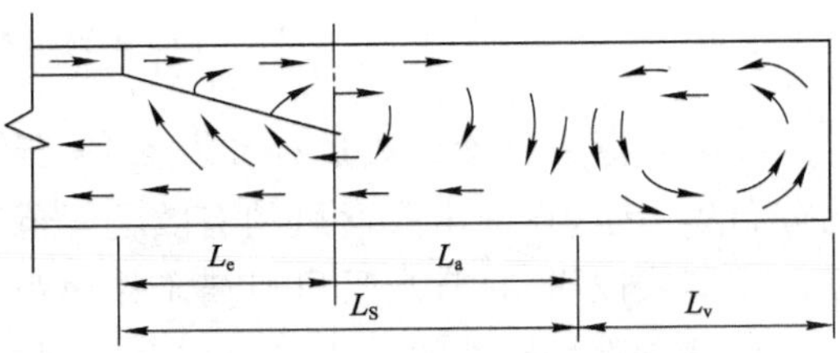

图 2-21　有效贴壁射流

在巷道边界条件下，一般有：

$$L_S = (4 \sim 5)\sqrt{S} \tag{2-40}$$

式中　S——巷道断面，m^2。

压入式通风排污过程如图 2-23 所示，当工作面爆破或掘进落煤（岩）后，烟尘充满迎头形成一个炮烟抛掷区和粉尘分布集中带。风流由风筒射出后，由于射流的紊流扩散和卷吸作用，迎头炮烟与新风发生强烈掺混，沿着巷道向外推移。为了能有效地排出炮烟，风筒出口与工作面的距离应不超过有效射程。

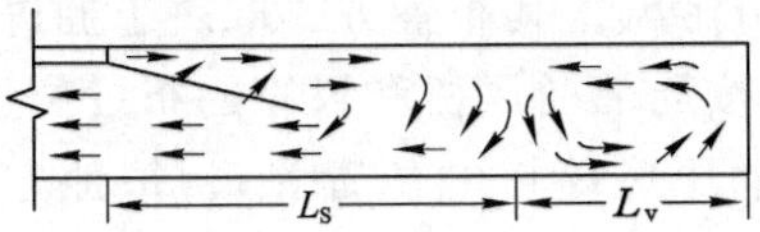

图 2-22　有效射程示意图

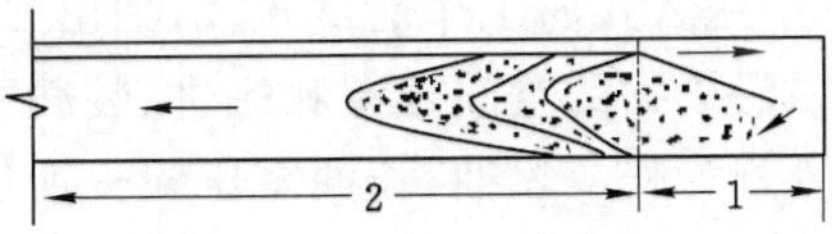

1—迎头区；2—巷道排烟。

图 2-23　压入式通风排污过程

2. 抽出式通风

抽出式通风布置如图 2-24 所示。局部通风机安装在离掘进巷道 10 m 以外的回风侧。新风沿巷道流入，污风通过风筒由局部通风机抽出。风机工作时风筒吸口吸入空气的作用范围，称为有效吸程 L_i。在巷道边界条件下，其一般计算式为：

$$L_i = 2.52\frac{S}{U} \tag{2-41}$$

式中　U——巷道断面周长，m。

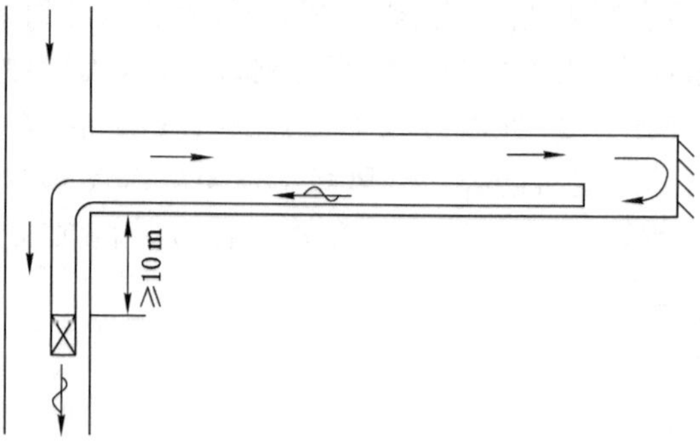

图 2-24　抽出式通风布置

抽出式通风排除污风过程如图 2-25 所示，当工作面掘进爆破煤(岩)后，形成一个污染物分布集中带，在抽出式通风的有效吸程范围内，借紊流扩散作用使污染物与新风掺混并被吸出。实践证明，只有当吸风口离工作面距离小于有效吸程 L_e 时，才有良好的吸出炮烟效果。在有效吸程以外的独头巷道中会出现循环涡流区，如图 2-26 所示，理论和实践都证明，抽出式通风的有效吸程比压入式通风的有效射程要小得多。

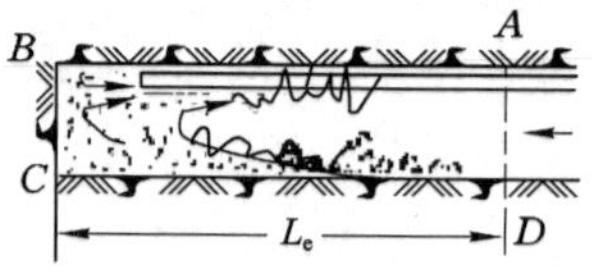

图 2-25　抽出式通风排污风过程

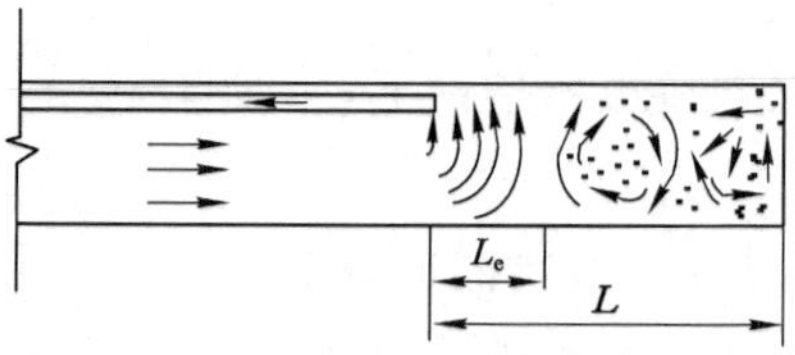

图 2-26　循环涡流区示意图

3. 混合式通风

混合式通风是压入式和抽出式两种通风方式的联合运用，兼有压入式和抽出式两者优点，其中压入式向工作面供新风，抽出式从工作面排出污风。其布置方式取决于掘进工作面空气中污染物的空间分布和掘进、装载机械的位置。按局部通风机和风筒的布设位置，混合式通风分为长压短抽、长抽短压和长抽长压三种；按抽压风筒口的位置关系，每种方式又可分为前抽后压和前压后抽两种布置形式。

(1) 长抽短压(前压后抽)。其布置如图 2-27(a)所示。工作面的污风由压入式风筒压入的新风予以冲淡和稀释，由抽出式主风筒排出。抽出式风筒吸风口与工作面的距离应不小于污染物分布集中带长度，与压入式风机的吸风口距离应大于 10 m 以上；抽出式风机的风量应大于压入式风机的风量；压入式风筒的出口与工作面间的距离应在有效射程之内。采用长抽短压式通风时，其中抽出式风筒须用刚性风筒或带刚性骨架的可伸缩风筒，若采用柔性风筒，则可将抽出式局部通风机移至风筒入风口，改为压出式向外排出污风，如图 2-27(b)所示。

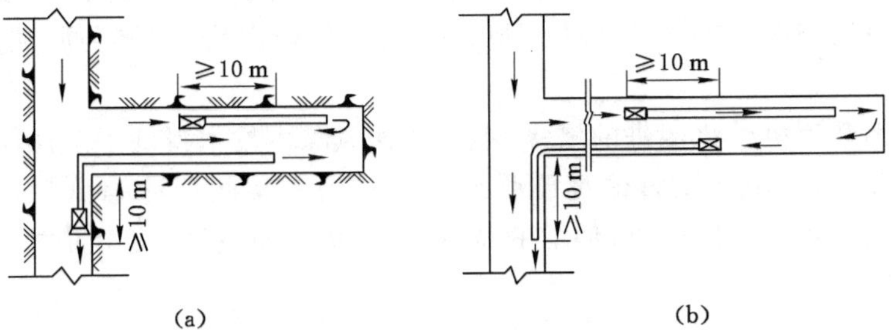

图 2-27　长抽短压通风方式

(2) 长压短抽(前抽后压)。其布置如图 2-28所示。新鲜风流经压入式长风筒送入工作面,工作面污风经抽出式通风除尘系统净化,被净化后的风流沿巷道排出。抽出式风筒吸风口与工作面的距离应小于有效吸程,对于综合机械化掘进,应尽可能靠近最大产尘点。压入式风筒出风口应超前抽出式出风口 10 m 以上,它与工作面的距离应不超过有效射程。压入式风机的风量应大于抽出式风机的风量。

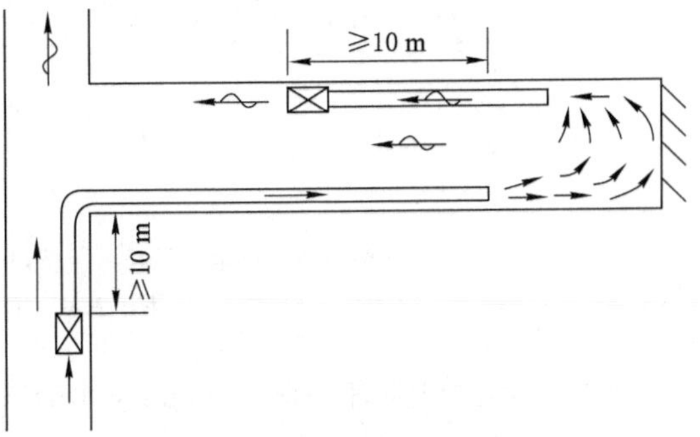

图 2-28　长压短抽通风方式

混合式通风的主要缺点是降低了压入式与抽出式两列风筒重叠段巷道内的风量,当掘进巷道断面大时,风速就更小,则此段巷道顶板附近易形成瓦斯层状积聚。因此,两台风机之间的风量要合理匹配,以免发生循环风,并使风筒重叠段内的风速大于最低风速。

基于上述分析,混合式通风是大断面长距离岩巷掘进通风的较好方式。机掘工作面多采用与除尘风机配套的长压短抽混合式,如图 2-29 所示。目前应用的 AM-50 型综掘机即采用了此种方式。

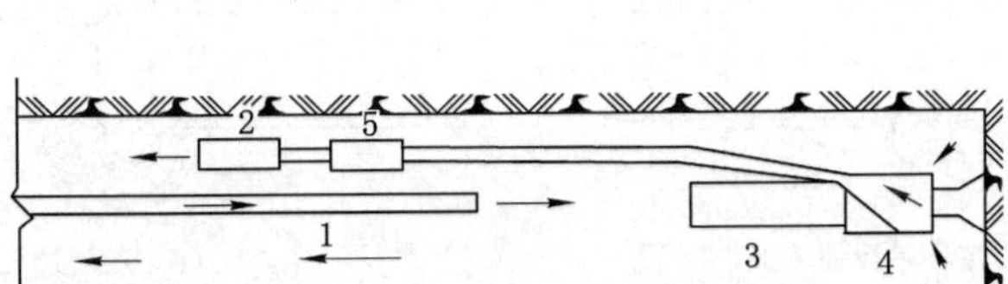

1—压入式风筒;2—除尘风机;3—转载机;4—掘进机;5—除尘器;S—巷道断面。

图 2-29　机掘工作面长压短抽通风方式

2.4.5　风筒

风筒是最常见的导风装置。对风筒的基本要求是漏风小、风阻小、质量轻、拆装方便。

(1) 风筒的种类

风筒按其材料力学性质可分为刚性和柔性两种。刚性风筒是用金属板或玻璃钢材料制成的。玻璃钢风筒比金属风筒轻便、抗酸、碱腐蚀性强、摩擦阻力系数小。柔性风筒是应用更广泛的一种风筒，通常用胶布、橡胶、塑料制成。其最大优点是轻便、可伸缩、拆装运搬方便。

随着大断面巷道机械化掘进的增多，混合式通风除尘技术得到了广泛应用，为了满足其抽出式通风的要求，采用金属整体螺旋弹簧钢圈作为骨架的可伸缩风筒，如图 2-30 所示。它既可承受一定的负压，又具有可伸缩的特点，比铁风筒质量轻，使用方便。

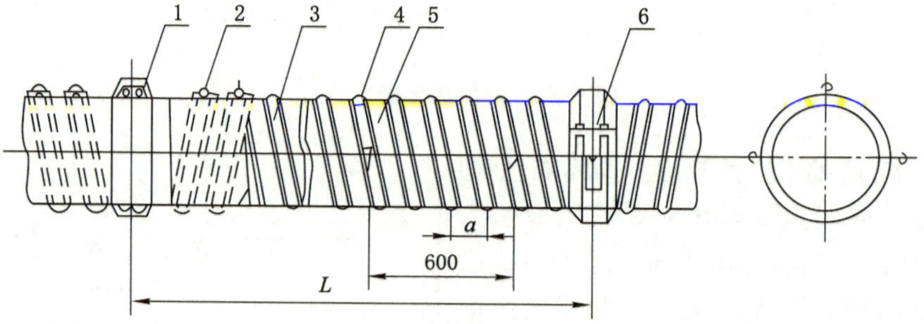

1—端圈；2—螺旋钢丝；3—压条；4—吊环；5—涂覆布；6—快速接头软带。

图 2-30　可伸缩风筒结构

矿山常用的风筒直径有 300 mm、400 mm、500 mm、600 mm、800 mm 和 1 000 mm 等规格。

(2) 风筒接头

刚性风筒一般采用法兰盘连接方式。柔性风筒的接头方式有插接、单反边接头、双反边接头、活三环多反边接头、螺圈接头等多种形式。插接方式最简单，但漏风大；反边接头漏风较小，不易胀开，但局部风阻较大；双反边接头和活三环多反边接头漏风小、风阻小，但易胀开，拆装比较麻烦，通常在长距离掘进通风时采用。图 2-31 所示为几种接头的结构形式。

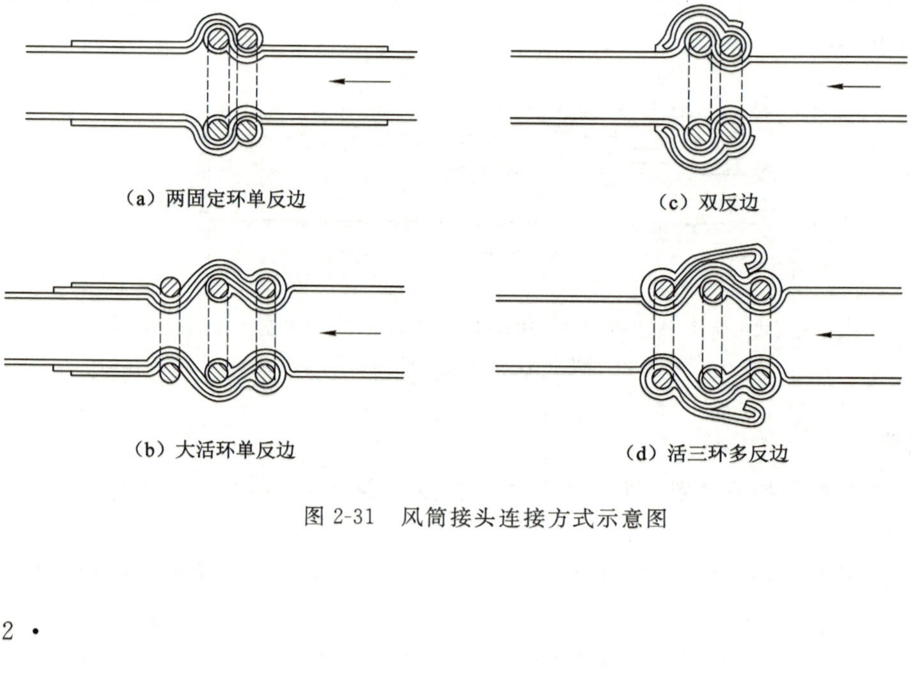

(a) 两固定环单反边　(c) 双反边

(b) 大活环单反边　(d) 活三环多反边

图 2-31　风筒接头连接方式示意图

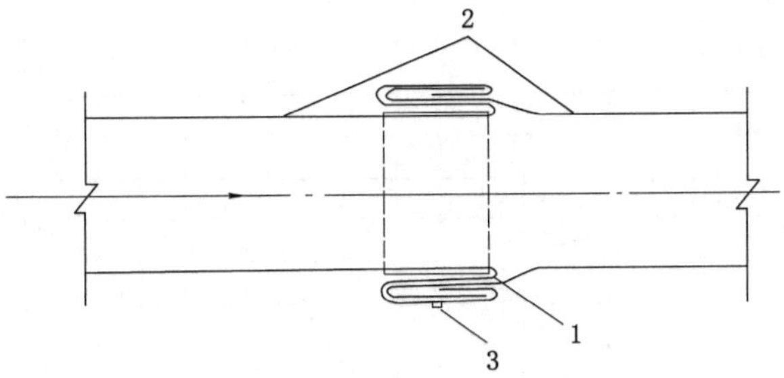

（e）螺圈接头

图 2-31　（续）

（3）风筒的阻力

风筒风阻可按下式计算：

$$R = R_1 + R_2 + R_3 = \frac{6.5\alpha l}{d^5} + n\xi_j \frac{\rho}{2s^2} + \sum \xi_b \frac{\rho}{2s^2} \tag{2-42}$$

式中　R——风筒的总风阻，$N \cdot s^2/m^8$；

R_1——风筒的摩擦风阻，$N \cdot s^2/m^8$；

R_2——风筒接头处的局部风阻，$N \cdot s^2/m^8$；

R_3——风筒拐弯处的局部风阻，$N \cdot s^2/m^8$；

α——风筒的摩擦阻力系数，$N \cdot s^2/m^4$；

l——风筒长度，m；

d——风筒直径，m；

n——风筒的接头数目；

ξ_j——风筒接头的局部阻力系数，无因次；

s——巷道断面积，m^2；

ξ_b——风筒拐弯的局部阻力系数，无因次；

ρ——空气密度，kg/m^3。

上式中摩擦阻力系数 α 的选取很重要，同直径的刚性风筒的 α 值可视为常数，金属风筒的 α 值可按表 2-6 选取。

表 2-6　金属风筒摩擦阻力系数

风筒直径/mm	200	300	400	500	600	800
$\alpha \times 10^4/(N \cdot s^2/m^4)$	49	44.1	39.2	34.3	29.4	24.5

柔性风筒和带刚性骨架的柔性风筒的摩擦阻力系数皆与其壁面承受风压有关。柔性风筒随压入式通风风压的提高而鼓胀，其 α 值逐渐减少，如图 2-32 中曲线Ⅰ所示；KSS600-X 型带刚性骨架的塑料风筒的 α 值，随抽出式通风负压的增大而略有增大，如图 2-32 中曲线Ⅱ所示。

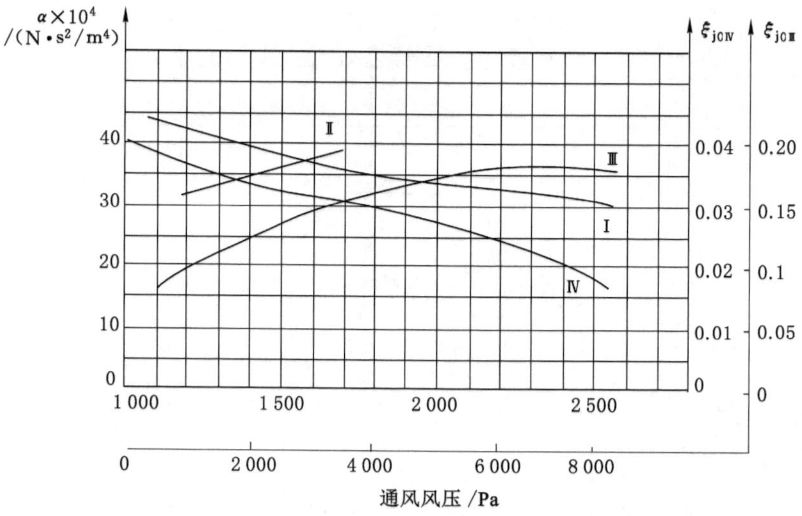

图 2-32　风筒摩擦阻力系数及接头局部阻力系数曲线(风筒直径 600 mm)

2.5　通风网络风量分配与调节

2.5.1　矿井通风系统图的绘制

2.5.1.1　矿井通风系统平面图

矿井通风系统平面图是表示矿井通风系统的风流路线与方向、流速、风量及阻力、通风装备和通风设施等情况的总图,由各巷道在水平面上投影绘制而成。根据线型的不同,矿井通风系统平面图可以分为单线图和双线图。

对于单一煤层开采的采区通风系统和矿井通风系统,其通风系统平面图一般是在复制的开拓平面图上标注风流方向、风量、通风装备和通风设施绘制而成的。

对于多煤层、多水平开采的矿井,绘图时各主要巷道按投影关系与比例绘制,各采区与工作面尺寸按比例绘制,至于各煤层的各采区与工作面不必拘泥于严格的高程与投影关系,可有意识地把各煤层的各采区或工作面位置错开,以便在图纸上清楚地看出各巷道在通风系统中的相互关系,避免图形重叠、混乱。

2.5.1.2　通风系统网络图

矿井通风系统往往是十分复杂的立体结构,巷道数目多、纵横交错、上下重叠,相互关系不易一目了然,直接用实际的通风系统图分析通风问题有很多不便。为克服这些缺点,需要将通风系统网络化,即用反映巷道空间关联的单线条来表示通风系统中各风流(道)的分合关系,将通风系统图抽象成点与线集合的网状线路示意图。此图即是通风系统网络图,简称通风网络图或风网。在该种图中点可以位移,边可以伸缩、曲直、翻转,必要时,还可以对点或边进行简化,但必须反映风流的分合关系。图的几何形状也不是唯一的,可画成长方形(图中分支用直线表示),也可画成椭圆形(图中分支多用弧线),也有画成圆形的,如图 2-33 所示。

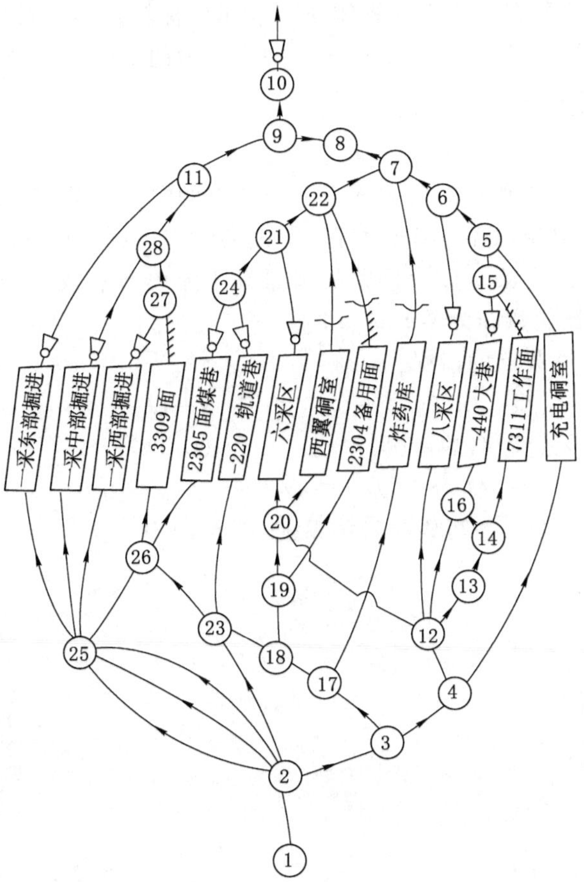

图 2-33　通风系统网络图

通风网络图的画法没有统一的格式。习惯上手工绘图的流程一般包含节点编号、绘制草图、检查核对、修整图形等几个环节。

按通风系统图实际分支和节点画出的网络图，往往过于复杂(尽管在绘图过程中已作初步简化)，不便分析研究问题，有时重点不突出。因而应根据分析问题的需要，对网络图进行简化。简化的原则是：简化后的网络结构必须体现出原通风系统的结构特点，不失真；由于简化导致的网络解算误差应在允许的误差范围内，解算的结果才有实用价值。

2.5.1.3　通风系统立体图

矿井通风系统立体图是根据投影原理把矿井巷道的立体投影到平面上形成的图形。它能较好地表达巷道之间的立体关系，是进行通风系统设计和现场施工管理必不可少的。一般采用轴测投影法绘制矿井通风系统

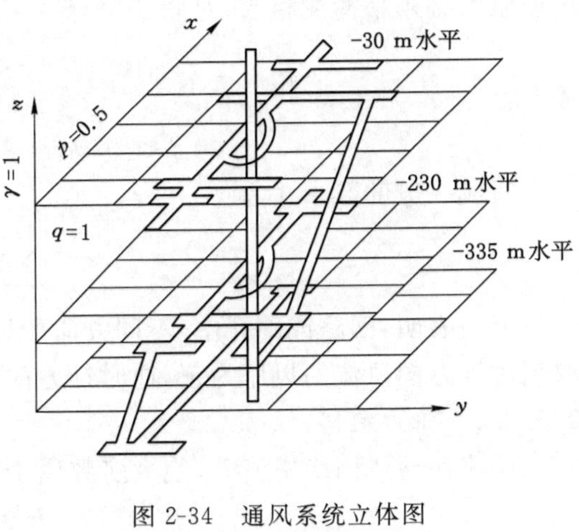

图 2-34　通风系统立体图

立体图。轴测投影的实质就是把空间物体连同空间坐标轴投影于投影面上，利用 3 个坐标轴确定物体的 3 个尺度。其特点是：平行于某一坐标轴的所有线段，其变形系数相等。

2.5.2 风量分配的基本规律

2.5.2.1 风量平衡定律

根据质量守恒定律，在单位时间内流入一个节点的空气质量，等于单位时间内流出该节点的空气质量，由于矿井空气不压缩，故可用空气的体积流量(即风量)来代替空气的质量流量。在通风网络中，流进节点或闭合回路的风量等于流出节点或闭合回路的风量。即任一节点或闭合回路的风量代数和为零。

对于图 2-35 的流进节点的情况，

$$Q_{1-4}+Q_{2-4}+Q_{3-4}+Q_{4-5}+Q_{4-6}=0 \tag{2-43}$$

对于图 2-36 流进闭合回路的情况：

$$Q_{1-2}+Q_{3-4}+Q_{5-6}+Q_{7-8}=0 \tag{2-44}$$

把关系式(2-43)、式(2-44)写成一般关系式，则为：

$$\sum_{i=1}^{n}Q_i=0 \tag{2-45}$$

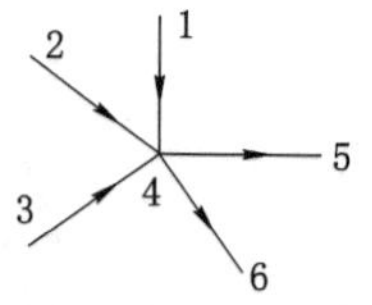

图 2-35 节点

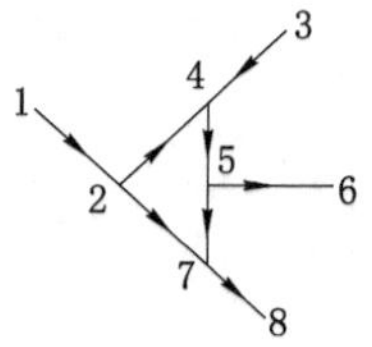

图 2-36 闭合回路

上式表明：流入节点、回路或网孔的风量与流出节点、回路或网孔的风量的代数和等于零。一般取流入的风量为正，流出的风量为负。

2.5.2.2 风压平衡定律

任一回路或网孔中的风流遵守能量守恒定律，回路或网孔中不同方向的风流，它们的风压或阻力必须平衡或相等，对图 2-36 有：

$$h_{2-4}+h_{4-5}+h_{5-7}=h_{2-7} \tag{2-46}$$

或者：

$$h_{2-4}+h_{4-5}+h_{5-7}-h_{2-7}=0 \tag{2-47}$$

写成一般的数学式为：

$$\sum_{i=1}^{n}h_i=0 \tag{2-48}$$

上式表明：回路或网孔中，不同方向的风流，它们的风压或阻力的代数和等于零。一般取顺时针方向风流的风压为正，逆时针方向风流的风压为负。

2.5.2.3 阻力定律

风流在通风网络中流动，绝大多数属于完全紊流状态，其阻力定律遵守平方关系，即：

$$h_i=R_iQ_i^2 \tag{2-49}$$

式中 h_i——风路 i 的风压或阻力，Pa；

R_i——风路 i 的风阻，$N \cdot s^2/m^8$；

Q_i——风路 i 的风量，m^3/s。

2.5.3　风网的基本形式及通风参数的计算

2.5.3.1　通风网络的基本形式

通风网络联结形式比较复杂，多种多样，但其基本联结形式可分为：串联通风网络、并联通风网络、角联通风网络和复杂联结通风网络。

(1) 串联通风网络

由两条或两条以上的分支彼此首尾相连，中间没有分岔点的线路叫作串联风路，如图 2-37 所示。

(2) 并联通风网络

由两条或两条以上具有相同始节点和末节点的分支所组成的通风网络叫作并联风网，如图 2-38 所示。

(3) 角联通风网络

在简单并联风网的始节点和末节点之间有一条或几条风路贯通的风网叫作角联风网。如图 2-39 所示。贯通的分支习惯叫作对角分支。单角联风网只有一条对角分支，多角联风网则有两条或两条以上的对角分支。

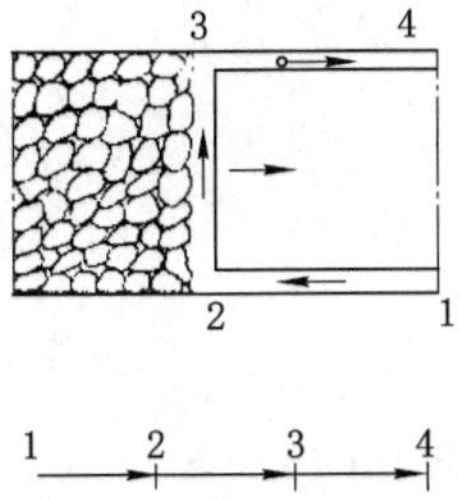

图 2-37　串联通风网络

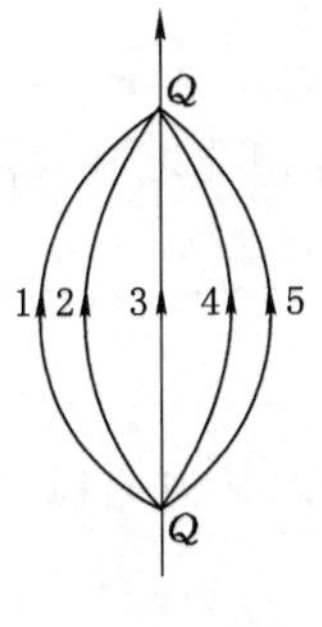

图 2-38　并联通风网络

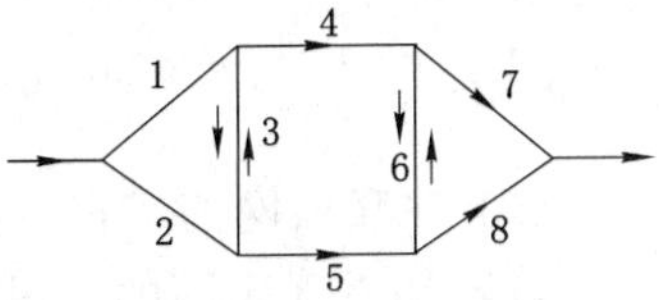

图 2-39　角联通风网络

2.5.3.2　风网参数的计算

1. 串联通风网络

串联通风网络具有如下特性：

(1) 总风量等于各分支的风量，即：

$$M_s = M_1 = M_2 = M_3 = \cdots = M_n \tag{2-50}$$

当各分支的空气密度相等时，或将所有风量换算为同一标准状态的风量后：

$$Q_s = Q_1 = Q_2 = Q_3 = \cdots = Q_n \tag{2-51}$$

(2) 总风压等于各分支风压之和，即：

$$h_s = h_1 + h_2 + h_3 + \cdots + h_n = \sum_{i=1}^{n} h_i \tag{2-52}$$

(3) 总风阻等于各分支风阻之和，即：

$$R_s = h_s/Q_s^2 = R_1 + R_2 + R_3 + \cdots + R_n = \sum_{i=1}^{n} R_i \tag{2-53}$$

（4）串联风路等积孔与各分支等积孔间的关系如下：

$$A_s = \frac{1}{\sqrt{\frac{1}{A_1^2}+\frac{1}{A_2^2}+\frac{1}{A_3^2}+\cdots+\frac{1}{A_n^2}}} \tag{2-54}$$

2. 并联通风网络

（1）总风量等于各分支风量之和，即：

$$M_s = M_1 + M_2 + M_3 + \cdots + M_n = \sum_{i=1}^{n} M_i \tag{2-55}$$

当各分支的空气密度相同时，或将所有风量换算为同一标准状态的风量后：

$$Q_s = Q_1 + Q_2 + Q_3 + \cdots + Q_n = \sum_{i=1}^{n} Q_i \tag{2-56}$$

（2）总风压等于各分支风压，即：

$$h_s = h_1 = h_2 = h_3 = \cdots = h_n \tag{2-57}$$

注意：当各分支的位能差不相等，或分支中存在风机等通风动力时，并联分支的风压并不相等。

（3）并联风网总风阻与各分支风阻的关系：

$$R_s = h_s/Q_s^2 = \frac{1}{\left(\sqrt{\frac{1}{R_1}}+\sqrt{\frac{1}{R_2}}+\sqrt{\frac{1}{R_3}}+\cdots+\sqrt{\frac{1}{R_n}}\right)^2} = \frac{1}{\left(\sum_{i=1}^{n}\sqrt{\frac{1}{R_i}}\right)^2} \tag{2-58}$$

（4）并联风网等积孔等于各分支等积孔之和，即：

$$A_s = A_1 + A_2 + A_3 + \cdots + A_n = \sum_{i=1}^{n} A_i \tag{2-59}$$

（5）并联风网的风量分配如下：

若已知并联风网的总风量，在不考虑其他通风动力及风流密度变化时，可由下式计算出分支 i 的风量：

$$Q_i = \sqrt{\frac{R_s}{R_i}}Q_s \tag{2-60}$$

由上式可见，并联风网中的某分支所分配得到的风量取决于并联网络总风阻与该分支风阻之比。风阻小的分支风量大，风阻大的分支风量小。若要调节各分支风量，可通过改变各分支的风阻比值实现。

3. 角联通风网络

如图 2-40 所示，在单角联风网中，对角分支 5 的风流方向，随着其他 4 条分支的风阻值 R_1、R_2、R_3、R_4 在大于零、小于无穷大范围内变化而变化，即有以下变化：

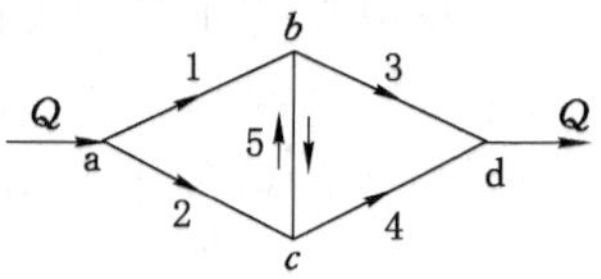

图 2-40　角联通风网络

当风量 Q_5 向上流时，风压 $h_1<h_2$，$h_3<h_4$；风量 $Q_1<Q_3$，$Q_2>Q_4$。

则有：

$$\begin{aligned} R_1Q_1^2 > R_2Q_2^2 \rightarrow R_1Q_1^2 > R_2Q_4^2 \\ R_3Q_3^2 < R_4Q_4^2 \rightarrow R_3Q_1^2 < R_4Q_4^2 \end{aligned} \tag{2-61}$$

将上面两式相除，得：

$$\frac{R_1}{R_3} > \frac{R_2}{R_4}$$

或

$$K = \frac{R_1 R_4}{R_2 R_3} > 1 \quad (2\text{-}62)$$

这是 Q_5 向上流的判别式。

同理可推出 Q_5 向下流的判别式为：

$$K = \frac{R_1 R_4}{R_2 R_3} < 1 \quad (2\text{-}63)$$

Q_5 等于零的判别式为：

$$K = \frac{R_1 R_4}{R_2 R_3} = 1 \quad (2\text{-}64)$$

判别式中不包括对角风路本身的风阻 R_5，说明无论 R_5 怎样变化，该风路的风流方向不会变化，只可能使这一风路的风量大小发生变化。这是因为该风路的风流方向只取决于该风路起末两点风流的能量之差，而这项能量差与 R_5 无关。

判别式的作用之一是用来预先判别不稳定风流的方向。例如在分支 5 尚未贯通之前，便可判定该风路贯通后的风流方向，即把四条非对角分支的风阻值代入判别式，如算得判据 $K>1$，便可判定 Q_5 向上流，如得 $K<1$，则 Q_5 必然向下流，如得 $K=1$，Q_5 趋于零。

判别式的作用之二是用来制定风流不稳定的预防措施。例如，若 1、5、4 都是工作面，为保持 Q_5 稳定地向上流，不允许 Q_5 向下流或 $Q_5=0$，须始终满足 $K>1$，而且 K 值越大，Q_5 向上流就越稳定。故可根据实际情况，采取加大 R_1 或 R_4、减少 R_2 或 R_3 的技术措施，并不断进行调整，使 K 始终保持最大的合理值，以保证 Q_5 的方向和数量始终稳定。

2.5.4　矿井风量调节

在矿井通风网络中，风流按照巷道风阻的匹配关系，分配到各作业地点的风量，往往不能满足要求，需要采取控制与调节风量的措施。另外，矿井通风网络是一个动态网络，它随生产的推进而不断变化，从网络分支数据到网络拓扑结构都在发生变化，而网络中的各个用风地点的风量需求基本不变，所以经常需要根据网络的变化，对通风网络进行调节，以调配各网络分支的风量。风量调节按照其范围的大小，可分为局部风量调节和矿井总风量调节。

2.5.4.1　*局部风量调节*

局部风量调节是指在采区内部各个工作面之间、采区之间或生产水平之间的风量调节。调节的方法有增阻调节法、减阻调节法和增压调节法。

（1）增阻调节法

增阻调节法以并联网络中阻力大的风路的阻力值为基础，在各阻力较小的巷道中安设调节风窗等设施，增大巷道的局部阻力，从而降低与该巷道处于同一通路中的风量，或增大与其关联的通路上的风量。这是目前使用最普遍的局部调节风量的方法。增阻调节是一种耗能调节法。采用的具体装置有调节风窗、临时风帘、空气幕调节装置等。其中使用最多的是调节风窗，其制造和安装都较简单。

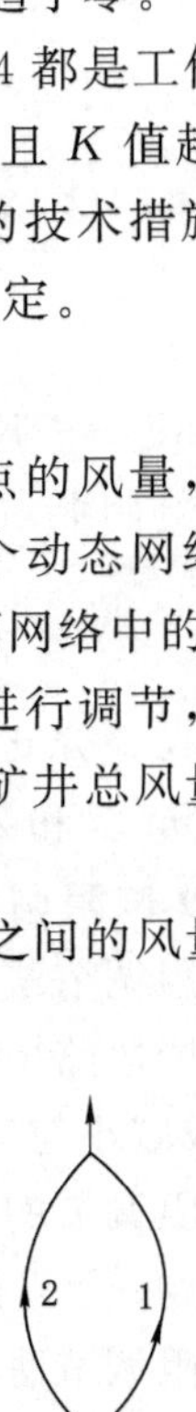

图 2-41　并联风网

有一并联风网（图 2-41），其中 $R_1=0.8\ \mathrm{N\cdot s^2/m^8}$，$R_2=1.2$

$N \cdot s^2/m^8$。若总风量$Q=30\ m^3/s$,则该并联风网中自然分配的风量分别为:

$$Q_1 = \frac{Q}{1+\sqrt{\frac{R_1}{R_2}}} = \frac{30}{1+\sqrt{\frac{0.8}{1.2}}} = 16.5\ (m^3/s) \tag{2-65}$$

则 $Q_2 = Q - Q_1 = 30 - 16.5 = 13.5\ (m^3/s)$。

如按生产要求,1 分支的风量应为 $Q'_1 = 5\ m^3/s$,2 分支的风量应为 $Q'_2 = 25\ m^3/s$,显然自然分配的风量不符合要求,按上述风量要求,两分支的阻力分别为:

$$\begin{aligned} h_1 &= R_1 Q'^2_1 = 0.8 \times 5^2 = 20\ (Pa) \\ h_2 &= R_2 Q'^2_2 = 1.2 \times 25^2 = 750\ (Pa) \end{aligned} \tag{2-66}$$

为保证按需供风,必须使两分支的风压平衡。为此,需在 1 分支的回风段设置一调节风门,使它产生一局部阻力 $h_{er} = h_2 - h_1 = 750 - 20 = 730\ (Pa)$。调节风门的形式如图 2-42 所示,在风门或风墙的上部开一个面积可调的矩形窗口,通过改变调节风门的开口面积来改变调节风门对风流所产生的阻力 h_w,使 $h_w = h_{ev} = 730\ (Pa)$。

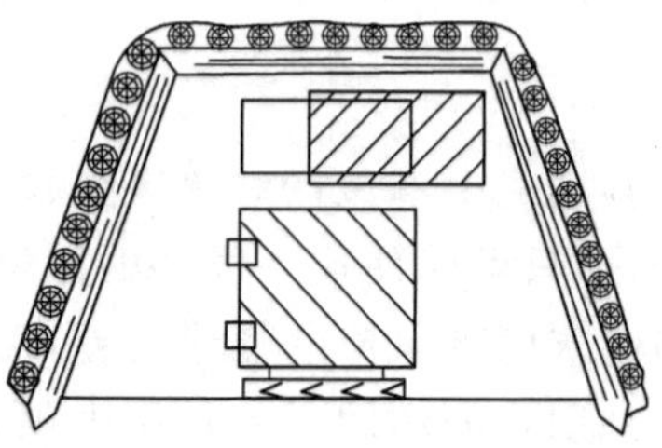

图 2-42　调节风门

用下式计算调节风门的面积:

$$S_w = \frac{QS}{Q + 0.759S\sqrt{h_w}} \tag{2-67}$$

或

$$S_w = \frac{S}{1 + 0.759S\sqrt{R_w}} \tag{2-68}$$

式中　R_w——调节风门的风阻,$R_w = h_w/Q^2$,$N \cdot s^2/m^8$。

在上例中,若 1 分支设置调节风门处的巷道断面 $S_1 = 4\ m^2$,则算出调节风门的面积为:

$$S_w = \frac{5 \times 4}{5 + 0.759 \times 4\sqrt{730}} = 0.23\ (m^2) \tag{2-69}$$

即在 1 分支设置一个面积为 0.23 m^2 的调节风门就能保证 1 和 2 分支都得到所需要的风量 5 m^3/s 和 25 m^3/s。

(2) 减阻调节法

减阻调节法与增阻调节法相反,它是以并联网络中阻力较小风路的阻力值为基础,在阻力较大的风路中采取减阻措施,降低巷道的通风阻力,从而增大与该巷道处于同一通路中的风量,或减小与其并联通路上的风量。

减阻调节的措施主要有:① 扩大巷道断面;② 降低摩擦阻力系数;③ 清除巷道中的局部阻力物;④ 采用并联风路;⑤ 缩短风流路线的总长度等。

减阻调节法与增阻调节法相反,可以降低矿井总风阻,并增加矿井总风量,但减阻措施的工程量和投资一般都较大,施工工期较长,所以一般在对矿井通风系统进行较大的改造时采用。

在生产实际中,对于通过风量大、风阻也大的风硐、回风石门、总回风道等地段,采取扩大断面、改变支护形式等减阻措施,往往效果明显。

(3) 增压调节法

增压调节法就是通过增加局部井巷的风压调整通风系统压力，进而改变压能和风量分布的方法。增压调节法和减阻调节法相比，由于前者在阻力较大的风路中安装辅助通风机，故可不必提高主要通风机用于这条风路上的风压，而相当于主要通风机对这条风路的工作风阻下降，这点和减阻调节法很类似。一般来说，它比减阻调节法施工快，施工也较方便，但管理工作较复杂，安全性比较差。

2.5.4.2　*矿井总风量调节*

在矿井开采过程中，由于矿井产量和开采条件不断变化，常常要求调节矿井总风量。矿井总风量调节的主要措施是改变主要通风机的工况点，其方法有：改变主要通风机的特性曲线，改变主要通风机的工作风阻曲线。

1. 改变主要通风机的特性曲线

(1) 改变轴流式通风机动轮叶片的安装角度

轴流式通风机的特性曲线随着动轮叶片安装角的变化而变化。

如图 2-43 所示，某抽出式通风的矿井，现用的主风机是轴流式，当其动轮叶片安装角为 27.5°时，静风压特性曲线是Ⅰ′曲线。为了满足前期生产需要，该主要通风机的风量 Q_f 为 68 m^3/s，静风压是 1 519 Pa，即该主要通风机的工作点为 a 点。现因生产情况的变化，井巷通风的总阻力变为：h_{fr} = 1 862 Pa；抵抗机械风压的自然风压为：h_n = 96 Pa；通过主要通风机的风量仍需 68 m^3/s。

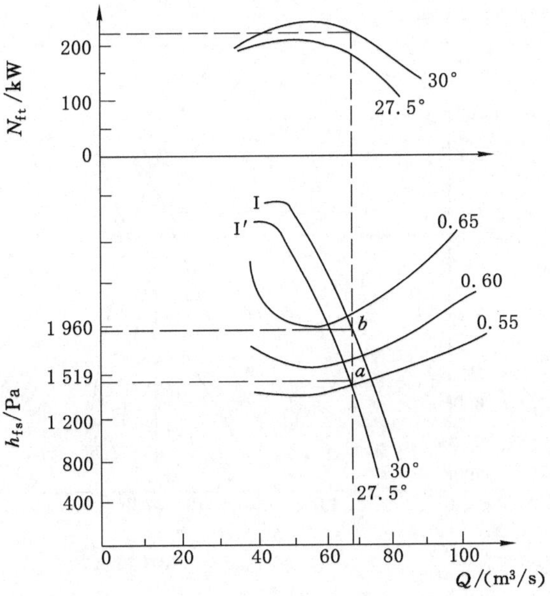

图 2-43　改变轴流式通风机动轮叶片的安装角度调节风量

为了满足现阶段生产要求，该风机应根据以下两个数值进行调节，风机的风量：

$$Q_f = 68\ m^3/s \tag{2-70}$$

考虑到自然风压的反作用，主风机的静风压：

$$h_{fs}=h_{fr}+h_n=1\ 862+96=1\ 958\ (Pa) \tag{2-71}$$

根据上述 Q_f 和 h_{fs} 两个数值，找出风机的新工作点 b，根据 b 点的位置，须把风机的动轮叶片安装角调整到 30°，其静压特性曲线由 Ⅰ′调到 Ⅰ，自 b 点得到这台风机的输入功率约 220 kW，用此数值来衡量现用电动机的能力是否够用，再由 b 点得出其风机的静压效率是 0.64，b 点落在这台风机特性曲线的合理工作范围内。

（2）改变通风机的转数

改变风机的转数能改变风机的特性曲线，即转数愈大，通风机的风量和风压愈大。改变通风机转速的方法，主要用于离心式通风机（因为轴流式通风机可以改变动轮叶片安装角度）。它的具体做法是，如果通风机和电动机之间是间接传动的，可改变皮带轮直径的大小来增加转数，如果通风机和电动机之间是直接传动的，则改变电动机的转数或更换电动机。

2. 改变主要通风机的工作风阻曲线

某矿抽出式风机是轴流风机，叶片安装角为 37.5°，静风压特性曲线为 Ⅰ 曲线，如图 2-44所示，工作点是 a 点，工作风阻 $R_f=1\ 107.4/(44.5)^2=0.56\ (N\cdot s^2/m^8)$，工作风阻曲线为Ⅰ曲线。该风机叶片最大安装角为 40°，其静压曲线为Ⅱ曲线。

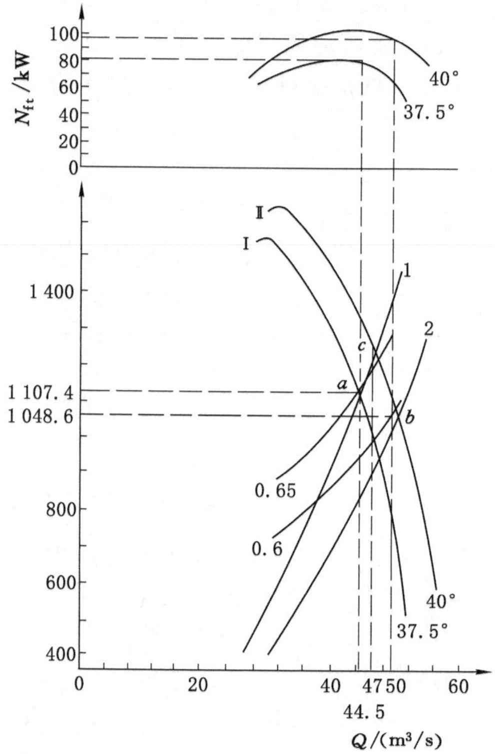

图 2-44 改变主要通风机的工作风阻曲线调节风量

如果生产要求主要通风机通过 50 m^3/s 的风量，则由风压曲线Ⅱ只能产生 1 048.6 Pa 的静风压，不能满足原有风压 1 107.4 (Pa)。如果用降低主要通风机工作风阻的调节方法，就必须设法将其工作风阻降低到 $R_f=1\ 048.6/50^2=0.42\ (N\cdot s^2/m^8)$。用这个数值画出风阻曲线 2，使它通过工作点 b，这时主要通风机的静压效率接近 0.6，输入功率约 96 kW。

如果不降低主要通风机的工作风阻，则工作点是 c 点，此时主要通风机只能通过 47 m^3/s 的风量，不能满足要求。所以，当该矿所要求的通风能力超过主要通风机最大潜力又无法采用其他调节法时，就得根据 R_f 的数值采取扩大井巷的断面，或开凿并联双巷，或增加进风井口等方法把主要通风机的工作风阻降低。

2.6　采区通风

通常，每个矿井都有几个采区同时生产，每个采区内有回采工作面、备用工作面、掘进工作面和硐室（采区变电所和绞车房）等用风地点，是矿井通风的主要对象。做好采区通风是保证矿井安全生产的基础。

2.6.1　采区通风系统

2.6.1.1　采区通风系统的基本内容

采区通风系统是采区生产系统的重要组成部分，它包括采区进风、回风和工作面进（回）风道的布置方式，采区通风路线的连接形式，以及采区内的通风设备和设施等基本内容。图 2-45是联合开采两个近距离煤层的采区通风系统，进风上山（轨道上山）和回风上山（输送机上山）都布置在下煤层中。

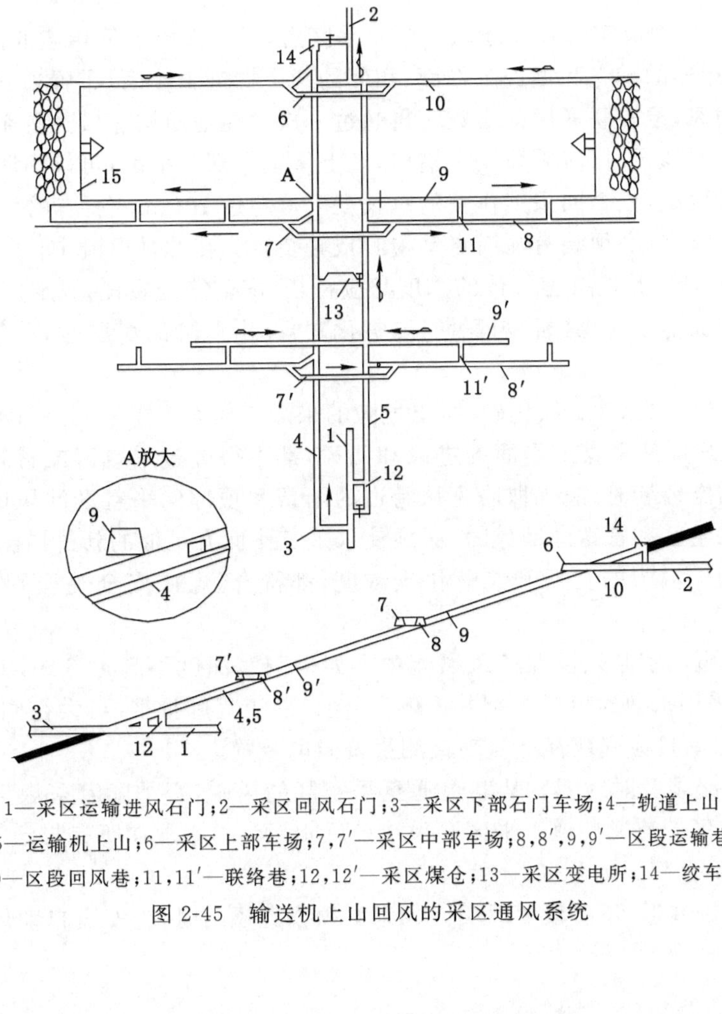

1—采区运输进风石门；2—采区回风石门；3—采区下部石门车场；4—轨道上山；
5—运输机上山；6—采区上部车场；7,7′—采区中部车场；8,8′,9,9′—区段运输巷；
10—区段回风巷；11,11′—联络巷；12,12′—采区煤仓；13—采区变电所；14—绞车房。

图 2-45　输送机上山回风的采区通风系统

2.6.1.2 采区通风系统的基本要求

采区通风系统主要取决于采煤系统(采煤方法),但又能在一定程度上影响着采区的巷道布置系统。完备的采区通风系统应具有以下功能:能有效地控制采区内的风流方向、风量和风质;漏风少;风流的稳定性高,不易遭受破坏;有利于合理排放瓦斯,防止煤炭自燃,形成较好的矿内气候条件;有利于控制、处理事故,并能使通风系统符合安全可靠、经济合理和技术可行的原则。对其基本要求如下:

(1) 每一生产水平和采区都必须实行分区通风,即采取把井下各个水平、各个采区以及各个采煤工作面、掘进工作面和其他用风地点的回风各自直接排入采区的回风巷或总回风巷的通风布置方式。

(2) 准备采区,必须在采区内构成通风系统后,方可开掘其他巷道。采煤工作面必须在采区构成完整的通风、排水系统后,方可回采。每个上、下山盘区或采区都必须配置至少一条专门的回风道。采区进、回风道必须贯穿整个采区,严禁一段为进风巷,一段为回风巷。

(3) 高瓦斯矿井、有煤(岩)与瓦斯(二氧化碳)突出危险的矿井的每个采区和开采容易自燃煤层的采区,必须设置至少 1 条专用回风巷;低瓦斯矿井开采煤层群和分层开采采用联合布置的采区,必须设置 1 条专用回风巷。所谓专用回风巷指在采区巷道中,专门用于回风,不得用于运料、安设电气设备的巷道,在煤(岩)与瓦斯(二氧化碳)突出区,专用回风巷还不得行人。

(4) 采、掘工作面应实行独立通风。同一采区内,同一煤层上下相连的两个同一风路中的采煤工作面、相连的采煤和掘进工作面、相邻的两个掘进工作面,布置独立通风有困难时,都可采用串联通风,但串联通风的次数不得超过一次。在地质构造极为复杂或残采地区,回采工作面确需串联通风时,应采取安全措施,经上级主管部门批准,可以串联通风,但串联通风次数不得超过两次,三个回采工作面的总长度不得超过 100 m。所有的串联通风,在进入串联工作面的风流中,必须装有瓦斯自动检测报警装置。在此种风流中,瓦斯和二氧化碳浓度都不得超过 0.5%,其他有害气体的浓度都应符合《煤矿安全规程》规定。

开采有瓦斯喷出或有煤(岩)与瓦斯(二氧化碳)突出危险的煤层时,严禁任何 2 个工作面之间串联通风。

(5) 有煤(岩)与瓦斯(二氧化碳)突出危险的采煤工作面不得采用下行通风。

(6) 掘进工作面和采煤工作面的进风和回风,都不得经过采空区或冒顶区。无煤柱开采沿空掘巷和沿空留巷时,应采取防止从巷道的两帮和顶部向采空区漏风的措施。水采工作面采用经过采空区和冒露区回风时,必须使水采工作面有足够的新鲜风流,保证水采工作面及其回风道的风流中的瓦斯和二氧化碳浓度,都符合《煤矿安全规程》关于瓦斯浓度的规定。

(7) 井下机电硐室必须设在进风风流中。如果硐室深度不超过 6 m,入口宽度不小于 1.5 m 时,可以采用扩散通风。个别井下硐室,经矿总工程师批准,可设在回风流中,但瓦斯浓度不超过 0.5%,且应安装瓦斯自动检测报警断电装置。

(8) 采空区必须及时封闭。从巷道通至采空区的风眼,必须随着采煤工作面的推进逐个封闭通至采空区的连通巷道。采区开采结束后 45 天内,必须在所有与已采区相连接的巷道中设置防火墙,全部封闭采区。

(9) 倾斜运输巷道,不应设置风门。如果必须设置风门时,应安设自动风门或设专人管理，并有防止矿车或风门碰撞人员，以及矿车碰撞风门的安全措施。开采突出煤层时，工作面回风侧不应设置风窗。

(10) 改变一个采区的通风系统时，应报矿总工程师批准。掘进巷道与其他巷道贯通时，在贯通相距 15 m 时，地质测量部门必须向矿总工程师报告，并通知通风部门，通风部门事先必须做好调整风流的准备工作；贯通时，通风部门必须派干部在现场统一指挥；贯通后，必须立即调整通风系统，防止瓦斯积聚，并须待系统调整后的风流稳定，才可恢复工作。

2.6.1.3　采区进风上山和回风上山的选择

通常，一个采区布置两条上山。一条是运煤上山，另一条是轨道上山。当采区生产能力大、产量集中、瓦斯涌出量大时，可增设专用的回风上山。布置两条上山时，可用轨道上山进风、输送机上山回风；也可用输送机上山进风、轨道上山回风。这些做法各有利弊，现分析如下。

采用输送机上山进风、轨道上山回风的通风系统(图 2-46)，由于风流方向与运煤方向相反，容易引起煤尘飞扬，使风流中的煤尘浓度增大；煤炭在运输过程中所涌出的瓦斯，可使进风流的瓦斯浓度增高，影响工作面的安全；输送机设备所散发的热量，使进风流温度升高。此外，须在轨道上山的下部车场内安设风门，此处运输矿车来往频繁，需要加强管理，防止风流短路。

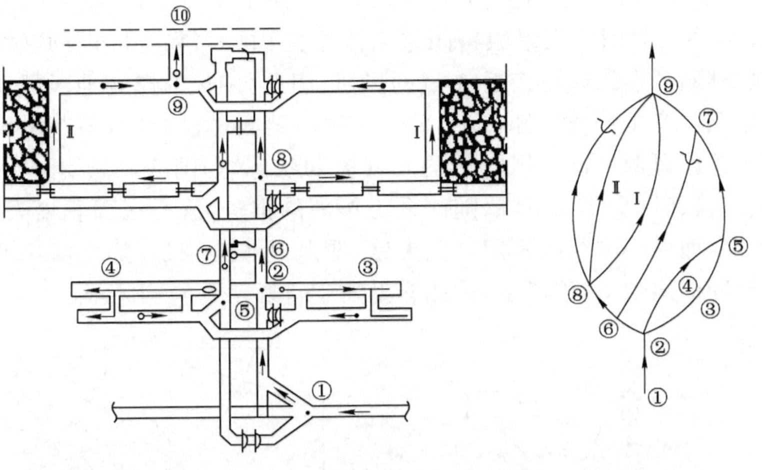

图 2-46　采用输送机上山进风、轨道上山回风的通风系统及网络图

采用轨道上山进风、输送机上山回风的通风系统(图 2-45)，虽能避免上述的缺点，但输送机设备处于回风流中，轨道上山的上部和中部甩车场都要安装风门，风门数目较多。

以上选择应根据煤层赋存条件、开采方法以及瓦斯、煤尘及温度等具体条件而定。一般认为，在瓦斯、煤尘严重的采区，采用轨道上山进风、输送机上山回风的采区通风系统较为合理。

2.6.2　长壁工作面的通风方式

长壁工作面在我国应用最广，其产量占全国回采总量的 85%以上。工作面的通风方式视瓦斯涌出量、开采工作条件和开采技术而异，按工作面进、回风巷的数量和位置，可分为 U

型、Y 型、E 型、W 型、Z 型等通风方式，其中 U 型应用最为普遍。

1. U 型通风方式

U 型通风方式系指采煤工作面有两条巷道，一条为进风道，一条为回风道，上行通风时，其下顺槽为进风道，上顺槽为回风道，下行通风时，则相反。图 2-47(a)为后退式 U 型通风方式的布置，此种通风方式对了解煤层赋存情况，掌握瓦斯、火的发生、发展规律，较为有利。由于巷道均维护在煤体中，因而巷道的漏风率较少。但存在下列缺点：

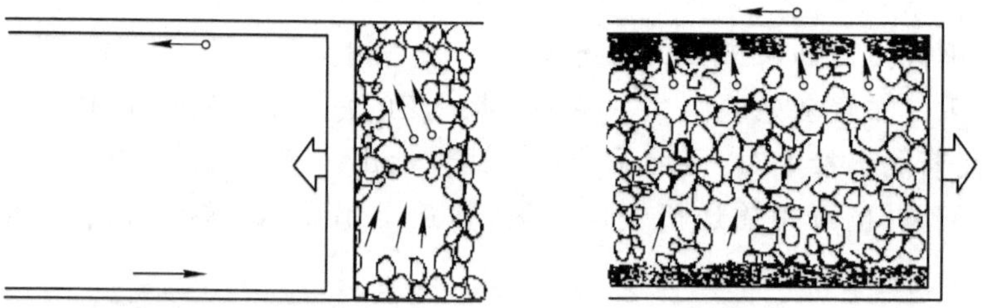

(a) 后退式 U 型通风　　(b) 前进式 U 型通风

图 2-47　U 型工作面通风方式

(1) 煤炭自燃威胁较大。如图 2-48 所示，当厚煤层分层开采时，回采工作面的风流由区段集中平巷 2，经联络眼 3、煤层分层平巷 4，进入回采工作面，采空区的漏风风路则由区段集中平巷 2，经由已封闭的联络眼密闭进入采空区内。当采空区内的联络眼封闭后，AB 段的风量明显下降，B 点的风压接近 A 点的风压，因此，漏风风路与通风风路构成并联网路形式，由并联网路的基本性质可知，位于采空区的联结眼虽已封闭，但其漏风方向是向采空区的，从而出现了漏风源。此时采空区的空气流动状态，如图 2-49 所示。由漏风源流入采空区的气体其渗流速度会不断下降，随回采工作面的推进，采空区面积增大，漏风源的漏风量则会相应下降，而由于联络眼密闭日久失修，漏风且也会增加，加之漏风源处在巷道交叉点，又是生产期间的出煤口，浮煤多，因此容易发生自燃。

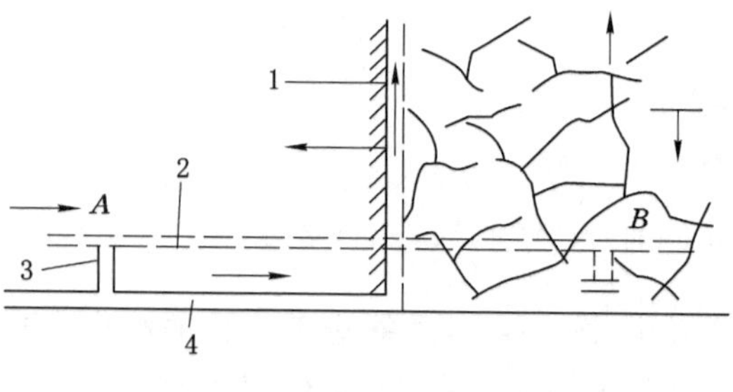

1—采煤工作面；2—区段集中平巷；
3—联络眼；4—煤层分层平巷。

图 2-48　联络眼漏风路线

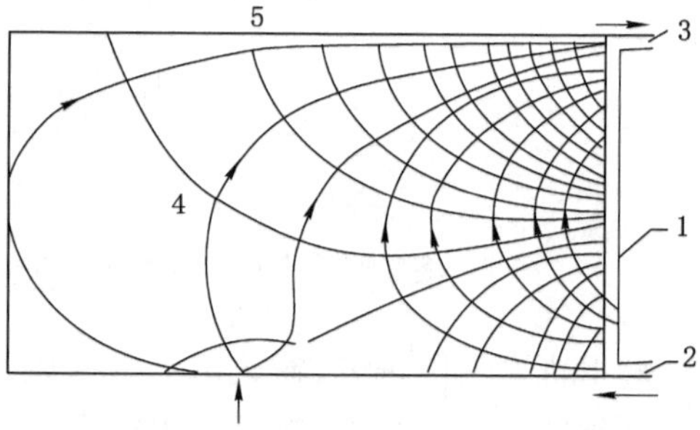

1—回采工作面；2—进风巷；3—回风巷；
4—上分层采空区；5—上分段采空区。

图 2-49　采空区下边界有漏风源时的空气流动状况

如当漏风源的位置位于采场上部边界时，且开采标高距地表近，当采用抽出式通风的矿井，采空区通过地表的裂隙漏风，均属采空区的漏风源，容易引起采空区自然发火。

当厚煤层分层后退式开采时，上分层停采线位于回采工作面进风巷的始端与回风巷末端的漏风通道，且风压差最大，持续漏风时间最长。加之停采线煤壁在采场支承压力作用下，容易片帮、压裂，或各分层停采线出现重叠、交错，导致煤壁垮塌、压裂现象甚为严重，因此停采线又是浮煤积存最集中的地方。故而在停采线附近最易出现煤炭自燃现象。

当回采工作面的进风巷在上分层采空区下掘进时，入风巷假顶会向上分层采空区产生连续漏风。沿风流前进的方向，风流逐渐增大，在回采工作面进、回风巷的范围内，上分层采空区漏风如图 2-50 所示，靠停采线一侧的流线密度大，表示漏风量多，漏风压差大。在该区域内，两流线的间距是变化的，流线始末两端密，表示渗流速度高，中段疏，则渗流速度低，当漏风适度时，停采线附近的浮煤带是风速连续变化的条带，必然存在容易引起自燃的风速区。

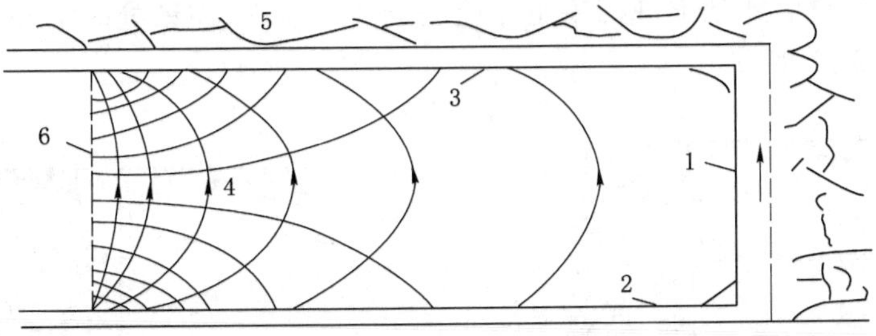

1—采煤工作面；2—进风巷；3—回风巷；4—上分层采空区；5—上分段采空区；6—停采线。

图 2-50　上分层停采线漏风状况

(2) 上隅角瓦斯浓度高。由于 U 型通风方式的采场边界通常是封闭的，当回采区段采用由上向下(沿倾斜)接续时，其上部边界是区段煤柱，下部边界为未采动的煤体，靠开切眼一侧为采区煤柱，这些均属于不漏风边界。当回采工作面推进到一定距离，出现初次来压之后，采空区瓦斯涌出量会明显增加，当工作面采用上行通风时，大面积采空区释放的瓦斯会混入空气中，并沿流线进行方向，由下部逐渐向上部积累，使瓦斯浓度相应增高，造成上隅角瓦斯“积累”。

综上所述，U 型后退式通风方式多适用于瓦斯涌出量不大，且不易自然发火的煤层开采中，对瓦斯涌出量很大，且易自然发火的煤层，必须采用一系列特殊技术措施，才可应用。

2. W 型通风方式

W 型通风方式指采煤工作面三条平巷采用上、下平巷进风或回风，中间平巷回风或进风的布置形式，如图 2-51 所示，它的优点在于：

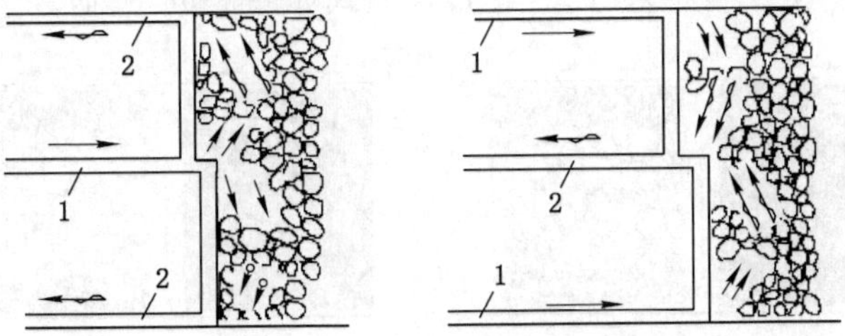

(a) 一进两回　　(b) 两进一回

1—进风巷；2—回风巷。

图 2-51　W 型工作面通风方式

① 相邻的两个工作面共用一条进风或回风巷道，从而减少了巷道的开掘和维护费用。

② 通风网路属并联结构，因而风阻小，风量大，漏风量小，利于防火。

③ 当上下端平巷进风，且设运输机时，则在该巷中有安装、维修采煤设备的良好环境。

④ 当中间平巷进风且设运输机时，既保证了运输设备处于新鲜风流中，又保证了进、回风巷的总断面比较接近，故在近水平煤层的综采工作面中应用较广。

3. E 型通风方式

E 型通风方式具有三条通风巷道，其上平巷为回风巷，下平巷及中间平巷为入风巷，如图 2-52 所示。下平巷和下部工作面回风速度降低，故可抑制煤尘的产生。与 U 型通风方式相比，E 型通风方式可使上部工作面气温降低。但采空区的空气流动相应发生了变化，迫使采空区的瓦斯较集中地从上部回采工作面的上隅角涌出，使该处时常处于瓦斯超限状态，故仅适用于低瓦斯矿井。

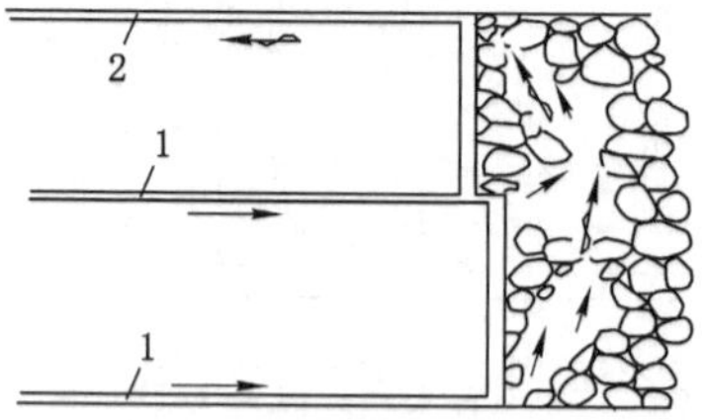

1—进风巷；2—回风巷。

图 2-52　E 型工作面通风方式

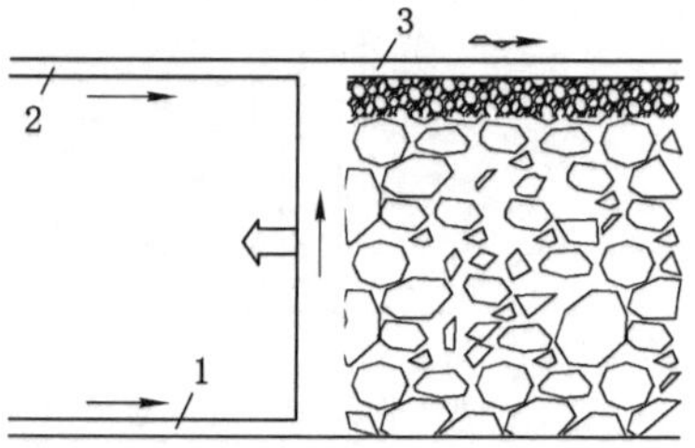

1，2—进风巷；3—回风巷。

图 2-53　Y 型工作面通风方式

4. Y 型通风方式

Y 型通风方式指在回采工作面的上、下端各设一条进风道，另在采空区一侧设回风道的布置方式，如图 2-53 所示，其优点为：

(1) 由于采空区的瓦斯通过巷旁支护流入回风平巷，较好地解决了回采工作面上隅角的瓦斯超限隐患；

(2) 由于工作面上、下端均处于进风流中，故改善了作业环境；

(3) 实行沿空留巷，可提高采区回收率。

由于存在上述优点，故多适用在瓦斯涌出量特大的煤层开采中。

除上述几种基本通风方式外，随煤层开采条件、开采技术、瓦斯贮存、自然发火倾向性的不同，尚可采用 X、H、双 Z 等通风方式，其布置方式如图 2-54 所示。

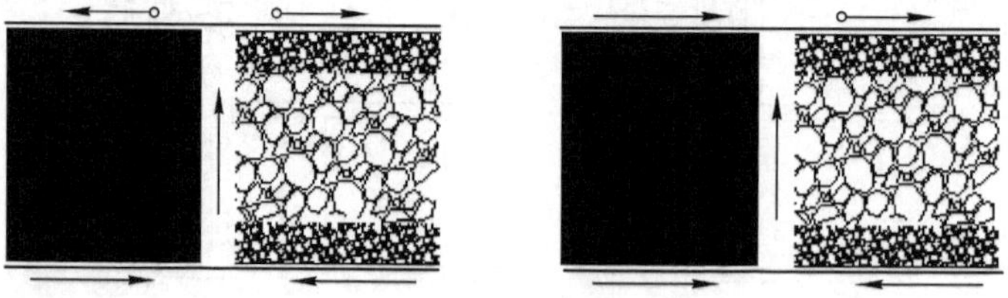

(a) X型　　(b) H型

图 2-54　其他型通风方式

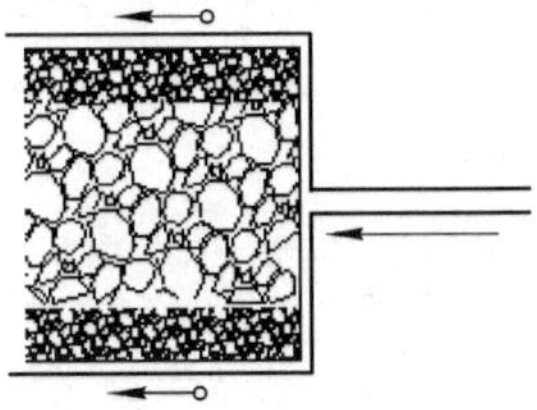

(c) 双Z型

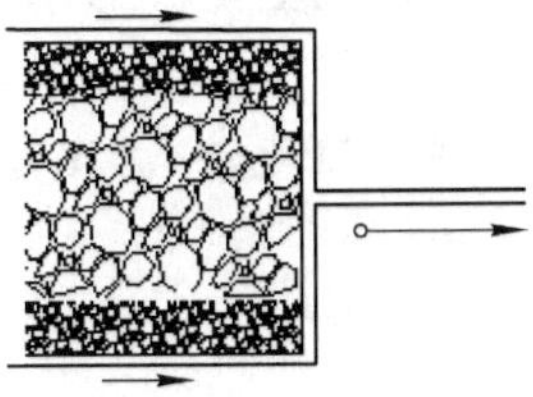

(d) 双Z型

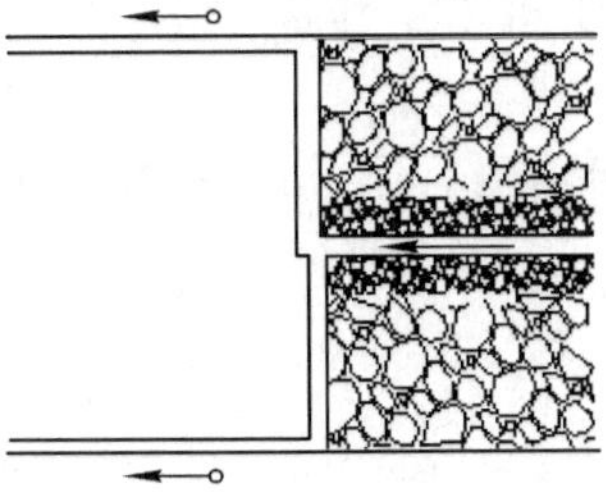

(e) 双Z型

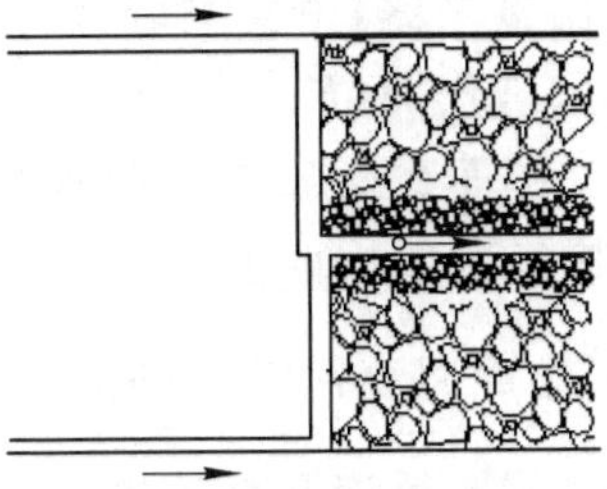

(f) 双Z型

图 2-54　(续)

2.6.3　采区风量计算

按照采区实际需要，供给适当的风量，是搞好采区通风的核心。既要保证质量、安全可靠，又要经济合理，但因计算风量考虑的因素较多，各个采区的情况又不尽一致，至今仍分别用各种因素进行近似计算，然后选用其中最大值。对于新设计的采区，要参照条件相同的生产采区进行计算。投产后进行修正，对于生产的采区，也要根据情况的不断变化随时进行调整，务必使供给的风量符合我国《煤矿安全规程》中有关条文的规定。

采区所需总风量(Q_m)是采区内各用风地点所需风量之和，并乘以适当系数。即：

$$Q_m = (\sum Q_{pi} + \sum Q_{ei} + \sum Q_{Bi} + \sum Q_{Oi}) \cdot K_m \tag{2-72}$$

式中　$\sum Q_{pi}$ ——各回采工作面和备用工作面所需要的风量之和，m^3/min；

$\sum Q_{ei}$ ——各掘进工作面所需要的风量之和，m^3/min；

$\sum Q_{Bi}$ ——各硐室所需风量之和，m^3/min；

$\sum Q_{Oi}$ ——除上述各用风点外，其他巷道风量之和，m^3/min；

K_m——采区风量备用系数，考虑采区漏风和配风不均匀等因素，该值应从实测和统计中求得，一般可取为 1.2～1.25。

回采工作面需风量应根据稀释和排放瓦斯、二氧化碳、炮烟及其他有害气体、粉尘的涌出量，并保障工作面有适宜的气温和风速的条件下，分别进行计算，然后取其中的最大值。回采工作面有串联通风时，应使每一个串联工作面空气中的有害气体、粉尘、气温和风速均符合《煤矿安全规程》要求。

高瓦斯工作面通常以按瓦斯算得的风量为最大。低瓦斯工作面供风主要考虑气候条件。高温工作面如果用通风方法不能使气温符合《煤矿安全规程》规定，则需采用制冷和空调设施。

(1) 按瓦斯(或二氧化碳)涌出量计算工作面风量

$$Q_{pi}=\frac{K_{CH_4}\cdot Q_{CH_4}}{\left(\frac{1}{100}-C_1\right)} \tag{2-73}$$

式中 K_{CH_4}——工作面瓦斯(或二氧化碳)涌出量不均匀系数。它是最大涌出量与平均涌出量之比，由实测统计得到。对于机采工作面，K_{CH_4} 为 1.3～1.45；对于炮采工作面，K_{CH_4} 为 1.35～1.5。

Q_{CH_4}——工作面瓦斯或二氧化碳的绝对涌出量，m^3/min，根据实测统计的平均值或按经验数据取值。

$\frac{1}{100}$——工作面回流瓦斯允许浓度。

C_1——工作面入风流瓦斯浓度。

对于涌出其他有害气体的工作面，可参照上式计算，只需将式中关于瓦斯的参数换以各有害气体的参数即可。

对于高瓦斯矿井，如工作面风量 Q_{pi} 过大，可使工作面风速超限，导致煤尘飞扬，或由于供风不足而导致瓦斯超限。应酌情采用瓦斯抽放、尾巷排放，选用适宜的工作面通风系统(例如以 Y 型、W 型、Z 型等系统取代 U 型通风系统)，以及喷雾注水等措施。

在采用抽排措施时，式(2-73)中的 Q_{CH_4} 应为风流排出的工作面瓦斯量，不包含抽排的瓦斯量。

在用尾巷排放时，尾巷瓦斯浓度 C_1 可高于工作面回风巷中的瓦斯浓度，但应小于 3%。设以 Q_i 及 Q_{rei} 分别表示尾巷及工作面回风巷的风量，则工作面风量 Q_{pi} 可按下式计算

$$Q_{pi}\geqslant\frac{K_{CH_4}\cdot Q_{CH_4}}{\frac{1}{100}-C_1+(1-A)\left(C_t-\frac{1}{100}\right)} \tag{2-74}$$

式中 A——工作面回风巷风量与工作面风量之比，即 $A=Q_{rei}/Q_{pi}$。

(2) 按炸药量计算

$$Q_{pi}=25A_{pi} \tag{2-75}$$

式中 25——以炸药量(kg)为计算单位的供风标准，$m^3/(min\cdot kg)$；

A_{pi}——第 i 个回采面一次爆炸所用的最大炸药量，kg。

(3) 按人数计算

以 N 表示回采面同时工作的最多人数，则回采面风量为：

$$Q_{pi}\geqslant 4N \tag{2-76}$$

式中 4——每人每分钟应供给的最小风量，m^3/min。

(4) 按工作面气温计算

为使工作面有良好的气候，对应于不同的风温时，参照的风速如表 2-7 所示。

由表 2-7 可得长壁工作面风量为：

表 2-7　工作面气温与风速对照表

工作面气温/℃	工作面风速 v/(m/s)
<15	0.3～0.5
15～18	0.5～0.8
18～20	0.8～1.0
20～23	1.0～1.5
23～26	1.5～1.8

$$Q_{pi} = 60vS \tag{2-77}$$

式中　S——按平均控顶距算得工作面平均断面积，m^2。

对于普采工作面，S 值可按最大和最小控顶距的断面积平均值计算，对于综采工作面，可用下述近似式计算：

使用支撑式支护时　　$S=3.75(M-0.3)$

使用掩护式支护时　　$S=3(M-0.3)$

其中 M 为煤层开采厚度，m。

(5) 低瓦斯矿井综采工作面所需风量

建议的参数计算式如下：

$$Q_{pi} = 200K_1K_2K_3K_4 \tag{2-78}$$

式中　K_1——采高系数，当采高 $h<2$ m 时，$K_1=\sqrt{2h-1}$；当 $h\geqslant 2$ m 时，$K_1=\sqrt{h}+0.3$。

K_2——温度系数，以 L 表示工作面长度，则 $K_2=\sqrt{L}/10$。

K_3——温度系数，见表 2-8。

K_4——支架后方控顶系数。顶板易于垮落时，$K_4=1$；需要强制放顶时，$K_4=1.1$。

200——综采工作面基本风量，相当于采高 $h=1.0$ m、工作面风速为 1.5 m/s、控顶距为 4 m、有效通风断面系数为 0.55 时的风量，m^3/min。

表 2-8　工作面温度系数

工作面温度/℃	≤15	16～17	18～22	23～24	25～26
温度系数 K_3	0.7	0.8	1.0	1.2	1.4

(6) 按工作面风速计算

按最低风速 0.25 m/s 计算，回采工作面最低风量为：

$$Q_{pimin} \geqslant 15S \tag{2-79}$$

按最高风速 4 m/s 计算，回采工作面最大风量为：

$$Q_{pimax} \leqslant 240S \tag{2-80}$$

(7) 备用采面需风量计算

备用采面的需风量通常取为产量相同的生产采面的需风量的一半。当采区风量不富裕时，也可以按工作面不积聚瓦斯为原则配风，但工作面风速不应小于 15 m/min。

2.7 矿井通风系统设计

矿井通风系统设计是矿井总体设计的一个重要组成部分，是保证矿井安全生产的重要环节。因此，必须密切配合其他生产环节来周密考虑、精心设计以达到最佳效果。风流由入风井口进入矿井后，经过井下各用风场所，然后进入回风井，由回风井排出矿井，风流所经过的整个路线称为矿井通风系统。矿井通风系统是由通风机和通风网路两部分组成。矿井通风系统的拟定是矿井通风设计的基础部分，主要是拟定矿井风流路线、进风与出风井的布置方式、矿井主要通风机的工作方法。

2.7.1 矿井通风系统的拟定

1. 通风系统拟定原则和要求

选择矿井通风系统须考虑的因素较多，只要抓住起决定作用的主要因素，同时注意其他因素，进行全面分析，就有可能选定比较合理的通风系统。

拟定矿井通风系统应严格遵循安全可靠、投产较快、出煤较多，通风基建费用和经营费用之总和最低以及便于管理的原则。

(1) 矿井通风网路结构合理；集中进、回风线路要短，通风总阻力要小，多阶段同时作业时，主要人行运输巷道和工作点上的污风不串联。

(2) 内外部漏风少。

(3) 通风构筑物和风流调节设施及辅助通风机要少。

(4) 充分利用一切可用的通风井巷，使专用通风井巷工程量最小。

(5) 通风动力消耗少，通风费用低。

为使拟定的矿井通风系统安全可靠和经济合理，必须对矿山作实地考察和对原始条件作细致分析。

拟定通风系统的基本要求是：

(1) 每个矿井和阶段水平之间都必须有两个安全出口。

(2) 进风井巷与采掘工作面的进风流的粉尘浓度不得大于 0.5 mg/m^3。

(3) 新设计的箕斗井和混合井禁止作为进风井，已做进风井的箕斗井和混合井必须采取净化措施，使进风流的含尘量达到上述要求。

(4) 主要回风井巷不得做人行道，井口进风不得受矿尘和有毒有害气体污染，井口排风不得造成公害。

(5) 矿井有效风量率应在 60%以上。

(6) 采场、二次破碎巷道和电耙道，应利用贯穿风流通风，电耙司机应位于风流的上风侧，有污风串联时，应禁止人员作业。

(7) 井下破碎硐室和炸药库，必须设有独立的回风道。

(8) 主要通风机一般应设反风装置，要求 10 min 内实现反风，反风量大于 40%。

选择通风系统时，应根据矿体赋存条件和开采特点，拟定几个可行方案进行详细的技术经济比较，择优选出。

2. 矿井主要通风机工作方法的选择

根据矿井实际情况，结合上述机械通风中对主要通风机工作方法抽出式、压入式和混合式三种类型的描述的特点，选择适当的矿井主要通风机工作方法。

一般来说，矿井主要通风机工作方法多采用抽出式。当地形复杂、老窑多，且出风井较多时，可采用压入式通风。

3. 矿井进风井与出风井布置方式的选择

根据矿井实际情况，结合上述中央式、对角式和混合式通风系统的特点及适用条件，选择适当的矿井进风井与出风井布置方式。

一般来说，中央式通风系统具有井巷工程量少、初期投资省的突出优点，在矿井建设初期宜优先采用；有煤与瓦斯突出危险的矿井、高瓦斯矿井、煤层易自燃的矿井及有热害的矿井，宜采用对角式或分区对角式通风；当井田面积较大时，初期可采用中央式通风，逐步过渡为对角式或分区对角式通风。

按照以上的原则和步骤初步拟定一个矿井的通风系统，事实上有时出现这样的情况，即在某些条件下，有几种通风系统都可考虑，很难肯定哪种最好，这时就得进行方案的比较，即除了作技术分析外，还要进行经济比较，然后选定。

2.7.2　矿井风量的计算和分配

矿井总风量即井下各个工作地点的有效风量与各条风路上的漏风量之总和。

按《煤矿安全规程》要求，设计矿井的风量应由省（区）煤炭管理部门确定，且需依照矿井整个服务年限内各个时期的通风要求分水平进行计算，以保证合理通风。

2.7.2.1　*矿井总风量计算方法*

生产矿井总进风量按下列要求分别计算，并取其中最大值。

1. 按井下同时工作的最多人数计算

$$Q \geqslant 4NK_t \tag{2-81}$$

式中　N——井下同时工作的最多人数，人；

K_t——矿井通风系数，包括矿井内部漏风和配风不均匀等因素，一般可取 $K_t=1.2\sim1.25$。

2. 按采煤、掘进、硐室及其他地点实际需要风量的总和计算

$$Q \geqslant \left(\sum Q_a + \sum Q_b + \sum Q_c + \sum Q_d + \sum Q_e\right)\cdot K_t \tag{2-82}$$

式中　$\sum Q_a$——采煤工作面实际需要风量的总和，m^3/min；

$\sum Q_b$——掘进工作面实际需要风量的总和，m^3/min；

$\sum Q_c$——硐室实际需要风量的总和，m^3/min；

$\sum Q_d$——备用工作面实际需要风量的总和，m^3/min；

$\sum Q_e$——矿井除了采、掘、硐室地点以外的其他巷道需要风量的总和，m^3/min；

K_t——矿井通风系数（抽出式取 1.15～1.2，压入式取 1.25～1.3）。

（1）采煤工作面实际需要风量，应按矿井各个采煤工作面实际需要风量的总和计算：

$$Q_a = \sum Q_{ai} + \sum Q_{di} \tag{2-83}$$

式中 Q_{ai}——第 i 个采煤工作面实际需要的风量，m^3/min；

Q_{di}——第 i 个备用采煤工作面实际需要的风量，m^3/min。

每个回采工作面实际需要风量，应按瓦斯、二氧化碳涌出量和爆破后的有害气体产生量以及工作面气温、风速和人数等规定分别进行计算，然后取其中最大值。

采煤工作面有串联通风时，应按其中一个采煤工作面实际需要的最大风量计算。备用工作面亦应满足瓦斯、二氧化碳、气温和风速等规定计算风量，且不得低于其采煤时的实际需要风量的50％。

① 按瓦斯涌出量计算

低瓦斯矿井的采煤工作面按气象条件或瓦斯涌出量（用瓦斯涌出量计算，采用高瓦斯计算公式）确定需要风量，其计算公式为：

$$Q_{ai} = Q_{a1} K_{ah} K_{al} K_{ap} \tag{2-84}$$

式中 Q_{ai}——采煤工作面需要风量，m^3/min。

Q_{a1}——不同采煤方式工作面所需的基本风量，m^3/min。一般按下式计算：工作面控顶距×工作面实际采高×工作面有效断面70％×适宜风速（不小于1 m/s）。

K_{ah}——回采工作面采高调整系数（表2-9）。

K_{al}——回采工作面长度调整系数（表2-10）。

K_{ap}——回采工作面温度与对应风速调整系数（表2-11）。

表2-9 回采工作面采高调整系数 K_{ah}

采高/m	＜2.0	2.0～2.5	2.5～5.0及放顶煤面
系数 K_{ah}	1.0	1.1	1.5

表2-10 回采工作面长度调整系数 K_{al}

回采工作面长度/m	80～150	150～200	＞200
长度调整系数 K_{al}	1.0	1.0～1.3	1.3～1.5

表2-11 回采工作面温度与对应风速调整系数 K_{ap}

回采工作面空气温度/℃	采煤工作面风速/(m/s)	调整系数 K_{ap}
＜18	0.3～0.8	0.90
18～20	0.8～1.0	1.00
20～23	1.0～1.5	1.00～1.10
23～26	1.5～1.8	1.10～1.25
26～28	1.8～2.5	1.25～1.4
28～30	2.5～3.0	1.4～1.6

高瓦斯矿井按照瓦斯涌出量计算需要风量。

根据《煤矿安全规程》规定，按回采工作面回风流中瓦斯的浓度不超过1%的要求计算：

$$Q_{ai} = 100 \times q_a K_{ai} \tag{2-85}$$

式中 Q_{ai}——回采工作面实际需要风量，m^3/min；

q_a——回采工作面回风巷风流中瓦斯的平均绝对涌出量，m^3/min；

K_{ai}——回采工作面瓦斯涌出不均衡通风系数（正常生产条件下，连续观测1个月，日最大绝对瓦斯涌出量与月平均日瓦斯绝对涌出量的比值）。

工作面布置有专用排瓦斯巷（俗称尾巷，且符合《煤矿安全规程》规定）的回采工作面需要风量计算：

$$Q_{ai} = Q_{ah} + Q_{aw} \tag{2-86}$$

$$Q_{ah} = 100 \times q_a \times K_{ai} \tag{2-87}$$

$$Q_{aw} = \frac{q_a}{2.5\%} \times K_{ai} \tag{2-88}$$

式中 q_a——采煤工作面尾巷的风排瓦斯量，m^3/min。

其他符号的含义同上。

总进风量按二氧化碳涌出量的计算可参照按瓦斯涌出量的计算方法。

② 按工作面温度选择适宜的风速进行计算：

采煤工作面应有良好的劳动气象条件，其温度和风速应符合表2-11的要求：

长壁工作面实际需要风量（Q_{ai}），按下式计算：

$$Q_{ai} = 60 \times V_{ai} \times S_{ai} \tag{2-89}$$

式中 V_{ai}——第i个采煤工作面风速，m/s；

S_{ai}——第i个采煤工作面的平均断面积，可按最大和最小控顶断面积的平均值计算，m^2。

其他采煤工作面实际需要风量，可按良好的劳动气象条件计算。

③ 按同时作业人数和炸药量计算实际需要风量（Q_{ai}）：

按每人供风≥4 m^3/min：

$$Q_{ai} = 4 \times N_i \tag{2-90}$$

按每千克炸药供风≥25 m^3/min：

$$Q_{ai} \geqslant 25 \times A \tag{2-91}$$

式中 N_i——第i个采煤工作面同时工作的最多人数，人；

A——一次爆破炸药最大用量，kg。

④ 按风速进行验算：

按最低风速验算，各个采煤工作面的最低风量（Q_{ai}）：

$$Q_{ai} \geqslant 15 \times S_{ai} \tag{2-92}$$

式中 S_{ai}——第i个采煤工作面的平均断面积，m^2。

按最高风速验算，各个采煤工作面的最高风量（Q_{ai}）：

$$Q_{ai} \leqslant 240 \times S_{ai} \tag{2-93}$$

备用工作面亦应满足按瓦斯、二氧化碳、气温等规定计算的风量，且最少不得低于采煤工作面实际需要风量的50%。

$$Q_{di} \geqslant 0.5 \times Q_{ai} \tag{2-94}$$

(2) 掘进工作面实际需要风量，应按矿井各个需要独立通风掘进工作面实际需要风量的总和(Q_b)计算：

$$Q_b = \sum_{i=1}^{n} Q_{bi} \tag{2-95}$$

式中 Q_{bi}——第 i 个掘进工作面实际需要风量，m^3/min；

每个独立通风的掘进工作面实际需要风量，应按瓦斯或二氧化碳涌出量、炸药用量、局部通风机实际吸风量、风速和人数等规定要求分别进行计算，并必须采取其中最大值。

① 按瓦斯(或二氧化碳)涌出量计算：

$$Q_{bi} = 100 \times q_{bi} \times K_{bi} \tag{2-96}$$

式中 q_{bi}——第 i 个掘进工作面回风流中的瓦斯(或二氧化碳)绝对涌出量，m^3/min；

K_{bi}——第 i 个掘进工作面瓦斯涌出不均衡的风量系数(正常生产条件下，连续观测 1 个月，日最大绝对瓦斯涌出量与月平均日瓦斯绝对涌出量的比值)，一般取 $K_{bi}=1.5\sim2$。

按二氧化碳涌出量的计算，可参照按瓦斯涌出量计算的方法执行。

② 按炸药量计算掘进工作面实际需要的风量(Q_{bi})：

每千克炸药供风$\not<25\ m^3/min$：

$$Q_{bi} \geqslant 25A_i \tag{2-97}$$

式中 A_i——第 i 个掘进工作面一次爆破的最大炸药用量，kg。

③ 按局部通风机实际吸风量计算需要风量(Q_{bi})

岩巷掘进：

$$Q_{bi} = Q_{bs} \times I_i + 9S \tag{2-98}$$

煤巷掘进：

$$Q_{bi} = Q_{bs} \times I_i + 15S \tag{2-99}$$

式中 Q_{bs}——局部通风机实际吸风量，m^3/min。安设局部通风机的巷道中的风量，除了满足局部通风机的吸风量以外，还应保证局部通风机吸入口至掘进工作面回风流之间的风速(岩巷不小于 0.15 m/s、煤巷和半煤巷不小于 0.25 m/s)，以防止局部通风机吸入循环风和这段距离内停滞风流，造成瓦斯积聚。

I_i——掘进工作面同时通风的局部通风机台数。

④ 按人数计算掘进工作面实际需要风量(Q_{bi})：

每人供风$\not<4\ m^3/min$：

$$Q_{bi} \geqslant 4 \times N_i \tag{2-100}$$

式中 N_i——第 i 个掘进工作面同时工作的最多人数，人。

⑤ 按风速进行验算：

a. 按最低风速验算：

各个岩巷掘进工作面的最低风量(Q_{ybi})：

$$Q_{ybi} \geqslant q \times S_{ybi} \tag{2-101}$$

式中 S_{ybi}——第 i 个岩巷掘进工作面的断面积，m^2。

各个煤巷或半煤岩巷掘进工作面的最低风量(Q_{mbi})：

$$Q_{\mathrm{mb}i} \geqslant 15 \times S_{\mathrm{mb}i} \tag{2-102}$$

式中　$S_{\mathrm{mb}i}$——第 i 个煤巷掘进工作面的断面积。

b. 按最高风速验算：

各个岩巷、煤巷或半煤岩巷掘进工作面的最高风量($Q_{\mathrm{b}i}$)

$$Q_{\mathrm{b}i} \leqslant 240 \times S_{\mathrm{b}i} \tag{2-103}$$

式中　$S_{\mathrm{b}i}$——第 i 个掘进巷道的断面积，m^2。

(3) 井下硐室实际需要风量，应按矿井各个独立通风硐室实际需要风量的总和(Q_{c})计算：

$$Q_{\mathrm{c}} = \sum_{i=1}^{n} Q_{\mathrm{c}i} \tag{2-104}$$

式中　$Q_{\mathrm{c}i}$——各个独立通风硐室实际需要的风量，$\mathrm{m}^3/\mathrm{min}$。

各个硐室的实际需要风量，应根据不同类型的硐室分别进行计算，遵循井下不同硐室的配风原则。

井下爆炸材料库配风必须保证每小时 4 次换气量：

$$Q_{\mathrm{c1}} = 4V/60 \tag{2-105}$$

式中　Q_{c1}——井下爆炸材料库需要风量，$\mathrm{m}^3/\mathrm{min}$；

V——井下爆炸材料库的体积，m^3。

井下充电室，应按其回风流中氢气浓度小于 0.5%计算风量。

机电硐室需要风量应根据不同硐室内设备的降温要求进行配风。

选取硐室风量，须保证机电硐室温度不超过 30 ℃，其他硐室温度不超过 26 ℃。

(4) 其他巷道的需要风量应按矿井各个其他巷道需要风量的总和(Q_{e})计算：

$$Q_{\mathrm{e}} = \sum Q_{\mathrm{e}i} \tag{2-106}$$

式中　$Q_{\mathrm{e}i}$——第 i 个其他巷道的实际需要风量，$\mathrm{m}^3/\mathrm{min}$，

各个其他巷道的需要风量($Q_{\mathrm{e}i}$)，应根据瓦斯涌出量和风速分别进行计算，采用其中最大值。

① 按瓦斯涌出量计算：

$$Q_{\mathrm{e}i} = 100 \times q_{\mathrm{e}i} \times K_{\mathrm{e}i} \tag{2-107}$$

式中　$q_{\mathrm{e}i}$——第 i 个其他巷道的最大瓦斯绝对涌出量，$\mathrm{m}^3/\mathrm{min}$；

$K_{\mathrm{e}i}$——第 i 个其他巷道瓦斯涌出不均衡的风量系数，一般可取 $K_{\mathrm{e}i}=1.2\sim1.3$；

100——其他井巷中风流瓦斯浓度不超过 1%所换算的常数。

② 按风速验算：

按其最低风速验算：

$$Q_{\mathrm{e}i} \geqslant 9 \times S_{\mathrm{e}i} \tag{2-108}$$

按架线机车巷中的风速验算：

$$Q_{\mathrm{e}i} \geqslant 60 \times S_{\mathrm{e}i} \tag{2-109}$$

式中　$S_{\mathrm{e}i}$——第 i 个其他井巷断面积，m^2。

2.7.2.2　生产矿井风量的分配

(1) 配风的原则和方法

根据实际需要由里向外进行配风，先确定井下采掘工作面、火药库、充电硐室等各用风

地点所需的有效风量，再加上逆风流方向和各风路上允许的漏风量，得到矿井总风量；若再加上因体积膨胀的风量（总进风量的5%），得出矿井的总回风量；最后加上抽出式主要通风机井口和附属装置的允许外部漏风量，得出通过主要通风机的总风量。对于压入式通风的矿井，通过压入式主要通风机的总风量即矿井总风量与外部漏风量之和。

（2）配风的依据

配风量必须符合《煤矿安全规程》中下列有关规定，例如关于氧气、瓦斯、二氧化碳和其他有毒有害气体安全浓度的规定，关于最高风速和最低风速的规定（表2-12），关于采掘工作面和机电硐室最高温度的规定，关于冷空气预热的规定，以及关于空气中粉尘浓度的规定等。

表2-12　井巷中风流速度

单位：m/s

井巷名称	最低允许风速	最高允许风速
无提升设备的风井和风硐	—	15
专为升降物料的井筒	—	12
风桥	—	10
升降人员和物料的井筒	—	8
主要进、回风道	—	8
架线电机车巷道	—	8
运输机巷道，采区进、回风道	0.25	6
回采工作面、掘进中的煤巷和半煤岩巷	0.25	4
掘进中的岩巷	0.15	4
其他人行巷道	0.15	—

沿途漏风，尤其是风流短路，较大地影响了通风的安全性和经济性，因此应尽量减少沿途漏风和风流短路。沿途允许漏风率参考表2-13。如果实际漏风率超过表中数据时，应采取有效的防漏措施，并加强管理。

在装有局部通风机的巷道内，巷道的风量应按不小于局部通风机风量的1.43倍计算。

表2-13　通风设施允许漏风率

漏风地点	允许的漏风率/%
无提升设备的抽出风井	5
有提升设备的抽出风井	10
无提升设备的压入风井	10
有提升设备的压入风井	15
风门	2
风桥	1
风墙	基本不漏
采空区	5～10

在串联掺新的风量中，应使其中的瓦斯、二氧化碳的浓度不超过 0.5%，且使其他有害气体的浓度不超过允许浓度。

总之，由于生产矿井的配风依据都是可以通过实测确定的，故只要细致地进行生产矿井的配风工作，就可以比较准确地进行风量的分配。

(3) 生产矿井风量的分配

在各个用风地点，将各用风点计算风量乘以备用系数 K_{wz}，就是配给用风地点所在巷道的风量，图 2-55 所示为掘进巷道配风量的确定。但是采煤工作面的风量只配给各自计算的风量，由备用系数确定的风量考虑从采空区漏走的风量。因此 U 型通风的上顺槽和下顺槽的风量是采煤工作面的计算风量乘以备用系数，如图 2-56 所示。

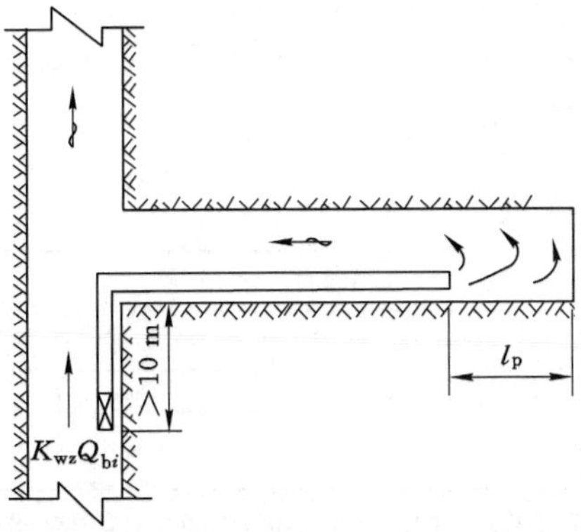

图 2-55　掘进巷道配风量的确定

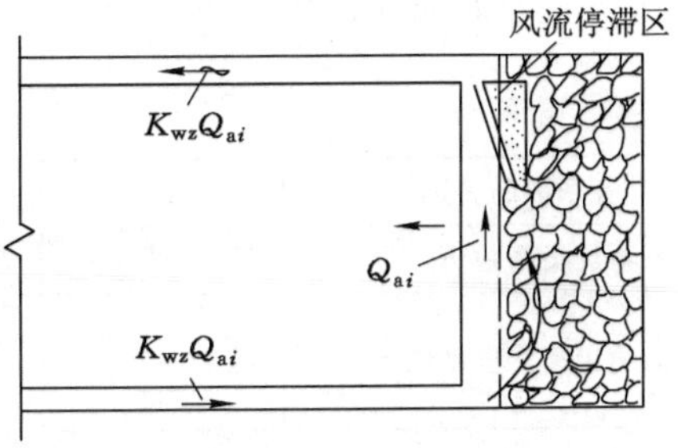

图 2-56　U 型通风巷道配风量的确定

从各个用风地点开始，逆风流方向而上，遇分风点则加上其他风路的分风量，得到未分风前那一条风路的风量，作为该风路的风量，直至确定进风井筒的总进风量。这一风量应该等于刚才计算的矿井总风量，如图 2-57 所示。如果是压入式通风，则要加上矿井外部漏风量，才能得出通过压入式主要通风机的总风量。

然后又从各个用风地点开始，顺风流方向而上，遇汇合点则加上其他风路的风量一起分配给汇合后那一条风路，作为该风路的风量，直至确定回风井筒的总回风量。这一风量也应等于刚才计算的矿井总风量，如图 2-58 所示。如果是抽出式通风，则加上抽出式主要通风机井口和附属装置的允许漏风量(即矿井外部漏风量)，得出通过抽出式主要通风机的总风量。

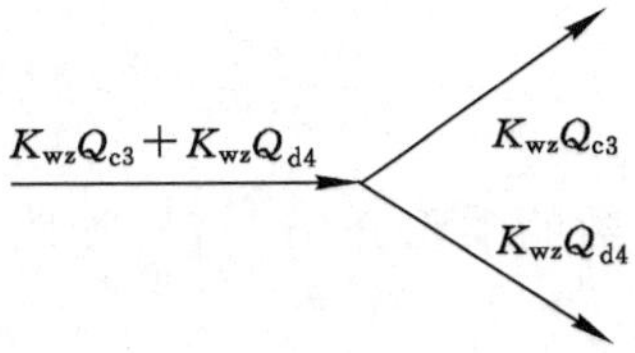

图 2-57　进风路线的配风计算

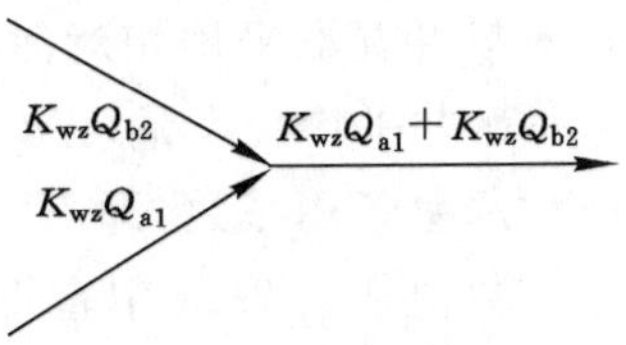

图 2-58　回风路线的配风计算

2.7.2.3 新建矿井和延深矿井所需风量

对于新建矿井和延深矿井所需风量，有条件时，可参照邻近生产矿井的通风资料，按生产矿井的风量计算方法进行计算，否则只好采用“由外往里”的计算方法，即先计算矿井的总风量，然后计算大致分配到各个用风地点的风量。

对于低瓦斯矿井，以工作面能够有良好的气候条件作为供风的依据，用下式计算矿井总风量：

$$Q = TqK \tag{2-110}$$

式中 T——矿井平均日产量，t/d；

q——以工作面能够有良好的气候条件为出发点而得出的对于日产量中每一吨煤的供风标准，通过实际调查统计得出：$q=1\ \mathrm{m^3/(min \cdot t/d)}$；

K——风量备用系数，即 $K=K_1K_4K_5K_6$，这些系数的乘积介于 1.5～1.9 之间，可以根据新建矿井的条件，查表 2-14 得出具体的数值。

表 2-14 风量备用系数

<table>
<tr><th>各系数的名称</th><th>数值</th><th colspan="4">选用条件</th></tr>
<tr><td>产量不均衡系数 K_1</td><td>1.15</td><td colspan="4">低瓦斯矿井选用</td></tr>
<tr><td>瓦斯涌出不均衡系数 K_2</td><td>1.20～1.25</td><td colspan="4">高瓦斯矿井选用。单一煤层、本煤层，取大值；煤层群、采区外瓦斯占50%以上，取小值</td></tr>
<tr><td>瓦斯内部漏风系数 K_3</td><td>1.15～1.25</td><td colspan="4">大型矿井、对角式通风方式的矿井取小值；小型矿井、中央式通风方式的矿井取大值</td></tr>
<tr><td>备用工作面风量系数 K_4</td><td>1.10～1.25</td><td colspan="4">一般矿井均取 1.10；备用工作面较多的矿井取大值</td></tr>
<tr><td>采区外用风备用系数 K_5</td><td>1.00～1.20</td><td colspan="4">包括掘进、大型硐室、多水平的其他独立回风的风量系数，一般取 1.10；薄煤层、煤层群并有基建任务时，取 1.15；有大型硐室及多水平同时生产的矿井取大值</td></tr>
<tr><td rowspan="3">工作面温度调整系数 K_6</td><td rowspan="3">0.95～1.15</td><td colspan="4">低瓦斯矿井选用，按下列工作面平均温度选取</td></tr>
<tr><td><20 ℃</td><td>20～23 ℃</td><td>23～26 ℃</td><td>>26 ℃</td></tr>
<tr><td>0.95</td><td>1.00</td><td>1.10</td><td>1.15</td></tr>
</table>

对于高瓦斯矿井，按总回风流中的瓦斯浓度不超过 0.75% 的要求来计算矿井总风量：

$$Q = \frac{1}{(24 \times 60 \times 0.75\%)} q_g TK \tag{2-111}$$

式中 q_g——矿井瓦斯平均相对涌出量，$\mathrm{m^3/t}$；

T——矿井平均日产量，t/d；

K——风量备用系数，即 $K=K_2K_3K_4K_5$，这些系数的乘积介于 1.7～2.1 之间，具体数值从表 2-14 中查得。

无论是高瓦斯矿井还是低瓦斯矿井，都要按井下同时工作的最多人数来验算矿井总风量 Q，取大值作为矿井的总风量：

$$Q = 4NK, \mathrm{m^3/min} \tag{2-112}$$

式中 N——井下同时工作的最多人数，人。

4——以人数为计算单位的供风标准，m^3/min。

K——风量备用系数，它是产量不均衡系数、备用工作面的风量系数和矿井内部漏风系数的总概括。采用中央并列式的通风系统时，$K=1.45$；采用中央分列式或对角式通风系统时，$K=1.35$。

新建矿井的风量分配是在算得的矿井总风量 Q 中，减去独立回风的掘进风量 Q_b 和硐室风量 Q_c，再按以下原则对剩余的风量 Q_{re} 进行大致的分配；各个回采工作面的风量，按照与产量成正比的原则进行分配；各个备用工作面的风量，按照它在生产时所需风量的一半进行分配。即：

$$Q_{re}=Q-(Q_b+Q_c) \tag{2-113}$$

式中 Q_b——所有独立回风的各个掘进工作面风量之和，m^3/min；

Q_c——所有独立回风的各个硐室风量之和，m^3/min。

剩余风量 Q_{re} 的分配方法是：先用下式计算回采工作面日产 1 t 煤所需配给的风量 q [$m^3/(min \cdot t/d)$]：

$$q=\frac{Q_{re}}{T_a+\frac{T'_a}{2}} \tag{2-114}$$

式中 T_a——各个回采工作面的日产量之和，即：$T_a=\sum t_a$，t/d，其中 t_a 为各个回采工作面的日产量，t/d；

T'_a——各个备用工作面的计划日产量之和，即：$T'_a=\sum t'_a$，t/d，其中 t'_a 为各个备用工作面计划日产量，t/d。

分配给各个回采工作面的风量为：

$$Q_a=qt_a \tag{2-115}$$

分配给各个备用工作面的风量为：

$$Q'_a=\frac{qt'_a}{2} \tag{2-116}$$

各条风路上的风量最后确定后，必须进行各条风路的风速校核，使各条风路的风速符合《煤矿安全规程》的规定。

各条风路的风量经过验算后，如能符合风速的要求，则各条风路的风量可以确定；如低于规定的风速，则该条风路的风量要相应增加。如超过规定的风速，则需要扩大该风路的断面或调整该风路的风量，使风速降到规定值以下。最后，确定矿井总风量。

2.7.3 矿井通风阻力计算

矿井通风总阻力即风流由进风井口到出风井口，沿一条通路（风流路线）各个分支的摩擦阻力和局部阻力的总和，用 h_m 表示。矿井通风总阻力是选择矿井主要通风机的重要依据之一，为了合理选用矿井主要通风机，必须正确计算出矿井通风总阻力。

2.7.3.1 矿井通风总阻力计算原则

(1) 矿井通风的总阻力，不应超过 2 940 Pa；

(2) 矿井井巷的局部阻力，新建矿井（包括扩建矿井独立通风的扩建区）宜按井巷摩擦阻力的 10%计算，扩建矿井则宜按井巷摩擦阻力的 15%计算；

(3) 矿井通风网路中有较多的并联系统，计算总阻力时，应以其中阻力最大的路线作为依据；

(4) 应计算出困难时期的最大阻力和容易时期的最小阻力，使所选用的主要通风机既满足困难时期的通风需要，又能在通风容易时工况合理。

2.7.3.2 矿井通风总阻力的计算

对于有两台或多台主要通风机工作的矿井，矿井通风阻力应按每台主要通风机所服务的系统分别计算。

在主要通风机的服务年限内，随着采煤工作面及采区接替的变化，通风系统的总阻力也将随之变化。为了使主要通风机在整个服务期限都能满足需要且有较高的运转效率，需要按照开拓开采布局和采掘工作面接替安排，对主要通风机服务期内不同时期的系统总阻力的变化进行分析，当可根据风量和巷道参数(断面、长度等)直接判定出最大总阻力路线时，可按该路线的阻力计算矿井总阻力；当不能直接判定时，应选几条可能最大的路线进行计算比较，然后确定该时期的矿井总阻力。

矿井通风系统总阻力最小时称之为通风容易时期，矿井通风系统总阻力最大时称之为通风困难时期。对于通风容易和困难时期，要分别画出通风系统图。按照采掘工作面及硐室的需要分配风量，再由各段风路的阻力计算矿井总阻力。

沿着通风容易和困难时期的风流路线，依次计算各段摩擦阻力 h_{fi}，然后分别累计得出容易和困难时期的总摩擦阻力 h_{fe} 和 h_{fd}，再加上局部阻力，因局部阻力取总摩擦阻力的 10%或 15%，总摩擦阻力再乘以相应系数(扩建矿井乘以 1.15)后，得两个时期的矿井总阻力 h_{me} 和 h_{md}。

通风容易时期总阻力：

$$h_{me} = (1.1 \sim 1.15)h_{fe} \tag{2-117}$$

通风困难时期总阻力：

$$h_{md} = (1.1 \sim 1.15)h_{fd} \tag{2-118}$$

各段摩擦阻力 h_{fi} 按下式计算：

$$h_{fi} = \sum_{i=1}^{n}(\frac{a_i l_i U_i}{S_i^3}Q_i^2) \tag{2-119}$$

式中 h_{fi}——矿井通风总阻力，Pa；

a_i——井巷摩擦阻力系数，$N \cdot s^2/m^4$；

l_i——井巷长度，m；

U_i——井巷净断面周边长，m；

S_i——井巷净断面积，m^2；

Q_i——分配给各井巷的风量，m^3/s。

对于小型矿井，一般只计算困难时期的通风总阻力。

2.7.4 矿井通风设备选型

矿井通风设备包括主要通风机和它的电动机，所以选择矿井通风设备须先选好主要通风机，然后再选择恰当的电动机。

2.7.4.1 矿井通风设备的要求

(1) 矿井必须装设两套同等能力的主通风设备，其中一套备用。

(2) 选择通风设备应满足第一开采水平各个时期工况变化，并照顾下一水平的通风需要且使通风设备长期高效率运行。当工况变化较大时，根据矿井分期时间及节能情况，应分期选择电动机，但初装电动机的使用年限不宜少于 10 年。

(3) 通风机能力应留有一定的余量，轴流式通风机在最大设计负压和风量时，叶轮运转角度比允许范围小 5°；离心式通风机的选型设计转速不宜大于允许最高转速的 90%。

(4) 进、出风井井口的高差在 150 m 以上，或进、出风井井口标高相同，但井深 400 m 以上时，宜计算矿井的自然风压。

(5) 矿井主要通风机房，应有两回直接由变(配)电所输出的供电线路，线路上不应分接任何负荷。

(6) 所选电动机应满足通风机在整个启动过程及稳定运行中的力矩要求，如用同步电动机拖动轴流式通风机时，还应校验其牵入转矩。

(7) 为简化供电系统，避免中间变压，当电动机功率较大可以选用高压电动机时，应尽量优先选用高压电动机。

(8) 在通风机的服务年限内，其在矿井最大和最小阻力时期的工况点，均应在合理的工作范围之内，使通风机稳定、经济地运转。

(9) 一个井筒尽量采用单一通风机的工作制度。

(10) 主要通风机必须装有反风设备，必须能在 10 min 内改变巷道中的风流方向。

(11) 装有主要通风机的回风井口，应安装保护通风机的防爆门。防爆门应设计成因事故打开后易于复原，并在通风机反风时不被风流顶开的型式。

2.7.4.2　主要通风机的选择

1. 计算通风机风量 Q_f

由于井口防爆门及主要通风机反风门等处的外部漏风，风机风量 Q_f 应大于矿井风量 Q_m，并由下式求出：

$$Q_f = kQ_m \tag{2-120}$$

式中　Q_f——主要通风机通风量，m^3/s；

Q_m——矿井需风量，m^3/s；

k——漏风损失系数，风井不做提升用时取 1.1，箕斗井兼作回风用时取 1.15，回风井兼做升降人员时取 1.2。

2. 计算通风机风压

通风机全压 H_{td} 和矿井自然风压 H_n 共同作用克服矿井通风系统的总阻力 h_m、通风机附属装置(风硐和扩散器)的阻力 h_d 及扩散器出口动能损失 h_{vd}。当自然风压与通风机风压作用相同时取“－”，自然风压与通风机风压作用反向时取“＋”。

根据提供的通风机性能曲线，由下式求通风机风压：

$$H_{td} = h_m + h_d + h_{vd} \pm H_n \tag{2-121}$$

进一步讲，离心式通风机大多提供全压特性曲线，而轴流式通风机大多提供静压特性曲线。通风容易时期自然风压与通风机风压作用相同，通风机有较高功率，故从通风系统阻力中减去自然风压 H_n；通风困难时期自然风压与通风机风压作用反向，故通风系统阻力需加上自然风压 H_n。所以，对于抽出式通风矿井：

离心式通风机：

容易时期：

$$H_{tdmin}=h_{m}+h_{d}+h_{vd}-H_{n} \tag{2-122}$$

困难时期：

$$H_{tdmax}=h_{m}+h_{d}+h_{vd}+H_{n} \tag{2-123}$$

轴流式通风机：

容易时期：

$$H_{sdmin}=h_{m}+h_{d}-H_{n} \tag{2-124}$$

困难时期：

$$H_{sdmax}=h_{m}+h_{d}+H_{n} \tag{2-125}$$

对于压入式通风矿井，式(2-122)、式(2-123)中的 h_{vd} 表示出风井的出口风压，h_{d} 表示风硐的阻力。

3. 初选通风机

根据计算的矿井通风容易时期通风机的 Q_{f}、H_{sdmin}（或 H_{tdmin}）和矿井通风困难时期通风机的 Q_{f}、H_{sdmin}（或 H_{tdmin}），在通风机特性曲线上选出满足矿井通风要求的通风机。

4. 求通风机的实际工况点

要求主要通风机在两个时期的工况点都在特性曲线的合理工作范围内。因为根据 Q_{f}、H_{sdmin}（或 H_{tdmin}）确定的工况点，即设计工况点不一定恰好在所选择通风机的实际工况点。在特性曲线上，必须根据通风机的工作阻力，确定其实际工况点。

(1) 计算通风机的工作风阻

用静压特性曲线时：

$$R_{sdmin}=H_{sdmin}/Q_{f}^{2} \tag{2-126}$$

$$R_{sdmax}=H_{sdmax}/Q_{f}^{2} \tag{2-127}$$

用全压特性曲线时：

$$R_{tdmin}=H_{tdmin}/Q_{f}^{2} \tag{2-128}$$

$$R_{tdmax}=H_{tdmax}/Q_{f}^{2} \tag{2-129}$$

(2) 确定通风机的实际工况点

在通风机特性曲线图中做通风机工作风阻曲线，该工作风阻曲线与风压曲线的交点即为实际工况点。

5. 确定通风机的型号和转速

根据各台通风机的工况参数(Q_{f}、H_{sd}、η、N)对初选的通风机进行技术、经济和安全性比较，最后确定满足矿井通风要求、技术先进、效率高和运转费用低的通风机的型号和转速。

2.8 矿井智能通风

矿井智能通风是通过智能控制实现按需供风，稳定、经济地向矿井连续输送新鲜空气，供人员呼吸，稀释并排出有毒有害气体和粉尘，改善矿井气候条件及救灾时具有一定智能调控风流的作用。其内涵是将信息采集处理技术、控制技术与通风系统深度融合，按照“平战结合”的理念实现按需供风及异常灾变状态下智能决策与应急调控，既满足日常通风的自动化管理与维护，又实现灾变时期的应急控风，有效抑制灾情演化。

2.8.1 智能通风概述

以智能通风理论与信息化系统为基础，以灾变预警系统和专家决策平台为特色，运用互联网、物联网、人工智能、大数据、新材料、先进制造、信息通信和自动化技术，建设智慧矿山通风系统，融合煤矿井下安全避险六大系统平台数据，建成煤矿智能通风与应急精准防控综合信息平台，实现矿山通风动态管控全过程的自动化与智能化。

其主要功能包括：

(1) 实现矿井通风参数精准自动测定，通风网络实时解算及灾变应急处置，矿井通风动力及设施智能信息感知、末端智能应急处置、远程智能控制。

(2) 达到常态下通风系统的经济、可靠运行及动态排除异常，突发灾变状态下实现灾情动态研判、智能决策与应急调控的目的。

(3) 融合煤矿井下安全避险六大系统数据，实现风险及预警信息与井下人员间的智能交互和人员管控，灾变时期井下安全避险系统信息的智能反馈与专家智能决策。

矿井智能通风系统能精确感知通风与气体环境参数、通风设施与动力装备状态，基于信息处理与决策平台，运用风网智能调控软件系统、可调风机、可控通风设施，实现按需经济供风的智能化调节，在通风系统出现异常时，能够精准诊断异常或灾变关键影响因子，及时预警、智能给出调控方案，快速修复通风系统，保障通风系统安全、可靠、经济运行。据此，矿井智能通风系统由可调通风动力、可控通风设施、通风网络和智能调控系统组成，按照矿井多元信息智能感知→高效可靠信息传输→通风状态智能分析与决策→通风设施/动力智能调控指令分发、执行及效果反馈的工作流程，实现通风系统的智能联动调控。矿井智能通风系统基本组成与运行架构如图 2-59 所示，其整体运行依靠通风信息感知、远程数据分析与智能决策、信息交互传输、通风联动调控等功能模块有机进行作业。

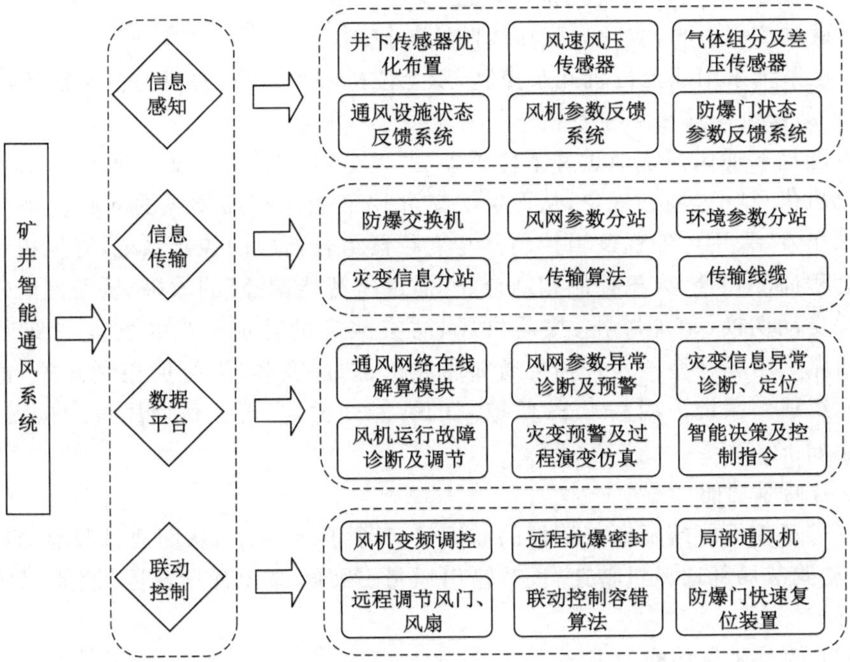

图 2-59 矿井智能通风的基本组成与运行架构

2.8.2 智能通风关键技术

2.8.2.1 通风参数精准感知技术

通风参数监测传感技术及装备是矿井智能通风系统信息来源的感知神经，基于风网信息监测传感技术快速准确获取通风参数是感知风网运行状态、实现风网实时解算、开展故障诊断和事故辨识以及智能调控的前提。通风参数涵盖风量、风压、温度、湿度和灾害气体浓度等，其中风量、风速的监测是关键。

在风速监测方面，因低风速巷道微风监测的高精度风速传感器成本高，因此综合考虑监测精度需求与监测成本需求，在一些低风速井巷选择高精度传感器，在风量大的井巷采用风量直接测定法；针对风压监测技术，对阻力小、压降小井巷采用精度较高的差压传感器作为阻力监测装备。在跨度大、阻力大、压降大的井巷区段，采用高精度绝压传感器(精度优于20 Pa)，利用气压计同步法监测井巷通风阻力，同时为了减少传感器数量，差压传感器和绝压传感器均选用多参数传感器，可同时测定温度、湿度、密度等通风参数。

2.8.2.2 通风动力智能控制技术

1. 矿井主通风机远程监控系统

矿井主通风机负责矿井通风，是保障矿井安全生产的关键设备。矿井通风机监测监控系统通过对其进行实时监测可以提前预测并消除通风机隐患，有效保障矿井的安全生产。其具体功能如下：

(1) 通过对风机参数的监测，实时准确了解风机运行状态、轴承温度、定子温度、风量、负压、风机振动、电网电流、电压、功率、运行时间等参数情况；

(2) 对轴承温度、风机振动等参数设置声光报警，为故障预测及报警提供技术保障；

(3) 具有现场控制、集中控制和远程控制三种控制方式，控制优先级依次为远程控制、集中控制和现场控制，可以实现无扰动切换；

(4) 可通过控制中心，实现远程在线监测与控制；

(5) 监控系统采用双上位机冗余控制，双上位机一用一备，提升监控系统的可靠性。

2. 矿井局部通风远程监控系统

矿井智能局部通风系统通过井下传感器、井下分站采集的参数来确定供风量的多少，避免了现有风机供风“一风吹”现象，从而解决矿井局部通风按需供风的问题。系统从安全和节能的要求出发，采用可编程逻辑控制器与变频器组合而成的控制系统，对风机转速实时调控，达到“远程监测预警、人机控制相结合、按需供风智能调控”的效果，从而使矿井局部通风机实现远程自动切换、节能减排、按需供风、防灾减灾的功能。矿井智能局部通风系统由FBDY系列煤矿用隔爆型压入式轴流局部通风机、防爆变频器、智能控制开关、机械自动分风器等单元组成。系统采用基于PLC控制的智能开关，实现工作面风量的按需自动调节。其具体功能如下：

(1) 按需通风功能

根据掘进工作面终端瓦斯传感器的监测值，计算风量需求，从而通过调节局部通风机的变频器，自动调节局部通风机转速，调节输出风量、风压，避免瓦斯超限，使局部通风机能节能经济运行。

(2) 人工调节风量功能

矿井智能局部通风系统可通过变频器显示面板和智能控制开关显示面板的人机界面设

置变频器输出频率，以控制局部通风机的转速来调节风量。

(3) 瓦斯电闭锁功能

矿井智能局部通风系统主控制开关工作且各瓦斯传感器数据低于闭锁值时，掘进工作面动力有电，能够正常进行生产。此时，备用控制开关的真空接触器断开，备用控制开关处于断电预备状态。当瓦斯传感器数据高于闭锁值时，系统主控制开关输出控制信号控制馈电开关，馈电开关控制掘进工作面动力电源断电，实现瓦斯电闭锁功能。系统备用控制开关处于工作状态时，仅能实现巷道通风，不能控制掘进工作面动力电源实现瓦斯电闭锁。

(4) 风电闭锁功能

矿井智能局部通风系统主控制开关故障时(主控制开关停机)，系统主控制开关输出控制信号，馈电开关控制掘进工作面动力电源断电，实现风电闭锁功能。

(5) 声光报警功能

为了在异常情况下及时提醒现场工作的人员，矿井智能局部通风系统可配接一个声光报警装置，从而提示工作人员采取相应措施，解决异常情况。

(6) 主/备风机远程自动切换

当按下主风机智能控制开关停止按钮(或主风机故障)时，主风机智能控制开关真空接触器断电→主风机的变频器失电(主风机停止工作)→主风机智能控制开关的 PLC 发出故障信号→备用风机智能控制开关的 PLC 接收故障信号→备用智能控制开关真空接触器闭合→备用风机变频器得电→备用风机开始运行。主、备智能控制开关之间联络线正常运行状态下不带电，仅在风机相互切换过程中短时带电，使用更加安全。

(7) 自动排放瓦斯功能

当井下瓦斯浓度超限时，矿井智能局部通风系统自动调节风量进入排瓦斯状态，依据瓦斯传感器监测到的工作面瓦斯浓度自动控制局部通风机转速。当迎头瓦斯浓度不超过 1% 时，升速加大风量；当总回风流中瓦斯浓度超过 1.5%时，减速减小风量，使总回风流的瓦斯浓度在安全设定值内，保障瓦斯的安全排放，能够避免瓦斯超限，减少瓦斯异常事故的发生。

3. 通风设施智能联动控制系统

井下环境严重制约了矿井通风设施远程调控的可靠性，人工操作存在时效性差、安全性低的问题。围绕矿井通风设施自动化调控关键装备，实现通风系统风量"供需匹配"的协同集控关键技术。结合井下调控风阻巷道结构现状，设计具有防火抗爆、巷道变形可调等功能的新型通风设施结构。发展基于动定耦合锁解原理的双气缸协同联动精确定位技术，实现分支风量连续精确调节。通风系统监控中心站根据远程监控平台的超前模拟结果和最佳的调控方案，井下监控分站执行监控平台的决策信息，控制通风设施实现灾变通风网络的风量调节。

(1) 矿井灾变风烟流联动控制系统由地面控制中心站(CCS)、每组风门分站(ZMK127-Z 型)、电控气动对开式防夹风门等组成。

(2) 风门为电控气动方式，风门控制器中有备用电池，当巷道灾变断电后，最小工作时间为 2.5 h(经测试实际可持续 7 h)。

(3) CCS 可实时显示井下各风门的运行状态。

(4) 矿井灾变风烟流联动控制系统采用电控气动对开式防夹风门(专利号 CN201363065)，受力均匀、开关平稳、维护简单；由于采用新的结构设计，风门受巷道变形影响较小；此外，风门还具有可靠的防夹功能。

(5) 矿井灾变风烟流联动控制系统采用环路通信方式。

(6) 常闭风门在平时相互闭锁，救灾时则全部打开。

(7) 灾变风烟流监控分站是智能分站，其上安装两个烟雾传感器，一旦监测到烟雾，若在 2 min 内地面中心站未响应，分站系统自动启动救灾。

(8) 风门控制器已获得实用新型专利，并通过国家安标办防爆检验，取得了煤安标志。

地面监控部分包括工控机(服务器)、终端显示器、地面网络交换器、监测控制软件；正常情况下对井下风门监测并实时显示风门状态参数。异常灾变情况下，通过地面监控中心软件对井下各处风门进行远程联合控制。

矿井主进风巷火灾风烟流远程联动调控系统的配置原理比较简单，即在两进风巷道联络巷之间设置常开风门，将易发生火灾的巷道与回风巷导通(一般都有联络巷)并设置闭锁风门；灾变时将常开风门关闭阻断烟流进入新鲜风流，使部分新鲜风流由未着火巷道进入采区，保障井下工作人员的安全撤离；常闭风门打开，将烟流短路导入回风巷，为高效进行排烟过程控制和风网结构中的风量分配，保障火灾区的顺利灭火和非火灾区域的人员撤离，将闭锁风门的开度设置为可调。但是，在现场使用过程中，由于通风系统的配置情况复杂，井下易发生火灾地点的差异等，在采区工作面胶带巷或机轨合一巷道兼做进风巷道发生火灾时，远程联动调控系统启动后，可能会导致局部区域无风，人员撤离就要首先进入避难硐室，等待灭火后救援和恢复通风系统后的撤离。

2.8.2.3 按需通风技术

矿井生产过程中采煤工作面的需风量动态变化，目前多以富余量来保障安全生产和稳定通风。随着矿井无盲区监测与高效采掘系统配备，作业地点有毒有害气体涌出波动风险提高，异常预警后的人工调节已无法满足安全需求，通风系统供需匹配的动态研判与联动调控是其智能化发展趋势。按需供风调控是智能通风的重要部分，结合煤矿的生产现状与通风供需失衡的现场问题，按照局部通风供需匹配联动调控、尾气及有毒有害气体稀释导向调控、主要用风地点通风供需匹配进行通风系统联动调控分析，在保障通风需求的基础上实现节能减排，具体内容如下：

(1) 采掘风量智能调控。与安全监控系统联动，当工作面 CO 等有毒有害气体、粉尘浓度参数接近规程预警规定或超限时，可通过调节通风机变频器的运行频率来实现供风量的调整，到达预期的风量需求，通过风排将有毒有害气体浓度稀释到报警浓度以下。

(2) 主要用风地点风量调控。结合用风地点风量调节模型和相关风门、风窗调控设施，基于风网解算的动态仿真分析和传感器反馈信息，对用风地点实现按需供风的智能调控。

(3) 矿井总风量智能调控。若矿井总风量达不到排除有毒有害气体所需风量，则自动连锁矿井主通风机变频开关，在一定范围内自动增加全矿井风量。如果总风量过大，根据实际需风量，在一定范围内自动减少全矿井风量，实现“低碳”通风。

针对集约化矿井风网分支需风量变化频繁，建立风网关键分支风阻、风机频率调节的计算模型。通过监测风网最小余数分支风量，反演计算关联分支，获取风网全部分支风量，开发通风系统自动化调节软件。当某分支需风量变化时，运用元胞自动机模型在风网中选择最佳关联分支，通过风网解算确定调节风阻；亦可根据分支需风量迭代解算出风网总需风量，从而计算所需风机的运行频率，运用风网解算超前模拟，验证预期调节结果具体如图 2-60 所示。

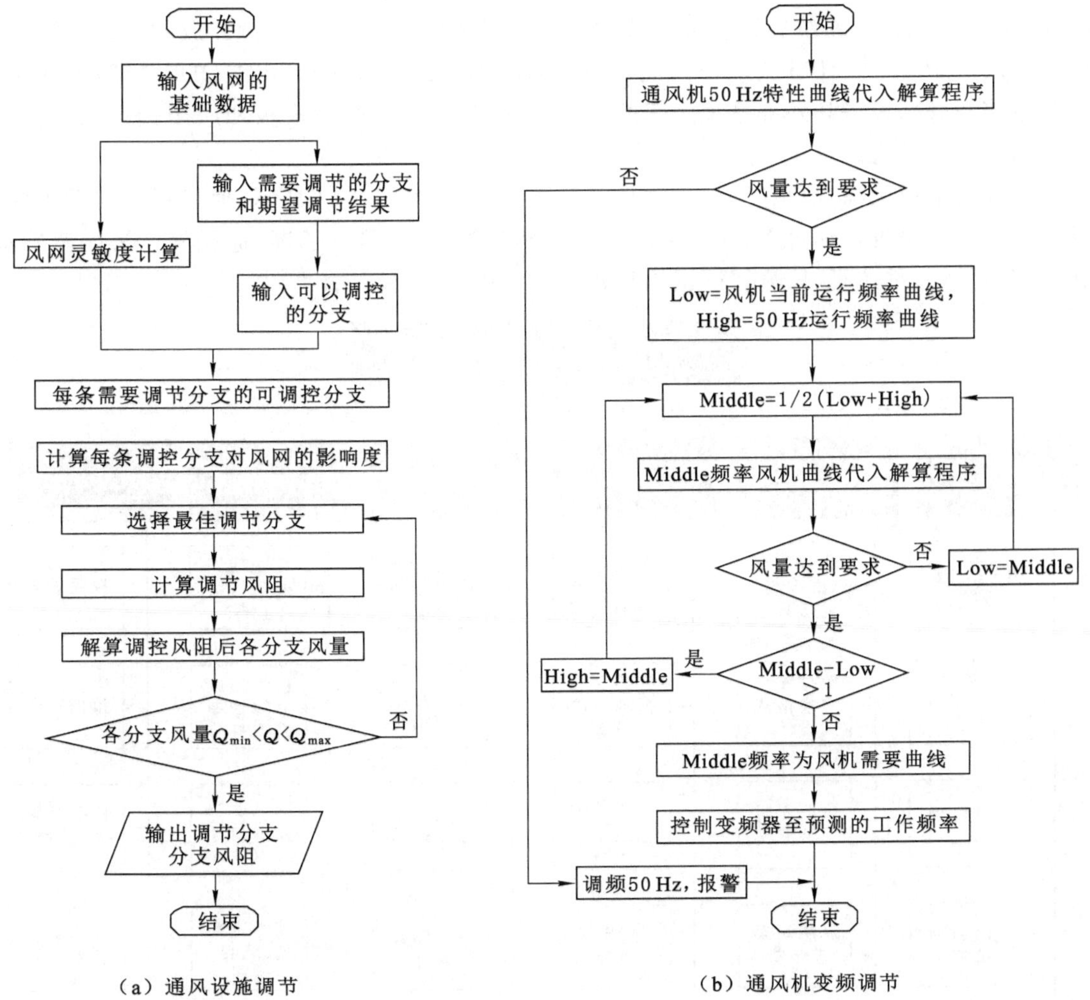

图 2-60 矿井主要用风地点通风供需失衡的调控流程图

矿井通风系统智能化调控牵涉动力装置、设施和网络结构，涉及风机工频、转速、叶片角度、负压、风量、阻力、调节面积、风网特性等诸多元素。当关键分支风量供需偏差变大实施调控时，调控方法得当能够避免供需失衡导致的灾害，同时需摆脱调控风险诱发灾害的可能。因此，建立多元特征融合的矿井通风供需匹配度的无量纲模型，动态分析供需匹配度的偏离函数，用以指导需风量变化的动态调控。矿井通风供需适应是综合性、多维度、多特征的耦合、匹配、调控过程，供需双方适应值或状态在衡量数值区间或程度范围内波动，是动态相对的概念。为了保持矿井通风动态匹配，当偏离平衡区间时，通过最优的方式进行调节；需要建立多目标、多变量且非线性的调风模型。在满足通风供需匹配条件下，以通风机功耗最低、调节设施数量最少、风机频率调节次数最少为最优化目标。

2.8.3 智能通风综合信息平台

矿井智能通风综合信息平台基于模块化设计，采用 C/S 或 B/S 架构，提供模块之间的透明访问，具体地说同一台机器或者网络上不同机器上运行的模块之间都能够进行基于TCP/IP无缝通信。系统软件各部分软件接口和通信协议规范性，通过开放的标准协议（如Modbus、TCP/IP、Profibus、电力规约、IEC61850、IEC104、DNP3、OPC、ODBC等）的使用，实现系统与外部设备和外部系统之间的连接，并提供统一的开发模板和应用接口以支持专用通信接口的接入。

矿井智能通风综合信息平台必须具备的主要功能，如图2-61所示：通风报表自动生成、通风阻力分布报告自动生成、通风网络实时准确解算、通风异常诊断、通风异常影响范围快速研判、通风三维仿真、风流智能调控和相应的手机App客户端。

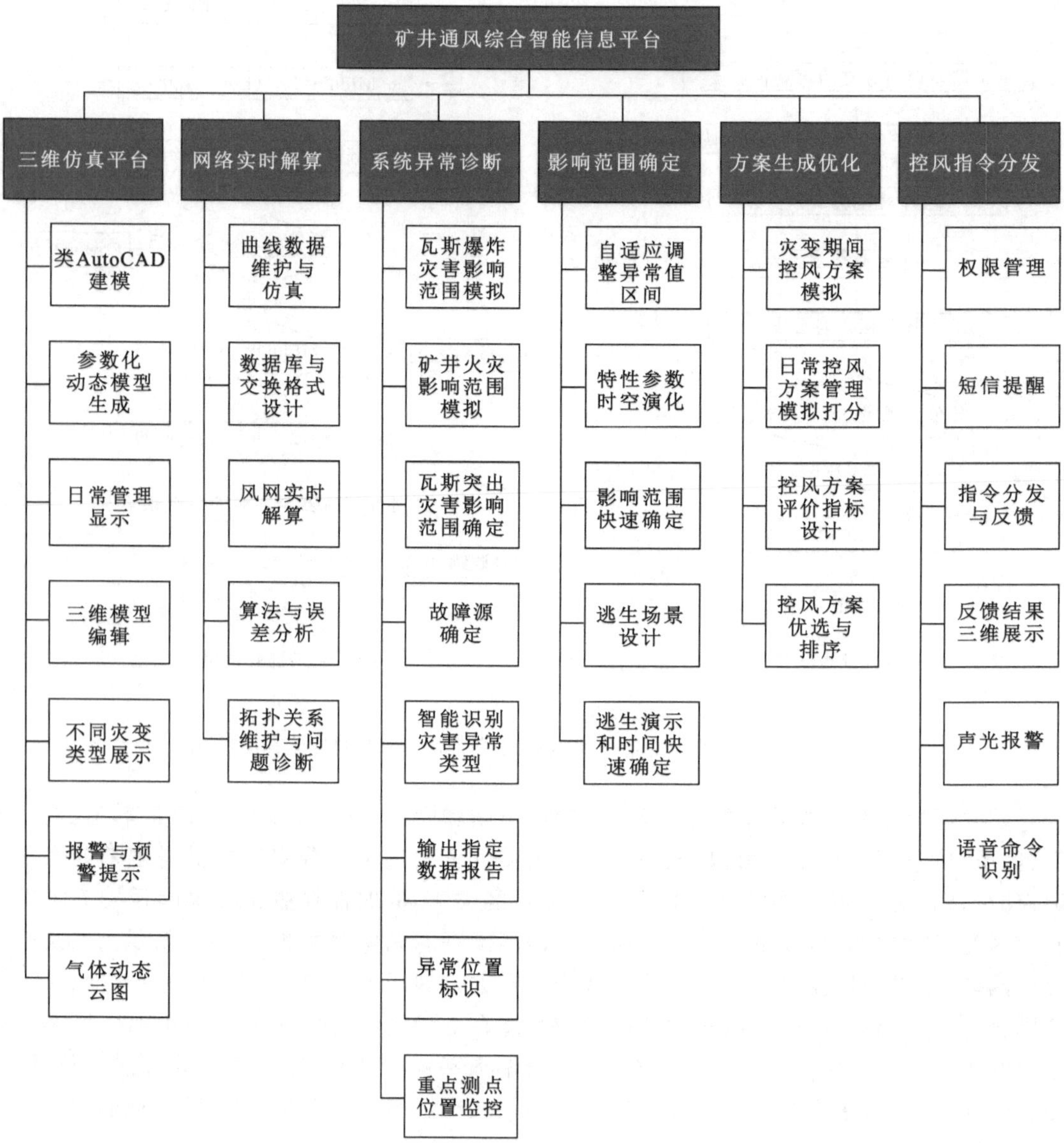

图2-61 矿井智能通风决策平台模块化功能

结合煤矿作业人员的实际情况，对报警信息进行分类显示，并减少无关报警干扰，突出显示重大的安全报警信息，提醒作业人员针对设备故障或事件进行即时通知和响应处理。当发现生产、安全隐患或故障时，系统可自动通知维修人员检修；小故障，巡检人员可就地解决；大故障，巡检人员通过移动应用通知专业维修人员。

报警/任务信息显示内容包括报警/任务描述、当前状态、发生时间、最新状态处理时间、当前处理人等，并能在移动端对报警/任务状态进行操作、处理。

参考文献

[1] 傅贵. 矿井通风系统分析与优化[M]. 北京：机械工业出版社，1995.
[2] 国家煤矿安全监察局编. 煤矿安全规程：条文对比[M]. 北京：煤炭工业出版社，2016.
[3] 何伯述. 工程热力学[M]. 2 版. 北京：清华大学出版社，2022.
[4] 倪文耀，朱锴. 矿井通风工程[M]. 徐州：中国矿业大学出版社，2014.
[5] 苏亚欣. 传热学[M]. 北京：机械工业出版社，2023.
[6] 王德明. 矿井通风与安全[M]. 徐州：中国矿业大学出版社，2012.
[7] 邢玉忠，陈开岩. 矿井通风网络解算[M]. 徐州：中国矿业大学出版社，2015.
[8] 薛向东. 工程流体力学[M]. 北京：清华大学出版社，2021.
[9] 张国枢. 通风安全学[M]. 2 版. 徐州：中国矿业大学出版社，2011.
[10] 张兆顺，崔桂香. 流体力学[M]. 3 版. 北京：清华大学出版社，2015.
[11] 周福宝，魏连江，张光德，等. 矿井通风[M]. 徐州：中国矿业大学出版社，2019.

第3章 矿井瓦斯

煤矿瓦斯是安全生产中的重大危险源，但同时也是一种高效洁净的能源和强烈的温室气体。因此，煤矿瓦斯防治既有消除安全生产中隐患的目的，也有利用高效洁净能源和减少温室气体排放的目的。煤矿瓦斯抽采既是防治煤与瓦斯突出的核心技术，也是预防瓦斯爆炸的核心技术，同时煤与瓦斯突出防治也能为煤矿瓦斯爆炸的预防提供重要的有利条件。

3.1 煤层瓦斯基本性质

3.1.1 煤矿瓦斯的概念与性质

煤矿瓦斯是指井下有害气体的总称。一般它包括四类来源，第一类来源是在煤层与围岩内赋存并能涌入矿井中的气体；第二类来源是煤矿生产过程中生成的气体，例如放炮时产生的炮烟、内燃机运行时排放的废气、充电过程生成的氢气等；第三类来源是煤矿井下空气与煤、岩、矿物、支架和其他材料之间的化学或生物化学反应生成的气体等；第四类来源是放射性物质蜕变过程生成的或地下水放出的放射性惰性气体氡及惰性气体氦。煤层瓦斯约含有 20 种组分：甲烷及其同系烃类气体（乙烷、丙烷、丁烷、戊烷、己烷等）、二氧化碳、氮、二氧化硫、硫化氢、一氧化碳和稀有气体（氦、氖、氩、氪）等，其中甲烷及其同系物和二氧化碳是成煤过程的主要产物。煤矿大部分瓦斯来自煤层，而煤层中的瓦斯一般以甲烷为主，甲烷是煤矿生产中的重大危险源，所以狭义的煤矿瓦斯就是指甲烷。

甲烷是无色、无味、无嗅、可以燃烧或爆炸的气体，具有燃烧性、爆炸性和窒息性等特征，它对人呼吸的影响与氮相似，可使人窒息。甲烷分子直径为 0.41 nm，其扩散速度是空气的 1.34 倍，涌向煤矿生产空间中的瓦斯能迅速扩散到矿井风流中。甲烷在标准状况下的密度为 0.716 kg/mL，为空气密度的 0.554 倍。甲烷的化学性质不活泼，微溶于水，在 101.3 kPa 压力条件下，当温度为 20 ℃时 100 L 水可溶解 3.31 L 甲烷；0 ℃时 100 L 水可溶解5.56 L 甲烷。在自然条件下，由于甲烷在空气中的强扩散性，所以它一经与空气均匀混合，就不会因其比重较空气轻而上浮、聚积。当无瓦斯涌出时，巷道断面内甲烷的浓度是均匀分布的；当有瓦斯涌出时，甲烷浓度则呈不均匀分布。在有瓦斯涌出的巷道壁附近，甲烷的浓度相对较高。在煤矿中有时见到在巷道顶（底）板、垮落区顶部、工作面煤壁积存瓦斯，这并不是由于甲烷的密度比空气小，而是说明这些地点有瓦斯（源）在涌出。

我国《煤矿安全规程》规定，矿井总回风或一翼回风巷中瓦斯或二氧化碳浓度不得超过 0.75%；采区回风巷、采掘工作面回风巷风流中瓦斯浓度不得超过 1.0%、二氧化碳浓度不得超过 1.5%。我国矿井其他有害气体最高允许浓度见表 3-1。

表 3-1 矿井其他有害气体最高允许浓度

名称	一氧化碳 CO	氧化氮 折算成二氧化氮 NO_2	二氧化硫 SO_2	硫化氢 H_2S	氨 NH_3
最高允许浓度/%	0.002 4	0.000 25	0.000 5	0.000 66	0.004

3.1.2 煤矿瓦斯的生成

煤层瓦斯是腐植型有机物在成煤的过程中生成的。瓦斯生成量的多少主要取决于原始母质的组成和煤化作用所处的阶段。

3.1.2.1 生物化学成煤时期瓦斯的生成

生物化学时期是从成煤原始有机物堆积在沼泽相和三角洲相环境中开始的。在温度不超过 65 ℃条件下，成煤原始物质经厌氧微生物分解成瓦斯。这个过程可用纤维素的化学反应式来概括：

$$4C_6H_{10}O_5 \longrightarrow 7CH_4\uparrow + 8CO_2\uparrow + 3H_2O + C_9H_6O$$

或

$$2C_6H_{10}O_5 \longrightarrow CH_4\uparrow + 2CO_2\uparrow + 5H_2O + C_9H_6O$$

在这个阶段，成煤物质生成的泥炭层埋深浅，上覆盖层的胶结固化不好，生成的瓦斯通过渗透和扩散容易排放到古大气中去，因此生化作用生成的瓦斯一般不会保留在现有煤层内。此后，随着泥炭层的下沉，上覆盖层越来越厚，成煤物质中的温度和所受压力也随之增高，生物化学作用逐渐减弱直至结束，在较高的压力与温度作用下泥炭转化成褐煤，并逐渐进入煤化变质作用阶段。

3.1.2.2 煤化变质作用时期瓦斯的生成

褐煤层进一步沉降，压力和温度作用加剧，进入煤化变质作用造气阶段。在 100 ℃高温及其相应的地层压力作用下，煤体就会产生强烈的热力变质成气作用。在煤化变质作用的初期，煤中有机质基本结构单元主要是带有羟基(—OH)、甲基(—CH_3)、羧基(—COOH)、醚基(—O—)等侧链和官能团的缩合稠环芳烃体系。煤中的碳素则主要集中在稠环中。一般情况下，稠环的键结合力强、稳定性好，侧链和官能团之间及其与稠环之间的结合力弱、稳定性差。因此，随着地层下降，压力及温度增大，侧链和官能团不断发生断裂与脱落，生成 CO_2、CH_4 和 H_2O 等挥发性气体，如图 3-1 所示。

煤化过程中有机质分解脱出甲基侧链和含氧官能团而生成 CO_2、CH_4 和 H_2O 是煤化过程中形成瓦斯的基本反应，可以用下列反应式来表达不同煤化阶段的成气反应：

$$\underset{泥煤}{4C_{16}H_{18}O_5} \longrightarrow \underset{褐煤}{C_{57}H_{56}O_{10}} + 3CH_4 + 4CO_2 + 2H_2O$$

$$\underset{褐煤}{C_{57}H_{56}O_{10}} \longrightarrow \underset{烟煤}{C_{54}H_{42}O_5} + 2CH_4 + CO_2 + 3H_2O$$

$$\underset{烟煤}{C_{15}H_{14}O} \longrightarrow \underset{无烟煤}{C_{13}H_4} + 2CH_4 + H_2O$$

图 3-2 是苏联学者 B. A. 索科洛夫等给出的腐植煤在煤化变质阶段成气演化的一般模型。从图中可以看出，CH_4 生成是个连续过程，即在整个煤化阶段的各个时期都不断地有 CH_4 生成，只是各阶段生成的数量有较大的波动而已；但重烃的生成则是个不连续过程。

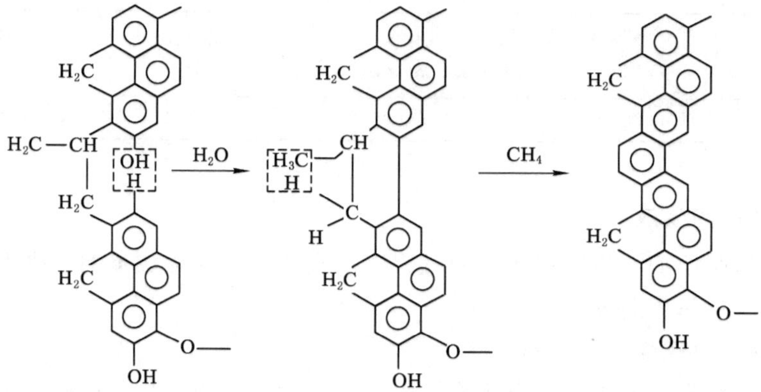

图 3-1　煤化作用(含碳量 83%～92%)成气反应示意图

实验表明,这个以人工热演化产生瓦斯为基础的模型与实测的结果在趋势上是一致的。煤的有机显微组分产烃能力的大小次序是:壳质组＞镜质组＞惰质组。

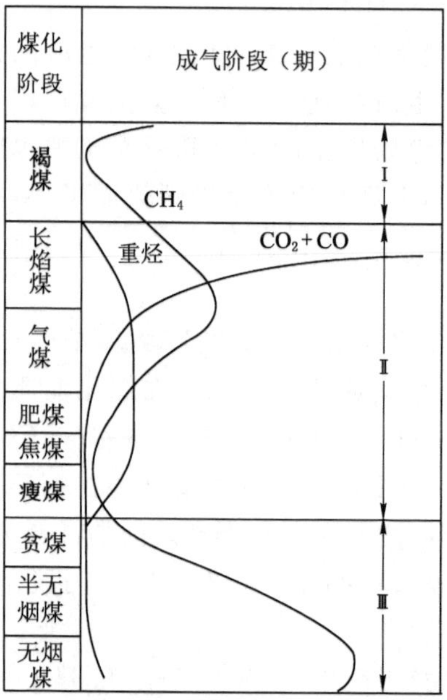

图 3-2　腐植煤在煤化变质阶段成气演化的一般模型

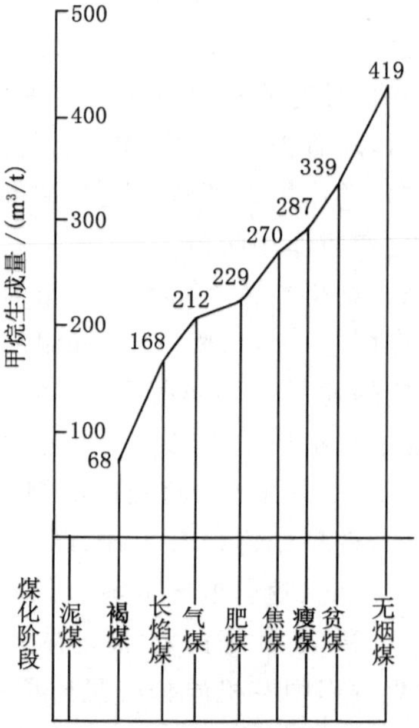

图 3-3　各煤化阶段甲烷生成量曲线

苏联学者 B. A. 乌斯别斯基根据地球化学与煤化作用过程反应物与生成物平衡原理,计算出了各煤化阶段的煤所生成的甲烷量,如图 3-3 所示。实际上,由于泥炭向褐煤过渡时期生成的甲烷很容易流失,目前估算煤层生成甲烷量的多少,一般都是以褐煤作为计算起点。一般来说,世界各国煤田中所含瓦斯以 CH_4 为主,但在某些煤层中还含有 C_2H_6、C_3H_8 等重烃气体及 CO_2 等其他气体。例如,甘肃窑街矿区煤二层中富含 CO_2,通过对煤二层 CO_2 气体地球化学特征的测试分析,得出煤二层 CO_2 是地壳热动力变质成因,煤田东部

F19 断裂带的周期活动特征对 CO_2 成藏起控制作用。

3.1.3　煤层瓦斯成分

国内外对煤层瓦斯组分的大量测定表明，煤层瓦斯包含甲烷及其同系烃类气体（乙烷、丙烷、丁烷、戊烷、己烷等）、二氧化碳、氮、二氧化硫、硫化氢、一氧化碳和稀有气体（氦、氖、氩、氪）等约 20 种组分，其中甲烷及其同系物和二氧化碳是成煤过程的主要产物。表 3-2 列出了我国部分煤矿煤层瓦斯组分的测定结果。

3.1.4　煤层瓦斯赋存状态和垂向分布

3.1.4.1　煤层瓦斯赋存状态

煤中瓦斯的赋存状态一般有吸附状态和游离状态两种。在煤层赋存的瓦斯量中，通常吸附瓦斯量占 80%～90%，游离瓦斯量占 10%～20%；在吸附瓦斯量中又以煤体表面吸附的瓦斯量占多数。游离状态是指甲烷分子以完全自由的气体状态赋存于煤的较大的孔隙之中（扩散孔和渗流孔），因此游离状态也叫作自由状态。使用吸附势理论解释，不受吸附势作用的气体状态为游离状态。吸附状态是在孔隙表面的固体分子引力作用下，气体分子被紧密地吸附于孔隙表面上，形成吸附层。使用吸附势理论解释，受到孔壁吸附势作用的气体状态为吸附状态。

实际上随着开采深度（地应力）的增加，煤中对应力敏感性较高的大孔隙体积不断减少，游离瓦斯所占的比例将下降。在煤体中，吸附瓦斯和游离瓦斯在外界条件不变的条件下处于动平衡状态，吸附状态的瓦斯分子和游离状态的瓦斯分子处于不断的交换之中；当外界的瓦斯压力和温度发生变化或给予冲击和振荡、影响了分子的能量时，则会破坏其动平衡，而产生新的平衡状态。因此，研究认为，由于瓦斯吸附分子和游离分子处于不断的交换中，在突出过程的短暂时间内，游离瓦斯会首先放散，然后吸附瓦斯迅速加以补充。

3.1.4.2　煤层瓦斯垂向分带

当煤层具有露头或在冲积层之下有含煤盆地时，在煤层内存在两个不同方向的气体运移，即煤层生成的瓦斯由深部向上运移；而地面空气、表土中的生物化学和化学反应生成的气体向煤层深部渗透扩散，从而使赋存在煤层内的瓦斯表现出垂向分带特征。煤层瓦斯沿垂向一般可分为两个带：瓦斯风化带与甲烷带。位于瓦斯风化带下边界以下的甲烷带，煤层的瓦斯压力、瓦斯含量随埋藏深度的增加呈有规律的增长。

煤层瓦斯垂向分带及含量如图 3-4 所示。瓦斯风化带深度是煤田长期地质进程的结果，是由下述一系列地质因素综合作用所致的，如剥蚀风化、围岩性质、煤层有无露头、断层发育情况、煤层倾角、地下水活动情况等。剥蚀过程可使瓦斯风化带减少；长期风化、自由排放瓦斯的时间愈长，瓦斯风化带深度就越深；围岩透气性越大、开放性断层越发育、地下水活动越剧烈，则瓦斯风化带深度也越大。瓦斯风化带深度随煤系地层的具体条件而变化，不同矿区、不同井田瓦斯风化带深度变化很大，即使在同一井田的不同煤层有时也相差很大。如淮北矿区桃园煤矿 7 煤层瓦斯风化带下限标高为－400 m，而 10 煤层瓦斯风化带下限标高为－420 m。瓦斯风化带的下部边界可按下列条件确定：

甲烷及重烃浓度之和＝80%（按体积）；

瓦斯压力 $P=0.1\sim0.15$ MPa；

相对瓦斯涌出量 $q_{CH_4}=2\sim3\ m^3/t$ 煤；

表 3-2　我国部分煤矿煤层瓦斯组分测定结果

采样地点	煤层	煤质	煤层瓦斯组分(体积)/%											
			N_2	CO_2	CH_4	C_2H_4	C_3H_8	$i\text{-}C_4H_{10}$	$n\text{-}C_4H_{10}$	$n\text{-}C_5H_{12}$	$i\text{-}C_5H_{12}$	C_6H_{14}	C_7H_{16}	C_8H_{18}
北票台吉矿－550 m 水平	4	气肥	7.10	0.39	92.03	0.090 8	0.007 9	0.018 7	0.022 8	0.011 8	0.016 9	0.023 6	0.027 1	
北票台吉矿－550 m,东三石门	5A	气肥	1.42	1.60	73.07	16.180 0	5.490 0	0.713 0	0.652 0	0.173 0	0.158 0	0.099 0	0.154 0	0.064 0
北票冠山矿－58 m 水平	5C	气肥	7.28	0.93	91.57	0.070 4	0.001 8	0.005 2	0.011 2	0.006 0	0.011 2	0.022 3	0.064 8	0.019 4
铁法大隆矿西翼南二区	7	气	12.27	1.08	84.92	1.686 8	0.006 0	0.000 3	0.000 5	0.001 9		0.010 8		
鸡西滴道立井二路	18	焦	12.85	1.07	85.87	0.045 3	0.004 2	0.000 4	0.012 0				0.159 0	
中梁山北井 2443 采面	K_4	焦	4.61	3.33	91.35	0.670 8	0.013 5	0.002 0	0.005 7	0.000 6	0.000 3		0.005 2	
天府南井六石门	K_9	焦	5.05	2.95	91.92	0.034 4	0.026 0	0.002 6	0.006 9	0.001 1	0.001 8	0.002 3	0.006 5	
天府南井北段＋110 m	K_2	焦	2.98	2.64	93.78	0.547 7	0.004 3	0.000 6	0.001 5	0.000 5	0.000 6			
南桐直属二井 2504 采面	5	瘦	2.96	1.97	87.44	6.271 1	1.312 1	0.005 0	0.012 7	0.001 1	0.002 1	0.001 1	0.028 1	0.016 6
沈阳红阳三井 860 孔	7	瘦	5.45	5.50	87.58	1.314 3	0.088 8	0.003 1	0.007 6	0.001 2	0.003 6	0.005 3	0.051 7	
沈阳红阳三井 895 孔	13	瘦	3.73	2.02	92.79	1.377 7	0.060 7	0.002 5	0.009 0	0.000 3	0.000 7		0.006 2	
阳泉一矿北头嘴井	3	无烟	0.93	2.29	96.72	0.050 0	0.003 6	0.002 0	0.002 0					
松藻＋430 m,1356 采面	K_3	无烟	14.17	0.32	84.84	0.548 5	0.006 0		0.001 3	0.000 4			0.094 9	
白沙红卫坦家冲井	6	无烟	9.07	12.14	73.72	4.120 0	0.034 8	0.002 7	0.010 1	0.001 9	0.004 9	0.006 3	0.014 3	
焦作李封大井	2	无烟	9.15	9.14	77.82	2.970 0	0.020 5	0.000 1		0.000 4	0.001 4	0.002 3	0.033 2	

注:1. 根据空气中氧和氨的比例,按试样中的氧含量扣除混进的空气量;

2. 除红阳三井煤样为勘探钻孔煤样外,其他煤样均为井下新暴露面煤样。

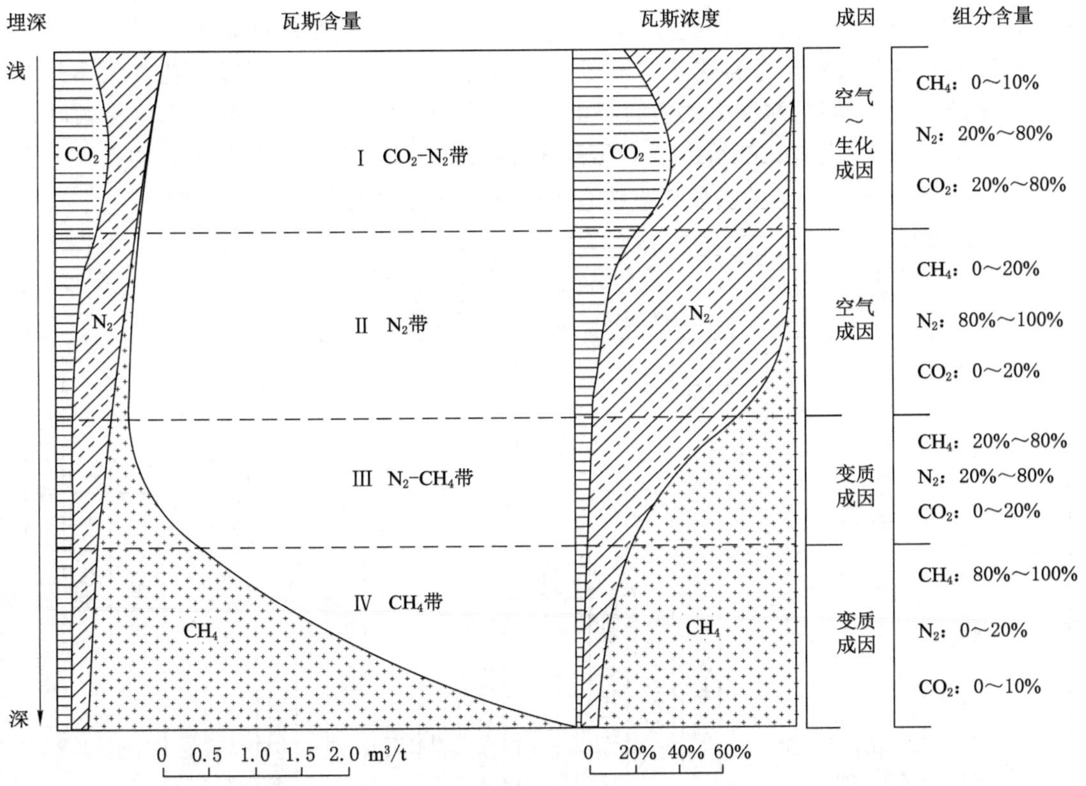

图 3-4　煤层瓦斯垂向分带及含量图

煤层的瓦斯含量(可燃基)$x=1.0\sim1.5$ m^3/(t 可燃基)(长焰煤)

$x=1.5\sim2.0$ m^3/(t 可燃基)(气煤)

$x=2.0\sim2.5$ m^3/(t 可燃基)(肥、焦煤)

$x=2.5\sim3.0$ m^3/(t 可燃基)(瘦煤)

$x=3.0\sim4.0$ m^3/(t 可燃基)(贫煤)

$x=5.0\sim7.0$ m^3/(t 可燃基)(无烟煤)

上述煤层的瓦斯含量单位 m^3/(t 可燃基)表示每吨可燃基含瓦斯的立方米，即原煤中除去灰分和水分后的每吨可燃物的瓦斯含量。

确定瓦斯风化带的深度对预测瓦斯涌出量、掌握瓦斯赋存与运移规律以及搞好瓦斯管理有实际意义，在瓦斯风化带内的井、区为低瓦斯井、区，当通风不良和停风时不但有窒息危险(CO_2、N_2)，而且有瓦斯爆炸危险。

3.1.5　煤的孔隙结构特征

孔隙结构特征(发育程度、孔隙率、孔径分布、展布形态及连通性能等)对煤中瓦斯气体赋存、运移(吸附、扩散及渗流)特性及行为具有至关重要的控制作用。煤是一种孔隙极为发育的储集体，煤的表面和本体遍布由有机质、矿物质形成的各类孔，是具有不同孔径分布的多孔固态物质。煤的孔隙作为连接吸附容积(吸附瓦斯的贮存所)与自由表面的运输通道，构成了复杂的吸附、扩散、渗透系统。孔隙结构和孔隙大小的分布，关系到煤的吸附性和渗透性，其中超细结构单元构成的孔隙结构对于煤吸附瓦斯起着重要的作用。

孔隙的空间尺度特征直接影响着流体的运移行为。在多孔介质领域，孔径大小是非常重要的基础特性，不同的测试方法所表征的孔隙范围不同(图 3-5)，但相对不容易被精确定义。针对空间尺度，很多文献给出了不同的分类标准，表 3-3 列举了部分主要的孔隙分类方法及划分标准，目前 IUPAC 的分类方法在近年来的孔隙尺度划分中常被使用。

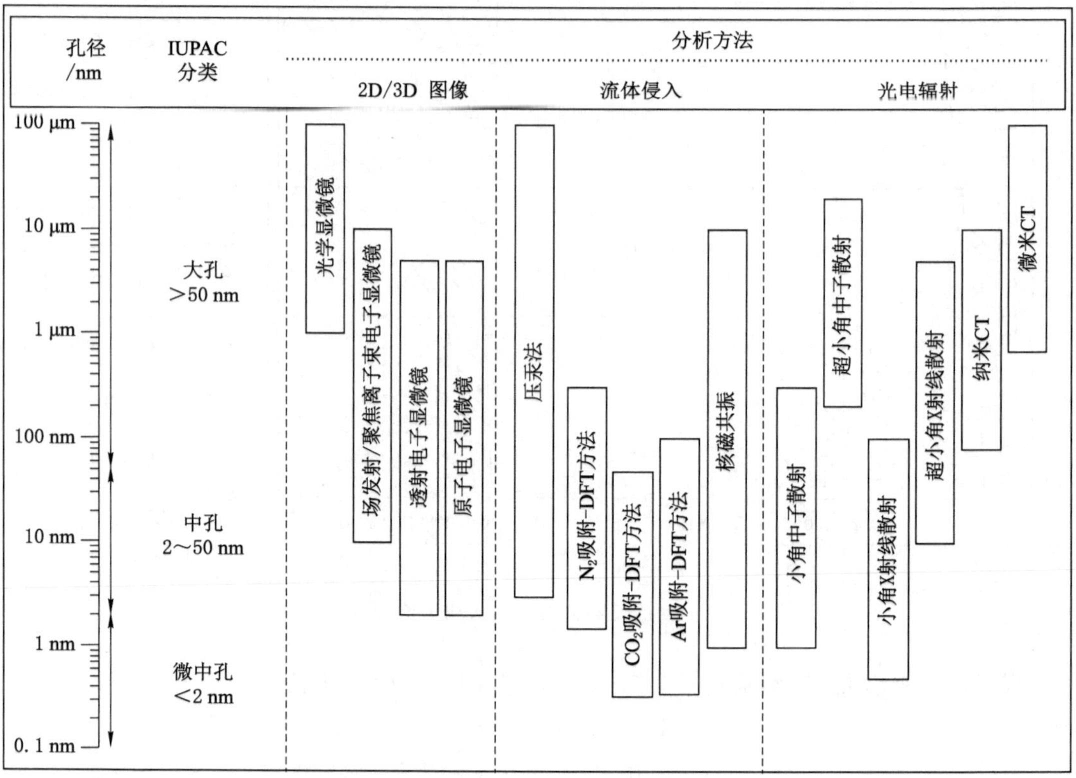

图 3-5　孔隙分析测试方法

表 3-3　主要孔隙分类方法及相应描述

学者	研究对象	孔隙分类
霍多特(1966)	煤	超孔/微孔(<10 nm)、过渡孔(10～100 nm)、中孔(100～1 000 nm)、大孔(1.0～100 μm)
DUBININ(1973)	吸附剂	微孔(<1.3 nm)、超微孔(1.3～3.1 nm)、中孔(3.1～300 nm)、大孔(>300 nm)
吴俊等(1991)	煤	微孔(<10 nm)、过渡孔(10～100 nm)、中孔(100～1 000 nm)、大孔(1.0～15 μm)
俞启香(1992)	煤	微孔(<10 nm)、小孔(10～100 nm)、中孔(100～1 000 nm)、大孔(1.0～100 μm)
秦勇等(1995)	煤	微孔(<15 nm)、过渡孔(15～50 nm)、中孔(50～400 nm)、大孔(>400 nm)
IUPAC(2015)	吸附剂	极微孔(<0.7 nm)、超微孔(0.7～2 nm)、中孔(2～50 nm)、大孔(>50 nm)
程远平等(2023)	煤	不可接触孔(<0.38 nm)、吸附孔(0.38～1.5 nm)、扩散孔(1.5～100 nm)、渗流孔(>100 nm)

程远平基于煤中甲烷赋存和运移特性将煤中的孔隙结构划分为不可接触孔、吸附孔、扩散孔和渗流孔四类，其中不可接触孔包括小于 0.38 nm 的开孔和与外界不连通的闭孔；吸附孔是煤中甲烷的主要吸附空间，甲烷在该孔隙结构中受孔壁相互叠加的吸附力场的影响以微孔填充形式赋存，甲烷分子在其中运移形式为表面扩散（滑移），推荐定量表征该孔隙结构的测试方法为低压 CO_2 吸附法；扩散孔又称中孔/介孔，甲烷在该孔隙表面以单层吸附形式富集，同时在孔隙中央也存在大量游离态甲烷，在其中运移形式为浓度驱动的扩散，推荐定量表征该孔隙结构的测试方法为低压 N_2 吸附法；渗流孔又称大介孔，甲烷分子在其中运移形式为达西渗流，推荐定量表征该孔隙结构的测试方法为压汞法。图 3-6 展示了瓦斯在煤的多尺度孔裂隙结构内的赋存和运移形式。

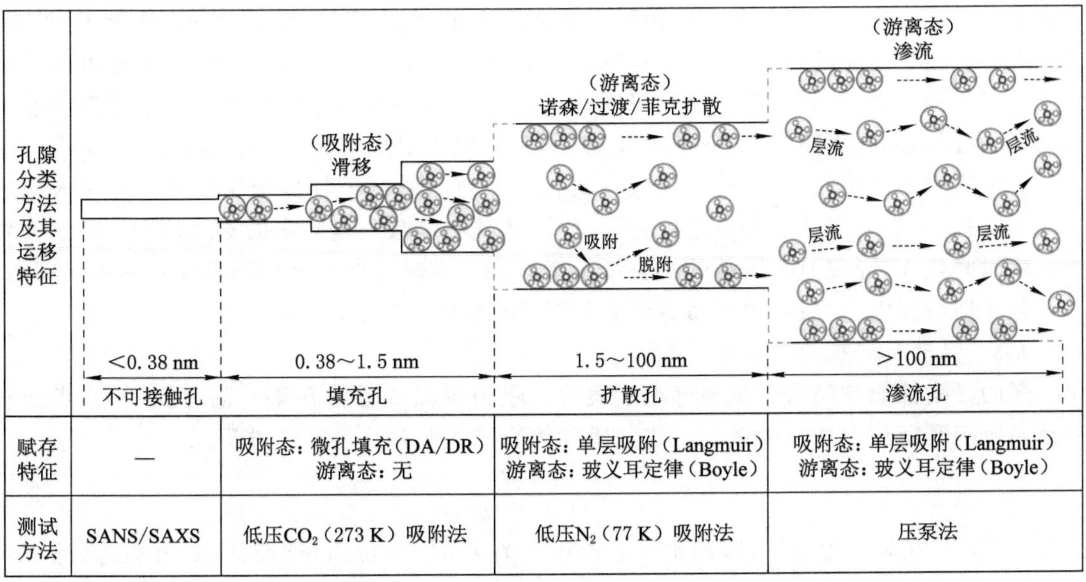

图 3-6　瓦斯在煤的多尺度孔裂隙结构内的赋存和运移形式

煤中的孔隙类型复杂，依据其连通性可分为封闭孔、半封闭孔、交联孔和通孔，如图 3-7(a)所示；依据其形状可以分为层状孔、柱状孔、墨水瓶孔、锥形孔和间隙孔，如图 3-7(b)所示。

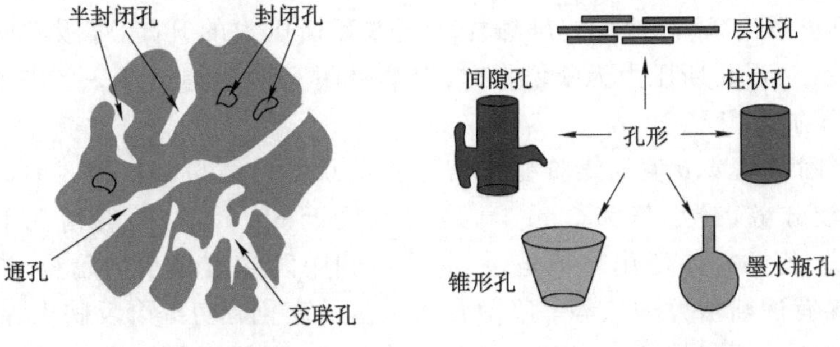

(a) 孔的连通类型　　(b) 孔形种类

图 3-7　煤的孔隙类型

3.1.6 煤的瓦斯吸附-解吸性能

3.1.6.1 煤对瓦斯的吸附作用

吸附是一种界面现象，是物理吸附、化学吸附和吸收的总称。而煤对瓦斯的吸附属于物理吸附，瓦斯浓集在煤孔隙的表面，即在瓦斯-煤界面处，瓦斯密度较其他地点高。物理吸附时，固体表面与气体之间无特殊的相互作用，吸附力即为范德瓦耳斯分子吸引力，吸附量主要取决于压力、温度和表面积的大小；对于以微孔结构为主的多孔介质，如煤的吸附量主要取决于微孔孔隙容积的大小。物理吸附与气体液化、水蒸气凝结相似，是可逆的。吸附时放出的吸附热较小，一般为每吸附 1 mol 瓦斯放出约 10～20 kJ 的热量，这与气体液化时放出的热量相似。化学吸附时，在固体表面上固体分子与气体分子之间形成化学键，即在它们之间有电子传递。化学吸附与物理吸附的主要区别在于：化学吸附是不可逆的，化学吸附的吸附热近似于化学反应的热效应，一般比物理吸附热大十倍至几十倍。实验室对煤吸附瓦斯的大量实验测定表明，煤吸附瓦斯是可逆过程，煤吸附的瓦斯量和脱附时解吸的瓦斯量基本相同，实验测出的吸附热为 12.6～20.9 kJ/mol，近似于甲烷液化放出的热量。

煤中除表面吸附瓦斯外，还存在吸收状态的瓦斯。所谓吸收是指瓦斯分子更深入地进入煤的微孔中，进入煤分子晶格之中，形成固溶体状态。吸收与吸附的宏观差别仅在于前者的平衡时间较长，吸收时吸附体的膨胀变形量较大。煤对瓦斯的吸附和吸收是不易区别的，在矿井瓦斯研究中，一般不单独研究吸收瓦斯，而是将其与吸附归入一类。

3.1.6.2 煤的瓦斯吸附等温线

煤的吸附性通常用煤的吸附等温线表示。吸附等温线是指在某一固定温度下，煤的吸附瓦斯量随瓦斯压力变化的曲线。煤的吸附等温线一般符合朗缪尔方程式：

$$X = \frac{abP}{1 + bP} \tag{3-1}$$

式中 X——在某一温度下，吸附平衡瓦斯压力为 P 时，单位质量(或体积)可燃基(除去水分和灰分)吸附的瓦斯量，m^3/t(或 m^3/m^3)；

P——吸附平衡时的瓦斯压力，MPa；

a——吸附常数(又称为朗缪尔体积 V_L)，表示可燃基的极限吸附瓦斯量，即在某一温度下当瓦斯压力趋近于无穷大时的最大吸附瓦斯量，m^3/t(或 m^3/m^3)；

b——吸附常数($b=1/P_L$，P_L 为朗缪尔压力，即煤吸附瓦斯量达到极限吸附量一半时所对应的压力)，MPa^{-1}。

由图 3-8 可以看出，不同变质程度煤样均随着瓦斯压力的升高，煤吸附的瓦斯量增大，但增长率逐渐变小；当瓦斯压力无限增大时，煤的吸附瓦斯量趋于某一极限值，这个值就是吸附常数 a(朗缪尔体积 V_L)。

图 3-9 为吸附常数 a、b 值随煤阶变化情况的汇总统计结果。从图 3-9(a)可以看出，吸附常数 a 值比较分散，最小值为 8 m^3/t，最大值接近 60 m^3/t，一般情况下 a 值小于 50 m^3/t；吸附常数 a 值的总体变化趋势是，从低阶煤到中阶煤有减小的趋势，中阶煤最低，从中阶煤到高阶煤有逐渐增大的趋势。吸附常数 a 值的变化趋势综合反映出煤在变质发展过程中煤中孔隙和比表面积的变化。吸附常数 b 值越大，则朗缪尔压力 P_L 越小，表明煤越容易达到吸附平衡。从图 3-9(b)可以看出，吸附常数 b 值也比较分散，最小值为 0.15 MPa^{-1}，最大值为 2.25 MPa^{-1}；一般情况下 b 值小于 2.0 MPa^{-1}。

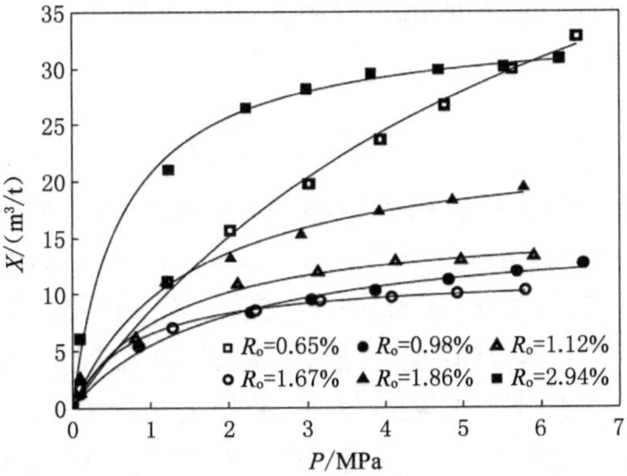

图 3-8　不同变质程度煤的吸附等温线

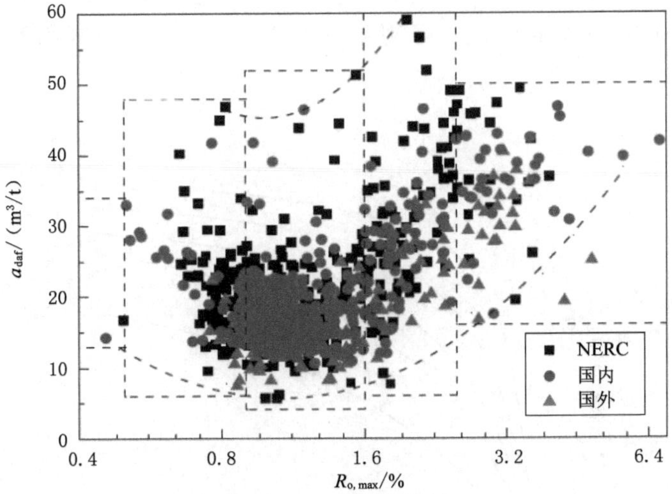

（a）a值变化情况

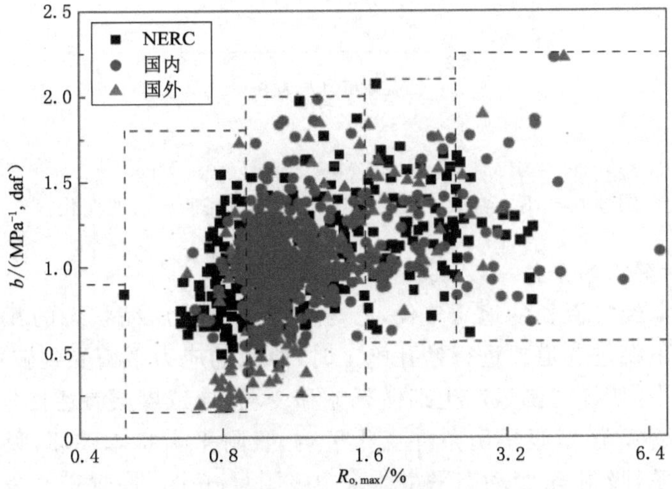

（b）b值变化情况

图 3-9　吸附常数 a、b 值随煤阶变化情况

注：NERC 指国家工程研究中心

煤的瓦斯吸附饱和度是吸附瓦斯量与极限吸附瓦斯量之比。由于煤的极限吸附瓦斯量为 a，则煤的瓦斯吸附饱和度 C 为：

$$C=\frac{X}{a}=\frac{bP}{1+bP} \tag{3-2}$$

显然，式(3-2)所表征的曲线与吸附等温线具有完全相同的形式，随着瓦斯压力的增大，吸附饱和度增大，但增加速率逐渐减小；当瓦斯压力趋于无穷大时，吸附饱和度趋于1。煤的吸附饱和度除取决于瓦斯压力外，还与吸附常数 b 密切有关。吸附常数 b 为曲线起始点($P=0$)的斜率，b 值越大，曲线上升速率越快，吸附饱和度 C 越趋近于极限饱和值1。图3-10为根据式(3-2)绘出的不同常数 b 值时，吸附饱和度 C 随瓦斯压力的变化曲线。

由图3-10看出，在同一瓦斯压力下，吸附常数 b 值越大，则吸附饱和度越大。当瓦斯压力为1 MPa时，如吸附常数 b 由0.2 MPa^{-1} 增至2.0 MPa^{-1}，则吸附饱和度由0.17增至0.67。

若将吸附饱和度为0.5时的瓦斯压力称为吸附特征瓦斯压力 p_c，则由式(3-2)求得吸附特征瓦斯压力是吸附常数 b 的倒数。吸附特征瓦斯压力越小，煤吸附瓦斯量越容易达到饱和。

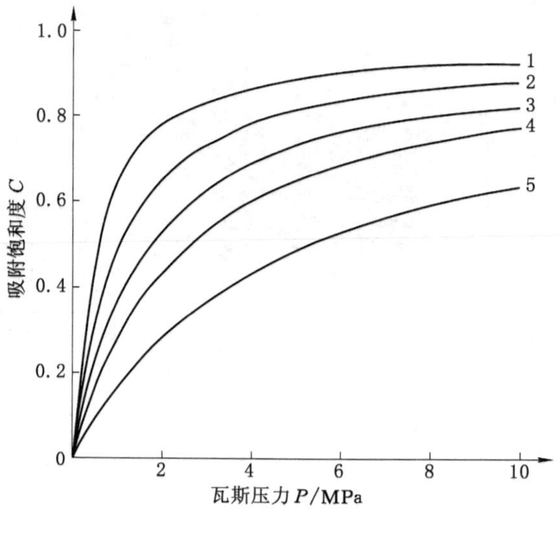

1—b=2 MPa^{-1}；2—b=1 MPa^{-1}；3—b=0.6 MPa^{-1}；4—b=0.4 MPa^{-1}；5—b=0.2 MPa^{-1}。

图3-10 不同常数 b 值时吸附饱和度随瓦斯压力的变化

3.1.6.3 吸附瓦斯解吸的条件

煤中的吸附瓦斯经过漫长的地质年代，已与孔隙内处于压缩状态的瓦斯形成了稳定的平衡状态。当在井下掘进巷道或进行钻孔施工时，原来的应力平衡受到破坏，在工作面或钻孔周围形成应力集中，使煤的围岩产生细微裂隙和变弱，导致煤层渗透性发生变化，即甲烷-煤基吸附体系由于受吸附-解吸平衡条件变化影响，吸附平衡状态破坏，吸附气体转化为游离态而脱离吸附体系，吸附-解吸动态平衡体系中吸附量减少。在煤矿开采和煤层气开发过程中，解吸作用主要通过压力降低来实现。绝大部分煤层瓦斯以物理吸附的形式赋存于煤的基质孔隙中，当煤储层压力降至临界解吸压力以下时，煤层瓦斯即开始解吸，由吸附态转化为游离态。

3.1.6.4 煤吸附-解吸甲烷的过程

瓦斯和煤体表面接触后，甲烷气体分子不能立即与所有的孔隙、裂隙表面接触，在煤体中形成了甲烷压力梯度和浓度梯度。甲烷压力梯度引起渗透，其遵循达西定理。这种过程在大的孔隙系统内占优势；甲烷气体分子在其浓度梯度的作用下由高浓度向低浓度扩散，这种过程在小孔与微孔系统内占优势。甲烷气体在向煤体深部进行渗透-扩散运移的同时，与接触到的煤体孔隙表面发生吸附和解吸。因此，就整个过程来说，是渗透-扩散、吸附-解吸的综合过程，如图 3-11 所示。

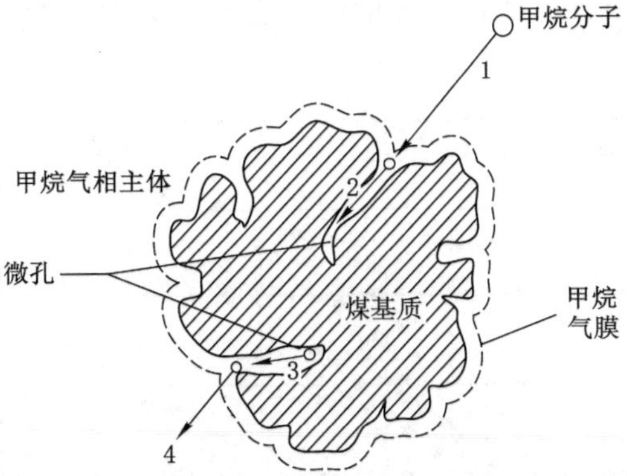

1—外扩散过程；2—内扩散过程；3—内反扩散过程；4—外反扩散过程。

图 3-11 煤基质吸附-解吸甲烷过程示意图

(1) 渗透过程是吸附全过程的第一步。在一定甲烷压力梯度下，甲烷分子在煤体大孔隙系统中渗透，在煤基质外表面形成甲烷气体气膜。

(2) 外扩散过程是煤基质外围空间的甲烷分子沿图中符号“1”所示方向穿过气膜，扩散到煤基质表面的过程。

(3) 内扩散过程是甲烷分子沿着符号“2”所示方向进入煤基质微孔隙中，扩散到煤基质内表面的过程。

(4) 吸附过程是到达煤基质孔隙内表面的甲烷分子吸附在煤孔隙表面的过程。

(5) 解吸过程是吸附在煤孔隙表面甲烷分子离开煤基质孔隙内表面的过程，解吸过程和吸附过程是同时进行的。

(6) 内反扩散过程是指解吸甲烷分子沿着符号“3”所示的方向扩散到煤基质外表面气膜的过程。

(7) 外反扩散过程是指煤基质外表面气膜中甲烷分子沿着符号“4”所示的方向扩散到甲烷气相主体中的过程。

煤的吸附-解吸平衡就是以上几个过程的动态转换过程，不同的情况由不同的步骤起主导作用。

3.1.7 煤层瓦斯压力

3.1.7.1 煤层瓦斯压力的基本概念

煤层瓦斯压力是指煤层孔隙内气体分子自由热运动所产生的作用力，即瓦斯作用于孔隙壁的压力。煤层原始瓦斯压力是指煤层未受采动、瓦斯抽采及人为卸压等影响处的煤层瓦斯压力；煤层残余瓦斯压力是指煤层受采动、瓦斯抽采及人为卸压等影响后残余瓦斯呈现的压力；煤层瓦斯压力单位为 MPa。

煤层瓦斯压力一般指的是绝对瓦斯压力，绝对瓦斯压力值以绝对真空作为起点。用压力表等仪器测出来的瓦斯压力叫"表压力"（又叫相对瓦斯压力），相对瓦斯压力以大气压力为起点。绝对瓦斯压力等于相对瓦斯压力与大气压力的总和。

煤层瓦斯运移的总趋势是瓦斯由地层深部向地表逸散，这一规律决定了煤层瓦斯压力和含量随深度增加而增大。图 3-12 给出了我国各主要矿区实测煤层瓦斯压力随深度的变化。在地质条件相近的地质块段，相同深度的同一煤层具有大体相同的瓦斯压力，多数煤层瓦斯压力随埋深呈线性增加。

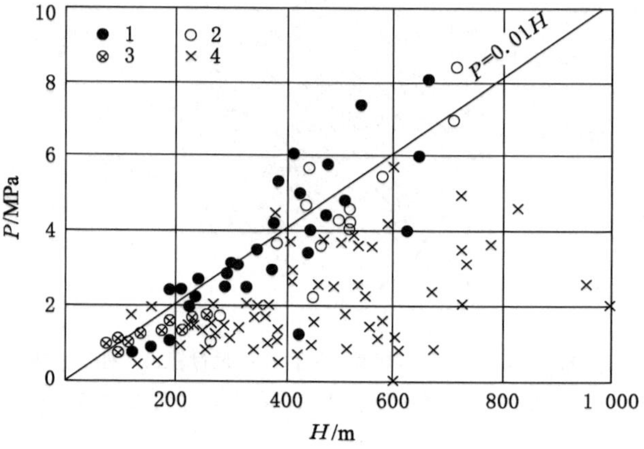

1—重庆公司各局；2—北票矿务局；3—湖南各局矿；4—其他局矿。

图 3-12　煤层瓦斯压力 P 随地表深度 H 的变化

3.1.7.2　煤层瓦斯压力的测定方法

煤层瓦斯压力井下直接测定原理是通过钻孔揭露煤层，安设测定仪表并密封钻孔，利用煤层中瓦斯的自然渗透原理测定在钻孔揭露处达到平衡的瓦斯压力。采用现有的方法通过打钻封孔后在煤层内形成测压室，上压力表后，测压室周围无限大空间煤体内的瓦斯不断向测压室运移，保证打钻过程和封孔后材料凝固时期（上表前）逸散的瓦斯通过周围流场的流动补充，最终平衡，达到煤层的真实瓦斯压力。

按测压时是否向测压钻孔内注入补偿气体，测定方法可分为主动测压法和被动测压法；按测压钻孔封孔材料的不同，测定方法可分为黄泥（黏土）封孔法、水泥砂浆封孔法、胶圈封孔器法、胶圈-压力黏液封孔法、胶囊-密封黏液封孔法及聚氨酯泡沫封孔法等；按测压封孔方法的不同，测定方法可分为填料法和封孔器法两类，其中根据封孔器的结构特点，封孔器分为胶圈、胶囊和胶圈-黏液等几种方法。各种井下封孔技术的优缺点比较见表 3-4。

表 3-4　各种井下封孔技术的优缺点比较

封孔测压法	主要优点	主要缺点	应用情况
黄泥（黏土）	设备少，不需特殊装置，成本低	人工封孔费时费力，封孔长度短；只适合于钻孔开口在岩巷的测压场所，且要求岩层坚硬少裂隙；封孔效果难以保证	很少

表 3-4(续)

封孔测压法	主要优点	主要缺点	应用情况
水泥砂浆	适用性强,成本低,操作简单。封孔深度长,封孔密封性好	地质条件复杂时难以完全封堵裂隙;需扣除钻孔静水压对读数的影响	最广
胶圈封孔器	设备简单、重量轻,易操作,封孔器可回收重复使用	封孔长度短,封孔段若存在裂隙则易漏气,只适用于比较细密、坚硬的岩石钻孔	较少
胶圈-压力黏液	对松软、裂隙发育的岩层密封较好;整套装置轻便,安装快捷;测压时间较短;测压效果比较好	整套装置成本较高,岩层压力较大时很难回收再利用	较少
胶囊-密封黏液	测压时间短,装置可重复使用,是煤巷测量瓦斯压力的最好技术	整套装置成本较高,操作比较繁琐,煤层松软时,封孔及仪器回收较困难	较广
胶囊-三相泡沫	胶囊-压力黏液的改进技术,用三相泡沫代替压力黏液	必须保证泡沫压力高于测压室内的瓦斯压力,整套装置成本较高,操作繁琐	较少
聚氨酯泡沫	胶囊-压力黏液的改进技术,降低了成本	操作方法复杂,整套装置成本依旧较高,封孔仪器回收困难	较少

注浆封孔测压法是目前应用最广泛的一种封孔方法,适用于井下各种情况下的封孔。注浆泵一般采用柱塞注浆泵,封孔材料一般采用膨胀不收缩水泥浆(一般由膨胀剂、水泥和水按一定比例制成),测压管一般采用铜管、高压软管或无缝钢管。如图 3-13 所示,通过辅助管将安装有夹持器的测压管安装至预定的测压深度,在孔口用木楔和快干水泥封住,并安装好注浆管,根据封孔深度确定膨胀不收缩水泥的使用量,按照一定比例(参考值:水灰比为 2∶1,膨胀剂的掺量为水泥的 12%)配好封孔水泥浆,用注浆泵一次连续将封孔水泥浆注入钻孔内,并在注浆 24 h 后,在孔口安装三通及压力表。孔口可设置充气设备,通过主动注气,补偿瓦斯的损失量,缩短平衡时间。

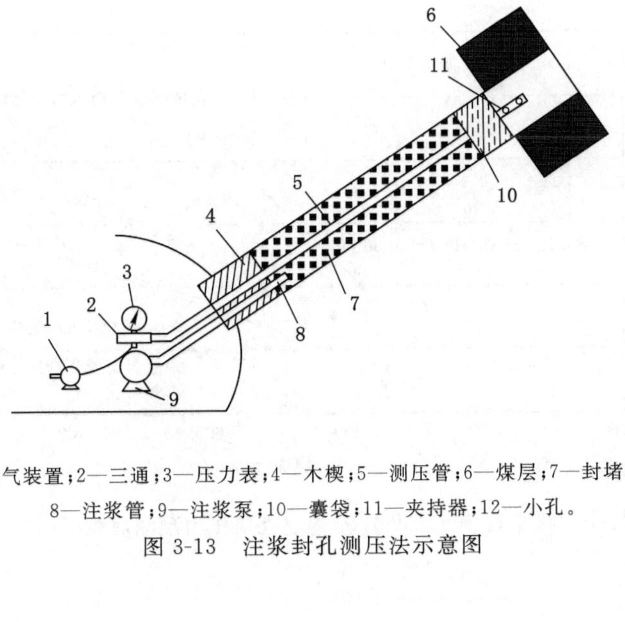

1—充气装置;2—三通;3—压力表;4—木楔;5—测压管;6—煤层;7—封堵材料;
8—注浆管;9—注浆泵;10—囊袋;11—夹持器;12—小孔。

图 3-13 注浆封孔测压法示意图

3.1.7.3　煤层瓦斯压力的预测方法

《防治煤与瓦斯突出细则》(以下简称《防突细则》)中要求突出矿井新水平或新采区应当对突出煤层进行区域突出危险性预测，区域预测的指标为煤层瓦斯含量与煤层瓦斯压力。矿井向深部水平延深之前，需要根据煤层瓦斯压力预测结果，制定防治煤与瓦斯突出对策及进行工程量估算。对于矿井生产过程中的瓦斯压力实测数据，由于测试钻孔的岩性条件、封孔效果、煤层瓦斯赋存的不均匀性，煤层瓦斯压力测试结果本身无法全部保证为真实数值，大多数情况下均有误差，数据的离散化程度较高，采用回归方法将会使许多深部标高对应的预测压力小于真实测定的瓦斯压力。

对于煤炭企业可以利用安全线图解法预测深部煤层瓦斯压力，该方法对生产过程中测定的大量瓦斯压力值进行统计分析，排除由于承压水等因素导致的数值较大的异常测点，然后选取其中两个真实的标志点进行线性连接，做出安全线，使除异常点外的其余部分测点均在该直线以下(图 3-14)。标志点需要结合风化带下限临界值(风化带下部边界条件中瓦斯压力为 P=0.15～0.2 MPa)确定，当选择两个标志点做出的曲线通过该临界点(或在附近)时，标志点选择正确；否则需要重新确定标志点，在无法找到两个标志点时，充分考虑风化带下限临界值点，选择一个标志点，取静水压力梯度(0.01 MPa/hm)作为瓦斯压力梯度做出安全线，并应满足除异常点外的其余部分测点均在该直线以下。当深部出现高于安全线法推测值时，如判断确定为真实瓦斯压力时，需要重新确定标志点，对安全线进行修订。在淮北矿区桃园煤矿Ⅱ1采区左翼 8_2 煤层的煤与瓦斯突出危险性预测中采用安全线法获得了煤层瓦斯赋存规律(图 3-15)。

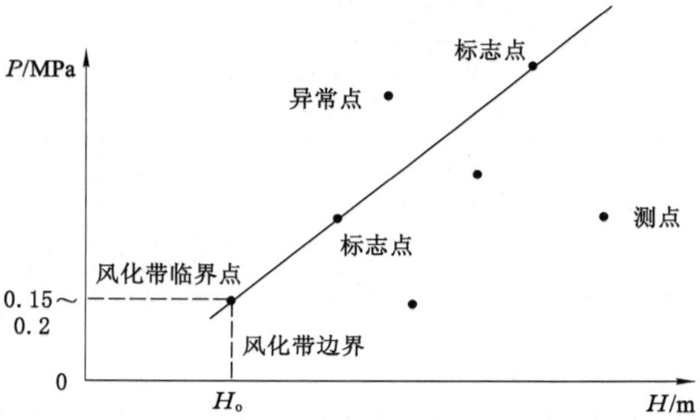

图 3-14　瓦斯压力预测方法——安全线法

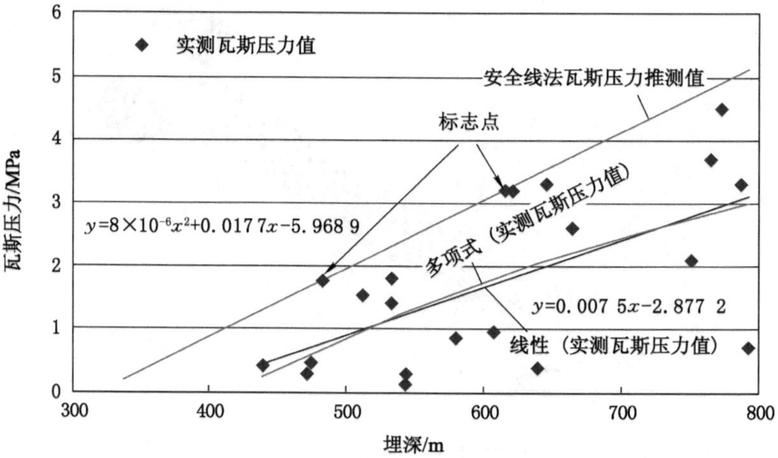

图 3-15　桃园煤矿 8_2 煤层瓦斯压力预测曲线图

3.1.8　煤层瓦斯含量

煤层瓦斯含量是单位质量煤中所含的瓦斯体积(换算为标准状态下的体积)，所谓标准状态是指：绝对温度 273.2 K(0 ℃)，大气压力 101 325 Pa(1 个大气压)，单位是 m^3/t 或 mL/g。煤层瓦斯含量也可用单位质量可燃基(去除煤中水分和灰分)的瓦斯体积表示，称为可燃基瓦斯含量，单位为 m^3/t 可燃基或 mL/g 可燃基。通常，在我国由于煤层瓦斯含量测定方法的不同，瓦斯含量的内涵也不同，间接法测试瓦斯含量时，煤层瓦斯含量为吸附瓦斯含量和游离瓦斯含量之和；直接法测试瓦斯含量时，煤层瓦斯含量则包含煤样解吸瓦斯含量、损失瓦斯含量和残存量三部分。

3.1.8.1　瓦斯含量测定方法

1. 间接法测试瓦斯含量

间接法测试瓦斯含量是建立在煤吸附瓦斯理论基础上的，这里的煤层原始瓦斯含量是指单位质量或体积的原始煤体中所含有的瓦斯量，也就是吸附和游离两种状态下瓦斯量的总和。要利用间接方法测定出煤层原始瓦斯含量，首先需要在井下实测或根据已知规律推算煤层原始瓦斯压力，并在实验室测定 a、b 吸附常数，煤的孔隙率，煤的工业分析等参数，然后再根据公式计算出煤层瓦斯含量。间接法测试瓦斯含量流程如图 3-16 所示。

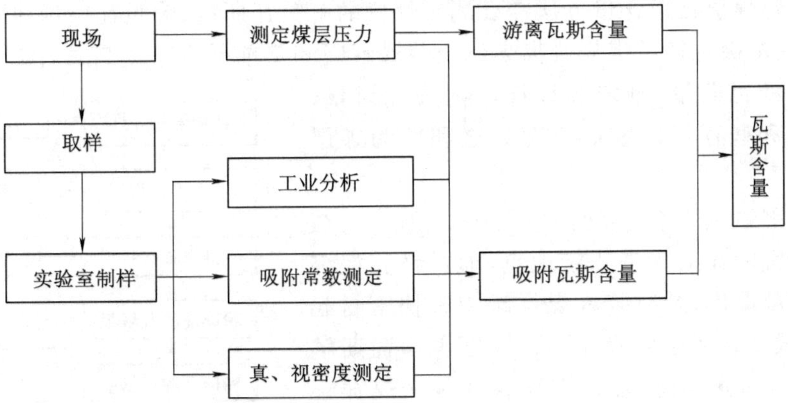

图 3-16　间接法测试瓦斯含量流程图

间接法测试的瓦斯含量为游离瓦斯含量和吸附瓦斯含量之和，即：

$$X = X_x + X_y \tag{3-3}$$

式中　X_x——吸附瓦斯含量，m^3/t；

X_y——游离瓦斯含量，m^3/t。

(1) 游离瓦斯量(X_y)，按气体状态方程计算：

$$X_y = \frac{VPT_0}{TP_0\xi} \tag{3-4}$$

式中　V——单位质量煤的孔隙容积，m^3/t；

P——瓦斯压力，MPa；

T_0、P_0——标准状况下绝对温度(273.2 K)与压力(101 325 Pa)；

T——瓦斯绝对温度，K；

ξ——瓦斯压缩系数；

X_y——煤的游离瓦斯含量，m^3/t（标准状态下）。

（2）吸附瓦斯含量（X_x），按朗缪尔方程计算并应考虑煤中水分、灰分、温度、可燃物百分比等影响因素：

$$X_x = \frac{abP}{(1+bP)} e^{n(t_0-t)} \frac{1}{(1+0.31W)} \times \frac{(100-A-W)}{100} \tag{3-5}$$

式中 a,b——吸附常数，m^3/t 与 MPa^{-1}；

P——煤层瓦斯压力，MPa；

t_0——实验室测定煤的吸附常数时的温度，℃；

t——煤层温度，℃；

n——系数，按下式计算：$n=\frac{0.02}{0.993+0.07P}$；

A——煤中灰分，%；

W——煤中水分，%；

X_x——煤的吸附瓦斯含量，m^3/t（标准状态下）。

2. 直接法测试煤层瓦斯含量

直接测定煤层瓦斯含量方法需要测定煤样的解吸瓦斯量、解吸瓦斯规律及残存瓦斯量；然后，根据其解吸规律及煤样脱离煤体至装罐解吸测定前暴露于空气之中的时间推算在此时间内损失的瓦斯量；测定和计算的损失瓦斯量、解吸瓦斯量和残存瓦斯量这三部分之和即为煤层瓦斯含量。

直接法测试瓦斯含量流程如图 3-17 所示。在现场选取适宜的瓦斯含量测定地点，通过钻孔将煤样从煤层深部取出，及时装入煤样罐中很快密封起来，现场测试 2 h 瓦斯解吸量 X_j，根据煤样瓦斯解吸规律选取合理的经验公式推算煤样装入煤样罐密封之前的瓦斯损失量 X_s；然后把煤样罐带回实验室进行残存瓦斯含量 X_c 测定；瓦斯损失量、瓦斯解吸量和残存瓦斯量之和就是煤层瓦斯含量，即：

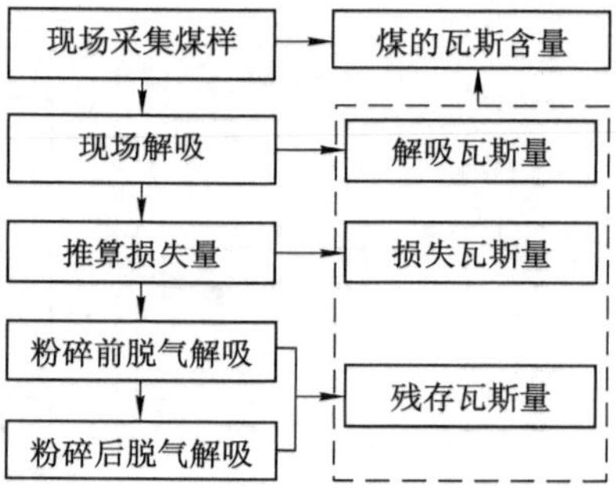

图 3-17　直接法测试瓦斯含量流程图

$$X_m = X_s + X_j + X_c \tag{3-6}$$

3.1.8.2　煤层瓦斯含量的主要影响因素

煤层瓦斯是一种自生自储式天然气资源。从瓦斯地质的观点来看，煤层瓦斯含量也是迄今为止煤层中保有的地质残存瓦斯量。煤层瓦斯含量的大小，除与生成瓦斯量的多少有关外，主要取决于煤生成后瓦斯的逸散和运移条件，以及煤层保存瓦斯的能力。现将影响煤层瓦斯含量的主要因素分述如下：

1. 煤层的埋藏深度

煤层埋藏深度是决定煤层瓦斯含量的主要因素，随埋深的增加，不仅因地应力增高而使煤层及围岩的透气性变差，煤的吸附瓦斯量增加，而且瓦斯向地表运移的距离也增长，二者都有利于封存瓦斯。根据甲烷带内瓦斯压力随深度增加呈线性增高的统计规律和煤的瓦斯含量计算方法，可获得煤层瓦斯含量随埋藏深度的变化。

2. 煤层和围岩的透气性

煤系地层岩性组合及其透气性对煤层瓦斯含量有重大影响。煤层及其围岩的透气性越大，瓦斯越易流失，煤层瓦斯含量就越小；反之，瓦斯易于保存，煤层的瓦斯含量就高。煤层围岩的透气性不仅与岩性特征有关，还与一定范围内的岩性组合以及形变特点有关。一般煤层顶底板透气性低的岩层（如泥岩、充填致密的细碎屑岩、裂隙不发育的灰岩等）越厚，它们在煤系地层中所占的比例越大，往往煤层的瓦斯含量越高。

3. 煤层露头

煤层有无露头对煤层瓦斯含量有一定影响。煤层露头是瓦斯向地面排放的出口，露头存在时间越长，瓦斯排放越多，反之，地表无露头的煤层，瓦斯含量较高。

4. 地质构造

地质构造是影响瓦斯含量最重要的条件之一，封闭型地质构造有利于封存瓦斯，开放型地质构造有利于排放瓦斯，地质构造具有不同时代、不同规模、不同组合的特征，对控制煤层瓦斯具有不同效应。

(1) 褶曲构造

闭合（被基岩覆盖）和半闭合背斜转折区，由于煤层瓦斯运移路线加长和瓦斯排出量不断缩小，瓦斯的运移阻力增大，因此，在同一开采深度下，比构造两翼的瓦斯含量大；闭合而完整的背斜或穹窿且覆盖不透气的地层是良好的储瓦斯构造，在其轴部煤层内往往积存高压瓦斯，形成“气顶”。在倾伏背斜的轴部，通常也比相同埋深的翼部瓦斯含量高。但是当背斜轴的顶部岩层为透气岩层或因张力形成连通地面的裂隙时，瓦斯会大量流失，轴部瓦斯含量反而比翼部小。

向斜构造一般轴部的瓦斯含量比翼部高，这是因为轴部岩层受到强力挤压，围岩的透气性变得更低，因此有利于在向斜的轴部地区封存较多的瓦斯。但是在开采高透气性煤层时，向斜轴部相对瓦斯涌出量反而比翼部低，这是因为开采越接近向斜轴部，瓦斯补给区域越来越窄小，补给瓦斯量越接近轴部越枯竭。这是由于向斜轴部裂隙较发育，煤、岩透气性好，有利于轴部瓦斯流失。

受构造影响形成煤层局部变厚的大煤包也会出现瓦斯含量增高现象。这是因为煤包周围在构造挤压应力作用下，煤层被压薄，形成对大煤包封闭的条件，有利于瓦斯的封存。同理，由两条封闭性断层与致密岩层封闭的地垒或地堑构造也能成为瓦斯含量增高区，特别是地垒构造由于往往有深部供气来源，瓦斯含量可能会明显增大。

(2) 断裂构造

断层对煤层瓦斯含量的影响比较复杂，一方面要看断层（带）的封闭性，另一方面还要看与煤层接触的对盘岩层的透气性。断层对煤层瓦斯含量可以有性质上截然不同的两种影响，开放性断层（一般是张性、张扭性或导水断层）是煤层排放瓦斯的通道，不论其与地表是否直接相通，都会引起断层附近的煤层瓦斯含量降低，当与煤层接触的对盘岩层透气性大时，瓦斯含量降低的幅度更大[图 3-18(a)、(b)]。封闭性断层（一般是压性、压扭性、不导水、现在仍受挤压处于封闭状态的断层）且与煤层接触的对盘岩层透气性低时，割断了深部煤层与地表的联系，可以阻止煤层瓦斯的排放，导致煤层具有较高的瓦斯含量[图 3-18(c)、(d)]。

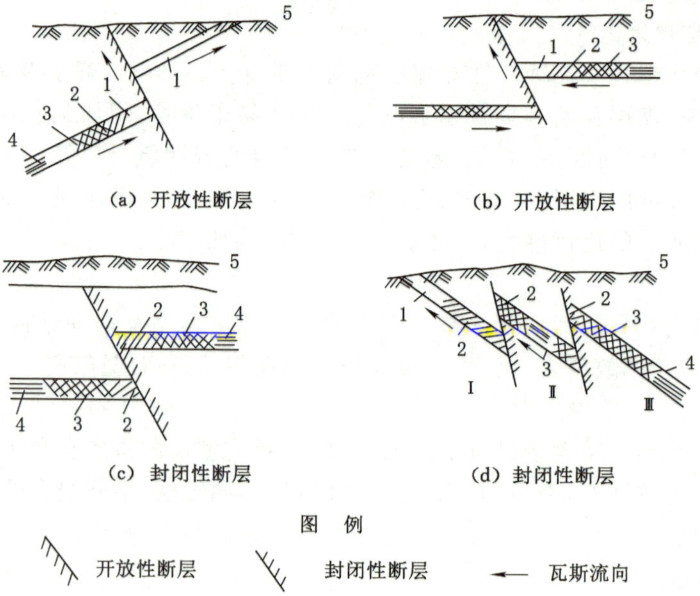

1—瓦斯流失区；2—瓦斯含量降低区；3—瓦斯含量增高区；4—瓦斯含量正常区；5—地表。

图 3-18　断层对煤层瓦斯含量影响示意图

5. 煤化程度

煤是天然的吸附体，煤层的煤化程度越高，其吸附瓦斯的能力越强。在甲烷带内，在其他因素相同的条件下，煤化程度不同的煤，煤层瓦斯含量不仅不同，随着深度的增加煤层瓦斯含量增加的量也不同。煤化程度越高，煤吸附瓦斯能力越强，但对于高变质无烟煤，煤层瓦斯含量不符合上述规律，因为这种煤的结构发生了质的变化，煤层瓦斯含量很低，而且与埋深无关。

6. 地层的地质史

成煤有机物沉积以后直到现今煤化阶段经历了漫长的地质年代，其间地层多次下降或上升，覆盖层加厚或遭受剥蚀，陆相与海相交替变化，遭受地质构造运动破坏影响等。我国的石炭-二叠纪含煤地层形成后主要经历了印支运动、燕山运动和喜马拉雅运动等。每次构造运动的规模、涉及范围、构造应力场等均不尽相同。煤层形成后在经历构造运动中拉张裂陷活动会使煤层瓦斯大量逸散。不同级别的构造活动和构造应力场控制着构造作用的范围和强度，亦控制着不同区域、不同范围煤层瓦斯的赋存和分布，同时，还控制着煤层的赋存条件、煤体结构的破坏条件和范围。板块构造控制区域构造的作用范围和强度，区域构造控制矿区（煤田）构造的作用范围和强度，矿区构造控制井田和采区及工作面构造，因此地质构造控制着不同级别范围煤层瓦斯的形成和分布。

7. 水文地质条件

水文地质条件是煤层瓦斯含量大小的影响因素之一，地下水与瓦斯共存于含煤岩系及围岩之中，其运移和赋存都与煤层和岩层的孔隙、裂隙通道有关。地下水的运移，一方面驱动着裂隙和孔隙中的瓦斯运移，另一方面又带动了溶解于水中的瓦斯一起流动，经过漫长的地质年代，地下水可以带走数量可观的溶解瓦斯，同时，地下水的溶蚀作用会带走大量的矿物质，导致煤系地层的天然卸压，地应力降低，从而引起煤层及围岩透气性增大，从而加强了煤层瓦斯的流失。因此，地下水的活动有利于瓦斯的排放。

3.2 煤层瓦斯流动与涌出

瓦斯抽采是降低煤层瓦斯含量、消除瓦斯危险性的最主要技术手段。同时，我国是煤矿瓦斯(煤层气)资源十分丰富的国家，在煤炭资源开采之前将煤层中的瓦斯抽采出来并加以利用，不但可以保障煤炭资源的安全开采、促进煤矿瓦斯这一高效洁净能源的利用，同时还可以保护环境，实现煤矿瓦斯抽采与利用的"安全、能源、环境"三重效益。在煤层瓦斯抽采工程中，一般采用煤层透气性表征煤层对瓦斯流动的阻力，它反映着瓦斯沿煤层流动的难易程度，是煤层瓦斯抽采的一个重要指标。

3.2.1 含瓦斯煤的渗透性能

渗透性是煤层的重要属性之一，它反映煤体允许流体通过的能力。表征煤体渗透性的量为渗透率，包括绝对渗透率、相渗透率和相对渗透率。

原始煤层的渗透率一般是很低的，瓦斯在煤层中的流速也很小，流动状态属于层流运动，一般符合达西定律，即瓦斯流动速度与压力梯度成正比，与煤的渗透率成正比：

$$v = -\frac{k}{\mu}\frac{\mathrm{d}p}{\mathrm{d}x} \tag{3-7}$$

式中 v——瓦斯流动速度，m/s；

k——煤的渗透率，m^2；

μ——瓦斯(CH_4)的动力黏度，$\mu=0.010\ 8\times10^{-3}$ Pa·s；

$\frac{\mathrm{d}p}{\mathrm{d}x}$——流动方向的压力梯度，Pa/m；

"$-$"——流体流动方向与压力梯度方向相反。

如果把流速 v 变成在压力为 101 325 Pa(1个标准大气压)、温度相当于煤体温度条件下的瓦斯流量，则：

$$q = \frac{kp\,\mathrm{d}p}{\mu p_n \mathrm{d}x} = -\frac{k}{2\mu p_n}\frac{\mathrm{d}P}{\mathrm{d}x} = \lambda\frac{\mathrm{d}P}{\mathrm{d}x} \tag{3-8}$$

式中 q——比流量，即在 1 m^2 煤面上 1 d 通过的瓦斯量，$m^3/(m^2\cdot d)$；

λ——透气性系数，$m^3/(MPa^2\cdot d)$；

p_n——单位大气压力，MPa；

P——$P=p^2$。

煤的透气性系数越大，瓦斯在煤岩体中流动越容易，并且透气性系数取决于煤岩体的渗透率。

煤层气开采与煤层瓦斯抽采的出发点不同，致使反映煤层渗透性的指标也不相同。煤层气开采中，一般采用渗透率对煤层的渗透性进行描述，而在煤层瓦斯抽采工程中，一般采用透气性系数对煤层的可抽采性进行描述。

在工程中，渗透率单位常采用"达西"或"毫达西"，即 D 或 mD。其物理意义是：对于长度为 1 cm、截面积为 1 cm^2 的多孔介质，其孔隙空间完全被 1 厘泊（10^{-3} Pa·s）黏度（水在 20.2 ℃时的黏度）的单相流体所充满，此单相流体在黏性流动条件下，在压差 1 atm（101 325 Pa）作用下，当流量为 1 cm^3/s 时，则该多孔介质的渗透率就是 1 D。

煤层透气性系数的单位为 $m^3/(MPa^2 \cdot d)$。其物理意义是：在 1 m^3 煤体的两侧，当其压力的平方差为 0.01 MPa^2 时，通过 1 m^2 煤面每日流过的瓦斯量。

由式（3-8）可知，渗透率与煤层透气性系数的关系式为：

$$\lambda = \frac{k}{2\mu p_n} \tag{3-9}$$

式中 λ——透气性系数，$m^3/(MPa^2 \cdot d)$；

k——煤层渗透率，m^2；

u——瓦斯的动力黏度，Pa·s。

两者的换算关系详见表 3-5。

表 3-5 渗透率与透气性系数换算关系

名称	渗透率				透气性系数
	D	mD	m^2	μm^2	$[m^3 \cdot (MPa^2 \cdot d)^{-1}]$
值	1	1 000	$9.869\ 233 \times 10^{-13}$	0.986 923 3	40 000

表 3-6 展示了我国与其他主要煤炭生产国家的煤层渗透率及透气性系数情况对比。

表 3-6 中国与其他主要煤炭生产国家的煤层渗透率及透气性系数

国家	产煤地区	煤层渗透率/mD	透气性系数/$[m^3 \cdot (MPa^2 \cdot d)^{-1}]$
德国和波兰	—	0.01～0.1	0.41～4.05
澳大利亚	博文盆地	0.01～101	0.41～4 053
	悉尼盆地	0.001～151.99	0.04～6 079.5
美国	黑勇士盆地	5.07～50.66	202.65～2 026.5
	圣胡安盆地	10.13～151.99	405.3～6 079.5
中国	大部分煤田	0.000 1～0.001	0.004～0.04
	平顶山煤田	0.000 1～0.023	0.004～0.92
	水城、丰城、开滦、柳林煤田	0.1～1.82	4.05～72.95

影响煤层瓦斯渗透率变化的因素很多，包括瓦斯气体的热力学参数和煤体骨架结构的变化。瓦斯气体的热力学参数可归结为克林肯伯格（Klinkenberg）效应，即由于分子滑流的存在，当孔隙通道的尺寸接近气体分子的平均自由程时，随着气体平均压力的降低，煤层的渗透率增大，在高瓦斯压力情况下，这种影响作用较小。煤体骨架结构的变化包括煤体由于矿山压力、冲击地压和瓦斯抽采而产生的收缩变形，以及煤体所具有的流变性等。

3.2.2 瓦斯流动理论及模型

3.2.2.1 煤层瓦斯流场分类

当煤层中的瓦斯压力分布不均时，在煤层中往往就会形成一定的瓦斯流动范围，这一范围通常被称为流场。为了便于研究瓦斯在煤层中的流动，根据生产实践的工程条件，按流场的空间流向和按流场的时间流向(稳定性)对瓦斯流动状态进行了分类。按瓦斯流场的空间几何形状来划分，瓦斯流动状态可分为单向流动、径向流动和球向流动。

(1) 单向流动。在 x、y、z 三维空间内，只有一个方向有流速，其余两个方向流速为零的流动，其所形成的流场为单向流场。在煤矿中，如沿煤层开掘平巷，且煤层的厚度小于巷道高度、巷道全部切开煤层，则巷道两侧瓦斯的流动都是沿着垂直于巷道的掘进方向流动的，此即为单向流动，形成了流线彼此相互平行、方向相同的流场，如图 3-19 所示。

(2) 径向流动。在 x、y、z 三维空间内，在两个方向有分速度，而第三个方向的分速度为零的流动，其所形成的流场为径向流场。煤矿中的石门、竖井、钻孔垂直穿透煤层时，煤壁内的瓦斯流动基本上属于径向流动。一般情况下，其等瓦斯压力线平行煤壁呈近似同心圆形，如图 3-20 所示。由于径向流动一般是平面流动，在实际研究工作中既可采用笛卡尔直角坐标表示，也可采用极坐标表示。

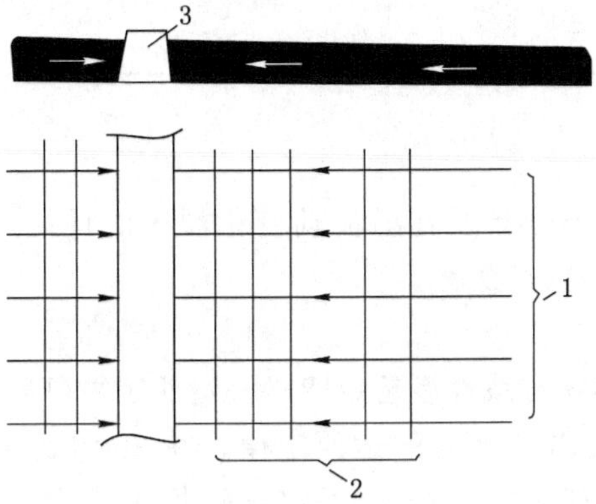

1—流线；2—等压线；3—巷道。

图 3-19　单向流动示意图

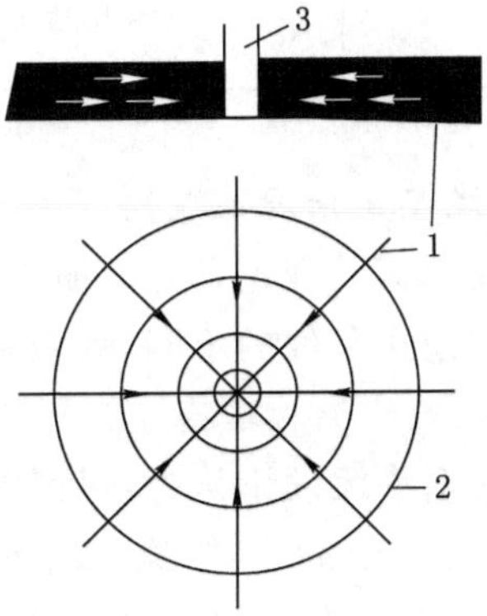

1—流线；2—等压线；3—钻孔。

图 3-20　径向流动示意图

(3) 球向流动。在 x、y、z 三维空间内，在三个方向都有分速度的流动，其所形成的流场为球向流场。厚煤层中的掘进工作面、钻孔或石门刚进入煤层时的煤壁内的瓦斯流动，以及采落煤块中涌出的瓦斯的流动基本上都属于球向流动，如图 3-21 所示。球向流动的特点在于，在煤体中形成近似同心球状的等压线，而流线则一般呈放射网状。由于球向流动属于三维空间流，故而在实际研究工作中既可用笛卡尔直角坐标表示，也可采用球面极坐标表示。

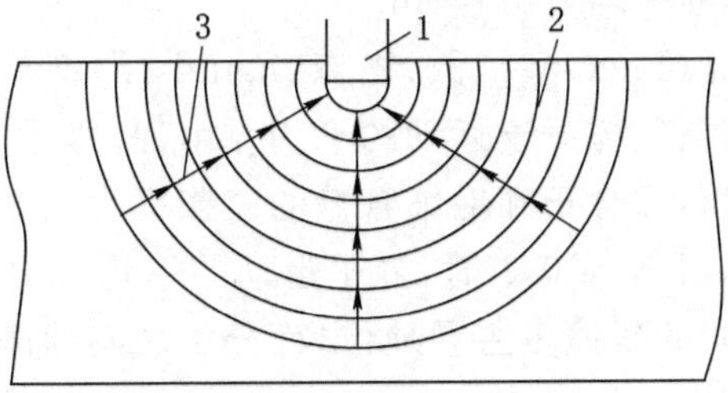

1—揭开煤层的掘进工作面；2—等压线；3—流线。

图 3-21　球向流动示意图

上述三种流动是典型的基本形式。在实际煤矿中，由于煤层的非均质性、煤层顶底板岩性的多变性等自然条件的不同，实际井巷和钻孔中的瓦斯流动是复杂的，有时可能是几种基本流动的综合。例如，在煤层掘进巷道中，工作面迎头煤壁内的瓦斯流动近似于径向流动，而后部的瓦斯流动则为单向流场。因此，在实际研究工作中应进行具体分析，以便建立相对准确的流动模型，详见表 3-7。

表 3-7　煤矿常见的流场种类

工程分类	煤层中的位置	流场类型	备注
巷道	巷道高度＜煤层厚度	单向流动	开始为径向流动，排放一段时间后，转化为单向流动
	巷道高度≥煤层厚度	单向流动	
钻孔	穿层钻孔（包括地面钻孔）	径向流动	
	顺层钻孔	单向流动	开始为径向流动，抽采一段时间后，转化为单向流动

3.2.2.2　*煤层瓦斯流动理论*

煤层瓦斯流动理论是专门研究煤层内瓦斯压力分布及瓦斯流动变化规律的理论，根据应用范围和使用条件的不同，煤层瓦斯流动理论有以下几种。

1. 线性瓦斯流动理论

线性瓦斯渗流理论认为，煤层内瓦斯运移基本符合线性渗透定律——达西定律（Darcy's law），1856 年，法国水力学家 Darcy 通过实验总结出了著名的达西定律。在 20 世纪 60 年代，周世宁从渗流力学的角度出发，认为瓦斯的流动基本上符合达西定律，把多孔介质的煤层看成一种大尺度上均匀分布的虚拟连续介质，首次提出了瓦斯流动理论——线性瓦斯渗透理论。这一理论的提出对我国瓦斯流动理论的研究具有深刻的影响。

2. 瓦斯扩散理论

煤是一种典型的多孔介质，根据气体在多孔介质中的扩散机理的研究，可以用诺森数 K_n 表示孔隙平均直径和分子运动平均自由程相对大小：

$$K_n = \frac{d}{\lambda} \tag{3-10}$$

式中　d——孔隙平均直径，m；

　　λ——气体分子运动的平均自由程，m。

将扩散分为一般的菲克（Fick）型扩散、诺森（Knudsen）型扩散和过渡型扩散。$K_n \geqslant 10$ 时，孔隙平均直径远大于瓦斯气体分子运动的平均自由程，这时瓦斯气体分子的碰撞主要发生在自由瓦斯气体分子之间，而分子和毛细管壁的碰撞机会相对较少，此类扩散仍然遵循菲克定理，称为菲克型扩散。当 $K_n \leqslant 0.1$ 时，分子运动的平均自由程大于孔隙平均直径，此时瓦斯气体分子和孔隙壁之间的碰撞占主导地位，而分子之间的碰撞退居次要地位，此类扩散不再遵循菲克扩散，而为诺森扩散。当 $0.1 < K_n < 10$ 时，孔隙平均直径与瓦斯气体分子运动的平均自由程相似，分子之间的碰撞和分子与面的碰撞同样重要，因此此时的扩散是介于菲克型扩散与诺森扩散之间的过渡型扩散，见图 3-22。

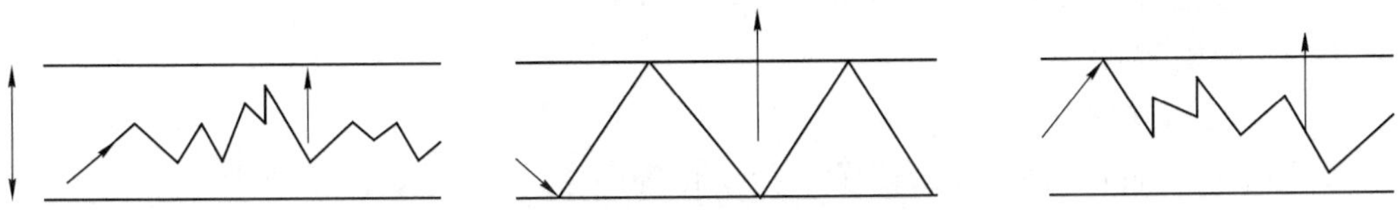

图 3-22　瓦斯气体的扩散形式

由于多孔特性及大分子结构，煤是一种良好的吸附剂，当瓦斯气体分子被强烈地吸附于煤的固体表面时，就产生表面扩散。对吸附性极强的煤来说，表面扩散占有很大比重。当孔隙直径与瓦斯气体分子尺寸相差不大，压力足够大时，瓦斯气体分子就会进入微孔隙中以固溶体状态存在，发生晶体扩散，在煤体扩散中一般比较少。

(1) 菲克型扩散

当 $K_n \geqslant 10$ 时，由于孔隙平均直径远大于瓦斯气体分子运动的平均自由程，因此扩散是由于瓦斯气体分子之间的无规则运动引起的，可以用菲克扩散定律去描述，即：

$$J = -D_f \frac{\partial C}{\partial X} \tag{3-11}$$

式中　J——瓦斯气体通过单位面积的扩散速度，kg/(s·m^2)；

$\frac{\partial C}{\partial X}$——沿扩散方向的浓度梯度；

D_f——菲克扩散系数，m^2/s；

C——瓦斯气体的浓度，kg/m^2。

等式中由于扩散是沿着浓度减少的方向进行的，而扩散系数总是正的，故式中要加一个负号。由于孔道是弯曲的各种形状，同时又是相互连通的通道，所以扩散路径因孔隙通道的曲折而增长，孔截面收缩可使扩散流动阻力增大，从而使实际的扩散通量减少。考虑以上因素，瓦斯气体分子在煤层内有效扩散系数可定义为：

$$D_{fe} = \frac{D_f \theta}{\tau} \tag{3-12}$$

式中　D_{fe}——瓦斯气体在煤层内的有效菲克扩散系数，m^2/s；

θ——有效表面孔隙率；

τ——曲折因子，为修正扩散路径变化而引入的。

对于给定状态的某种瓦斯气体来讲，菲克型扩散的扩散系数大小取决于煤本身的孔隙结构特征。

(2) 诺森型扩散

当 $K_n \leqslant 0.1$ 时，瓦斯气体在煤层中的扩散属于诺森型扩散，根据分子运动论，在半径为 r 的孔隙内，由于壁面的散射而引起的瓦斯分子扩散系数为：

$$D_k = \frac{2}{3} r = \sqrt{\frac{8RT}{\pi M}} \tag{3-13}$$

式中　D_k——诺森扩散系数，m^2/s；

r——孔隙平均半径，m；

R——普适气体常数，$R=8.314\ \text{J/(mol·K)}$；

T——绝对温度，K；

M——瓦斯气体分子量，g/mol。

若考虑有效表面孔隙率、曲折因子半径变化等因素，则有效扩散系数为：

$$D_{ke}=\frac{D_k\theta}{\tau}=-\frac{4\theta}{3s\rho}\sqrt{\frac{8RT}{\pi M}}=\frac{8\theta^2}{3\tau_s\rho}\sqrt{\frac{2RT}{\pi M}} \tag{3-14}$$

式中 D_{ke}——有效扩散系数，m^2/s；

s——煤粒的比表面积，m^2/kg；

ρ——煤体密度，kg/m^3；

θ——有效表面孔隙率；

τ_s——曲折因子。

从上式中可以看出，诺森扩散系数与煤的结构和煤层的温度等有关。

(3) 过渡型扩散

当 $0.1<K_n<10$ 时，孔隙直径与瓦斯气体分子运动的平均自由程相近，分子之间的碰撞和分子与壁面的碰撞同样重要，扩散过程受两种扩散机理的制约，在恒压下其有效扩散系数与菲克扩散系数和诺森扩散系数的关系为：

$$\frac{1}{D_{pe}}=\frac{1}{D_{fe}}+\frac{1}{D_{ke}} \tag{3-15}$$

(4) 表面扩散

对于凸凹不平的煤粒表面，具有表面势阱强度即表面能量 E_a，当瓦斯气体分子的能量等于表面能 ΔE_a 时，气体分子在煤表面形成表面扩散，见图 3-23。

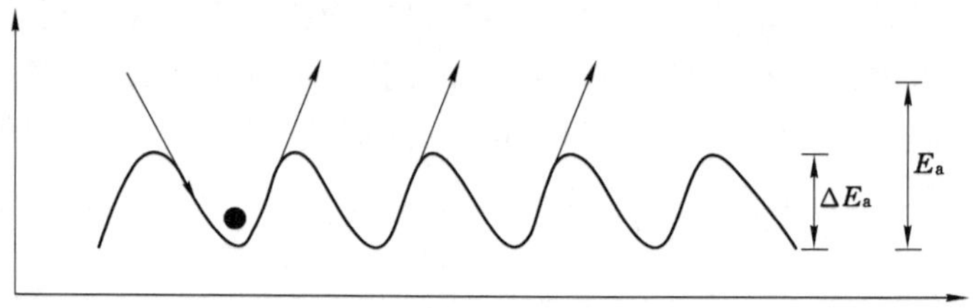

图 3-23 瓦斯气体在煤表面上的表面扩散

其表面扩散有效系数为：

$$D_{se}=D_{so}\mathrm{e}^{\frac{E_a}{RT}} \tag{3-16}$$

式中 D_{se}——有效表面扩散系数，m^2/s；

D_{so}——与气体及多孔介质本身有关的常数，m^2/s；

E_a——表面吸附势阱深度，J/mol。

表面扩散经常同普通的菲克型扩散在煤层较大孔隙中同时进行，使扩散的总通量增大；另一种情况是当瓦斯气体被煤表面强烈吸附时，吸附层增厚使得瓦斯气体扩散通量减少。

3. 非线性瓦斯流动理论

瓦斯在煤体中的流动状态可以分为三个区域：

(1) 低雷诺数区，$1<Re<10$，黏滞力占优势，属于线性层流区域，符合达西定律。

(2) 中雷诺数区，$10\leqslant Re\leqslant 100$，为非线性层流区域，服从非线性渗透定律。

(3) 高雷诺数区，$Re>100$，为紊流，惯性力占优势，流动阻力与流速的平方成正比。

多孔介质中流体流动状态及其规律的变化，如图3-24所示。从中可以看出，当孔径小、流速低时，黏滞力占优势，即由黏滞性产生的摩擦阻力占优势；与黏滞力相比较，惯性力可以忽略，这时就表现为服从达西定律。当孔径增大，流速加快后，惯性力以与流速成平方的速度增大，当它接近于摩擦阻力数量级时，达西定律就不适用了，这一变化发生在层流转化为紊流之前。

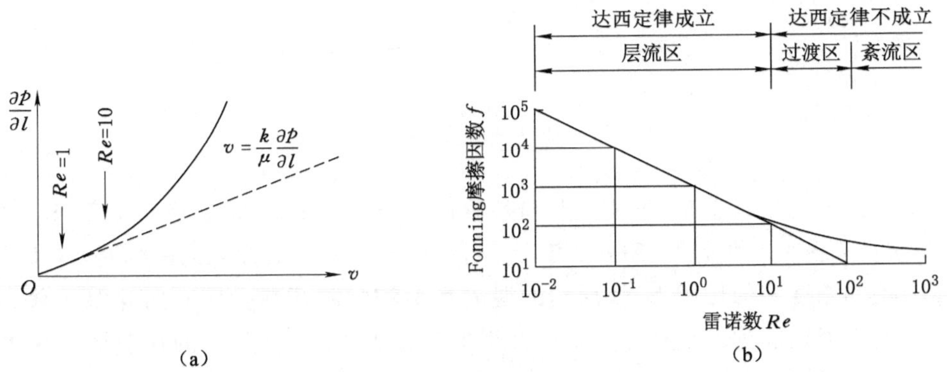

图3-24 多孔介质中流体流动状态及其规律的变化

著名的流体力学家Allen指出，将达西定律用于描述从均匀固体物(煤样)中涌出瓦斯的试验，发现达西定律不太符合瓦斯流动规律。达西定律偏离的原因为：① 流量过大；② 分子效应；③ 离子效应；④ 流体本身的非牛顿态势。在大量试验研究的基础上提出了更能符合瓦斯流动的基本规律——幂定律。

$$q_x=-\lambda\left(\frac{\mathrm{d}p}{\mathrm{d}x}\right)^a \tag{3-17}$$

式中 q_x——在 x 点的比流量，$\mathrm{m^3/(m^2\cdot d)}$；

a——渗透指数，$a=1\sim2$。

该理论用于中雷诺数区，$Re=10\sim100$，此时为非线性层流区域。

此外，随着煤层瓦斯流动机理研究的深化，许多学者还用流体-岩石相互作用机制认识煤层内瓦斯运移过程，充分发展和考虑地应力场、地温场以及地电场等地球物理场作用下的煤层瓦斯运移耦合模型及数值方法，使理论模型更能反映客观事实，以及进一步完善理论模型及测试技术和手段，成为当今推动煤层瓦斯渗流力学向前发展的主流方向。

3.2.2.3 瓦斯流动方程

自然界中的煤体是结构复杂的多孔介质，为了研究瓦斯在煤层中的运移形态，通常将煤体的孔隙结构简化为孔隙-裂隙双重介质模型，如图3-25所示。瓦斯分别主要以游离态存在于煤层裂隙中，以吸附态和少量的游离态存在于孔隙中，则煤层中存在两种压力，即基质瓦斯压力 p_m 和裂隙瓦斯压力 p_f。由于孔隙中的游离瓦斯压力很难直接测得，因此基质瓦斯压力 p_m 是一个“虚拟”压力，它与基质块中吸附瓦斯的浓度对应平衡。

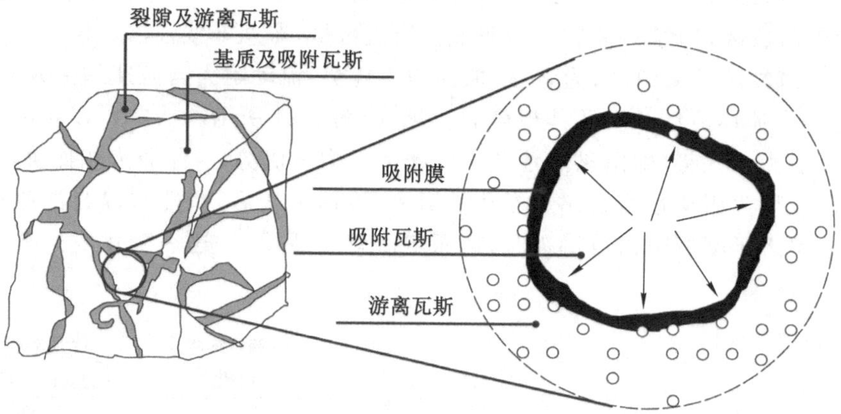

图 3-25　煤体孔隙-裂隙双重介质模型

在煤层处于原始状态时，裂隙瓦斯和基质瓦斯处于动态平衡，裂隙和基质间存在质量交换，但基质瓦斯压力与裂隙瓦斯压力相等。当煤层受到采矿或抽采的影响时，在煤层和煤壁之间压力差和浓度差的作用下，煤层内的游离瓦斯和吸附瓦斯会同时向煤壁运移。由于裂隙中的瓦斯渗流速度远大于孔隙系统中瓦斯的扩散速度，故基质内的瓦斯压力要大于裂隙内的瓦斯压力，因此孔隙中的瓦斯要扩散到基质表面进入裂隙。

实际上，煤层中的瓦斯运移是扩散与渗流串联和并联共存的过程，但直接由扩散进入钻孔或巷道的瓦斯量很少，因此可将瓦斯运移简化为扩散与渗流串联的过程，即将煤层看作双孔-单渗透模型。如图 3-26 所示，煤层中的瓦斯运移包括三个步骤：第一步是煤基质中的瓦斯分子从煤粒表面脱附，由吸附态转化为游离态；第二步是孔隙中游离的瓦斯以菲克扩散的形式从基质扩散到裂隙中；第三步是裂隙中的游离瓦斯以达西渗流的方式在裂隙中流动。

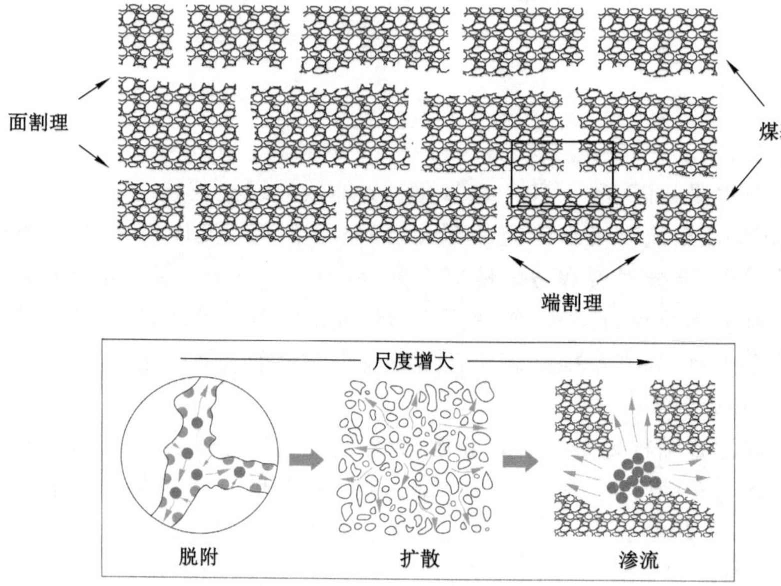

图 3-26　煤层瓦斯运移过程示意图

根据双孔-单渗透率模型，瓦斯在煤层中的运移包含两个阶段：基质瓦斯以非克扩散的形式扩散到裂隙，裂隙瓦斯以达西渗流的方式流入钻孔。

1. 基质瓦斯扩散

煤基质中的瓦斯流动质量守恒方程有：

$$\frac{\partial m_m}{\partial t} = -Q_s \tag{3-18}$$

式中 m_m——单位体积煤基质中的瓦斯质量，kg/m^3；

Q_s——单位体积煤基质同裂隙系统的质量交换率，$kg/(m^3 \cdot s)$。

单位体积煤基质中的瓦斯质量通过朗缪尔方程和理想气体状态方程计算：

$$m_m = \frac{V_L p_m}{p_m + P_L} \frac{M_C}{V_M} \rho_a + \Phi_m \frac{M_C}{RT} p_m \tag{3-19}$$

式中 V_L——朗缪尔体积，煤层最大瓦斯吸附量，m^3/kg；

P_L——朗缪尔压力，MPa；

p_m——孔隙瓦斯压力，MPa；

M_C——甲烷的摩尔质量，kg/mol；

V_M——气体摩尔体积，$V_M = 0.022\ 4\ m^3/mol$；

R——理想气体常数，$J/(mol \cdot K)$；

T——煤层温度，K；

Φ_m——孔隙率，%。

基质中的甲烷扩散是由浓度梯度驱动的，所以质量交换率可表示为：

$$Q_s = D\sigma_c(c_m - c_f) \tag{3-20}$$

式中 D——瓦斯扩散系数，m^2/s；

σ_c——煤体形状因子，m^{-2}；

c_m——基质瓦斯浓度，kg/m^3；

c_f——裂隙瓦斯浓度，kg/m^3。

煤体形状因子影响着基质瓦斯扩散到裂隙中的速率，是煤层瓦斯流动模型的关键参数之一，如图3-27所示，根据理想化的煤体立方体模型，煤体形状因子表示为：

$$\sigma_c = \frac{3\pi^2}{a^2} \tag{3-21}$$

式中 a——裂隙间距，m。

煤基质形状因子和瓦斯扩散系数较难测定，如瓦斯扩散系数不仅受煤岩组分、煤阶、粒径等自身因素影响，还受到煤层温度、扩散气体等外部因素影响。为此，人们提出了吸附时间这一概念来代替扩散系数和基质形状因子对扩散量的控制作用。吸附时间是指煤样在瓦斯解吸测试中，解吸气体体积累计达到自然解吸量的63.2%时所用的时间。吸附时间同基质形状因子和扩散系数存在如下关系：

$$\tau = \frac{1}{\sigma_c D} \tag{3-22}$$

式中 τ——吸附时间，s。

因此煤基质与裂隙系统质量交换的控制方程可转化为：

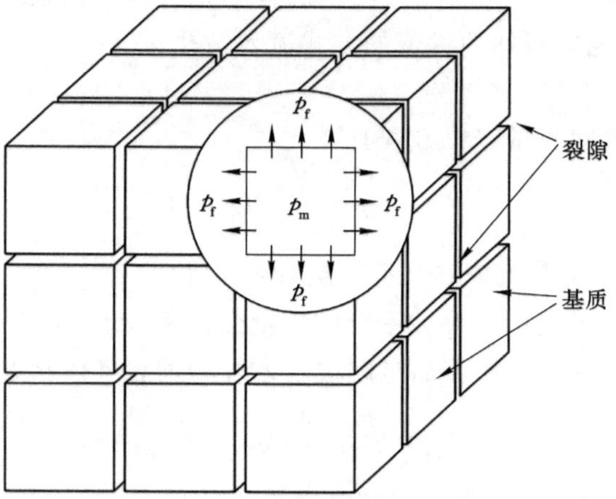

图 3-27　煤体立方体模型

$$Q_s = \frac{M}{\tau RT}(p_m - p_f) \tag{3-23}$$

根据抽采过程中瓦斯的运移特性可知，基质系统为裂隙系统的正质量源，裂隙系统为基质系统的负质量源，因此根据质量守恒定律可知，基质系统同裂隙系统之间的质量交换速率应等于基质系统质量随时间的变化量，即：

$$\frac{\partial m_m}{\partial t} = -\frac{M}{\tau RT}(p_m - p_f) \tag{3-24}$$

将式(3-19)代入式(3-24)，得基质瓦斯压力随时间变化控制方程：

$$\frac{\partial p_m}{\partial t} = -\frac{V_M(p_m - p_f)(p_m + P_L)^2}{\tau V_L RTP_L\rho_c + \tau\Phi_m V_m(p_m + P_L)^2} \tag{3-25}$$

2. 裂隙瓦斯渗流

裂隙瓦斯流动的质量守恒方程为：

$$\frac{\partial m_f}{\partial t} = -\nabla(\rho_f v) + Q_s(1 - \Phi_f) \tag{3-26}$$

式中　m_f——单位体积煤体裂隙中游离瓦斯质量，kg；

ρ_f——裂隙瓦斯密度，kg/m^3；

v——裂隙瓦斯渗流速度，m/s。

单位体积煤体裂隙中的游离瓦斯质量为：

$$m_f = \Phi_f\rho_f \tag{3-27}$$

式中　Φ_f——煤体裂隙率，%。

游离瓦斯密度由气体状态方程计算：

$$\rho_f = \frac{M_C}{RT}p_f \tag{3-28}$$

把式(3-23)代入式(3-26)，得裂隙瓦斯流动的方程：

$$\frac{\partial m_f}{\partial t} = -\nabla(\rho_f v) + \frac{M}{\tau RT}(p_m - p_f)(1 - \Phi_f) \tag{3-29}$$

3.2.3 矿井瓦斯涌出

矿井瓦斯涌出量预测是煤矿瓦斯治理的基础性工作，它是矿井通风设计、瓦斯抽采系统设计及矿井、工作面产量确定的重要依据。

瓦斯涌出量是指在煤矿建设和生产过程中从煤与岩石内涌出的瓦斯量。其表达方法有两种：绝对瓦斯涌出量——单位时间内从煤层和岩层以及采落的煤(岩)体所涌出的瓦斯量，单位为 m^3/min；相对(吨煤)瓦斯涌出量——平均日产 1 t 煤所涌出的瓦斯量，单位为 m^3/t。两者的关系是：

$$q_{CH_4} = \frac{Q_{CH_4}}{A} \tag{3-30}$$

式中 q_{CH_4}——相对瓦斯涌出量，m^3/t；

Q_{CH_4}——绝对瓦斯涌出量，m^3/min；

A——日产煤量，t/d。

瓦斯涌出形式指瓦斯涌出在时间上与空间上的分布形式，可以分为普通(一般)涌出与特殊(异常)涌出。普通涌出是在时间与空间上比较均匀、普遍发生的不间断涌出，它决定了煤矿的瓦斯平衡与风量分配；特殊瓦斯涌出是在时间与空间上突然、集中发生，涌出量很不均匀地间断涌出，后者包括瓦斯喷出和煤与瓦斯突出。

现有的煤矿瓦斯涌出量预测方法可概括为两大类，一类是矿山统计预测法，一类是根据煤层瓦斯含量进行预测的分源预测法，主要依据《矿井瓦斯涌出量预测方法》(AQ 1018—2006)，煤矿瓦斯涌出的源、汇关系如图 3-28 所示。对于新建煤矿一般都采用分源法预测煤矿瓦斯涌出量，确定煤矿瓦斯等级。对于生产煤矿的新水平、新采区，由于已具备较完整的瓦斯涌出量实测资料，可以采用矿山统计法预测瓦斯涌出量。

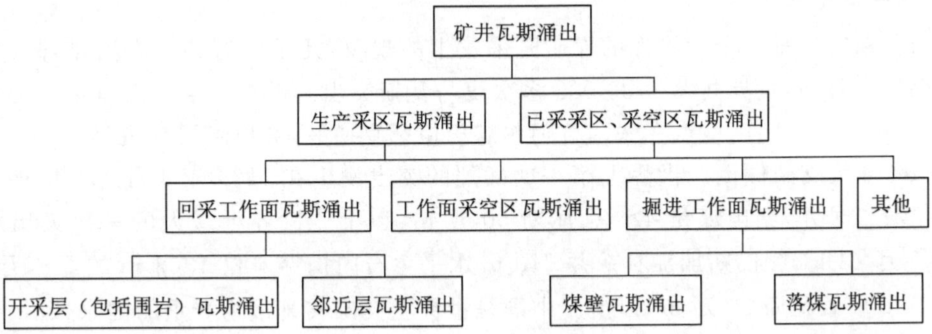

图 3-28 煤矿瓦斯涌出的源、汇关系

3.3 煤矿瓦斯灾害与防治

根据我国煤矿事故的统计分类，煤矿瓦斯事故分为瓦斯爆炸、煤与瓦斯突出(以下简称突出)、瓦斯燃烧和瓦斯窒息四类，其中前两类发生最多、危害最大。

煤与瓦斯突出是煤层中存储的瓦斯能和应力能的失稳释放，表现为在极短的时间内向生产空间抛出大量的煤岩和瓦斯;持续的时间从一瞬间到几分钟,抛出的煤岩量从几十千克到上万吨、瓦斯量从几十立方米到上百万立方米,并可能诱发破坏性更大的瓦斯爆炸。突出可能发生在钻孔、掘进和煤炭开采过程中,突出可能在几十秒内结束,也可能有几分钟至几小时的延迟。

煤矿瓦斯爆炸是甲烷和空气组成的处于爆炸界限内的混合气体,在火源的引发下发生的一种迅猛的氧化反应。煤矿井下瓦斯爆炸能够导致大量人员伤亡、摧毁井巷设施、破坏矿井通风系统,甚至能够引发煤尘爆炸、火灾、井巷垮塌和顶板垮落等次生灾害。一般认为,煤矿瓦斯爆炸的甲烷浓度界限为5.0%~15.0%,理论上爆炸最猛烈的甲烷浓度为9.5%。另外,其他可燃性气体的掺混、引火源温度和环境中氧气浓度变化等可能导致瓦斯爆炸界限的改变。

煤矿瓦斯燃烧是高浓度的瓦斯从煤层或岩体中涌出,并与空气混合,在火源存在的条件下发生的扩散燃烧现象。煤矿瓦斯燃烧可能发生在工作面煤壁、瓦斯抽采管路以及一些专用巷道,如专用瓦斯抽(排)放巷等。瓦斯燃烧产生大量的高温、有毒、有害气体,造成一般事故和较大事故,一般不会直接造成特别重大的伤亡事故。

瓦斯窒息事故多发生在停风的煤巷或不通风的盲巷中。这些地点由于长时间无新鲜风流的供给,加上持续的瓦斯涌出,环境中的氧气浓度逐步降低,人员进入后可能引起窒息事故。正常大气中氧气浓度约为21%,当空气中氧气浓度低于15%时,人的肌肉活动能力将明显下降;降低到10%~14%时,人的判断能力将迅速降低,出现智力混乱现象;降低到6%~10%时,短时间内将会晕倒,甚至死亡。瓦斯积聚降低了井巷空气中的氧气浓度,当瓦斯浓度达到28%时,氧气浓度将降低到15%;瓦斯浓度达到43%时,氧气浓度将降低到12%。瓦斯窒息一般不会酿成重大以上事故,但仍不容忽视。

3.3.1 煤与瓦斯突出

煤与瓦斯突出是一个世界性的煤矿开采发生的现象,几乎所有的产煤国家都发生过煤与瓦斯突出。目前,世界共发生30 000多次煤与瓦斯突出。世界上第一次有记载的突出发生在1834年3月22日,地点在法国鲁阿尔煤田伊萨克矿井,突出煤沿巷道堆积13 m,煤粉散落15 m,迎头支架倾倒。世界上第一次猛烈的突出发生在1879年4月17日,地点在比利时阿拉波二号井,突出煤量420 t、瓦斯50万 m^3 以上。世界上最大的一次突出发生在1969年7月13日,顿巴斯加加林矿井710 m水平主石门揭穿厚仅1.03 m的 l_3 煤层时,突出煤量14 000 t、瓦斯25万 m^3 以上。中国是世界上突出灾害最为严重的国家,近一半的突出发生在我国。我国有资料记载的最早一次煤与瓦斯突出于1950年3月12日在辽宁省辽源矿务局富国矿西二矿井发生。除了煤与瓦斯突出外,我国还发生了岩石与瓦斯突出,因此岩石与瓦斯突出也可单独划分出一类。一般认为岩石与瓦斯突出是岩体的动力破坏,是具有一定岩相和物理力学性质的含瓦斯岩石在静应力和动应力综合作用下发生的。

3.3.1.1 煤与瓦斯突出现象分类

1. 按动力现象的力能特征分类

在《煤矿瓦斯等级鉴定规范》(GB 40880—2021)中,根据动力现象的力学(能量)特征的不同,将煤与瓦斯动力现象分为煤与瓦斯突然喷出(简称突出)、煤的压出伴随瓦斯涌出(简称压出)和煤的倾出伴随瓦斯涌出(简称倾出)三种类型。各类型基本特征如下:

(1) 突出的基本特征

① 突出的煤向外抛出距离较远，具有分选现象；

② 抛出的煤堆积角小于煤的自然安息角；

③ 抛出的煤破碎程度较高，含有大量碎煤和一定数量手捻无粒感的煤粉；

④ 有明显的动力效应，破坏支架，推倒矿车，损坏和抛出安装在巷道内的设施；

⑤ 有大量的瓦斯涌出，瓦斯涌出量远远超过突出煤的瓦斯含量，有时会使风流逆转；

⑥ 突出孔洞呈口小腔大的梨形、舌形、倒瓶形、分岔形以及其他形状。

(2) 压出的基本特征

① 压出有两种形式，即煤的整体位移和煤有一定距离的抛出，但位移和抛出的距离都较小；

② 压出后，在煤层与顶板之间的裂隙中常留有细煤粉，整体位移的煤体上有大量的裂隙；

③ 压出的煤呈块状，无分选现象；

④ 巷道瓦斯涌出量增大；

⑤ 压出可能无孔洞或呈口大腔小的楔形，半圆形孔洞。

(3) 倾出的基本特征

① 倾出的煤就地按自然安息角堆积，无分选现象；

② 倾出的孔洞多为口大腔小，孔洞轴线沿煤层倾斜或铅垂(厚煤层)方向发展；

③ 无明显动力效应；

④ 倾出常发生在煤质松软的急倾斜煤层中；

⑤ 巷道瓦斯涌出量明显增加。

2. 按动力现象的强度分类

强度是指每次动力现象抛出的煤(岩)数量(以 t 或 m^3 为单位)和瓦斯量(以 m^3 为单位)。目前按动力现象的强度分类主要的依据是抛出的煤(岩)质量，据此可分为：

(1) 小型突出：突出强度<50 t/次；突出后，经过几十分钟的瓦斯排放，瓦斯浓度可恢复正常。

(2) 中型突出：突出强度 50～99 t/次；突出后，经过一个工作班以上的瓦斯排放，瓦斯浓度可逐步恢复正常。

(3) 次大型突出：突出强度 100～499 t/次；突出后，经过一天以上的瓦斯排放，瓦斯浓度可逐步恢复正常。

(4) 大型突出：突出强度 500～999 t/次；突出后，经过几天的瓦斯排放，回风系统瓦斯浓度可逐步恢复正常。

(5) 特大型突出：突出强度>1 000 t/次；突出后，需要经过长时间排放瓦斯，回风系统瓦斯浓度才能恢复正常。

3.3.1.2 突出假说、突出发生条件和突出发生机理

1. 突出假说

煤与瓦斯的突出机理是指煤与瓦斯突出的发动、发展和终止的原因、条件及过程。煤与瓦斯突出是一种非常复杂的动力现象，影响因素众多，发生原因复杂，到目前为止，对各种地质、开采条件下突出发生的机理还没有完全掌握，大部分是根据现场统计资料及实验研究提

出的各种假说。归纳起来，这些假说可分为四类，包括“以瓦斯为主导作用的假说(瓦斯作用说)”、“以地应力为主导作用的假说(地应力作用说)”、“化学本质说”和“综合作用假说”。这四类假说中，“综合作用假说”得到了国内外大多数学者的认可。

综合作用假说认为突出是地应力、瓦斯、煤的力学性质等因素综合作用的结果，能量说是其中的代表。能量说认为突出是由煤的变形潜能和瓦斯内能引起的，当煤层应力状态发生突然变化时，潜能释放引起煤层高速破碎，在潜能和煤中瓦斯压力的作用下煤体发生移动，瓦斯由已破碎的煤中解吸、涌出，形成瓦斯流，把已破碎的煤抛向采掘空间。引起煤层应力状态突然变化的原因是：巷道从硬煤带进入软煤带、顶板岩石对煤层的动力加载、爆破时工作面突然向深部推进、石门揭开煤层、巷道进入地质破坏区，以及在急倾斜煤层中煤的倾出。含瓦斯煤层发生煤与瓦斯突出的条件，可简化为：

$$W_e + \lambda > A \tag{3-31}$$

式中　W_e——煤的弹性能；

λ——瓦斯的膨胀能；

A——煤破碎到标志突出特征的粉煤时的能量。

该假说将突出的过程分为三个阶段：在静、动载荷作用下的煤体破碎，在煤变形潜能和瓦斯压力作用下的碎煤移动，瓦斯由已破碎的煤中解吸、膨胀并带出悬浮于瓦斯流中的煤。游离瓦斯和吸附瓦斯都参与突出的发展。

2. 突出发生条件

(1) 地应力条件

具有较高的地应力是发生煤与瓦斯突出的第一个必要条件。围岩或煤层的弹性变形潜能做功，使煤体产生突然破坏和位移；地应力场对瓦斯压力场起控制作用，围岩中的高地应力决定了煤层的高瓦斯压力，从而促进了瓦斯压力梯度在破坏煤体中的作用；地应力决定煤层的低透气性，使巷道前方的煤体不易排放瓦斯，而造成较高的瓦斯压力梯度。煤体一旦破坏，又有较高的瓦斯放散能力，这对突出是十分有利的。

因此，当应力状态突然改变时，围岩或煤层才能释放足够的弹性变形潜能，使煤体产生突然破坏而激发突出。

(2) 瓦斯条件

瓦斯以游离状态和吸附状态存在于煤裂隙和孔隙中，两者都参与突出的发展，瓦斯对于煤体有三方面的作用：全面压缩煤的骨架，促使煤体中产生潜能；微孔表面的瓦斯分子对微孔起楔子作用，降低煤的强度；具有很大的瓦斯压力梯度，从而造成作用于压力降低方向的力。

突出时，依靠潜能的释放，使煤体破碎并发生移动，瓦斯的解吸使破碎和移动进一步加强，并由瓦斯流不断地把碎煤抛出，使突出空洞壁始终保持着一个较大的地应力梯度和瓦斯压力梯度，致使煤的破碎不断向深部发展。因此，突出过程的继续发展或终止，在某种程度上将取决于突出通道是否畅通，碎煤能否及时被瓦斯流带出。

可以认为，发生突出的充要条件是：煤层和围岩具有较高的地应力和瓦斯压力，并且在近工作面地带煤层的应力状态发生突然变化，从而使得潜能有可能突然释放。

(3) 煤结构和力学性质条件

煤结构和力学性质与突出的关系很大，因为煤体和煤的强度性质(抵抗破坏的能力)、瓦斯解吸和放散能力、透气性能等，都对突出的发动与发展起着重要作用。一般来说，煤越硬、裂隙越小，所需的破坏功越大，煤体破坏需要的地应力和瓦斯压力越高；反之亦然。因此，在地应力和瓦斯压力为一定值时，软煤分层易被破坏，突出往往只沿软煤分层发展。尽管在软煤分层中，裂隙丛生，但裂隙的连通性差，因而煤体透气性差，易于在软煤分层引起大的瓦斯压力梯度，又促进了突出的发生。同时，根据断裂力学的观点，煤层中薄弱地点（如裂隙交汇处、裂隙端部等）最易引起应力集中，所以煤体的破坏将从这里开始，而后再沿整个软煤分层发展。

成煤过程和历次地质构造运动，造成了煤结构和力学性质沿煤层走向和倾斜方向的不均质性，这种不均质性，不但给工作面附近煤体应力状态突然变化创造了有利条件，并且还影响着突出的发展速度和突出空洞的形状及尺寸。

3. 突出发生机理

(1) 突出过程及特点

煤与瓦斯突出是一种物理过程，经历了“孕育—激发—发展—终止”的过程。因此将突出的动态过程依次划分为孕育、激发、发展和终止等阶段，如图 3-29 所示。

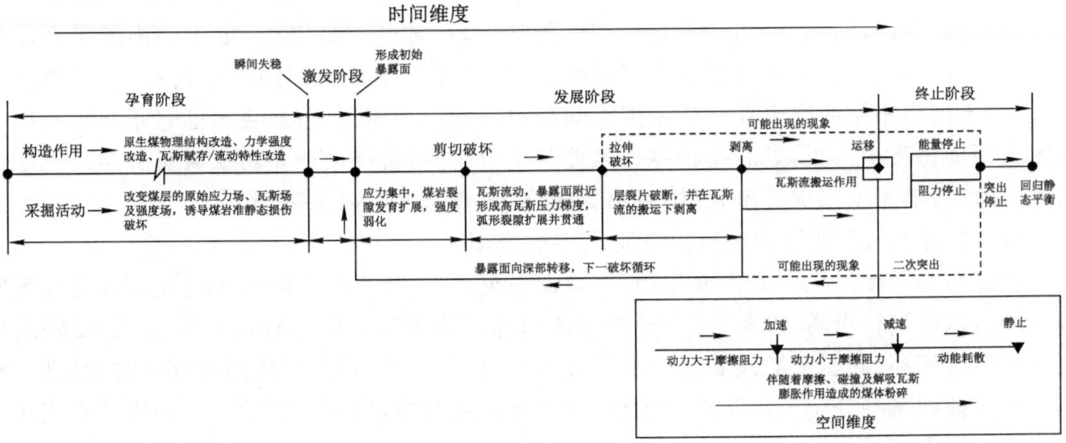

图 3-29　煤与瓦斯突出过程

① 孕育阶段。突出的孕育阶段包括构造作用过程和采掘活动过程。其中，构造作用过程是指构造运动对原生煤的改造过程。漫长的地质历史中，含煤地层可能经历了一期或多期的构造运动，这些构造运动所产生的构造作用会改变原生煤的物理甚至化学结构，造成瓦斯赋存和流动空间的改变；同时，在构造应力的作用下，煤体的原生结构发生破碎、剪切、揉皱和碎裂等形式的破坏，煤体基质尺度急剧变小，并在重构作用下，这些粉化煤紧密结合形成构造煤。然而，采掘活动过程是突出的充分条件，是指人类的采矿活动对原始煤层的扰动，打破了煤层的原始应力场和瓦斯场的平衡，造成应力的转移、瓦斯流动及煤体强度演化，诱发煤体的准静态损伤破坏，逐步达到突出的临界条件。从瓦斯压力的角度，即瓦斯压力逐渐达到突出发生的临界阈值。

② 激发阶段。该阶段是一个在应力、瓦斯和煤体强度综合作用下达到某种临界条件而发生的瞬间失稳过程，该过程是突出的激发点，这个过程往往会将限制突出发展的阻挡物

（如岩柱、煤柱等）快速破坏并抛出，形成最初的突出孔洞及初始暴露面，为后续的突出发展提供更大的空间条件。此外，初始孔洞的形成将更多具有高应力和高瓦斯压力的煤体暴露出来，进而为煤体的持续破坏提供有利条件。

③ 发展阶段。起始于突出激发后，包括了突出由加速到稳定到衰退的整个过程，空间维度上可以划分为孔洞内和孔洞外两个部分。其中，孔洞内煤体的力学破坏包括以下几个过程：a. 集中应力主导煤体裂隙发育并扩展的塑性破坏过程，这将导致煤体强度的弱化，而瓦斯在该过程起到加剧破坏的作用。b. 暴露面附近煤体渗透率快速增加，游离瓦斯沿着垂直暴露面方向快速流动，吸附瓦斯快速解吸；在暴露面附近形成高瓦斯压力梯度，导致煤体拉伸破坏，使得裂隙沿着平行于暴露面方向扩展、延伸并贯通出现层裂现象。c. 高压瓦斯的持续作用下，层裂发生断裂，并在瓦斯流的搬运下发生剥离并被抛出。d. 暴露面向深部转移，进入下一个破坏循环。孔洞外是突出煤在瓦斯流的搬运下的运移过程，该过程突出煤在瓦斯提供的动力和摩擦阻力作用下，经历加速、减速而最终静止，并在过程中由于摩擦、碰撞及解吸瓦斯的膨胀作用，突出煤进一步被破碎甚至粉化。

④ 终止阶段。随着突出的发展，突出的瓦斯能和应力能不断消耗，同时大量的突出物堵塞突出孔洞及采掘空间造成突出阻力增大，最终突出的能量条件和阻力条件不足以维持突出的继续，突出停止。突出的停止存在两种情况，一种是能量停止，由于突出能量耗尽导致的突出停止，这种停止将导致突出直接终止，使得煤岩重新回归静态平衡；另一种是阻力停止，由于突出物堵塞突出孔洞或采掘空间导致突出阻力增大，造成突出能量不足以克服突出阻力而使得突出停止，然而这种停止可能只是暂时的，当突出能量再次聚集并足以克服突出阻力时，可能发生二次突出，否则突出直接终止，煤岩回归静态平衡。

（2）地应力与瓦斯压力在突出各阶段中的作用

地应力在突出过程中的主要作用：一是激发突出；二是在发展阶段中与瓦斯压力梯度联合作用对煤体进行剥离、破碎；三是影响煤体内部裂隙系统的闭合程度和生成新的裂隙，控制着瓦斯的流动、卸压瓦斯流和瓦斯解吸过程，当煤体突然破坏时，伴随着卸压过程，新旧裂隙系统连通起来并处于开放状态，顿时显现卸压流动效应，形成可以携带破碎煤的有压头的膨胀瓦斯风暴。

瓦斯在突出过程中的主要作用：一是在某些场合，当能形成高瓦斯压力梯度（例如 2 MPa/cm）时，瓦斯可独立激发突出，在自然条件下，由于有地应力配合，可以不需要这样高的瓦斯压力梯度就可以激发突出；二是在突出的发展阶段中，瓦斯压力与地应力配合连续地剥离破碎煤体使突出向煤体的深部传播；三是膨胀着的具有压头的瓦斯风暴不断地把破碎的煤运走、粉碎，并使新暴露的突出孔壁附近保持着较高的地应力梯度与瓦斯压力梯度，为连续剥离煤体准备条件。

3.3.1.3 突出发生的一般规律

1. 突出多发生在地质构造破坏带

大多数突出发生在地质构造破坏带。同一矿井、同一煤层在不同地点的突出危险性是不同的，即突出呈现区域性分布。地质构造具有带状分布的特征，而突出受地质构造控制，因此突出危险区一般呈带状分布。向斜轴部地区，向斜构造中局部隆起地区，向斜轴部与断层或褶曲交汇地区，火成岩侵入形成变质煤与非变质煤交混或邻近地区，煤层扭转地区，煤层倾角骤变、走向拐弯、变厚特别是软分层变厚地区，压性、压扭性断层地带，煤层构造分岔，顶、底板阶梯状凸起地区等都是突出点密集地区，也是大型甚至特大型突出地区。

在采掘形成的应力集中地带突出危险性倍增，不仅突出次数频繁而且强度也大。

另外，发生特大型突出的煤层几乎都有厚度不等的软分层存在，或是煤层本身就比较松软，破坏性较高。尤其是软分层结构分散，多呈粒状或粉末状，易于破碎。在地质构造变化带，往往形成强烈的揉皱煤，层理和节理遭到破坏，有利于发生煤与瓦斯突出。

2. 突出危险性随采深的增加而增大

随着开采深度的增加，地应力和瓦斯压力增大，突出危险性增高，表现为突出次数增多、突出强度增大、突出煤层数量增加、突出危险区域扩大，但煤层的突出危险程度和开采深度并不存在线性关系。这主要是由于与突出危险性同样有关的水平应力普遍大于垂直应力，且与垂直应力的比值并不是恒定不变的，而是随深度增加而减小。另外突出矿井大多构造复杂，主应力大小和方向的决定因素在于区域构造应力场，即矿区及煤层的应力水平由构造因素决定，而不单决定于开采深度。

3. 瓦斯压力与含量

《防突细则》将煤层瓦斯压力 0.74 MPa 和瓦斯压力 8 m^3/t 作为突出的区域性指标，但指标值并不是绝对的，煤层瓦斯压力和瓦斯含量在低于区域性指标的情况下也可能发生突出，因此选择指标时应考虑煤层的实际赋存状况。同一煤层，其瓦斯压力越高，突出危险性越大。

4. 煤的力学强度与构造破坏

突出的煤层通常是力学强度低（$f<0.5$）、透气性差[透气性系数$<10^{-2}$ $m^2/(MPa^2\cdot d)$]、瓦斯放散初速度高、层理紊乱、遭受过地质构造力严重破坏的“构造煤”。

煤的力学强度和破坏类型是我国鉴定煤与瓦斯突出煤层的重要依据。我国《煤矿瓦斯等级鉴定规范》要求的煤的力学强度指标 f 值小于 0.5。

5. 突出危险煤层的厚度

突出的次数和强度分别随着煤层厚度特别是软分层厚度的增加而增多、增大，厚煤层或相互接近的煤层群的突出危险性比单一薄煤层大。另外，对于同一煤层，当其厚度由薄变厚时，突出危险性有增大趋势。

6. 突出危险与巷道类型

突出主要发生在巷道掘进工作面、回采工作面等井下最前方的作业区，而极少发生在采空区、已建成的巷道或已采区域内的掘进中。煤层平巷突出次数最多，约占突出总数的45%；石门揭开煤层的突出次数虽然不多，但强度大，平均强度 586.1 t，为总平均强度的6.55倍，且 80%以上的特大型突出均发生在石门揭开煤层时。

根据国内一些典型煤炭企业的突出统计资料，巷道或采煤工作面发生突出的概率由大到小排序为：平巷、回采工作面、上山、石门、下山、大直径钻孔及其他。

7. 突出危险与采掘工艺

采掘工作往往可激发突出，特别是落煤与振动作业，不仅可引起应力状态的变化，而且可使动载荷作用在新暴露煤体上造成煤的突然破碎。全国一半以上的突出发生在放炮时，并且平均突出强度大，高达百余吨。风镐落煤时的突出次数虽然不多，但强度较大。近年来随着机械化采煤的发展，回采工作面机组采煤时的突出次数有所增加，已超过风镐落煤时的突出次数。另外，支护、打钻和手镐落煤作业也可能造成煤与瓦斯突出，还有部分突出是发生在无作业的情况下。

8. 突出预兆

虽然突出的发生具有突然性，但在突出前大都有预兆，突出预兆是突出准备阶段的外部表现。

预兆大体可分为三个方面：

(1) 地压显现方面的预兆有：煤炮声、支架声响、掉碴、岩煤开裂、底鼓、岩与煤自行剥落、煤壁外鼓、来压、煤壁颤动、钻孔变形、垮孔顶钻、夹钻杆、钻粉量增大、钻机过负荷等。

(2) 瓦斯涌出方面的预兆有：瓦斯浓度增大，瓦斯涌出忽大忽小，打钻时顶钻、卡钻和抱钻，钻孔喷瓦斯，煤壁或工作面温度降低，也有少数实例发现煤壁温度升高等。

(3) 煤力学性能与结构方面的预兆有：层理紊乱、煤强度松软或软硬不均、煤暗淡无光泽、煤厚变化大、倾角变陡、波状隆起、褶曲、顶(底)板阶状凸起、断层、煤干燥等。

9. 突出孔洞形状各异

突出孔洞的位置及形状是各式各样的，大部分孔洞位于巷道上山方向及工作面上隅角。典型突出的孔洞口小腹大(压出和倾出例外)，呈梨形或椭圆形，或者呈不规则拉长的椭球形，有时还有奇异的外形。孔洞中心线通常和煤层仰斜呈一定角度，或与仰斜的煤沿同一方向深入煤体。沿巷道推进方向，孔洞倾角(中心线与水平面之夹角)在40°～45°左右(倾出孔洞必大于40°～45°)，很少有水平方向的。有时候并不能看到明显的孔洞，而只见有位移的虚煤区。

10. 特大型突出特点

我国特大型突出有下述特点：

(1) 绝大多数特大型突出发生在石门穿过危险煤层的过程中；

(2) 绝大多数特大型突出是放炮引起的，放炮与突出往往有几分钟甚至几小时的延迟时间；

(3) 特大型突出时的瓦斯量(有时是二氧化碳)都很大；

(4) 特大型突出均发生在地质构造破碎带，或由地质构造变化而引起的煤层厚度变化地带。

3.3.2 煤矿瓦斯爆炸

3.3.2.1 煤矿瓦斯爆炸机理

1. 瓦斯爆炸的基本概念

瓦斯爆炸是甲烷和空气混合后，在一定的条件下遇高温热源发生的剧烈的连锁反应，并伴有高温高压的现象，在瓦斯爆炸过程中，火焰从火源占据的空间不断地传播到爆炸性混合气体所在的整个空间。

瓦斯爆炸的化学反应式如下：

$$CH_4+2O_2 \longrightarrow CO_2+2H_2O+833.28\ \text{J/mol} \tag{3-32}$$

$$CH_4+2(O_2+4N_2) \longrightarrow CO_2+2H_2O+8N_2+833.28\ \text{J/mol} \tag{3-33}$$

从上式可知，混合气体中的氧气和甲烷都全部燃尽时，1体积的甲烷要同2体积的氧气化合，即要同9.52体积的空气中的氧气化合，这时甲烷在混合气体中的浓度为9.5%，这个浓度是理论上爆炸最强烈的甲烷浓度。

瓦斯爆炸的总反应方程式(3-33)在形式上比较简单，但其反应的细节即反应机理是相当复杂的。在20世纪初期，人们就已经证实所有气相反应都是通过一系列基元的自由基反应来进行的，而瓦斯爆炸反应就是由这些基元的自由基反应组成的复杂的链反应。

矿井瓦斯爆炸是一种热-链式反应（也叫连锁反应）。当爆炸混合物吸收一定能量（通常是引火源给予的热能）后，反应分子的链即断裂，离解成两个或两个以上的游离基（也叫自由基）。这类游离基具有很大的化学活性，成为反应连续进行的活化中心。在适合的条件下，每一个游离基又可以进一步分解，再产生两个或两个以上的游离基。这样循环不已，游离基越来越多，化学反应速度也越来越快，最后就可以发展为燃烧或爆炸式的氧化反应。所以，瓦斯爆炸就其本质来说，是一定浓度的甲烷和空气中氧气相互作用下产生的激烈氧化反应。

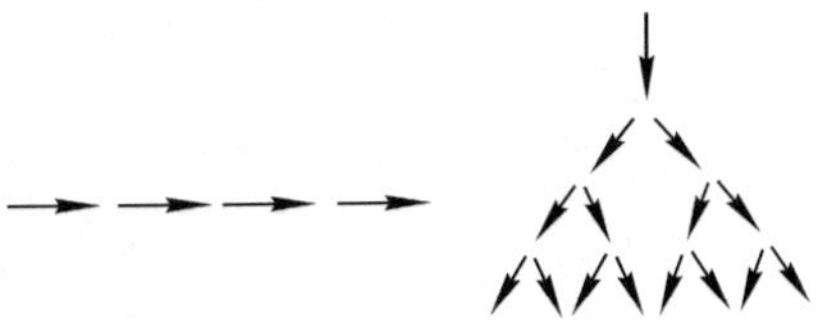

图 3-30　链反应过程中链载体的发展过程

按照链的传递方式，链反应分为直链反应和支链反应。前者在链的发展过程中不发生分支链，后者将产生分支链，如图 3-30(a)、(b)所示。

图 3-31 给出了非链反应、直链反应和支链反应的反应速率随反应时间的变化关系，从图中可以看出曲线 d 有一个显著特点，就是支链反应初期有一个感应期 τ_i，其间反应速率 W 很小，而后迅猛加速，以致可能出现爆炸现象。链反应还具有以下特点：

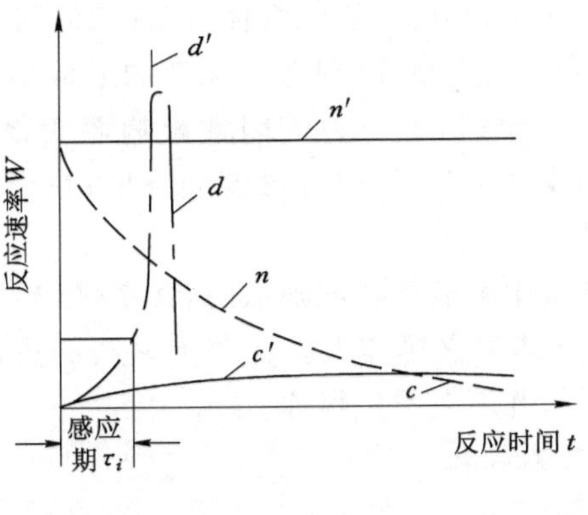

n'，c'，d'—反应物浓度恒定时非链反应、直链反应与支链反应的反应速率曲线；
n，c，d—反应物浓度随着反应消耗而无补充时非链反应、直链反应与支链反应的反应速率曲线。

图 3-31　非链、直链及支链反应的反应速率与时间关系曲线

(1) 链反应产生链载体较困难，故反应开始时进行迟缓，常存在诱导期（也称感应期）；

(2) 链载体活泼，若加入某种添加物使之产生或消灭（即加入引发剂或阻化剂），会严重影响链反应的速率，也就是说，链反应对添加物是敏感的；

(3) 反应器壁的材质、尺寸及形状对链载体的产生与消亡有影响。

2. 瓦斯爆炸的条件

瓦斯爆炸的条件是：一定浓度（处于爆炸界限内）的瓦斯、足够浓度的氧气和高温火源的存在。在确定瓦斯爆炸的条件时，往往采用瓦斯爆炸三角形模型，如图 3-32 所示。

瓦斯浓度：瓦斯爆炸界限为 5%～15%，当瓦斯浓度低于 5%时，遇火不爆炸，但能在火焰外围形成燃烧层，当瓦斯浓度为 9.5%时，其爆炸威力最大（氧和瓦斯完全反应）；瓦斯浓度在 15%以上时，其失去爆炸性，但在空气中遇火仍会燃烧。瓦斯爆炸界限并不是固定不

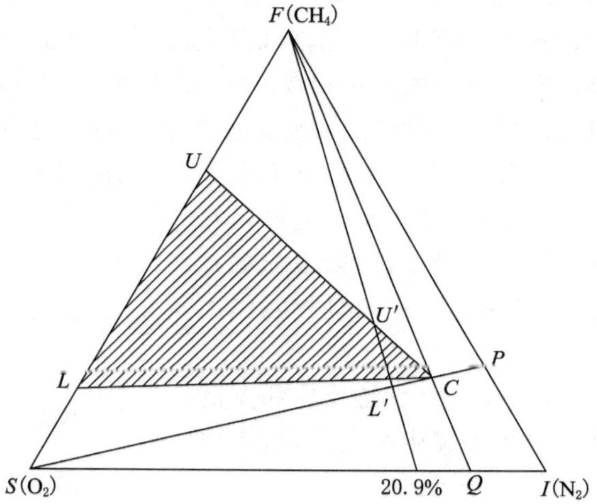

U、L—瓦斯在纯氧中的爆炸浓度上、下限；C—爆炸临界点；U'、L'—瓦斯在空气中的爆炸浓度上、下限；Q—失爆氧浓度；ΔLUC—爆炸三角形；$UFPC$—潜在危险区；$SLCQ$—相对安全区；$PCQI$—绝对安全区。

图 3-32　瓦斯爆炸三角形

变的，它还受温度、压力以及煤尘、其他可燃性气体、惰性气体的混入等因素的影响。

引火温度：一般认为瓦斯的引火温度（即点燃瓦斯的最低温度）为 650～750 ℃，但因受瓦斯的浓度、火源的性质及混合气体的压力等因素影响而变化。当瓦斯含量在 7%～8%时，最易引燃；当混合气体的压力增高时，引火温度即降低；在引火温度相同时，火源面积越大、点火时间越长，越易引燃瓦斯。

氧的浓度：实践证明，空气中的氧气浓度降低时，瓦斯爆炸界限随之减小，当氧气浓度减少到 12%以下时，瓦斯混合气体失去爆炸性。如井下密闭的火区内往往积存大量瓦斯，且有火源存在，但因氧的浓度低，并不会发生爆炸。

3.3.2.2　煤矿瓦斯的传播及其后果

1. 瓦斯爆炸的传播过程

(1) 爆燃和爆炸的传播过程

甲烷与空气的混合物可简称为烷空气体。假如在可爆炸甲烷浓度的烷空气体中出现了点火源，则此气体就会在被点燃时形成最初火焰（人们称这一点为爆源），在大气压条件下，该火焰厚度非常薄，仅 0.01～0.1 mm，它是一个燃烧带并在烷空气体中传播。火焰面相对于未燃烧空气体的传播速度叫作燃烧速度。图 3-33 是在烷空气体中传播的一维层流定常火焰的构造。

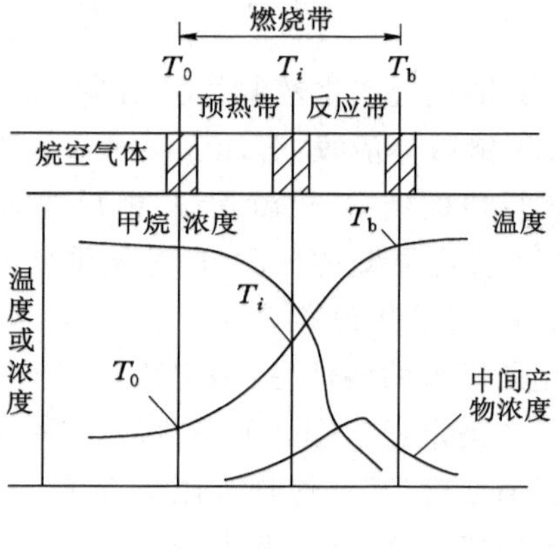

图 3-33　一维燃烧波的传播和构造示意图

燃烧带由预热带和反应带组成，它传入未燃的烷空气体处的初始温度为 T_0，首先在预热带内将未燃烧空气体预热到温度 T_i（T_i 是温度变化曲线的拐点，接近着火温度)，此时开始进行放热的化学反应，形成反应带，反应带结束处达到的温度为 T_b。在甲烷浓度变化曲线的预热带内，由于气体向反应带扩散，其浓度缓慢下降，当进入反应带，因为燃烧反应的进行，甲烷被燃掉，所以其浓度急剧减少；中间产物浓度曲线在反应带中央为最高。它的两侧大致呈正态分布。

上述燃烧带(即燃烧波)在传播过程中，燃烧带和未燃烧的烷空气体和燃烧物之间进行着热量传递和质量传递。试验表明，当燃烧波在开始移动 5～10 倍巷道宽度距离后，便开始明显加速，爆燃开始所产生的已燃气体产物的比体积(m^3/kg)为未燃烧空气体的 5～10 倍，这些已燃气相当于一个燃气活塞，通过已燃气体产物所产生的膨胀形成的压缩波，给予火焰前面未燃气一个沿巷道向下游的速度。由于每个处在前面的压缩波必然能稍微加热未燃烷空气体，因此声速增加，这样随后的这些波就追上最初的波，形成更大的压缩波。这种预热又必然使火焰速度进一步增大，于是也就加速了未燃完空气体，更进一步提高在未燃气中产生湍流的程度，这样就得到了一个更大的火焰速度、更大的压缩波和更大的未燃气加速度。因此就可以形成激波，该波足够强以致依靠本身的压缩温度就能点燃烷空气体形成爆轰。

(2) 爆轰的传播过程

爆轰波的理论指出，爆轰波由一个以爆轰波速度运动着的激波(冲击波)和激波后被加热、被压缩的气体所组成。激波经过后就发生化学反应，随着反应的进行温度升高、密度和压力降低，如图 3-34 所示，p'、T' 与 ρ' 分别表示无因次压力 p/p_0、T/T_0 以及密度 ρ/ρ_0 的变化。从图 3-34 可知，爆轰比爆燃要猛烈得多，特别是高压与冲击波会导致严重的后果。从图 3-34 中还可以看到，激波为烷空气体的化学反应创造了条件，而烷空气体进行化学反应释放的能量连续向前传递压缩波并支持着激波，保持激波稳定不衰，使爆轰传播到可爆烷空气体占据的全部空间。

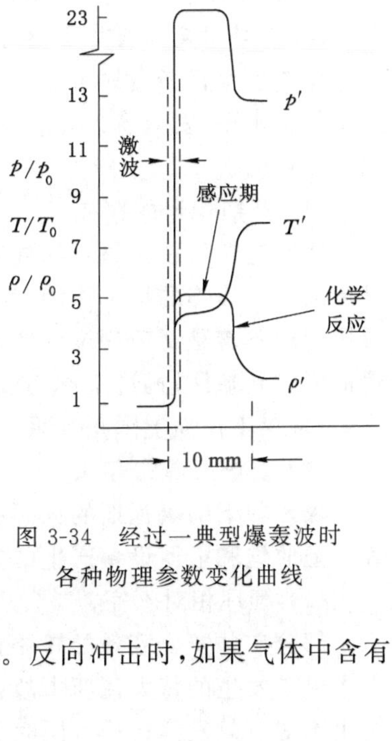

图 3-34　经过一典型爆轰波时各种物理参数变化曲线

(3) 反向冲击

爆炸发生时，爆源附近的气体向外冲出，加之反应产物生成的水蒸气凝成液态，体积缩小，在爆源附近形成负压区，因此爆炸又从外围反向冲回爆源，这种现象称为反向冲击。虽然这种冲击比正向冲击力量小，但是，由于它是在已遭破坏巷道的基础上进行的，所以破坏的后果更严重。反向冲击时，如果气体中含有可爆的烷空气体，则可能造成二次爆炸，后果就更加严重。

2. 瓦斯爆炸的后果

通过煤矿瓦斯爆炸灾害事故现场勘察资料分析发现，瓦斯爆炸冲击波波阵面以极大的速度冲击遇到的人或其他障碍物，紧跟在冲击波波阵面后面的以极高速度朝同一方向运动的空气介质流，以猛烈的冲击力对人或其他障碍物继续产生致命的伤害和破坏作用，使人遭受伤亡，对障碍物产生破坏，其严重后果不可忽视。在瓦斯爆炸时会产生三个致命的因素：火焰锋面、冲击波和矿井空气成分改变。

(1) 火焰锋面

火焰锋面是指沿巷道运动的化学反应带和烧热的气体，火焰锋面的传播速度为 1～2.5 m/s

(正常燃烧速度)至 2 500 m/s(爆轰速度),一般为 500~700 m/s。火焰锋面沿巷道运动好似活塞一样,在运动过程中收集愈来愈多数量的空气和可燃组分。火焰锋面通过时,可使人的衣服被扯烂,热辐射可造成人的皮肤和视网膜烧伤,呼吸器官甚至食道和胃的黏膜烫伤;烧坏电气设备与电缆,当电线有电时可能引起二次性的电气火灾;引燃井巷的可燃物造成二次性灾害——火灾。实际上,所有较强的爆炸都伴随发生火灾。

(2) 冲击波

冲击波是传播的压力突变。冲击波的传播速度通常高于音速(340 m/s),随着爆炸波的减弱,冲击波转变为声波。爆炸冲击的破坏性由冲击波波阵面的高压和波阵面后的高速气流两方面因素构成,正向、反向和斜向冲击波的通过会引起:① 人体的创伤;② 移动和破坏电气设备、机械设备,可能在冲击波通过的巷道中发生二次性着火;③ 破坏支架,引起巷道顶板岩石垮落,垮落的岩石及支架堆积物可能导致通风系统的破坏,并使救灾和救护伤员的措施大为复杂化。

(3) 矿井空气成分改变

瓦斯爆炸可使矿井空气成分发生下列变化:① 氧化反应消耗氧气,造成氧浓度降低;② 释放对人健康有害的气体;③ 形成爆炸性气体。

3.3.2.3 煤矿瓦斯爆炸主要原因

煤矿发生瓦斯爆炸事故与许多因素有关,但总的来说,主要与自然因素、安全技术手段、安全装备水平、安全意识和管理水平等方面有关,发生瓦斯爆炸事故往往是以上因素相互作用所导致的。

(1) 瓦斯积聚的存在

所谓瓦斯积聚是指瓦斯局部积聚体积不超过 0.5 m^3、浓度超过 2%的现象。瓦斯积聚是造成瓦斯爆炸的根本原因,煤矿井下造成瓦斯积聚的原因很多,但通风系统不合理和局部通风管理不善是瓦斯积聚的主要原因,主要有:矿井主通风机供风能力不足或通风系统不合理造成矿井缺风;掘进工作面或其他需单独供风的巷道,因局部通风机、风筒原因使得瓦斯积聚;采煤工作面上隅角和采空区瓦斯积聚;巷道变形、调节风门故障等造成通风不良等。

(2) 引爆火源的存在

煤矿井下引爆瓦斯的火源有:爆破火花、电气火花、摩擦撞击火花、静电火花、煤炭自燃等。但放炮和电器设备产生的火花是瓦斯爆炸事故的主要火源。

(3) 管理相对不完善

部分矿井安全装备配置不足,"先抽后采,监测监控,以风定产"方针未得到完全落实。很多煤矿发生的特大瓦斯事故都没有装备瓦斯抽放系统或抽放系统不能有效运行,监控系统也不能有效发挥作用。同时分析许多事故发现,违章操作或管理不当造成了一些本可避免的事故,但未引起重视,最终酿成特大瓦斯爆炸事故。一些煤矿企业由于采煤方法落后,矿井采掘布置不合理,通风系统不完善,此外,作业规程编制不符合实际,针对性不强,给安全生产带来了严重隐患。

3.3.3 煤矿瓦斯等级鉴定

3.3.3.1 煤矿瓦斯等级的划分

《煤矿安全规程》规定,一个矿井中只要有一个煤(岩)层发现瓦斯,该矿井即为瓦斯矿井,瓦斯矿井必须依照煤矿瓦斯等级进行管理。《煤矿瓦斯等级鉴定办法》要求煤矿瓦斯等级应当依据实际测定的瓦斯涌出量、瓦斯涌出形式以及实际发生的瓦斯动力现象、实测的突出危险性参数等确定，将煤矿瓦斯等级划分为以下几个等级：

1. 煤(岩)与瓦斯(二氧化碳)突出矿井(以下简称突出矿井)

突出矿井一般是指在矿井的开拓、生产范围内有突出煤(岩)层的矿井。具备下列情形之一的矿井为突出矿井：

(1) 发生过煤(岩)与瓦斯(二氧化碳)突出的；

(2) 经鉴定或者认定具有煤(岩)与瓦斯(二氧化碳)突出危险的；

(3) 依照有关规定按照突出管理的煤层，但在规定期限内未完成突出危险性鉴定的。

2. 高瓦斯矿井

具备下列情形之一的矿井为高瓦斯矿井：

(1) 矿井相对瓦斯涌出量大于 10 m^3/t；

(2) 矿井绝对瓦斯涌出量大于 40 m^3/min；

(3) 矿井任一掘进工作面绝对瓦斯涌出量大于 3 m^3/min；

(4) 矿井任一采煤工作面绝对瓦斯涌出量大于 5 m^3/min。

3. 低瓦斯矿井

同时满足下列条件的矿井为低瓦斯矿井：

(1) 矿井相对瓦斯涌出量小于或等于 10 m^3/t；

(2) 矿井绝对瓦斯涌出量小于或等于 40 m^3/min；

(3) 矿井各掘进工作面绝对瓦斯涌出量均小于或等于 3 m^3/min；

(4) 矿井各采煤工作面绝对瓦斯涌出量均小于或等于 5 m^3/min。

低瓦斯矿井每 2 年必须进行瓦斯等级和二氧化碳涌出量的鉴定工作，高瓦斯、突出矿井应当每年测定和计算矿井、采区、工作面瓦斯和二氧化碳涌出量，并报省级煤炭行业管理部门和煤矿安全监察机构。

3.3.3.2 煤与瓦斯突出危险性鉴定方法

1. 鉴定申请

非突出煤层出现下列情况之一的，应当立即进行煤层突出危险性鉴定，或者直接认定为突出煤层；鉴定或者直接认定完成前，应当按照突出煤层管理：

(1) 有瓦斯动力现象的；

(2) 煤层瓦斯压力达到或者超过 0.74 MPa 的；

(3) 相邻矿井开采的同一煤层发生突出或者被鉴定、认定为突出煤层的。

矿井有按照突出管理的煤层，应当在确定煤层按照突出管理之日起 6 个月内完成该煤层的突出危险性鉴定，否则直接认定为突出煤层。煤矿企业在委托具有煤与瓦斯突出危险性鉴定资质的鉴定机构进行鉴定时，应如实提供鉴定所需的具有法律效力的相关资料，确保提交资料的真实、可靠和完整；并密切配合鉴定机构完成鉴定所必需的现场勘查、取样和参数测定等工作。

2. 突出危险性鉴定方法

突出煤层鉴定应当首先根据实际发生的瓦斯动力现象进行，瓦斯动力现象特征基本符合煤与瓦斯突出特征或者抛出煤的吨煤瓦斯涌出量大于等于 30 m^3(或者为本区域煤层瓦斯含量 2 倍以上)的，应当确定为煤与瓦斯突出，该煤层为突出煤层。

依据瓦斯动力现象特征不能确定为煤与瓦斯突出或者没有发生瓦斯动力现象时，以反映煤层突出危险性的实测指标为鉴定依据。采用煤层突出危险性指标进行突出煤层鉴定的，应当将实际测定的煤层瓦斯压力、煤的坚固性系数、煤的破坏类型、煤的瓦斯放散初速度作为鉴定依据。全部指标均处于表 3-8 所示临界值范围的，该煤层确定为突出煤层；钻孔施工过程中发生喷孔、顶钻等明显突出预兆的，应当鉴定为突出煤层。

表 3-8　判定煤层突出危险性单项指标的临界值及范围

判定指标	煤的破坏类型	瓦斯放散初速度 Δp/mmHg	煤的坚固性系数 f	煤层瓦斯压力 P/MPa
有突出危险的临界值及范围	Ⅲ、Ⅳ、Ⅴ	≥10	≤0.5	≥0.74

煤层突出危险性指标未完全达到上述指标的，测点范围内的煤层突出危险性由鉴定机构根据实际情况确定；但当 $f \leqslant 0.3$、$P \geqslant 0.74$ MPa，或 $0.3 < f \leqslant 0.5$、$P \geqslant 1.0$ MPa，或 $0.5 < f \leqslant 0.8$、$P \geqslant 1.50$ MPa，或 $P \geqslant 2.0$ MPa 的，一般确定为突出煤层；认定为非突出煤层的范围和需要重新鉴定的条件，应当在鉴定报告中明确划定或者说明。

《煤矿瓦斯等级鉴定规范》等对煤的破坏类型分类进行了详细的规定，其中Ⅲ、Ⅳ、Ⅴ类煤往往具有构造煤特征，其低强度、高吸附、快速解吸和低渗透性等特性是造成突出的重要原因。

煤的瓦斯放散初速度 Δp 反映了含瓦斯煤体放散瓦斯快慢的程度，指在 1 个大气压下吸附甲烷后用 mmHg 表示的 45～60 s 的瓦斯放散量与 0～10 s 内瓦斯放散量的差值，其大小与煤的瓦斯含量大小、孔隙结构和孔隙表面性质等有关。在煤与瓦斯突出的发展过程中，瓦斯的运动和破坏力，在很大程度上取决于含瓦斯煤体在破坏时瓦斯的解吸与放散能力。

煤的坚固性系数 f 是反映煤颗粒本身力学强度的一种相对指标，其数值的大小也是煤层物理力学性质的重要反映。通常情况下，在相同的瓦斯压力和地应力条件下，煤的坚固性系数越大，越不容易发生突出。目前，煤的坚固性系数测定主要有四种方法，在我国常用的测定方法为落锤破碎法，简称落锤法。

3.3.4　煤与瓦斯突出的防治

3.3.4.1　防治煤与瓦斯突出的工作程序

《防突细则》明确提出：防突工作必须坚持“区域综合防突措施先行、局部综合防突措施补充”的原则，按照“一矿一策、一面一策”的要求，实现“先抽后建、先抽后掘、先抽后采、预抽达标”。突出煤层必须采取两个“四位一体”综合防突措施，做到多措并举、可保必保、应抽尽抽、效果达标，否则严禁采掘活动。

区域综合防突措施包括下列内容：① 区域突出危险性预测；② 区域防突措施；③ 区域防突措施效果检验；④ 区域验证。

局部综合防突措施包括下列内容：① 工作面突出危险性预测；② 工作面防突措施；③ 工作面防突措施效果检验；④ 安全防护措施。

突出矿井应当加强区域和局部(以下简称两个“四位一体”)综合防突措施实施过程的安全管理和质量管控，确保质量可靠、过程可溯。在采掘生产和综合防突措施实施过程中，发现有喷孔、顶钻等明显突出预兆或者发生突出的区域，必须采取或者继续执行区域防突措施。

图 3-35 给出了防治煤与瓦斯突出的整体工作程序。矿井在建设和生产期间必须按《防

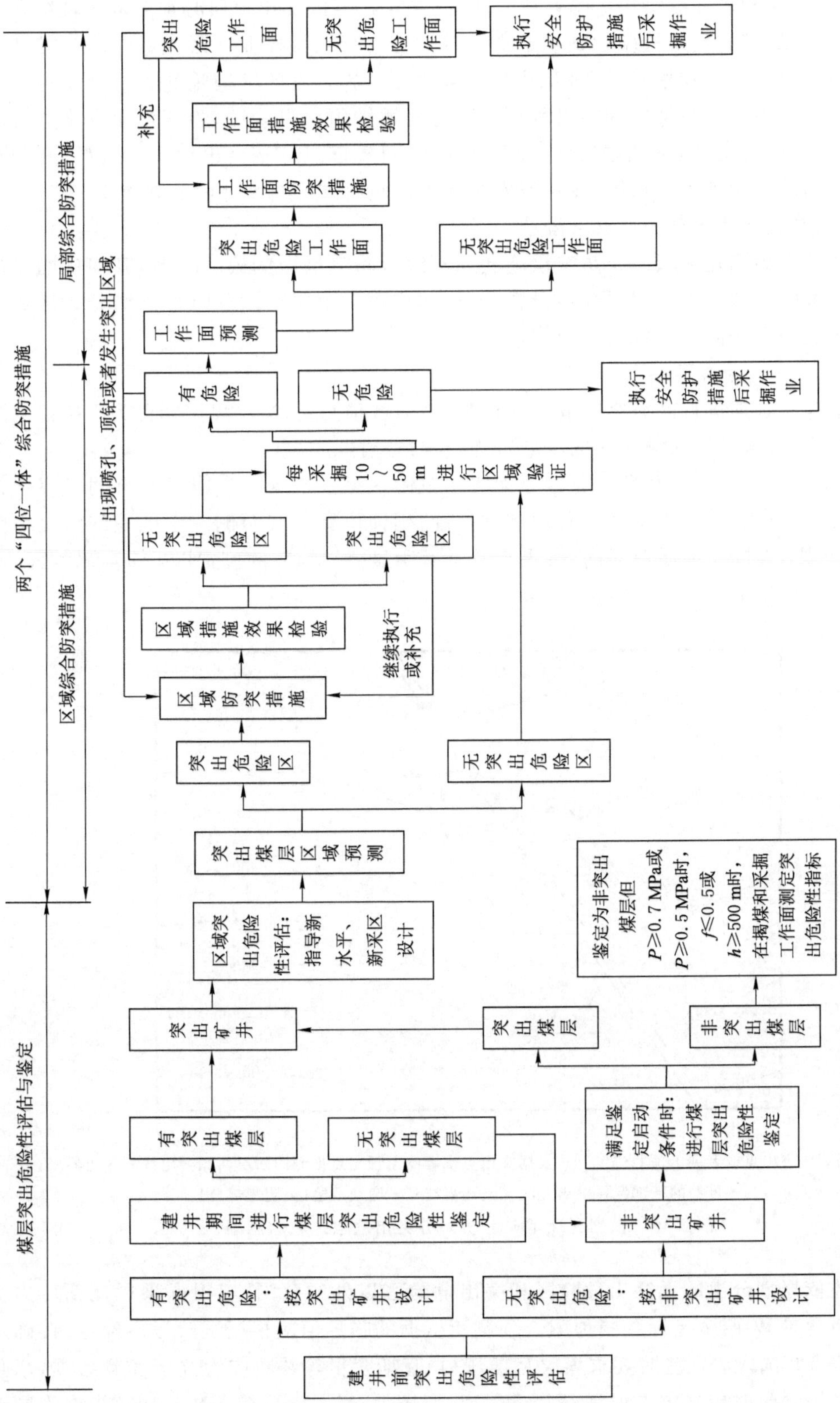

注：1.施工中发现有突出预兆或者发生突出的区域必须重新采取区域综合防突措施；
2.只要有一次区域验证为有突出危险，则该区域以后的采掘作业必须采取区域或者局部综合防突措施。

图3-35 防治煤与瓦斯突出基本流程图

突细则》进行煤层和矿井的突出危险性鉴定工作，突出矿井的突出煤层必须采取区域综合防突措施，并经区域措施效果检验达到规定指标后方可进行采掘作业。区域综合防突措施在区域措施效果检验达不到指标时，需要补充区域防突措施直至防突措施达到规定指标。在采掘作业过程中还必须对煤层的突出危险性进行区域措施效果验证，验证为无突出危险的工作面，可直接执行安全防护措施后进行采掘作业；对局部仍存在突出危险的煤层，必须补充局部防突措施并达到规定指标，在执行安全防护措施后方可继续进行采掘作业。

3.3.4.2 煤与瓦斯突出预测及效果检验

突出危险性预测是区域综合防突措施和局部综合防突措施的第一环节，其实施的目的是确定突出危险区域和地点，指导防突措施的具体应用。煤层突出危险性预测分为区域突出危险性预测和工作面突出危险性预测。

1. 区域突出危险性预测

对突出煤层必须进行区域突出危险性预测，经区域预测后，突出煤层划分为无突出危险区和突出危险区，未进行区域预测的区域视为突出危险区。

《防突细则》规定，煤层瓦斯风化带为无突出危险区域。当突出点或者具有明显突出预兆的位置分布与构造带有直接关系时，则该构造的延伸位置及其两侧一定范围的煤层为突出危险区；否则，在同一地质单元内，突出点及具有明显突出预兆的位置以上 20 m(埋深)及以下的范围为突出危险区(图 3-36)。

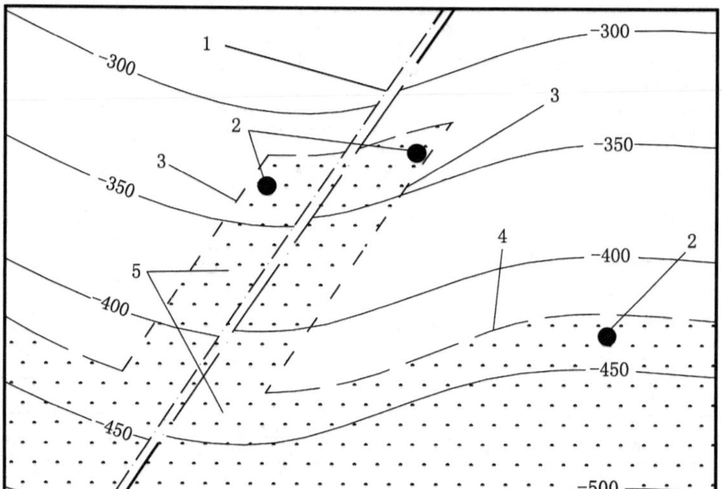

1—断层；2—突出点或者突出预兆位置；3—根据突出点或者突出预兆点推测的断层两侧突出危险区边界线；4—推测的下部区域突出危险区上边界线；5—突出危险区(阴影部分)。

图 3-36 根据瓦斯地质分析划分突出危险区域示意图

在上述依据划分出的无突出危险区和突出危险区以外的范围，应根据煤层瓦斯压力 P 和煤层瓦斯含量 W 两个指标共同预测。预测所依据的临界值应根据试验考察确定，在确定前可暂按表 3-9 选取。预测时要求煤层瓦斯压力、瓦斯含量等参数应为井下实测数据，用直接法测定瓦斯含量时应当定点取样；测定煤层瓦斯压力、瓦斯含量等参数的测试点在不同地质单元内根据其范围、地质复杂程度等实际情况和条件分别布置；同一地质单元内沿煤层走向布置测试点不少于2个，沿倾向不少于3个，并确保在预测范围内埋深最大及标高最低的部位有测试点。

表3-9 根据煤层瓦斯压力和瓦斯含量进行区域预测的临界值

瓦斯压力 P/MPa	瓦斯含量 $W/(m^3/t)$	区域类别
$P<0.74$	$W<8$（构造带 $W<6$）	无突出危险区
除上述情况以外的其他情况		突出危险区

2. 局部突出危险性预测

局部（工作面）突出危险性预测是预测工作面煤体的突出危险性，包括井巷揭煤工作面、煤巷掘进工作面和采煤工作面的突出危险性预测等。工作面预测应当在工作面推进过程中进行，经工作面预测后工作面划分为突出危险工作面和无突出危险工作面。工作面预测的方法主要有钻屑瓦斯解吸指标法、钻屑指标法、复合指标法、R 值指标法和其他经试验证实有效的方法等。钻屑瓦斯解吸指标法是最为常用的工作面预测方法。

采用钻屑瓦斯解吸指标法预测采掘、石门（及其他岩石巷道）、揭煤工作面突出危险性时，由工作面向煤层的适当位置打钻，采集孔内排出的粒径1～3 mm的煤钻屑，测定其瓦斯解吸指标 K_1 或 Δh_2 值。测定时，应当考虑不同钻进工艺条件下的排渣速度。各类工作面钻屑瓦斯解吸指标的临界值应根据试验考察确定，在确定前可暂按表3-10中所列的指标临界值预测突出危险性。如果所有实测的指标值均小于临界值，并且未发现其他异常情况，则该工作面为无突出危险工作面；否则，为突出危险工作面。

表3-10 钻屑瓦斯解吸指标法预测石门揭煤工作面突出危险性的参考临界值

煤样	Δh_2 指标临界值/Pa	K_1 指标临界值/[mL/(g·min$^{0.5}$)]
干煤样	200	0.5
湿煤样	160	0.4

瓦斯解吸指标 Δh_2 为原煤炭科学研究总院抚顺分院研究提出的。其物理意义为：煤样（10 g）自煤体脱落暴露于大气之中第4 min和第5 min的瓦斯解吸所产生的压差，单位为Pa。瓦斯解吸指标 Δh_2 采用MD-2型煤钻屑瓦斯解吸仪测定，如图3-37所示。

钻屑瓦斯解吸指标 K_1 值法为原煤炭科学研究总院重庆研究院研制提出的。其物理意义为：煤样自煤体脱落暴露于大气之中解吸第1 min内，每克煤样的瓦斯解吸总量，单位为mL/(g·min$^{0.5}$)。钻屑瓦斯解吸指标 K_1 值的测定采用WTC型突出预测仪，如图3-38所示。

3. 效果检验指标

(1) 区域措施效果检验

开采保护层的保护效果检验主要采用残余瓦斯压力、残余瓦斯含量、顶底板位移量及其他经试验证实有效的指标和方法，也可以结合煤层的透气性系数变化率等辅助指标。

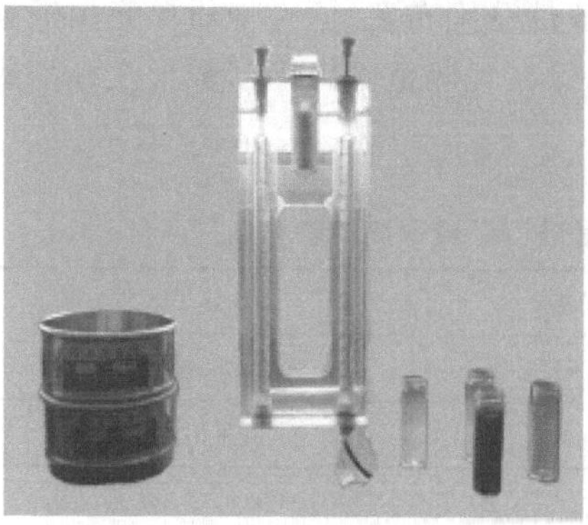

图 3-37 MD-2 型煤钻屑瓦斯解吸仪实物图

图 3-38 瓦斯解吸指标 K_1 值测试仪器 WTC 型实物图

预抽煤层瓦斯区域防突措施检验的主要指标优先采用残余瓦斯含量指标，根据现场条件也可采用残余瓦斯压力或者其他经试验证实有效的指标和方法进行检验。对穿层钻孔预抽井巷揭煤区域煤层瓦斯区域防突措施也可以采用钻屑瓦斯解吸指标进行措施效果检验。

(2) 工作面措施效果检验

对石门和其他岩石井巷揭煤工作面进行防突措施效果检验时，应当选择钻屑瓦斯解吸指标法或其他经试验证实有效的方法，但所有用钻孔方式检验的方法中检验孔数均不得少于 5 个，分别位于石门的上部、中部、下部和两侧。

煤巷掘进工作面执行防突措施后的效果检验方法与预测方法相同，可以采用钻屑指标法、复合指标法、R 值指标法及其他经试验证实有效的方法。检验孔应当不少于 3 个，深度应当小于或等于防突措施钻孔。

对采煤工作面防突措施效果的检验应当参照采煤工作面突出危险性预测的方法和指标实施。

3.3.4.3 防治煤与瓦斯突出的区域性措施

区域防突措施是指在突出煤层进行采掘前，对突出危险区煤层采取较大范围的防突措施。区域防突措施包括开采保护层和预抽煤层瓦斯 2 类。《防突细则》规定，具备开采保护层条件的突出危险区，必须开采保护层。

1. 开采保护层

(1) 保护层开采区域性消突技术原理

在煤层群开采条件下，应首先选择保护层开采及被保护层卸压瓦斯抽采技术，区域性消除煤层的突出危险性。保护层是煤层群中的首采煤层，应首选瓦斯含量低或突出危险性相对较小煤层，通过保护层开采的卸压作用抽采上、下邻近煤层的卸压瓦斯，区域性消除邻近煤层的突出危险性，保护层的上、下邻近煤层称为被保护层，如图 3-39 所示。保护层位于被保护层下部的称为下保护层，保护层位于被保护层上部的称为上保护层。

保护层开采后，采场周围的煤岩体发生移动、变形，使得煤岩体的应力场、裂隙场发生重新分布。在采空区顶底板内的一定范围内地应力降低，出现卸压现象，处于顶底板内的煤层发生膨胀变形，煤层透气性系数呈数百至上千倍增加，煤层瓦斯解吸流动加强，这是保护层开采技术应用的理论基础。在被保护层获得卸压增透效果后，再配合地面钻井或是井下穿层钻孔等

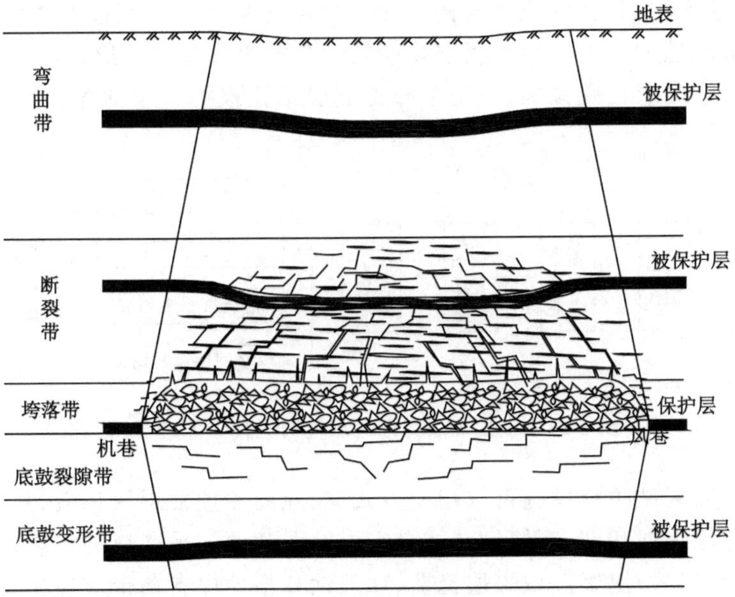

图 3-39 保护层概念图

抽采工程,及时抽采被保护层卸压瓦斯,可有效降低煤层瓦斯压力和含量,提高煤体的机械强度,彻底消除煤层的突出危险性,将高瓦斯突出煤层转变为低瓦斯无突出危险煤层,实现突出煤层的安全高效开采。被保护层的瓦斯抽采工程需要提前施工,保证保护层开采的同时能够有效地抽采被保护层的卸压瓦斯。保护层开采防治煤与瓦斯突出的技术原理见图 3-40。

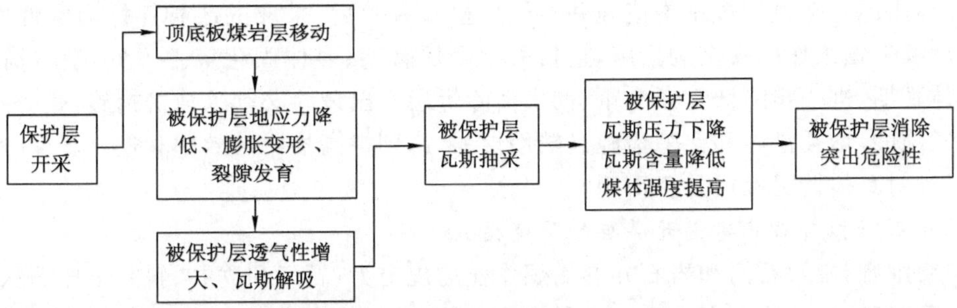

图 3-40 保护层开采消突原理图

(2) 保护范围的划定

保护范围是指保护层开采并同时抽采被保护层卸压瓦斯后,在空间上使突出危险煤层的突出危险区域转变为无突出危险区域的有效范围,包括沿倾斜方向、走向方向和层间垂向三个方向的保护范围。

2. 采前预抽煤层瓦斯

在单一煤层开采条件或保护层为突出煤层的情况下,需采用预抽煤层瓦斯技术区域性消除其突出危险后,方可进行采掘作业。该措施的消突原理是向突出煤层内施工大量的密集钻孔使煤体形成局部卸压,同时抽采瓦斯释放其潜能,然后再经过较长时间(几个月到几十个月)的预抽煤层瓦斯进一步降低瓦斯压力与瓦斯含量,并由此引发煤层收缩变形、地应力下降、透气性系数增高、瓦斯压力与瓦斯含量的降低和煤的坚固性系数增加等变化，从而达到消除突出危险性的目的。预抽煤层瓦斯的钻孔布置分为三种形式，一是穿层钻孔预抽，二是穿层钻孔结合顺层钻孔预抽，三是全部为顺层钻孔预抽。预抽煤层瓦斯区域性消突技术原理见图 3-41。

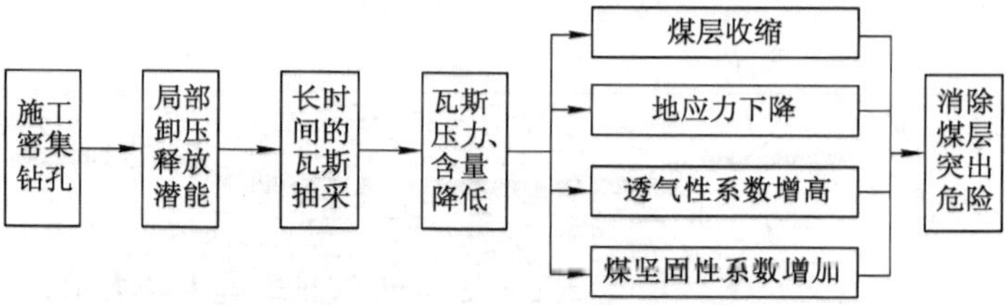

图 3-41　预抽煤层瓦斯区域性消突技术原理框图

预抽煤层瓦斯区域防突措施可采用的方式有：地面井预抽煤层瓦斯、井下穿层钻孔或者顺层钻孔预抽区段煤层瓦斯、顺层钻孔或者穿层钻孔预抽回采区煤层瓦斯、穿层钻孔预抽井巷（含立、斜井，石门等）揭煤区域煤层瓦斯、穿层钻孔预抽煤巷条带煤层瓦斯、顺层钻孔预抽煤巷条带煤层瓦斯、定向长钻孔预抽煤巷条带煤层瓦斯等。

3.3.4.4　防治煤与瓦斯突出的局部措施

工作面防突措施是针对经工作面预测有突出危险的煤层实施的局部防突措施，其有效作用范围一般仅限于当前工作面周围的较小范围。局部措施可分为基本措施、增强措施和保障措施三类。基本措施包括超前钻孔预抽瓦斯、超前钻孔排放瓦斯、边掘边抽钻孔等；增强措施是为提高瓦斯抽(排)效果的措施，包括水力冲孔、水力挤出(挤压)、松动爆破、水力疏松等；保障措施是在执行过基本措施并经效果检验有效后，采取的改善煤体力学性能、进一步保障后续采掘工作的安全的措施，包括采用金属骨架、煤体固化等。可见，基本措施是抽(排)煤体瓦斯、进一步降低瓦斯含量、彻底消除煤层突出危险必须采取的措施，是决定性的，是必须实施的；增强措施和保障措施是辅助性的，起到提高抽(排)效率和进一步保障安全的作用，可针对具体情况确定是否采用。

3.3.4.5　石门和岩石井巷揭开煤层的防突措施

《防突细则》中对石门和岩石井巷揭煤作业的规定为：石门和立井、斜井工作面从距突出煤层底(顶)板的最小法向距离 5 m 开始到穿过煤层进入顶(底)板 2 m(最小法向距离)的过程均属于揭煤作业。石门揭煤突出是指石门自煤层底(顶)板在爆破揭开和穿过煤层过程中，由于岩柱的突然破碎，煤体应力状态和瓦斯赋存状态突然改变，富含瓦斯的煤层在地应力和瓦斯压力作用下，快速向巷道空间抛出大量煤岩，并伴有大量瓦斯涌出。

1. 石门及竖井揭煤突出危险性分析

(1) 石门揭煤突出危险性分析

煤与瓦斯突出和掘进工作面附近集中应力区范围的大小有直接的关系，集中应力区的大小决定了煤体中储存的弹性潜能和瓦斯内能的大小，以及造成突出时突出程度、破坏程度的大小。在掘进过程中，工作面不断接近煤层，集中应力区的作用越来越明显。一般来说，石门揭煤比煤巷掘进更容易突出，主要原因是，与煤巷掘进所在煤层相比，石门揭煤处的煤体处于顶底板岩层及周围煤体的封闭中，且还处于石门的集中应力区，煤层中的弹性潜能和瓦斯内能得不到释放，在揭煤爆破的作用下极易发生突出。而在煤巷揭煤时突出地点煤体有一个自由面，可以释放一部分弹性潜能和瓦斯内能。

石门突出有四种类型：爆破揭穿煤层时的突出（南桐矿务局鱼田堡矿：突出煤量 1 500 t，瓦斯逆流冲到井口）；自行冲破岩柱的突出（南桐矿务局鱼田堡矿：突出煤量 8 765 t，岩石61 m^3，瓦斯 2.01 Mm^3 逆流）；过煤门的突出；延期突出（北票矿务局三宝矿：突出煤量 1 500 t，瓦斯 0.054 4 Mm^3）。其中以爆破揭开煤层时的突出所占比例最大，因为它对发生突出的条件来讲最有利。

(2) 竖井工作面揭煤突出危险性分析

20 世纪 80 年代中国矿业大学与江苏省煤炭基本建设公司合作进行了芦岭煤矿新副井筒过煤和瓦斯突出煤层技术的研究，俞启香、程远平教授采用有限元法对井筒揭煤的应力分布规律进行了研究，并且对煤层开采前井筒应力及透气性情况进行了测定，由实测数据可以看出竖井揭煤工作面应力分布符合以下规律（图 3-42）：

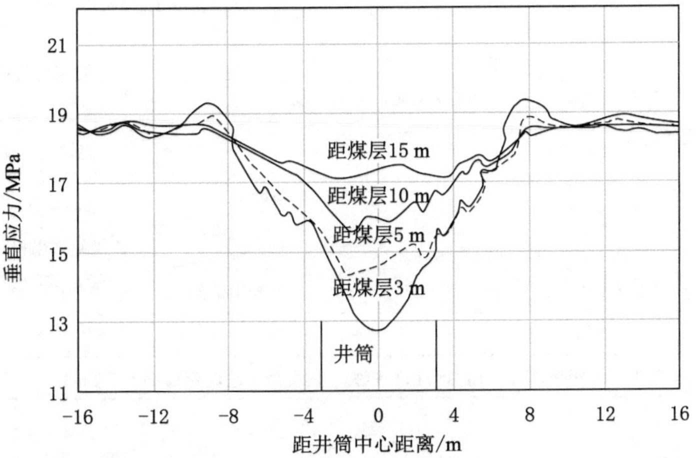

图 3-42　竖井揭煤工作面应力分布规律

竖井工作面接近煤层时，在其前（下）方应力分布分为三个区，即完全卸压区、部分卸压区和未卸压区。工作面前（下）方有“漏斗”形采动卸压区（中心为最大卸压区；四周为部分卸压区）。在工作面前方，煤岩体的卸压程度随着远离井筒中心线而降低；工作面距离煤层越近，煤层中一定范围内的卸压程度越大。在井筒四周、工作面前后存在应力集中区。工作面距离煤层越近，应力集中区的影响范围和应力峰值越大。同一标高处，井壁四周的集中应力分布是不同的，上侧区域的应力集中度及影响范围较下侧区域大，这是上侧区域的煤岩体受自重倾斜分量的压缩所致。

因此，竖井揭煤中最易发生突出的位置是工作面进入煤层后受应力集中影响的煤壁，尤其是倾斜煤层的上侧，因该区域不仅受应力集中影响，而且还受重力影响。

2. 揭煤工作程序

整体作业流程如图 3-43 所示。为了保证揭煤整体工作的连续性和安全性，按照“区域防突措施先行，局部防突措施补充”的要求，将揭煤作业的整个内容进行重新定义，即从距煤层最小法向距离 10 m（地质构造复杂、岩石破碎的区域法向距离 20 m）之前至穿过突出煤

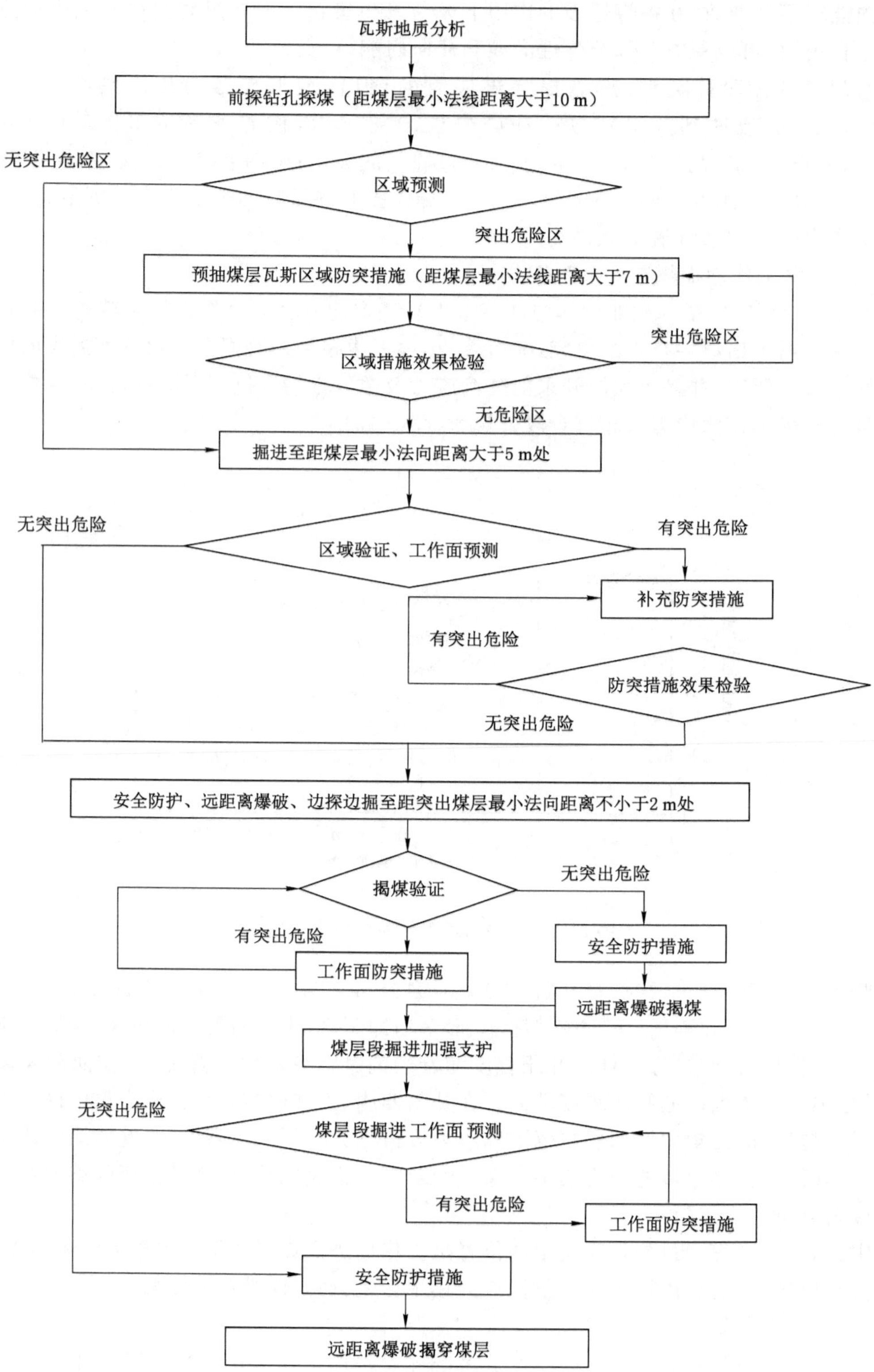

图 3-43　石门及岩石井巷揭煤施工流程图

层顶板(底板)法线距离大于2 m的全部作业过程。

石门及岩石井巷揭煤安全措施需要在以下四个地点进行,即距煤层法向距离 10 m 处(地质构造复杂、岩石破碎的区域法向距离 20 m)、距煤层法向距离 7 m 处、距煤层法向距离 5 m 处和距煤层法向距离 2 m 处,主要包括超前探测、区域预测、区域防突措施、区域效果检验和远距离放炮揭煤五个部分。

3.3.4.6 矿井安全防护措施

安全防护措施是指为防范发生煤与瓦斯突出时,突出的煤体和瓦斯气体及能量对作业工人可能造成伤害而采取的一种有效的技术措施。煤矿要制定和实施生产技术装备标准,安装监测监控系统、井下人员定位系统、紧急避险系统、压风自救系统、供水施救系统和通信联络系统等技术装备,其中紧急避险系统、压风自救系统、供水施救系统属于安全防护的范畴。《防突细则》要求井巷揭穿突出煤层和在突出煤层中进行采掘作业时,必须采取设置避难硐室、反向风门、压风自救装置、隔离式自救器、远距离爆破等安全防护措施。

3.3.5 煤矿瓦斯爆炸防治

预防瓦斯爆炸的技术措施主要包括三个方面,即防止瓦斯积聚与超限(瓦斯浓度超过《煤矿安全规程》规定限值)、防止引燃火源、防止瓦斯爆炸事故扩大的措施。

3.3.5.1 防止瓦斯积聚与超限措施

所谓瓦斯积聚是指瓦斯局部积聚体积不超过 0.5 m^3、浓度超过 2%的现象。每一个矿井必须从采掘工作、生产管理上采取措施,防止瓦斯积聚。造成瓦斯积聚的根本原因是通风异常与瓦斯涌出异常。因此,防止瓦斯积聚的根本措施是避免这些异常的发生,或者一旦出现异常,必须及时采取措施,在未造成事故或灾害之前,使其恢复正常;如果经处理仍不能恢复正常,应将其控制在局部地点,使异常局部化,并在异常区采取措施杜绝一切可能产生的火源或撤人,以保安全。

(1) 通风系统可靠

通风是治理瓦斯的基础,矿井和采掘工作面必须建立完善合理、稳定可靠的通风系统。矿井通风系统可靠稳定,采掘工作面有足够的新鲜风流,瓦斯就不会聚积或不超限。因此应把矿井和采掘工作面通风,作为预防瓦斯积聚与超限的基础措施。"通风可靠"的基本要求是:系统合理、设施完好、风量充足、风流稳定。

各采掘工作面应实行独立通风,必须做到风流稳定,连续向井下所有用风地点供风,保持足够的风量;严防风流短路或风量不足引起瓦斯积聚。尤其是加强局部通风的管理,局部通风机风筒末端要靠近工作面,放炮时间内也不能中断通风,严禁循环通风。

为了及时发现和消除瓦斯积聚,要加强可能出现瓦斯积聚区域的瓦斯浓度检测,同时增加相关区域巷道风速,如果不能保证防止瓦斯积聚所需的最低风速时,应该采取局部调风方法或移动瓦斯抽出系统将积聚瓦斯抽出。

(2) 瓦斯抽采达标

瓦斯大量涌出是引起采掘巷道、工作面瓦斯超限和积聚的根本原因。由于风流速度的限制,目前靠通风方法无法控制瓦斯涌出时,只有依靠瓦斯抽采。因此,国家对煤矿瓦斯抽采作出规定:工作面采掘前必须实现抽采达标。通过抽采,降低煤层中的瓦斯含量,从根本上治理防范瓦斯灾害。因此要加大瓦斯抽采力度,提高抽采率和利用率。为此国家对煤层采前和采中瓦斯预抽作出抽采达标的规定，其基本要求是：多措并举、应抽尽抽、抽采平衡、效果达标。

(3) 监测监控有效

根据《煤矿安全规程》《防突细则》和《煤矿安全监控系统及检测仪器使用管理规范》(AQ 1029—2019)的相关条款，对矿井瓦斯监控系统的安装、维护和管理做出了具体规定。编制采区设计、采掘作业规程和安全技术措施时，须对安全监控设备的种类、数量和位置，信号电缆和电源电缆的敷设，断电区域等做出明确规定，并绘制布置图和断电控制图。

瓦斯传感器是安全监测监控系统最为重要的部分，当瓦斯浓度超限时，能及时发出声光电报警信号或切断被控区域的全部非本质安全型电气设备的电源并闭锁。甲烷传感器的设置根据《煤矿安全规程》要求进行布置。安全监控仪器设备必须定期调试校正，每月至少1次，采用载体催化原理的甲烷传感器、便携式甲烷检测报警仪和甲烷检测报警矿灯等，每15天至少调校1次。采用激光原理的甲烷传感器等，每6个月至少调校1次。

3.3.5.2 防止引燃火源的措施

杜绝火源必须严格井下放炮管理，井下严禁使用产生火焰的爆破器材和爆破工艺；井口房、瓦斯抽放站及主要通风机房周围20 m内禁止使用明火；瓦斯矿井要使用安全照明灯，井下禁止拆开矿灯，禁止携带烟草及点火工具下井；严格管理井下火区；严格掘进工作面的局部通风机管理工作，局部通风机要设有风电闭锁装置；瓦斯矿井的电气设备要符合《煤矿安全规程》关于防爆性能的规定；防止产生撞击、摩擦火花等。

3.3.5.3 防止瓦斯爆炸事故扩大的措施

我国88%的国有重点煤矿的煤尘都具有爆炸性，而且井下巷道内无处不存在煤尘。一旦发生瓦斯爆炸，产生的爆风很容易把沉积煤尘吹扬起来形成煤尘云并将其引燃，形成煤尘爆炸。煤尘爆炸往往具有连续传播的特点，可以使受害范围扩大，造成更大的损害。因此，在采取防止瓦斯爆炸措施的同时，还应考虑采取防止瓦斯爆炸范围扩大的技术措施。我国防止瓦斯煤尘爆炸范围扩大的技术措施主要有：撒布岩粉法、被动式隔爆技术和自动隔爆技术。

《煤矿安全规程》规定，在所有运输巷和回风巷中必须撒布岩粉。岩粉的性质对抑制瓦斯、煤尘爆炸有密切的关系，各国大多选用石灰石作为制作岩粉的原料。目前实施撒布岩粉的矿井采用人工撒布和利用压风引射喷撒岩粉。

所谓被动式隔绝瓦斯煤尘爆炸传播措施，泛指被动式隔爆棚。它可分为被动式岩粉水槽棚和水袋棚。其作用原理是：当发生瓦斯爆炸时，在超前于爆炸火焰传播的冲击波超压作用下，隔爆棚上装有岩粉或水的容器被击碎，或被爆风掀翻，使消焰抑爆剂(岩粉或水)飞散开来，在巷道中形成高浓度的岩粉云区或水雾区，当滞后于爆风传播的爆炸火焰到达这一区域时被消焰抑爆剂扑灭，阻止了爆炸继续向前传播，防止了瓦斯爆炸范围的扩大。

近些年来各国研究了自动隔爆技术。发生瓦斯煤尘爆炸时，爆源周围环境的气体状态参量因出现火焰，温度急剧上升、压力升高而发生突变。自动隔爆措施是借助于传感器把这些物理参量的变化接收下来，转换成电信号，通过控制器自动控制抑爆机构在预定地点喷撒高浓度的消焰抑爆剂，把刚好到达的火焰扑灭。

3.4 煤矿瓦斯抽采

《煤矿安全规程》中规定：有下列情况之一的矿井必须进行瓦斯抽采，并实现抽采达标：

（1）开采有煤与瓦斯突出危险煤层的；

（2）一个采煤工作面绝对瓦斯涌出量大于 5 m^3/min 或者一个掘进工作面绝对瓦斯涌出量大于 3 m^3/min 的；

（3）矿井绝对瓦斯涌出量达到以下条件的：

① 矿井绝对瓦斯涌出量大于或等于 40 m^3/min 的；

② 矿井年产量为 1.0～1.5 Mt，其绝对瓦斯涌出量大于 30 m^3/min 的；

③ 矿井年产量为 0.6～1.0 Mt，其绝对瓦斯涌出量大于 25 m^3/min 的；

④ 矿井年产量为 0.4～0.6 Mt，其绝对瓦斯涌出量大于 20 m^3/min 的；

⑤ 矿井年产量等于或小于 0.4 Mt，其绝对瓦斯涌出量大于 15 m^3/min 的。

同时《煤矿安全规程》要求“煤与瓦斯突出矿井和高瓦斯矿井必须建立地面固定抽采瓦斯系统，其他应当抽采瓦斯的矿井可以建立井下临时抽采瓦斯系统；同时具有煤层瓦斯预抽和采空区瓦斯抽采方式的矿井，根据需要分别建立高、低负压抽采瓦斯系统”。

3.4.1 瓦斯抽采方法分类

为了适应我国现行瓦斯的规定与标准对煤矿瓦斯抽采达标的考核要求，程远平教授对煤矿瓦斯抽采方法进行了重新分类。分类的指导思想为：第一层次以煤层开采时间为依据，第二层次以开采煤层瓦斯源的空间条件为依据。新的煤矿瓦斯抽采分类方法如图 3-44 所示。如果邻近煤层是可采煤层，且在开采层开采过程中邻近煤层的可采性不被破坏，则对该煤层的瓦斯抽采应视为采前抽采。如果邻近煤层是不可采煤层，或在开采层开采过程中其

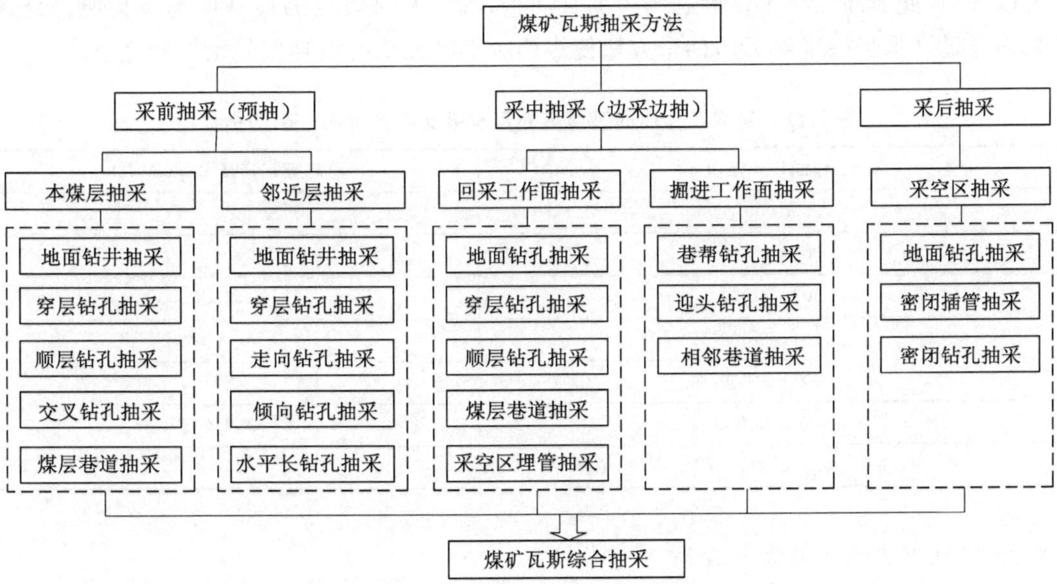

图 3-44 煤矿瓦斯抽采方法分类

可采性被破坏，则对这些煤层的瓦斯抽采应视为采中抽采。

3.4.2 煤矿瓦斯抽采基本指标

根据《煤矿瓦斯抽采基本指标》和《煤矿瓦斯抽采达标暂行规定》的要求，可以将瓦斯抽采指标分为四种类型：突出煤层采前抽采应达到的指标、高瓦斯煤层采前抽采应达到的指标、采煤工作面开采过程中抽采应达到的指标和矿井瓦斯抽采应达到的指标。瓦斯抽采指标是煤矿瓦斯抽采的最低要求，因为在很多情况下即使瓦斯抽采达到基本指标的要求，也并不能保证工作面可以达到安全生产条件。

抽采率是衡量瓦斯抽采效果的重要指标之一，现场工程应用中常用到的抽采率指标主要有煤层瓦斯抽采率、工作面瓦斯抽采率和矿井瓦斯抽采率。煤层瓦斯抽采率是指对采用各种抽采方法对煤层的某一区域进行抽采的瓦斯量占该区域煤层瓦斯储量的百分比。工作面瓦斯抽采率是指工作面回采期间抽采的瓦斯量占工作面瓦斯涌出总量（包括抽采瓦斯量）的百分比。矿井瓦斯抽采率是指矿井生产期间抽采的瓦斯总量占矿井瓦斯涌出总量（包括抽采瓦斯量）的百分比。

3.4.2.1 煤与瓦斯突出煤层的抽采指标

突出煤层的抽采指标主要是残余瓦斯含量和残余瓦斯压力。突出煤层工作面采掘作业前必须将控制范围内煤层的瓦斯含量降到煤层始突深度的瓦斯含量以下或将瓦斯压力降到煤层始突深度的煤层瓦斯压力以下。若没能考察出煤层始突深度的煤层瓦斯含量或压力，则必须将煤层瓦斯含量降到 8 m^3/t 以下，且将煤层瓦斯压力降到 0.74 MPa（表压）以下。即突出煤层工作面必须在采前通过瓦斯抽采区域性消除煤与瓦斯突出危险性。

3.4.2.2 高瓦斯煤层的抽采指标

高瓦斯煤层在开采前的抽采指标主要依据可解吸瓦斯含量。瓦斯涌出量主要来自开采煤层的，采煤工作面前方 20 m 以上范围内煤的可解吸瓦斯量应满足表 3-11 的规定。从表中可以看出，此类高瓦斯工作面必须根据日产量，确定开采煤层的最高可解吸瓦斯含量，即在采前通过开采煤层采前瓦斯抽采方法使煤的可解吸瓦斯含量降到规定指标之下。

表 3-11 采煤工作面回采前煤的可解吸瓦斯含量应达到的指标

工作面日产量/t	可解吸瓦斯量 $W_j/(m^3/t)$
≤1 000	≤8
1 001～2 500	≤7
2 501～4 000	≤6
4 001～6 000	≤5.5
6 001～8 000	≤5
8 001～10 000	≤4.5
>10 000	≤4

3.4.2.3 工作面采中抽采的指标

突出煤层或高瓦斯煤层工作面必须通过采前抽采，并达到规定的抽采指标后，方可进行回采。采煤工作面回采期间瓦斯涌出量主要来自邻近层或围岩时，应采用采中瓦斯抽采方法使采煤工作面瓦斯抽采率满足表 3-12 的规定。从表中可以看出，此类高瓦斯工作面必须根据工作面绝对瓦斯涌出量情况确定工作面的最低瓦斯抽采率。

表 3-12　采煤工作面瓦斯抽采率应达到的指标

工作面绝对瓦斯涌出量 Q/(m^3/min)	工作面瓦斯抽采率/%
$5 \leqslant Q < 0$	≥20
$10 \leqslant Q < 20$	≥30
$20 \leqslant Q < 40$	≥40
$40 \leqslant Q < 70$	≥50
$70 \leqslant Q < 100$	≥60
$100 \leqslant Q$	≥70

3.4.2.4　矿井瓦斯抽采的指标

表 3-13 规定了不同绝对瓦斯涌出量的矿井应达到的最低瓦斯抽采率，即矿井通过各种瓦斯抽采方法(综合抽采)后应达到的最低瓦斯抽采率。

表 3-13　矿井瓦斯抽采率应达到的指标

矿井绝对瓦斯涌出量 Q/(m^3/min)	矿井瓦斯抽采率/%
$Q < 20$	≥25
$20 \leqslant Q < 40$	≥35
$40 \leqslant Q < 80$	≥40
$80 \leqslant Q < 160$	≥45
$160 \leqslant Q < 300$	≥50
$300 \leqslant Q < 500$	≥55
$500 \leqslant Q$	≥60

3.4.3　煤矿采前抽采瓦斯方法

3.4.3.1　地面采前抽采瓦斯方法

1. 地面钻井施工基本程序

地面钻井采前抽采煤层瓦斯的工作程序可分为 6 个部分(图 3-45)：

2. 瓦斯排采技术

煤层气产出过程包括：从煤基质孔隙的表面解吸、通过基质和微孔隙分散到裂隙中、以达西流方式通过裂隙流向井筒运移三个阶段。上述过程发生的前提条件是，煤层压力必须低于气体的临界解吸压力，在煤层气生产中，该条件是通过排水降压来实现的，煤层气产出过程中的气水分布及流动状态如图 3-46 所示。

目前，国内外煤层气排水开采的方法主要有有杆泵法、电潜泵法、螺杆泵法、气举法、水力喷射泵法、泡沫法、优选管柱法等。选用哪种抽采泵更经济有效，要考虑煤层的产能、井

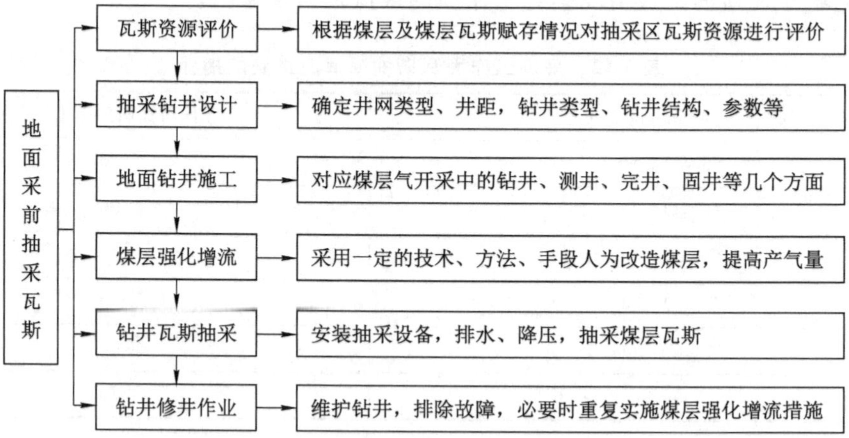

图 3-45 地面钻井采前抽采煤层瓦斯的工作程序

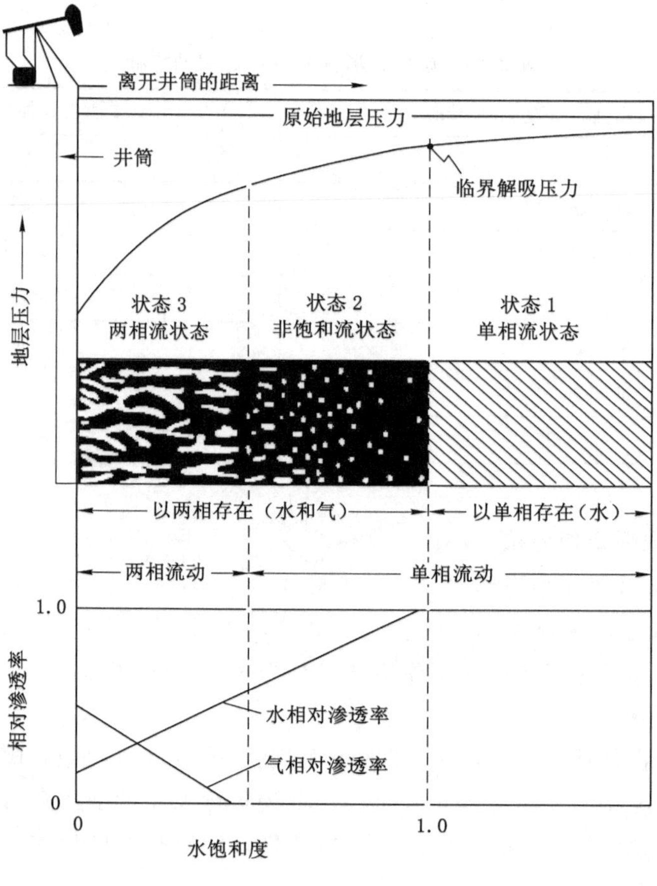

图 3-46 地面钻井煤层气产出及流动过程

深、井深结构、产水量、地层出砂、气体影响等因素，并结合各种排采设备的能力来确定。在考虑技术、工艺、经济和社会等诸多因素的基础上，较适用于中国煤层气排采的举升方式依次是有杆泵和螺杆泵。

3. 水力压裂技术

我国煤层瓦斯压力大、煤质松软、渗透率低，难以直接抽采。为更有效、更快速地开发煤层气，必须对煤层进行强化处理，以改善煤层的物性条件。水力压裂是应用地面高压泵车，以高于煤层吸收的速度，以较高的压力从钻井的套管或油管内向井下注入压裂液；液体压力升高至一定程度，煤层破裂，形成数条裂缝；为使裂缝系统维持开启状态，压裂时注入大颗粒的固体支撑剂，并使之留在裂缝中，起支撑裂缝及保持裂缝高渗透率的作用，最终达到提高煤层气产量的目的，如图3-47所示。

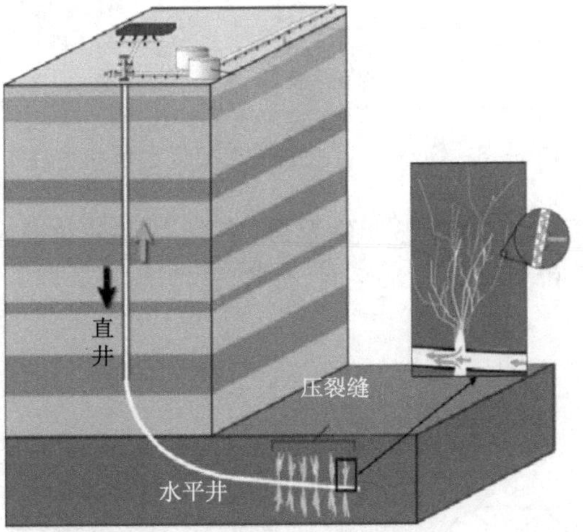

图3-47 水力压裂示意图

(1) 压裂液

按压裂液在压裂过程中的用途，压裂液分为前置液、携砂液及顶替液。前置液是最初入井的压裂液，作用是压开地层并造成一定几何尺寸的裂缝以备携砂液进入；携砂液将支撑剂(砂子)带入裂缝，并将支撑剂输送到固定位置上；顶替液是将井筒中的携砂液顶入裂缝中。选择压裂液时要考虑液体的性质、地层性质、摩擦压力、滤失性能和经济效益。最常用的压裂液是清水中加入添加剂，添加剂的类型较多，如稠化剂、交联剂、黏土稳定剂、pH值调节剂、破胶剂、活化剂和杀菌剂等。

(2) 支撑剂的选择

支撑剂的作用是使压裂产生的裂缝能够维持在开启状态，在裂缝中形成一条高导流能力的通道，以利于煤层瓦斯的解吸、流出。选择时应考虑支撑剂必须能够进入煤层，并保持不会回流，同时要阻止煤粉的回流。根据煤层压裂混合裂缝的特点，通常选用粒径在0.4～0.8 mm、0.8～1.2 mm的支撑剂，其圆度和球度较高，在破碎前可承受较大的载荷。目前的支撑剂一般使用石英砂，其性能良好，特别适用于低温煤层气生产井。

(3) 压裂施工工艺

水力压裂施工需要专用的压裂泵、加砂器等装备，一般采用专业压裂车队进行施工。在施工前必须有专门的压裂施工设计，压裂施工过程一般分为打前置液、加支撑剂、打替置液等阶段。

4. 新型地面钻井类型

(1) 地面多分支水平井抽采瓦斯

美国最突出的钻井技术是CDX公司的多分支井技术，如图3-48所示。该技术适用于发育良好、有连通的割理系统、各向异性较强、煤层厚度较大且相对稳定的煤层施工。

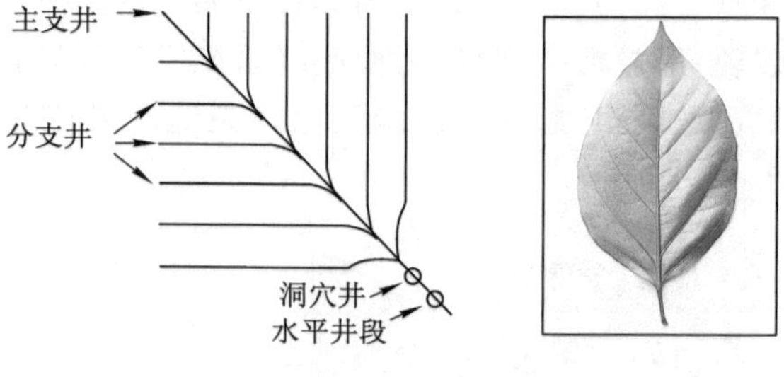

图3-48　CDX公司的多分支羽状水平井示意图

多分支水平井按水平段几何形态可分为：集束分支水平井、径向分支水平井、反向分支水平井、叠状分支水平井和羽状分支水平井，如图3-49所示。

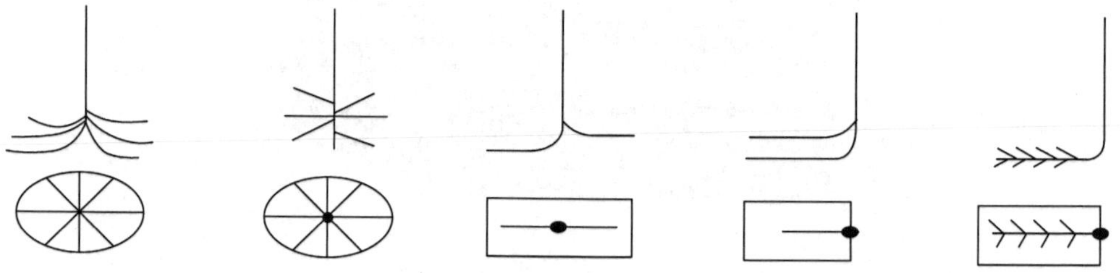

(a) 集束分支水平井　(b) 径向分支水平井　(c) 反向分支水平井　(d) 叠状分支水平井　(e) 羽状分支水平井

图3-49　多分支水平井分类图

(2) 煤中多元气体驱替抽采瓦斯

气体驱替煤层气的概念来源于减少温室气体排放的CO_2煤层封存技术。CO_2煤层封存过程中不仅减少了温室气体的排放，同时还大幅度提高了煤层气的采收率。注气增产主要是通过向煤层中注入其他气体，其实质是向煤层注入能量，改变压力传导特性和增大扩散速率，从而提高单井产量和采收率。

针对我国煤层渗透率普遍较低、纯CO_2驱替的缺点，以及不开采煤层与要开采煤层难以界定的特点，提出了混合气体驱替煤层气。混合气体驱替煤层气技术是指通过注气钻孔向煤层注入混合气体(CO_2、N_2、空气、烟道气等)，利用注入气体的置换作用和增渗作用，促进煤层气解吸并驱赶煤层气流向抽采钻孔，如图3-50所示。混合气体驱替煤层气的特点是：① 混合气体以N_2为主要成分；② N_2驱替后，煤层收缩有增渗作用，对于低渗透煤层具有重要意义；③ N_2的突出危险性远小于煤层气和CO_2；④ 气源近，无须提纯，能大幅度减少成本。

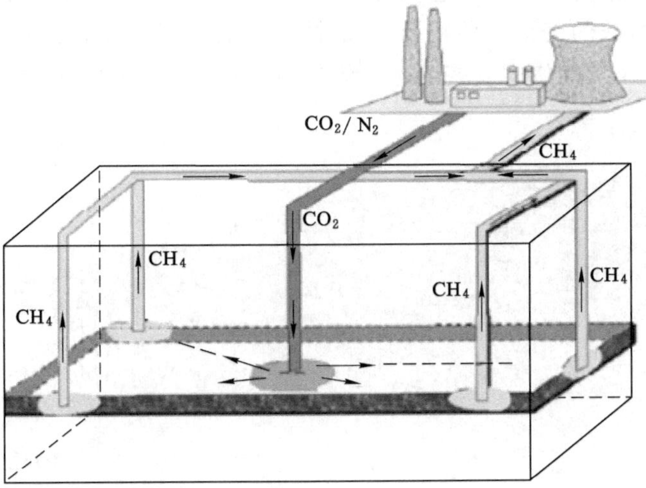

图 3-50 混合气体驱替煤层气技术示意图

3.4.3.2 本煤层采前抽采瓦斯方法

1. 穿层钻孔采前抽采瓦斯方法

穿层钻孔抽采瓦斯方法主要有底板岩巷大面积穿层钻孔采前抽采煤层瓦斯与底板岩巷密集穿层钻孔采前抽采煤巷条带瓦斯两种。

(1) 底板岩巷大面积穿层钻孔采前抽采煤层瓦斯

底板岩巷大面积穿层钻孔采前抽采煤层瓦斯是在工作面煤层底板岩层中布置一条或两条岩巷，在岩巷内每隔一定距离施工一个钻场，在钻场内向煤层施工网格式的上向穿层钻孔，钻孔布置如图 3-51 所示。

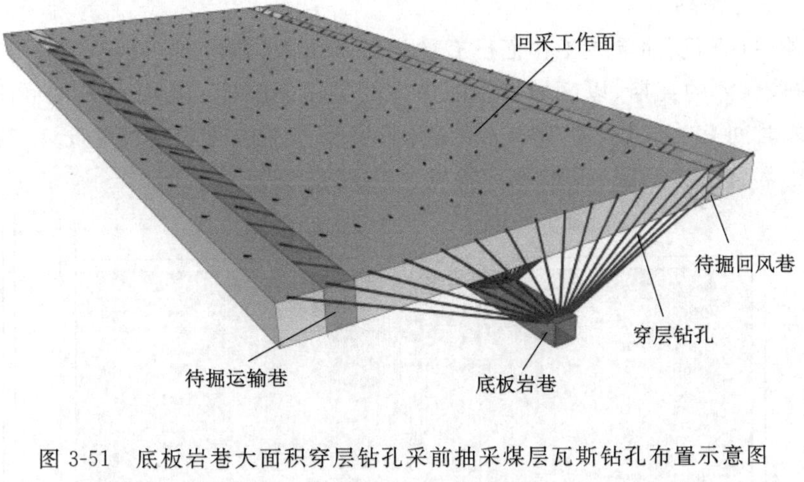

图 3-51 底板岩巷大面积穿层钻孔采前抽采煤层瓦斯钻孔布置示意图

(2) 底板岩巷密集穿层钻孔采前抽采煤巷条带瓦斯

底板岩巷密集穿层钻孔采前抽采煤巷条带瓦斯是在工作面煤巷(机巷、切眼、风巷)15～25 m 左右的岩层中，布置底板岩巷，构成全负压通风系统；然后在底板岩巷中每隔一定距离布置一个钻场，在钻场中向工作面煤巷位置及煤巷两边需控制范围(《防突细则》对钻孔控制范围的要求)施工网格式的密集穿层钻孔，采前抽采煤巷条带瓦斯，力争在较短的时间内区域性消除工作面煤巷及其周围需要控制范围煤体危险性，使之具备煤巷掘进的条件，钻孔布置如图 3-52 所示。

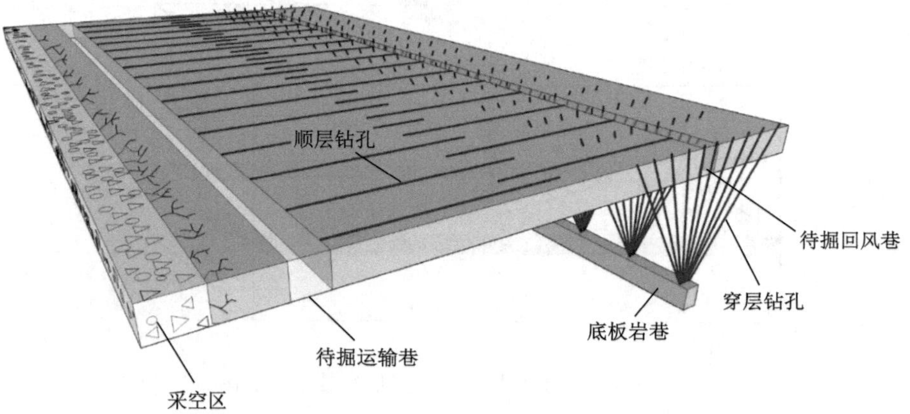

图 3-52　底板岩巷密集穿层钻孔条带预抽钻孔布置示意图

以上的煤巷条带采前抽采方法适应于工作面倾斜，上、下均为实体煤的条件。底板岩巷密集穿层钻孔煤巷条带预抽可在较短的时间内消除煤巷条带的突出危险性，为尽早进入突出煤层、继续采取顺层钻孔预抽消除工作面突出危险赢得了时间。因此，该方法通常结合工作面顺层钻孔预抽一并采用，具有广泛的适应性，是目前不具备保护层开采条件的突出煤层区域性瓦斯治理的主要方法。

2. 顺层钻孔抽采瓦斯方法

(1) 顺层钻孔预抽

工作面顺层钻孔预抽是在工作面已有的煤层巷道内，如机巷、风巷、切眼等，向煤体施工顺层钻孔，抽采煤体的瓦斯，以区域性消除煤体的突出危险性。顺层钻孔的间距与钻孔的抽采半径和抽采时间有关，通常为 2～5 m；钻孔长度根据工作面倾向长度设计，且保证钻孔在工作面倾斜中部有不少于 10 m 的压茬长度，如图 3-53 所示。

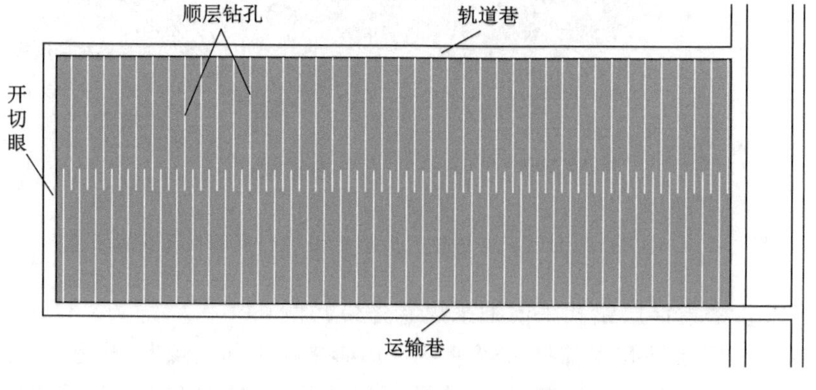

图 3-53　工作面倾向顺层钻孔布置示意图

采用工作面顺层钻孔采前抽采方法时，顺层钻孔均为煤孔，钻孔利用率高。但顺层钻孔施工对煤层赋存条件要求较高，适用于顶底板起伏小、不含夹矸或夹矸厚度小的煤层。

(2) 顺层钻孔条带预抽

顺层钻孔条带预抽是在工作面掘进的过程中，采用顺层钻孔采前抽采煤巷和煤巷周围需控制范围煤体的瓦斯，待区域性地消除钻孔控制范围的突出危险性后再进行掘进工作，保障煤巷掘进工作的安全，如图3-54所示。

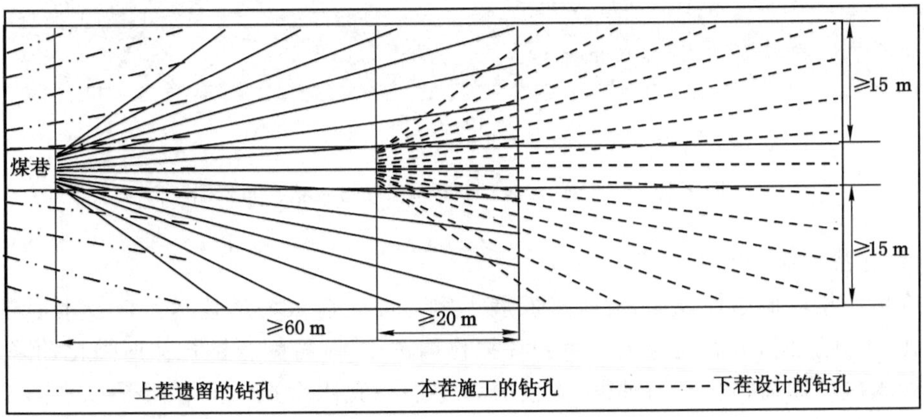

图3-54 采前抽采煤巷条带钻孔布置平面示意图

3. 定向长钻孔抽采瓦斯

目前国内煤层长钻孔施工多采用孔底马达式定向千米钻机，定向水平钻进原理如图3-55所示。

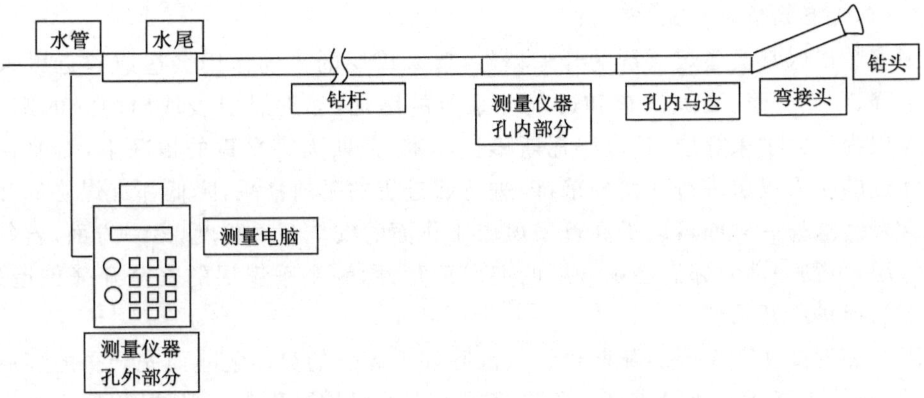

图3-55 定向水平钻进原理图

山西亚美大宁能源有限公司（简称“大宁矿”）3号煤层具有煤层倾角小、透气性高、易于成孔、瓦斯含量高等特点，这种地质条件比较适合大面积定向顺层长钻孔预抽区段煤层瓦斯技术，递进掩护，可以实现煤巷条带和回采区域的瓦斯抽采，其105和106工作面钻孔布置如图3-56所示。

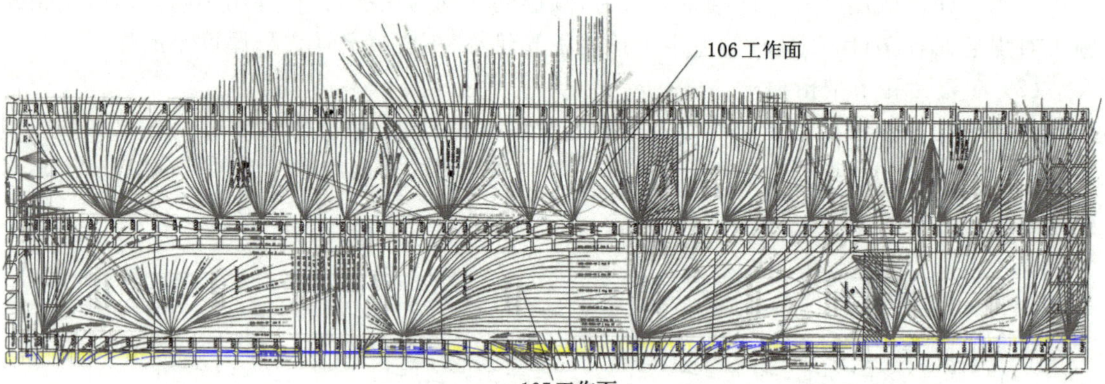

图 3-56 大宁矿 105、106 工作面顺层长钻孔布置图

4. 卸荷强化抽采瓦斯

对于单一松软低透性煤层，近年来发展了水力冲孔造穴增透技术。该技术通过高压水冲刷钻孔，形成孔洞，进而使煤层产生卸荷损伤增透作用，再配合钻孔瓦斯强化抽采，可实现低透气性煤层的卸荷强化瓦斯抽采，主要分为穿层钻孔水力造穴和顺层钻孔水力造穴。穿层水力造穴瓦斯抽采方法是指通过穿层钻孔深入目标区域煤层中，并采用高压水射流作为动力冲出大量的构造煤，从而实现目标区域内大范围造穴以及煤体卸荷损伤的瓦斯抽采方法，主要分为 3 个施工步骤：① 底板岩巷的施工；② 穿层钻孔的施工；③ 一体化水力造穴及卸压瓦斯抽采。顺层水力造穴瓦斯抽采方法是指通过顺层钻孔深入目标区域煤层中，并采用高压水射流作为动力冲出大量的构造煤，从而在目标区域内实现大范围造穴及煤体卸荷损伤的瓦斯抽采方法。

3.4.3.3 邻近层采前抽采瓦斯方法

我国多数矿区都具备煤层群的开采条件，首采煤层的采动作用会造成邻近可采煤层的地应力下降、移动变形、裂隙发育和透气性系数的增加，邻近煤层表现出明显的卸压特征。在邻近煤层为矿井主采煤层，且煤层瓦斯赋存丰富、瓦斯灾害严重的情况下，需要在卸压状态下对邻近的主采煤层进行瓦斯抽采，即进行邻近层的采前抽采，降低邻近煤层的瓦斯压力和瓦斯含量。这样一方面可以提高首采煤层工作面的安全开采程度，另一方面，若邻近煤层为突出煤层，可彻底消除邻近主采煤层的突出危险性，为主采煤层的安全开采创造条件，上述技术即为保护层开采技术。

为降低邻近高瓦斯煤层的瓦斯含量或消除邻近煤层的突出危险而先开采的煤层或岩层称为保护层；位于高瓦斯煤层或突出危险煤层上方的保护层称为上保护层，位于下方的称为下保护层。

1. 邻近层（被保护层）瓦斯抽采技术原理

首采煤层（保护层）工作面开采之后，采空区顶（底）板邻近煤岩层发生破坏、移动和变形，采空区顶板内由下至上逐渐形成垮落带、断裂带和弯曲带，采空区底板受到采动影响的煤岩层分为底鼓裂隙带和底鼓变形带两个带。

处在不同分带内的邻近煤层裂隙发育状态、透气性变化、瓦斯的解吸及流动条件均不相同，表 3-14 给出了保护层顶（底）板不同分带内煤层的裂隙发育特征、膨胀变形大小及透气性增加倍数。针对上述情况需选用不同的瓦斯抽采工艺及参数对邻近煤层进行卸压瓦斯抽采，有效降低煤层瓦斯含量，彻底消除邻近煤层的突出危险性，实现突出煤层的安全高效开采。

表 3-14　不同分带裂隙发育特征、膨胀变形及邻近煤层透气性变化

煤层所处位置	裂隙分带	裂隙特性	煤层瓦斯流动特性	影响范围	煤层膨胀变形	煤层透气性增加倍数
采空区顶板	弯曲带	以顺层裂隙为主	瓦斯层内流动活跃	裂隙带上部直至地面	>10‰	>1 000 倍
	断裂带	穿层裂隙和顺层裂隙均发育充分	层内瓦斯流动活跃，且具备流向开采工作面的条件	上限为采高的 12～22 倍		
	垮落带	垮落岩石堆积，存在较大的裂隙通道	瓦斯解吸，流入开采工作面	上限为采高的 4～6 倍		
采空区底板	底鼓裂隙带	穿层裂隙和顺层裂隙发育均较充分	瓦斯流动活跃，且具备流向开采工作面的条件	下限为 15～25 m	>3‰	>300 倍
	底鼓变形带	以顺层裂隙为主	瓦斯层内流动活跃	下限为 50～60 m		

注：对于下保护层开采而言，上被保护层位于弯曲带和断裂带内才具有开采价值。

2. 邻近层瓦斯抽采方法选择

由于不同的裂隙分带内裂隙发育程度不同，位于各带内的被保护煤层有着不同的裂隙特征，而被保护层的卸压瓦斯流动与汇集受制于煤层的裂隙发育特征，且考虑到上、下被保护层与保护层的位置关系，决定了处于不同分带的被保护层需选用不同的卸压瓦斯抽采方法，邻近煤层卸压瓦斯抽采方法见表 3-15，各方法抽采示意图如图 3-57 所示。

表 3-15　邻近层卸压瓦斯抽采方法

类型	被保护层所处层位		抽采方法	备注
下保护层	顶板层位	弯曲带	顶板或底板巷道网格式上向穿层钻孔法、地面钻井法	可根据需要选取一种方法或多种方法组合使用
		断裂带	走向高位钻孔法、倾向高位钻孔法、沿空留巷钻孔或采空区埋管法、走向长钻孔法、走向高抽巷法、倾向高抽巷法、地面钻井法	
上保护层	底板岩层		顶板或底板巷道网格式上向穿层钻孔法、走向高抽巷法及沿空留巷钻孔法	

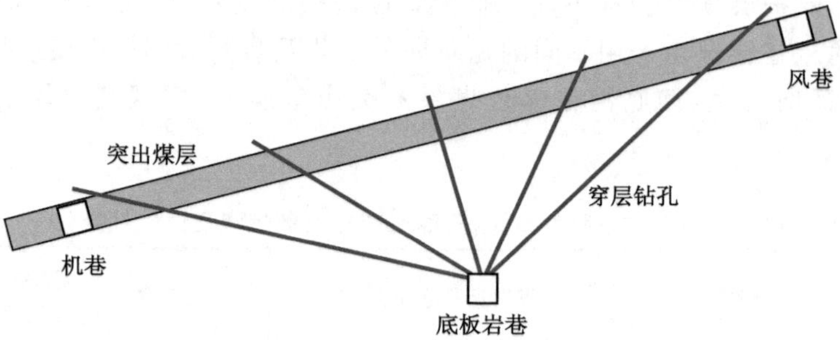

（a）底板岩巷网格式上向穿层钻孔抽采剖面图

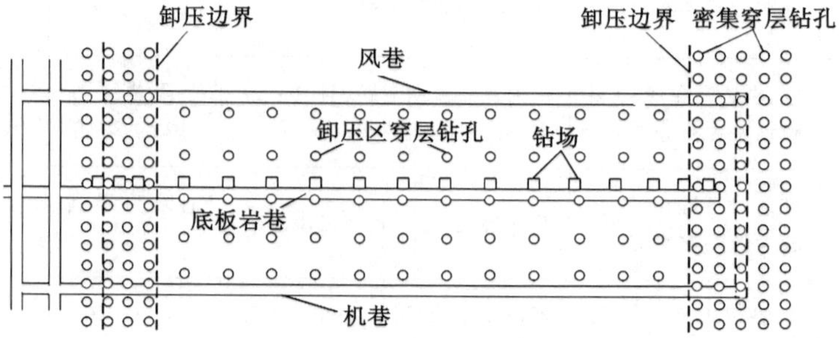

（b）底板岩巷网格式上向穿层钻孔抽采平面图

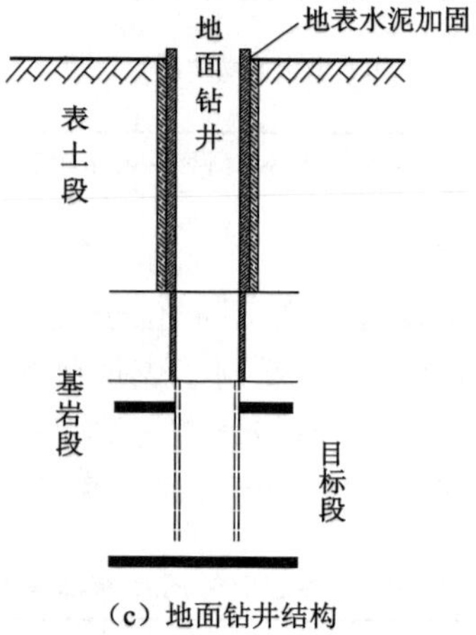

（c）地面钻井结构

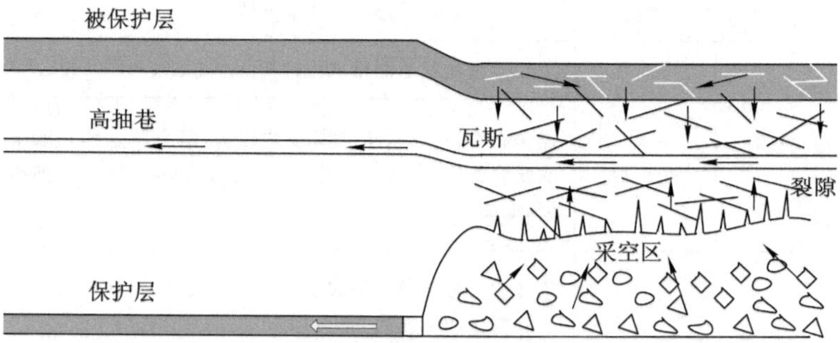

（d）被保护层处于裂隙带条件的高抽巷瓦斯抽采

图 3-57　各类主要邻近煤层卸压瓦斯抽采方法布置图

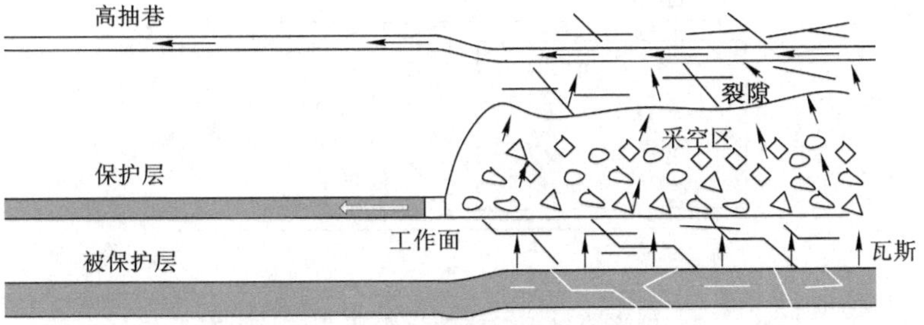

（e）近距离上保护层开采条件高抽巷瓦斯抽采

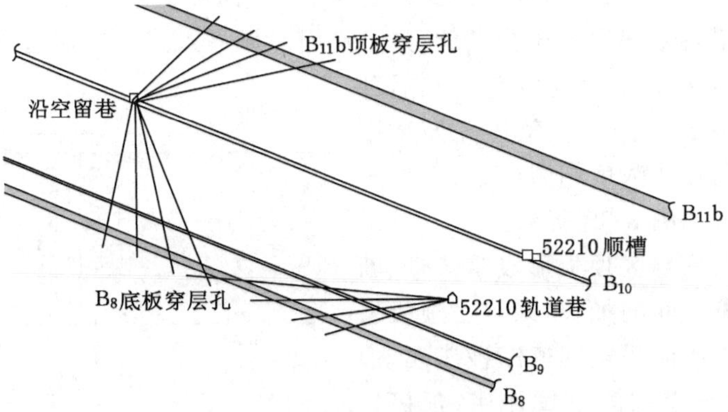

（f）沿空留巷穿层钻孔布置

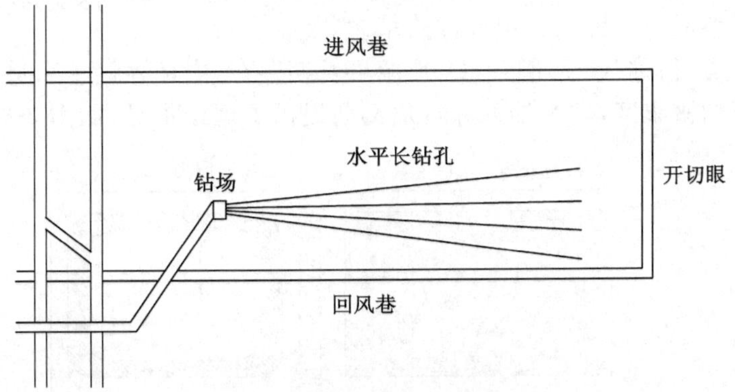

（g）井下水平长钻孔布置

图 3-57 （续）

3.4.4 煤矿采中抽采瓦斯的方法

在高瓦斯矿区常见的通风方式包括 U 形通风和 Y 形通风。U 形通风包括一条进风巷道和一条回风巷道，部分风量从工作面下部漏风进入采空区后，然后从工作面上部携带瓦斯排出进入回风巷，造成上隅角附近瓦斯浓度较高，另外，由于采空区后部瓦斯没有排放通道，随着工作面的开采采空区后部积聚有大量高浓度瓦斯，如图 3-58 所示。为防止上隅角瓦斯超限，常采用采空区埋管、上隅角插管、顶板走向钻孔等措施抽采瓦斯。

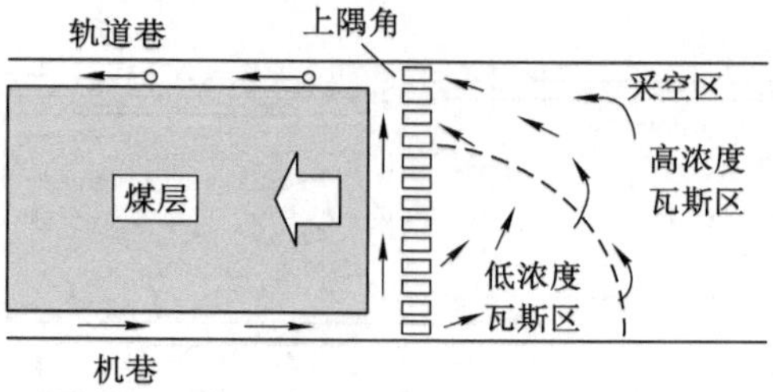

图 3-58　U 形通风采空区空气流动及瓦斯浓度分布

Y 形通风包括两条进风巷道和一条回风巷道，工作面侧机巷、轨道巷进风，采空区侧沿空留巷回风，沿空留巷尾部通风压力最低，则工作面漏风进入采空区后携带瓦斯向沿空留巷尾部方向运移，造成采空区沿空留巷侧及后部瓦斯浓度较高，而靠近工作面侧整体瓦斯浓度较低，不存在上隅角瓦斯浓度超限问题，有助于工作面的开采安全，如图 3-59 所示。

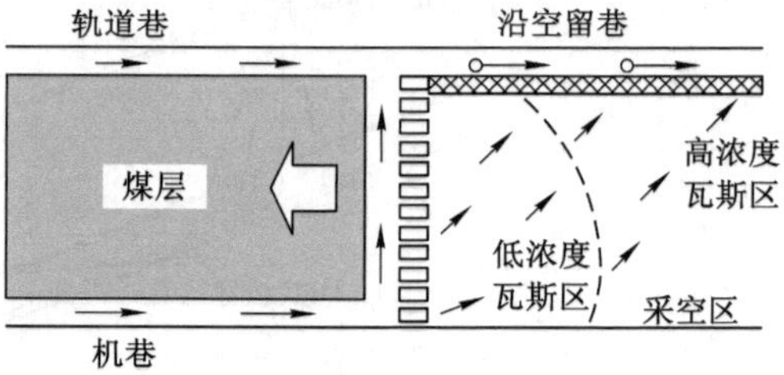

图 3-59　Y 形通风采空区空气流动及瓦斯浓度分布

工作面开采后，采空区顶板形成垮落带、断裂带和弯曲带，随着时间的加长，采空区顶板岩层移动逐渐稳定，工作面采空区逐渐被压实，但在采空区的四周由于煤柱的支撑作用，顶板岩层内的压缩程度要小于采空区中部，就会在采空区顶板四周形成一个由裂隙组成的连续封闭的瓦斯储运通道，俗称“O”形圈。“O”形圈可长期存在，内部存储了大量的高浓度瓦斯，该区域为顶板瓦斯的富集区，这为抽采邻近层瓦斯提供了理论指导，如图 3-60 所示。

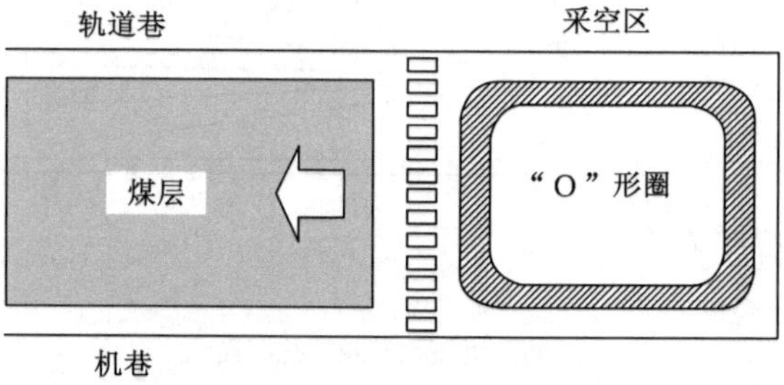

图 3-60　采空区顶板“O”形圈分布

通过前面的分析可知，工作面开采期间涌出的瓦斯有着不同的来源，从大的方面讲包括邻近层瓦斯涌出和本煤层瓦斯涌出，其中邻近层瓦斯涌出和本煤层瓦斯涌出的部分瓦斯进入采空区，通过采空区涌入工作面。根据煤层瓦斯分源治理思想，针对不同的瓦斯来源，采取不同的瓦斯治理措施，对各源头进行瓦斯抽采，控制涌入采掘空间的瓦斯量，在一定通风量的情况下保证采煤工作面瓦斯浓度处于较低水平。采煤工作面分源瓦斯治理如图 3-61 所示，图 3-62 给出了各类主要采中瓦斯抽采方法的布置。

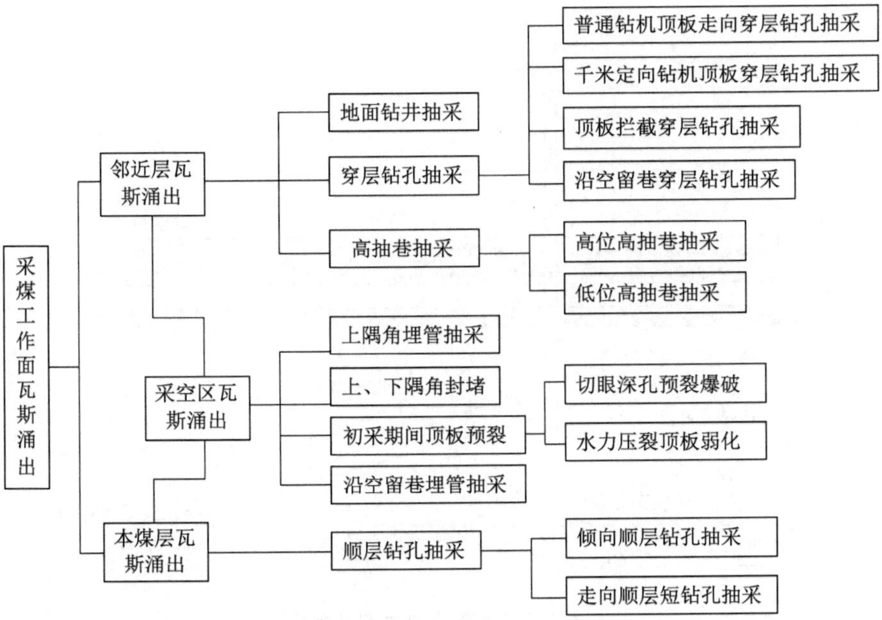

图 3-61　采煤工作面分源瓦斯治理框图

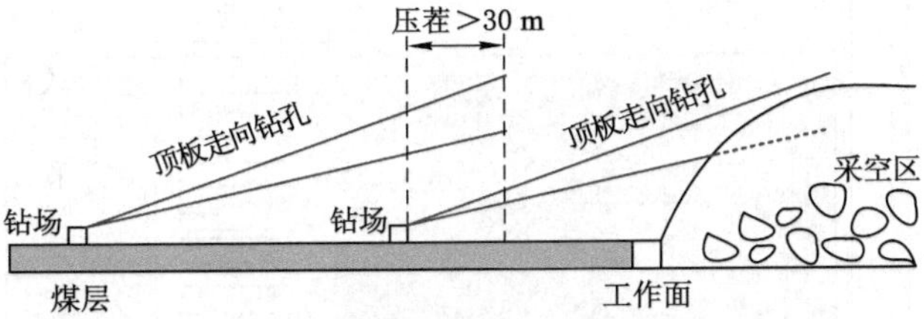

（a）顶板走向钻孔布置

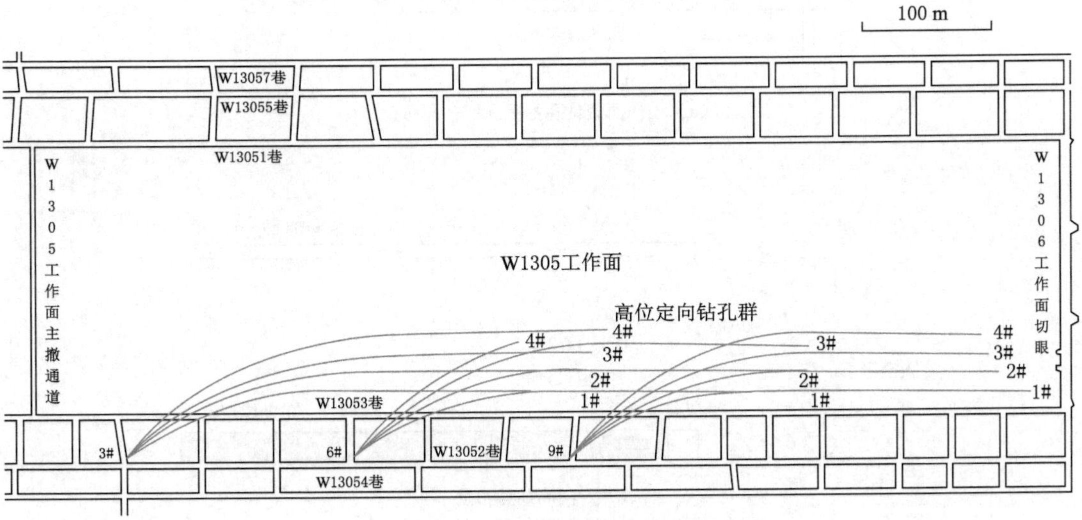

（b）定向钻孔顶板走向钻孔布置

图 3-62　各类主要采中瓦斯抽采方法布置图

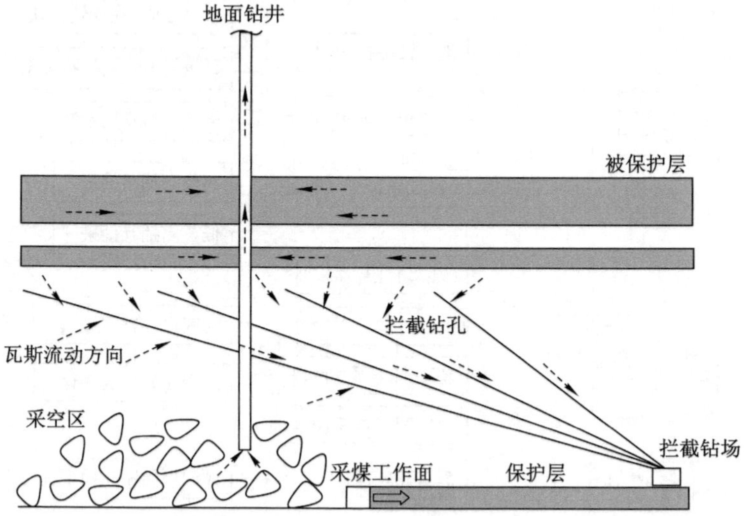

（c）卸压瓦斯层间拦截钻孔布置

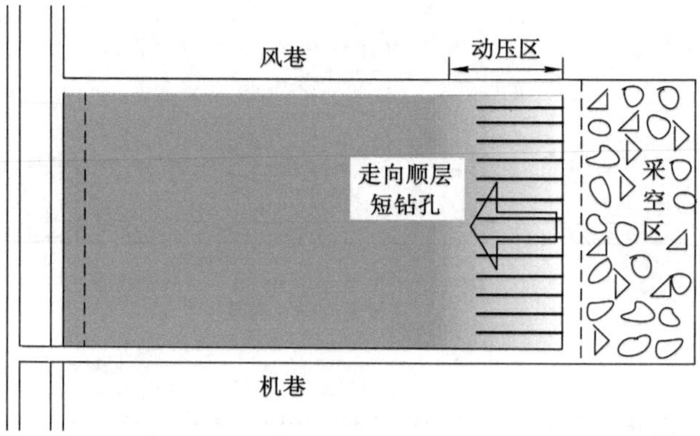

（d）工作面短钻孔抽采瓦斯钻孔布置

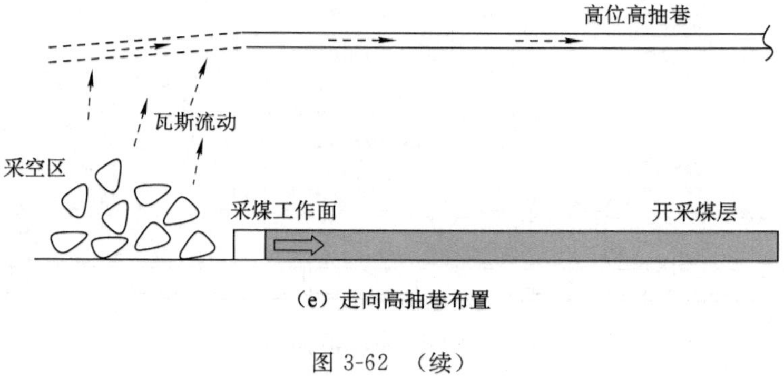

（e）走向高抽巷布置

图 3-62 （续）

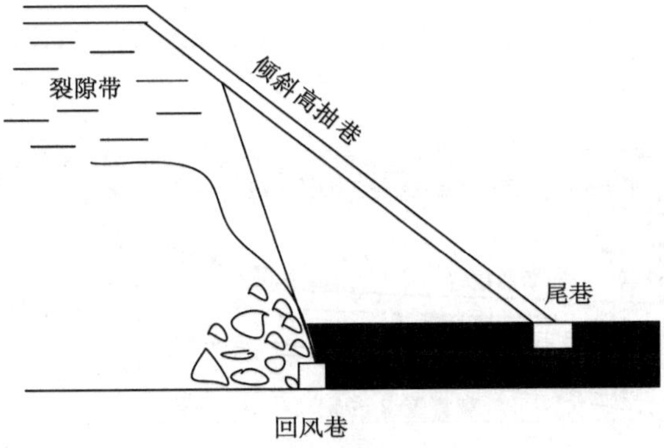

（f）倾斜高抽巷布置

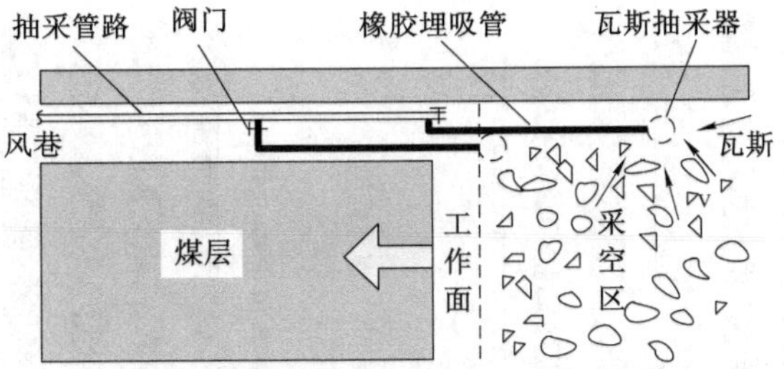

（g）采空区埋管瓦斯抽采

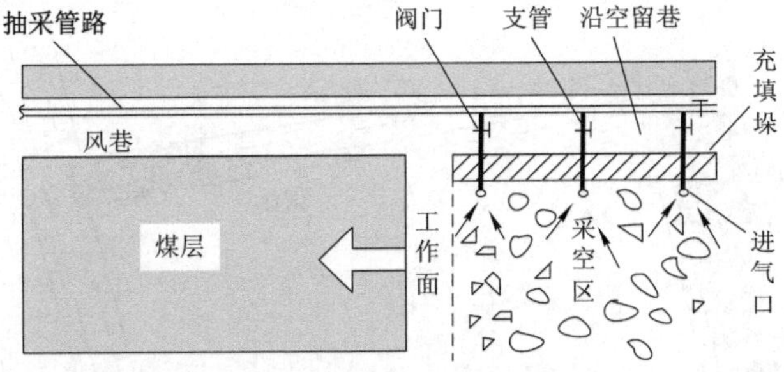

（h）沿空留巷采空区埋管

图 3-62 （续）

3.4.5　煤矿采后抽采瓦斯的方法

（1）井下抽采瓦斯方法

井下采空区瓦斯抽采是在采煤工作面回采结束后、封闭前在该工作面的高瓦斯赋存区域预埋管或打钻，然后再充填、构筑密闭封闭该工作面抽取瓦斯的一种方法，这是一种普遍使用的传统方法，许多矿井都使用这种方法。这种方法的优点是灵活、方便，不需要做太多的井下工程就可以实现，见图 3-63。

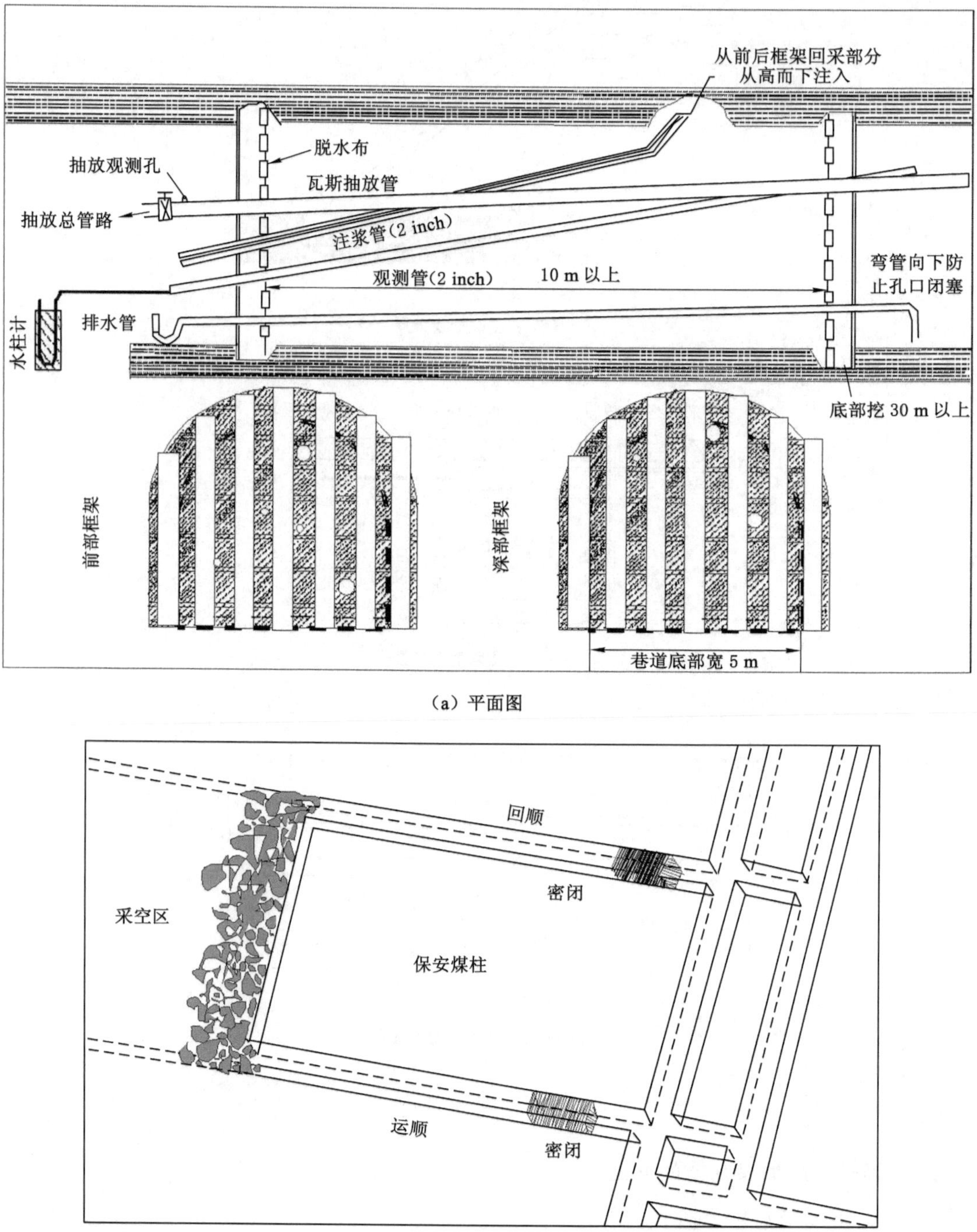

（a）平面图

（b）剖面图

图 3-63　采场封闭工程布置图

（2）地面钻井抽采瓦斯方法

常用的地面钻井钻进工艺主要包括水液钻进及空气动力钻进两大类。为避免水液钻进钻井液堵塞老空区裂隙带和垮落带气体运移通道，采空井选用潜孔锤钻头空气钻进技术，使用压缩空气作为循环介质，钻井设备采用空气动力钻机。考虑到密闭老空区内钻进坍塌现象和含水层封堵，采空区钻井的井身设计为三开，井身结构如图 3-64 所示。

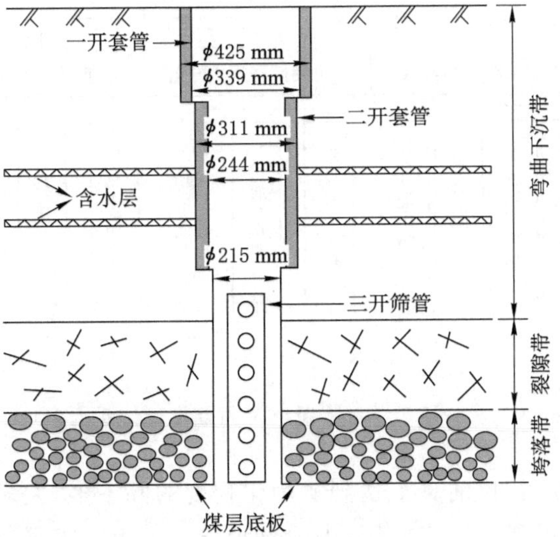

图 3-64　井身结构图

3.5　煤矿瓦斯灾害防治智能化建设

煤矿瓦斯灾害智能监测、预警及安全管控系统建设以瓦斯灾害信息自动监测监控、智能识别为支撑，考虑到不同风险因素对瓦斯灾害作用的时空效应，构建跨时空、多参量瓦斯灾害预警指标体系，并采用大数据技术研究瓦斯灾害相关信息之间的关联，建立具有自分析能力的多源数据融合瓦斯灾害风险判识方法及预警模型，并在此基础上开发煤矿瓦斯灾害智能预警系统，主要包括多级瓦斯地质动态分析系统、瓦斯抽采达标在线评价系统、瓦斯涌出特征动态分析系统、瓦斯超限预警系统、瓦斯防治信息系统等，能够对井下各工作面瓦斯灾害危险状态和发展趋势进行在线监测、智能分析、综合评价、超前预测预警以及智能管控，为矿井高效、精准防治瓦斯灾害提供了有力支撑。

3.5.1　煤矿瓦斯灾害预警

（1）瓦斯突出预警

瓦斯突出预警技术是指在事故理论、预警理论、煤与瓦斯突出防治理论的指导下，对煤矿各职能部门监测和随时掌握的安全信息进行有效辨识和监测，在此基础上进行综合分析和计算，对每个工作面突出危险状态和发展趋势进行整体评价，并根据评价结果发出预警信号和响应对策的技术。通过突出危险状态和发展趋势这 2 个方面的预警分析，不仅能了解到工作面目前所处的突出危险性的状态，而且还能得知其未来发展趋势，并将预警结果实现集中显示，起到超前提醒和实时预警的作用，从而为矿井进行瓦斯突出灾害的防治提供决策依据。煤与瓦斯突出预警指标体系框架如图 3-65 所示，该框架全面反映工作面客观危险性、防突措施重大缺陷和管理重大隐患 3 方面因素。按照目的性、科学性、系统性、超前性和可行性原则，从多方面入手，进行多因素、多指标预警。

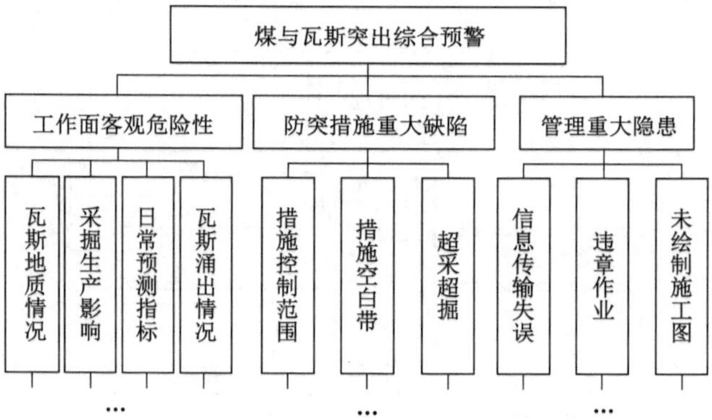

图 3-65　煤与瓦斯突出预警指标体系框架

在突出预警系统方面，目前真正达到实用化程度的并不多，大多数系统难以满足现场实际需求，只有少数系统得到了推广应用，中国煤炭科工集团重庆研究院有限公司研发的突出综合预警系统和中国矿业大学研发的声、电、瓦斯突出监测预警系统是典型代表。中国矿业大学针对原有声电监测技术自动化程度低、不能自动识别干扰及预警对人工依赖大等问题进行了深入研究与攻关，提出了智能声-电-瓦斯综合监测预警技术，初步建立了突出远程智能监测预警系统。该系统基于 GIS 平台开发，采用组件式架构，由瓦斯地质分析、钻孔轨迹监测、抽采达标评判、防突动态管理、瓦斯涌出分析、矿压监测分析、隐患排查管理等子系统和预警信息平台构成，各子系统既可独立运行，提供相应专业的信息管理和辅助分析功能，也可联合运行，实现突出多源信息动态监测与采集、在线分析与预警和预警结果实时发布。该系统实现了对采掘过程中突出危险的连续监测，同时可智能识别井下机电设备的干扰，显著提高了监测数据的稳定性。该系统可在远程条件下对多指标进行自动分析，综合判断采掘过程中的突出危险性并做出预警提示。

整体而言，近年来我国在突出灾害预警技术领域取得了较大进步，为煤矿突出灾害防控提供了有力支撑，但是受煤矿开采条件复杂多变等因素影响，仍存在较大的局限性，在多源信息融合处理、预警模型自适应调整、预警系统智能化、预警结果准确性等方面有待进一步提升。

(2) 瓦斯爆炸预警

煤矿瓦斯爆炸事故的监控预警系统主要是以互联网为基础，对煤矿企业工作的各部门包括人员、设备、环境、资源等进行实时的监控和管理。利用当前全方面覆盖的网络来实现实时感知和控制，实现煤矿生产内部人员、设备等方面的协同管理，为整个煤矿企业的安全生产发展保驾护航。该系统主要是基于物联网技术，从设计思想上把系统设定为三个层面，主要包括感知层、传输层和应用层。

整体而言,现阶段我国对煤矿瓦斯爆炸灾害预警技术的研究以预警指标和预警模型居多,预警系统大多还处于设计阶段和试验阶段,还没有达到实用化程度。目前,煤矿现场应用最多的还是通过安全监控系统对瓦斯超限进行监测报警,来实现瓦斯爆炸风险的超前提醒。

3.5.2 煤矿瓦斯抽采智能化建设

在智能煤矿建设背景下,瓦斯抽采作为煤矿瓦斯灾害的治本之策,瓦斯智能抽采将成为解决深部开采瓦斯灾害防治难题,提升煤矿安全生产水平的技术关键,是智能煤矿的重要组成部分。

目前我国煤矿瓦斯抽采技术的智能化水平还十分低下,整体处于起步阶段,急需将现代信息技术融入煤矿瓦斯抽采领域,逐步实现瓦斯抽采的信息化、自动化、智能化。面向煤矿瓦斯抽采钻孔设计、钻孔施工、煤层增透、钻孔封孔、抽采系统调控与维护、抽采达标评判等应用场景,充分采用矿山物联网、大数据、云计算、煤矿5G、人工智能等技术,突破动态透明瓦斯地质、钻孔智能设计、打钻-封孔-接抽一体化机器人、抽采管网自主调控与故障诊断、抽采达标智能评判等关键技术,形成具有精准感知、自主学习、自主决策、自主控制、自动适应能力的自动化、智能化装备及系统,实现瓦斯抽采全过程的少人化甚至无人化作业,是煤矿瓦斯智能抽采的发展趋势。

3.5.2.1 瓦斯智能抽采总体架构

智能抽采是将信息化、自动化、智能化技术充分融入瓦斯抽采中,在少人干预甚至无人干预的情况下,自主完成从抽采钻孔设计到抽采达标评判的整套瓦斯抽采作业,达到安全、高效、经济的抽采瓦斯。即抽采系统具有自我诊断、判识能力,并根据判识结果,采取相应的措施,使系统达到自适应,同时具有自我学习能力,通过对新的环境和新运行条件的学习和适应,使系统合理高效安全地运行。

从统筹性、先进性、开放性、适用性等角度综合考虑,智能瓦斯抽采的技术框架和系统总体框架如图3-66所示,总体概括为"4层面 + 4体系",其中"4层面"包括感知控制层、传输层、数据层、应用层;"2体系"分别为信息标准体系和信息安全体系。各部分既相对独立,又彼此关联、相互依托,形成有机的整体。

应用层是整个智能瓦斯抽采系统的最终归宿。通过分析智能化背景下矿井瓦斯抽采业务需求,确立设备监控、运维管理、业务管理和抽采智能安全四大系统及功能。数据层主要负责瓦斯抽采多源、海量数据的汇集存储、集成管理和分析挖掘,为各类瓦斯抽采应用提供支撑,是整个平台的基础。传输层位于感知控制层与数据层之间,是二者交流的桥梁,在智能瓦斯抽采系统中扮演着信息高速公路的角色。感知控制层位于整个架构的最底部,处于智能抽采系统的末端位置,负责瓦斯抽采相关信息的感知和指令的执行。

3.5.2.2 瓦斯智能抽采系统组成

瓦斯智能抽采系统是智能抽采的保障,它主要由数据感知模块、通信传输模块、数据处理与决策模块、控制模块等部分组成。数据感知模块包括瓦斯流量、瓦斯体积分数、CO体积分数、温度、负压、阀门开度等传感器,这些传感器实时获取数据,并通过通信传输模块的井下无线网络、工业以太网、地面云服务平台将抽采系统各部分串联起来,将相关数据传输到数据处理及决策模块,经过相关算法模型计算分析处理后,得出抽采系统各部分协同优化调控方法。最后,处理结果通过客户端与用户交互,并反向传递到控制模块,控制井下各部分瓦斯抽采钻孔、支管钻孔集群、主管路的抽采工况，以实现实时协同调控。瓦斯智能抽采系统如图 3-67 所示。

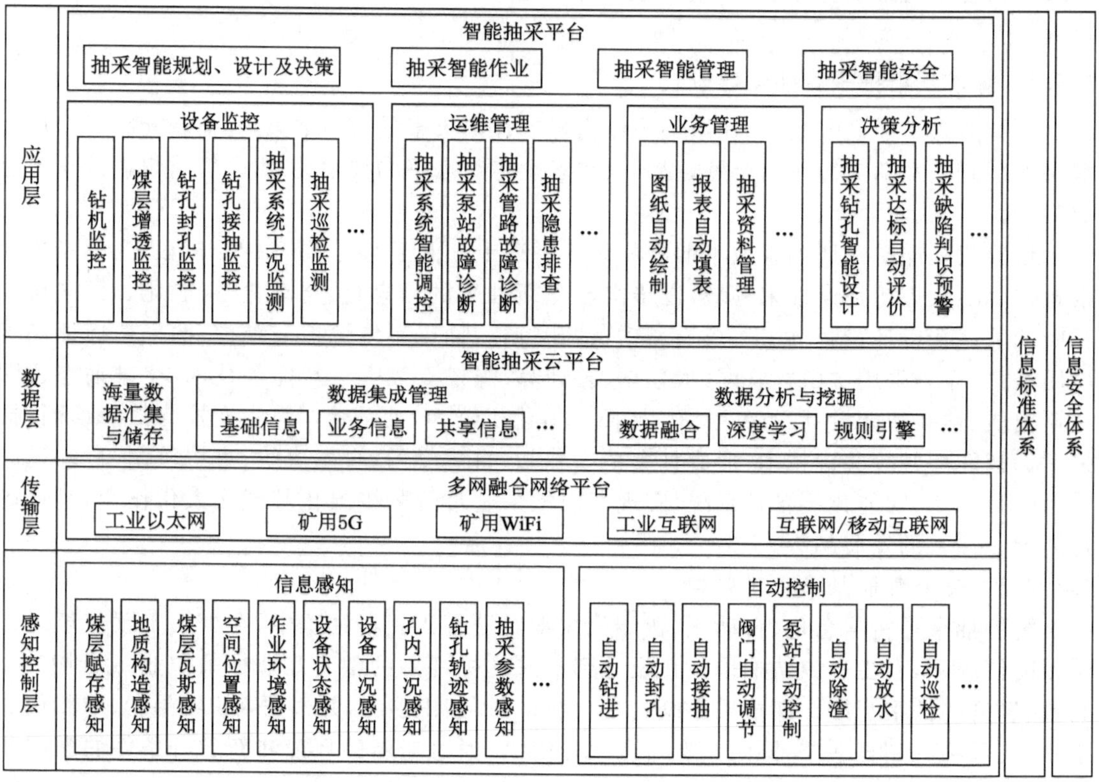

图 3-66 瓦斯智能抽采总体架构

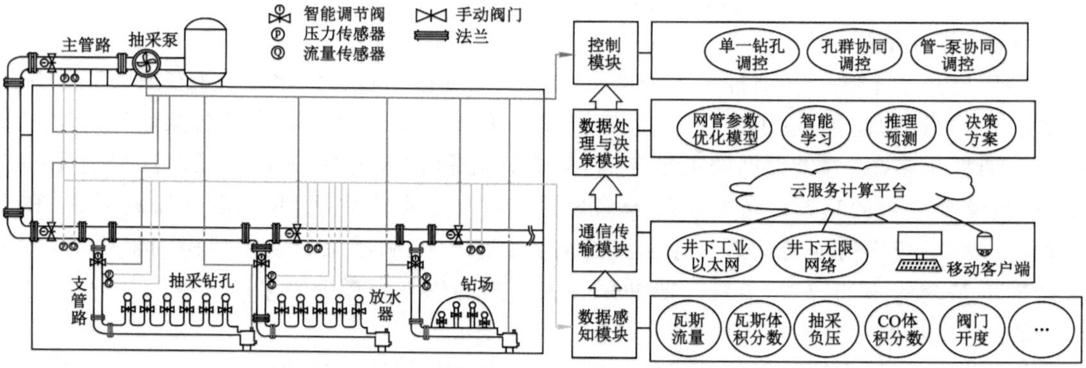

图 3-67 瓦斯智能抽采系统

数据感知模块是由各种传感器和摄像头组成的传感器组，用来采集抽采系统运行情况的各种数据，它处在整个系统的最前端，既是信息的收集者，也是动作指令的执行者。通信传输模块位于数据感知模块、数据处理模块之间，是二者交流的桥梁，在智能瓦斯抽采系统中扮演着信息高速公路的角色，其任务是保证信息能够准确传递。数据处理模块先将海量数据进行汇聚和存储，将数据按照基础信息、共享信息、业务信息、物联网信息、互联网信息等进行集成管理，然后通过筛选主要监控指标，分析信号采集装置采集的数字信号，根据结果来判断系统所处的状态、抽采系统的运行情况、抽采达标情况、是否存在故障等。决策模块是根据数据处理模块的分析结果来采取相应的措施，主要由PLC控制器组成。控制模块是最终的执行载体，是瓦斯智能抽采的终端，其根据决策模块发出的控制指令，采取相应的动作，实现智慧生产、智慧调度、智慧物流、智慧安全、智慧发布。

3.5.2.3 瓦斯智能抽采关键支撑技术

(1) 透明瓦斯地质

透明瓦斯地质是瓦斯精准抽采的基础保障，目前，煤矿地质探测技术和煤层瓦斯参数测定技术还存在诸多技术瓶颈，在精准性、可靠性、时效性等方面难以满足智能瓦斯抽采需求。而且，地质建模软件对多元地质信息的集成处理能力不强，地质模型精度偏低，对瓦斯智能抽采的支撑作用有限。

面向动态透明瓦斯地质，研究先进的煤层地质探测和煤层瓦斯参数测定技术手段，提高地质条件探测和煤层瓦斯测定的精准性和时效性；研究基于多源数据融合和人工智能的瓦斯地质分析方法，实现多元瓦斯地质信息的集成分析和智能解读；建立基于GIS的瓦斯地质信息平台，构建高精度三维瓦斯地质动态模型，对瓦斯抽采全生命周期瓦斯地质条件及其演变过程进行精准、直观、动态展示，是智能瓦斯抽采瓦斯地质保障方面的主要发展趋势。

(2) 抽采钻孔智能设计

目前煤矿现场瓦斯抽采钻孔设计主要以人工为主，除了工作量大、费时费力外，还存在以下问题：首先，钻孔设计依据不合理，除了瓦斯地质条件掌握得不够精准外，钻孔有效抽采半径等关键参数主要通过试验测定或经验获得，存在静态、不准确等问题，当抽采地点转移，煤层瓦斯地质条件发生较大变化时，不能有效地支撑抽采钻孔设计；其次，钻孔设计不够精细，整个抽采区域按同一种条件进行设计，没有充分考虑区域内不同位置煤层瓦斯地质条件、抽—掘—采衔接、瓦斯预抽时间长短等的差异性，所有钻孔间距一样，没有做到一孔一设计，容易造成钻孔布置过疏或过密，导致抽采效果不佳、抽采不达标、钻孔工程增加、采掘接替紧张等问题。因此，开展瓦斯抽采钻孔差异化智能设计技术研究，实现每个钻孔的针对性自动设计，使钻孔布置与抽采条件和抽采需求得到合理匹配，提高钻孔设计的精细化程度，是瓦斯抽采钻孔智能设计的发展趋势。

陕西彬长某高瓦斯矿井采用林海飞教授所提出的“分时分区”式顺层钻孔预抽煤层瓦斯精准布孔方法(图3-68)，在预抽结束后，在仅开展本煤层瓦斯预抽区域测定了煤层残余瓦斯含量并计算了煤层瓦斯预抽率。经实测，仅开展煤层钻孔瓦斯预抽360 d时预抽率为33.5%左右，说明预抽已达标，一定程度上保证了试验工作面定时定点预抽达标，确保了回采工作的顺利进行。

(3) 智能化钻进装备

煤矿井下钻探装备经过长期发展已经做到了自动化钻进，包括地面远程和井下无线遥控钻机移动、锚固和姿态调节，自动装卸钻杆，钻进过程自动控制等，实现了打钻过程减员增效。但是，距离智能化打钻还有不小的差距，存在诸多难题有待攻克：① 需要突破井下环境智能感知、障碍物智能辨识、钻机精准定位、孔位智能识别等技术，实现钻机自主行走、自主避

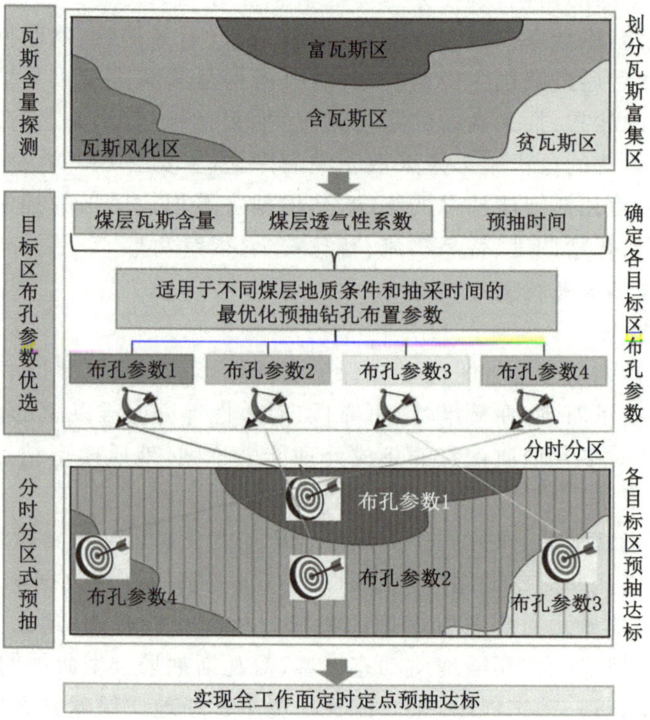

图 3-68　顺层钻孔精准布孔方法

障和自动开孔定位；② 需要突破孔内工况智能感知技术，综合采用地球物理、机器视觉和微型传感等方法，实现孔内煤岩种类、煤岩特性、瓦斯压力、围岩应力等情况的精准感知，为钻进过程智能调控和煤层地质探测分析提供可靠依据；③ 需要突破钻进智能调节技术，实现水压、流量、给进力、转速等控制参数与钻进地质条件的自主优化匹配，减少或避免卡钻等打钻事故，提高钻进效率和成孔质量。在此基础上，研制具备自主移机定位、随钻自主探测、自主钻进控制功能的打钻机器人，实现抽采钻孔施工真正无人化作业，是智能钻机的发展趋势。

煤矿井下旋转地质导向定向钻进技术装备整体组成如图 3-69 所示，主要包括电液控制定向钻机、泥浆泵车、地质导向随钻测量系统、旋转导向钻进系统和配套钻具。用电液控制

图 3-69　煤矿井下旋转地质导向定向钻进装备

定向钻机提高辅助作业效率，利用地质导向随钻测量系统进行地层识别，利用旋转导向钻进系统进行旋转轨迹控制，从而提高钻孔直径、钻进效率和目标地层钻遇率，提升煤矿区井下顺煤层定向钻孔和顶板高位定向钻孔施工能力和自动化水平。

(4) 抽采系统智能调控与诊断

我国煤矿瓦斯抽采系统普遍采用水环式真空泵，其转速固定，抽采量大小取决于抽采工况。近年来为了适应不同工况的抽采需求，变频器已逐渐应用于抽采泵站，抽采管路阀门也逐渐实现了自动化调节，为瓦斯抽采系统智能调控奠定了基础。但是，瓦斯抽采系统是复杂的流体网络系统，目前复杂管网抽采工况精准调节方法还没有得到有效解决，瓦斯抽采系统运行工况合理性的评判方法也有待研究。因此，在抽采泵变频调控和管道阀门自动调节基础上，充分采用模态学习、模式识别、规则学习等技术，突破瓦斯抽采合理工况确定和复杂管网精准调控等技术难题，实现抽采泵转速和阀门开度的自主精准调控，提升抽采系统运行的合理性、经济性、安全性，是瓦斯抽采智能调控技术的发展趋势。

针对矿井瓦斯抽采系统存在的智能化水平低、抗故障能力差、系统能效低等问题，煤炭科学技术研究院有限公司研发了矿井瓦斯抽采管网自动调控系统(图 3-70)，可实现漏气监测、抽采参数监测及管网自动调控等功能。技术成果在阳泉煤业(集团)有限责任公司五矿、阳泉煤业集团兴峪煤业有限责任公司开展了现场试验，研究成果在抽采监控系统的“减人化、无人化”方面了发挥重要作用，对于高瓦斯矿井的抽采管网智能化建设意义重大。

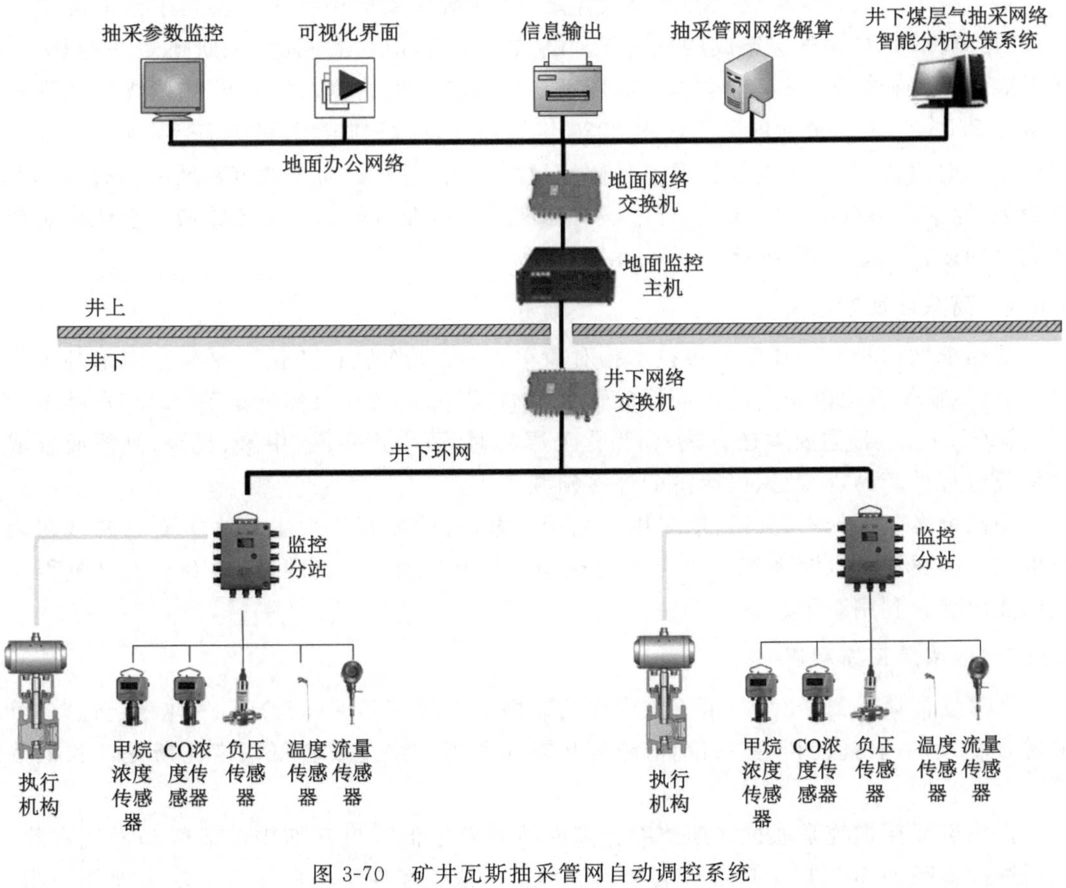

图 3-70 矿井瓦斯抽采管网自动调控系统

(5) 瓦斯抽采智能评价

瓦斯抽采效果评价是煤矿瓦斯抽采的重要环节，目的是准确评估瓦斯抽采效果是否达到了有效预防瓦斯灾害所需要的水平。现阶段受抽采监测数据可靠性影响，煤矿现场主要依赖实测煤层残余瓦斯含量或压力进行抽采达标评判，存在手段单一、以点带面的问题，评价结果精细度不够、准确性不高，容易造成安全隐患。开发煤矿瓦斯抽采智能评价系统，实时采集、分析瓦斯抽采监测数据，评估抽采过程的规范性，动态预测抽采达标时间，智能评价瓦斯抽采动态效果，是瓦斯抽采智能评价的未来趋势。

煤炭科学技术研究院有限公司研发的瓦斯抽采达标智能评价平台以《煤矿安全规程》《煤矿瓦斯抽采达标暂行规定》《防范煤矿采掘接续紧张暂行办法》等规范、标准为评价依据，以煤层原始瓦斯赋存规律测定参数、历史通风与瓦斯抽采参数为基础，实时动态计算抽采达标与未抽采达标数据，实现在"平台"中图像化呈现。

根据矿井不同区域煤层地质条件、煤层瓦斯赋存规律等对抽采单元进行划分，掌握不同抽采单元原始瓦斯含量，根据抽采单元记录的煤层钻孔历史瓦斯抽采量及历史瓦斯风排量，计算得到抽采单元的残余瓦斯含量。

3.6 煤矿瓦斯综合利用

瓦斯除了是威胁煤矿安全的危险气体之外，其所含成分中的甲烷又是主要的温室气体之一，据测算，其对大气层造成的危害是 CO_2 的 25 倍，但与此同时，瓦斯还是一种热值高、无污染的高效新能源，具有安全、能源、环境三重效应。据估算，2020 年，我国煤矿瓦斯的排放量为 2.65×10^8 t，造成的碳排放占 2020 年煤炭开发过程碳排放的 56.7%，不但造成了能源的巨大的浪费，而且还增加了温室气体的排放压力。因此，对全浓度瓦斯的综合利用和高效治理，能够保障煤矿生产安全、产生显著经济效益以及有效减缓温室效应。全浓度瓦斯综合利用的途径如图 3-71 所示。

3.6.1 高浓度瓦斯利用

超高浓度(>90%)瓦斯利用技术相对简单，一般用作燃料和化工原料。用来制天然气时，根据运输量及运输距离的不同形成管道运输(PNG)、液化天然气运输(LNG)、压缩天然气运输(CNG)三种主要输送方式；作为化工原料时，可生产甲醇、甲醛、炭黑、制氢或合成氨原料等近百种产品，涉及国民经济的许多领域。

中高浓度(30%～90%)瓦斯多用于瓦斯发电，现阶段瓦斯发电技术主要是燃气内燃机发电、燃气轮机发电(图 3-72)；也可通过热电冷联供技术，形成供热、制冷及发电过程一体化的能源综合利用系统。

3.6.2 低浓度瓦斯利用

低浓度瓦斯(5%～30%)由于浓度在瓦斯爆炸界限(5%～15%)内，气体稳定性差，管路输送难度大，一般就近利用。目前低浓度瓦斯的利用方法主要有低浓度瓦斯提纯和低浓度瓦斯发电。

低浓度瓦斯提纯是通过瓦斯浓缩分离提纯技术把低浓度瓦斯中的氧气和氮气去除，将瓦斯浓度提高到 30%以上后加以利用；现阶段，低浓度瓦斯提纯的主要方法有变压吸附、低

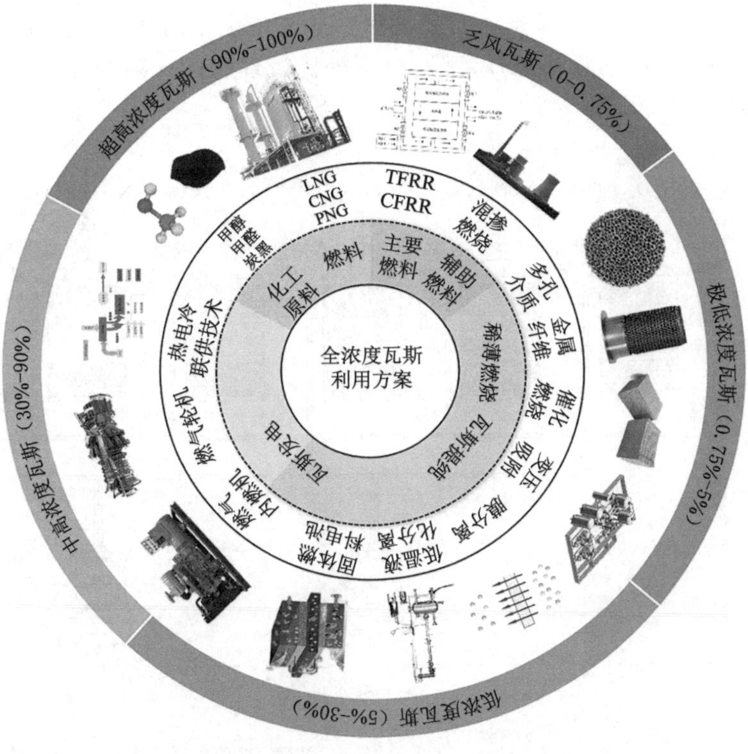

图 3-71　全浓度瓦斯综合利用途径

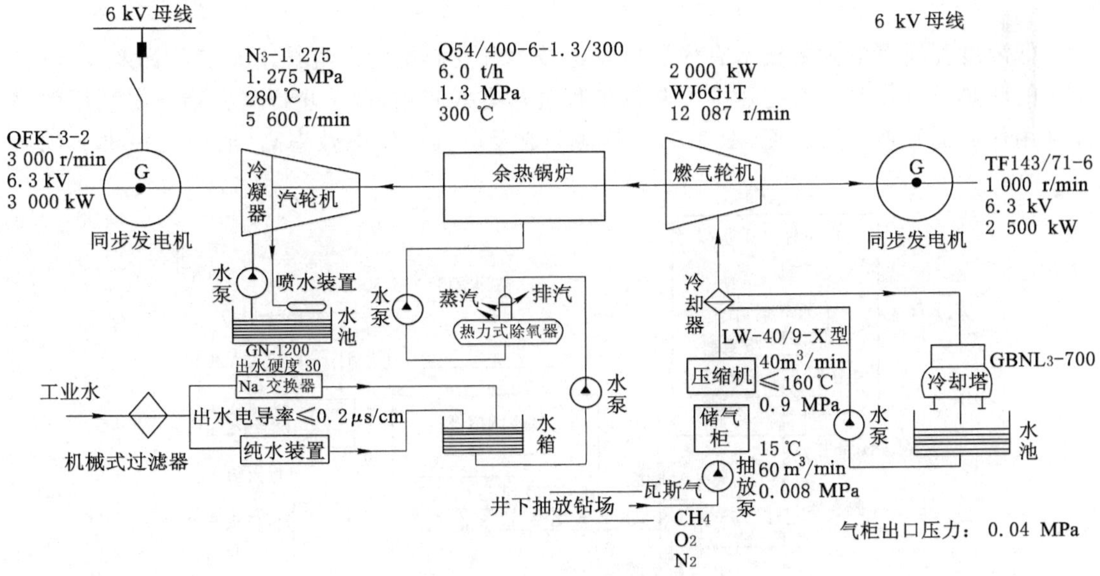

图 3-72　燃气轮机发电工艺流程图

温液化分离、膜分离、合成水合物法、溶剂吸收法等。

真空变压吸附(VPSA)技术是对变压吸附法进一步优化的气体分离浓缩提纯技术。该技术不需要对原料气加压,没有爆炸危险,是一种比较理想的瓦斯浓缩提纯技术,其装置及工艺流程如图 3-73 所示。

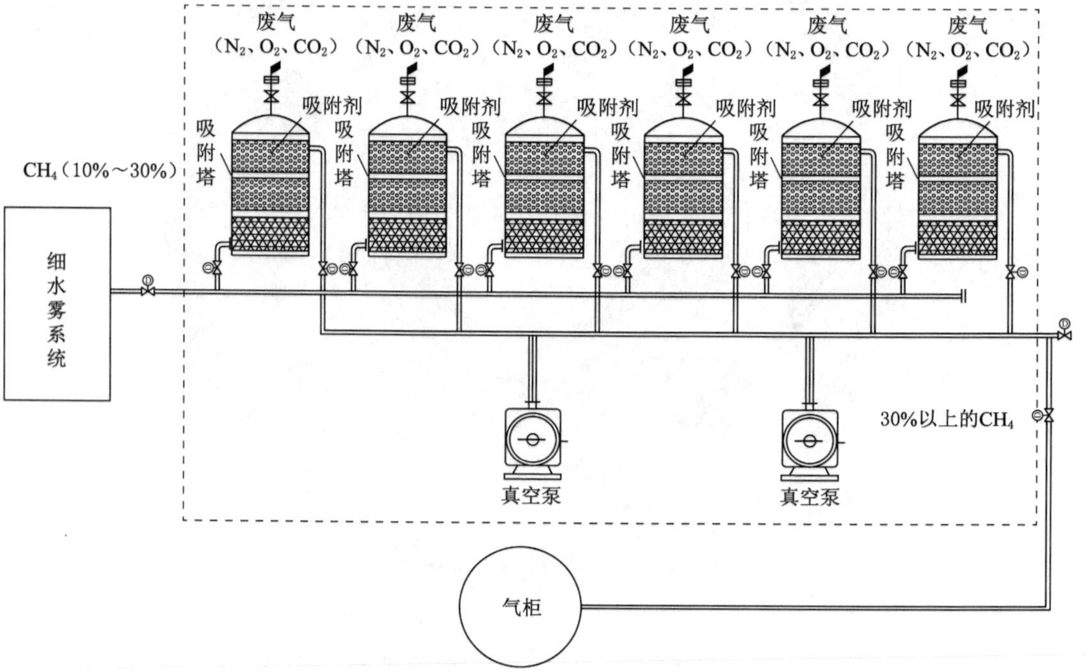

图 3-73 真空变压吸附法装置及工艺流程

低浓度瓦斯发电主要技术有内燃机发电技术和燃料电池发电技术。矿井瓦斯发电机组排出的废热还可在井下通过热电冷联供工程进行有效利用,进一步提高瓦斯发电利用效率,如利用热源撬瓦斯利用装置(图 3-74);燃料电池发电具有发电效率高、清洁无污染的优点。

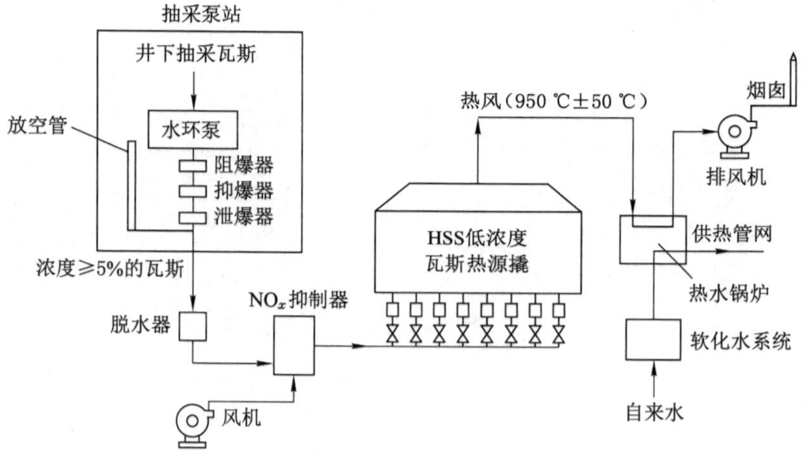

图 3-74 热源撬瓦斯利用工艺流程图

同时基于固体氧化物燃料电池（SOFC）的低浓度瓦斯发电技术还可利用超低浓度瓦斯（1%～5%）发电，有望为煤矿低浓度瓦斯的清洁高效利用开辟新途径。

极低浓度瓦斯（0.75%～5%）主要的利用方式有多级提纯和稀薄燃烧技术。由于 CH_4 浓度过低，超低浓度瓦斯直接燃烧产生的热量小于散失的热量，燃烧无法持续，目前主要采用多孔介质燃烧、金属纤维燃烧、利用贵金属催化剂的催化燃烧等稀薄燃烧技术。然而以上燃烧技术产生的热量有限，维持稳定燃烧的难度较大，通常难以有效提取热量用于推动汽轮机做功发电，因此技术效益较低，目前也未大范围推广应用。

3.6.3　乏风瓦斯利用

乏风瓦斯（≤0.75%）主要利用方式有作为辅助燃料和作为主要燃料两种。

作为辅助燃料应用的技术原理是用乏风替代助燃空气，减少部分主要燃料使用，如将通风瓦斯通入燃气轮机、内燃机、粉煤火力发电厂和废煤混燃装置混掺燃烧等，此类方法要求矿井需靠近用风地，同时由于稀薄燃烧技术仍存在瓶颈，在应用方面仍有限制。作为主要燃料应用的煤矿通风瓦斯直接氧化技术可分为逆流式煤矿通风瓦斯热氧化装置（图 3-75）和逆流式煤矿通风瓦斯催化氧化装置两类，是目前乏风瓦斯利用的重点研究方向。

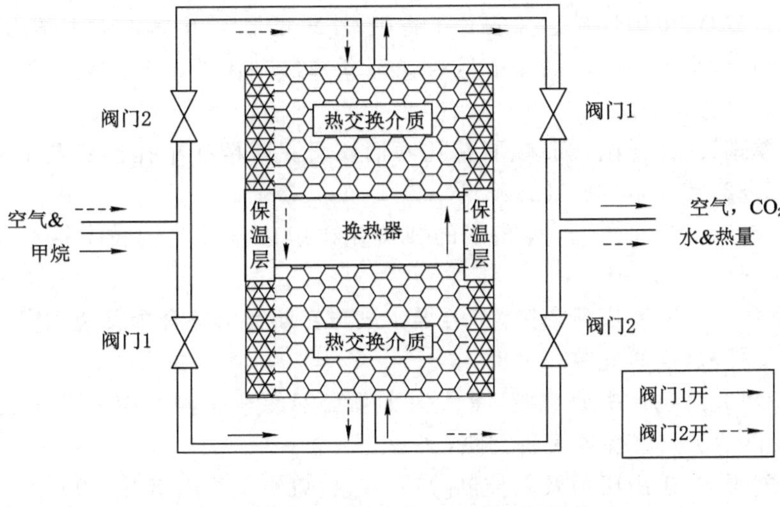

图 3-75　逆流式煤矿通风瓦斯热氧化装置

参考文献

[1] 程远平，胡彪．基于煤中甲烷赋存和运移特性的新孔隙分类方法[J]．煤炭学报，2023，48(1)：212-225．

[2] 程远平，胡彪．微孔填充：煤中甲烷的主要赋存形式[J]．煤炭学报，2021，46(9)：2933-2948．

[3] 程远平，王海锋，王亮，等．煤矿瓦斯防治理论与工程应用[M]．徐州：中国矿业大学出版社，2010．

[4] 程远平．矿井瓦斯防治[M]．4 版．徐州：中国矿业大学出版社，2023．

[5] 顾惕人.表面化学[M].北京:科学出版社,2003.
[6] 国家安全生产监督管理总局,国家发展和改革委员会,国家能源局,等.煤矿瓦斯抽采达标暂行规定[M].北京:煤炭工业出版社,2011.
[7] 国家安全生产监督管理总局.保护层开采技术规范:AQ 1050—2008[S].北京:煤炭工业出版社,2009.
[8] 国家安全生产监督总局.矿井瓦斯涌出量预测方法:AQ 1018—2006[S].北京:煤炭工业出版社,2006.
[9] 国家矿山安全监察局.煤矿安全规程-2022[M].北京:应急管理出版社,2022.
[10] 国家煤矿安全监察局,国家能源局.煤矿瓦斯等级鉴定办法[M].北京:煤炭工业出版社,2018.
[11] 国家煤矿安全监察局.防治煤与瓦斯突出细则[M].北京:煤炭工业出版社,2019.
[12] 胡千庭,文光才.煤与瓦斯突出的力学作用机理[M].北京:科学出版社,2013.
[13] 胡千庭.矿井瓦斯防治技术优选:煤与瓦斯突出和爆炸防治[M].徐州:中国矿业大学出版社,2008.
[14] 霍多特 B B.煤与瓦斯突出[M].宋士钊,王佑安,译.北京:中国工业出版社,1966.
[15] 李学诚,王省身.中国煤矿通风安全工程图集[M].北京:中国矿业大学出版社,1995.
[16] 栗磊,傅国廷,崔宝库,等.潞安矿区煤矿瓦斯梯级利用技术及工程实践[J].中国煤层气,2021,18(6):30-32.
[17] 林海飞,季鹏飞,孔祥国,等.顺层钻孔预抽煤层瓦斯精准布孔模式及工程实践[J].煤炭学报,2022,47(3):1220-1234.
[18] 罗明坤,李胜,范超军.生产视角下的智能化矿山建设及关键技术探讨[J].工矿自动化,2020,46(10):61-68.
[19] 煤炭科学研究总院重庆研究院.芦岭煤矿煤与瓦斯突出综合预警规则[R].重庆:煤炭科学研究总院重庆研究院,2008.
[20] 煤炭科学研究总院重庆研究院.重大灾害预警及综合监控系统示范工程建设[R].重庆:煤炭科学研究总院重庆研究院,2009.
[21] 钱鸣高,刘听成.矿山压力及其控制[M].北京:煤炭工业出版社,1991.
[22] 秦玉忠.瓦斯抽采泵站变频节能控制系统研究与实践[J].自动化与仪器仪表,2018(7):192-196.
[23] 邱黎明,李忠辉,王恩元,等.煤与瓦斯突出远程智能监测预警系统研究[J].工矿自动化,2018,44(1):17-21.
[24] 任世华,谢亚辰,焦小淼,等.煤炭开发过程碳排放特征及碳中和发展的技术途径[J].工程科学与技术,2022,54(1):60-68.
[25] 王鹏飞.煤矿乏风低浓度瓦斯热逆流氧化理论及实验研究[D].长沙:中南大学,2012.
[26] 邢红.煤矿瓦斯(煤层气)浓缩提纯技术及其应用[J].煤炭工程,2018,50(1):13-15.
[27] 姚克,李泉新,方俊,等.煤矿井下旋转地质导向钻进技术装备研究[J].煤炭科学技术,2022,50(12):36-42.
[28] 于不凡.开采解放层的认识与实践[M].北京:煤炭工业出版社,1986.
[29] 于不凡.煤和瓦斯突出机理[M].北京:煤炭工业出版社,1985.

[30] 于不凡.煤矿瓦斯灾害防治及利用技术手册[M].北京:煤炭工业出版社,2005.
[31] 袁亮.我国煤炭资源高效回收及节能战略研究[J].中国矿业大学学报(社会科学版),2018,20(1):3-12.
[32] 赵路正.煤矿乏风中的甲烷利用技术经济分析[J].煤炭工程,2017,49(7):97-99.
[33] 赵旭生,马国龙.煤矿瓦斯智能抽采关键技术研究进展及展望[J].煤炭科学技术,2021,49(5):27-34.
[34] 中国矿业学院瓦斯组.煤和瓦斯突出的防治[M].北京:煤炭工业出版社,1979.
[35] 周福宝,刘春,夏同强,等.煤矿瓦斯智能抽采理论与调控策略[J].煤炭学报,2019,44(8):2377-2387.
[36] 朱岩华.底板岩层采动破坏影响范围的分带研究[D].徐州:中国矿业大学,2004.
[37] CHENG Y P,JIANG H N,ZHANG X L,et al. Effects of coal rank on physicochemical properties of coal and on methane adsorption[J]. International Journal of Coal Science & Technology,2017,4(2):129-146.
[38] HU B,CHENG Y P,HE X X,et al. New insights into the CH_4 adsorption capacity of coal based on microscopic pore properties[J]. Fuel,2020,262:116675.
[39] PANG W Y,JIN Z H. Revisiting methane absolute adsorption in organic nanopores from molecular simulation and Ono-Kondo lattice model[J]. Fuel,2019,235:339-349.
[40] THOMMES M,KANEKO K,NEIMARK A V,et al. Physisorption of gases,with special reference to the evaluation of surface area and pore size distribution (IUPAC Technical Report)[J]. Pure and Applied Chemistry,2015,87(9/10):1051-1069.

第4章 矿井火灾

矿井火灾是指发生在矿井井下或地面井口附近、威胁矿井安全生产、形成灾害的一切非控制燃烧，是煤矿生产中的主要自然灾害之一。矿井火灾不仅会烧毁大量的煤炭资源和设备，而且产生大量的高温烟流和有害气体，危及井下工作人员的生命安全，有时还会诱发瓦斯、煤尘爆炸。按引火热源的不同，可分为外因火灾和内因火灾两类。外因火灾是由于外部热源如明火、瓦斯煤尘爆炸、放炮、机械冲击与摩擦、电流短路、静电、烧焊、吸烟等引燃可燃物造成的火灾。内因火灾是指煤炭接触空气后，因煤自身氧化产生热量，热量聚集使煤炭自然发火而产生的火灾。内因火灾没有外部热源，由煤炭自燃引起。因自燃火灾火源隐蔽，较难发现和扑灭，有的自燃火灾可以持续数月、数年甚至数十年之久，使火灾范围扩大，烧毁大量煤炭，冻结大量资源。

4.1 外因火灾

矿井火灾和爆炸中90%以上的人员死亡，不是因为被灼烧和爆炸冲击波引起的，而是因为吸入了有毒烟气，特别是一氧化碳气体。地下火灾发生在受限空间内，一旦发生火灾，受灾害影响的范围大，人员受灾害威胁严重，逃生困难；井下火灾时期的通风直接受灾变影响，风流流经的路线和方向更难以控制，灭火人员的生命也受到严重威胁。因此，矿井外因火灾具有严重的灾难性，如以平均每起自然灾害事故死亡的人数作为评价事故的严重度，矿井外因火灾事故的严重度往往是最高的。随着采掘机械化程度的提高，外因火灾比率有上升的趋势。矿井外因火灾是在井下网络状的受限空间内发生的，火灾的发生、发展过程与通风系统的特性紧密相关。

4.1.1 外因火灾的特性

4.1.1.1 火灾产生条件

外因火灾产生的三个必要条件是：可燃物存在、足够的氧气和足以引起火灾的热源。这也称火灾三要素，如图4-1所示。缺少任何一个要素，火灾都不能发生，或者正在发生的火灾也会熄灭。

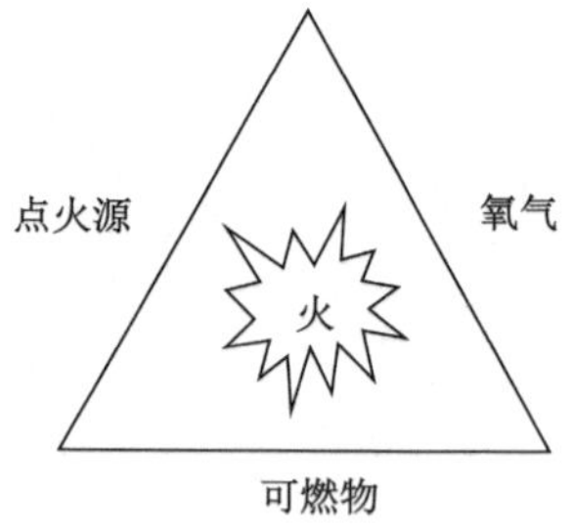

图4-1 火灾三要素

煤炭本身就是一个大量且普遍存在的可燃物。另外，在生产过程中产生的煤尘，涌出的瓦斯以及所用的坑木、运输机胶带、电缆、机电设备、油料、炸药等都具有可燃性。它们的存在是发生火灾的前提条件。

在一般矿井通风的巷道中，空气中的氧气含量基本与地面的空气相同，因此，井下为燃烧提供的氧气充足。但在通风不良的巷道中，为燃烧提供的氧气量可能不足，就不会产生明火燃烧。所有有火焰的燃烧都会在氧气浓度低于 10%～12%时熄灭，但是低温干馏性的燃烧却要在氧气浓度低于 2%时才会熄灭。在氧浓度低于 12%的空气中瓦斯失去爆炸性。

热源是触发火灾的必要因素，只有具备足够热量和温度的热源才能引燃可燃物，如低于 595 ℃的热源不能使瓦斯与空气的混合气体燃烧。在矿井里，煤的自燃，瓦斯、煤尘燃烧与爆炸、放炮作业、机械摩擦生热、电流短路火花、电气设备运转不良产生的过热、吸烟、烧焊以及其他明火都可能是引火的热源。

可燃物、氧气与热源同时具备才能形成一场火灾。火灾三要素的概念是矿井防灭火理论与防治技术措施的基础，研究矿井火灾防治要从这三个方面着眼考虑问题。矿井防灭火技术措施的目的就是为了除去火灾三要素中的任何一个或一个以上的要素。

4.1.1.2　火灾的燃烧类型

矿井中的可燃物一般分为固态（如煤、木材、胶带、风筒布等）、气态（如瓦斯、热解产生的各种挥发性气体、一氧化碳等）和液态（如燃油、润滑油）三种。可燃物的种类不同，其燃烧形式也不同。

固体和液体可燃物，其燃烧类型为分解燃烧。即在火源的高温作用下，可燃材料发生热分解，释放出可燃挥发性气体，这些气体遇火燃烧，产生火焰并释放出热量，释放的热量又继续加热可燃材料，使可燃物不断分解，从而使燃烧延续。井下的坑木、输送机胶带、油料等在井下的燃烧属于分解燃烧。

气体的燃烧则分为预混燃烧和扩散燃烧两种类型。扩散燃烧是高浓度的可燃气体与空气边混合边燃烧的燃烧现象。当高浓度的瓦斯从管道孔口或巷道局部空间流出，在其出口处与空气汇合时，瓦斯与空气靠分子间扩散而混合，遇火源则在扩散混合区内发生燃烧。由于可燃气体和空气的不断补给、混合，使燃烧继续，如图 4-2 所示。扩散燃烧只在有限的区域内发生，不会产生爆炸。

预混燃烧是可燃气体与空气预先混合好后的燃烧。矿井经常发生的瓦斯爆炸事故就是预混燃烧引起的。例如，在一定通风条件下，从采空区或煤层中涌出的瓦斯与井下的空气充分混合，在较大范围内充满了可燃气体，当其浓度处于燃烧（爆炸）界限之内时，一旦遇火源就会出现预混燃烧，这种燃烧在受限空间内传递，很快转变为爆炸。因此，为防止矿井瓦斯爆炸，既要严禁井下空气中的瓦斯浓度超限，又必须杜绝火源。

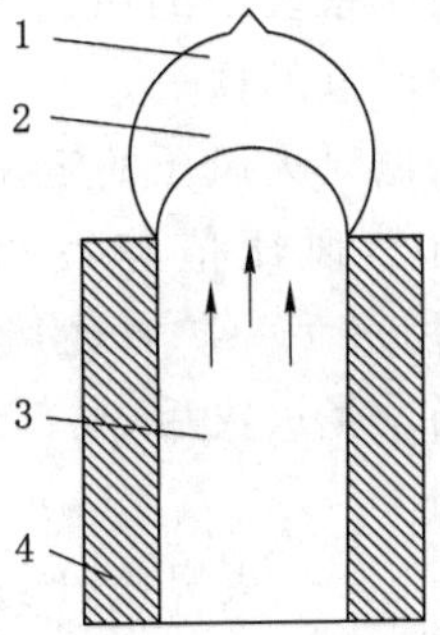

1—空气；2—扩散混合区；
3—气态燃料；4—管口。
图 4-2　扩散燃烧火焰结构图

根据井下火灾燃烧地点的供氧情况，火灾燃烧又可分为富氧燃烧和富燃料燃烧两种状态。

富氧燃烧是氧气的供给量大于或接近于燃烧所需要的氧气量的燃烧。由于供氧充足，富氧燃烧的下风侧中氧气的浓度一般大于 15%。假定火灾没被及时扑灭而继续扩散、蔓延，那么就要消耗更多氧气并伴随产生更多的火灾气体。在燃烧产生的高温下，煤、木材和其他可燃材料中的瓦斯等可燃气体和水蒸气就会大量分解出来，当没有足够氧气来支持这些可燃气体燃烧时，即氧气的供给量低于燃烧所需要的氧气量的燃烧称为富燃料燃烧。

燃烧从富氧燃烧发展到富燃料燃烧是一个很重要的过程，在这一过程中，救护队员灭火面临的危险性增加。当易燃气体遇到新鲜的空气并达到燃点时就会在易燃气体与空气的接触面发生燃烧。燃烧作用还使气流发生紊乱，当空气和没有燃烧的可燃气体相互混合还会导致爆炸的发生。

受限空间内发生火灾时，当空气供应不足时，由可燃物分解的可燃组分进入到烟流中，因缺氧而不能燃烧，此时即为富燃料燃烧状态，当富燃料燃烧的高温可燃气体遇新鲜空气时发生的突然燃烧，称作回燃。在井下巷道里，发生回燃的地点一般与原火源地点有一定的距离，这种火灾现象被称为“跳蛙”，即一些地点的明火是以跳跃的方式向前发展的。这种现象容易发生在矿井井下一些拥有大量可燃物而供风量又较小的巷道。

4.1.1.3　火风压

矿井发生火灾时，火灾的热力作用会使空气的温度增高而发生膨胀，密度小的热空气在有高差的巷道中就会产生一种浮升力，这个浮升力的大小与巷道的高差及火灾前后的空气密度差有关。在地面建筑中这种现象也很普遍，被称为烟囱效应，即通常室内空气的密度比外界小，这便产生了使气体向上运动的浮力，尤其是高层建筑中的许多竖井，如楼梯井、电梯井等，气体的上升运动十分显著，这种现象有时也叫热风压。在矿井中，火灾产生的热动力是一种浮升力，这种浮力效应就被称为火风压。火风压与矿井自然风压的产生机制是一致的，都是在倾斜和垂直的巷道上出现的空气的密度差所致，只是使空气密度发生变化的热源不同，故这二者都可称为热风压。火风压就是高温烟流经倾斜或垂直的井巷时产生的自然风压的增量。矿井发生火灾后，由于火风压的作用会改变原通风系统中压力的分布和风量的分配，即可能使矿井通风系统中的风流发生紊乱，扩大事故范围，造成更为严重的损失。

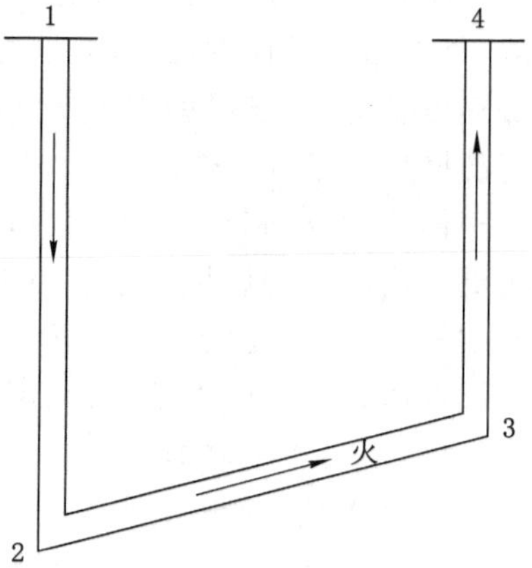

图 4-3　矿井通风系统示意图

根据对火风压的定义，火风压的值等于发火后矿井的自然风压值与发火前矿井的自然风压之差。图 4-3所示为一矿井通风系统示意图，若在出风井井底车场发生火灾后，局部火风压(h_f)为：

$$h_f = Z[(\rho - \rho_s) - (\rho - \rho_0)]g = Z(\rho_0 - \rho_s)g \tag{4-1}$$

式中　h_f——火风压，Pa；

Z——高温烟流流经回风井筒的垂高，m；

ρ——矿井进风井筒内风流的平均密度，kg/m^3；

ρ_0——发火前出风井筒内风流的平均密度，kg/m^3；

ρ_s——发火后出风井筒内烟流的平均密度，kg/m^3；

g——重力加速度，m/s^2。

设发火前后火灾附近的压力近似不变，即 $P=\text{const}$。根据理想气体状态方程有：

$$\rho_0 = \frac{T_s}{T}\rho_s \tag{4-2}$$

式中　T——发火前回风井筒内风流的平均绝对温度，K；

T_s——发火后回风井筒内风流的平均绝对温度，K。

将式(4-2)代入式(4-1)，并记 $T_s - T = \Delta t, Z_2 - Z_1 = \Delta Z$，整理得

$$h_f = \rho_s g \Delta Z \frac{\Delta t}{T} \tag{4-3}$$

式中　Δt——发火前后烟流温度的增量，K；

ΔZ——巷道高程差，m。

从式(4-3)可以看出，巷道高程差愈大，即高温烟流流经井巷始末两端的标高差愈大，火风压愈大；火源燃烧愈炽烈，火势迅猛，烟量大而温度高，火风压也大。在平巷内，ΔZ 近似为零，h_f值甚小，无火风压。

根据上述分析，可得如下结论：在风路中发生火灾时，火风压的作用只有在高温烟流流经的上行或下行巷道里才能表现出来。高温火烟对矿井通风的影响就好像在其流过的上行或下行巷道里安设了局部通风机一样，它们的作用方向在上行风路中与烟流方向相同，在下行风路中则相反。其风压值是该巷道发火前后的自然风压增量。只有当烟流冷却到常温时，即远离火源点之后，火灾的影响才会消失。

4.1.1.4　节流效应

节流效应是矿井火灾过程中的一种典型现象。矿井火灾时期，由于火烟的热力作用等的影响，主干风路以及旁侧支路中的风量往往会随着火势的发展而发生变化。如果由于火灾的发生，巷道内的气体受热膨胀，流动阻力增大而造成空气质量流量减少的现象称之为节流效应。

假设通风巷道的前端受到火灾的影响，气流流经该巷道后克服摩擦做功，记为 P。

$$P = HQ = RQ^3 = R\left(\frac{M}{\rho}\right)^3 = \frac{R}{\rho}\frac{M^3}{\rho^2} = R_t\frac{M^3}{\rho^2} \tag{4-4}$$

式中　H——巷道通风阻力，Pa；

Q——风流的体积流量，m^3/s；

M——风流的质量流量，kg/s；

ρ——空气的密度，kg/m^3；

R_t——与密度无关的巷道通风阻力系数。

方程(4-4)可以写成：

$$M = \left(\frac{P}{R_t}\right)^{\frac{1}{3}}\rho^{\frac{2}{3}} \tag{4-5}$$

$$M \propto \rho^{\frac{2}{3}} \tag{4-6}$$

因此，当火灾发生时，空气的密度减小，空气的质量流量也会下降，这就是节流效应。但是，应注意到体积流量却会增加。

由于 $M=\rho Q$，由式(4-6)可以写出：

$$Q \propto \frac{1}{\rho^{\frac{1}{3}}} \tag{4-7}$$

如果设定 $P=\text{const}$，则可得出，质量流量减小，那么阻力就必须增加，因为热膨胀增加

的阻力即为热阻力。

4.1.2 风流紊乱

外因火灾使火灾及附近地点空气的温度迅速上升，这使空气产生热膨胀。与此同时，由于热的作用会带来两方面的影响。一方面，由于对空气的加热使其密度下降，在非水平的巷道分支将产生附加火风压；另一方面，通风巷道中会产生热膨胀，这就会减少主干通风巷道的质量流量，即产生节流效应。这两项作用将改变矿井通风系统的压力分布，从而可能改变原有的矿井分量分配，产生风流紊乱，扩大事故范围，带来严重后果。

矿井火灾造成的风流紊乱主要有烟流逆退与风流逆转两种形式。

4.1.2.1 烟流逆退

火灾燃烧中的火焰与生成的烟气因受浮升力的影响一般向上流动。如图 4-4 所示，在矿井巷道中，如果火源处向上流动的烟流受到顶板的阻挡，热烟气将在巷道的顶部形成沿巷道进、回两个方向流动，在巷道顶部逆着巷道进风方向流动的烟流被称为烟流逆退。在地面建筑火灾学中这种现象被称为顶棚射流。由于顶板对流动的黏性影响，在十分贴近顶板的薄层内，烟气的流速较低；随着垂直向下离开顶板距离的增加，其速度先增加然后减小；而超过一定距离后，速度便逐渐降低为零。这种速度分布使得烟流前锋的烟气转向下流，然而热烟气仍具有一定的浮力，还会很快上浮。于是顶板上部的烟流会形成一连串的旋涡，可将烟气层下方的空气卷吸进来，因此烟流的厚度逐渐增加，而速度逐渐降低。逆退的烟流由于受到通风系统压力的影响，流动速度逐渐减小，最后又顺风流流动。逆流的距离与厚度取决于巷道的高度和巷道中风流的速度和烟流的产生量。从烟流逆退的产生机制中可看出，烟流的逆退在水平、下行和上行巷道中都会产生。显然，下行巷道中逆退的烟流量最大，因为火灾烟流的浮力与巷道风流流动的方向相反；在上行巷道中逆退的烟流量最小，因为烟流的浮力与风流流动方向一致；水平巷道介于这二者之间。

图 4-4 矿井火灾烟流逆退示意图

烟流逆退会对在风流上侧灭火的救护队员造成威胁。因为逆退回来的烟气中包含的大量一氧化碳，有时可能使灭火队员的头顶上方的可燃物燃烧起来，有时可能进入到进风系统中，特别是当大火燃烧形成富燃料燃烧时还可能产生回燃和爆炸，这都将带来更大的危害。

4.1.2.2 风流逆转

在矿井火灾时期，火灾产生的火风压可能造成某些支路压力的变化，从而改变风流的流动方向。通风网络中某分支风流方向发生改变的现象叫风流逆转，即该分支的风流方向与未起火前的方向相反。一般风流的逆转会使火灾区域扩大，为救灾和人员逃生带来更大危害。火灾时期救灾工作最重要的一个原则就是要稳定通风系统，防止风流逆转。

为了分析不同通风支路中火风压造成的影响，先对通风方向与路线类型作如下定义：

(1) 上行通风旁侧支路的风流逆转

上行通风指的是在倾斜或垂直的巷道中，风流从标高低端向高端的流动。在上行通风主干风路发生火灾时，火风压的作用方向与通风机风压的作用方向一致，因此上行通风主干风路不会发生风流逆转，在火风压作用下，其风量还会增加。但上行通风旁侧支路在火风压的作用下，却会受到相反的影响，一般都会使旁侧支路的风量减小，甚至发生旁侧支路的风流逆转，上行风流旁侧支路风流逆转是火灾时期发生风流紊乱的常见形式之一。

如图 4-5 所示的简单风网，三个采区分别布置在风网的 2—4、3—4、3—5 三条支路中，若Ⅰ号采区的进风巷道内发生火灾，正常情况下火烟将随风流侵袭到Ⅰ号采区，并通过 4—5、5—6 回风支路排出地面如图 4-5(a)所示。显然火源所在的风路 1—2—F—4—5—6 为主干风路，而其余的支路如 2—3、3—4、3—5 均称为旁侧支路。在火灾时期旁侧支路只要保持原有风向不变，就不会受到火烟的侵袭，Ⅱ、Ⅲ号采区也将处于安全之中。但实际并非如此，当火势发展迅猛时，往往会从主干风路的排烟段分出一股烟流，沿着旁侧支路全断面地逆着原有的风向，朝着最近的节点流去，这就是旁侧支路的风流逆转，如图 4-5(b)所示。火烟侵入了Ⅱ、Ⅲ号采区(尽管Ⅲ号采区的风向保持正常不变)，从而扩大了事故的范围及其危害性。旁侧支路 3—5 风流逆转的烟气将波及全矿如图 4-5(c)所示，危害更为严重，这种形式的风流紊乱在上行风流中发生火灾时最易发生。

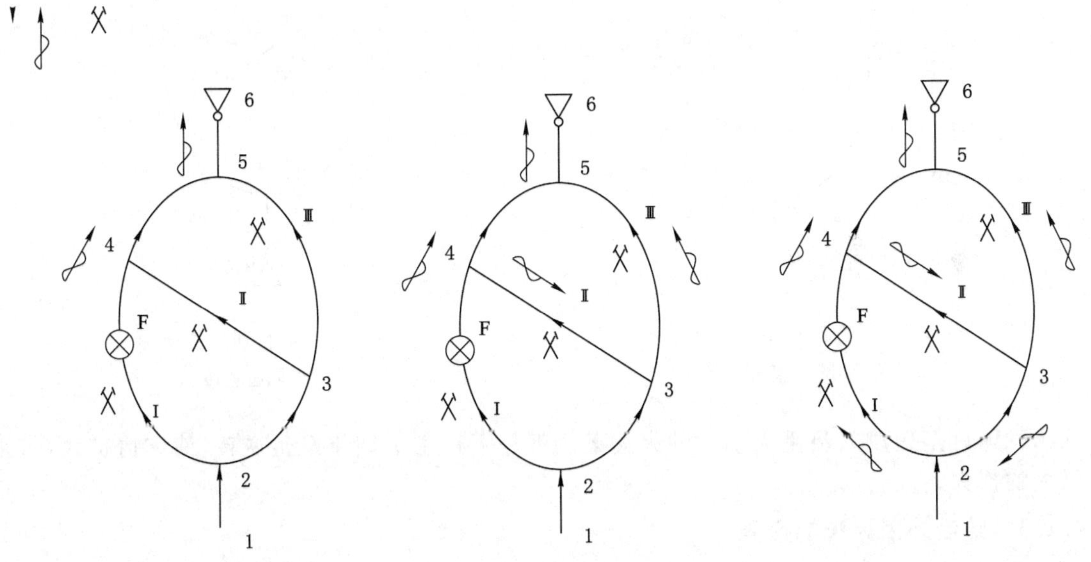

(a) 正常情况下火烟排出地面示意图　(b) 风流逆转导致火烟侵入其他采区　(c) 风流逆转导致火烟波及全矿

图 4-5　旁侧支路风流逆转

如图 4-6 所示的简化通风网络，设火灾发生在采区的上山内即上行风路 a_1 中，由于高温烟流流经上行风路，所以局部火风压的作用方向与系统的主要通风机风压(h_f)作用方向一致。在这种情况下，主干风路 1—2—A—3—F—4—B—5—6 的风向一般是保持原来的方向不变，而可能发生风向逆转的是旁侧支路(a_2、b、c_1)。

旁侧支路风流逆转原因在于，由于火风压的作用，使得主干风路的压力增加，即增加了旁侧支路回风侧的压力，随着火势的发展，火风压值的增大，旁侧支路的压差 h_{3-4}、h_{A-B}、h_{2-5}就会减小，可能变为零或负值，旁侧支路的风量就开始减小，可能变为为零，最后风流逆转。

(2) 下行主干风路的风流逆转

下行通风指的是在倾斜或垂直的巷道中，风流从标高高端向低端流动。在下行风流中发生火灾或有高温烟流流过时，由于火风压的作用与通风机提供的风压相反，根据这二者的相互作用关系，主干风路的风流在火灾的初期，风量会减小；随着火势的发展，火风压增大，当火风压与风机提供的风压平衡时，风量为零，此时发生的燃烧为富燃料燃烧；当火风压继续增大时，就会发生烟流的逆转，逆转时，可能有新鲜风流掺入，就可能发生回燃并可能引起爆炸。图 4-7 表示下行主干风路 3—4 发生风流逆转。逆转时可能会出现回燃或爆炸，是下行主干风流逆转过程中最危险的阶段。认识火灾时期下行风流火灾的变化规律，防止风流逆转，可以最大限度地减少事故的损失。

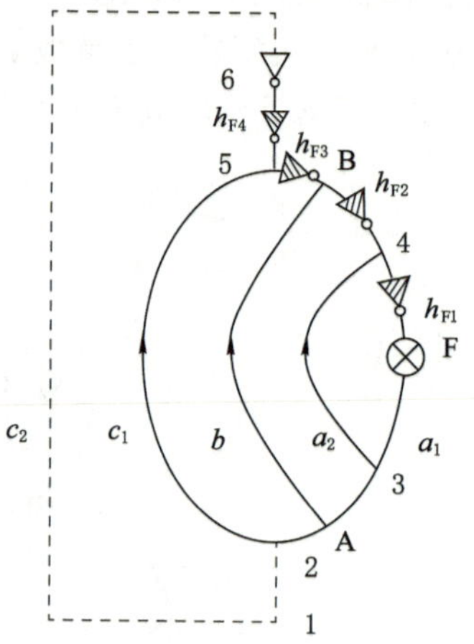

图 4-6 上行风流中发生火灾的风网示意图

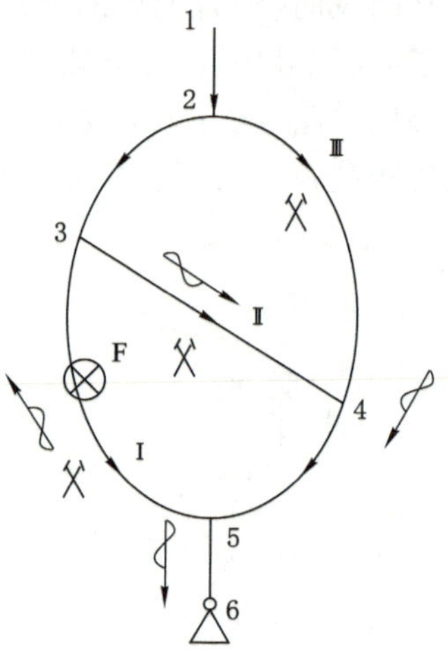

图 4-7 下行通风主干风路风流逆转

我国许多造成人员重大伤亡的火灾案例都是下行主干烟流发生逆转，使灾情扩大，带来巨大的损失。

4.1.3 防治外因火灾的措施

近些年来，随着矿井机械化水平的不断提高，矿井胶带机火灾时有发生，胶带火灾对矿井安全威胁极大，防止矿井胶带机火灾事故，已是防止矿井外因火灾的一个重点。我国不少国有重点煤矿，常将胶带巷作为进风巷，一旦胶带着火，有害气体将危害下风侧区域，使灾害扩大。为了限制灾害范围，防止有害气体蔓延，建立胶带巷独立通风系统是有效途径。此外，独立的胶带巷通风系统，可降低煤仓、溜煤眼放空时对通风系统的影响，增加通风系统的稳定性，对防治采空区瓦斯涌出和煤层自然发火有重要意义。为了建立胶带巷独立通风系统，兖州、大屯等矿区对原有的胶带巷通风系统进行了大规模改造。大部分矿井已在主要胶带巷建立了独立通风系统，部分矿井则已将主要胶带巷及采区胶带运输巷均布置在回风流中,从而提高了矿井的抗灾能力。

为了预防外因火灾,生产和在建矿井必须制定井上、下防火措施,严格遵守《煤矿安全规程》和《煤矿防灭火细则》的有关规定,不能存在有任何麻痹侥幸的心理。

(1) 矿井必须设地面消防水池和井下消防管路系统。井下消防管路系统应每隔 100 m 设置支管和阀门,但在带式输送机巷道中应每隔 50 m 设置支管和阀门。地面的消防水池必须经常保持不少于 200 m^3 的水量。如果消防用水同生产、生活用水共用同一水池,应有确保消防用水的措施。

开采下部水平的矿井,除地面消防水池外,可利用上部水平或生产水平的水仓作为消防水池。

(2) 进风井口应装设防火铁门,防火铁门必须严密并易于关闭,打开时不妨碍提升、运输和人员通行,并应定期维修;如果不设防火铁门,须有防止烟火进入矿井的安全措施。

(3) 井下使用的汽油、煤油和变压器油必须装入盖严的铁桶内,由专人押运送至使用地点,剩余的汽油、煤油和变压器油必须运回地面,严禁在井下存放。

井下使用的润滑油、棉纱、布头和纸等.必须存放在盖严的铁桶内。用过的棉纱、布头和纸,也必须放在盖严的铁桶内,并由专人定期送到地面处理,不得乱放乱扔。严禁将剩油、废油泼洒在井巷或硐室内。

(4) 井上、下必须设置消防材料库,并遵守下列规定:

① 井上消防材料库应设在井口附近,并有轨道直达井口,但不得设在井口房内。

② 井下消防材料库应设在每一个生产水平的井底车场或主要运输大巷中,并应装备消防列车。

③ 消防材料库储存的材料、工具的品种和数量应符合有关规定,并定期检查和更换;材料、工具不得挪作他用。

(5) 井下爆炸材料库、机电设备硐室、检修硐室、材料库、井底车场、使用带式输送机或液力偶合器的巷道以及采掘工作面附近的巷道中,应备有灭火器材,其数量、规格和存放地点应在灾害预防和处理计划中确定。

井下工作人员必须熟悉灭火器材的使用方法,并熟悉本职工作区域内灭火器材的存放地点。

(6) 每季度应对井上下消防管路系统、防火门、消防材料库和消防器材的设置情况进行1次检查,发现问题,及时解决。

4.2 内因火灾

在我国,煤炭自燃的矿井占矿井总数的 56%,具有自然发火危险的煤层占累计可采煤层数的 60%,煤炭自燃引起的火灾占矿井火灾总数的 85%~90%。近年来我国广泛采用综采放顶煤开采技术,生产效率大幅提高。但这种采煤方法采空区遗留残煤多、冒落高度大、漏风严重,使得自然火灾发生频繁,常常价值几千万元的综采装备被封闭在火区中,此外还使大量的煤炭被火区冻结,造成巨大的经济损失。煤炭自燃已成为制约矿井安全生产与发展的主要因素之一。除了井下的煤炭火灾外还有地表煤层自然火灾,我国新疆、宁夏、内蒙古都存在大面积的煤田火灾,每年烧损的煤量达 1 000 万吨。煤炭自燃不仅烧毁大量资源和设备，给国家财产造成巨大的损失，而且产生大量的有毒有害气体和高温烟流，严重威胁着井下工作人员的生命安全；同时煤炭自燃产生大量的 H_2S、CO 和 CO_2 气体，严重污染环境；另外，煤田火灾还造成大面积的植被破坏，使土壤沙漠化。煤炭自然火灾的危害越来越受到人们的关注。

4.2.1 煤炭自然发火过程

早在 1862 年，德国人戈朗布曼就发表了第一篇关于煤炭自燃起因的文章。一百多年来，为了解答煤为什么能够自燃，人们进行了不懈的努力与探索，提出了若干学说来解释煤的自燃，如黄铁矿作用、细菌作用、酚基作用，煤氧复合作用等学说。黄铁矿作用学说认为煤的自燃是由于煤层中的黄铁矿（FeS_2）与空气中的水分和氧相互作用、发生热反应而引起的。细菌作用学说认为，在细菌作用下，煤在发酵过程中放出一定热量对煤自热起了决定性作用。酚基作用学说认为，煤的自热是由于煤体内不饱和的酚基化合物强烈地吸附空气中的氧，同时放出一定量的热量而造成的。煤氧复合作用学说认为，原始煤体自暴露于空气中后，与氧气结合，发生氧化并产生热量，当具备适宜的储热条件，就开始升温，最终导致煤的自燃。

由于煤是一个非均质体，其品种多样，化学结构、物理性质、煤岩成分、赋存状态、地质条件均有很大差别，所以其自燃过程也是相当复杂的，至今现有的煤炭自燃学说都还不能完全揭示煤炭自燃的机理。例如，还未能回答煤炭自燃过程中 CO、CO_2、烷烃、烯烃、低级醇、醛等气体成分是如何生成的等一系列问题。这主要原因是人们还不能准确获得煤的分子结构，因此就不能准确揭示煤氧反应的化学机理。尽管如此，煤氧复合作用学说还是揭示了煤炭氧化生热的本质，并得到了实践的验证，所以该学说已被人们广泛认同，并成为指导人们防治煤炭自燃工作的重要理论。

根据现有的研究成果，人们认为煤炭的氧化和自燃是基链反应。煤炭自燃过程（图 4-8）大体分为 3 个阶段：① 准备期；② 自热期；③ 燃烧期。

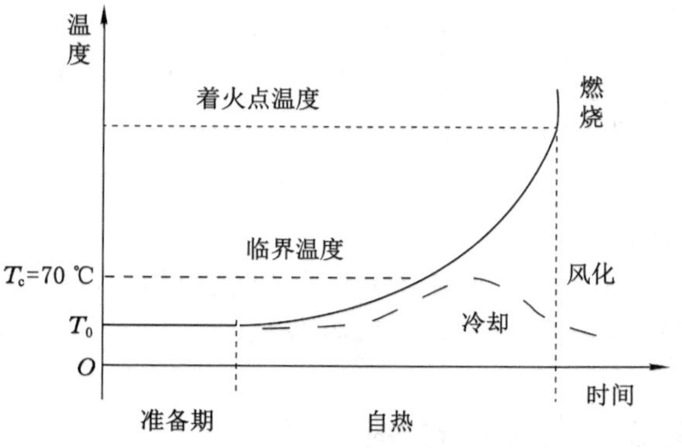

图 4-8　煤炭自燃过程

煤炭在其生成过程中，形成许多含氧游离基，如羟基（—OH）、羧基（—COOH）和碳基（>C═O）等。当破碎的煤与空气接触时，煤从空气中吸附的 O_2 只能与这些游离基反应，并且生成更多、稳定性不同的游离基。此阶段煤体温度的变化不明显，煤的氧化进程十分平稳缓慢，然而它确实在发生变化，不仅煤的重量略有增加，着火点温度降低，而且氧化性被活化。由于煤的自燃需要热量的聚集，在该阶段因环境起始温度低，煤的氧化速度慢，产生的热量较小，因此需要一个较长的蓄热过程，故这个阶段通常称为煤的自燃准备期，它的长短取决于煤的自燃倾向性的强弱和外部条件。

经过这个准备期之后，煤的氧化速度增加，不稳定的氧化物分解成水（H_2O）、二氧化碳

(CO_2)、一氧化碳(CO)。氧化产生的热量使煤温继续升高,超过自热的临界温度(60～80 ℃),煤温上升急剧加速,氧化进程加快,开始出现煤的干馏,产生芳香族的碳氢化合物(C_xH_y)、氢(H_2)、一氧化碳(CO)等可燃气体,这个阶段为自热期。

临界温度也称自热温度,是能使煤自发燃烧的最低温度。一旦达到了该温度点,煤氧化的产热与煤所在环境的散热就失去了平衡,即产热量将高于散热量,就会导致煤与环境温度的上升,从而加速了煤的氧化速度并又产生更多的热量,直至煤自燃起来。煤的自热温度与煤的产热能力和蓄热环境有关,对于具有相同产热能力的煤,煤的自热温度也是不同的,主要取决于煤所在的散热环境。例如,浮煤堆积量越大,散热环境越差,煤的最低自热温度就越低。因此即使同一种煤,其自热温度也不是一个常量,受散热(蓄热)环境影响很大。

自热期的发展有可能使煤温上升到着火温度(T_s)而导致自燃。煤的着火点温度由于煤种不同而变化,无烟煤一般为 400 ℃,烟煤为 320～380 ℃,褐煤为 270～350 ℃。如果煤温根本不能上升到临界温度(60～80 ℃),或上升到这一温度但由于外界条件的变化更适于热量散发而不是聚集,煤炭自燃过程即行放慢而进入冷却阶段,继续发展,便进入风化状态,使煤自燃倾向性能力降低而不易再次发生自燃,如图 4-8 中虚线所示。

从煤的自燃过程可见,煤的自燃过程就是煤氧化产生的热量大于向环境散失的热量导致煤体热量聚集,使煤的温度上升而达到着火点的过程。

由此可见,煤炭自燃必须具备四个条件:① 煤具有自燃倾向性;② 有连续的供氧条件;③ 热量易于积聚;④ 持续一定的时间。

完整的煤体只能在其表面发生氧化反应,氧化生成的热量少且不易积聚,所以不会自燃。相反,煤受压时引起煤体分子结构的变化,含游离基增加;另外,破碎程度越大,氧化表面积就越大,也就越容易自燃。因此,煤炭自燃经常发生的地点有:① 有大量遗煤而未及时封闭或封闭不严的采空区;② 巷道两侧和遗留在采空区内受压破坏的煤柱;③ 巷道内堆积的浮煤或煤巷的冒顶垮帮处;④ 与地面老窑通联处。

4.2.2 影响煤炭自然发火的因素

煤自燃是煤氧化产热与向环境散热的矛盾发展的结果。因此,只要与煤氧化产热和热量向环境散热相关的因素都影响煤的自然发火过程。可以将影响煤自燃的因素分为两个方面,即影响煤自燃的内在因素和外在因素。

4.2.2.1 煤炭自燃的内因

(1) 煤的变质程度

煤的变质过程伴随着煤分子结构的变化,碳化程度越高,煤体内含有的活性结构越少。所以煤的变质程度是煤自燃倾向性的决定性因素。然而煤是复杂的固体化合物,影响煤自燃的因素很多,所以同一变质程度的煤可能自燃,也可能不自燃。据统计,褐煤最易自燃,无烟煤最不易自燃,烟煤的煤化度和自燃倾向性低于无烟煤而高于褐煤。烟煤是自然界最重要、分布最广、储量最大、品种最多的煤种。根据煤化度的不同,我国将其划分为长焰煤、不黏煤、弱黏煤、气煤、肥煤、焦煤、瘦煤和贫煤等,这些煤种的自燃倾向性逐渐降低。

(2) 煤岩成分

煤岩成分一般分为丝煤、暗煤、亮煤和镜煤四种。不同的煤岩成分有着不同的氧化性。在低温下,丝煤吸氧最多,但是随着温度的升高,镜煤吸附氧能力最强,其次是亮煤,暗煤最难于自燃。丝煤结构松散,吸氧量强,在常温条件下,丝煤吸附氧的数量较其他煤种要多

1.5～2.0倍，50 ℃时为5倍。丝煤的着火温度低，仅为190～270 ℃。所以人们认为，在常温条件下，丝煤是自燃的导因，起着引火物的作用。

镜煤与亮煤脆性大，易破碎，且灰分少。在镜煤次生的裂隙中常常充填有黄铁矿，开采中易碎裂为微细的颗粒，细微状的煤粒或黄铁矿都有较高的自燃氧化特性，因此它的氧化接触面积大，着火温度低。故镜煤与亮煤在丝煤吸附氧化升温的促使诱导下很容易自燃。

(3) 煤的含硫量

硫在煤中有三种存在形式：硫化铁即黄铁矿(FeS_2)、有机硫以及硫酸盐。对煤自燃起主导作用的是黄铁矿。黄铁矿的比热小，它与煤吸附相同的氧量而温度的增值比煤大3倍。黄铁矿在低温氧化时产生硫酸铁和硫酸亚铁，体积增大，使煤体膨胀而变得松散，增大了氧化表面积，而且其分解产物比煤的吸氧性更强，能将吸附的氧转让给煤粒使之发生氧化。煤中含黄铁矿越多，就越容易自燃。我国许多高硫矿区如贵州的六枝，四川的芙蓉和中梁山，江西的萍乡、英岗岭，湖南的杨梅山均属自燃比较严重的矿区。统计资料表明，我国西南主要矿区含硫3%以上的煤层均为自然发火煤层。

(4) 煤的粒度、孔隙特性和破碎程度

完整的煤体一般不会发生自燃，一旦受压破裂，呈破碎状态存在，其自燃性能显著提高。这是因为破碎的煤炭不仅与氧接触的表面积增大，而且着火温度也明显降低。研究发现，当煤粒度小于1 mm时氧化速率与粒径无关，并认为孔径大于10 nm的孔在煤氧化中起重要作用。根据波兰的试验，当烟煤的粒度直径为1.5～2 mm时，其着火点温度大多在330～360 ℃；粒度直径小于1 mm以下时，着火点温度可能降低到190～220 ℃。因此，可以说，煤的自燃性随着其孔隙率、破碎度的增加而上升。这也是煤矿井下自燃多发生在粉煤及碎煤聚集的地方的原因。如采空区周围边缘地带，在垮塌的煤壁和受压破裂的煤柱等地方。

(5) 煤的瓦斯含量

瓦斯或者其他气体含量较高的煤，由于其内表面含有大量的吸附瓦斯，使煤与空气隔离，氧气不易与煤表面发生接触，也就不易与煤进行复合氧化，使煤炭自燃的准备期加长。当煤中残余瓦斯量大于5 m^3/t时，煤往往难以自燃。但是随着瓦斯的放散，煤与氧就更易结合。

(6) 水分对煤自燃的影响

水分对煤炭自燃过程的影响有两个相互对立的过程。首先，煤炭中的水分在初期阶段会因为蒸发作用而散失，因此，一部分热量就会以水分潜热的形式被水蒸气带走，这就有阻止煤体温度升高的趋势。另外，煤体也会从空气中吸收水分。这就是所谓的吸收热(有时也叫湿润热)会促使煤的温度升高。那么水分对煤的总的作用就取决于这两种过程谁占主导地位。

根据煤中水分赋存的特点，煤的水分分为内在水分和外在水分，煤的内在水分是吸附或凝聚在煤颗粒内部的毛细孔中的水分，煤的外在水分是附着在煤的裂隙和煤体表面上。一般来说，煤的内在水分需达到100 ℃以上的温度才能完全蒸发；煤的外在水分在常温状态下即能不断蒸发，在40～50 ℃温度，经过一定时间，煤的外在水分即完全蒸发干。而在煤的外在水分还没有全部蒸发之前，温度很难上升到100 ℃，因此，从这种情况看，煤的含水量对煤的氧化进程有影响，主要还是煤的外在水分。

如果煤的外在水分含量较大，就会增加蓄热时间，延长煤炭自燃的准备期。由于煤的外在水分赋存于煤炭表面、裂隙中，因此在煤的表面及裂隙上形成了一层煤水结合层，在煤开始接触空气且吸附其中的氧进行氧化反应时，这个结合层就阻止煤和氧接触氧化，减少了煤的吸氧量和氧化机会，限制了煤体升温及升温时间，使蓄热时间增长，延长了煤的自燃准备期。另外，煤的外在水分蒸发需要大量热量，一般是 1 kg 的水蒸发所吸收的热量为 2 591.63 kJ，因此，煤吸氧产生的氧化反应所放出的热量大部分将被煤体的外在水分所吸收，使煤体周围的热量不易集聚，所以煤体的温度难以上升，使煤的自燃准备期延长。

煤吸收水分为煤炭自燃的初期阶段提供了热量。在矿井开采过程中，如果气候干燥的话，煤炭自燃的发生就相对较少。如果矿井使用过水淹方法灭火，当重新开启淹没过的火区，这个区域的煤炭就易发生自燃。原因有两个方面：一是水淹过程和排干水的过程会使煤炭进一步破碎，并生成更多的新的表面；二是在某些位置较高而没有被水完全淹没到的区域还存在高温点，水分逐渐被蒸发，使煤体变干，一旦有湿空气进入，煤吸水并产生热量，从而加速了煤的氧化和自燃。

4.2.2.2 煤自燃的外因

煤炭自燃倾向性是煤的一种自然属性。实验证明，它取决于煤在常温下的氧化能力，是煤层发生自燃的基本条件。然而在生产中，一个煤层或矿井自然发火危险程度并不完全取决于煤的自燃倾向性，还受煤层的地质赋存、开拓、开采和通风条件的制约。

(1) 煤层地质赋存条件

据统计，80%的自燃火灾发生在厚煤层开采中，鹤岗矿区 86%的自燃火灾发生在 5 m 以上的厚煤层中。厚煤层容易自然发火的原因，一是难以全部采出，遗留大量浮煤与残柱；二是采区回采时间长，大大超过了煤层的自然发火期；三是煤层易受压破裂而发生自燃。

开采急倾斜煤层比开采缓倾斜煤层易自燃。俄罗斯库兹涅茨矿区 75%的自燃火灾发生在 45°～90°角的煤层中。徐州大黄山煤矿煤层倾角南陡北缓，南翼局部倒转，自然发火次数南翼为北翼的 1 倍以上。急倾斜煤层易于发生自燃火灾，主要是由于采煤方法不正规，丢煤多，采后难以封闭。

综上所述，可以认为，绝大多数厚煤层都应按自然发火危险煤层处理，急倾斜厚煤层尤应如此。

地质构造复杂的地区，包括断层、褶曲发育地带、岩浆入侵地带，自然发火频繁。这是由于煤层受张力、挤压，裂隙多，煤体破碎，吸氧条件好所造成。据统计，四川芙蓉矿巷道自燃火灾 52%发生在断层附近。

煤层顶板坚硬，煤柱最易受压碎裂。坚硬顶板的采空区难以冒落充填密实，冒落后还会形成与相邻近的采区，甚至地面连通的裂隙，漏风难以杜绝，为自然发火提供了条件，大同矿区的自然发火就具有这方面的特征。

(2) 开拓开采条件

用石门、岩巷开拓，少切割煤层，少留煤柱，自然发火的危险性就小。厚煤层开采岩巷进入采区，便于打钻注浆有利于实现预防性或灭火灌浆。

采煤方法对自然发火的影响主要表现在煤炭回采率的高低，回采时间的长短上。丢煤愈多，丢失的浮煤愈易集中，工作面的推进速度愈慢，愈易发生自燃。

甘肃省窑街矿区开采特厚、易燃煤层，主采层 22 m，最厚达 98 m，自然发火期 3～6 个月。矿区井田范围内，自明朝就有古窑开采，小窑星罗棋布，老空区纵横重叠，自燃火灾频频发生。为扭转严重的发火局面，将集中运输巷由煤层改到底板岩层；改革了采煤法，以倾斜分层、金属网假顶采煤法代替了高落式和煤皮假顶倾斜分层采煤法，并且采取黄泥注浆，不留煤柱，老空复采的综合措施。发火率由原来的 1.65 次/万 t，降至 0.052 次/万 t。

（3）通风条件

通风因素的影响主要表现在采空区、煤柱和煤壁裂隙漏风。采空区面积大，漏风量也大。在工作面的"两巷两线"（进风巷、回风巷、开切眼、停采线），过断层地带，煤层变薄跳面的地方有大量浮煤堆积，最易发生自燃。

决定漏风大小的因素有矿井、采区的通风系统，采区和工作面的推进方向，开采与控顶方法等。

随着开采井田的延伸和开采规模的不断扩大，一些矿井采用了高风压、大风量的主要通风机，但是对通风系统的改造不够，两者不相匹配。矿井风量增长有限，风压却急剧上升，有的高达 4～5 kPa。其后果则是通风管理困难，漏风严重，自然发火的趋势恶化。

4.2.3 煤炭的自燃倾向性与自然发火期

4.2.3.1 煤炭自燃倾向性

煤炭自燃倾向性是煤的一种自然属性，它取决于煤在常温下的氧化能力和发热能力，是煤发生自燃能力总的量度。不同的煤，其自燃倾向性不同。即使同一矿区、同一煤层的煤，自燃难易程度也不一样。所以掌握煤的自燃倾向性非常重要。它不仅是恰当地设计采煤方法、选择采区规模、合理设计矿井通风和风压条件的重要依据之一，也是采取适当措施存储的重要依据。

我国煤炭行业将煤的自燃倾向性分为容易自燃、自燃、不易自燃三类。煤矿矿井必须根据煤自燃倾向性的分类等级而采取相应的煤防治措施。《煤矿安全规程》要求必须对新建矿井与生产矿井延深新水平的所有煤层的自燃倾向性进行鉴定。

我国从 20 世纪 50 年代初期即开展对煤炭自燃倾向性的研究，先后采用了着火点温度降低值法、双氧水法及静态容量吸氧法进行研究；在 90 年代初，开始采用现行的国家标准吸氧量法，即用双气路气相色谱仪动态吸氧的方法，测定煤在 30 ℃下的吸氧量大小作为评价煤炭自燃倾向性的标准。其划分标准如表 4-1 和表 4-2 所示。

表 4-1 煤炭自燃倾向性分类表（褐煤、烟煤类）

自燃等级	自燃倾向性	30 ℃常压煤的吸氧量/(cm^3/g)
Ⅰ	容易自燃	≥0.71
Ⅱ	自燃	0.41～0.70
Ⅲ	不易自燃	≤0.40

表 4-2 煤炭自燃倾向性分类表（高硫煤、无烟煤）

自燃等级	自燃倾向性	30 ℃常压煤的吸氧量/(cm^3/g)	全硫 S_f/%
Ⅰ	容易自燃	≥1.00	＞2.00
Ⅱ	自燃	0.81～0.99	＞2.00
Ⅲ	不易自燃	≤0.8	＞2.00

注：含可燃挥发分≤18.0%。

4.2.3.2 煤的自然发火危险程度与自然发火期

煤的自然发火倾向性只反映煤自燃的内因条件，而煤的自然发火危险程度不仅决定于煤的自然发火内因条件，还反映了影响煤炭自燃的地质、采矿、通风等外因条件，因此更能表征一个矿井或煤层的自然发火特性。例如，一个弱自燃倾向性的煤层，从实验室的煤样鉴定结果，仅属于可能自燃的一类。对形成自然发火的内部条件并不充裕，但遇上许多不利的地质赋存条件，不合理的通风、采矿等技术因素汇集在一起，也会造成相当严重的自然发火局面。因此自燃倾向性强的煤在开采时不一定就必然发火严重，合理的开拓开采方法，良好的通风系统可以在很大的程度上控制自燃火灾的发生，其自然发火危险程度也可能很低。

国外一些煤炭工业发达的国家，采取以实验室鉴定的煤炭自燃倾向性指标为基数，再根据不同的地质赋存条件、开拓、开采、通风条件分类评分，有利于自然发火的列为正分，不利的列为负分。将基数与各项条件的评分加在一起，依其总和判定矿井或煤层的自然发火危险程度。这样把实验室的数据与生产实践相结合，从而获得符合实际的评价煤层自然发火危险程度的指标，这个指标对于指导生产很有实用价值，目前在我国尚未形成这样的评价体系。

煤的自然发火期是煤炭自然发火危险性的时间量度，即煤体从暴露在空气环境之时起到自燃（温度达到该煤的着火点温度）所需的时间。煤的自燃发火期是对煤矿矿井某一煤层自燃发火观察和记录的数据中的一个最短时间值，故称最短自然发火期。煤的自然发火期是煤的内在条件与外在条件的综合反映，只能根据现场的统计资料得出。

4.2.4 煤炭自燃早期识别与预报

煤炭自燃有一个发展过程，如果能在自燃发展初期被发现，则引以避免酿成火灾。煤炭自燃发展过程中，各种物理与化学变化是早期识别和预报的根据。识别的方法可归为：① 人的直接感觉；② 测定矿内空气和围岩的温度；③ 测定矿内空气成分的变化；④ 物探测定方法。

4.2.4.1 人的直接感觉

利用人的感观进行探测是最简便的方法，虽然常带有一定的主观性，但是这种方法是比较可靠。依据人体生理感觉预报矿井火灾的主要方法有：

(1) 嗅觉。气味是人们能够最先感受得到的煤炭自热特征。可燃物受高温作用，会分解生成一些正常时大气中所没有的、异常气味的火灾气体。例如，煤炭自热到一定温度后出现煤油味、汽油味和轻微芳香气味的非饱和碳氢化合物。人们利用嗅觉嗅到这些火灾气味，则可以判断附近的煤炭在自燃。

(2) 视觉。人体视觉发现煤在氧化过程中产生的水蒸气，及其在附近煤岩体表面凝结成水珠（俗称为“挂汗”），在煤炭自燃的最后阶段出现的烟雾，进行报警。

(3) 感(触)觉。煤炭自燃或自热、可燃物燃烧会使环境温度升高，并可能使附近空气中的氧浓度降低，CO_2 等有害气体增加，所以当人们接近火源时，会有头痛、闷热、精神疲乏等不适之感。

在煤炭自燃的不同阶段，火灾的标志性气体量和产生的气味强弱与煤温的关系如图 4-9所示。该图是煤在氧气量不足的情况下受热分解产生的各类标志性气体。很明显，CO 是表明自燃处于初期阶段的主要指标。同时，饱和碳氢化合物，特别乙烯的出现表明煤进入快速氧化阶段。

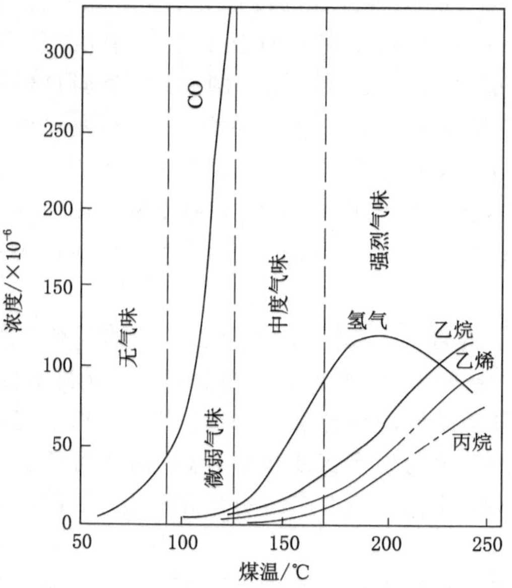

图 4-9　煤炭自燃指标气体和煤温的关系

4.2.4.2　测定矿内空气和围岩温度

煤炭自燃会产生高温，测定矿内空气和围岩的温度是煤炭自燃早期识别与预报的一个基本方法。测定温度方法又分为直接测定和间接测定两种。

直接测定是将测温传感器直接放入测温钻孔中或埋在采空区内测定煤岩体温度，常采用温度传感器热电偶和热敏电阻。间接测温方法主要有无线电测温仪、测气味法和红外辐射仪等方法。无线电测温方法是将含有热记录装置的无线电传感器埋入采空区，根据测得的热量而发射出无线电信号。气味剂法是将含有低沸点和高蒸气压并具有浓烈气味的液态物质，如硫醇和紫罗兰酮等，将其封装在胶囊中，在设定的高温下，胶囊破裂而发出气味。红外辐射测温则是通过测定巷道壁面的红外辐射能量而测定出煤壁的表面温度。

测定温度方法操作简便，结果直观、可靠，故得到较为广泛的采用，但也存在较大的局限性。直接测温由于采空区顶板的垮落或底板裂变易引起测温仪表和导线的破坏和折断，即使在用钢套管保护的情况下也易被损坏；无线电传感器处于采空区高湿恶劣的环境中，影响了其成功的应用；气味剂法因靠漏风传播气味，移动速度慢、分布区域小，较难测取；当火源离巷道表面较远时，红外辐射测温仪因接触不到热表面就无能为力。热测定面临的最大问题还在于：由于煤体的热传导能力非常弱，热量影响的范围很小，有时钻孔即使已打到了火源边缘附近，也觉察不到火源的存在。

如图 4-10 所示，矿井火灾的光纤测温监测系统主要由测温主机、分站、通信环网和地表的监控主机网组成。测温光纤既是感温传感器，同时又是信息传播的途径，可以实现线性测温，同传统的传感器点式测温相比，优势明显，是矿井火灾监测系统有益补充。

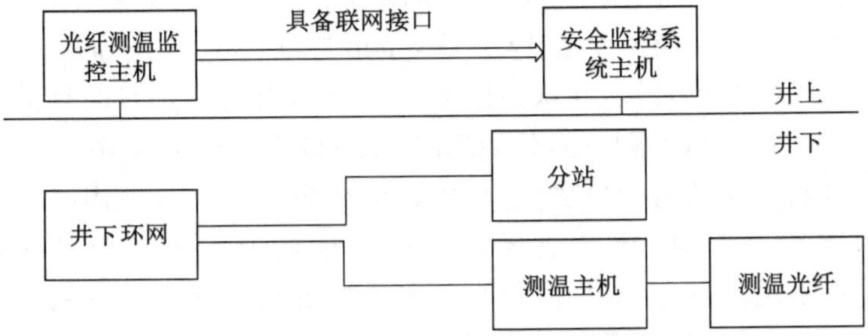

图 4-10 矿井火灾的光纤测温监测系统

4.2.4.3 气体分析方法

1. 气体分析成分与指标

煤炭自热过程中会产生 CO、CO_2、H_2、H_2O、烷烃等气体成分，故气体分析法被广泛地用于煤炭自燃火灾的早期预测。由于火灾气体中的主要成分是 CO、CO_2，所以从 20 世纪初以来这两种气体的变化量一直被用作分析火灾发展变化趋势的主要指标。将这些变化值除以氧气的消耗量($-\Delta O_2$)即可排除新鲜空气的稀释影响。这些参数的比值已被广泛用来分析火灾的发展变化趋势，如表 4-3 所示。

为确切地监测火情，须对回风流的空气成分做系统的检测，主要掌握氧气含量的减少量($-\Delta O_2$)、一氧化碳含量的增加量($+\Delta CO$)、二氧化碳含量的增加量($+\Delta CO_2$)三种气体的变化，依据这些气体的变化量，可以计算出一氧化碳指数、二氧化碳指数和碳氧化物比值，以此判断火灾的发展趋势。

表 4-3 分析矿井火灾气体成分的主要比值

比值	名称
$CO/\Delta O_2$	一氧化碳指数(index for carbon monoxide，即 ICO)，或格雷哈姆比值(Graham's ratio)
$CO_2/\Delta O_2$	二氧化碳指数，或 Young 比值(Young's ratio)
CO/CO_2	碳氧化物比值(oxides of carbon ratio)

(1) 氧气的减少量($-\Delta O_2$)

自从 20 世纪初以来，判断火灾的一个重要参数就是氧气含量的减少量，即$-\Delta O_2$。氧气消耗量的测算基于以下两个方面的假设：第一，空气中的氧气含量为 20.93%，惰性气体含量 79.04%(0.3%的 CO_2 气体不包括在内)，包含除氮气以外的其他惰性气体，但是在一般情况下都简单地将其全视为氮气。第二，火区中的氮气没有被消耗，也没有被增加(除从空气中增加的氮气外)。如果氧气没有被消耗，那么 O_2/N_2 的比值应该为 $20.93/79.04=0.264\ 8$，该比值也不会受其他新加入气体的影响。

因此，对于在任何情况下 O_2 和 N_2 的量，可以算出原始 O_2 的量为 $0.264\ 8\ N_2$，所以消耗的氧气量为

$$\Delta O_2=0.2648N_2-O_2,\% \tag{4-8}$$

(2) 一氧化碳的增加量($+\Delta CO$)与一氧化碳指数

一氧化碳生成温度低，生成量大，其生成量随温度升高按指数规律增加，是预报煤炭自燃火灾较灵敏的指标之一。英国学者 Ivon Graham 在 1914 年就认识到 CO 作为指示煤炭自热初期的标志性气体的重要性，并认为该值与氧气的消耗量具有同等的重要性。他最先提出 $CO/\Delta O_2$ 指标，即格雷哈姆比值(Graham's ratio)或一氧化碳指数(ICO)。

格雷哈姆比值判别煤炭初始自热现象，比其他标志性气体早数周时间。该比值最明显的优点是不因供风量而变化，因为供风量对该比值的分子和分母的影响都是一样的。格雷哈姆比值也有不足。首先，该比值的在氧气消耗量很小的情况下精度很低，例如，在氧气消耗量 ΔO_2 小于 0.3%时，格雷哈姆比值就不可靠。这个缺点也存在于其他含有氧气消耗量的判别指数中。第二，该比值还受到那些不是因火灾而产生的 CO 的影响，包括从其他采空区运移过来的 CO，或者进入火区的空气本身就含有一定量的 CO。一般情况下，格雷哈姆比值小于 0.5%。如果格雷哈姆比值持续上升并且超过 0.5%的话，表明该矿井中有自热现象发生。

(3) 二氧化碳的增加量($+\Delta CO_2$)与二氧化碳指数

火灾会产生大量 CO_2，因此 $CO_2/\Delta O_2$ 的值比 $CO/\Delta O_2$ 要大。当火灾由阴燃转为明火燃烧时，原来产生的 CO 燃烧成为 CO_2。因此，如果同时发生 $CO_2/\Delta O_2$ 升高和 $CO/\Delta O_2$ 降低的现象时，就表明火灾还在进一步发展。因为这两个比值的分母相同，所以 CO 和 CO_2 在直线图上的具有相同的发展趋势。二氧化碳指数与一氧化碳指数具有相同的缺点。另外，CO_2 会溶于水中，还受到固体对其吸附的影响，还会与火区中的气体及其他物质发生化学反应等。

(4) 碳氧化物比值(CO/CO_2)

碳氧化物比值被用来指示火灾的发展状况，在火灾初期阶段碳氧化物比值上升，在充分燃烧阶段，该值保持为一个常数。但是，当火灾形成富燃料燃烧时，CO/CO_2 值将会快速上升，并且该值也是指示富燃料燃烧较好的指标。该指标还不受进风流、瓦斯和注氮的影响，因此得到普遍应用。但是该指标会受到非火灾产生的 CO 和 CO_2 的影响。

2. 连续自动监测系统

(1) 束管监测系统

束管监测系统是用抽气泵能通过束管(多孔塑料管)抽取各取样点的气样，用色谱分析仪器进行气体成分分析，通过对分析数据的综合处理作出自燃火灾预测预报的监测系统。英国于 20 世纪 70 年代开始应用这种系统进行煤矿火灾早期预报，收到了较好的效果。平庄古山矿于 1981 年建成了我国第一个束管检测系统，以后逐渐在柴里、南屯等煤矿推广应用。

束管检测系统主要由采样、分析、控制和数据贮存显示等部分组成，如图 4-11 所示。

采样系统由抽气泵和管路组成。管路一般采用管径为 6～87 mm 聚乙烯塑料管，在采样管的入口装有干燥、粉尘和水分捕集器等净化和保护单元。在管路的适当位置装有贮放水器，以排除管中的冷凝水。整个管路要绝对严密，管路上装有真空计指示管路的工作状态。在仪器入口装有分子筛或硅胶，以进一步净化气样。

气样分析使用气相色谱仪、红外气体分析仪等仪器。控制装置主要由三通实现井下多取样点进行巡回取样，具有数据贮存、显示和报警功能。监测点布置在总回风道和集中回风道、采掘工作面有明显升温征兆的区域、火区密闭内等地点。

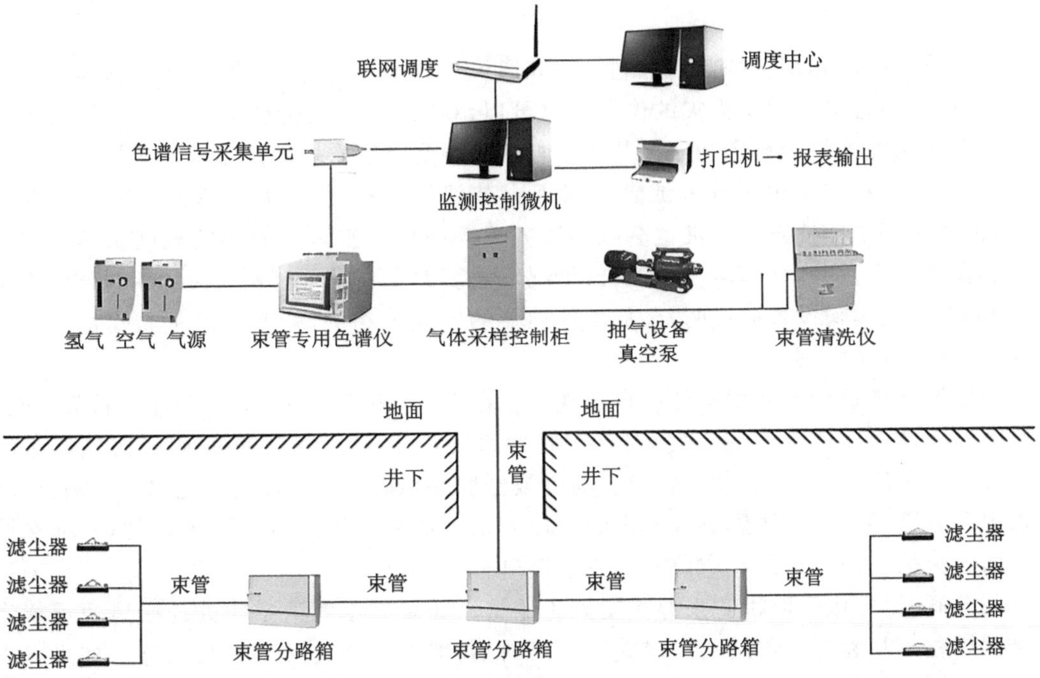

图 4-11　束管检测系统示意图

束管敷设巷道内的高度一般不低于 1.8 m，集束管用吊台勾吊挂，束管用夹板吊挂，束管入口处的敷设要平、直、稳，并且与动力电缆之间的距离一般不应小于 0.5 m，并要避免同其他管线交叉。束管入口处必须安设滤尘器，整条束管一般至少要安设 3 个吸湿器。

束管检测系统的缺点是管路长，维护工作量大。

(2) 矿井火灾监测与监控

用来表明火灾威胁性和火灾状况的各种指标气体及其相互比值都各有优、缺点。在任何一次火灾中，最好能够将监视设备获取的数据和气样分析数据，利用电子表格或者图形处理软件处理后存在计算机中。该计算机应该安置于矿井调度控制中心，或者其相邻房间。所有的气体浓度和常用的气体浓度比值都应该在屏幕上显示出来，并将这些数据每隔一定时间就打印出来。当有新的数据出现时，应该与以前的数据进行对比分析。这些数据的变化趋势从某种意义上说比数据本身还有用。因此，不仅要在同一采样地点重复采样，也要在不同的地点进行采样。在这里，CO/CO_2 比值不会受到注氮的影响。

气体各成分浓度和各种指标气体指示出整个火灾的一般情况，而不是整个火区范围内各处的情况。在某些情况下，可能在火区和采样点之间存在一定的漏风，这就可以从各漏风处气流流量来估计火区的范围。这就是所谓的气流流量和相对空气浓度法。

用电化学的原理来探测 CO 的方法已经成为矿井中环境监测系统中的很普通的一种方法。利用计算机分析，可过滤掉由于柴油机和爆破等因素引起的误报，而这些误报通常会造成对探测系统可靠性的质疑。过滤这些假情报的计算机程序通常是比较简单的，例如，忽略短时间内测定值的升高，仅在测定值有持续上升的趋势的情况下才发出声音和视觉警报。

在通风巷道中连续布置传感器还可以用来计算随着时间的变化传感器附近产生的 CO 情况。

与计算机技术相结合的监测控制系统和通风网络分析程序，不但可以探测到火灾发生的初期阶段，而且可以确定火灾的位置。这可以由位置固定的传感器来实现。利用束管气体监测系统来探测煤炭自燃初期极其缓慢自热阶段是特别有用的。温度传感器可以安装在固定设备附近，特别是用于喷淋或者喷水灭火装置处。不过，感温传感器一般不用在风路中，因为在风路中即使发生火灾也会因为风流流动而使火灾下风侧中的温度快速下降。这些传感器即使在矿井大气环境正常运行情况下温度的变化也可能比火灾初期时候温度变化大(例如有燃油运输设备通过时)。如果传感器的精度太高的话，就会因不断发生误报事件而使其丧失可信度。

当监测系统显示矿井中某处有自热现象正在发生，必须有一套处理程序。首先，应该在受影响区域的回风侧安设一个气体监测站，并每隔小于 30 min 时间内取一次气样进行分析。如果矿井原来就有气体监测系统，则应该更加仔细地跟踪气体的变化趋势。另外，还应该撤出所有受到火灾气体影响区域内的工作人员。如果自燃形势发展很快的话，那么除了参加防灭火的工作人员外都应该及时完全撤出。

与此同时，应该采取措施来寻找发火的地点。如果有烟气从密闭处的漏风通道或者被压垮的煤柱等相邻且不连续的区域里流出来的话，那么发火的位置就很明显。如果自燃发生在采空区和不能接近的老塘，那么就很难确定发火位置。无论有没有烟气产生，对气流中 CO 的检测都是必要的。CO 的检测可以利用便携式仪器，或者用色谱管。将检测的结果标在矿井系统图上有助于寻找可能存在的火灾隐患点。

如果确定了自燃位置，接下来就应该决定采取措施来控制或扑灭该处自燃火灾。

4.2.4.4 其他测定方法

近年来，物探技术在寻找隐蔽火源中获得了应用，如核物探技术和地质雷达探测技术。核物探技术是采用测定氡气的方法判定火源位置。其原理如下：氡气总是由地下向上垂直迁移，当氡气上升过程中在井下火源区域由于高温和压力的变化会使氡气向上运移的速率发生变化，通过在地面测定出氡气的异常情况就可判别出火源的位置。但在实际测定中，物探技术将受多种因素影响，此外，目前对氡气在岩体中的传递规律尚不清楚。因此，该方法还不成熟。地质雷达则通过测定煤岩特性对电磁波的影响程度而判定煤岩的温度情况，因为火源点的高温会改变煤岩的物理特性。由于煤岩性质差异较大，测量资料的解释与处理相当困难，目前对隐蔽火源探测问题仍未找到有效的技术手段。

4.2.5 矿井火灾智能监测与管控系统

现阶段矿井所用的分布式光纤测温系统和安全监控系统仅实现了气体指标的在线监测，在线分析预报功能还不完善，只具备单个指标超限报警功能，在进行多个指标共同耦合分析时，指标权重还不够完善，各类火灾监测预报指标及系统配合度不高，信息共享差，缺少对火灾信息的全面采集、处理和分析，系统误报、漏报率较高，很难及时准确地判断发火位置。未来需要将网络传输与通信联络系统、一体化智能管控平台、煤矿安全生产大数据移动互联平台、数据中心、调度指挥中心、智能控制中心、安全监测中心、生产运营管理中心形成各类异构系统全面集成，形成一套集火灾监测、预警、救灾预案自动生成以及火灾控制装备、安全监测系统、救灾预案系统、人员定位系统于一体且较完善的煤自燃监控预警处理系统，实现矿井各类火灾在线分析预报，对多指标共同耦合进行合理自动分析，火灾监测预警系统、安全监测系统、人员定位系统、调度指挥中心、智能控制中心各类系统信息的全面共享，进而达到数据、语音、视频的一体化监控、调度、防护、管理，使煤炭自燃火灾监控预警更加精准，全面改善目前矿井生产的现状。矿井火灾智能监测预警及管控系统如图 4-12 所示。

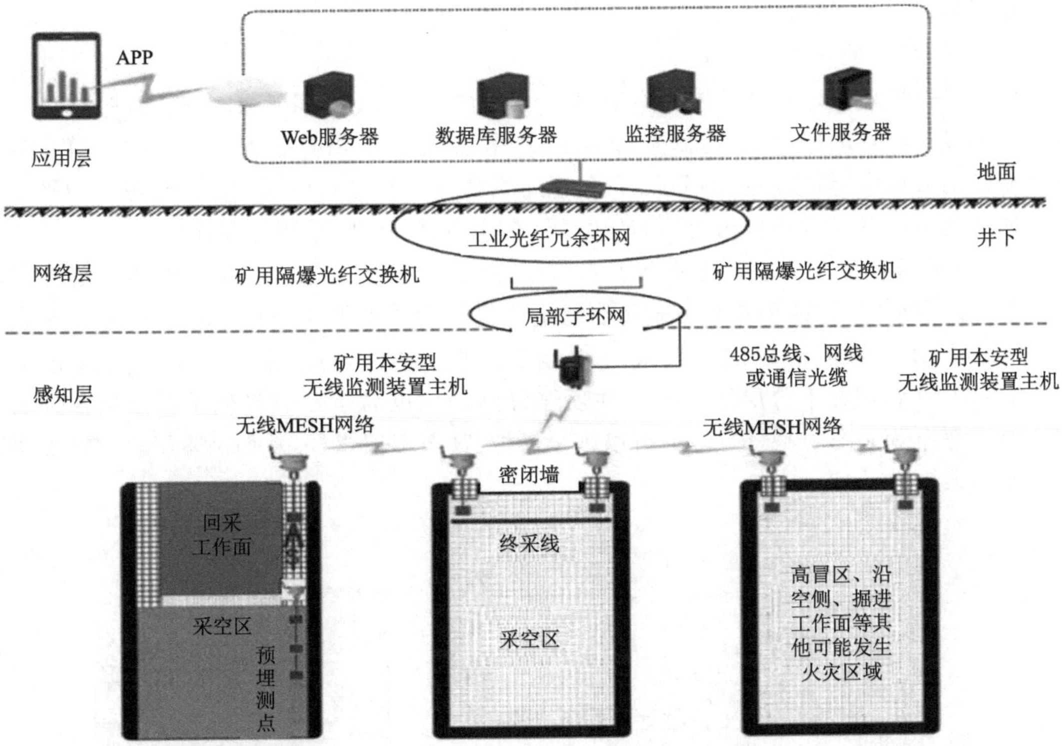

图 4-12 矿井火灾智能监测预警及管控系统

4.3 内因火灾的预防

内因火灾的预防原则是减少矿体的破坏和碎矿的堆积，以免形成有利于矿石氧化和热量积聚的漏风条件。选择正确的开拓开采方法，合理布置巷道，减少矿层切割量，少留矿、煤柱或留足够尺寸的矿、煤柱，防止压碎，提高回采率，加快回采速度；采用合理的通风系统，正确设置通风构筑物，减少采空区和矿柱裂隙的漏风，工作面采完后及时封闭采空区；预防性灌浆，在地面或井下用土制成泥浆，通过钻孔和管道灌入采空区，泥浆包裹碎矿、煤表面，隔绝空气，防止氧化发热，从而防止自燃；均压防火；用调节风压方法以降低漏风风路两侧压差，减少漏风，抑制自燃。调压方法有风窗调节、辅扇调节、风窗-辅扇联合调节、调节通风系统等，阻化剂，防止矿石氧化的化学制剂，如 $CaCl_2$、$MgCl_2$ 等，将其溶液灌注到可能自燃的地方，在碎矿石或碎煤表面形成稳定的抗氧化保护膜，降低矿石或煤的氧化能力。

4.3.1 开拓开采技术措施

矿井开拓系统和采煤方法是影响煤炭自燃的重要因素。因此，在矿井设计建设初期就应注意选择合理的开拓系统和采煤方法。在矿井生产过程中更应采取有效的开采技术措施，防止发生煤炭自燃灾害，以保证矿井生产安全正常地进行。

从预防煤炭自燃的角度出发，开拓开采方法总的要求是提高煤炭回采率、加快工作面推进速度、尽量减少丢煤等。

4.3.1.1　合理地进行巷道布置

(1) 对一些服务时间较长的巷道应尽量采用岩石巷道。开采有自燃倾向性的煤层，特别是自然发火严重的厚煤层，运输大巷、回风大巷、采区上下山等服务年限长的巷道一般应设在稳定的岩层中；对于厚煤层分层开采，通常在煤层底板岩石中开掘区段运输集中平巷和区段回风集中平巷或采用多组上山布置方式，布置在煤层中时采用宽煤柱护巷。

(2) 区段煤巷采用垂直重叠布置。厚煤层分层开采时，分层区段平巷的布置过去有内错和外错两种形式，这两种布置方式都容易造成煤自燃。如图 4-13(a)所示，内错式布置在采空区上下分层巷道形成的台阶煤柱内侧造成贮热氧化易燃隅角带。外错式布置如图 4-13(b)所示，则在下分层回采时煤柱顶煤冒落堆积也易于形成易燃带。如果各分层巷道垂直重叠布置如图 4-13(c)所示，可以减小煤柱，甚至不留煤柱，从而消除了采空区浮煤自燃的基本条件。

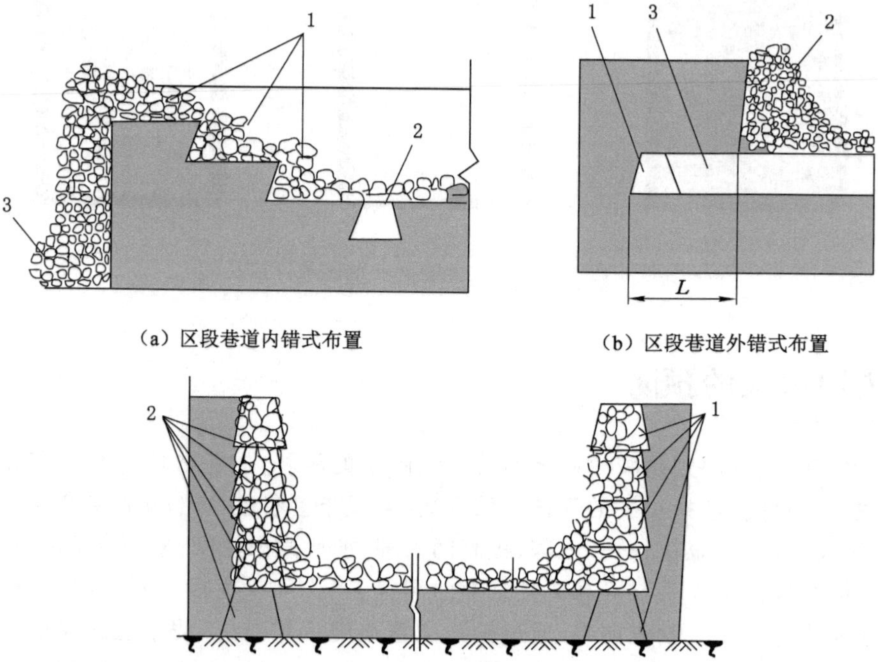

(a) 区段巷道内错式布置　　(b) 区段巷道外错式布置

(c) 区段巷道垂直重叠布置

(a)1—易燃隅角；2—下分层运输机巷；3—下区段回风巷；(b)1—外错分层巷；2—虚实交接带；3—上分层采过后 L 区段顶煤垮落造成的易燃带；(c)1—分层回风巷；2—分层运输巷。

图 4-13　区段平巷布置示意图

(3) 采用无煤柱护巷方式。采用留煤柱护巷时,不但浪费煤炭资源,而且遗留在采空区中的煤柱也给自然发火创造了条件。采用无煤柱护巷时,取消了煤柱,也就消除了由此带来的煤炭自燃隐患。近年来,无煤柱护巷方式已获得广泛应用,将阶段大巷和采区上(下)山设在煤层底板岩层中,采用跨越式开采,不留大巷煤柱和上(下)山煤柱,已成为常规的做法;区段巷道的无煤柱护巷方式也已推广应用,不少矿区采用沿空掘巷(或沿空留巷)方法安全地采出了自燃倾向性高的煤炭,并使煤层自然发火率明显降低。因此,区段巷道的无煤柱护巷方式应予大力推广。但是,沿空侧的巷道容易向相邻采空区(特别是其停采线)漏风,所以应采用有效措施封堵漏风通道,以防引起相邻采空区煤炭自燃。

4.3.1.2 坚持正规开采和合理的开采顺序

开采工作要加快工作面推进速度,提高采煤机械化程度,采用一切可能的措施提高回采率,避免在采空区中留下任何不必要的煤柱,避免将一个走向长壁工作面沿走向在其中部另开切眼,形成2个工作面同时回采的不规范做法。否则,在开采过程中会向前部工作面采空区大量漏风,开采结束后会在采空区中留下孤岛煤柱。同时,要按照合理的回采顺序进行开采,煤层间、区段间一般采用下行式,下山采区则采用上行式,区段内采用后退式,尽量避免形成孤岛工作面。

4.3.1.3 减少煤体破碎

采掘工作要破坏岩层的原始应力状态,产生应力集中,即矿山压力。矿山压力作用于煤层上,会使煤体破碎,使风流能够深入煤壁,从而增加煤体与氧气的接触面积,增加煤炭自燃的危险性。所以,巷道布置应避开矿山压力峰值,避免煤壁受压破碎。在采用留煤柱护巷的区段巷道布置方式时,这一问题尤为重要,要切实搞清矿山压力规律,选择合适的区段煤柱尺寸。采区上(下)山如果设在煤层中,也要合理地选择上(下)煤柱尺寸。

4.3.2 防止漏风

根据煤自燃必须满足的四个条件,如果能够杜绝或者减少向易自燃区域的漏风,使煤低温氧化过程得不到足够的氧量,那么在一定程度上就能够延长煤自燃发火期和防止煤自燃的发生。因此,防止漏风是防治煤自燃的重要措施之一。同时,在发火后对火区进行封闭,尽量减少向火区漏风,使火区惰化,尽快使火区的火窒息。

4.3.2.1 漏风与自燃火灾的关系

矿井自燃火灾中,没有漏风也就没有煤的自燃。煤自燃大都发生在人员难以进入和观察到的隐蔽区域,如采空区、切眼、停采线、被矿山压力压裂的煤壁等处。而这些地方之所以发生自燃,就是因为有或多或少的风流进入这些区域,使这些区域里较为破碎的煤氧化产生热量,也正是这些较为隐蔽的区域风量较小而且风速慢,同外部环境相比具有一定的蓄热能力,因此较易发生自然发火。

矿井漏风方式可以分为外部(地面)漏风和内部漏风。

外部漏风相对比较简单,主要指矿井通风系统通过地面裂隙与地面大气相通而形成漏风。根据矿井采用的通风方式不同,风流方向不同,在抽出式(绝大多数矿井采用这种通风方式)矿井中,由于矿井内通风系统的风流绝对风压小于大气压,因此漏风风流由地面通过裂隙流向矿井通风系统。压入式通风则相反,该种通风方式,矿井通风系统内的压力大于大气压,因此风流由矿井内部流向矿井外部。在外部漏风过程中,漏风通道一般都会经过煤体,这是因为煤相对于岩石来说更容易形成裂隙,并且形成一定的破碎状堆积。在漏风过程中，氧气沿着漏风通道持续不断地输送到破碎煤体中，从而易于引起煤自燃发生。

内部漏风主要表现为对非需风地点的供风。矿井中的供风主要是为了满足工作面和掘进及其他硐室的需要，但是在风流流经矿井巷道时，如果巷道有裂隙，那么风流就会从裂隙处向煤体或者岩体内部扩散。如果这些裂隙发育同其他通风巷道相连通的话，并且这些裂隙两端存在压差，那么就会形成一相对稳定的漏风风流，风流流经煤体就会持续为煤的氧化供给氧气。工作面处的漏风是内部漏风的主要表现形式。在单一煤层开采中，工作面向采空区漏风最为简单，如图 4-14 所示。

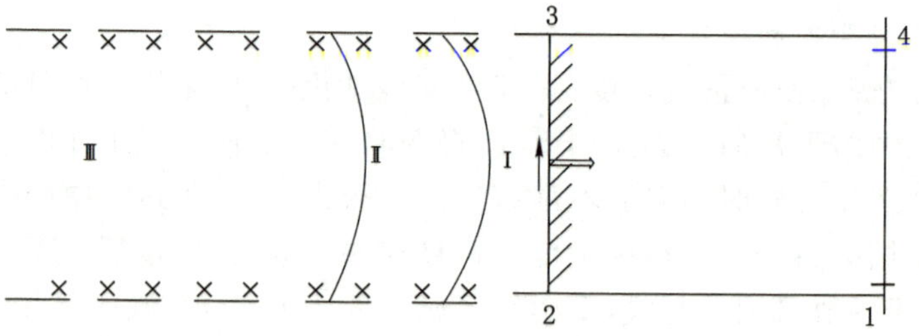

Ⅰ—散热带；Ⅱ—氧化带；Ⅲ—窒息带。

图 4-14　采空气漏风带(三带)示意图

采空区由于矿山压力大小不同和受压时间的长短不一样，而呈现出不同程度的压实带。这些不同程度的压实带对煤自燃具有重要影响。采空区内遗留有大量的浮煤，存在煤自燃的先决条件。图 4-14 中在离工作面较近的区域Ⅰ，其宽度大约 5～20 m，由于漏风量较大，将煤氧化产生的大部分或者全部热量带出煤体，因而该区域的煤不大可能发生自燃火灾；在区域Ⅲ，由于矿山压力大，受压时间长，因此该区域被压实程度高，风流漏入该区域较难，煤氧化所需的氧量不能够充分满足，该区域自燃的可能性也不大。在区域Ⅱ，由于压实程度适中，漏风风量既满足煤低温氧化需要，也不会带走大量煤氧化热量，因此该区域的浮煤容易发生自燃，该区域的宽度为 20～70 m。这种将采空区按照煤自燃难易程度分为三个区域，一般称之为“采空区三带”，分别为“散热带”“氧化带”“窒息带”。随着工作面的推进，采空区三带也在动态变化，当工作面的推进度较快，“氧化带”存在的时间就短，发火的危险性就小。

4.3.2.2　漏风阻力定律

防火对通风的要求是风流稳定、漏风量少和通风网路中有关区段易于隔绝。完全杜绝漏风固然可以消除自燃，但实际上很难做到。通常只能根据矿井的实际情况，尽量减少漏风。通风网路中产生漏风的条件是，有漏风通道存在，且在此通道的两端存在风压差。风压差可由相邻巷道的通风阻力求出。漏风量也遵循阻力定律，即

$$\Delta H = R_{\mathrm{L}} Q_{\mathrm{L}}^{n} \tag{4-9}$$

$$Q_{\mathrm{L}} = \sqrt[n]{\frac{\Delta H}{R_{\mathrm{L}}}} \tag{4-10}$$

式中　Q_{L}——漏风量，m^3/s；

ΔH——漏风风路两端的风压差，Pa；

R_{L}——漏风风路的风阻，kg/m^3；

n——漏风风流的流态指数。

漏风的流态为层流时，$n=1$；紊流时，$n=2$；过渡流时，$1<n<2$。单一煤层全冒落长壁工作面回采时，离工作面 25～35 m 范围内采空区的漏风 $n=2$；离工作面 30～60 m 内，$1<n<2$；离工作面 50～70 m 范围内，$n=2$。被压碎的煤堆内的漏风，大多为层流。

4.3.2.3　漏风测定方法

漏风测定，在于找出漏风通道和漏风规律，这对煤层自燃的防治有着重要的意义。

对漏风通道和漏风量探测，一般采用示踪技术。所谓示踪技术，就是选择具有一定特性的气体做标志气体。利用风流或漏风作载气，在能位较高的漏风源释放，在其可能出现的漏风汇采集气样，分析气体，确定标志气体的流动轨迹，判断漏风通道，根据标志气体浓度变化计算风量或漏风量。

检测漏风的常用方法是采用示踪气体法，即用六氟化硫(SF_6)作为示踪气体检测井下漏风通道和漏风量。1974 年美国首次采用这一技术检测井下漏风，近些年我国也多次应用这一技术来检测工作面漏风和矿井外部漏风，证明它是一种灵敏度较高的方法。

SF_6 无色、无嗅、无毒，是不燃惰性气体。它的物理活性大，在扰动的空气中可以迅速混合而均匀地分布在检测空间内。SF_6 的检出灵敏度高，使用带电子捕获器的气相色谱仪或 SF_6 检漏仪均可有效地检出(检测精度可达 8×10^{-12})。另外，SF_6 在大气中的本原含量极低，约为 $10^{-14}\sim10^{-15}$ g/mL。SF_6 的这些性质，使得人们可以方便、准确地应用它进行矿井漏风检测。因此，SF_6 是一种理想的示踪气体。

(1) SF_6 瞬时释放法

瞬时释放法，即在漏风通路的主要进风口瞬时释放一定数量的 SF_6 气体，然后在几个预先估计的漏风通路出口采取气样，通过分析气样中是否含有 SF_6 以及 SF_6 的浓度大小来具体确定漏风通道和漏风量。

实际应用这一方法时，在地面将 SF_6 气体装入球胆，带往井下选定的释放点释放。使用小号球胆或 15 mL 的医用针管采取气样。对于采取的气样，要严密封闭，注明采样的时间和地点。最后将气样带到井上，进行实验室分析。

第一次采样时间的确定十分重要，要在综合考虑 SF_6 的释放地点与采样地点间的距离、通风风流的速度和 SF_6 的扩散速度诸因素的基础上进行。漏风的距离愈长、漏风范围愈大、漏风风速愈小，则放样与第一次采样的时间间隔愈长。一般讲，小范围的漏风区域可在放样 10 min 以后开始采样，大范围的漏风区域也不应超过 300 min。

同一采样地点需多次采取气样，两次采样的时间间隔初期可取 5～100 min，后期可以长一些，取 30～600 min。一般讲，同一采样点采样 10 次左右就足以检测出 SF_6 的最高浓度点。

通过上面介绍可以看出，瞬时释放法方法简单，易于实施，但取样时间较难掌握，如果掌握不好可能会错过 SF_6 的最高浓度点，使分析结果产生误差。连续释放法可以避免这一缺点。

(2) SF_6 连续释放探测技术

连续释放法即在需要检测的井巷风流中连续、定量、稳定地释放 SF_6 示踪气体，然后顺着风流方向，沿途布点采取气样分析 SF_6 气体的浓度变化。如果沿途不漏风或者向外漏风，则沿途各点风流小的 SF_6 浓度保持不变；如果沿途向内漏风，则沿途各点风流中的 SF_6 浓度变化呈下降趋势。通过分析 SF_6 的浓度变化情况，即可分析出漏风规律。

如图 4-15 所示，为了测定上分层采空区的漏风，设在 R 处释放 SF_6 气体，在 $1,2,\cdots,n$ 各点采取气样。若 R 处的 SF_6 释放流量为 q mL/min，通过释放点的风量为 Q m^3/min，则示踪气体的浓度 C 为：

$$C = \frac{q}{Q} \times 10^{-6} \tag{4-11}$$

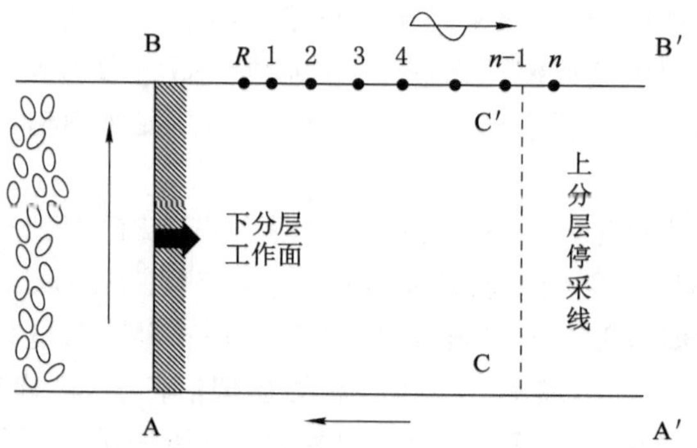

图 4-15　SF_6 连续释放漏风探测释放点及采样点示意图

若回风平巷 BB′中不向外漏风，只有进风平巷 AA′中的风流通过上分层采空区和停采线向 BB′中漏风，且漏风风流中不含 SF_6，则各取样点的 SF_6 含量不变，都为 q。这样，通过分析各点气样得出 SF_6 浓度 C_i 后，即可按下式计算出该点的风量 Q_i：

$$Q_i = \frac{q}{C_i} \times 10^{-6} \tag{4-12}$$

式中　Q_i——取样点 i 的风量，m^3/min；

C_i——i 点的 SF_6 浓度；

q——SF_6 释放流量，mL/min。

各点的风量算出后，即可方便地得出每两点间漏入的风量。实际工作中，可采用更一般的方法计算漏风量。设取样点 i 的风量为 Q_i，SF_6 浓度为 C_i，与此相邻的下一取样点 $i+1$ 点的 SF_6 浓度为 $C_{i,i+1}$，两点间漏入的风量为 $\Delta Q_{i,i+1}$，漏入的风量中亦含有一定数量的 SF_6，其浓度为 $\Delta C_{i,i+1}$，则 $i+1$ 点的风量为 $Q_{i+1}=Q_i+\Delta Q_{i,i+1}$。由物质守恒原理可得：

$$Q_iC_i = (Q_i + \Delta Q_{i,i+1})C_{i,i+1} - \Delta Q_{i,i+1}\Delta C_{i,i+1} = Q_iC_{i,i+1} + \Delta Q_{i,i+1}(C_{i,i+1} - \Delta C_{i,i+1}) \tag{4-13}$$

所以：

$$\Delta Q_{i,i+1} = \frac{C_i - C_{i,i+1}}{C_{i,i+1} - \Delta C_{i,i+1}} \times Q_i \tag{4-14}$$

若漏入的风量中不含 SF_6，则上式中的 $\Delta C_{i,i+1}=0$。

这样，可根据式(4-13)计算出Ⅰ号取样点的风量，然后根据式(4-14)计算出 1、2 两取样点间的漏风量，进而求出 2 号取样点的风量，然后再求出 2、3 号取样点间的漏风量，逐点向下，求出各取样点间的漏风量，找出漏风规律，以便有的放矢地安排防、堵漏风的措施。

连续释放法的关键是要有一套能连续、稳定、定量地释放示踪气体的装置。该装置必须有很高的可靠性，保证释放流量稳定在某一设定值，且能灵活地调节释放量。

示踪气体的定量释放装置一般由贮气钢瓶、减压阀、稳压阀、稳流阀和流量计等组成。为提高释放的稳定性，也可在此基础上再增加二级稳流装置和压差监测器。一般要求释放装置的稳定释放量可在 10～100 mL/min 间按需调节，以使其适用于测定 100～10 000 m^3/min 的风量。

用连续释放法检测漏风时，将取样点选择在有风流漏入的巷道，而将释放点选在该巷道的进风口或其主要进风风流中。为了检测通过上分层采空区和停采线漏入下分层工作面回风平巷中的漏风，在回风平巷中，沿风流方向选取 1，2，…，n 个取样点，并将释放点选在该巷道的入风口 R。为了避免示踪气体的释放与采煤工作面相互影响，释放点 R 与工作面出口 B 的距离应大于 15 m。为保证 SF_6 示踪气体在巷道内空气中充分扩散，第一个点与释放点 R 的距离一般应大于 40 m，其具体位置取决于 SF_6 在巷道断面中释放的具体位置和巷道中的风速。当工作面 AB 与上分层停采线 CC′间的距离较近时，可将释放点 R 选在工作面入口附近。为检测其他情况下的漏风状况。为了合理地确定采样点和释放点，需要事先进行压能测定，并作出压能图，以判定漏风方向，确定释放方案。

4.3.2.4 防止漏风的主要技术措施

根据漏风定律，漏风量随漏风风路两端风压差的增大而增大，随漏风风阻的增大而减小。因此，为了减少漏风，应该从降低风压差和增大风阻两方面着手采取措施。

在风门、通风巷道表面、巷道壁和煤柱等地方，为了增加风阻，减少漏风量，需要修建很多各种各样的密封设施。这些密封措施可能是建在煤壁等的外表面，也可能是喷注浆液材料到压实区或者充填区。所谓密封材料，一般采用树脂和凝胶，具有低渗透性和一定的塑性，选择的密封材料一定要能够快速密封并且易于在本地获取。

混凝土灰浆和石膏灰浆能较容易喷洒在通风巷道表面并且密封效果较好，常用来填实两密闭墙之间的区域。用尾矿或者其他材料制成的水泥浆同样可以用来填充或者注入到火区。这些材料可以通过在矿井井下打孔注入，也可以在矿井地面上钻孔进行灌注。另外，在煤柱中注入凝胶也已经证明对防灭火是有效果的。

将通往火区的漏风通道进行密封，特别对那些进风侧或者高风压的漏风通道进行封闭将非常有利于灭火。同时积极采用通风管理技术对火区进行均压，尽量使漏风量接近零。

无煤柱开采时防止漏风的主要技术措施有：

(1) 沿空巷道挂帘布

在沿空巷道中挂帘布是一种简单易行的防止漏风技术，国外的一些煤矿已经应用，我国在井下进行试验取得了良好效果。帘布采用耐热、抗静电和不透气的废胶质(塑料)风筒布。其铺设方法有两种：一是在使用木垛维护巷道时，在木垛壁面与巷道支架的背面之间铺设风筒布(图 4-16)；二是使用密集支柱维护巷道时，将风筒布铺设在密集支柱上(图 4-17)。

(2) 利用飞灰充填带隔绝采空区

飞灰是火力发电厂在烟道中排出的尘埃。日本、波兰、美国除将飞灰广泛用作防止防火墙漏风的充填材料外，还将它作为防止采空区周壁漏风的充填隔离带材料。波兰把飞灰充入木垛内形成隔墙，或者先在沿空巷道的支架表面喷涂一层水泥白灰浆，待其固化后，打眼插上注灰管压注飞灰，最后在巷道表面喷涂含灰砂浆。

(3) 利用水砂充填带隔离采空区

在采煤过程中，随采随即将开切眼附近、采面后部的上下平巷等处依次利用水砂浆进行

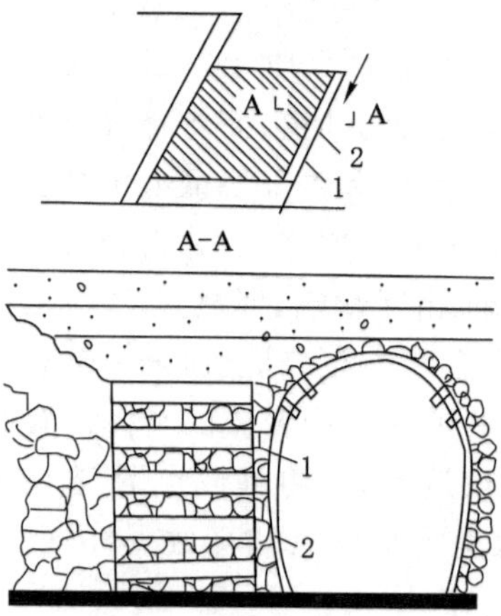

1—胶质风筒布；2—背板。

图 4-16 沿空巷道挂帘布堵漏风图

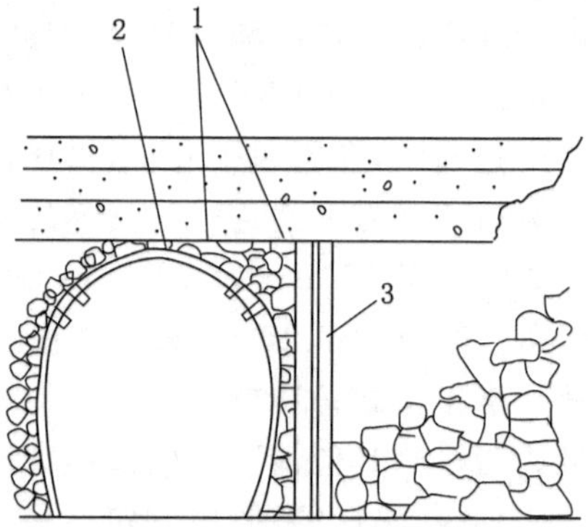

1—风筒布；2—背板；3—密集支柱。

图 4-17 密集支柱胶质风筒布的铺放

充填。待工作面推进到终采线后，在终采线处予以充填，利用水砂充填带将整个采空区隔绝。

(4) 喷涂塑料泡沫防止漏风

有些国家将在常温下能凝固的塑料泡沫喷涂到防火墙和巷道帮上，形成厚度为 20～30 mm 泡沫塑料层。这种塑料泡沫一般都具有难燃、抗静电、耐压、不透气的特性。俄罗斯研制的尿醛塑料泡沫对煤、岩石、木材、金属和其他材料都能很好胶结，在地压发生变动时仍能保持隔绝性能。

我国研制的矿用聚氨酯泡沫，也可在极短时间(3～5 s)喷射发泡而凝固。它对木材、金属、织物、煤、岩石等物具有良好的黏结性，并具有耐热、阻燃、隔热、隔音、防震、抗腐蚀、绝缘性能好等特点。

(5) 利用可塑性胶泥堵塞漏风

英国利用螺杆式泵将一种半塑性不凝固的胶泥压入采空区矸石堆的缝隙中，形成 4 m 宽的隔绝矸石墙。这种隔离带在巷道来压时，随着巷道的变形而变形，会形成新的裂隙。

(6) 采取"均压"措施，减少漏风

国内外普遍采用调节风压法("均压"措施)防止采空区的漏风，方法简单，效果显著，其原理与具体做法详见后述。

4.3.3 均压防灭火

均压防灭火就是采用风窗、风机、连通管、调压气室等调压手段，改变通风系统内的压力分布，降低漏风通道两端的压差，减少漏风，从而达到抑制和熄灭火区的目的。均压技术是在 20 世纪 50 年代由波兰 H. Bystron 教授首先提出的。开始主要用于加速封闭火区的熄灭，在熄灭了几个长久不灭的大火区之后，该技术受到重视。60 年代一些采煤技术发达的国家竞相采用，并多次获得成功。同期，我国也在淮南、辽源、开滦等矿区试用这一防灭火新技术。后来，在徐州、阜新、抚顺、平庄、六枝、芙蓉、大同、鹤岗等矿区逐渐推广。在推广中都有所创新，用于封闭区的均压可防止遗煤自然发火和加速火灾熄灭，用于开区的均压可以抑制工作面后部采空区遗煤自燃的发展,并可消除火灾气体的威胁。均压作为一种"以风治火"的技术,方法简单,成本最低,控制火势的发展常常立竿见影,深受现场欢迎。

根据煤矿井下煤炭自燃发火区域是否封闭,均压技术可分为开区均压和闭区均压两种类型。

4.3.3.1　开区均压

开区均压通常是指在生产工作面建立的均压系统,其特点是在保证工作面所需通风风量的条件下,通过通风调节实施,尽量减少向采空区漏风,抑制煤的自燃,防止一氧化碳等有毒有害气体涌入工作面,从而保证正常生产的进行。漏风通道和工作面周围的通道可以形成多种风流流动方式(如并联、角联和复杂联等),开区均压也有几种不同类型。

(1) 调节风窗均压

调节风窗均压适用于工作面采空区内形成的并联漏风方式。通常在工作面的回风巷内安设调节风窗,使工作面内的风流压力提高,以降低工作面与采空区的压差,从而减少采空区中气体涌出。该方式适用于采空区内已有自燃迹象,并抑制采空区中的火灾气体(一氧化碳等)涌到工作面,威胁工作面的安全生产。安设调节风窗后,通风巷道的压力如图 4-18 所示。

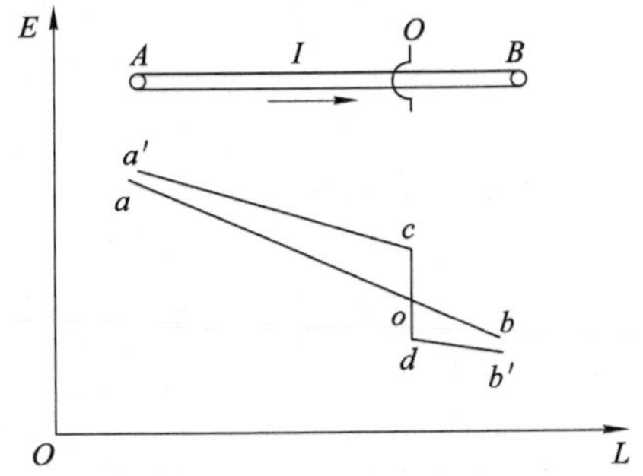

图 4-18　安设调节风门的巷道中的压力分布

如图 4-19 所示,当在回风巷内 3—4 间安设调节风窗 A 以后,风窗前的压力升高,采空区与工作面的压差就降低,采空区内的气体就不易涌出。其降低值取决于可调节风门的风阻大小。使用此种方式进行均压时,应注意工作面风量满足《煤矿安全规程》的要求。

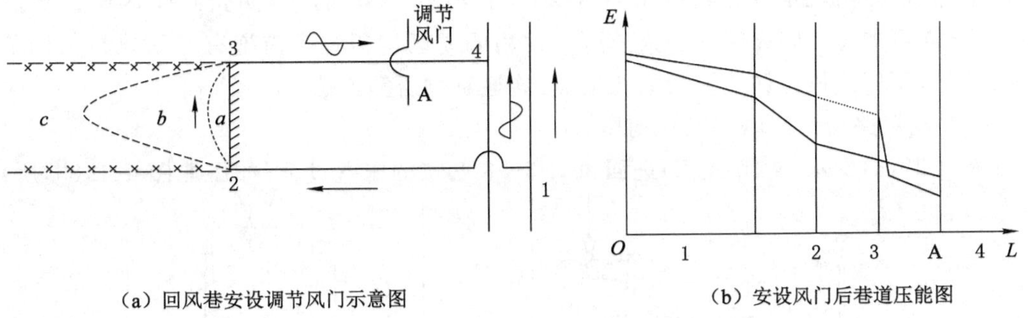

图 4-19　安设调节风门 A 的巷道中的压力分布

(2) 局部通风机均压

有时为提高风路的压力,需在风路上安设带风门的风机(即辅助通风机),利用风机产生的增风作用,改变风路上的压力分布,达到均压的目的,如图 4-20 所示。

(3) 调节风窗与局部通风机联合均压

工作面采空区内部的漏风通道有时是比较复杂的,当为相邻采空区时,还有外部漏风，这些最后都要经过回采工作面上隅角排出。因此采空区的自燃征兆往往是从上隅角表现出来的。

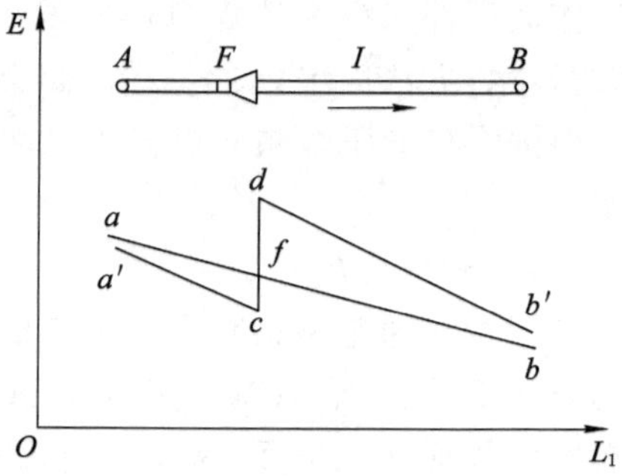

图 4-20　局部通风机调压原理

调节风门与通风机联合均压常常采用工作面进风巷安设辅助通风机而回风巷安设调节风门的联合均压措施，如图 4-21 所示。其中，C 处安设了辅助通风机，能够有效增加该点至 D 点之间的风压；而 D 处安设了调节风门，使通风阻力增大，该点之后风压明显减少。这样能够实现 C、D 之间保持足够的风压，有效避免漏风进入工作面，为安全回采提供了安全保障。

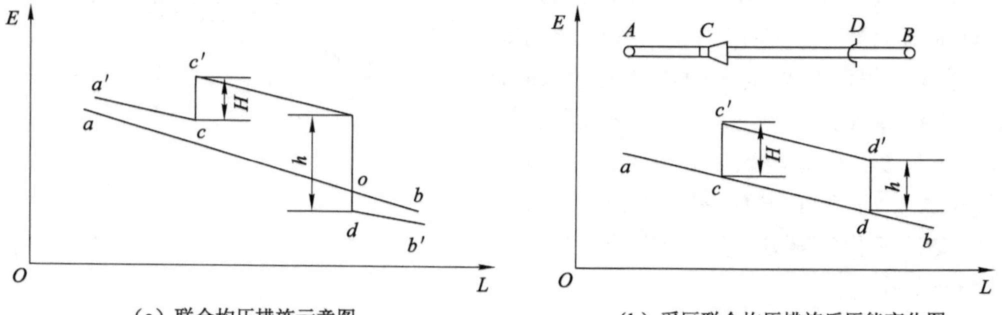

（a）联合均压措施示意图

（b）采区联合均压措施后压能变化图

图 4-21　风门-风机联合增压调节

4.3.3.2　闭区均压

所谓闭区均压，就是对已经封闭的区域进行均压，一方面可以防止封闭区中的煤炭自燃，另一方面可加速封闭火区的熄灭速度。常用的闭区均压技术措施有并联风路与调节风门联合均压、调压风机与调节风门联合均压、连通管均压等方法。

（1）并联风路与调节风门联合均压

如图 4-22(a)所示，封闭区(F)进回风口 5—8 两点的压差过大，如压能图 4-22(b)所示，

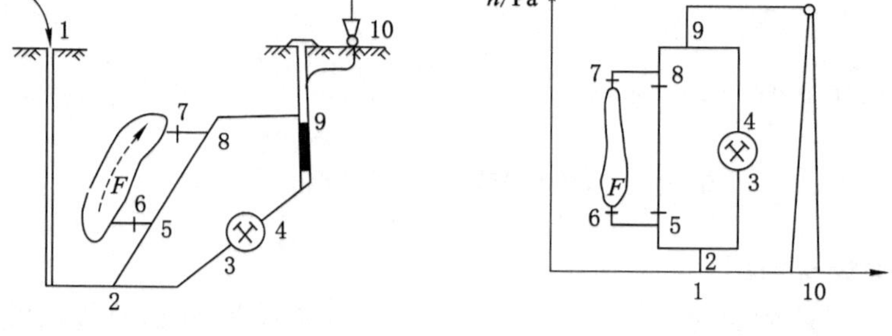

（a）5—8两点压差大造成封闭采空区(F)内漏风严重

（b）封闭区(F)压能图

图 4-22　封闭区漏风及其压能示意图

漏风严重，以致有自然发火的危险。为了控制漏风采取了两项措施，如图 4-23(a)所示，取消了 5—8 上山内的两道密闭，使之成为与封闭区漏风并联的通道。同时在 8—9 区段内构筑调节风门 4，将通过 3—4 上山的风量限制在最小的范围之内，如压能图 4-23(b)所示。闭区进回风口 5—8 两点压差显著减小，漏风量降低，这样就消除了封闭区自然发火的危险。如果封闭的是个火区，当然也会加速火的熄灭。

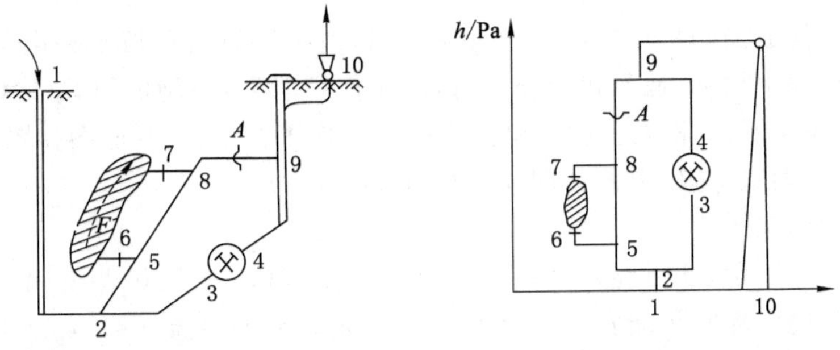

(a) 采取均压措施后6、7两点压差减小，封闭的采空区(F)漏风减少　　(b) 采取均压措施后，封闭区(F)的压能图

图 4-23　并联风路与调节风门联合均压图

(2) 调压风机与调节风门联合均压

如图 4-24 所示，当上山 5—8 区段的风量不允许控制时，为实现对封闭的采空区(F)进行

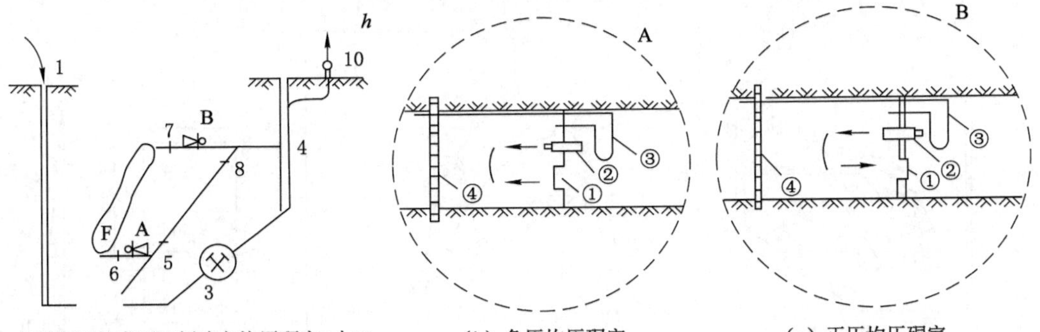

(a) 在封闭区的进回风侧建立均压硐室A与B　　(b) 负压均压硐室　　(c) 正压均压硐室

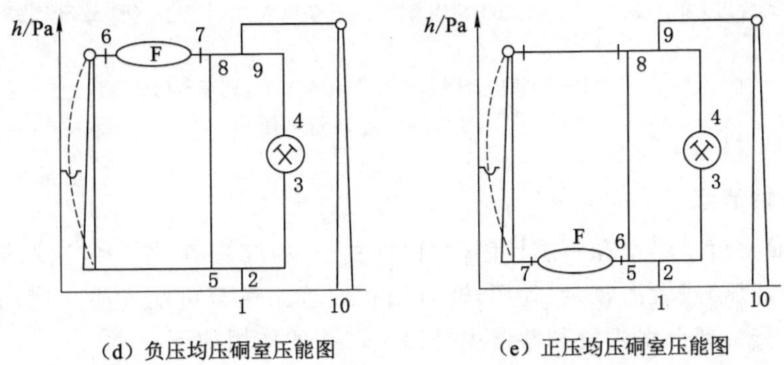

(d) 负压均压硐室压能图　　(e) 正压均压硐室压能图

①—调节风窗；②—均压风机；③—水柱计；④—密闭墙。

图 4-24　调压风机与调节风门联合均压图

均压,可在封闭区的两端进回风口采取调压风机与调节风门联合组成均压硐室如图 4-24(a)的方法。启动通风机后,调节风门窗口的大小以消除原有密闭墙内外的压差,从而阻止了通过密闭墙的漏风。密闭内外压力的均衡,可由安设于调节风门之外的"U"形水柱计显示。这里应当注意,封闭区两侧的均压硐室是有区别的:进风侧是负压硐室,调压通风机抽出式工作如图 4-24(b)所示;回风侧是正压硐室,调压风机按压入式工作图如 4-24(c)所示。图 4-24是双侧均压,其实也可以构筑单侧均压硐室。这种均压方式用于已经封闭的火区,限于条件,无其他适当的均压方法时才考虑使用,因为通风机运行消耗电能,经济上很不合理。另外,一旦发生故障,通风机停止运行,均压作用消失,措施的可靠性较差。封闭区(F)的压能图与图 4-23 完全相同。如果单独采用负压均压硐室,其压能图如图 4-24(d)所示;单独采用正压均压硐室,其压能图如图 4-24(e)所示。

(3) 连通管均压

如图 4-25(a)所示,在可能发生煤炭自燃的封闭区(F)的回风侧密闭外面,再加筑一道密闭墙,然后穿过外部密闭墙安设直径为 300～500 mm 的金属管路(1′、2′)直通地面。在管路上安设调节阀门,或者在外部密闭墙上构筑风窗调节孔,以控制通过连接管的风量,使其阻力 h_{1-2} 与进风 1—2—5 区段的阻力(h_{1-5})相等,则封闭区进回风两端(5、2′)的压能一样因漏风消失。如果将连通管各作一条风流支路,按网路图展开如图 4-25(b)所示,从此图上可见封闭区处于角联支路上,通过相邻支路风阻的调节不仅可以使其漏风风流停止流动,而且可以根据需要调节其风流方向。所以,连通管均压措施实质上也是改变通风系统均压的一种方法,连通管均压的压能图如图 4-25(c)所示。

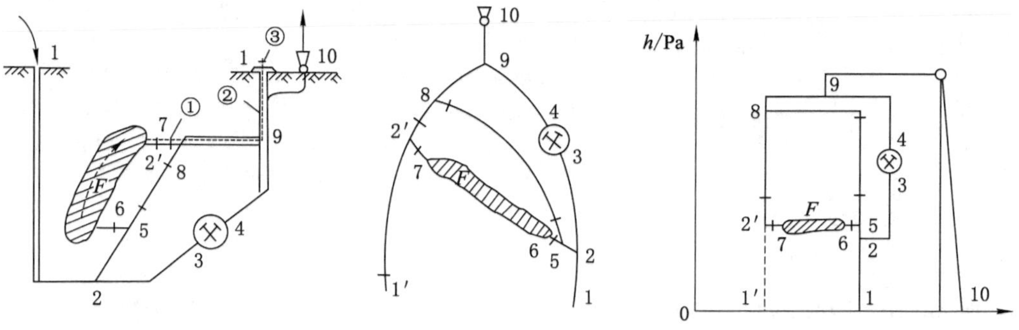

(a) 连通管均压布置图　(b) 将连通管视为一条风路　(c) 连通管均压压能图

①—加筑的密闭墙;②—联通管;③—调节阀门。

图 4-25　连通管均压

4.3.4　预防性灌浆

预防性灌浆就是将水和不燃性固体材料(黏土、粉煤灰等)按一定比例制成泥浆,利用矿井的高度差(静压)或者泥浆泵(动压)通过钻孔或管路送至可能发生自燃的地点,泥浆中的固体物沉淀下来,部分水则流到巷道中排出。泥浆的作用如下:

(1) 将碎煤包裹起来,隔绝它与空气的接触;

(2) 固体物充填于浮煤和冒落的岩石缝隙之间形成再生顶板,从而增加严密性,减少漏风,对于厚煤层开采,有利于下分层的开采;

(3) 对于已经自热的煤炭有冷却散热作用。

灌浆的效果及其经济性，在很大程度上取决于泥浆材料的选择、制备、输送和灌浆方法。

4.3.4.1　泥浆固体材料的选择

用于制备泥浆的固体材料应满足下列要求：

(1) 加入少量的水就能制成泥浆；

(2) 渗入性强；

(3) 尽可能小的收缩量；

(4) 易于脱水；

(5) 不含环境可燃物和催化剂；

(6) 便于开采、运输和制备。

为此最好选用含沙量不超过 30% 的沙质黏土，或者脱水性好的沙子和渗入性强的黏土制成，其中沙子含量按体积计不得超过 10%。近些年来，为保护环境和土地资源，不再使用黄土而采用粉煤灰作为灌浆材料，有的也用页岩或矸石破碎后制成泥浆，效果也较好。

4.3.4.2　泥浆的制备与运送

泥浆的制备一般在地面进行，可以在地面灌浆站利用机械设备制作(图 4-26)，也可以利用高压水枪在地面直接冲刷表土制成泥浆(图 4-27)。前者，制浆效率高，产量大，泥浆浓度易控制。后者，设备简单，成本低，但泥浆浓度不易控制，影响防火效果。

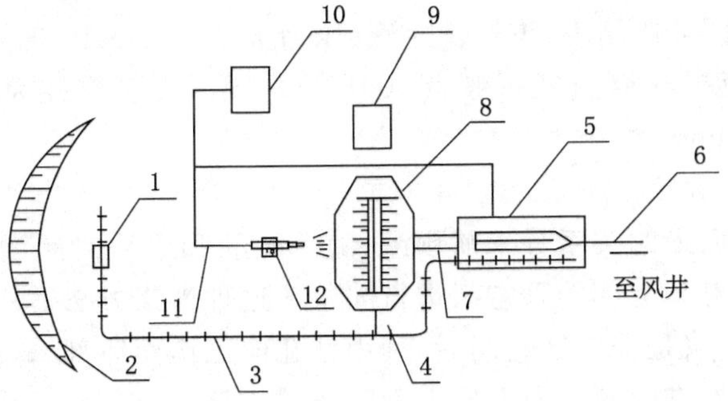

1—v 型矿车；2—取土场；3—窄轨铁路；4—栈桥；5—搅拌池；6—灌浆管；7—泥浆沟；8—贮土场；9—绞车房；10—水泵房；11—水管；12—水枪。

图 4-26　地面灌浆站

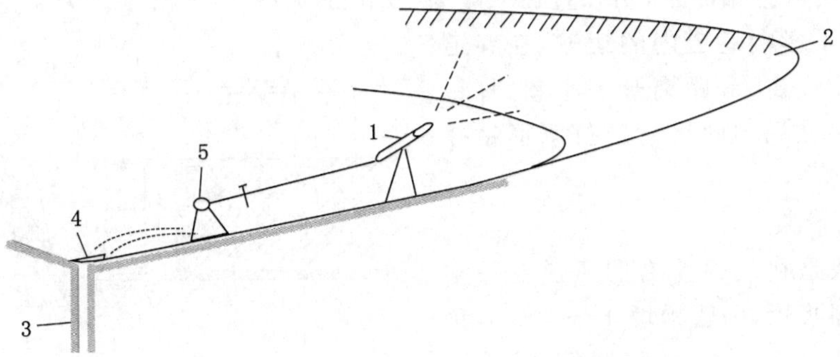

1—高压水枪；2—采土工作面；3—钻孔；4—孔口铁筛；5—高压水泵。

图 4-27　水枪冲刷表土成浆

制作泥浆时，土水比（泥浆中固体材料的体积与水的体积之比）的确定相当重要。泥浆浓度愈大，泥浆的黏度、稳定性与致密性也愈大，包围隔绝的效果愈好。但浓度过高输送困难，容易堵管；浓度过低，则防火效果不好。通常根据泥浆的运送距离、煤层倾角、灌浆方法与季节确定土水比。在实际使用中，通常采用的水土比为 3∶1 或 6∶1。

输送浆液的压力有两种：一是利用静压输送，二是当静压不能满足要求时应采用加压输送。输浆倍线表示输浆管路阻力与压力之间的关系，用 N 表示。

静压输送时：

$$N = \frac{L}{H} \tag{4-15}$$

加压输送时：

$$N = \frac{L}{H + h} \tag{4-16}$$

式中 L——浆液自地面管路的入口至灌浆区管路的出口管线总长度，m；

H——浆液入出口之间的高差，m；

h——泥浆泵的压力高程，m。

倍线一般控制在 3～8 之间。过大时，应加压；过小时，容易发生裂管跑浆事故，可在适当的位置安装闸阀进行增阻。

地面灌浆管道一般选用钢管或铸铁管。井下灌浆管道应根据灌浆压力大小选取。灌浆压力小于 1.6 MPa 时，可选用水、煤气输送管；压力大于 1.6 MPa 时，应选用无缝钢管。在现场的实际使用中，灌浆干管直径一般为 100～150 mm，支管直径为 75～100 mm，工作面胶管直径为 40～50 mm。

4.3.4.3 预防性灌浆方法

预防性灌浆按与回采的关系分采前预灌、随采随灌和采后封闭灌浆三种。采前预灌是在工作面尚未回采前对其上部的采空区进行灌浆。这种灌浆方法适用于开采老窑多的易自燃、特厚煤层。采后注浆是采空区封闭后，利用钻孔向工作面后部采空区内注浆。随采随灌则是随着采煤工作面推进的同时向有发火危险的采空区灌浆，这是预防性灌浆采用的主要方法。随采随灌分为钻孔灌浆、埋管灌浆和洒浆三种方式。

（1）钻孔灌浆

钻孔灌浆是在煤层底板运输巷或回风巷以及专门开凿的灌浆巷道内，或在邻近煤层的巷道内，向采空区打钻灌浆，钻孔直径一般为 75 mm，如图 4-28 所示。为减少孔深或便于安装钻机，而又不影响巷道内的运输，在巷道内一般每隔 20～30 m 距离开一小巷（称钻窝或钻场），在钻场内向采空区打扇形钻孔灌浆（图 4-29）。

（2）埋管灌浆

埋管灌浆是在放顶前沿回风道在采空区预先铺好灌浆管，一般预埋 10～15 m，预埋管一端通往采空区，一端接胶管，胶管长一般为 20～30 m，放顶后立即开始灌浆。

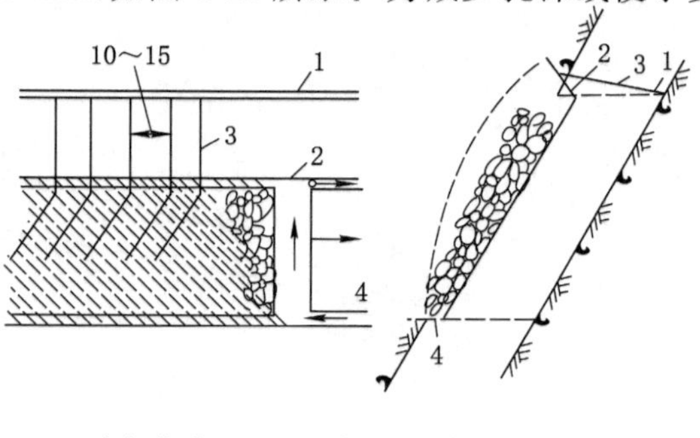

1—底板巷道；2—回风道；3—钻孔；4—进风道。

图 4-28 由底板巷道钻孔灌浆图

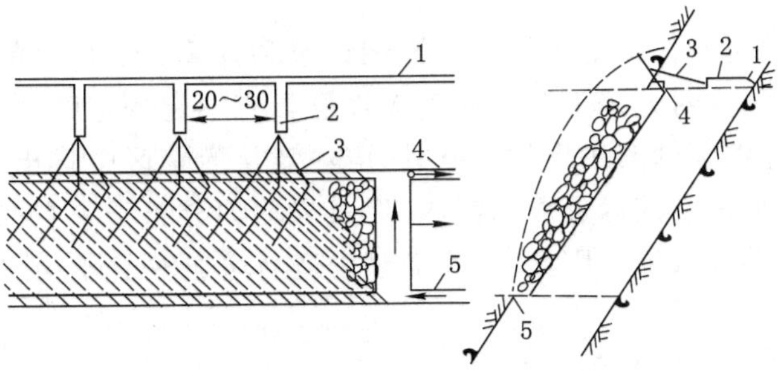

1—底板巷道；2—钻窝；3—钻孔；4—回风道；5—进风道。

图 4-29　由钻窝钻孔灌浆

为防止冒落岩石砸坏灌浆管，埋管时应采取防护措施（如架设临时木垛）。随工作面的推进，按放顶步距用回柱绞车逐渐牵引灌浆管，如图 4-30 所示，牵引一定距离灌一次浆。

（3）工作面洒浆或插管灌浆

从回风巷灌浆管上接出一段浆管，沿倾斜方向向采空区均匀地洒一层泥浆，如图 4-31 所示。洒浆量要充分，使采空区新冒落的矸石能均匀地为泥浆包围。洒浆通常作为埋管灌浆的一种补充措施，使整个采空区特别是下半段也能灌到足够的泥浆。对综采工作面常采用插管灌浆的方式，即注浆主管路沿工作面倾斜铺设在支架的前连杆上，每隔 20 m 左右预留一个三通接头，并分装分支软管和插管。将插管插入支架掩护梁后面的跨落岩石内灌浆，插入深度应不小于 0.5 m。工作面每推进两个循环，注浆一次。

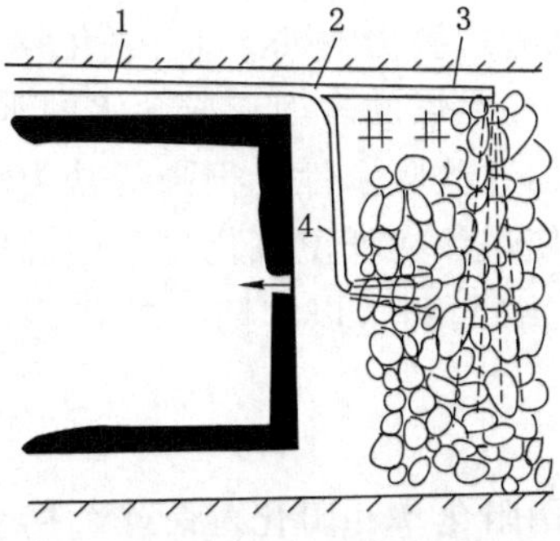

1—注浆管；2—三通；3—预埋注浆管；4—洒浆胶管。

图 4-30　埋管灌浆

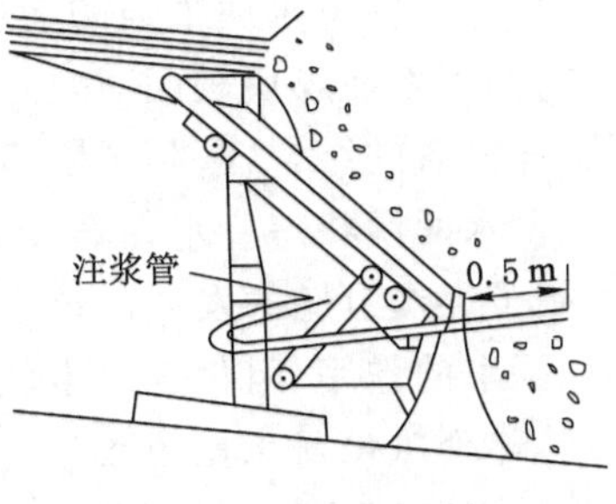

图 4-31　工作面洒浆或插管灌浆

4.3.4.4　*灌浆时的安全措施*

（1）预防堵管

为防止灌浆时泥浆堵管，除严格控制大颗粒（大于 2 mm）进入输浆管路中，灌浆前应先用清水冲洗输浆管路，然后下浆。灌浆结束后，再用清水清洗，以免泥浆在管内沉淀。

（2）防止跑浆

灌浆期间要对管路接头及密闭附近的煤岩进行细致的检查，避免跑浆。当采用随采随灌的预防性灌浆方法时，如果管理不当则常常会出现泥浆漫溢到工作面的情况。为此，灌浆地点应距工作面有一定安全距离，一般为 15～20 m，也可将工作面用木板做成挡浆隔板。

(3) 观测水情

灌入采空区的水量和排出的水量均应详细记录和计算。如排出的水量很少,则说明灌浆区内有泥浆水积聚,这对开采下分层或下部煤层具有一定的危险性。只有灌浆区内积水全部排出才不会引起泥浆的溃决事故。此外,应注意从灌浆区中排出水的含泥量。如果水中含泥量增多,说明在采空区内形成了浆沟,泥浆未均匀分布于采空区,而是直接从采空区流出,这势必要降低灌浆效果。因此,要在泥浆中适当增加砂子量,用砂子填平水路,以便使泥浆分布范围增大。

(4) 设置滤浆密闭和排水道

在灌浆工作面的运输巷内应用滤水密闭将滤浆区与工作区分开。泥浆水通过滤浆密闭流出且把泥砂留在灌浆区内。这样既能保证水从水沟中顺利排出,也不致发生泥浆在运输道内积聚而妨碍运输和恶化劳动条件。

4.3.5 阻化剂

阻化剂也称阻氧剂。将其溶液喷洒在采空区的煤壁或者煤块上,具有阻止煤的氧化和防止煤的自燃的作用,因此称为阻化剂。阻化剂包括如氯化钙($CaCl_2$)、氯化钠(NaCl)、氯化镁($MgCl_2$)、水玻璃(Na_2SiO_3)等无机盐类化合物。该项防灭火技术是在 20 世纪 60 年代初发展起来的,在国外和国内的一些矿井都进行了应用,取得了较好的效果。它是进行煤矿防灭火的一个重要手段之一。阻化剂防火由于技术工艺系统简单,设备少,成本低,防火效果好等优点,在一些矿区得到了广泛应用。

4.3.5.1 阻化剂的作用机理

阻化剂为什么能防止煤炭自燃,目前提出的有吸水盐类液膜隔氧降温学说。该学说认为阻化剂都是一些吸水性很强的无机盐类(氯化钙($CaCl_2$)、氯化钠(NaCl)、氯化镁($MgCl_2$)等)。当它们附着在煤块表面时,由于吸收空气中的水分,在煤的表面形成含水的水液膜,从而阻止了煤—氧的结合,起到了隔氧阻化的作用。同时,这些吸水性能很强的盐类能使煤体长期处于含水潮湿状态。水在蒸发时的吸热降温作用使煤体在低温氧化过程中温度不能升高,也抑制了煤炭自燃的发展。该学说反映出阻化剂主要起到了以水防火的作用。如果阻化剂离开了水的作用,阻化效果也就会随之消失。

4.3.5.2 评价阻化剂性能的指标

阻化效果是评价阻化剂性能优劣的指标。目前采用阻化率和阻化寿命作为衡量阻化剂性能的两个指标。

(1) 阻化率

阻化剂的阻化率指阻止煤氧化的能力,可用煤样在阻化处理前后放出的 CO 量的差值与未经阻化处理时放出的 CO 量之百分比来表示:

$$E = \frac{(A - B)}{A} \times 100\% \tag{4-17}$$

式中 E——阻化率,%;

A、B——原煤样和阻化煤样在温度为 100 ℃时放出的一氧化碳(CO)的浓度。

(2) 阻化寿命

煤炭经阻化处理后,阻止氧化的有效日期为阻化剂的阻化寿命,又称为阻化衰退期,单位为月。阻化率高、阻化寿命长的阻化剂是理想的阻化剂。

4.3.5.3 阻化剂防火工艺

阻化剂防火工艺分两类：一是在采煤工作面向采空区遗煤喷洒阻化剂液防止煤的自燃；二是向可能或已经开始氧化发热的煤壁打钻孔压注阻化液，以抑制煤的自燃。如采用喷洒工艺，要建立半永久性的储液池或专用矿车做成临时性储液橱以构成喷洒系统。

实验研究表明，20%浓度的氯化钙（$CaCl_2$）、氯化镁（$MgCl_2$）溶液的阻化率较高，防火效果好。因此，阻化液浓度在15%～25%浓度范围内，其防火效果好，低于10%或者高于30%，其防火效果大大降低。因此在使用阻化剂防火时，应该注意其使用浓度。

4.3.6 惰性气体

可以被用作矿井防灭火的惰性气体主要有三种：二氧化碳（CO_2）、燃烧产生的惰性气体和氮气（N_2）。

4.3.6.1 二氧化碳

二氧化碳的密度相对于空气是1.52，利用其密度大的特点就可用来对付矿井中发生在位置较低处的火灾，例如仰斜开采工作面的采空区和倾斜巷道的下部；同理，二氧化碳对控制水平和上行巷道或工作面的火灾效果就较差。二氧化碳的抑爆性能优于氮气，但二氧化碳易溶于水和比较容易吸附在煤体上，因此会损失一些气态的二氧化碳。

4.3.6.2 燃烧产生的惰性气体

将火区封闭后，火区内的氧气将被消耗而成为烟气。烟气的主要成分是二氧化碳、氮气和水蒸气，这样的混合气体可看作是窒息火区的惰性气体，会使火区惰化，使火灾熄灭。但是，这样的混合气体可能含大量的可燃性气体，如果有新鲜空气进入的话，就可能发生爆炸。

直接利用火灾气体灭火，因实际使用困难，很少采用；但可采用燃油燃烧的惰气灭火。目前，国内外矿山救护队一般装备有用燃油燃烧的惰气发生装置，该装置已成为扑灭受限空间火灾的重要技术装备之一。惰气发生装置特点是产生惰气量大，如燃烧煤油的喷气式发动机，当燃烧速率为0.7 kg/s时，会产生30 m^3/s的惰性烟气，发动机在产生大量烟气的同时，还会产生大约30 MW的电力，可以作其他用途。为使惰气装置灭火性能更优，需用水对烟气进行冷却处理，经冷却的湿式惰气注入火区，可快速控制火势、窒息火区。

4.3.6.3 氮气

氮气防灭火技术是一项防治矿井自燃火灾行之有效的技术措施。自从20世纪50年代以来，惰性气体防灭火的方法开始得到使用。从1974年起，德国的注氮气防灭火技术发展显著。我国也从20世纪70年代开始应用氮气防灭火技术。

在常温常压下，氮分子结构与化学性质非常稳定，很难与其他物质发生化学反应，它是一种良好的灭火用惰性气体。理论与实践表明，当氧含量降低到5%～10%时，可抑制煤的氧化自燃，而氧含量降低到2%以下时，则可以使煤炭燃烧熄灭并阻止其复燃。氮气防灭火技术以氮气其特有的物理性质、丰富的氮气资源、简单的注氮工艺，使其成为矿井防灭火的一项重要技术。

1. 氮气防灭火的优缺点

氮气防灭火有以下优点：

(1) 注入氮气可使防治区域缺氧惰化，迅速灭火，并能为抢险救灾工作提供较安全可靠的环境。

(2) 可造成防治区域正压，防止或杜绝新鲜空气流入，以保持防治区域的氮气惰化度。

(3) 具有降温作用。氮气在管路中带压输送，在注氮口氮气膨胀吸热，可部分地吸收煤炭氧化生成的热量。

(4) 氮气比重和空气相近，易于和空气混合，氮分子能渗入采空区的所有地点，扩散半径大，惰化覆盖面广。

(5) 注氮不污染防治区，无腐蚀或不损坏综采设备。

注氮防灭火有以下缺点：

(1) 在存在漏风通道的情况下，氮气易遗失，不能像泥浆那样长期起到防灭火作用。

(2) 注氮能迅速遏制火灾，但灭火降温困难，火区完全熄灭时间相当长。因此，注氮灭火的同时，要辅助其他灭火措施，处理残火，以防复燃。

(3) 氮气本身虽无毒，但具有窒息性，对人体有害。井下作业场所所需氧含量下限值为19%，所以有氮气泄漏的工作地点的氧含量不得低于19%。

2. 氮气的制取

氮气是空气中的主要成分，因此空气为氮气的制取提供了取之不尽、用之不竭的来源。矿井防灭火工作中所用的氮气，都是通过对空气中的气体成分进行分离而制取的。以往，它是制氧过程中的一种副产品，现在成为了主要生产目标。对空气进行分离而制取氮、氧的基本方法有深冷空分、变压吸附和膜分离方法三种工艺技术，这三种制氮技术的特点如表4-4所示。

表4-4 各种制氮技术的特点比较表

制氮原理	深冷空分	变压吸附	膜分离
工作原理	通过压缩、膨胀循环，将大气温度降低并使之成为液态，然后根据大气组分沸点不同而将氮、氧分离出来	通过分子筛对氧气加压吸附排氮，减压脱附排氧，从而将氮、氧分离	利用天然或人工合成的高分子薄膜，以外界能量或化学位能差为推动力，对双组分或多组分的气体、溶质、溶剂进行分离、分级、提纯和富集的过程
主要设施	1. 空气净化装置 2. 换热装置 3. 精馏塔 4. 压缩机 5. 透平膨胀机 6. 输液泵	1. 吸附器(内有碳分子筛) 2. 压缩机 3. 真空泵 4. 干燥器	1. 压缩机 2. 除油净化及后冷 3. 膜组件
机动性	地面固定式	可组装成地面移动式	可组装地面移动式；井下半移动式
预制时间/h	2	<1	不需预制
氮气纯度/%	99.9	98～99	97

3. 注氮工艺

氮气防灭火技术的实质是向工作面采空区注入氮气，使采空区氧化自燃带惰化，使空气中氧气的体积浓度降至7%以下；要将阴燃完全熄灭时，氧气浓度应该低于2%。

一般采取沿顺槽埋管方式进行注氮防火。可在工作面进风顺槽外侧巷帮敷设无缝钢管，并埋入采空区内，管路采用法兰盘连接。如采空区埋管兼作灌浆管时，则该埋管应分别通过三通与注氮、灌浆管相连。

采空区埋管管路每隔一定距离预设氮气释放口，其位置应高于煤层底板 20～30 cm，并采用石块或木垛加以妥善保护，以免孔口堵塞。

为控制注氮地点，提高注氮效果，可采用拉管移动式注氮方式，即采用回柱绞车将埋管向外牵引，埋管移动周期与工作面推进速度保持同步，使注氮孔始终在采空区氧化自燃带内注入氮气。据经验，埋管距工作面 17 m 之内，采用回柱绞车能够牵移动埋管。

为了将惰性气体送到防灭火地点，可以使用送水管路或者输送压缩空气管路来输送惰性气体。在某些情况下，可用在地面上打钻孔的方法从地面将惰性气体注入到火区。

影响注惰性气体效果较大的因素是漏风对注入惰性气体的稀释作用。如果漏风口在火区和注氮口之间的话，那么注氮就可能起不到什么作用。如果火灾中只有一个进风通道，没有其他交叉的漏风情况，那么注氮效果将会很好。在内因火灾中，如果能够确定漏风通道入口，将有助于注氮灭火成功。相反，如果存在多漏风通道的话，那么就提供了多种稀释注入惰性气体的途径。虽然应用惰性气体防灭火同样会对在风流下抽取气样进行分析造成困难，但是却可以从中分析出火灾是否被控制了。对于外因火灾，如果在注入惰性气体一两个小时后还没有明显的效果的话，那么就应该立刻检查是否存在漏风通道。同时也需要密闭和压力等控制方法来减少向火区内的漏风。

为了控制发生在采空区内的内因火灾，必须首先确定火区位置和漏风通道。另外，空气在采空区内的流动规律也是非常重要的。从巷道或者工作面注惰性气体的管子应该渗入到采空区内气流进入处，如果有必要，还应该打一些钻孔以使管子能够插入。对自燃火区注氮时，氮气的注入速率往往要小于在外因火灾情况下。但是内因火灾注氮的效果不是一下就能够显示出来。实际上，CO 浓度和瓦斯浓度往往是在开始 36 h 内是升高的，这是因为惰性气体进入火区后将会把 CO 和瓦斯置换出来。在这种情况下，保持镇定是很有必要的。当 CO 浓度开始下降时，可以参考 CO 的浓度来调整注入惰性气体的速率。对采空区惰化区域的回风风流的氧气浓度也需要进行监测，以确定是否仍然保持在强制制定的相对浓度范围内（19%～19.5%）。

对于经常发生煤炭自燃的矿井来说，应该在矿井地面建立永久性的氮气制备站和注氮管网，使注氮管路到达所需的工作面区域。以较慢速率但必须持续地向采空区注氮，只要注氮措施得当，就能够使火灾危险区域形成惰性的气体环境。随着该项技术的不断发展，已经可以通过远程自动控制对工作面进行完全惰化，从而使该项技术更具有价值。

利用惰化火区的措施进行防灭火是非常有效的，也是很重要的一种防灭火手段。但是，当火区埋藏得比较深的时候，可以用惰性气体来控制住火势，但是很难将火区完全冷却，使火灾被彻底熄灭。因此，不恰当地停止注氮会使火灾快速发展并扩大范围。同样，在对内因火区注惰性气体时，应该持续注入惰性气体直至火区内的氧气浓度降低到 2% 以下为止。

4.3.7 凝胶

胶体是指含分散颗粒的尺寸在 1～100 nm（$1\ nm=10^{-9}\ m$）的水溶液。在适当的条件下，溶胶或高分子溶液中的分散颗粒相互联结成为网络结构，水介质充满网络之中，体系成为失去流动性的半固体状态的胶冻，处于这种状态的物质称为凝胶。凝胶是胶体的一种特殊存在形式，是介于固体与液体之间的一种特殊状态，一方面它既显示出某些固体的特征，如无流动性，有一定的几何外形，有弹性、强度和屈服值等；但另一方面它又保留某些液体的特点，例如离子的扩散速率在以水为介质的凝胶中与水溶液中相差不多。

4.3.7.1 凝胶防灭火的特点

凝胶易于将流动的水分子固定起来，胶体中90%左右是水，从而充分发挥了水的防灭火作用。成胶前液态的溶液能渗入到煤体的裂隙和微小孔隙中，成胶后就堵塞了这些空隙和裂隙，与煤体一起形成一个凝胶整体，封堵煤的裂隙及采空区的漏风通道，使氧分子无法进入煤体的内部；同时胶体能在煤的表面形成一层保护凝胶层，隔绝煤氧结合；其水蒸发形成的水蒸气，也使其采空区氧气浓度降低，减少了煤与氧分子的接触机会。凝胶具有很高的热稳定性，在高温下胶体仍有很好的完整性而不破灭，仅仅是因为随着时间的延长里面的水慢慢蒸发而变干。此外，凝胶具有很好的阻化性能，促凝剂和基料本身就是一种很好的阻化剂，能够阻止煤的自燃，所以起到了一般阻化剂的阻化效果。成胶时间可以控制，可以根据不同的发火情况和现场使用的工艺设备，调节其促凝剂和基料的比例从而控制凝胶的成胶时间。

用于防治矿井火灾的凝胶目前较多，但是不同的矿井对凝胶材料又有不同的要求。根据煤矿火灾的特点，矿井防灭火凝胶材料的选择应遵循以下的原则：

(1) 无毒无害，对井下工作人员的身体健康没有危害，对设备无腐蚀，对环境无污染。

(2) 价格低廉，工艺设备简单。防灭火材料要有经济实用性，同时由于受到井下特定工作环境的限制，因此要求工艺设备简单，便于在矿井下现场应用。

(3) 要有良好的堵漏性。将氧气进入煤层的通道堵塞后，就大大地会降低其空间氧气的浓度，同时，外界的氧气很难进入采空区。

(4) 具有渗透性好的性能。要能够很容易地进入松散煤体的内部，从而与煤体形成一有机的整体，使氧分子很难进入煤体内部。

(5) 要有良好的耐高温性能。由于在煤炭自燃的区域，往往有很高的温度，因此材料在高温下不分解，保持原有的特性，才能充分发挥其防灭火效果。

(7) 吸热性能好。材料应该具有高的比热容，这样就能加速高温煤层温度的降低。

4.3.7.2 凝胶种类

凝胶材料主要有无机凝胶和有机凝胶两大类。

(1) 无机凝胶

无机凝胶主要由基料、促凝剂和水按照一定比例配制成水溶液，发生凝胶作用而形成，胶体内充满着水分子和一部分其他物质，硅凝胶起框架作用，把易流动的水分子固定在硅凝胶内部。成胶的过程是一个吸热过程。对于由两种原料在水中经过物理或化学作用形成的胶体，通常把主要成胶原料称为基料，把促成基料成胶的材料称为促凝剂或胶凝剂。基料和促凝剂按照一定的比例配制成水溶液。在矿井防灭火常用的硅凝胶，水玻璃是基料，碳酸氢铵或硫酸铵或铝酸钠为促凝剂。无机凝胶存在失水后会干裂、粉化和灭火后的火区易复燃的不足。防火时，基料占8%～10%，促凝剂占3%～5%；灭火时，基料占6%～8%，促凝剂占2%～4%。成胶时间由基料和促凝剂的比例而确定，一般基料与促凝剂在水溶液中的比例越大，成胶时间越短。当基料为90～100 kg/m^3 时，成胶时间为 7～8 min，促凝剂为 20 kg/m³；成胶时间为 3～4 min 时，促凝剂比例为 30 kg/m³；成胶时间为 25 s 时，促凝剂为 50 kg/m³。

促凝剂为碳酸氢氨的凝胶，防灭火性能好，成本低，但碳酸氢铵在低温下容易分解，具有很大刺激性气味——氨味，对井下工人的健康有危害。采用偏铝酸钠等其他促凝剂，可避免产生有害刺激性气体，但是形成的凝胶的防灭火性能和稳定性稍差，成本也高一些。

(2) 有机凝胶(高分子凝胶)

有机凝胶也称高分子凝胶。高分子凝胶是指分子量很高(通常为 10^4～10^6)的一类高分子化合物的溶液。这种高分子化合物吸水能力很强，与水接触后，短时间内溶胀且凝胶化，最高吸水能力可达自身重量的千倍以上。目前用于矿井的高分子防灭火材料以聚丙烯酰胺、聚丙烯酸钠为主要成分。这种胶体材料与水玻璃凝胶相比，使用时仅采用单种材料，使用量小，通常为 0.3%～0.8%，在井下使用方便，且对井下环境无污染。这种胶体附着力强，可充分包裹煤炭颗粒，隔绝与氧气的接触。

高分子凝胶材料的不足在于其成本较高，且吸热与成胶能力均不如由水玻璃与碳酸氢铵构成的铵盐凝胶。

(3) 复合胶体

在黄土、粉煤灰或其他原料的泥浆中，将成胶材料按一定比例添加到泥浆中，使泥浆稠化，形成浆体凝胶，也称复合胶体。因复合胶体含有固体介质，即使胶体脱水后仍可较好地包裹煤体，可克服一般水凝胶的特点，因而具有更好的防灭火性能。

4.3.7.3　注凝胶工艺

注凝胶的工艺有多种，这里介绍最常用的双箱双泵压注系统，如图 4-32 所示。把基料 A 和促凝剂 B 按一定比例与水在矿车(或水箱)内搅均匀，然后同时启动两台污水泵。A 液体和 B 液体在混合器内混合后，由胶管输送到注胶钻孔，待两种溶液输送完后，用清水稍冲洗泵和管路，重新配制。通过实践证明，此种注胶工艺简单易行，胶体质量稳定。但配料要求掌握严格，而且两台污水泵压力和流量要相同，保证注胶配比均匀，否则将发生胶体凝结堵泵堵管现象(停泵前一定要用少量清水冲洗泵和管路)。

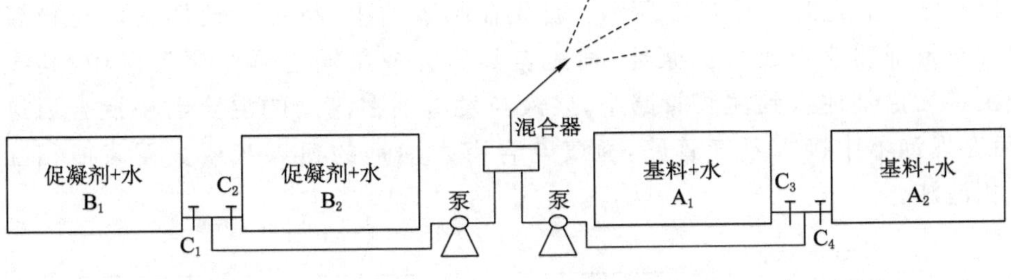

图 4-32　双箱双泵凝胶压注系统

当井下出现局部高温区或火点时，需要轻便灵活的注胶设备及工艺。井下轻便移动式注胶工艺主要是通过多功能胶体压注机把各种胶体材料按比例混合、搅拌，输送到火源点。该工艺使用方便灵活，对于局部火区、高温区可进行快速有效处理。

如果井下煤层着火面积很大、火势凶猛或综采支架后部大范围着火，则需要大流量的注胶灭火工艺。该工艺主要利用煤矿现有的地面灌浆防灭火系统、注砂防灭火系统及防尘水管路系统，从地面浆池中配好基料，在井下着火点附近用注胶设备把促凝剂按比例添加到管路中，再压注到火源。该系统井下材料运输量少（只需要运送促凝剂），注胶流量大，且对固体颗粒要求不严，流量可达 30～100 m^3/h。

4.3.8 三相泡沫

采空区煤炭自燃具有火源隐蔽、过火面积大、火区呈空间立体分布的特点，采用传统的防灭火技术存在明显不足。泡沫作为一种新型灭火材料，被逐渐应用于采空区火区防治。防治煤炭自燃的三相泡沫由固态不燃物（粉煤灰、黄泥等）、惰性气体（N_2）和水三相防灭火介质组成。三相泡沫集固、液、气三相材料的防灭火性能于一体，利用粉煤灰或黄泥的覆盖性、氮气的窒息性和水的吸热降温性进行防灭火，大大提高了防灭火效率。三相泡沫发泡体积量大，单位体积的浆体材料成本低，具有较高的经济效益。

三相泡沫在采空区中可向高处堆积，对低、高处的浮煤都能覆盖，能够避免注入的浆体从底部流失；注入在采空区的氮气被封装在泡沫之中，能较长时间滞留在采空区中，充分发挥氮气的窒息防灭火功能。三相泡沫中含有粉煤灰或黄泥等固态物质，这些固态物质是三相泡沫面膜的一部分，可较长时间保持泡沫的稳定性，即使泡沫破碎了，具有一定黏度的粉煤灰或黄泥仍然可较均匀地覆盖在浮煤上，可持久有效地阻碍煤对氧的吸附，防止煤的氧化，从而有效地防治煤炭自然发火，这是三相泡沫防灭火性能的优越性。

4.3.8.1 三相泡沫的发泡方式

在粉煤灰或黄泥浆液中加入发泡剂后，通过发泡器发泡，形成防灭火用三相泡沫。发泡剂的作用是降低浆液的表面张力，同时使固体颗粒具有疏水性，使之黏附在气泡壁上。三相泡沫所采用的发泡方式是物理机械发泡。两相泡沫发生器采用网式发泡器，但网式发泡器不适合产生三相泡沫，因为固体颗粒易造成对发泡网的堵塞。

根据三相泡沫的特点，中国矿业大学火灾课题组研制了一种适用于形成三相泡沫的发泡器。该发泡器结构简单，利用浆体本身的能量在发泡器内使气-液-固三相物质充分混合，同时由于发泡剂的存在，形成均匀致密细腻的三相泡沫。

4.3.8.2 三相泡沫工艺流程

三相泡沫产生流程如图 4-33 所示。首先在制浆站中，将一定比例的水与粉煤灰或黄泥搅拌混合形成粉煤灰或黄泥浆体，通过自然压力或泵输送到注浆管路中；其次通过定量螺杆泵将发泡剂注入到注浆管路中，浆液与发泡剂在流动的混合器中混合后进入发泡器；最后在发泡器中接入氮气管路，氮气与含有发泡剂的粉煤灰或黄泥浆体相互作用产生出三相泡沫。

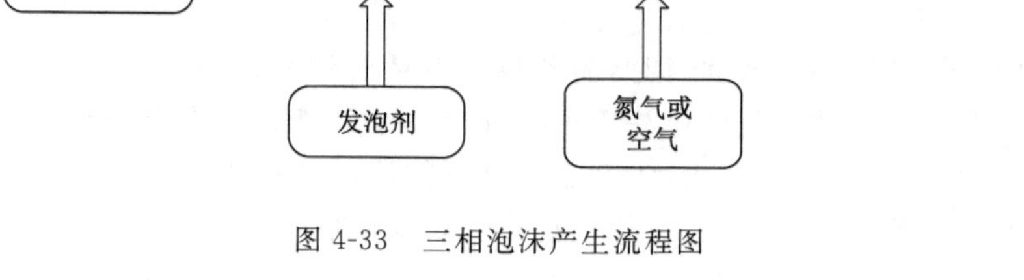

图 4-33　三相泡沫产生流程图

三相泡沫注入防灭火区域后，大面积地将浮煤覆盖，使有自燃发火倾向的煤层迅速与空气中的氧气隔绝并冷却降温；采空区内一氧化碳浓度明显降低，防灭火效果非常显著。现场使用情况如图 4-34 所示。

图 4-34　现场使用的三相泡沫

4.4　矿 内 灭 火

矿井火灾又叫矿内火灾或井下火灾，是指发生在煤矿井下巷道、工作面、硐室、采空区等地点的火灾，能够波及和威胁井下安全的地面火灾，也叫矿井火灾。矿井发生的火灾（包括危及井下的地面火灾），常导致人员伤亡、设备损失、矿井停产、资源破坏，甚至引起瓦斯、煤尘或硫化矿尘爆炸。

4.4.1　发生火灾时的行动原则

矿井巷道火灾通常是从某一点开始的，火灾在初始阶段的强度比较小。因此，火灾初期的积极灭火是极其重要的。否则，对发现或扑救不及时可燃物充足的火灾有时仅仅数分钟就会发展成为一个很难或不可能扑灭的大火，最后只能封闭该着火区域。所以，一定要根据火灾性质采用一切可能的方法，力争在火灾初期就把它扑灭，同时迅速向矿调度室报告火情。

矿调度室接到报告后，应立即采取下述措施：① 通知救护队；② 组织临时救灾指挥部；③ 通知所有井下受火灾威胁的人员撤离危险区。

现场指挥人员要参照矿井灾害预防和处理计划规定，侦察火区、确定火源和火灾的性质与规模，组织力量积极救人灭火。只有确信火已经完全扑灭，才能解除警报。任何犹豫与拖延都能给灭火带来困难和造成严重后果。

大多数外因火灾，只要能够及时采取有效措施，一般能够很快将火灾扑灭。这就需要强调火灾探测在防灭火中的重要性，对工作人员进行良好的防灭火技术培训，有按高标准设计的防灭火系统和随时可使用的防灭火器材和设备。所有灭火器材应该放置在运输设备上，并置于所有可能发生火灾的危险性区域上侧。这些危险区域包括仓储区和安装有固定设备的地方（如机电设备、空气压缩机站和运输机的传动机箱等）。

在火灾中有电源、电线和各种用电设备的情况下，灭火时既不能使用水，也不能使用泡沫灭火剂，直到电源被完全切断后方可使用。二氧化碳灭火器和干粉灭火器可以用来灭电器类火灾和易燃油品火灾。

井下遇险人员应迎着新鲜风流选择安全避灾路线，有秩序地撤离危险区，同时注意风流方向的变化。如遇到烟雾有中毒危险时，应立即戴上自救器，尽快通过附近风门进入新鲜风流中。如确实无法撤退时，应进入避难硐室或构筑临时避难硐室等待救援。如该处有压气管路，应打开阀门或切断管路，放出压气维持呼吸。

4.4.2 直接灭火

4.4.2.1 水灭火

用水灭火，简单易行、经济、有效。水的主要作用：① 水有很大的吸热能力（1 kg 水汽化成蒸汽时能吸收 2 256.7 J 的热量），能很快使物体冷却而停止燃烧；② 水遇火（高温）能蒸发成大量水蒸气（1 m^3 水能生成 1 700 m^3 水蒸气），使燃烧物表面与空气隔绝，并能稀释空气中的氧浓度；③ 以强力水流喷射火源能压灭燃烧物的火焰。

除了电器类火灾和易燃油类火灾外，水可用于绝大多数一般性火灾的灭火。当用水灭表面性火灾时，就相当于去掉了火灾三角形的两边：水的蒸发潜热和水的热容能够带走燃烧产生的热量；另外，水受热产生的大量水蒸气可以起到隔绝空气的作用，水还能覆盖在温度较低的可燃物表面而隔绝氧气，使燃烧熄灭。

在矿井中用水灭火，要求灭火水压达到足够的压力，并且有充足的水量。水压应该达到 800～1 400 kPa，可使水流能够喷射 30 m 高。主管路的消防栓上能够接多根软管。实际上，水流在矿井通风巷道中能够喷射到的范围通常不到 10 m。喷嘴应该首选喷射水流呈喷洒状或者雾状的喷嘴类型。

许多经验教训一再表明，必须对矿井的水灭火系统精心设计。输送水流的流动方向应该和风流流动的方向保持一致，这样灭火人员就不会为了水源而穿过火源。消防栓必须设置在灭火战略要点上，使其能够对火灾危险地带发挥作用，例如在接近风门和巷道交叉点处等位置。所有矿井消防设备，水管及其配件都必须是标准的。消防水龙头应该用非金属包裹物进行保护以防损坏和锈蚀。消防器材供应站应该定期检查确保各种设备在任何时候都有效。特别重要的是，消防软管应该按照制定的计划定期检查，其存放方式也应该符合有关要求。

4.4.2.2 泡沫灭火

矿内火灾常发生在受限空间，而基于水性的高倍泡沫为受限空间灭火提供了一种有力工具。在 1956 年泡沫灭火就应用到了矿井火灾的灭火工作。虽然泡沫灭火存在不能完全将火灾扑灭的不足之处，但是泡沫的隔离火区和降温作用，使消防队员能够靠近火源前方区域，因而泡沫灭火能发挥出相当的优越性，因此，该种方法也可以用于大型矿井火灾的灭火工作。甚至当必须封闭火区，来不及将设备搬运出来的情况下，可以使用高倍泡沫来有效控制火势。

高倍空气泡沫灭火机，在井下巷道中使用情况如图 4-35 所示，目前我国消防与救护队基本都装备了这种装备。起泡剂 3 通过喷射泵 2 被喷射在发泡网上，风机 7 将空气吹在发泡网上，发泡剂溶液就变成大量的泡沫。泡沫的产生速度可达到数立方米每秒。将铵、醇和硫酸盐等进行混合都可以形成起泡剂，加入碳纤维化合物可以提高泡沫的稳定性。

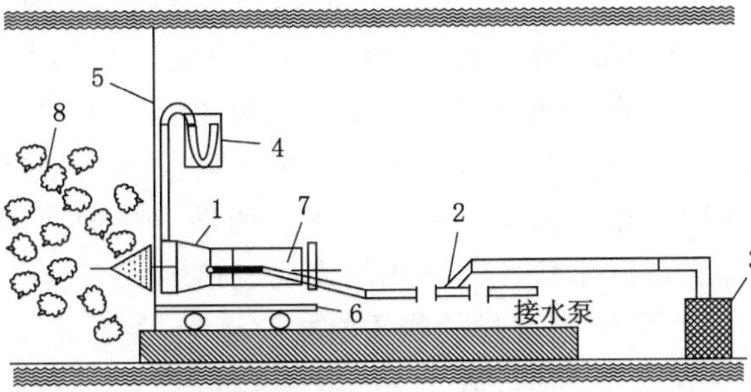

1—泡沫喷射器；2—喷射泵；3—起泡剂；4—水柱计；5—密闭墙；6—平板车；7—风机；8—泡沫。

图 4-35　高倍空气泡沫灭火机在井下应用

使用高倍泡沫灭火，其目的是形成大量体积的泡沫充填巷道并且在通风风流压力作用下向着火区域移动。泡沫中空气与水的含量一般在 100∶1 到 1 000∶1 之间。当泡沫堆被推动前移时，部分泡沫会因与干燥的巷道表面接触而破灭。但是，破灭泡沫中的液体成分就会释放出来润湿原来比较干燥的巷道表面，那么后面的泡沫就可以继续向前推移。泡沫还会在流动边缘带不断收缩，当接近燃烧物质的时候由于热辐射的作用，泡沫消失会加快。

泡沫灭火主要基于两个原理：一是水气化过程要从热源中带走大量的热；二是气化的水蒸气不断积聚会形成具有隔离空气作用的屏障。当泡沫被加热到 100 ℃时，泡沫会膨胀 30%；但是液态水蒸发变成水蒸气时体积膨胀比是 1 700∶1。假设泡沫中的空气与水的比为 1 000∶1，那么当 1 000 升这样的泡沫蒸发后，就会变成 1 300 升的空气（膨胀率 30%）加上 1 700 升的水蒸气，也就是 3 000 升的混合气体。空气中有体积占比为 21%的氧气量，那么随着与产生的水蒸气的混合，氧气浓度下降为：

$$21\% \times \frac{1\ 300}{3\ 000} = 9.1\%$$

这种浓度的氧气，可以使明火熄灭。

在泡沫灭火过程中可能因风量的减少，火区会变成富燃料燃烧。一旦形成富燃料燃烧，就有可能发生爆炸，对此需要特别警惕。因此，在灭火过程中，必须密切监视火区回风侧的气体成分变化情况，以了解火区内火灾的燃烧状态。另外泡沫灭火中不能断断续续地产生泡沫来灭火，这样易形成可爆性混合气体，因此使用泡沫灭火前一定要确保能够产生足够的泡沫量，灭火人员对装备的使用必须熟练。

4.4.2.3　水淹灭火

通常在以下两种情况下可以采用水淹的方法来熄灭火灾。第一，如果火源及其影响区域位于目前工作区域的标高位置以下。第二，某些通往火区的巷道处于较低的水平，水淹巷道是为了防止这些巷道向火区供风。

4.4.2.4　挖除火源

如果知道火源位置离巷道壁在几米范围内的话，那么就可以将高温点直接挖掉并冷却。这种措施可以用于在煤柱处发生的自燃火灾，在密闭区内部或者风桥附近发生自燃，甚至是在某些采空区等处的火灾也可以采用这种办法来处理。在某些时候，有必要开掘一个探巷来更精确地定位火源点位置和自燃范围。挖掘火源时应该让工作人员位于风流的上侧，以使工作人员尽可能地不受烟气和CO的毒害。同时，还应该在挖掘火源的巷道两侧10 m左右的范围内对通风巷道喷水淋湿，或者抛洒岩粉覆盖巷道表面。在挖除火源的过程中，还应该注意控制好顶板，因为顶板在受热过程中会变得比较脆弱。还要经常读取挖掘点下风侧的瓦斯浓度和CO浓度值。当挖掘的工作人员接近火源点时，要向他们身上喷水来降温。当火源暴露出来时，要先用水枪向火源的外围喷水。如果直接向火源中心燃烧着的炽热煤炭上喷水的话，将会产生大量的水蒸气。炽热的煤炭应该装载在金属运输工具内，在运出矿井前将其用水完全浇透。当所有燃烧过的物质都被移走后，挖除留下的孔洞让其冷却，并且至少要等24 h后确认不会发生复燃，才能用惰性物质，例如石灰石粉，生石膏浆等进行填充。

4.4.2.5 注浆灭火

在矿井井下的采空区或巷道煤壁内发现煤炭自然发火，采用打钻注浆灭火是最常用的技术之一。井下打钻注浆具有施工方便、灵活、速度快，与工作面其他工序干扰小，容易准确地向火源打钻注浆，适应性强，注浆注水量大等优点。一旦准确发现火源，该项技术就非常有效。一般钻孔打到了火源位置，注浆后流出的水温都较高，表明浆水起到了降温的作用，火势就能够得到有效控制。

当有的矿井煤层埋藏深度较浅，井下打钻又缺少条件时，可考虑从地面向火源点打钻。只要地面施工现场有条件安放钻机，就可以向井下着火点打钻注浆，地面打钻注浆施工完全不受井下条件的限制。如果钻孔位置准确，一般都能取得预期效果。地面一个注浆钻孔的影响半径约为20～30 m，如果高温点或火区范围较大，则必须布置很多钻孔。地面打钻注浆需注意的问题是，当钻孔深度较大时，其钻孔的垂直度较难掌握，造成命中率低，造成注浆灭火效果不好；当地表存在较厚的冲击层时，需对冲击层下护壁套管。此外，打一个钻孔工程量较大，费用较高。

4.4.3 风流控制与隔绝灭火

4.4.3.1 风流控制

矿井火灾发生在受限空间内，因此风流控制对控制火势及解救火区中人员会起到重要作用。在火灾中试图改变风流方向和应用风压来控制火灾时，必须充分考虑以下四个方面的影响：

(1) 对火灾状态的影响。避免火灾燃烧的类型从富氧燃烧转化为富燃料燃烧。

(2) 对火灾的传播方向和传播速度的影响。采取一切措施避免火灾烟流向具有人员工作的巷道或区域发展。为了实现这一目的，有时就需要使火灾烟流短路改变方向，使其从进风巷道引向相邻的回风巷道。另外，对火区的进风流进行控制时，必须要在控制火势和控制富燃料燃烧两者之间找到一个平衡点。

(3) 火灾烟气成分及分布的影响。当人员还陷入火区内时，这个问题就非常关键。

(4) 火灾对通风系统的影响。由于火风压和节流作用的影响，火区中的通风状况就会受到比较明显的改变。在瓦斯矿井或者有人员停留的区域要特别注意风流的变化。

矿井火灾时期采用现代的通风模拟计算机软件可以数秒内得到预测结果。然而，火灾中存在许多不确定因素，这就要求在实际的风流控制过程中注意观察火灾的变化情况。在有瓦斯积聚时，要立即调整风流。下面讨论火灾控制中风流的实际调节方法。

在已知火源位置的情况下，通常采取的控风方法有：

(1) 短路法

当火源发生在进风侧时,在烟流流经巷道的前方寻找与矿井总回风道、采区回风巷或工作面回风巷相连接的联络巷,将其风门打开,使风流短路,将烟流直接引入回风流中。

优点:控风方法简单,而且可以迅速排除烟流,使工作场所免受火灾烟流的威胁。

缺点:由于风流短路,对于具有较大瓦斯涌出量的矿井,在无风区域易造成瓦斯积聚。

适用条件:此方法适用于进风侧巷道发生火灾的条件,而且不管该巷道是平巷还是上向倾斜或下向倾斜巷道,但必须存在有可以将烟流直接导入回风流的联络巷。

(2) 调压法

采用增加或降低发火巷道或者有高温烟流流经的巷道及与之相关巷道的阻力,以阻止发火巷道的风流逆转以及防止其下风侧与进风巷道相连接的联络巷道风流逆转而造成烟流侵袭大面积区域,同时也可控制火势的发展。

优点:可以控制火势,防止风流逆转和减小灾变影响的范围。

缺点:难以掌握调压的大小。

适用条件:必须与短路法配合使用,而且需要进行一定的计算。

(3) 全矿反风

主要针对入风井口、井筒、井底车场范围的火灾而言,将出风井变为入风井,而入风井变为出风井,使风流反向,尽快将烟流排出矿井,避免烟流侵袭至井下工作区域。

优点:可以防止造成烟流侵袭矿井大部分区域,减小灾变影响程度和范围。

缺点:可能造成井底车场及附近区域人员的伤亡及有关设备的损失。

按《煤矿安全规程》要求,矿井的主要通风机能够在特殊情况下实现反风。当火灾发生在主进风井的时候,有害气体、燃烧产生的烟气在这种情况下可能污染整个或者大部分矿井,包括工作面和逃生路线。如果火灾发生初期阶段就被探测到,就可以通过正确的反风措施来避免烟气对全矿井的污染,有时甚至可以在工作面受到污染的情况下也通过反风来清洗工作面的污染和排出在避灾处的有毒有害气体,使这些地方充满新鲜空气,救出陷入这个区域的工作人员。是否对全矿井反风是一个很难做出的决定,在实际的救灾过程中也很少采用全矿井反风这一措施。

(4) 局部反风

在采区、工作面或矿井的一翼设置一定数量的控风通道及风门,正常时期能够保证矿井的正常通风;一旦这些区域内的入风系统发生火灾,则启用这些预置的控风设施,使风流在此局部区域内沿着正常时期相反的方向流动,而且可以直接使烟流流入矿井或采区的回风巷,使火灾烟流不至侵袭工作场所。

上述这些控风措施要根据火灾发生的不同巷道条件进行选用。按火灾发生的地点,可将发火巷道分为全矿井总进风巷、采区进风巷、工作面进风巷、联络巷、全矿井总回风巷、采区回风巷和工作面回风巷等类型。

通过总结救灾专家的经验,得出的风流控制的基本规则有:

(1) 若火灾发生在主入风井口、井筒或井底车场附近,则可以优先考虑采取全矿井反风的方法,其次才考虑短路法;

(2) 若火灾发生在进风侧巷道,则可以考虑采取短路法和调压法控风;

(3) 若火灾发生在进风侧且为下行风流巷道,或者在发火巷道的前方巷道中(但不能是

工作场所)有能通往回风道的联络巷,则可以采取进风侧短路法;否则应采取控制火风压,同时采取下风侧短路法;

(4) 若火灾发生在进风侧且为上行风流巷道,则可以采取在下风侧短路法与控制火势相结合的方法控制风流;

(5) 若火灾发生在回风且为平巷或上行风流巷道,则一方面防止其下风侧与入风相连的旁侧支路(特别是联络巷道)风流逆转而使烟气流入进风流中,另一方面采取措施控制火势;

(6) 若火灾发生在回风且为下行风流巷道,则一定要控制火风压,以保证风流的正常流动;

(7) 若火灾发生在回风道,应尽可能将其回风流中的所有障碍物都清除以保证畅通的排烟路线;

(8) 控制火势可以通过增加发火巷道的前方巷道的风阻来实现。

4.4.3.2 隔绝灭火

我们常常在相关区域建立密闭来控制内因火灾。一般来说应将封闭当成防灭火措施的最后手段,并认为在某些情况下也是必须采用的重要手段来对火区进行快速封闭。封闭可以形成一个充满惰性气体的环境并使正在发展的火灾熄灭,而且启封和重新恢复开采一般只需要较短的时间。如果没有对火区及时进行封闭,火灾就可能发展到难以控制的状况。有一种情况必须延缓进行封闭,那就是存在救援火区内的人员时。

1. 密闭的类型

封闭的主要措施是构筑密闭。根据密闭墙的功能和作用时间,可分为临时密闭墙、永久密闭墙和防爆密闭墙三种类型。

(1) 临时密闭墙:快速构建的切断风流和控制火势的密闭墙。一般临时密闭墙的构筑是先在巷道中打上支柱,然后在支柱上钉上木板,最后再钉上不燃的风筒布或涂黄泥(图 4-36)。随着科学技术的发展,目前已研制出多种轻质材料结构并能快速建造的密闭墙。

(2) 永久密闭墙:利用砖、石块、沙袋或者坚实的木料做成直达巷道顶部的不透风单墙或者双墙,但是不能够抵御住爆炸冲击波的破坏,如图 4-37 所示。

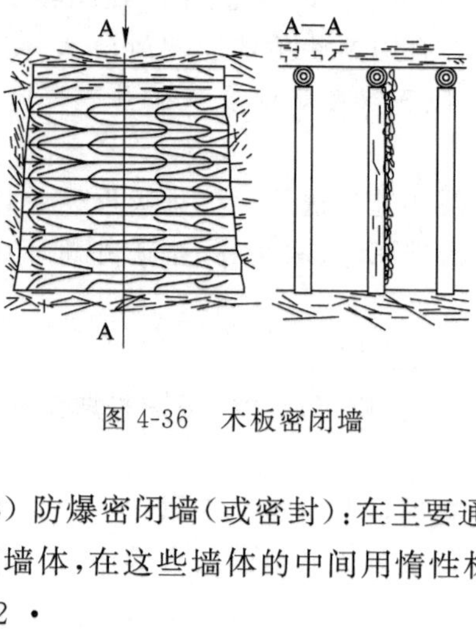

图 4-36 木板密闭墙

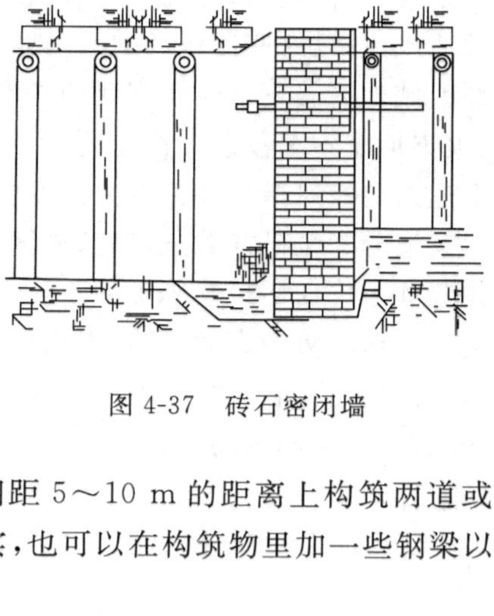

图 4-37 砖石密闭墙

(3) 防爆密闭墙(或密封):在主要通风巷道中相距 5～10 m 的距离上构筑两道或者多道坚固墙体,在这些墙体的中间用惰性材料完全填实,也可以在构筑物里加一些钢梁以增加其坚固性。这种构筑物能够抵抗住爆炸冲击波，如图 4-38 所示。

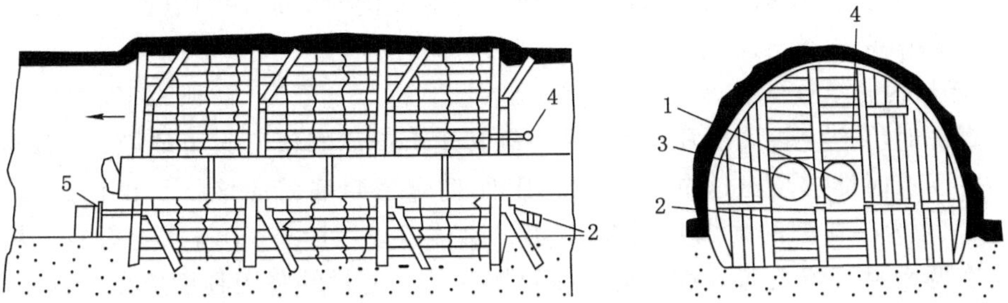

1—注惰性气体通道；2—排水管；3—通道；4—气体成分监测孔；5—支撑架。

图 4-38 砂袋防爆密闭墙

临时密闭墙一般用来处理外因火灾，改变和调节相邻通风巷道的压力或者改变风流线路来辅助救灾。

永久密闭墙和防爆密闭墙既用于控制外因火灾的发展，也用于窒息和熄灭内因火灾，并且是在其他一切救援工作完成后实施的。其目的是切断风流而使火区内形成惰性气体环境。选择建立密闭墙和密封的时机要视具体情况而定。如果是隐藏较深的内因火灾，并且不具有明显的爆炸威胁时，可以在较早阶段，也就是在自热产生的热量还没有到达通风巷道以前，就可以在该区域的所有进风侧巷道建立起密闭墙。该区域可能会在随后不久就被开启，并经过一段时间冷却和采取其他措施控制自热后，就可进入火区将设备抢救出来，甚至是恢复开采。在通风巷道中发生火灾时，应该在不能够控制火势或者所有其他防灭火手段都使用而不见成效时，以尽可能快的速度建立密闭墙。

2. 密闭墙位置的选择

对火区进行封闭时，应对所有通往火区的通道都进行封闭，包括要考虑以前开凿的通向老塘的巷道和孔洞。在某些埋藏较浅的矿井，会存在许多通往地面的裂隙。同时，还应该考虑采矿活动对地面的影响。

构筑密闭墙应该尽可能靠近火区。然而，如果火区具有爆炸威胁性的话，那么应该在构筑密闭墙时保留一定的空间以减轻爆炸时产生的压力对密闭墙的破坏。构筑物位置的选择应该使需要密闭墙的数量最少。另外，还应该对建有密闭墙的巷道的底板、顶板和巷道壁进行监视。对于密闭墙来说，构筑第一道密闭墙体的时候，还应该预留出足够长度的通风巷道来构筑第二道密闭墙或者防爆墙体，并且这样做是非常有必要的。

在较好的矿井设计里，事先就应该在每个采区的关键位置为构筑密闭墙留出地方，并且在附近准备足够的建筑材料。在任何情况下，这些预留下的地方都应该随时准备好防灭火相关物资，并且能够为修建密闭墙的工作人员提供足够的通风量。为满足通风要求，可能需要临时性的管道和辅助通风机。现有的测风巷道、风门或者风窗都是建构密闭墙的好地方。如果建构密闭墙的地方被火灾烟气污染了，那么工作人员必须戴上呼吸器具。修建密闭墙时，该区域如有爆炸或瓦斯突出危险时，建筑密闭墙的工作人员能够快速撤离。

当然，选择修建密闭墙等构筑物的位置不可能都满足所有上述条件。

3. 修建密闭墙的顺序

内因火灾并且在没有爆炸威胁性的情况下，先构筑进风侧的密闭墙比较好，因为这样可以切断进入火区的气流，紧接着快速封闭回风巷道。但是对于外因火灾，或者火区气体分析显示有爆炸威胁性时，那么进、回风侧的密闭墙都应该同时完成，并且所有工作人员必须在24 h内从矿井中完全撤出。

4. 密闭墙的构筑

煤尘爆炸时将产生较高的压力，但是一般其压力最高峰值不大可能超过 350 kPa，虽然在试验条件下有时能够超出这个压力值。因此，防爆密封墙就应该抵抗得住这些冲击波的冲击。图 4-39 为一典型的防爆密闭墙，后面的墙体可以用沙袋、木料或者石料等堆砌而成。并且填充在两密封墙体之间的物质应该是不燃性的。密封的坚固程度应该由那些填充物和里面的梁结构或者其他支撑物来衡量。密封的长度一般为 5～10 m，具体情况应该依据巷道的尺寸，巷道周围可能产生的压力环境和填充物的类型而定。在矿井中构筑防爆密闭墙时，应该在密闭墙内部先撒岩粉，还可以安设一些岩粉棚，以防万一发生爆炸的时候，可以在爆炸能量未到达防爆密闭前被岩粉棚吸收一部分。实践证明安设岩粉棚是很有效的。另外，要把该密封区域的所有设备拆除并清理干净。同样，管路和电缆也应该拆卸移送出该区域。

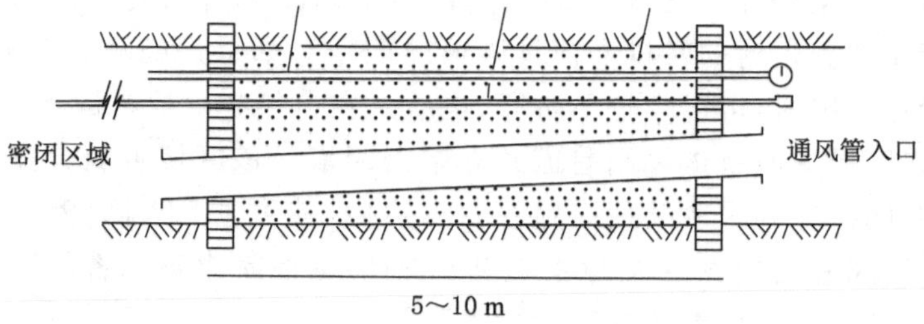

图 4-39　防爆密闭墙内的采样管和通气导管

当采用泥沙、岩粉或者粉煤灰充填于密闭墙体之间时，最好能够将这些材料制成浆体状进行充填。将这些材料用泵像注液体一样注入密封区域时，浆体将会渗入巷道周围的裂隙中去，并将形成紧密的固态整体。

为防止大气波动对采样的影响，气体采样管应该深入到密闭墙内至少 30 m。在金属保护管内至少要有三条软性采样管，分别采取密封巷道内顶板处、中间和底板处的气样。

如图 4-39 中所示的通风管有多种功能：首先，用在构筑密闭墙过程中向火区通风，这将有助于延迟富燃料燃烧情形的发生，减少施工过程中发生爆炸的危险性；其次，为以后的启封和救护队检查火区之用。因此，通风管安设的高度应该配合这些目的。如果有必要的话，通风管内还可以填充惰性物质，这就是为什么通风管稍稍向密封区倾斜的原因。但是该通风管也可能使修筑进风侧密闭的工人遭受从通风管回流烟气的毒害。当所有的密闭都建好之后，将所有的通风管的两端同时用坚固的金属塞子封堵好。

没有能够抵抗住任何爆炸或者能够完全密不透风的密闭墙。即使修筑的密闭墙非常完美，也可能存在漏风的可能。这些漏风会使火灾的熄灭时间延迟，如果更严重的话，火灾根本就不会熄灭。为防止漏风，对密闭区域实施均压是必须的。

5. 密闭的开启

封闭的火区，必须经取样化验证实火已熄灭后，方可注销或者启封。《煤矿防灭火细则》

要求，火区同时具备下列条件时，方可认为火已熄灭：

(1) 火区内的空气温度下降到 30 ℃以下，或者与火灾发生前该区的日常空气温度相同。

(2) 火区内空气中的氧气浓度降到 5.0%以下。

(3) 火区内空气中不含有乙烯、乙炔，一氧化碳浓度在封闭期间内逐渐下降，并稳定在 0.001%以下。

(4) 火区的出水温度低于 25 ℃，或者与火灾发生前该区的日常出水温度相同。

(5) 上述 4 项指标持续稳定 1 个月以上。

但即使满足上述要求，启封仍然不能直接将密闭墙打开而恢复密闭区域的通风，这是因为火区内可能还存在高温点，如果重新提供氧气就可能发生复燃。比较稳妥的措施是先派救护队戴着呼吸装备对火区进行彻底的检查，并采集气样。如果密闭区域范围较大，可以采取逐步恢复通风的方法，或者在距离火区中心更近的地方修筑新的密闭。

4.5 智能化防灭火

2020 年 2 月 25 日，国家发展改革委、国家能源局、应急管理部等八部委联合印发《关于加快煤矿智能化发展的指导意见》，明确将矿井通风与安全保障纳入煤矿智能化建设的重点。在矿井智能化高效生产体系升级过程中，采掘接替加快，内外因火灾风险提高，防灭火技术在重大科学问题、关键技术装备、工程应用等方面亟须创新发展，通过研发矿井外因火灾的智能探测与应急联动、矿井束管监测与光纤测温系统、矿井密闭监测与预警系统，全方位保障矿山安全高效生产。

4.5.1 矿井外因火灾智能化防控

当主运胶带巷道发生火灾后，火灾烟流顺着风流方向迅速向下游蔓延。当遇到联络巷时，风烟流向其他关联巷道蔓延，很快进入采区巷道，随后蔓延至工作面，直至进入回风巷。蔓延过程中部分角联巷道还会发生风烟流逆转现象，火灾烟流很快就污染至下游所有巷道，使得下游矿工遇险后无法逃生。矿井主要进风巷道发生火灾后，需要将烟流限制在最小区域内，并尽快导入回风巷，控制烟流流量避免逆流产生，为灭火救援创造良好条件；同时，在关联巷道创造出新鲜风流区域，为遇险人员快速逃生提供帮助。因此，需要关闭通风设施，有效隔离烟流，缩小污染范围；打开某些通风设施，将烟流导入回风巷道。

通风设施设计了风门＋风窗的方式，上部风窗用于风烟流的连续调节，下部风门灾变状态下用于烟气隔离和排烟，常态下用于过车行人。风门采用压气作为动力，使用气缸推拉主动门，通过钢丝绳实现联动，四周门框设计了可调滑轨有效克服巷道变形，保障风门处于可靠运行状态。风窗通过动力气缸和定位气缸实现运移空间的精确调控，从而实现分支风量的连续调节。在使用过程中，监控中心分析到需要进行风量调节时，下发指令触发电磁阀动作，从而使动力气缸推动对折活页式风窗，当达到计算量的调节要求时，定位气缸推动离合锁母，锁定其运行位置，同时触发动力气缸停止动作，实现需风量的精确调节。调节风门及风窗如图 4-40 所示。

通风设施控制及区域环境参数的感知由井下通风监控分站实现，内置 PLC 控制器、采样模块、通信模块、本安电路、切换电路、备用电源等器件。实现风门、风窗的开关状态，周围

（a）无压平衡风门

（b）连续调节风窗

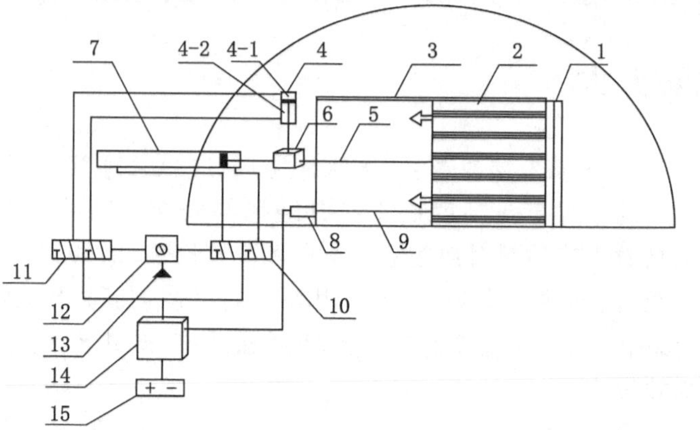

（c）连续调节风窗结构原理

1—风窗卷帘闸；2—移动式卷帘风窗；3—风窗轨道；4—定位气缸；5—活塞推拉杆；6—离合锁母；
7—动力气缸；8—拉线式位移传感器；9—牵引绳；10—第一电磁阀；11—第二电磁阀；
12—辅助元件；13—气源；14—PLC 控制器；15—电源；4-2—气缸前腔；4-1—气缸后腔。

图 4-40　矿井通风调节风门及风窗实物及原理图

环境的监测分析，地面远程监控中心通信、分站间通信、远程指令的执行、风门与风窗的开关调节等功能。备用电源在常态下进行充电，一旦外部电源断开，切换电路自动切换至备用电源供电。当井下发生灾变导致外部停电时，井下通风监控分站能够保持自动和远程控制等功能。

矿用隔爆兼本安型风门控制用电控装置主机由隔爆箱体、接线端子、PLC 可编程序电控装置、光端机、隔离安全栅、变压器、开盖断电装置等部件组成。若打开防爆盖，主机可实现自动断电功能。主机内部使用隔离安全栅，因此主机的开关量输入、模拟量输入和开关量输出信号皆是本质安全型信号。

控制器主机的主要作用是监测救灾风门的开关状态及风门的开度情况；监测周围环境的烟雾浓度情况并与其内部设定的阈值进行比较，出现超过阈值现象将进行报警和井下火灾情况分析；在风门开关状态出现故障，以及前方风门打开后方风门需要等待时将会发出声光报警和提醒；触发三位五通电磁阀改变压气通断状态，控制风门的开关状态及开度大小；

分站随时保持与上位机的通信和信息交换，有效实现救灾系统的远程监控，在灾变导致远程通信故障时，救灾系统通过分站通信延时自动启动，实现救灾系统灾变启动的双保险。在使用过程中，正常状态下分站使用井下电源供电。采用两套行程开关，完成双电源系统的开盖断电功能，根据矿用产品防爆设计的要求，在设备安装或者维修过程中，若打开防爆盖，控制器的外接电源和内置蓄电池系统都要自动断电；控制器内部使用隔离安全栅，实现控制器内部设备与外部关联设备之间的本质安全化隔离。监控分站作为控风决策支持系统中的环境监测和执行机构，实现的主要功能如下：

(1) 救灾门处于自动风门工作模式时，行人和车辆通过时自动控制，实现自动风门的基本功能。

(2) 检测胶带巷中烟雾、CO、温度、风速等传感器的信号，并对监测信号进行分析处理，时刻掌握井下风流状态和胶带运行状态，发现异常信号则会及时输出声光报警信号，同时进行后续处理。

(3) 检测救灾门传感器的状态信号、输出电控气阀的动作信号。救灾门传感器监测救灾门的开关状态和开度的大小，通过对电控气阀的控制来间接控制救灾门的开关动作和开度的大小。

(4) 检测消防水压的压力信号、输出电控气阀的动作信号。通过压力传感器时刻掌握消防水压力状态，如果压力过低则提前预警，便于及时排除故障；通过电控气阀来控制启动球阀的开闭，从而控制喷淋的开闭。

(5) 随时保持与上位机的通信和实现救灾系统的远程控制。通过光纤环网实现控制器间信息的共享并把信息实时地传给上位机，上位机利用救灾决策系统对信息进行实时分析，做出救灾决策并通过井下控制器执行决策，从而实现救灾系统的远程控制。

(6) 正常状态监控分站由井下供电系统供电，当灾害破坏井下供电系统时，自动切换到备用电源供电，并且保证备用电源能在灾变时期保证超过两小时的供电能力。

(7) 监控分站内部设计有两个行程开关，实现井下供电和备用电源供电的开启防爆箱盖的断电设计。防爆设计要求设备在安装检修过程中，必须保证监控分站内部断电，达到本安设计的目的。

(8) 控制器内部使用隔离安全栅，实现了内部电路与外部电路的本质安全化隔离。

地面监控部分包括工控机(服务器)、终端显示器、地面网络交换器、监测控制软件。正常情况下，对井下风门监测并实时显示风门状态参数。异常灾变情况下，通过地面监控中心软件对井下各处风门进行远程联合控制，达到自动隔离排烟的目的。矿井火灾风烟流联动控制系统的具体组成原理如图 4-41 所示。

此外，针对井下外因火灾智能监测与预警问题，可研制一套基于热红外影像识别技术的煤矿井下火灾监测集成系统，实现矿井远距离外因火灾自动检测识别。该检测系统硬件由井下设备(摄像设备、热红外成像仪、声光报警器和矿用交换机)、井上设备(视频处理服务器、硬盘录像机)和通信线路组成(图 4-42)。系统布置于井下易燃处，监测对象为温度的变化，进而能够提前对隐患做出初期预警。

检测系统从以下几个方面进行构建：前端摄像系统、视频传输系统、视频处理系统、视频显示系统和信号报警系统。摄像部分是电视监控系统的前沿部分，是整个系统的“眼睛”，它把监视的内容变为图像信号，传送到控制中心的视频处理服务器上，摄像部分的好坏及它产

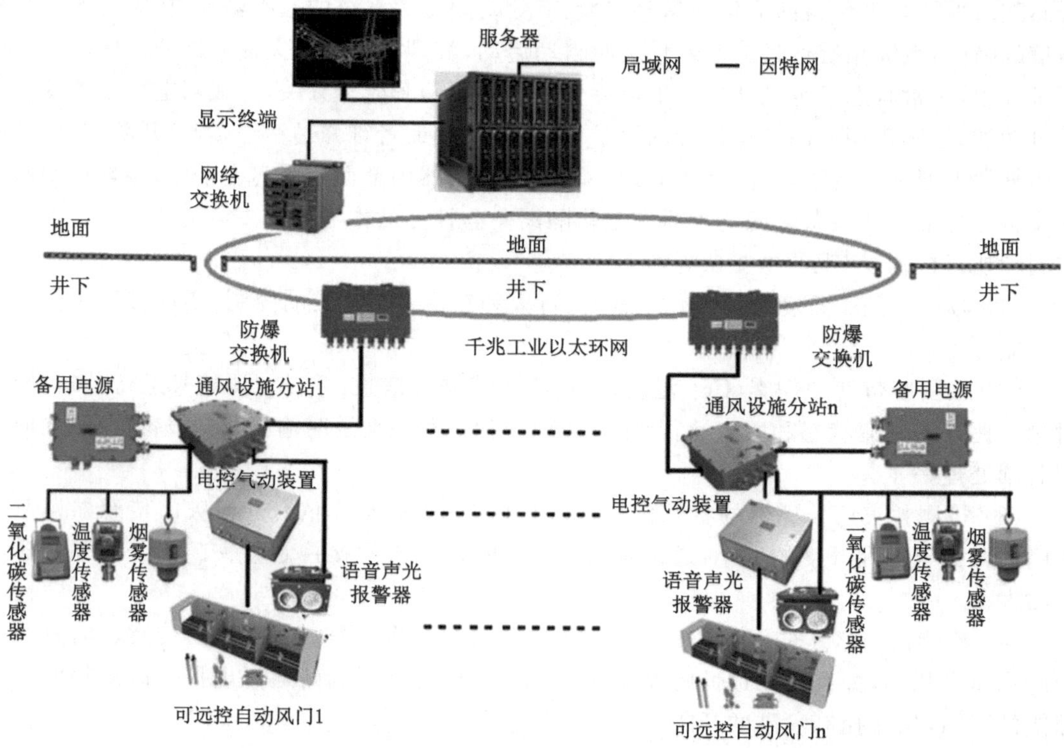

图 4-41　灾变区域联动控制系统组成原理

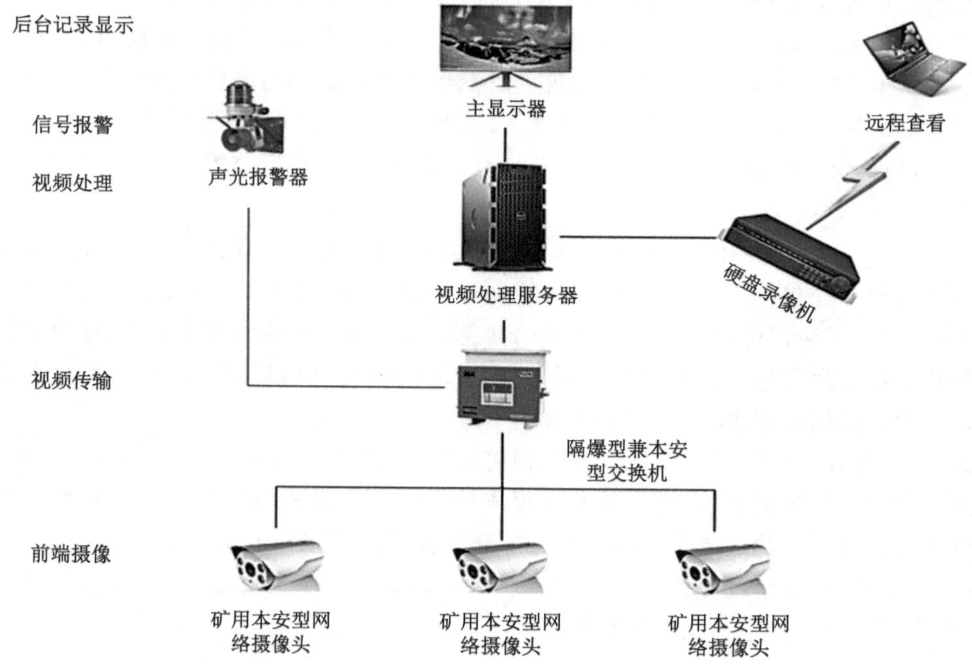

图 4-42　红外监测系统整体架构

生的图像信号质量将影响整个系统的质量；传输部分是系统的图像信号通道；视频处理部分是整个系统的“心脏”和“大脑”，是实现整个系统功能的指挥中心；显示部分是将传送过来的及处理过后的图像一一显示出来；信号报警系统的功能是通过指挥中心发出的信号来判断是否执行停机操作和及时发出预警，也是本系统十分重要的部分。

4.5.2 采空区束管监测系统

KSS-200(C)煤矿井下火灾监测系统（以下简称系统）是用于煤矿自燃火灾预测预报的新型系统。该系统通过束管输气泵站，将井下监测点气体输送至由微机控制的KSS-200(C)-Z矿用隔爆兼本安型井下火灾监测主站中，进行气体组分浓度的检测，并通过分析气体浓度的变化趋势，判断井下自然发火程度，从而为煤矿的安全生产提供科学依据。系统由井下气体采样/分析系统和地面数据处理和共享子系统两部分组成，具体组成如图4-43所示。

(1) 井下气体采样、分析系统：完成井下气体的采集和气体样本组分的精确测量。包括：矿用隔爆兼本安型束管监测分站（该设备是系统核心部件，放置在井下，为嵌入式，由隔爆机箱、分析仪组件、采样组件、控制组件、自动校准和显示组件、数据接口组件等组成），束管多路气体采样泵，束管分路箱、滤水器、滤尘器、束管、光缆、光端机及配套电源等。

(2) 地面数据处理和共享子系统：主要完成测定数据的获取、存储、分析、共享，束管采样控制、设备控制等的软件系统，专业化的测量数据辅助分析和数据Web共享所需的软件系统，包括光端机、系统工控机、打印机、软件等。

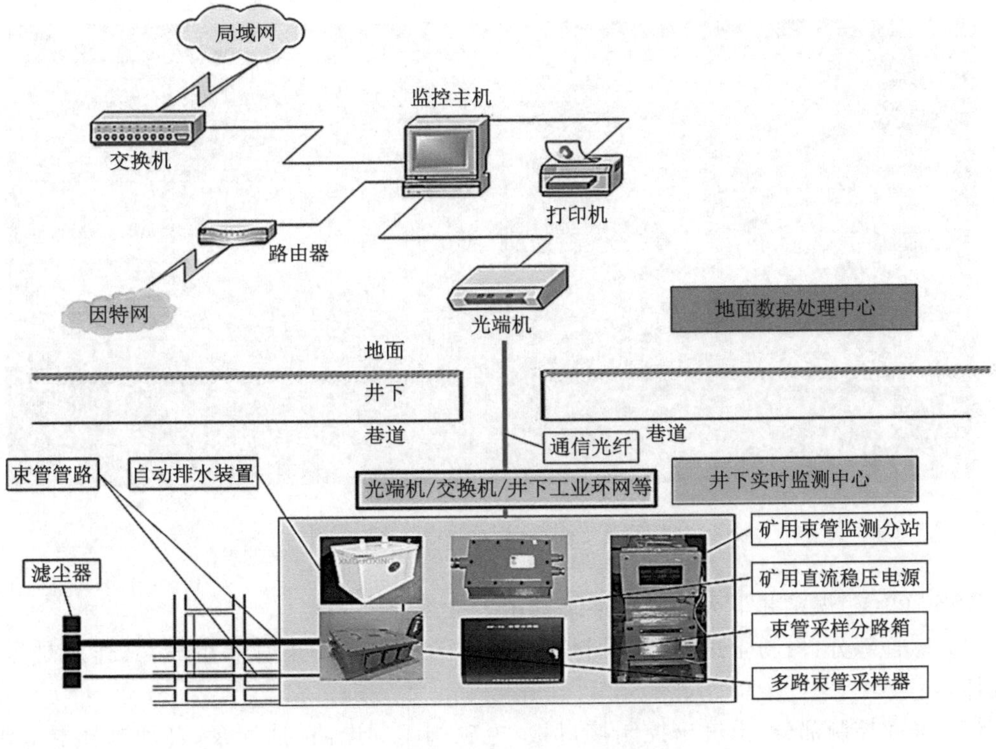

图4-43 束管监测系统组成

KSS200CV3 软件控制系统通过网络通信协议，完成对设备的控制，并获得设备状态反馈，采集设备的分析数据，保存到数据库。通过对数据的分析，判断煤矿井下气体成分变化的发展趋势，对煤矿自燃火灾进行监测、监控，预报、预警。由于所操作的设备安装在井下，软件系统通过网络远程进行操作。软件严密地设计了故障处理和容错机制，经过严格的测试，可以自由应对各种网络通信、设备故障等问题，从而保证系统最大的耐用性。基于兼容性的考虑，系统采用跨平台的数据库 SQLite 系统，该数据由于兼容性强、稳定性好、性能卓越，被广泛应用在移动终端与网络平台，最大可以使用 10 年以上的数据容量。

（1）检测页面。检测页面共分为四部分，分别为“即时数据栏”“设备状态栏”“检测记录栏”“方法栏”。

（2）分析页面。分析页面主要显示当前样品的检测结果及分析谱图。同时用户通过在分析页面的操作完成对色谱的标校工作。分析页面主要由两部分组成，上部为谱图显示窗口，显示标样或样品的分析谱图，下部为组分表编辑窗口，可对各组分对应的参数进行调整，同时计算校正因子。组分表编辑窗口下部有“峰信息表”与“组分表”按钮，用户可根据需要进行切换。

（3）谱图页面。谱图页面显示所有保存至数据库中的分析谱图及报表。左侧为查询记录栏，可快速输入需要查找的日期和检测点；右侧为谱图显示区，显示对应检测点在该时间段的分析谱图及组分表。

（4）将井下束管监测数据接入风网实时解算及灾变智能决策平台，可实时查看监测地点的氧气、氮气和一氧化碳等自燃标志性气体浓度及历史图表数据（图 4-44）。

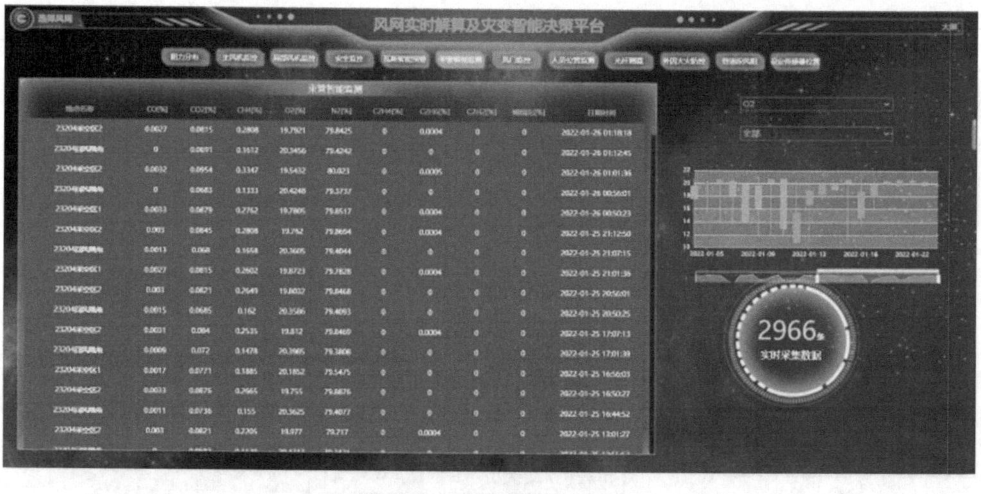

图 4-44　束管智能监测界面

KSS-200(C)煤矿井下火灾监测系统共由 8 大部分组成。

（1）束管部分：由粉尘过滤器、单管、分路箱（含滤水器）、束管等组成，其作用是运载井下气体。

（2）采样控制部分：由输出控制接口板、电磁阀驱动电路、抽气泵、自动进样器等组成，它们各自装在微机和控制柜内。其作用是按规定的顺序和时间将气体送入红外线气体分析仪和气相色谱仪中。

(3) 气体预处理部分:由消焰器、过滤器、冷凝器和流量计等部分组成,其作用是把处理合格的样气送入分析仪器中。

(4) 气体分析部分:由气相色谱分析仪、红外线气体分析仪、专用输入输出接口、载气气源等部分组成。

(5) 数据采样部分:由数据采样接口板、采样程序组成,用以采集气体分析仪传来的数据,并进行数据预处理。

(6) 数据分析部分:由测控软件内的数据分析、图形显示、谱图检测、计算结果等部分组成,通过分析将采样数据形成分析报告及谱图。

(7) 打印输出部分:由打印机及检测软件中的打印控制部分组成,用以输出所有的分析报告、图表等。

(8) 抽气泵部分:把井下各个测点的气体抽到气体分析室。

该系统能实现以下功能:

(1) 微机自动控制,24 h在线检测,实现无人值守;

(2) 自动设置参数,每次进入系统均按上一次修改的最新参数设置;

(3) 可建立气样数据库,通过系统自动求出或输入的组分表,可按用户要求形成文件,组分名称可输入汉字;

(4) 自动输出每路束管气体的分析结果。在微机控制下,每一路数据分析完成后,可根据要求自动将结果输出到打印机;

(5) 提供趋势数据分析、趋势图分析、爆炸三角形、四方图、格雷哈姆系数和特里克特比率等多种数据分析规律,辅助用户对自然发火的趋势进行判断;

(6) 具有气体含量超限自动报警功能;

(7) 系统具有联网功能,实现分析数据共享,便于领导和调度人员对井下气体的变化情况进行直接检测。

4.5.3 分布式光纤测温系统

分布式光纤测温系统是以铠装感温光缆为测温载体,将光纤沿线的温度及温度所发生位置的光波信息通过感温光缆传输到解调主机,感温光缆既是传感元件又是信息载体。其感温光缆具有无源、本安、长距离传输、不受电磁场干扰的特性,特别适合于煤矿采空区遗煤易自然发火区域的监测,对采空区自然发火的预测预报起到重要作用,对掌握自然发火预警规律提供有效技术手段,对煤矿采空区灾害监测和控制有着重大意义。

该系统主要由感温光纤、光纤分布式测温解调仪、温度监测系统软件3部分组成。

(1) 感温光纤

该系统使用的感温光缆主要由PE披覆、不锈钢编织丝、2股芳纶纤维、不锈钢钢带和0.6 mm紧套光纤组成。分布式温度监测采用铠装感温光缆,具有抗干扰、易弯曲、便于铺设等优点,是弹性不锈钢软管和不锈钢编织物,用于保护光纤,通过倾斜接地连接器与解调系统相连。

(2) 光纤分布式测温解调仪

该设备依据背向拉曼散射(Raman)原理和光时域反射定位(OTDR)原理研制而成。系统采用整条专用感温光缆作为温度传感器,集计算机、光纤通信、光纤传感、光电控制等技术于一体,可以探测出沿光纤不同位置的温度的变化,实现大范围、长距离的温度检测,具有传统温度传感器不可比拟的优点，具有本质安全、耐腐蚀、不受电磁干扰等优点，可连续在线监测长距离大范围环境温度信息。

该仪器的测温精度为±1 ℃，空间分辨率为 2 m，定位精度±1 m，可以快速准确地对测点的温度进行监测预警。

(3) 温度监测系统

光纤测温界面对井下已安装的光纤分布式测温装置的工作面采集的数据进行实时显示，包括各测区的温度统计、温度变化曲线及最高温度位置，及时掌握井下各个监测点的环境温度变化情况。

在现场部署监测设备，分别是分布式光纤测温主机和服务器，监测设备均部署在井口机房，设备不下井，只有光缆在煤矿井部署，满足煤矿矿井安全性。数据采集部分使用一根 4 芯层绞式矿用阻燃单模光缆。光缆从主井口控制室的检测设备接光纤引伸到监测工作面。测温主机通过光纤获取监测工作面的温度信息，数据分析服务器和测温主机通过路由器实现通信组网。数据分析服务器另一个网口与煤矿内部网络为同一个网段，通过此网口接入到煤矿内部网络，人工智能平台将数据分析结果通过 TCP/IP 上传到调度室数据中心，通过调度指挥中心大屏显示(图 4-45)。

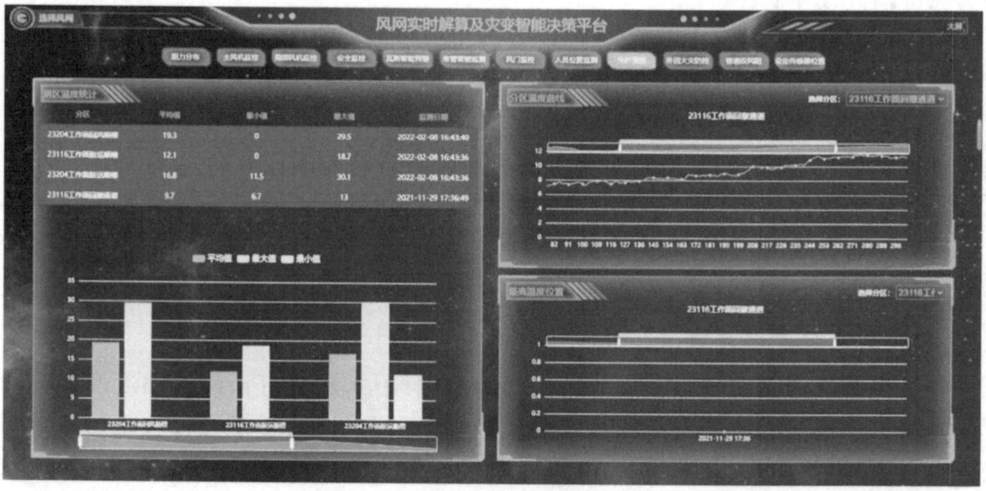

图 4-45　光纤测温智能监测界面

系统实现的功能如下：

(1) 采集功能：具有对采空区内部及工作面两巷道实现实时、连续、大范围的环境温度监测；

(2) 分析功能：显示内容包括地点、名称、报警门限、监测值、报警状态、光缆工作状态等；在同一坐标上用不同颜色显示最大值、平均值、最小值等曲线，显示内容包括工艺流程模拟图、相应模拟量数值等，具有漫游、总图加局部放大、分页显示等方式。

(3) 报警功能：具有对采空区内部温度的定值报警、趋势报警、温升报警、区域报警、异常等报警功能。

(4) 人机交互功能：系统具有人机对话功能，方便用户结合实际使用进行参数修改等。

（5）查询功能：具有对监测点实时数据、报警数据、异常信息等数据进行统计存储，存储的历史数据、异常报警记录可通过人机界面进行查询功能。

（6）自诊断功能：系统具有自诊断功能。当系统中 KJ1205-Z 矿用本安型分布式光纤测温主机、光缆等设备发生故障时，报警并记录故障时间和故障设备，以供查询及打印。

（7）联网功能：配置有网络接口和标准协议，易于矿井自动化平台、其他子系统连接。

（8）信息发布功能：系统监测的数据、曲线、分析结论可以通过网络 WEB 发布到各个科室，也可通过短信、邮件等其他介质推送给指定用户。

4.5.4 密闭监测系统

针对矿井密闭内部参数巡查困难、致灾风险大的现状，开发了小型置入式气压、气体浓度多参数集成监测传感器、原位数据处理显示终端、远程预警分析终端，实现了对井下密闭、破碎煤柱内部气压、差压、氧气、CO、CH_4 等参数的实时监测；开发了采空区煤自燃与瓦斯灾害预警模型，基于多点监测数据，实现了煤矿井下密闭区、破碎煤柱区等高风险区域火灾、爆炸风险状态的早期识别和智能预警。

4.5.4.1 多参数置入式集成监测传感器

优选气体浓度测量敏感元件、温湿度、差压、绝压测量模块开发小型多参数一体化高精度监测传感器，实现密闭内 CH_4、CO、O_2、温度、湿度、绝压和密闭内外差压的在线监测。多参数传感器的外观如图 4-46 所示，安装位置如图 4-47 所示，主要技术指标如表 4-5 所示。

图 4-46 密闭环境信息多参数传感器外观

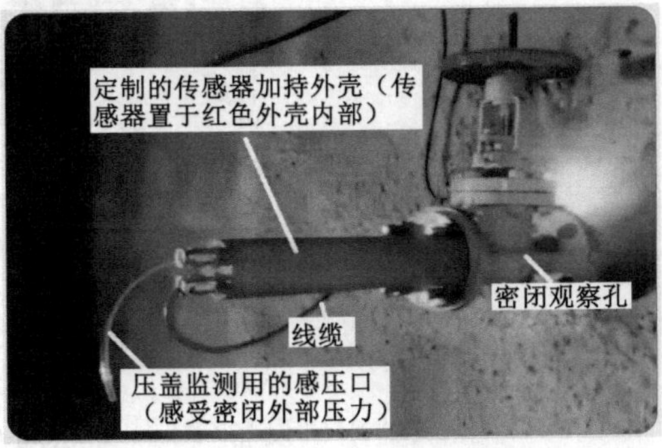

图 4-47 多参数传感器安装位置

表 4-5 传感器的主要技术指标

参数名称	量程	分辨率	误差
甲烷	0～10%	0.01%	±6%
一氧化碳	$0\sim1\,000\times10^{-6}$	1×10^{-6}	±5%
氧气	0～25%	0.1%	±3%
差压	−1 000～1 000 Pa	1 Pa	±1%
绝压	0～2 000 hPa	1 hPa	±1%
温度	0～80 ℃	0.1 ℃	±1.5
湿度	0～100% RH	1% RH	±3%

该传感器的技术特点如下：

(1) 传感器外观采用圆柱体设计，直径 63 mm，可内置于密闭观察孔内，实现采空区密闭内气体、温度等信息的原位监测。

(2) 传感器具备通信分站供电和通信的功能，可向地面集控中心实时传输监测数据。

(3) 可配置液晶或数码管显示屏，实现密闭内环境信息的就地显示。

(4) 传感器气样采集前端采用烧结网滤芯进行第一级过滤，过滤大于 10 um 的煤尘，并防止出现水汽冷凝，防护等级达 IP54。

4.5.4.2　密闭内环境信息监测分析与传输专用终端

与密闭环境信息监测传感器配套开发了集监测数据显示、分析和通信传输功能于一体的专用终端(KJJ18 矿用环网接入器)，如图 4-48 所示，主要功能如下：

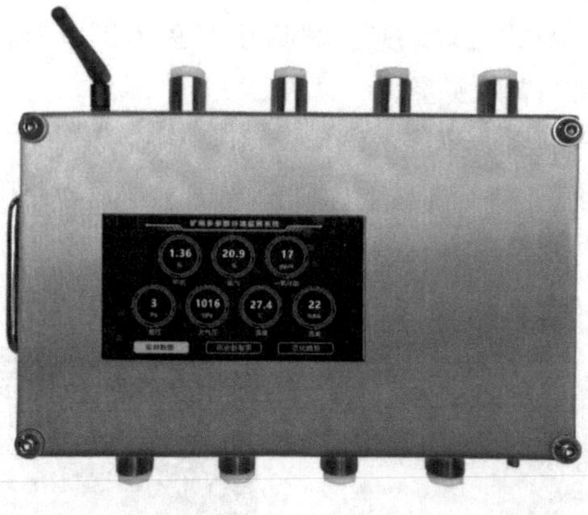

图 4-48　密闭环境内信息监测分析与传输专用终端

(1) 终端接入器符合 IEEE802.3、IEEE802.3u 标准，支持、全双工/半双工、MDI/MDI-X 自适应。

(2) 终端接入器串口设备(RS485)联网功能，所有输出信号是本质安全型。

(3) 终端自带 7 寸工业液晶显示屏，可以显示传感器获取的密闭内环境信息。

(4) 终端兼容矿内通信分站功能，可接入矿井环网传输数据。

(5) 终端具有电源、通信状态指示功能，具有自诊断和故障指示功能。

4.5.4.3　密闭内煤自燃与瓦斯灾害智能早期预警技术

针对高风险密闭老空区，构建采空区周边区域密闭与破碎煤柱区域的气体、压力多点、多元信息实时监测系统，监测分析机械风压、大气压变化等条件下采空区及周边区域内流场变化规律，获得煤自燃、瓦斯聚集等灾害发展特征与闭内环境参数之间的映射关系数据库，通过机器深度学习算法挖掘采空区灾害各指标参量之间的内在关系，基于老空区周边多点、多元数据融合建立采空区异常状态判定数学模型，开发密闭采空区灾害辨识预警算法及软件模块，实现利用闭内气体、温度、压力等实时监测数据实现密闭老空区灾害的早期预警分析(图 4-49)。

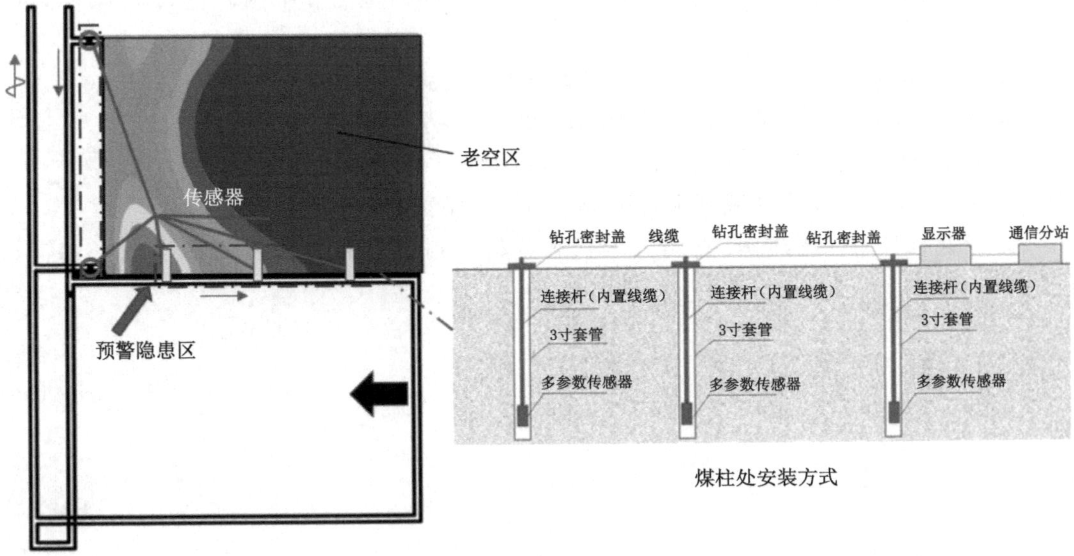

图4-49 密闭内煤自燃与瓦斯灾害智能早期预测

参考文献

[1] 付永水,李建新.义马矿区煤层自然发火防治技术[M].北京:煤炭工业出版社,2006.

[2] 郭一铭,何启林.煤层自燃发火指标气体的选择及预测预报应用[J].安徽理工大学学报(自然科学版),2019,39(3):60-65.

[3] 郝长胜,徐仁,尹旭,等.综放面采空区开放式注氮防灭火技术研究[J].煤炭技术,2018,37(11):150-152.

[4] 梁运涛,王伟,王刚,等.《煤矿防灭火细则》编制原则及要点解读[J].煤矿安全,2022,53(5):230-235.

[5] 刘敦旺,刘鸿福,张新军.活性炭测氡法在煤矿采空区探测中的应用[J].勘探地球物理进展,2009(3):220-223.

[6] 陆新晓.阻化泡沫防治煤炭自燃技术与实践[M].徐州:中国矿业大学出版社,2021.

[7] 煤炭工业部煤矿标准化技术委员会.煤矿用氮气防灭火技术规范:MT/T 701—1997[S].北京:煤炭工业出版社,1998.

[8] 煤炭行业煤矿标准化技术委员会.煤矿灌(注)浆防灭火技术规范:MT/T 702—2020[S].北京:应急管理出版社,2020.

[9] 钱鸣高,石平五,许家林.矿山压力与岩层控制[M].2版.徐州:中国矿业大学出版社,2010.

[10] 秦波涛,王德明,张仁贵.三相泡沫发泡器发泡机理及设计原理[J].中国矿业大学学报,2008,37(4):439-442.

[11] 王德明,张仁贵,李增华,梁晓渝,秦波涛.防治煤炭自燃的三相泡沫发生装置:CN1417451[P].2003-05-14[2023-06-22].

[12] 王德明,周福宝.井巷网络火灾过程中回燃现象的研究[J].中国矿业大学学报,2003,32(3):18-22.
[13] 王德明.矿井火灾学[M].徐州:中国矿业大学出版社,2008.
[14] 王德明.煤氧化动力学理论及应用[M].北京:科学出版社,2012.
[15] 王省身,张国枢.矿井火灾防治[M].徐州:中国矿业大学出版社,1990.
[16] 徐精彩.煤自燃危险区域判定理论[M].北京:煤炭工业出版社,2001.
[17] 朱令起,周心权,谢建国.密闭火区状态分析及判别标准[J].煤炭工程,2008,40(7):67-68.

第 5 章　安全监测监控

安全监控系统是预先感知工矿企业的事故隐患，有效防范事故发生的技术手段，是保证安全生产的基本措施。国家《安全生产“十三五”规划》明确提出，加快构建风险等级管控、隐患排查治理两条防线，健全监测预警应急机制，推进信息技术与安全生产的深度融合，统一安全生产信息化标准，完善安全生产信息基础设施和网络系统。以国内外煤矿预防安全事故的综合性自动化技术为切入点，分析其通过对环境状态参数、安全信息、工艺过程监控，实现安全性分析预测的自动化、准确化、及时化，并给予必要预警和控制的基本原理；讲述了传感器理论、安全环境及状态参数的监测原理及方法；阐述了 PLC 系统的监控原理和应用；剖析了煤矿安全监控系统的结构组成、各子系统工作原理和主要功能特点；概述了新型智慧矿山建设现状、构架原理和未来发展。

5.1　监测监控系统概述

煤矿安全监控系统是预先感知煤矿事故隐患，有效防范事故发生的技术手段，是保证煤矿安全生产的基本措施，为此监督管理部门专门制定了“先抽后采、监测监控、以风定产”的十二字方针。为了保证煤矿安全生产，人们对煤矿安全监测监控寄予了更多的期望。随着科技的发展，越来越多的新技术也将在煤矿安全监测监控中得到应用，煤矿安全监测监控也将始终是煤矿领域应用最广泛、更新最快的技术。

5.1.1　国内外煤矿监测监控系统的发展

国外煤矿监控技术是 20 世纪 60 年代开始发展起来的，至今已有 4 代产品，基本上 5～10年更新一代产品。从技术特性来看，主要从信息传输发生的进步来划分监控系统发展阶段。

第一代煤矿监控系统采用空分制来传输信息。20 世纪 60 年代中期英国煤矿的运输机控制、日本煤矿中的固定设备控制大都采用这种技术，其中最具代表性的是法国的 CCT63/40煤矿环境监测系统，它可测瓦斯、CO、风速、温度等参数，最多可测 40 个测点。

煤矿监控技术的第二代产品的主要技术特征是信道频分制技术的应用。由于采用频分制，传输信道的电缆芯数大大减少，很快就取代了空分制系统。英美等国的煤矿在 20 世纪 60 年代后期就已大量采用频分制技术。其中最具代表性且至今仍有影响的是德国 Siemens 公司的 TST 系统和 F＋H 公司的 TF200(早期是 TF24)系统。

20 世纪 80 年代是计算机、大规模集成电路、数字通信等现代化技术高速发展时期。由英国煤炭研究院推出的 MINOS 系统软件应用成功后，英国的 HSDE、HUWOOD、TRANS-

MITING 等公司分别生产了以时分制为基础的系统与之相配套；德国也提出了以时分制为基础的 GEAMATIC-2000 全矿井监控系统的实施计划，形成了第三代系列产品。

在此期间，美国以其拥有的雄厚高新技术优势，率先把计算机技术、大规模集成电路技术、数据通信技术等现代高新技术用于煤矿监控系统，使煤矿监控技术跻身于高科技之列。这就形成了以分布式微处理机为基础的第四代煤矿监控系统，其中有代表性的是美国 NMS 公司 DAN64O 系统，其信息产生方式虽然仍是时分制范畴，但用原来的一般时分制的概念已不足反映这一高新技术的特点。

5.1.1.1　煤矿监控技术在我国的应用

我国的煤矿监控技术是以自力更生方针为起点，在引进、吸收、消化国外先进的煤矿监控技术的基础上逐步发展起来。我国自行设计的第一套煤矿监控系统是煤炭科学院常州自动化研究所研制的 KJ1 系统。20 世纪 80 年代中期，又从波兰引进了 2 套 CMC-20 装备用于抚顺龙凤矿和开滦赵各庄矿，并由抚顺煤矿安全仪器厂引进 CMM-20 制造技术。

20 世纪 90 年代以来，我国紧跟世界监测监控系统发展的潮流，研制开发了一批具有世界先进水平的监控系统。如北京仙岛新技术研究所和抚顺安全仪器厂联合开发的 KJ66 系统、煤科总院重庆分院的 KJ90 系统、上海嘉利矿山电子公司的 KJ92 系统、煤科总院常州自动化研究所（天地科技股份有限公司常州自动化分公司）的 KJ95 系统等。它的主要特点是：测控分站的智能化水平进一步提高；具有网络连接功能；系统软件普遍采用了 Windows 操作系统。同时，在“以风定产，先抽后采，监测监控”12 字方针和煤矿安全规程有关条款指导下，规定了我国各大、中、小煤矿的高瓦斯或瓦斯突出矿井必须装备矿井监测监控系统。实践表明，安全监控系统为煤矿安全生产和管理起到了十分重要的作用。

综合评价我国现有煤矿监测监控系统及配套传感器等设备的现场应用效果，煤炭科学研究总院重庆分院的 KJ90、天地科技股份公司常州自动化分公司的 KJ95、煤炭科学研究总院抚顺分院的 KJF2000 和北京瑞赛公司的 KJ4、KJ2000 等系统无论在软硬件功能、稳定性和可靠性、专业技术服务能力、企业性质和生产规模等方面基本代表了我国煤矿监测监控系统的技术水平。

5.1.1.2　现有监测监控系统存在的问题

尽管煤矿安全监控技术已得到发展和应用，但由于多数矿井技术基础薄弱，监控装置的装备情况与有关规定相距甚远。在已经装备了监控装置的矿井中，设备的使用、维护和进一步更新改造方面尚存在不少问题。

1. 通信协议不规范

一段时间以来，煤炭安全一直是人们关注的焦点。不论是煤矿还是上级监管部门，如何提高煤矿的安全监控和管理水平成为一个迫切需要解决的问题。目前在我国的煤炭安全监测行业，有多家公司涉及这一行业，但是煤矿安全监控系统并没有统一的通信协议，系统各自处于封闭状态，系统间无法实现信息共享，很难实现全局或更高级别的联网，实现系统的实时监测和管理。

信息传输系统的兼容性已成为装备监控系统的各集团公司、矿井进一步补套和扩充系统功能的制约因素，主要是用户在装备了某厂家的系统后，在众多型号、价格不同、功能各具特色的监控系统的软件、硬件（如分站）的补套以及服务等方面，就别无选择地依赖于这个厂家。因此，通信协议不规范的后果是造成设备重复购置、系统补套受制于人和不能随意进行软硬件升级改造。

2. 井下信息传输设备物理接口协议不规范

井下信息传输设备物理接口协议不规范也是制约用户进一步补套和扩充系统功能的关键因素。如 KJF2000 和 KJ4/KJ2000 系统，尽管两种系统均采用 FSK 技术（Frequency-shift keying，频移键控是利用载波的频率变化来传递数字信息，最常见的是用两个频率承载二进制 1 和 0 的双频 FSK 系统），以及信息传输波特率均为 1 200 bps 或 2 400 bps，但其传输信息的调制频率不同和传输信息的收发电压幅值不同也造成这两种系统的分站不能兼容。

3. 传感器等质量不过关

与监测监控系统配接的甲烷传感器已成为矿井瓦斯综合治理和灾害预测的关键技术装备，并越来越受到使用单位和研究人员的普遍重视。与国外同类传感器比较差距较大，主要问题是：

(1) 抗高浓冲击性能差。在巷道瓦斯涌出量大的情况下元件激活。反复作用的结果造成零点漂移并使其催化性能下降，抗高浓冲击性能差是造成元件使用寿命低、稳定性差的主要原因；

(2) 对过分追求低功耗的元件，在矿井高湿度环境条件下，CH_4 在元件表面燃烧生成的水蒸气易于凝结在元件表面，降低元件使用寿命；

(3) 抗中毒性能差；

(4) 载体催化元件制作工艺水低，元件一致性差。

4. 现场管理和维护水平有待于加强

尽管国家和各省、地、市煤炭管理部门强制性要求各大、中、小煤矿的高瓦斯或瓦斯突出矿井必须装备矿井监测监控系统，并加大了对矿井安全生产的管理力度，但一些地方国有煤矿特别是乡镇小煤矿，多数由于缺乏专业技术人员而不能正常使用和维护已装备的系统，甚至对系统配接的传感器根本不进行调校。

5. 市场秩序亟待规范

大大小小的系统生产厂家的不断出现，无疑存在着市场竞争条件下初级阶段的恶性竞争，其结果是不仅损坏了厂家的利益，而且由于导致生产企业的系统研发后劲不足、技术支持能力降低，最终将影响产品用户的正常使用。因此，在选择某种系统时必须特别强调厂家的企业规模、研发能力、系统的技术水平和技术支持能力等。

煤矿安全监控是综合性技术，涉及计算机、电子技术、通信、物理、化学、电工、等多种学科，与矿山采、掘、机、运、通等生产环节密切相关，功能复杂，技术难度高，要求监控技术人员具有较高的技术素质。但是，部分煤矿的监控技术人员尚不能适应工作需要，有些局、矿的领导和主管技术干部对监控技术还不熟悉，导致管理工作跟不上。由此产生了一系列的问题，如设备选型不妥、使用维护不当、仪器待修率和报废率高，影响了使用效果。因此，在相当长的时期内，对于监控装置的装备、管理和培训任务仍十分艰巨。

5.1.1.3　发展趋势

(1) 监测监控系统不仅能实现监测监控，而且在软件技术上应研究开发能根据被监测环境地点的参数进行有效的危险性判别、分析和提出专家决策方案。同时系统应用软件应向网络化发展，按统一的格式向外提供监测数据；

(2) 针对通信协议不规范和传输设备物理层协议不规范应，尽快寻找一种解决系统兼容性的途径或制定相应的专业技术标准，这对促进矿井监控技术发展和系统的推广应用均具有十分重要的意义；

(3) 研制高可靠性瓦斯传感器；

(4) 矿井瓦斯爆炸多半是由电气火灾引起的，因此应研制智能化的高压开关柜、高压真空馈电开关、低压真空馈电开关等，依此向系统提供多参数的信息，如电流、电压、单相/三相漏电电流、开关运行状态、开关机械/电气闭锁状态等；

(5) 制定科学、合理的政策法规，研究提高煤矿安全管理水平的管理技术，使我国的煤矿安全生产管理从以人治为主，发展到依法治理。

5.1.2 监测监控系统的组成及主要技术指标

5.1.2.1 监测监控系统的组成

在日常工作和生活时，人实际上也是一个集散测控系统。煤矿安全生产监测监控系统一般为两级管理的集散控制系统，即测控分站级和中心站级。每个测控分站负责某几路传感器信号的采集和某几个执行机构的控制，实现了采集、控制分散；中心站负责数据的处理、存储、传输，实现了管理的集中。中心站与分站和计算机网络之间的通信、传感器到监控分站的数据传输、测控分站到执行或控制装置信号的传输，是通过传输信道实现的。矿井监测监控系统的结构组成如图 5-1 所示。

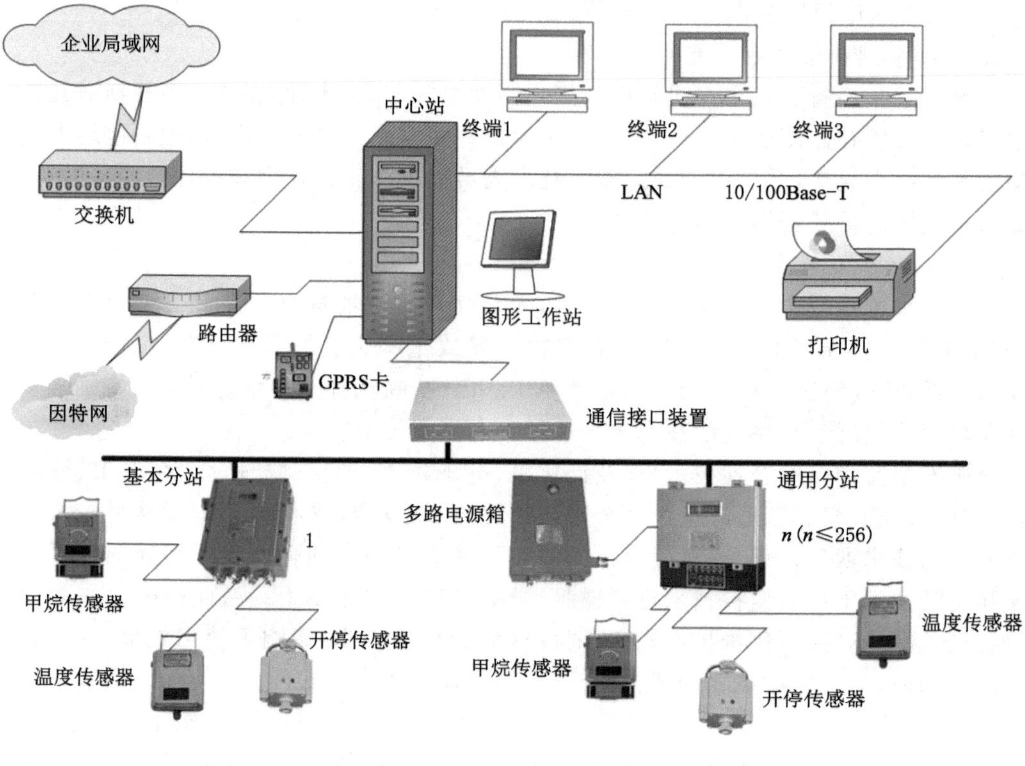

图 5-1 监测监控系统的组成

测控分站，简称分站，根据放置地点和防爆要求的不同，有井下分站和地面分站之分。分站主要功能是采集由传感器传来的环境安全参数、设备工况参数等信息，并通过预处理；根据预先设定的参数极限，发出超限声、光报警信号和断电、闭锁信号；与中心站通过传输通道进行通信，传输被测量信息，接收中心站的命令。井上井下信息的交换必须加安全隔离。

测控分站的核心是以单片机组成的最小计算机系统，包括 CPU、RAM、I/O 接口，必要的外设、系统软件和应用软件。

(1) 传感器

将被测量的物理量转换为便传输和处理的电信号，经传输线与测控分站连接，为测控分站提供信息。按输出信号的种类来分，传感器分为模拟量传感器和开关传感器。根据监控系统的特点和考虑抗干扰等因素，很多传感器采用频率信号输出，为测控分站的采集和处理带来了很大的方便。

有的传感器本身就是智能传感器，输出为数字量信号，可不设置测控分站，由传感器与中心站直接交换信息。

(2) 执行或控制装置

执行或控制装置是根据分站或中心站的命令，进行状态转换和控制分站的装置，主要包括声、光报警装置，断电、闭锁装置等。

报警装置的作用是根据安全参数的极限值发出声、光报警信号。

断电、闭锁装置的作用是在安全参数超限时，切断工作面工作设备的电源，以免发生事故或防止事故的扩大，从而实现工作面电源的闭锁。

(3) 中心站

中心站的关键设备是主机，采用高可靠性的计算机，如工控机。主机一般设置两台，采用冷备份或热备份的方式，互为备用。主机的作用是生成系统，管理系统，进行数据的处理、输出及存储，必要时对关键设备实行监控。

中心站的其他设备可根据需要来设置，如打印机、绘图仪、彩色图形终端、模拟量、投影仪、远程终端等。

(4) 传输信道

传输信息的通道称为信道。传感器到分站的信息传输一般采用有线信道；井下分站与主站的通信业一般采用有线信道，如专用通信电缆、光缆等，地面分站与主站的通信除可采用有线通信外，在距离较远时也可用无线通信。

5.1.2.2　监测监控系统的主要技术指标

1. 测控分站

(1) 容量。它是输入、输出量的个数及类型。例如，8 路模拟量输入，4 路开关量输入接点信号、4 路电流形式信号；开出 4 个 TTL 电平、4 个继电器触点输出等。

(2) 接配传感器的概况。它是指所接配传感器的种类、型号、测量范围、输出信号的形式、供电电压、精度等。

(3) 检测精度。它是反映分站性能优劣的主要指标之一，一般用满量程的相对误差来表示。数值越小，则检测精度越高。

(4) 分辨率。它是反映分站对微小模入量变化的敏感程度，一般用 A/D 转换器的有关参数来表示，例如，8 位或 12 位分辨率，也可以用一个数码所代替的模入量来表示，即

$$1LSB = 模入量满刻度值 /2^N \quad (5\text{-}1)$$

式中 1LSB——A/D 转换器输出一个数码 1；

N——A/D 转换器的有效数字位数。

(5) 转换时间。它指 A/D 转换一次所需的时间，其倒数称为转换率，反映了分站实时的程度。

(6) 传输距离。它是传感器与分站间信号传输的最远距离。

此外，还有可靠性、工作条件、耗电量、重量、几何尺寸等。

2. 中心站

(1) 主机型号及配置。CPU 型号，内存容量，硬盘容量，软驱数量、规格，配置外设的种类、型号、数量等。另外，还有备用主机的情况。

(2) 容量。系统可带分站的数量。例如，井下 100 个分站、地面 10 个分站。

(3) 信息传输方式。即时分制还是频分制，是频带传输还是基带传输方式。

(4) 传输速率。数字传输的波特率，例如，600 b/s、1 200 b/s。波特率越高，传输效率就越高。

(5) 传输距离。即中心站与最远分站间的距离，一般大于 10 km。

(6) 可靠性。一般用故障率和信息传输误码率来衡量。

3. 防爆及防爆标志

为防止电气设备引起周围爆炸性气体环境引燃而采取的特定措施。

防爆型设备在外壳上的总标志为 Ex。

1) 分类

根据国家标准的规定，爆炸危险环境中用电设备分为两类。有沼气爆炸危险的矿井使用的电气设备为Ⅰ类，除沼气矿井以外的爆炸危险场所使用的电气设备为Ⅱ类。用于煤矿的电气设备，其爆炸性气体环境除了甲烷外，可能还含有其他成分的爆炸性气体，应按照Ⅰ类和Ⅱ类相应气体的要求进行制造和检验。Ⅱ类电气设备又分为 A、B、C 三级，这是根据使用场所的爆炸性混合物最大实验安全间隙或最小点燃电流来分的。Ⅱ类电气设备还按最高表面温度的不同，分为 T1～T6 六个组，见表 5-1。

表 5-1 Ⅱ类电气设备的最高表面温度分组

温度组别	最高表面温度/℃
T1	450
T2	300
T3	200
T4	135
T5	100
T6	85

根据防爆结构的不同，分为以下几种类型：

(1) 隔爆型“d”

电气设备的一种防爆型式，其外壳能够承受住通过外壳任何接合面或结构间隙渗透到外壳内部的可燃性混合物的内部爆炸而不损坏，并且不会引起外部由一种或多种气体或蒸气形成的爆炸性环境的点燃。

(2) 本质安全型“i”

在标准规定条件下(包括正常工作和规定的故障条件)产生的任何电火花或任何热效应均不能点燃规定的爆炸性气体环境的电路。

注：① 所有电路均为本质安全电路的电气设备是本质安全型电气设备。

② 装有本质安全电路和非本质安全电路，且结构使非本质安全电路不能对本质安全电路产生不利影响的电气设备称之为关联设备。

③ 本质安全型电气设备按安全程度的不同分为 ia 型和 ib 型。对于经常存在爆炸性混合物的场所应采用 ia 型；煤矿井下因为不是经常存在爆炸性混合物，故应采用 ib 型设备。

(3) 增安型“e”

该防爆型式是对在正常条件下不会产生电弧或电火花的电气设备进一步采取措施，提高其安全程度，防止电气设备产生危险温度、电弧和火花的可能性。该定义不包括在正常运行情况下产生电弧或电火花的设备。

(4) 正压型“p”

它是利用向外壳内通入正压新鲜空气或充入惰性气体，保持这些内部保护气体的压力高于周围爆炸性气体环境的压力，阻止外部周围气体进入电气设备外壳，达到防爆目的。所以这种型式也叫通风充气型。

(5) 无火花型“n”

在正常运行条件下，不会点燃周围爆炸性混合物，且一般不会发生有点燃作用的故障的电气设备的防爆型式。

(6) 特殊型“s”

除 d、e、i、p、n 之外的特殊形式，或者是上述几种形式的组合，采用这种结构形式的防爆仪表称为特殊型仪表。

还有充油型，其附加标志为 o；充沙型，其附加标志为 q。

2) 防爆标志示例

“Ⅰ类隔爆型”写为“ExdⅠ”；“ⅡB 类隔爆型 T3 组”写为“ExdⅡBT3”；“ⅡA 类本质安全型 ia 等级 T5 组”写为“ExiaⅡAT5”；“ⅡC 类本质安全型 ib 等级关联设备 T5 组”写为“Ex(ib)ⅡCT5”；“既适用于Ⅰ类又适用于ⅡB 类 T4 组的隔爆型”写为“ExdⅠ/ⅡBT4”。

采用一种以上的复合型式，须先标出主体防爆型式，后标出其他防爆型式。如“Ⅱ类主体增安型并具有正压型部件 T4 组”写为“ExepⅡT4”。

对只允许使用于一种爆炸性气体环境中的电气设备，其标志可用该气体化学分子式或名称表示，这时可不必注明温度组别。例如：“Ⅱ类用于氨气环境的隔爆型”写为“ExdⅡ(NH_3)”或“ExdⅡ氨”。

对Ⅱ类电气设备的标志，可标温度组别，也可标最高表面温度，或二者都标出。例如：“最高表面温度为 125 ℃的工厂用增安型”写为“ExeⅡT4”、“ExeⅡ(125 ℃)”或“ExeⅡ125 ℃(T4)”。

复合型电气设备，应分别在不同防爆型式的外壳上标出相应的防爆型式。

对使用于煤矿中除甲烷外，还有其他爆炸性气体，如：“ⅡB 类 T3 组可燃性气体的隔爆型"写为"Exd Ⅰ/Ⅱ BT3"。

为保证安全，指明在规定条件下使用的电气设备，例如指明具有抗低冲击能量的电气设备，在其防爆合格证号之后加符合"X"，如××××－X。

5.2 传感器的基本理论及应用

煤矿安全监测主要通过检测仪器来实现，一个简单的检测仪器通常由传感器、信号变换电路及电源等部分构成。通过传感器的基本理论阐述了其分类方法和基本特性，选型的基本原则及方法。通过分析矿井典型环境参数的探测方法，提出了传感方式的优缺点，为矿用传感器选型和创新研发提供指导。

5.2.1 传感器的基本理论

5.2.1.1 传感器的概念

1. 传感器定义

传感器是一种以一定的精度和规律把被测量转换为与之有确定关系的、便于应用的某种物理量的测量装置。所以，有时又把传感器称为变换器或变能器。传感器是实现自动检测和自动控制的首要环节。如果没有传感器对原始参数进行精确可靠的测量，那么，最佳显示和控制只是一句空话。可以说，没有精确可靠的传感器，就不可能存在精确可靠的自动检测和控制系统。

该定义包含的含义：

(1) 传感器是测量装置，能完成检测任务；

(2) 它的输入量是某一被测量，可能是物理量(如压力、温度、位移等)，也可能是化学量、生物量等；

(3) 它的输出量是某种物理量，该量要便于传输、转换、处理、显示等，可以是气体、光、电量，但主要是电量；

(4) 输出与输入有一定的对应关系，且应有一定的精确度。

2. 传感器的组成

传感器一般由敏感元件、转换元件、测量电路等部分组成，有时也把工作电源电路包括在内，如图 5-2 所示。

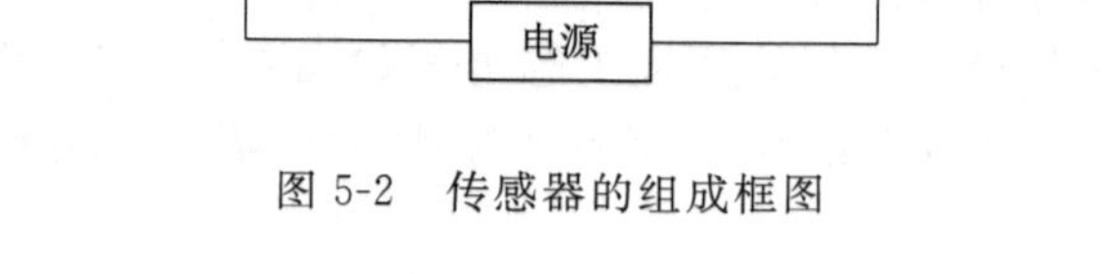

图 5-2　传感器的组成框图

(1) 敏感元件

敏感元件用于将被测物理量转换成适于测量的电量信号，变换方法有直接和间接两种。如热电偶可将温度变化转变为电势输出，即为直接变换。有些敏感元件的输出并不是电量，需要通过转换器件将其变为电量，如载体催化元件是将瓦斯气体浓度的变化转化为电阻值的变化，再通过电桥将其变为电压型号输出，即为间接变换。

(2) 测量及变换电路

测量机变换电路的作用是对敏感元件输出的电信号进行放大、变换和处理，并输出标准信号。通常包括放大、非线性补偿、信号转换(如 U/I、A/D)/显示和标准输出等电路。

3. 统一信号制

传感器的输出可以是开关量，也可以是模拟量或累计量。只取两种不同状态的非连续变化的量称为开关量；在确定的两个极值范围内取值连续变化的量称为模拟量；随时间具有累加特性的量称为累计量。

为了使传感器标准化、系列化、通用化，煤炭部对各种传感器的输出信号及其电平参数作了统一规定。

1) 开关量信号

(1) 有源输出

输出高电平情况下的拉出电流：$I_o=2$ mA 时，输出电压 $U_o\geqslant+3$ V；

输出低电平情况下的灌入电流：$I_i=2$ mA 时，输出电压 $U_o\leqslant+0.5$ V。

(2) 无源输出

输出接点断开(或截止)时，两输出端之间的漏电阻不应小于 100 kΩ；

输出接点闭合(或导通)，且灌入电流 $I_i=2$ mA 时，输出电压 $U_o\leqslant+0.5$ V。

不论有源输出或无源输出，短路电流和灌入电流均不得大于 20 mA，为此在供给电流一侧装置中，应采取限流措施。

2) 模拟量信号

(1) 直流模拟量信号

1～5 mA，优先选用；

4～20 mA，限用于地面。

(2) 频率模拟量信号

200～1 000 Hz，优先选用。

3) 累计量信号

累计量宜采用脉冲计数的形式，对一种被测量而言，每个脉冲(正脉冲或负脉冲)代表被测量的一定值，应当是一个常数。

累计量信号正脉冲或负脉冲的脉冲宽度均不应小于 0.3 s，且其脉冲转换时间不应大于 5 ms。

遵循上述规定，有助于推广性能优良的传感器，扩展监控系统的功能。

4. 传感器的分类

传感器的分类方法很多。煤矿安全监测传感器通常是根据检测对象分类，如瓦斯传感器、风速传感器、一氧化碳传感器、烟雾传感器、设备开停传感器、风门开关传感器等。

1) 按传感器的输出信号分类

有开关型传感器(如“1”和“0”或“开”和“关”)、模拟型传感器(如输出模拟电压等信号)和数字型传感器(如脉冲或代码)。

2) 按传感器检测的范畴分类

有物理量传感器、化学量传感器和生物量传感器。

3) 按传感器的结构分类

(1) 结构型传感器

结构型传感器则是依靠元件相对位置变化引起场的变化来实现信号转换,不是以材料特性变化为基础的。

例如,电容式传感器依靠极板间距离变化引起电容量变化;电感式传感器依靠磁芯位移引起自感或互感变化等。

(2) 物性型传感器

物性型传感器是依靠敏感元件材料本身物理性质的变化来实现信号变换的。例如,利用水银的热胀冷缩现象制成水银温度计来测温;利用石英晶体的压电效应制成压电测力计等。

物性型传感器的性能随材料的不同而异。例如,光电管利用了物质法则中的外光电效应。显然,其特性与涂覆在电极上的材料有着密切的关系。又如,所有半导体传感器,以及所有利用各种环境变化而引起的金属、半导体、陶瓷、合金等性能变化的传感器,都属于物性型传感器。

4) 按传感器的功能分类

有单功能传感器、多功能传感器和智能传感器(即具备感觉、辨识、判断、自诊断等功能的传感器)。

5) 按传感器的物理原理分类

(1) 机电式

机电式传感器是将机械信号转化成电子信号。

比如,金属应变片是一种能将机械构件上应变的变化转换为电阻变化的传感元件,金属应变片与相应的测量电路组成的测力、测压、称重、测位移、加速度、扭矩、温度等测量系统。

(2) 光电式

光电式传感器指能将光信号转换为电信号的一种传感器。

比如,滚轮鼠标有两对光电传感器,以轮间隙的转动来实现光通路的通断,另外还有光栅式、激光式、光电码盘式、光导纤维式、红外式、摄像式等。

(3) 热电式

热电式传感器是能感受温度变化的传感器。

比如,热电偶、热电阻及热敏电阻等。

(4) 磁电式

磁电式传感器是指将磁信号转化成为电信号输出。应用最早的是根据电磁感应原理制造的磁电式的传感器。但是到今天已经被以高性能磁敏感材料为主的新型磁传感器所替代。

(5) 电化学式

电化学式传感器是以离子导电为基础制成,主要用于分析气体,液体或溶于液体的固体成分,液体的酸碱度,电导率及氧化还原电位等参数的测量。

(6) 电参量式

电参量式传感器包括电阻式、电容式、电感式三个基本型式,以及由此派生出来的电触式、差动变压器式、涡流式、压磁式、感应同步器式等。

(7) 气电式

气电式传感器是一种检测特定气体的传感器，主要有电位器式、应变式。它主要应用于以下检测：一氧化碳气体检测、瓦斯气体检测、煤气检测、氟利昂（R11、R12）检测、呼气中乙醇检测、人体口腔口臭检测等。

（8）波式

波式传感器分为超声波式、微波式。

5.2.1.2　传感器主要技术性能指标

监测仪器的基本特性是指输出对输入的响应质量，包括静态特性和动态特性两大类。

当被测物理量是恒定量或缓慢变化量时，可通过一系列静态指标加以衡量。当被测量存在阶跃式变化或变化速率大时，需要连续监测其特性变化，此时，必须研究在输入量的变化过程中，输出量的响应动态误差，所以，还必须通过仪器的动态指标加以衡量，也就是必须通过动态特性去加以研究。

1. 静态特性

传感器是检测仪表（仪器）的敏感元件，一切被测物理量首先通过传感器接收，其技术性能优劣直接影响仪器测试结果。考核传感器静态特性，可通过以下性能指标实现：

1）线性度误差

理想情况下，传感器的输入和输出是线性关系，其图形是一条理想直线。而实际测量系统的静态特性则是按下面的多项式规律变化的：

$$Y = a_0 + a_1 + a_2x^2 + \cdots + a_nx^n \tag{5-2}$$

式中　x——输入量；

Y——输出量；

$a_0, a_1, a_2, \cdots, a_n$——系数。

由式(5-2)可知，输出量 Y 的变化除按线性项($a_0 + a_1x$)外，还有多项高次分量的影响，所以，输入-输出特性应是一条变化程度不同的曲线（称校准曲线）。

线性度误差是指校准曲线与规定直线的最大偏差，通常用百分数来表示。这个百分数就是表示输入-输出特性的非线性度，或称线性度误差（图 5-3）。

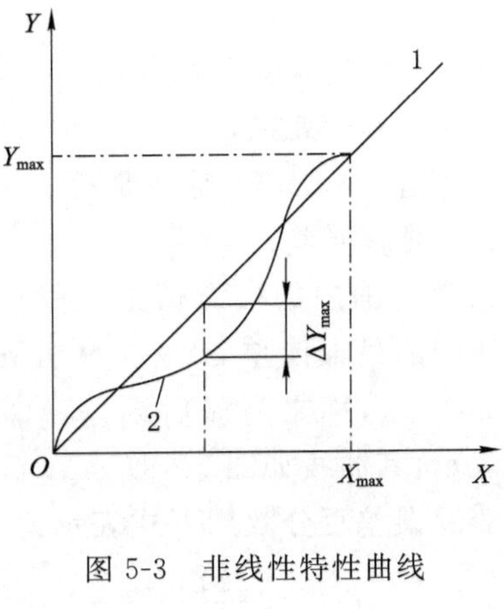

图 5-3　非线性特性曲线

从图 5-3 中可见，最大偏差为 $\Delta Y_{L,max}$，通常用量程的百分数表示，即

$$\delta_L = \frac{|\Delta Y_{L,max}|}{Y_{max} - Y_{min}} \times 100\% \tag{5-3}$$

式中　δ_L——线性度误差；

$\Delta Y_{L,max}$——校准曲线与规定直线间最大偏差；

$Y_{max} - Y_{min}$——仪表（传感器）量程。

2）回差

回差也称变差。在测量的全范围内，同一个输入信号所对应的上、下行程输出之间的最大差值称回差。图 5-4 是回差曲线示意图。

回差包括滞后误差和死区，回差以输出量程的百分数表示：

$$\delta_V = \frac{\Delta Y_{V,max}}{Y_{max} - Y_{min}} \times 100\% \tag{5-4}$$

式中 $\Delta Y_{V,max}$——测量全范围内，上、下行程输出的最大差值。

(1) 死区

输入变量变化时，输出变量几乎毫无变化的有限区间称死区。死区用输入量程的百分数表示，如图 5-5 所示。

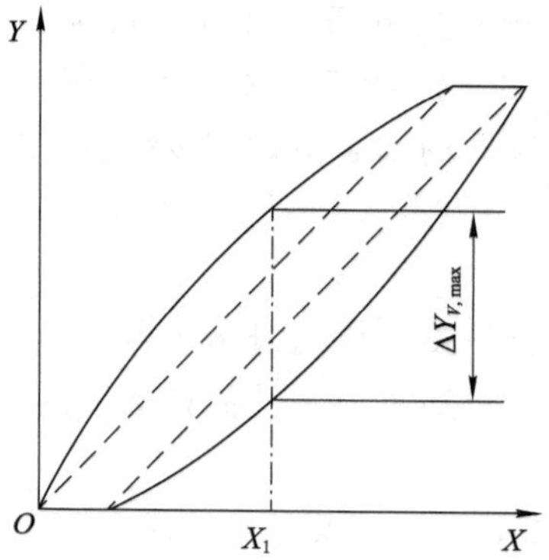

图 5-4　回差曲线

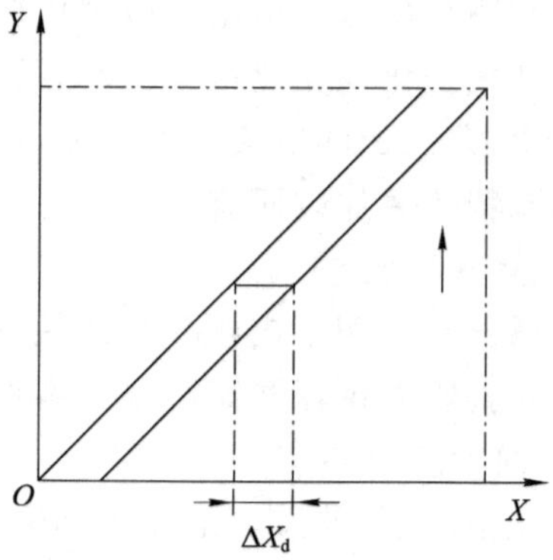

图 5-5　死区

输入量程百分数 δ_d用下式表示：

$$\delta_d = \frac{\Delta X_d}{X_{max} - X_{min}} \times 100\% \tag{5-5}$$

式中 δ_d——输入量程百分数；

ΔX_d——死区；

$X_{max} - X_{min}$——输入量程。

(2) 滞后误差

在全范围内的被测值上、下行程均得校准曲线，两曲线间的最大偏差 $\Delta Y_{V,max}$减去死区值后的输出增量为 $\Delta Y_{H,max}$，称之为滞后误差。滞后误差同样用百分数表示，其曲线如图 5-6 所示。

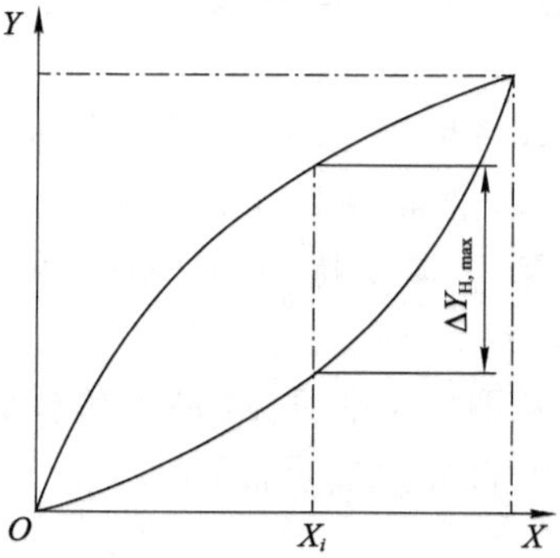

图 5-6　滞后误差曲线

滞后误差百分数用下式表示：

$$\delta_H = \frac{\Delta Y_{H,max}}{Y_{max} - Y_{min}} \times 100\% \tag{5-6}$$

式中 $\Delta Y_{H,max}$——在同一 X_i 下的最大滞后偏差绝对值。

3) 重复性

在同一工作条件下，传感器对同一输入并按同一方向连续多次检测时，其输出值相互间的一致程度称传感器的重复性，有时用重复误差来表示重复性。

重复性是指传感器在输入按同一方向连续多次变动时所得特性曲线不一致的程度。其特性曲线见图 5-7 所示。

在数值上可用正反行程的最大偏差表示：

$$\gamma_R = \pm \frac{\Delta R_{max}}{Y_{FS}} \times 100\% \tag{5-7}$$

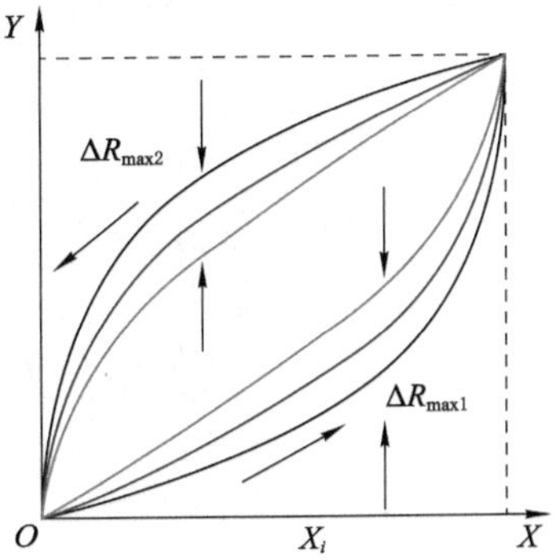

ΔR_{max1}—正行程的最大重复性偏差；
ΔR_{max2}—反行程的最大重复性偏差。
图 5-7　重复性特性曲线

4）灵敏度

灵敏度反映传感器对被测物理量的变化程度。灵敏度用输出变化值（ΔY）除以输入变化值（ΔX），即

$$S = \frac{\Delta Y}{\Delta X} \tag{5-8}$$

式中　S——灵敏度；

ΔY——输出量变化值；

ΔX——输入量变化值。

线性系统的灵敏度就是特性曲线的斜率，且灵敏度为一常数。非线性系统，其灵敏度是特性曲线某点处的切线斜率，随输入量的变化而变化。线性系统和非线性系统曲线分别如图 5-8(a)和(b)所示。

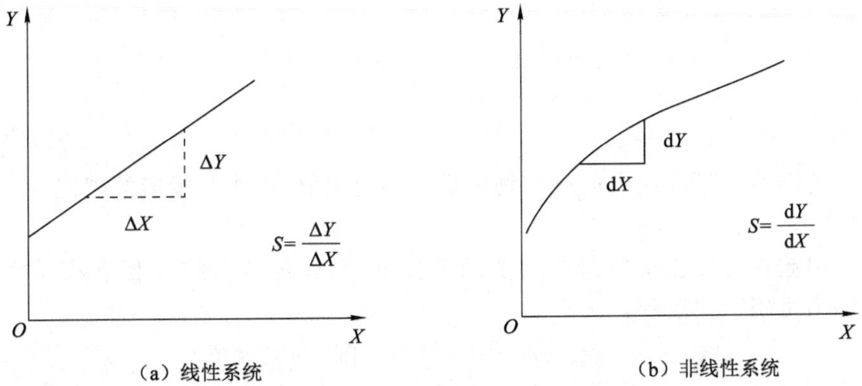

图 5-8　灵敏度特性曲线

灵敏度可用百分数或绝对值表示，一定用途的传感器要限定其范围。

5）精确度、精密度和正确程度

精确度反映测量误差的综合状态，综合误差小，则精确度自然就高。精确度是指传感器反映的信号值与被测物理量真值（约定）的一致程度。精密度指的是在一定条件下进行多次测量时，在测量结果比较集中和仪器分辨率较高的条件下随机误差的大小。正确程度是指在规定条件下，测量结果的正确程度。三个概念不应混同。

传感器的精确度，往往以误差为指标，一般采用以百分数表示的相对误差。

6）分辨率

仪器能够检测出被测信号的最小增量，称为该仪器的分辨率。也就是说，如果输入量从某一非零值缓慢地变化，当输入变化值未超过某一数值时，传感器的输出不会发生变化，即传感器对此输入量的变化是分辨不出来的。只有当输入量的变化超过分辨力时，其输出才会发生变化。例如：某一温度传感器的量程是－50～99.9 ℃，其分辨率应是 0.1 ℃。

当输入的变化量被传感器内部噪声吸收时将无法反映输出，见图 5-9 所示。

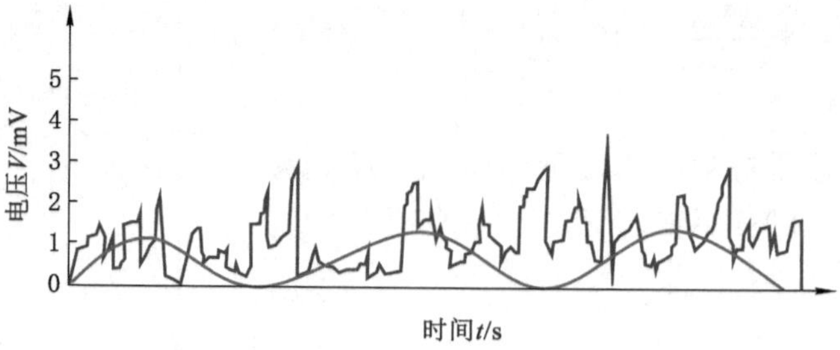

图 5-9　分辨率

7）测量范围与量程

（1）测量范围。被测物理量可以按规定的精确度进行测量的范围。

（2）量程。量程是指测量范围的上限值与下限值的代数差。可用下式表示：

$$\text{量程} = Y_{\max} - Y_{\min} \tag{5-9}$$

式中　$Y_{\max}$——测量范围的上限值；

$Y_{\min}$——测量范围的下限值。

例如：某位移传感器的测量范围是－5～5 mm，求量程。

解：量程＝5－(－5)＝10 (mm)

8）阈值

能引起传感器（仪器）输出的被测物理量最小变化值，称作传感器的阈值。

9）过载

在不致引起规定性能指标永久改变的前提下，允许传感器超过测量范围的能力，称过载。过载能力可用下式表示：

$$\text{过载} = \frac{\text{允许超过被测上限（或下限）的测量值}}{\text{量程}} \times 100\% \tag{5-10}$$

10）漂移

传感器输入-输出特性，受某一外界因素的影响而出现缓慢变化的现象，称漂移。对于采用电桥电路的传感器，零点漂移是仪器主要性能指标之一。

静态特性是从静态角度考察传感器测量精度的指标，为了获取准确的输出信号，要求传感器应具备静态响应良好的综合性能。为此，就应尽量获取合适的测量范围和量程，具备足够的灵敏度、分辨力和重复性，以及尽量小的阈值、线性度误差、回差和漂移。

2. 动态特性

传感器动态特性，是指传感器对于随着时间变化的输入信号的响应性能，一般用响应时间来表示。

因为被测参数在输入-输出过程中，存在一定的运动惯性和能量传递时间，必然引起输入与输出之间出现一定的差值。这一误差称作动态误差。衡量动态误差（响应时间），常用时间常数 T 和传递滞后时间（又称时滞或死区）τ 表示。

（1）时间常数（T）

T 值越大，响应时间越长，动态误差存在的时间也越长，动态误差的数值也越大；反之，误差数值就小。T 值越小越好。

（2）传递滞后时间（时滞）（τ）

从输入信号产生变化的瞬间开始到所引起的输出量变化瞬间为止，这段时间间隔叫时滞。在时滞阶段，动态误差最大，并一直持续到时滞结束，所以，时滞（τ）越小越好。

为了选取良好的动态特性，应选择响应时间小的传感器。

5.2.1.3　传感器的选用原则

（1）根据测量对象与测量环境确定传感器的类型

具体要考虑的因素：量程的大小；被测位置对传感器体积的要求；测量方式为接触式还是非接触式；传感器的来源，国产还是进口，价格能否承受，还是自行研制。

就接触式和非接触式而言，现以温度计为例，说明如下：

由热平衡原理可知，两个物体接触后，经过足够长的时间达到热平衡，它们的温度必然相等。如果其中之一为温度计，就可以用它对另一个物体实现温度测量，这种测温方式就为接触式。

利用物体的热辐射能随温度变化的原理测定物体温度，这种测温方式称为非接触法。

（2）线性范围

传感器在线性范围内输入与输出成比例关系，线性范围越高，则传感器的工作量程越大。传感器工作在线性区域内，是保证测量精度的基本条件。

但实际上，任何传感器都不能保证绝对的线性，其线性度也是相对的。当所要求测量精度比较低时，在一定的范围内，可将非线性误差较小的传感器近似看作线性的，这会给测量带来极大的方便。

（3）灵敏度的选择

一般来讲，希望传感器的灵敏度越高越好。只有灵敏度高时，与被测量变化对应的输出信号的值比较大，才有利于信号处理。但要注意的是，传感器的灵敏度高，与被测量无关的外界噪声也容易混入，也会被放大系统放大，影响测量精度。因此，要求传感器本身应具有较高的信噪比，尽量减少从外界引入的干扰信号。

（4）精度

精度是传感器的一个重要的性能指标，它是关系到整个测量系统测量精度的一个重要环节。传感器的精度越高，其价格越昂贵；定性测量分析，选用重复精度高的传感器即可；定量测量分析，必须获得精确的测量值，就需选用精度等级能满足要求的传感器。

（5）稳定性

稳定性表示传感器经过长时间使用后，其输出特性不发生变化的性能。

① 传感器的稳定性有定量指标，在超过使用期后，在使用前应重新进行标定，以确定传感器的性能是否发生变化。

② 在某些要求传感器能长期使用而又不能轻易更换或标定的场合，所选用的传感器稳定性要求更严格，要能够经受住长时间的考验。

5.2.2　矿用传感器的种类

5.2.2.1　甲烷传感器

瓦斯是煤矿井下以甲烷（CH_4）为主的混合性气体的总称，有时简称为甲烷。甲烷是一种无色、无臭、无味、无毒气体，对空气比重为0.559，故聚集在矿井巷道的上部。甲烷是一种可燃性气体，当甲烷在空气中含量为5%～16%时，具有爆炸危险性；含量为9.5%时爆炸力最强；当含量高于16%时，没有爆炸性，但可以燃烧，为淡蓝色火焰。甲烷本身虽然无毒，但空气中甲烷浓度过高时，相对降低了空气的含氧量，对人有窒息作用。因此，《煤矿安全规程》对井下工作面或巷道中甲烷含量有明确规定，要求经常检测矿井瓦斯（甲烷）浓度，防止瓦斯爆炸。对于能长期自动检测、报警、断电的仪器来说，低浓度甲烷传感器就是其中一种，它适用于甲烷含量在5% 以下的场合，如回采工作面、掘进头等。

煤矿常用的瓦斯检测仪器，按检测原理分类有催化燃烧式、光学式、热导式、气敏半导体式等，可以根据使用场所、测量范围等要求，选择不同原理的瓦斯检测仪器。

5.2.2.2　一氧化碳传感器

一氧化碳（CO）是一种无色、无臭、无味的气体，对空气比重为0.97，微溶于水，能燃烧，在空气中含量为13%～75%时遇火爆炸。

一氧化碳有剧毒，人体血液中的血红素与一氧化碳的亲和力比它与氧气的亲和力大250～300倍。一氧化碳被吸入人体后，会造成人体组织和细胞缺氧，引起中毒窒息。一氧化碳的中毒程度与中毒浓度、中毒时间、呼吸频率和深度及人的体质有关。一氧化碳与中毒浓度和中毒时间的关系如表5-2所示。

表5-2　一氧化碳的中毒程度与浓度的关系

一氧化碳浓度（体积）/%	主要症状
0.016	数小时后有头痛、心悸、耳鸣等轻微中毒症状
0.048	1 h可引起轻微中毒症状
0.128	0.5～1 h引起意识迟钝、丧失行动能力等严重中毒症状
0.400	短时间失去知觉、抽筋、假死，30 min内即可死亡

一氧化碳中毒除上述症状外，最显著的特征是中毒者黏膜和皮肤呈樱桃红色。

煤矿火灾、瓦斯和煤尘爆炸及爆破作业时都将产生大量的一氧化碳。为了矿工的身体健康，《煤矿安全规程》规定井下作业场所的一氧化碳浓度应在24×10^{-6}以下。由于煤在自燃氧化过程中不断释放出一氧化碳，故将其作为自然发火预报标志性气体，用一氧化碳绝对发生量或格雷哈姆（Graham）指数作为火灾预报指标。有些国家将监测巷道风流中的一氧化碳浓度作为早期预报胶带输送机火灾的手段。

煤矿常用的一氧化碳检测仪器有电化学式、红外线吸收式、催化氧化式等。国内外煤矿广泛使用的是电化学一氧化碳检测仪器。

5.2.2.3　风速传感器

单位时间内通过井巷断面的空气体积叫作风量，它等于井巷的断面积与通过井巷的平均风速的乘积。因此，测量风量时必然测定风速。风速和风量测定是矿井通风测定技术中的重要组成部分，也是矿井通风管理中的基础性工作。

《煤矿安全规程》规定，矿井必须建立测风制度，每10天进行一次全面测风。对采掘工作面和其他用风地点，应根据实际需要随时测风，每次测风结果应记录并写在测风地点的记录牌上。

测量井巷风速的仪表叫风表，又称风速计。目前，煤矿中常用的风表按结构和原理不同可分为机械式、热效式、电子叶轮式和超声波式等几种。

5.2.2.4　氧气传感器

氧气是一种无色、无味、无臭的气体，化学性质活泼，能与大多数元素直接化合，生成氧化物。氧气对空气比重为 1∶1，按体积计算在空气中含量为 20.96％。对于自然界生命，氧是不可缺少的，空气中氧含量降低会使人感到不适，甚至窒息。因此，《煤矿安全规程》对矿井氧气含量有严格规定。由于矿井中煤炭氧化、爆炸、燃烧及坑木腐烂均消耗大量氧气，可形成缺氧，为此必须经常检测井下缺氧情况，采取措施，创造井下良好作业环境。

同时，氧气还是判断煤炭自燃、井下火区能否复燃的重要标志气体。在矿井灾变期间，通过检测瓦斯等可燃性气体及氧气浓度，可计算爆炸指数，判定爆炸的危险性。

煤矿中检测氧气常用的方法主要有气相色谱法、电化学法和顺磁法。气相色谱仪一般安装在地面，通过人工取样分析矿井气体成分浓度，前文已介绍。

5.2.2.5　温度传感器

空气的温度是影响矿井气候的重要因素。最适宜的矿井空气温度为 15～20 ℃。

矿井空气的温度受地面气温、井下围岩温度、机电设备散热、煤炭等有机物的氧化、人体散热、水分蒸发、空气的压缩或膨胀、通风强度等多种因素的影响。随着井下通风路线的延长，空气温度逐渐升高。

在进风路线上，矿井空气的温度主要受地面气温和围岩温度的影响，有冬暖夏凉之感。

工作面温度基本上不受地面季节气温的影响，且常年变化不大。

在回风路线上，因通风强度较大，加上水分蒸发和风流上升膨胀吸热等因素影响，温度有所下降，常年基本稳定。

煤矿常用的温度传感器有热电偶、热电阻、热敏电阻。半导体 PN 结、半导体红外热辐射探测器、热噪声、光纤等。热电偶、热电阻原理在工业（地面）上早已得到广泛应用；半导体 PN 结原理在－100～＋100 ℃范围内的应用也很成功，煤矿井下应用较多。

5.2.2.6　湿度传感器

空气的湿度是指空气中所含的水蒸气量或潮湿程度，有绝对湿度和相对湿度两种表示方法。

（1）绝对湿度

绝对湿度指单位体积湿空气中所含水蒸气的质量，用 f 表示。

空气在某一温度下所能容纳的最大水蒸气量称为饱和水蒸气量，用 $F_{饱}$ 表示。温度越高，空气的饱和水蒸气量越大。

（2）相对湿度

相对湿度指空气中水蒸气的实际含量 f 与同温度下饱和水蒸气量 $F_{饱}$ 比值的百分数，用公式表示如下：

$$\varphi = \frac{f}{F_{饱}} \times 100\% \tag{5-11}$$

式中　φ——相对湿度，％；

f——空气中水蒸气的实际含量（即绝对湿度），g/m³；

$F_{饱}$——在同一温度下空气的饱和水蒸气量，g/m³。

通常所说的湿度指的都是相对湿度，它反映的是空气中所含水蒸气量接近饱和的程度。一般认为相对湿度在50%～60%对人体最为适宜。

一般情况下，在矿井进风路线上，有冬干夏湿之感。在采掘工作面和回风系统，因空气温度较高且常年变化不大，空气湿度也基本稳定，一般都在90%以上，甚至接近100%。

矿井空气的湿度还与地面空气的湿度、井下涌水大小及井下生产用水状况等因素有关。

5.2.2.7　开关量传感器

在煤矿监控系统中，开关量监测的地位和比重随着生产自动化水平的提高而提高，在工况、生产监控方面发挥着十分重要的作用。

煤矿监控系统采用的开关量传感器主要有设备开停、风门开闭、馈电开关状态、风筒开关、温度湿度控制、有烟无烟、电流电压控制等。

开关量的监测原理分为直接式和间接式两类。直接式是指在电气上与负荷设备直接联系，从供电网路上直接获取信号，如用电流互感器、电压互感器检测有无电信号输出等。间接式是指在电气上与负荷设备不发生直接联系，如电磁感应原理、霍尔原理、测温原理、测磁原理、光电原理、接近(电感)原理等。

5.2.3　矿用传感器的设置

5.2.3.1　采煤面传感器的设置

(1) 甲烷传感器的设置

由于甲烷的密度小于空气，因此，甲烷传感器应布置在巷道的上方，不影响行人和行车，安装维护方便。甲烷传感器应垂直悬挂，距顶板(顶梁)不得大于300 mm，距巷道侧壁不得小于200 mm。

由于回风巷煤壁中有瓦斯涌出，因此，回风巷甲烷平均浓度一般不低于工作面甲烷浓度。但由于回风巷甲烷传感器设置在瓦斯与空气混合均匀、风流稳定的位置，而工作面甲烷传感器设置在瓦斯与空气混合不均匀的位置，因此，工作面甲烷传感器的断电浓度一般为1.5% CH_4，回风巷甲烷传感器的断电浓度一般为1.0% CH_4，即工作面甲烷传感器的断电浓度一般大于回风巷甲烷传感器的断电浓度。同理，掘进工作面甲烷传感器的断电浓度一般大于回风流中甲烷传感器的断电浓度。

《煤矿安全监控系统及检测仪器使用管理规范》(AQ 1029—2023)规定：长壁采煤工作面甲烷传感器必须按图5-10设置。U形通风方式在上隅角设置甲烷传感器 T_0 或便携式瓦斯检测报警仪(报警浓度≥1%，断电浓度≥1.5%，复电浓度<1%，断电范围为工作面和回风巷内全部非本质安全型电气设备)，工作面设置甲烷传感器 T_1(报警浓度≥1%，断电浓度≥1.5%，复电浓度<1%，断电范围为工作面和回风巷内全部非本质安全型电气设备)，工作面回风巷设置甲烷传感器 T_2(报警浓度≥1%，断电浓度≥1%，复电浓度<1%，断电范围为工作面和回风巷内全部非本质安全型电气设备)；若煤与瓦斯突出矿井的甲烷传感器 T_1 不能控制采煤工作面进风巷内全部非本质安全型电气设备，则在进风巷设置甲烷传感器 T_3(报警浓度≥0.5%，断电浓度≥0.5%，复电浓度<0.5%，断电范围为进风巷内全部非本质安全型电气设备)；低瓦斯和高瓦斯矿井采煤工作面采用串联通风时，被串工作面的进风巷设置甲烷传感器 T_4；采煤机必须设置机载式甲烷断电仪或便携式甲烷检测报警仪。

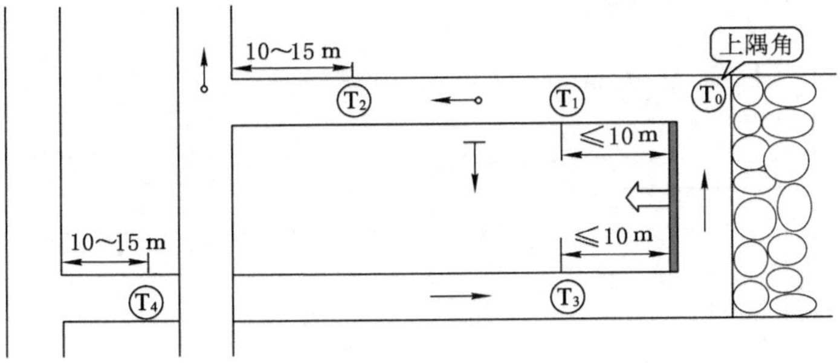

图 5-10　采煤工作面甲烷传感器布置示意图

(2) 其他传感器的设置

《煤矿安全监控系统及检测仪器使用管理规范》规定：带式输送机滚筒下风侧 10～15 m 处应设置一氧化碳传感器，报警浓度为 0.002 4%CO；带式输送机滚筒下风侧 10～15 m 处应设置烟雾传感器，见图 5-11。

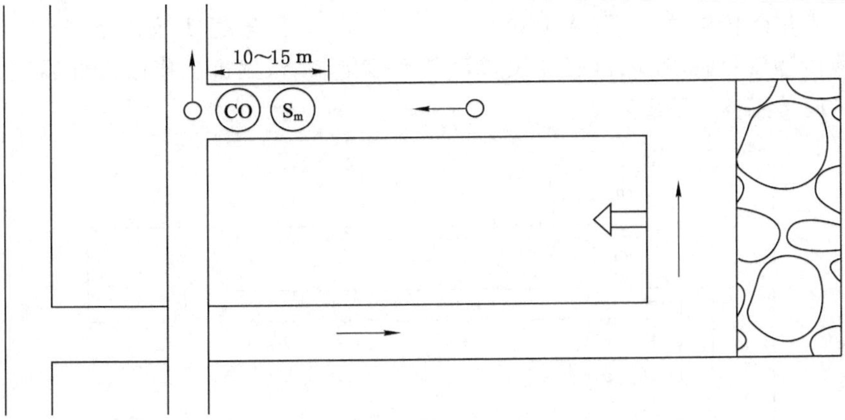

图 5-11　采煤工作面其他传感器布置示意图

5.2.3.2　掘进工作面传感器的设置

(1) 甲烷传感器的设置

《煤矿安全监控系统及检测仪器使用管理规范》规定：煤巷、半煤岩巷和有瓦斯涌出岩巷的掘进工作面甲烷传感器必须按图 5-12 设置，并实现瓦斯风电闭锁。在工作面混合风流处设置甲烷传感器 T_1(报警浓度≥1.0%，断电浓度≥1.5%，复电浓度<1%，断电范围为掘进巷道内全部非本质安全型电气设备)，在工作面回风流中设置甲烷传感器 T_2(报警浓度≥1%，断电浓度≥1%，复电浓度<1%，断电范围为掘进巷道内全部非本质安全型电气设备)；采用串联通风的掘进工作面，必须在被串工作面局部通风机前设置掘进工作面进风流甲烷传感器 T_3(报警浓度≥0.5%，断电浓度≥0.5%，复电浓度<0.5%时，断电范围为被串掘进巷道内全部非本质安全型电气设备；报警浓度≥0.5%，断电浓度≥1.5%，复电浓度<0.5%时，断电范围为包括局部通风机在内被串掘进巷道内的全部非本质安全型电气设备)；掘进

机必须设置机载式甲烷断电仪或便携式甲烷检测报警仪。

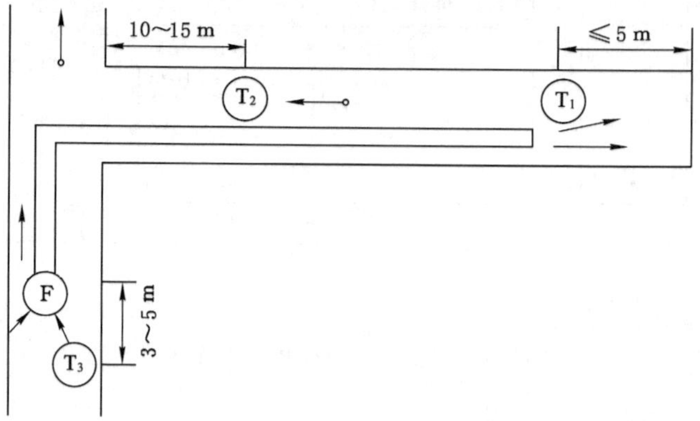

图 5-12 掘进工作面甲烷传感器布置示意图

(2) 其他传感器的设置

《煤矿安全监控系统及检测仪器使用管理规范》规定：带式输送机滚筒下风侧 10～15 m 处应设置一氧化碳传感器，报警浓度为 0.002 4%CO；带式输送机滚筒下风侧 10～15 m 处应设置烟雾传感器；局部通风机必须设置设备开停传感器；掘进工作面局部通风机的风筒末端宜设置风筒传感器，见图 5-13。

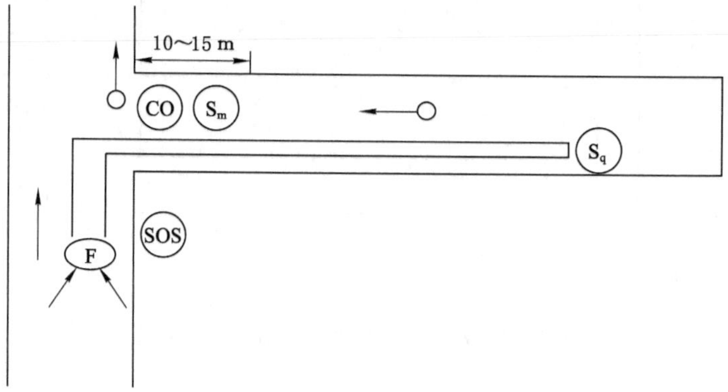

图 5-13 掘进工作面其他传感器布置示意图

5.2.3.3 矿井其他地点传感器的设置

1. 甲烷传感器的设置

《煤矿安全监控系统及检测仪器使用管理规范》要求：

(1) 采区回风巷、一翼回风巷、总回风巷测风站应设置甲烷传感器。

(2) 设在回风流中的机电硐室进风侧必须设置甲烷传感器，如图 5-14 所示。

其报警浓度为 0.5%CH_4，断电浓度为 0.5%CH_4，复电浓度为 0.5%CH_4，断电范围为机电硐室内全部非本质安全型电气设备。

(3) 使用架线电机车的主要运输巷道内，装煤点处必须设置甲烷传感器，如图 5-15 所示。

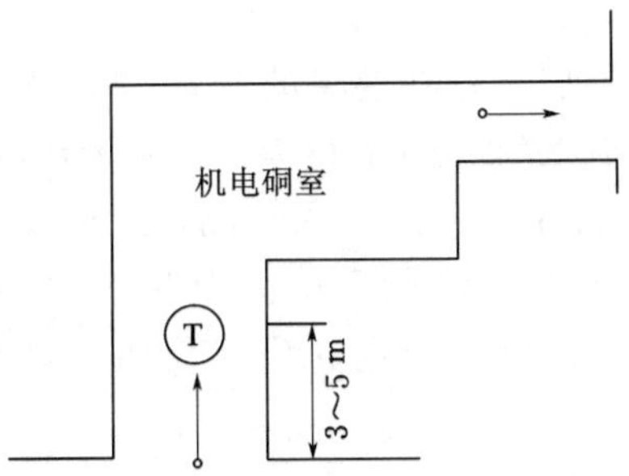

图 5-14　在回风流中的机电硐室甲烷传感器的设置

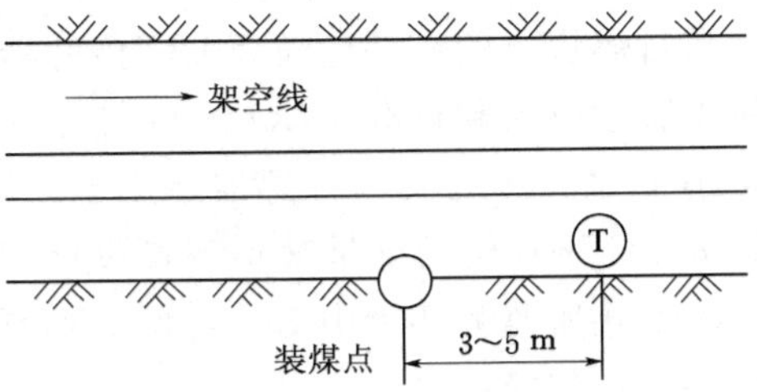

图 5-15　装煤点甲烷传感器的设置

其报警浓度为 0.5%CH_4，断电浓度为 0.5%CH_4，复电浓度为 0.5%CH_4，断电范围为装煤点处上风流 100 m 内及其下风流的架空线电源和全部非本质安全型电气设备。

(4) 高瓦斯矿井进风的主要运输巷道使用架线电机车时，在瓦斯涌出巷道的下风流中必须设置甲烷传感器，如图 5-16 所示。

其报警浓度为 0.5%CH_4，断电浓度为 0.5%CH_4，复电浓度为 0.5%CH_4，断电范围为瓦斯涌出巷道上风流 100 m 内及其下风流的架空线电源和全部非本质安全型电气设备。

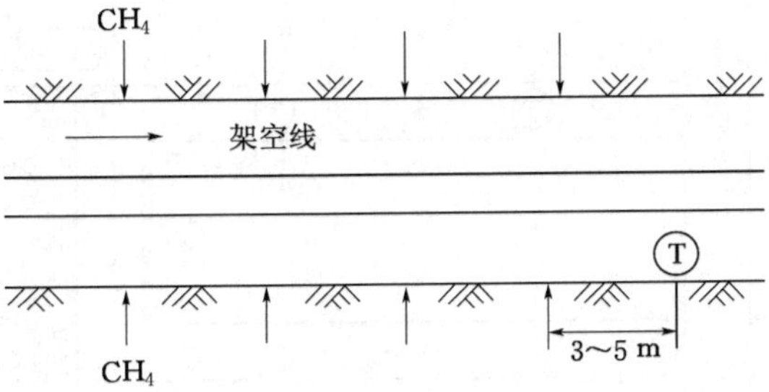

图 5-16　瓦斯涌出巷道的下风流中甲烷传感器的设置

(5) 矿用防爆特殊型蓄电池电机车必须设置车载式甲烷断电仪或便携式甲烷检测报警仪；矿用防爆型柴油机车必须设置便携式甲烷检测报警仪。当瓦斯浓度超过 0.5%时，必须停止机车运行。

(6) 兼做回风井装有带式输送机的井筒内必须设置甲烷传感器。

(7) 采区回风巷、一翼回风巷及总回风巷道内临时施工的电气设备上风侧 10～15 m 处应设置甲烷传感器。

(8) 井下煤仓、地面选煤厂煤仓上方应设置甲烷传感器。

(9) 封闭的地面选煤厂机房内上方应设置甲烷传感器。

(10) 封闭的带式输送机地面走廊上方应设置甲烷传感器。

(11) 瓦斯抽采泵站甲烷传感器的设置：① 地面瓦斯抽采泵站内必须在室内设置甲烷传感器；② 井下临时瓦斯抽采泵站下风侧栅栏外必须设置甲烷传感器；③ 抽采泵输入管路中应设置甲烷传感器。利用瓦斯时，应在输出管路中设置甲烷传感器；不利用瓦斯、采用干式抽采瓦斯设备时，输出管路中也应设置甲烷传感器。

2. 一氧化碳传感器的设置

易自燃煤层的矿井应设置CO传感器。CO传感器应布置在巷道的上方，并应安装维护方便不影响行人和行车。CO传感器应垂直悬挂，距顶板（顶梁）不得大于300 mm，距巷壁不得小于200 mm。CO传感器除用于环境监测外，还可用于自然发火预测。自然发火可根据每天CO平均值的增量来预测，若增量为正，则具有自然发火的可能。为保证CO传感器能正确反映所监测环境中CO含量，CO传感器应设置在风流稳定、CO等有害气体与新鲜空气混合均匀的位置。

《煤矿安全监控系统及检测仪器使用管理规范》要求：

(1) 带式输送机滚筒下风侧10～15 m处应设置一氧化碳传感器，报警浓度为0.002 4%CO。

(2) 开采自燃煤层的矿井，采区回风巷、一翼回风巷、总回风巷应设置一氧化碳传感器，报警浓度为0.002 4%CO。

(3) 自然发火观测点、封闭火区防火墙栅栏外宜设置一氧化碳传感器，报警浓度为0.002 4%CO。

(4) 开采容易自燃、自燃煤层的采煤工作面回风巷必须设置一氧化碳传感器，报警浓度为0.002 4%CO。

一氧化碳传感器的设置见图5-17所示。

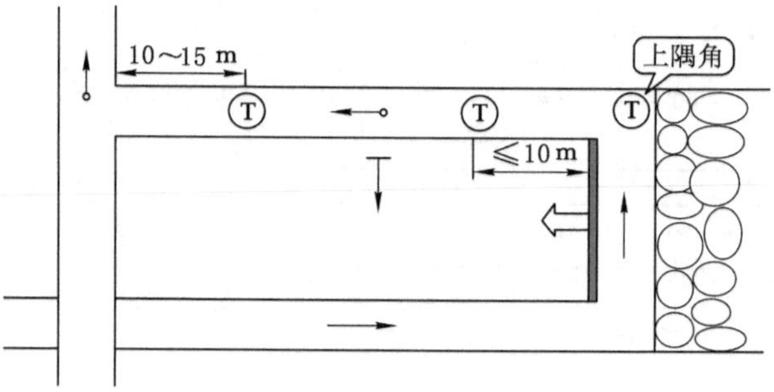

图5-17 一氧化碳传感器的设置

3. 风速传感器

《煤矿安全监控系统及检测仪器使用管理规范》要求：

(1) 采区回风巷、一翼回风巷、总回风巷的测风站应设置风速传感器。

(2) 风速传感器应设置在巷道前后10 m内无分支风流、无拐弯、无障碍、断面无变化、能准确计算风量的地点。

(3) 当风速低于或超过《煤矿安全规程》的规定值时，应发出声、光报警信号。

4. 温度、烟雾及风压传感器的设置

《煤矿安全监控系统及检测仪器使用管理规范》要求：

(1) 机电硐室内应设置温度传感器，报警值为34 ℃。

(2) 开采容易自燃、自燃煤层及地温高的矿井采煤工作面应设置温度传感器。温度传感器的报警值为30 ℃。

温度传感器应布置在巷道的上方，并应安装维护方便，不影响行人和行车，距顶板（顶梁)距离不得大于 300 mm,距巷道侧壁距离不得小于 200 mm。温度传感器除用于环境监测外,还可用于自然发火预测。自然发火可根据每天温度平均值的增量来预测,若增量为正,则具有自然发火的可能。为保证温度传感器能正确反映所监测环境的温度,温度传感器应设置在风流稳定的位置,如图 5-18所示。

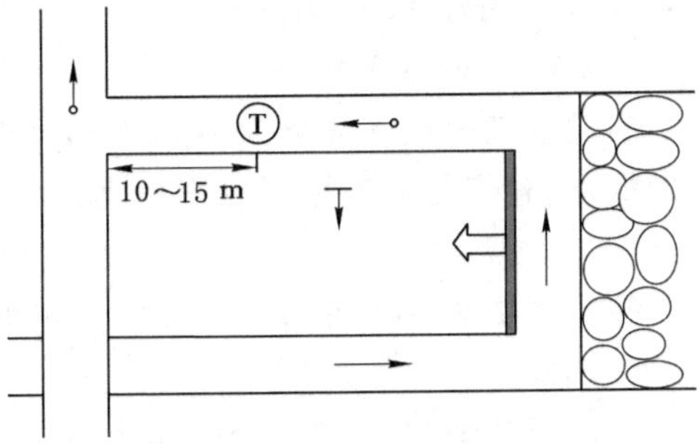

图 5-18 回采工作面回风巷温度传感器的设置

(3) 带式输送机滚筒下风侧 10～15 m 处应设置烟雾传感器。

(4) 主要通风机的风硐应设置风压传感器。

(5) 瓦斯抽采泵站的抽采泵输入管路中宜设置流量传感器、温度传感器和压力传感器;利用瓦斯时,应在输出管路中设置流量传感器、温度传感器和压力传感器;防回火安全装置上应设置压差传感器。

5.3 安全监测监控子系统

煤矿安全监测监控系统可由煤矿安全监测、瓦斯抽采监控、人员定位、轨道运输监控、胶带运输监控、供电监控、排水监控、火灾监控、视频监控等各类煤矿监测监控子系统组成。通过各类煤矿信息的远程、实时、联网获取,实现煤矿应急指挥调度,煤矿综合监管,煤矿自我远程监管,煤炭行业信息共享等功能。

5.3.1 煤矿火灾监测系统

5.3.1.1 煤炭自燃

1. 预测预报方法

煤炭自燃预测方法主要有测温预测法(温度、温升速率)和气体分析法。

2. 自燃指标

(1)CO

该指标在初始产生时温度低、持续温度范围广、绝对生成量大,易受风流影响(漏风条件)。

平庄古山矿采用 CO 绝对产生量:

$$H = C \cdot Q \tag{5-12}$$

式中,$H<0.0049$,安全;$0.0049\leqslant H<0.0059$,加强观测;$H\geqslant 0.0059$,报警。

(2) 格雷哈姆比值

$$R_1=\frac{+\Delta CO_2}{-\Delta O_2}\times 100\% \tag{5-13}$$

$$R_2=\frac{+\Delta CO}{-\Delta O_2}\times 100\% \tag{5-14}$$

$$R_3=\frac{+\Delta CO}{+\Delta CO_2}\times 100\% \tag{5-15}$$

通常,R_2 为主指标,R_1 辅助指标,R_3 用于风流状态变化很大的情况。抚顺老虎台矿 R_2 指标:0～0.45 时低温氧化阶段,预警;0.46～4 时高温氧化阶段,临界值;4.1～9 时开始燃烧阶段，报警值；>9 时着火。

(3) 耗氧量(ΔO_2)

假设空气中氧气含量为 20.93%，惰气(氮气)为 79.04%，火区中氮气没有被消耗，也没有增加，则氧气的消耗量可以表示为：

$$\Delta O_2 = 0.264\ 8N_2 - O_2 \tag{5-16}$$

波兰隆矿的 ΔO_2 低于 0.2%时为正常状态。

(4) 链烷比

链烷比包括两类：① 乙烷/甲烷、丙烷/甲烷、丁烷/甲烷；② 丙烷/乙烷、丁烷/乙烷。

贵州六枝矿采用丙烷/乙烷指标，当丙烷/乙烷比值介于 0.02～0.06 时正常，介于 0.10～0.12 时危险，介于 0.15～0.18 时自燃。

(5) 乙烯(C_2H_4)和乙炔 C_2H_2

乙烯产生的临界温度通常在 110～160 ℃之间，乙炔产生的临界温度通常在 180 ℃以上，二者一般作为辅助指标。

(6) 烷烯比 W

$$W = C_2H_6/C_2H_4 \tag{5-17}$$

例如，枣庄柴里煤矿，$W=2～3$、温度介于 130～190 ℃时，进行煤炭自燃的中期预报；当 $W \leqslant 1$、温度>200 ℃时，进行紧急预报。

(7) 烃指数

$$R = \frac{10.1[THC]-[CH_4]}{[THC]} \tag{5-18}$$

美国学者 Kim 研究指出：煤氧化产生的烃类气体成分及浓度的变化与温度的关系明显。常温(20 ℃)时甲烷占烃类气体总量的 90%以上，150 ℃时降至 35%。烃类物质总量[THC]越大，则烃指数 R 越大；使用时一般要求[THC]>50 ppm，以避免其他区域气体的影响。R 为 0～50 时正常，R 为 50～100 时预警，$R>100$ 时存在高温火源点。

3. 指标的选择原则

指标的选择要遵循灵敏性、规律性和可测性的原则。

5.3.1.2 KSS-200 束管监测系统

束管监测系统包括抽气泵、束管及气路控制装置、气体分析仪(气相色谱仪)、数据处理系统(微型计算器、显示器、打印机等)，其组成如图 5-19 所示。

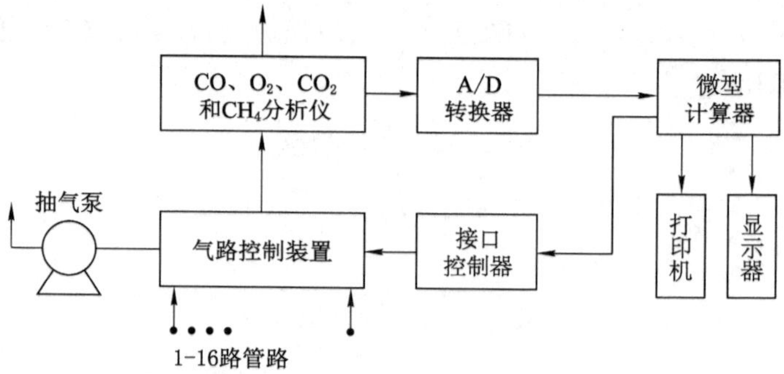

图 5-19 束管监测系统组成

KSS-200 束管监测系统由束管、抽气泵、分路箱、气体采样控制柜、束管专用色谱仪、监控微机(含软件系统)、打印机等组成。KSS-200 束管监测系统实物如图 5-20 所示。

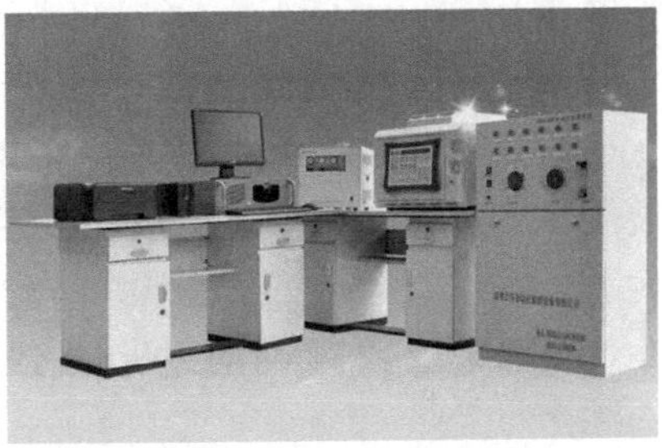

图 5-20 KSS-200 束管监测系统实物图

1. KSS-200 束管主要功能

(1) 束管采样,色谱分析,无需任何电化学传感器;

(2) 通过烷烯比、链烷比的计算,预测自燃情况,并能判别火灾瓦斯爆炸危险程度;

(3) 系统可自动控制,24 h 连续监测;

(4) 产生正常分析、束管分析、趋势分析报表等 11 种图表;

(5) 气体含量超限自动报警功能;

(6) 数据库记录历史数据,并能进行分析比较;

(7) 可与矿井安全监控系统联网,实现分析数据共享;

(8) 色谱仪自编程功能:当检测高浓度气体时,可以通过编制色谱仪的程序和其他气体同时监测而不受某种气体浓度高低的影响,成功地解决了双氢焰检测器带来的噪声问题。

2. KSS-200 主要技术参数

(1) 控制束管路数:12～30 路(可扩充);

(2) 运行时间:24 h 连续监测或人工设定;

(3) 分析成分:O_2、N_2、CO、CO_2、CH_4、C_2H_6、C_2H_4、C_2H_2;

(4) 气体检测范围:O_2:0～25%,N_2:70%～98%,CO、C_2H_6、C_2H_4、C_2H_2:0～50%,CH_4、CO_2:0～80%。

(5) 监测距离可达到 30 km。

3. 束管的布置

(1) 总回风或集中回风道内;

(2) 工作面停采线;

(3) 采空区丢煤处、三角煤柱等处;

(4) 采、掘面升温地段;

(5) 火区密闭内。

4. 束管敷设要求

(1) 敷设高度不小于 1.8 m;

(2) 敷设平、直、稳;

(3) 束管入口必须加滤尘器;

(4) 束管中间要加 3 个吸湿器。

5.3.2 瓦斯抽采监测系统

5.3.2.1 瓦斯抽采系统组成

1. 瓦斯抽采钻场钻孔(巷道)

钻场布置应避开地质构造带和采动影响,尽量利用现有的开拓、准备巷道,以便于封孔和维护。包括:穿层钻孔、顺层钻孔(平行钻孔、斜交钻孔、交叉钻孔)、高位钻孔、地面钻孔、高抽巷道。

2. 瓦斯抽采管路系统

(1) 抽采管路系统应根据井下巷道的布置、抽采地点的分布、瓦斯利用的要求以及矿井发展规划等因素确定，避免或减少主干管路系统的频繁改动，确保管道运输安装和维护方便。

(2) 抽采管路通过的巷道曲线段少、距离短，管路安装应平直，转弯时角度不应大于50°。

(3) 抽采管路系统宜沿回风巷道或矿车不经常通过的巷道布置；若设于主要运输巷内，在人行道侧其架设高度不应小于1.8 m。

(4) 管径要统一，变经时必须设过渡节。

(5) 当抽采设备或管路发生故障的，管路内的瓦斯不得流入采掘工作面及机电硐室内。

(6) 瓦斯抽采管路的管径应按最大流量分段计算，并与抽采设备能力相适应；抽采管路按经济流速为5～15 m/s和最大通过流量来计算管径。

(7) 当采用专用钻孔敷设抽采管路时，专用钻孔直径应比管道外形尺寸大100 mm；当沿竖井敷设抽采管路时，应将管道固定在管道道梁上或专用管架上。

(8) 抽采管路总阻力包括摩擦阻力和局部阻力；摩擦阻力可用低负压瓦斯管路阻力公式计算；局部阻力可用估算法计算，一般取摩擦阻力的10%～20%。

(9) 地面管路尽可能避免布置在车辆通行频繁的主干道旁；不得将抽采管路和动力电缆、照明电缆及通信电缆等敷设在同一条地沟内；抽采管道与地上、下建(构)筑物及设施的间距，应符合《工业企业总平面设计规范》的有关规定。

3. 抽采管路附属装置及设施

(1) 主管、分管、支管及其与钻场连接处应装设瓦斯计量装置；

(2) 抽采钻场、管路拐弯、低洼、温度突变处及沿管路适当距离(间距一般为200～300 m)应设置放水器；

(3) 在抽采管路的适当部位应设置除渣装置和测压装置；

(4) 抽采管路分岔处应设置控制阀门，规格应与安装地点的管径相匹配；

(5) 地面主管上的阀门应设置在地表下用不燃性材料砌成的不透水观察井内，其间距为500～1 000 m；

(6) 抽采管路应采取防腐蚀、防砸坏、防带电及防冻措施；

(7) 通往井下的抽采管路应采取防雷措施。

4. 抽采站

(1) 站房应建在工程地质安全可靠，靠近公路和水源且进出管敷设方便的地带，一般设在回风井工业场地内，站房距井口和主要建筑物及居住区不得小于50 m。

(2) 站房建筑必须采用不燃性材料，耐火等级为二级；站房周围必须设置栅栏或围墙，周围20 m范围内禁止有明火。

(3) 抽采站采暖与通风应符合《煤炭工业矿井设计规范》有关规定，废水、噪声、对空排放瓦斯应符合有关工业卫生规定。

(4) 抽采站应有双回供电线路，泵房内电气设备、照明和其他电气检测仪表均应为矿用防爆型。

(5) 抽采站应有防雷电、防火灾、防洪涝、防冻等设施。

(6) 站房附近管道应设置放水器及防爆、防回火、防回水装置；设置放空管及压力、流量、浓度测量装置，并设置采样孔、阀门等附属装置。

(7) 放空管设置在泵的进、出口，管径应大于或等于泵的进、出口直径，放空管的管口要高出泵房房顶 3 m 以上。

(8) 井下移动瓦斯抽采泵站应安装在瓦斯抽采地点附近的新鲜风流中，抽出的瓦斯必须引排到地面、总回风道或分区回风道。

(9) 已建永久抽采系统的矿井，移动泵站抽出的瓦斯可直接送至矿井抽采系统的管道内，但矿井抽采系统的瓦斯浓度不低于 30%或 25%。

(10) 井下移动瓦斯抽采泵站必须实行“三专”供电，即专用变压器、专用开关、专用线路。

5. 抽采设备

(1) 瓦斯抽采泵。图 5-21 和图 5-22 是煤矿上常用的两种瓦斯抽采泵。矿井抽采系统的总阻力必须按管网最大阻力计算，瓦斯抽放设备的能力应满足最大抽采量和最大抽采阻力的要求，且有不小于 15%的富余，瓦斯抽采系统不应出现正压状态。

图 5-21　BJWYJ 系列移动式瓦斯抽采泵

图 5-22　2BE1 系列水环式真空泵

(2) 在一个抽采站内，瓦斯抽采泵及附属设备应至少备用一套。

(3) 干式瓦斯抽采泵吸气侧管路系统必须装设防回火、防回气、防爆炸的安全装置。防爆防回火器的结构见图 5-23。

(4) 抽采站应有供水系统，站房设备冷却水一般采用闭路循环。给水管路及水池容积均应考虑消防水量，污水应设置地沟排放。图 5-24 为负压放水器。

图 5-23　FBQ 型防爆防回火器

图 5-24　CF 全自动负压放水器

(5) 抽采泵运转时,必须对泵水流量、水温度、轴温度等进行监测监控。图 5-25 为涡街气体流量仪。

图 5-25 CLU128G 系列智能涡街气体流量仪

5.3.2.2 瓦斯抽采监测系统功能

1. 瓦斯抽采监测的一般要求

(1) 地面永久瓦斯抽采系统必须建立瓦斯抽采参数监控系统。

(2) 矿井瓦斯抽采系统必须监测抽采管道中的瓦斯浓度、流量、负压、温度和一氧化碳等参数,同时监测抽采泵站内瓦斯泄漏等。

(3) 当出现瓦斯抽采浓度过低、一氧化碳超限、泵站内有瓦斯泄漏等情况时,应能报警并使抽采泵主电源断电。

(4) 抽采站内应配置专用检测瓦斯抽采参数的仪器仪表。

(5) 移动泵站抽出的瓦斯排至回风道时,在抽采管路出口处必须采取安全措施,包括设置栅栏、悬挂警戒牌。

(6) 栅栏设置的位置:上风侧为管路出口外推 5 m,上下风侧栅栏间距不小于 35 m,两栅栏间禁止人员通行和任何作业。

(7) 移动抽采泵站排到巷道内的瓦斯,其浓度必须在 30 m 以内被混合到规程允许的限度以内。

(8) 栅栏处必须设瓦斯监测装置,监测传感器的位置设在栅栏外 1 m 以内,当巷道内瓦斯浓度超限报警时,应断电、停止瓦斯抽采,并进行处理。

(9) 预抽瓦斯钻孔抽采过程中孔口瓦斯浓度不应小于 40%;邻近层瓦斯抽采钻孔抽采过程中孔口瓦斯浓度不应小于 30%。

(10) 永久瓦斯抽采系统的年瓦斯抽采量不小于 100 万 m^3,移动泵站不小于 10 万 m^3。

(11) 瓦斯抽出率。① 预抽:矿井抽出率不小于 20%;回采工作面应不小于 25%;② 邻近层卸压抽采:矿井抽出率不小于 35%;回采工作面应不小于 45%;③ 综合抽采:矿井抽出率不小于 30%。

煤与瓦斯突出矿井预抽后,突出煤层瓦斯含量应小于始突深度的原始煤层瓦斯含量或其煤层瓦斯压力降到 0.74 MPa 以下。

2. 瓦斯抽采监控内容

瓦斯抽采监控系统结构如图 5-26 所示。其监控任务主要由传感器完成,各路传感器介绍如下。

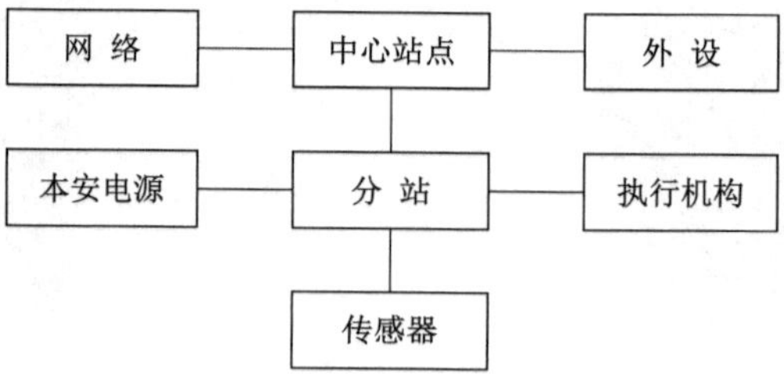

图 5-26 瓦斯抽采监控系统结构

（1）气路参数监测

负责监测瓦斯浓度的管道高浓度传感器、环境低浓度传感器、负责监测流量（流速）的超声波涡旋流速（流量）传感器、温度传感器、压力（负压）传感器。

（2）水路参数监测

水路参数监测包括水箱水位、水路压力、水路温度等参数。

（3）设备运行工况监测

完成设备运行工况监测的传感器有：电压和电流传感器、阀门开关或开度传感器、轴温传感器、环境参数监测、甲烷浓度。

另外还包括：总管进口压，总出气口的浓度、流速、温度、压力，汽水分离器的温度，泵组的温度、电压、电流、阀门开度、阀门开关，高位水箱的高低水位开关，井下测点处浓度、温度、压力、流速等。

3. 瓦斯抽采监测系统的控制功能

图 5-27 是瓦斯抽采地面设备及测点布置示意图，其控制功能如下：

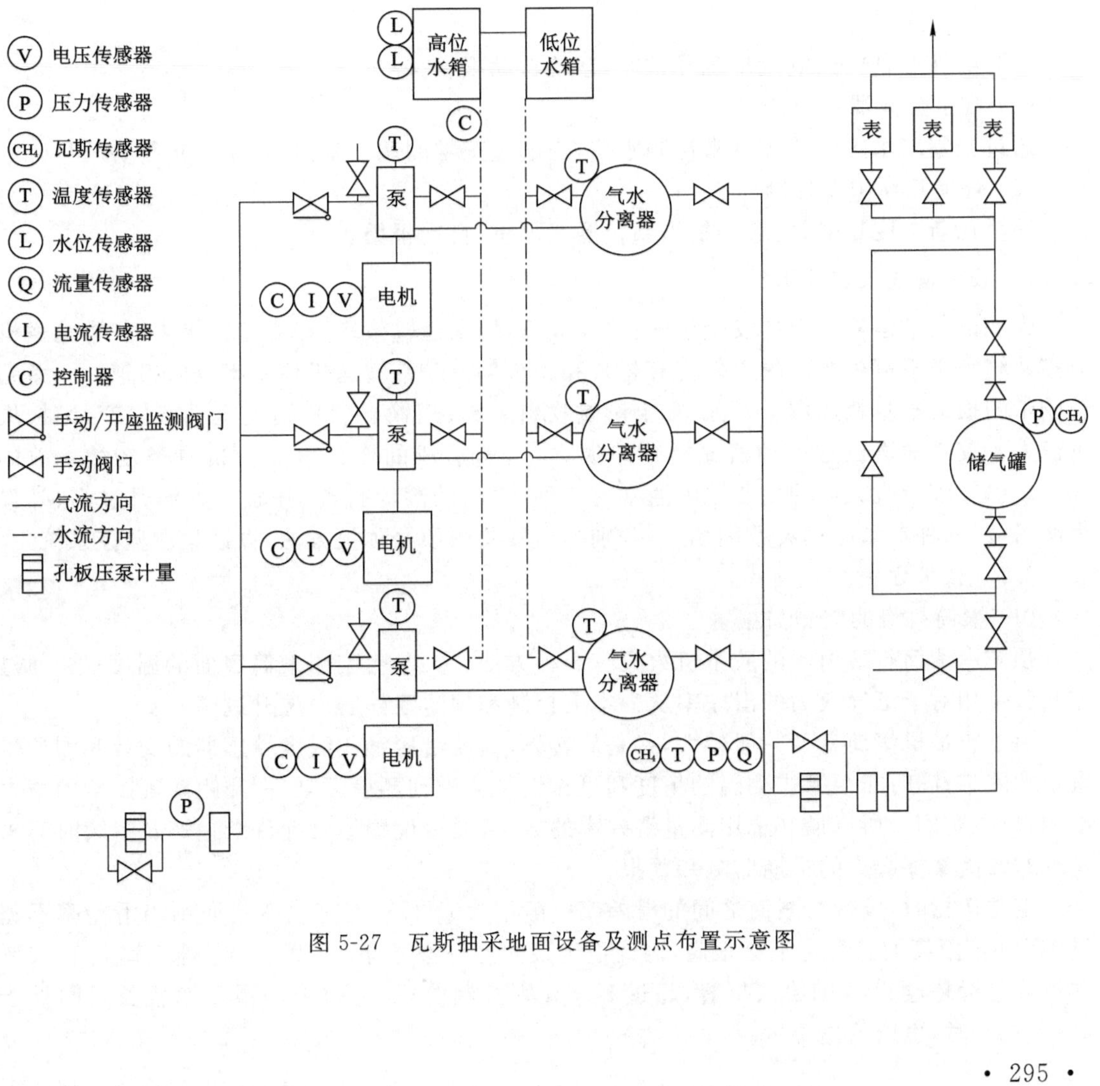

图 5-27　瓦斯抽采地面设备及测点布置示意图

(1) 抽气量调节

通过控制"回流控制"阀门的开度,来控制出气口气体的回送量,从而实现抽气量的调节,避免了因电机转速和泵出力一定的情况下,改变阻力来调节抽气量的不足。

(2) 泵出口压力调节

通过调节泵进口阀门的开度,可实现泵组出口压力的平衡,但调节的范围较小。

(3) 储气罐调节

当储气罐达到预先设定的高度时,打开排空阀门,关闭罐进气阀门;当储气罐低于预先设定的高度时,打开罐进气阀门,关闭排空阀门。

(4) 气体浓度控制

当气体的浓度低于预先设定值时,关闭罐进气阀门,打开排空阀门。

(5) 水箱水位调节

当水箱水位低于低位时,启动水泵;达到高位时,关闭水泵。

(6) 泵出水温度的调节

根据泵出水的温度,调节其进水量,当超过系统调节范围时,报警、停机。

(7) 泵运行控制

当泵的轴温、电压、电流出现异常时,系统自动报警、停机。

(8) 气水分离器水位调节

通过控制出水阀门的开度来控制水位,当超过正常的调节范围时,系统报警、停机。

(9) 环境瓦斯浓度控制

环境瓦斯浓度超限时,表明抽采系统漏气严重,自动报警。

5.3.3 胶带输送机监控系统

为保证胶带运输系统的安全运转,减少故障,提高运输效率,提高管理水平,胶带输送机监控系统是必不可少的。国内外都有超长和关键部位胶带输送机设备事故的报道。一条超长胶带的损失本身就达数千万元,加上影响物料装卸、运输、上料,迫使全系统停产,则损失更惊人。胶带输送机是运动机械类危险源之一,所造成的伤亡事故占机具类伤亡事故的50%。引发胶带机火灾的主要原因通常有三种:主从动滚筒打滑、托辊卡死温升过高、外界火源,针对三种典型的火灾致因场景,分别提出其监测预警预报方法,设计集成监控系统。

5.3.3.1 预报方法

(1) 滚筒打滑的监测与报警

预防由滚筒打滑引起的胶带机火灾有2种方法:① 直接监测滚筒表面的温度;② 通过监测胶带相对于滚筒表面的滑差率从根本上控制和预防滚筒表面温升过高。

由于胶带机滚筒直径一般较大,又是旋转体,这就给接触式温度传感器的安装和测量带来很大困难;同时非接触式测温的精度和可靠性又会受到环境污染、探测距离等因素的很大影响,也不实用。所以最好选用测量滑差率的方法,通过设置最大允许滑差率及持续时间来实现对滚筒摩擦起火的早期监测和预报。

正常运行时,胶带与滚筒之间的滑差率一般不大于2%,据有关资料介绍当滑差率不超过10%时,滚筒的温升将不会很高,因此设定最大允许滑差率为10%。当滑差率大于10%并持续打滑超过60 s则给出报警,超过5 min则控制停机。另外,当滑差率较长时间处于2%~10%时,也应给出警示。

(2) 托辊温升监测

由前面的故障分析可知，托辊温升的主要原因是托辊轴承卡死，胶带在托辊上摩擦使托辊温度上升，再加上托辊周围有煤粉包围，散热不好。因此，托辊在停机后，就易于烤着胶带及周围的煤粉，造成火灾。

对于托辊超温的监测，最好是直接监测其表面温度，但考虑到托辊在损坏以前一直在转动，难以直接测量其表面温度，同时由于托辊轴不转，且托辊直径较小，有利于表面温度向轴上传递，所以可以将测温传感器安装在托辊轴端，通过监测轴端温度控制托辊的表面温度。

表 5-3 列出了普通胶带、钢绳芯带、煤粉的冒烟及着火温度。由表 5-3 可以看出，一旦托辊表面温度达到 320 ℃以上，胶带就有可能着火，煤粉也可能被点燃。但由于井下使用的机械油的闪点温度为 190 ℃，因而煤矿井下设备使用安全规程中规定机械设备表面温度不得超过 150 ℃，所以托辊表面温度的报警阈值也应设置在 150 ℃。

表 5-3　几种材料的冒烟及着火温度

试验材料	冒烟温度/℃	着火温度/℃
普通胶带	220～240	280～300
钢绳芯带	250～270	320～340
煤粉	330～350	420～440

托辊温度监测只需要监测托辊表面温度是否到达危险温度，如果没有到达危险温度，则不用报警。托辊不转而引起胶带机着火的主要位置是离机尾部位较近的下托辊。因此，监测内容主要是靠近机尾处的下托辊，在托辊轴对面装上红外非接触式温度传感器。

(3) 一氧化碳的监测

一氧化碳传感器检测采用定电位电解法原理，采用三电极电化学 CO 敏感元件，在工作电极和参考极之间加一特定电压，当敏感元件接触到环境中扩散的 CO 气体时，气体通过敏感元件透气膜扩散进入到具有恒定电位的工作电极上，在电极催化剂作用下与电解液中的水发生阳极氧化反应。其电化学元件电池中发生的电化学反应如下。

工作极上：$CO+H_2O \longrightarrow CO_2+2H^{+}+2e$

对极上：$O_2+4H^{+}+4e \longrightarrow 2H_2O$

总反应：$2CO+O_2 \longrightarrow 2CO_2$

在工作电极上所释放的电子产生一个与 CO 浓度成正比的电流。

由于煤矿井下气体检测仪表要求功耗小、具有本质安全性能、简单及适应井下恶劣条件等，红外、色谱仪表均不适应，化学原电池法比较适合。

(4) 外界火源的监测

当意外火源和隐蔽火源出现时，则会引起周围环境温度的升高，因此可通过监测胶带机巷道内的环境温度，实现对外界火源引发的胶带机火灾的早期预报。在胶带机巷全程上每隔一段距离（如 30～40 m）安装一组环境温度传感器，监测环境温升情况，温升过高（如超过 60 ℃或 80 ℃）则给出报警。

5.3.3.2　胶带输送机监测系统集成

胶带输送机监测系统由控制主站、本安型操作台、内装 PLC 的防爆控制继电器箱及现场各种传感器等构成，如图 5-28 所示。其通常是以矿用可编程控制器(PLC)为核心，对单条胶带或多条胶带组成的运输系统及其关联设备进行监控的分布式控制系统，主要控制功能有：

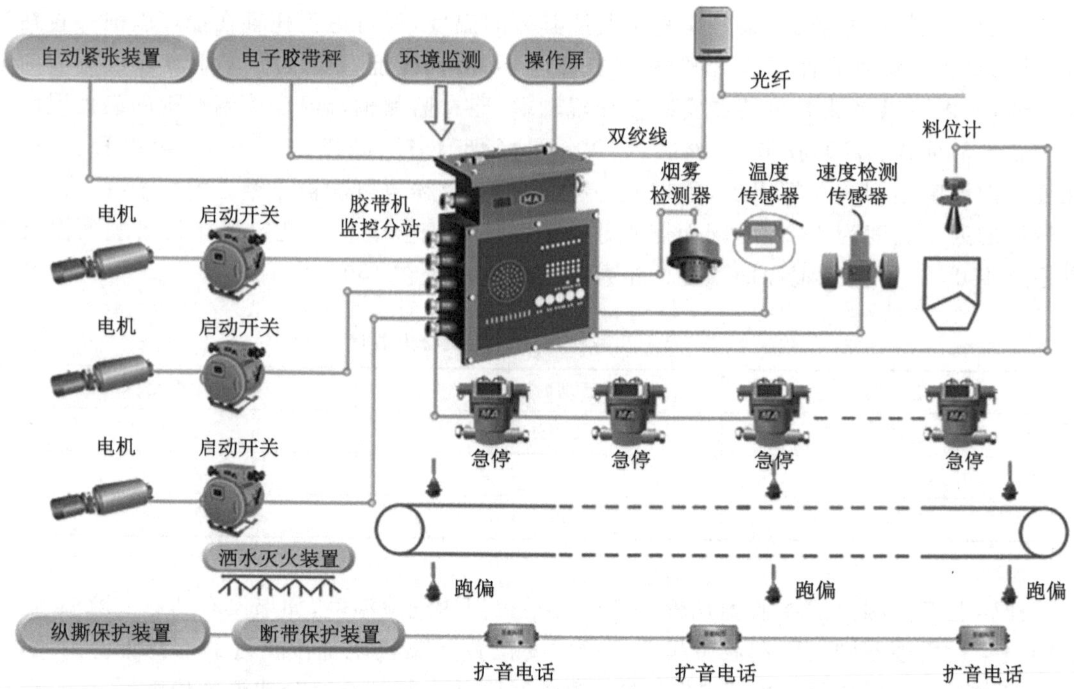

图 5-28 胶带输送机监测系统组成

(1) 可控制多条胶带输送机的逆煤流开车、停车或顺煤流开车、停车；

(2) 可满足煤的分采、分贮、分运控制要求；

(3) 可控制给煤机、犁煤器等设备的开、停及联锁动作；

(4) 具有打滑、超温、烟雾、堆煤、纵撕、急停闭锁、跑偏等保护；

(5) 具有故障性质、故障位置识别功能；

(6) 可与 KJ90NB 全矿井综合自动化系统联网运行。

5.3.4 井下人员定位监测系统

目前，煤矿井下存在入井人员管理困难，管理人员难以及时掌握井下人员的动态分布及作业情况，一旦事故发生，对井下人员的抢救缺乏可用信息，抢险救灾、安全救护、人员清点等工作效率低。引入和运用煤矿井下人员定位系统，工作人员佩戴的电子标签通过井下监控节点向监控中心传送他们的位置信息，实时掌握每个人员在井下的位置及活动轨迹，对煤矿的安全生产具有积极作用，在一定程度上减少伤亡。平时上传的位置信息也可以用作工作人员的考勤记录。

无线传感器网络中常用的通信技术主要有 Wi-Fi(wireless fidelity，又称 802.11b 标准)、Bluetooth(蓝牙技术)、UWB(ultra-wideband，超宽带技术)、RFID(radio frequency identification，射频识别技术)、IrDA(红外线技术)、Zigbee 等。Wi-Fi 是一种可以将个人电

脑、手持设备(如 PDA、手机)等终端以无线方式互相连接的技术。Wi-Fi 是一个无线网路通信技术的品牌,由 Wi-Fi 联盟(wiFi alliance)所持有,目的是改善基于 IEEE 802.11 标准的无线网路产品之间的互通性。现实一般人会把 Wi-Fi 及 IEEE 802.11 混为一谈,甚至把 Wi-Fi 等同于无线网际网路。Wi-Fi 是一种工作在 2.4 GHz 频段的无线传输技术,最大优点就是传输速度较高,可达 11 Mb/s,有效距离较长,但缺点是功耗和成本较高,因而应用不多;Bluetooth 是一种工作在 2.4 GHz 频段的无线传输技术,优点是传输速度较高,可达 10 Mb/s,功耗较低,但有效距离较短;完整协议栈有 250 kb,不适合使用低端处理器;UWB 是一种工作在 3.1～10.6 GHz 频段的无线传输技术,优点是有着很高的传输速度,可达 100 Mb/s,功耗也比较低,但有效距离较短;RFID 是一种工作在 50 kHz～5.8 GHz 频段的无线传输技术,它和 IrDA 的传输距离都比较小。

5.3.4.1　基于 RFID 的井下人员定位监测系统

1. 射频识别技术

1) 射频识别发展

RFID 是 20 世纪 90 年代兴起的一种非接触式的新型自动识别技术,它利用无线传输方式进行双向数据通信,进而达到自动识别并交换信息。近年来,自动识别技术得到了快速普及和推广,自动识别方法多种多样。条形码是一种应用广泛、廉价的自动识别术,但条形码信息量小,不能改写;有触点排的 IC 卡是电子数据载体最普遍的结构,但在许多情况下,机械触点的接通是不可能的;RFID 却可以让物品实现真正的自动化管理,其优势非常明显:存储信息量大,每一个产品拥有独一无二的 ID 号;读写不需要光源,可以透过外部材料读取数据;使用寿命长,能在恶劣环境下工作;能够轻易嵌入或附着在不同形状、类型的产品上;读取距离远,可以写入及存取数据,实现标签的内容动态改变;能够同时处理多个标签;标签的数据存取有密码保护,安全性高;可以对 RFID 标签所附着的物体进行追踪定位。

2) 射频识别系统组成

射频识别系统主要由 Tag(标签)、读写器、天线等组成,一般还需要其他软硬件的支持。

(1)读写器

读写器可以简化为两个基本的功能模块:高频接口模块(发送器和接收器)和控制单元两部分。读写器读取电子标签中的信息,然后将信息发送到地面监控中心。

(2)无源电子标签

电子标签由耦合元件和 ASIC(专用集成电路,IC)组成。无源电子标签,即没有自己的电源供给的电子标签,由读写器发出的高频场提供能量。模拟前端配合解调器从电子标签天线吸收电流,整流后使电容充电,再经稳压后为电子标签供电。

2. UWB 技术

UWB(ultra-wideband)是一种无载通信技术,主要利用纳秒至微秒级的非正弦波窄脉冲传输数据。相较于传统的窄频带系统的无线湾通方式,UWB 有本质的区别。UWB 定位过程中,先确定一个参照标签的具体位置,然后,通过网周安装好的接收器得出目标携带的 UWB 标签相对于参照标签的位置信息,最终传输给主机,有人称它为无线电领域的一次革命性进展,认为它将成为未来短距离无线通信的主流技术。作为一种新兴的无线传输技术,UWB 在施工监控领域有很多优点:第一,UWB 技术抗干扰能力强,对其他无线电系统的干扰有较高的免疫力,因此 UWB 技术在室内、室外以及墙体附近的需控定位都变得切实可行;第二,UWB 技术能够实现三维动态定位。UWB 监控系统中接收器的个数决定定位维数,一个 10 Hz 的系统能在几厘米的分辨率下定位 UWB 标签,当有四个或者更多的不同高度的接收器时可以得到三维的精确定位,不同高度的接收器数量越多,定位精度越高;第三,UWB 技术数据传输率高,能够实现 100 MB/s 以上的速率;第四,UWB 技术与其他同频段的系统能够很好地共存,可以与其他技术同时使用,各自发挥所长。但是,UWB 技术在目前的建筑施工领域还存在一些缺点,如:设备安装时间长、应用设备不够健全、抵抗恶劣环境的能力不够完善等。对于复杂的施工现场管理,UWB 的定位监控功能可能会为许多问题提出可靠的解决方案,UWB 技术可以被广泛地引入施工管理中,用于工作区域安全的管理,比如定位跟踪施工工人,当工人处于危险地带可以激活警报,还可以用于施工现场数据的处理、交流以及施工现场搜索营救工作等。总之,UWB 技术引入建筑施工领域,能够有效地提高资源的生产率,减少工期、成本,提高工作区域的安全,同时对于施工管理向着有序、高效、安全的目标发展有很重要的积极意义。

3. 井下人员定位监测系统介绍

(1) 定位系统基本构成

定位系统由井上与井下两部分设备组成。井上设备主要由监控中心(包括服务器)及共享网络终端等组成;井下设备以 CAN 总线作为主传输途径,开发相应的煤矿井下人员监控节点,配合天线、电子标签、传输介质、中继器 R 等与监控中心连接,从而实现井下作业人员的定位和安全管理。其构成如图 5-29 所示。

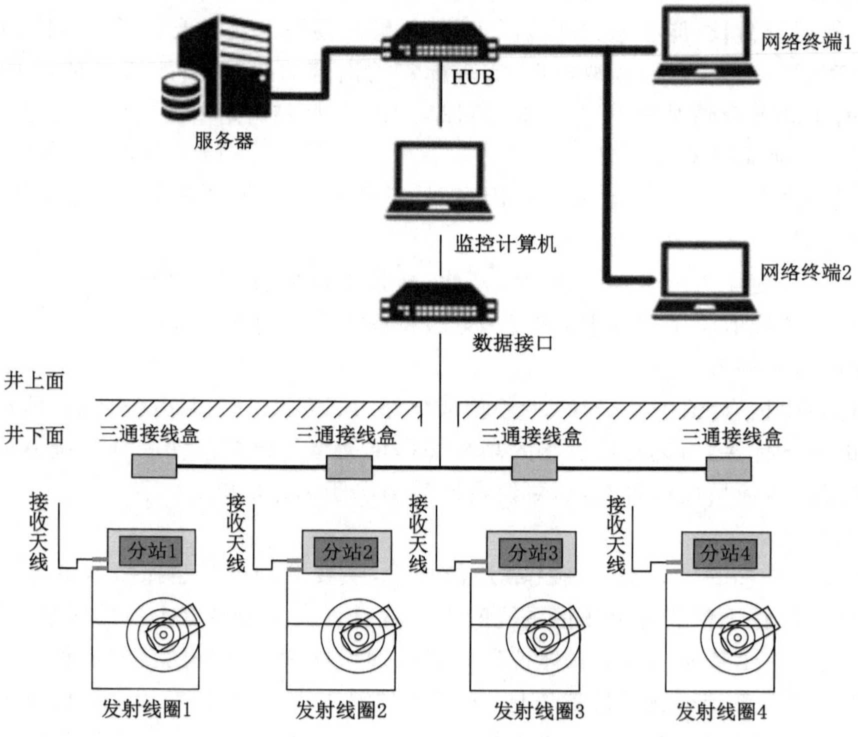

图 5-29　系统组成与布置示意图

(2) 定位系统工作原理

定位系统主要实现井下人员及设备安全监测工作。在坑道、作业面的交道口安装监控节点，入井工作人员按照要求佩戴安装电子标签的腰带，或佩戴装有电子标签的安全帽。RFID 读写器通过固定频率的射频载波向电子标签传送信号，电子标签（工作人员随身佩戴）进入读写器的天线工作区域后被激活，并将载有个人信息的射频信号经卡内收发模块发射出去；读写器天线接收到电子标签发来的射频信号，经过处理后，提取出个人信息，通过现场总线送至井上监控中心，记录井下工作人员经过地点、时间、活动轨迹等实时信息，还可自动生成考勤作业的统计与管理等方面的报表资料，提高了管理效益。

(3) 系统实现的主要功能

① 考勤管理功能。通过操作平台专用管理软件对下井人员进行下井次数、井下停留时间等信息分类统计，便于考核，实现工作人员的考勤统计管理功能和有关报表的打印。

② 安全保障功能。系统根据数据库中储存下来的历史数据信息，可迅速知道井下人员及重要设备的分布情况，一旦出现矿井灾难，可对现场被困人员进行定位和搜寻，便于有效救护。

③ 生产调度功能。通过调用数据库中的数据，可以查询井下人员分布情况并根据需要迅速进行人员调配，实现井下有限资源的优化配置，达到事半功倍的效果。

5.3.4.2　基于 Zigbee 技术的井下人员定位系统

无线通信技术 Zigbee 构建于 IEEE 802.15.4 标准之上，是一种结构简单、低功耗、低数据速率、低成本和高可靠性的双向微功率网格式无线接入技术，介于无线标准技术和蓝牙技术之间的技术提案，主要用于近距离无线连接，适合于自动控制和远程控制领域，可以嵌入各种设备中。最重要的是支持地理定位功能，工作于无须注册的 2.4 GHz ISM 频段，传输速率为 250 kb/s，传输距离可以从标准的 75 m 扩展到几百米甚至几千米。利用 Zigbee 技术可由 65 000 个数传模块组成一个庞大而有效的无线数传网络平台。每一个 Zigbee 网络数传模块就是无线微功率收发机，类似移动网络的一个基站，在整个网络范围内，它们之间可以进行相互通信，同时整个 Zigbee 网络还可以与现有的其他的各种网络连接。

1. 系统构成

井下人员定位系统由井上网络和井下网络两部分组成。井上网络主要进行监控管理；井下网络由具有固定位置的微功率收发机组成无线通信网络，每一个收发机就是一个监控节点或 FFD，并在定位区域图上，对每一个网络主节点的位置加以标识。

井下网络实现人员的跟踪定位，主要是基于 Zigbee 无线网络平台，其中包括定位网络节点（读写器）、无线 ID 模块、标准电缆等。其系统结构如图 5-30 所示。

Zigbee 身份识别模块是 SOC 集成芯片带有独立的存取设置，可以存取一定的信息量，有信号的交换功能，能做到真正的人员跟踪与定位。在单个芯片上集成了 Zigbee RF 前端、128 kb 闪存、8 kb RAM（随机存取存储器）以及 80 518 位 MCU（微程序控制器）核，是高度整合的系统级射频收发器，可实时无线连接邻近的固定节点，使得监控中心能够通过井下传感器网络确定矿工所在位置，并在紧急情况下向矿工发布安全消息。Zigbee 读写器即固定式智能传感器节点，设置在人员出入的井口、井下主要巷道的分岔口及各工作面入口等关键部位，其数量和密度决定了人员定位的精确程度。根据现场实际需要，沿巷道每隔 200 m 距离（与井下电源接口位置一致）设置节点，工作面则可降低每隔 50 m 在巷道适当位置（例

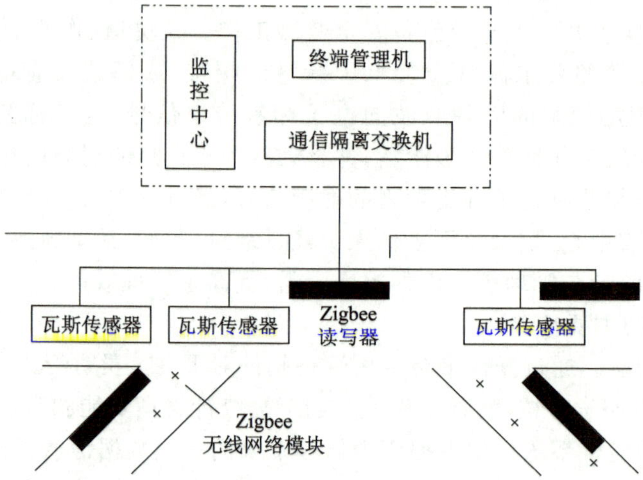

图 5-30 基于 Zigbee 技术的系统结构示意图

如顶部)设置节点,并随采掘面的前进或作业位置的变迁而不断增加、搬移。所安置的网络模块将自动组成一个 Zigbee 通信网络,这个通信网络实际就是一个定位网络,每一个网络节点就是一个定位点,网络节点可通过自动读取移动目标的信息和信号强度,来确定移动目标的位置信息,网络定位节点在已有通信电缆的地方直接通过 RS-232 接口与现有的通信电缆相连接,再通过交换机将信息上传至终端管理计算机。其信号流程框图如图 5-31 所示。

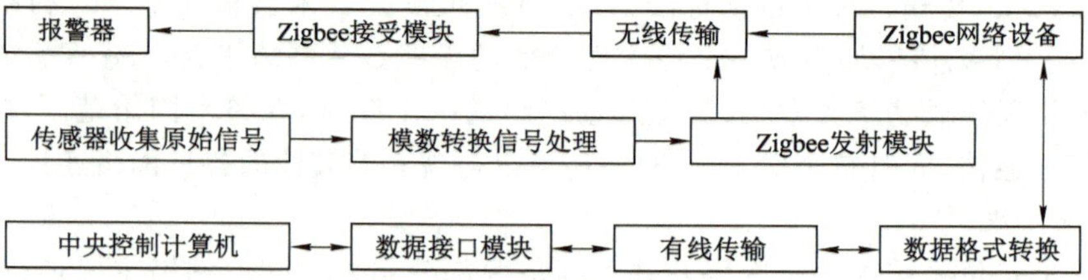

图 5-31 信号流程框图

系统网络软件按照网站形式编制,运行在矿井局域网的服务器上。在需要定位区域内,建立一个由地面控制中心和井下若干具有固定位置的微功率收发机组成的无线网络通信系统,网络节点可通过自动读取移动目标的信息和信号强度,在 Zigbee 通信网络中各个节点之间传输,网络节点在有通信电缆的地方直接接入已有的通信电缆,通过交换机等再将信息上传至终端管理计算机,并与主系统以标准的 SQL-Server 数据库进行后台数据交换,包括信号的采集与处理、数据的分析统计等,使得联网的计算机通过浏览器便可以调阅本系统的内容。在调度室和矿领导办公室,通过微机直观地查看井下人员姓名、职务、下井时间、上井时间、井下累计时间等详细情况,从而实现井下作业人员的跟踪定位和安全管理。

2. 井下定位系统的性能特点

(1) 主要技术性能指标

① Zigbee 无线 ID 模块：电池驱动，体积 50 mm×40 mm×8 mm，发射功率小于 0.100 1 W。

② 读写器感应距离（与井下人员携带的 Zigbee 模块的距离）：10～100 m（可以人为调整）。

③ 读卡器至终端管理计算机信号传输距离大于 10 km，加接汇接器时传输距离可达 20 km。

④ Zigbee 读写器之间的距离：几十米至 1 000 m。

⑤ Zigbee 无线 ID 模块电池：6 个月～2 年。

⑥ 适宜工作环境参数：温度为 0～+40 ℃，相对湿度≤95%（+25 ℃）；气压为 80～106 kPa。

（2）主要功能、特点

井下定位系统可以实施对井下人员的考勤、定位，实时查询当前时刻井下总人数及人员分布情况；还可以对井下某一持卡人员进行全程跟踪查询，同时在发生紧急情况时，对井下人员进行追踪，以便实施救援；系统可依据具体要求进行综合报表打印；系统与矿中心网络联网，可以在任何一台有相应权限的计算机中调出与该系统有关的数据。

井下定位跟踪系统具有被测目标无负担、通行方式无限制、结构简单、配置灵活、信息反馈快速准确等特点，系统采用电池组单独向读卡器供电的方式，可以井下取电；使用的 Zigbee无线 ID 模块超低功耗；可以实现系统复用，人员跟踪定位系统可以和原有的安全生产监测系统（如瓦斯检测系统）共网复用，构成多功能的综合监测系统。

5.4　安全监测监控系统

针对煤矿安全生产的严峻形势，国家不断加大对煤矿安全的管理力度和措施，强制在全国所有煤矿推广应用各类煤矿安全生产监控系统。这些系统采用电子探测和自动控制技术，将矿井生产人员、环境和设备运行数据自动采集、传输到监控主机进行集中处理和显示，并根据相应的参数设置进行报警、对电器开关和设备进行控制。

5.4.1　TF-200 监控系统

TF-200 监控系统是从德国引进的图纸及技术设备，由重庆煤矿安全仪表厂生产。采用微型机控制的音频信息传输系统，用于矿井环境和工况信息的集中连续监测。系统除具有遥测、遥信功能外，还具有控制量输出。

5.4.1.1　系统的组成

TF-200 系统由数据处理系统、信息传输系统、传感器和执行装置等四大部分组成。其系统总图如图 5-32 所示。

1. 数据处理系统

数据处理系统设在矿井地面中央调度室，其用途是分析、处理由信息传输系统传来的矿井模拟量、开关量以及指令传输，由一台 IF-256 接口装置、二台微机及工作软件组成。计算机可以全部或部分运行，作为热备用或冷备用，当有一台计算机出故障时不会停止系统的运行。系统还可以配接多个副显示器，在 200 m 引线范围内引至其他需要观察监视数据的地方。系统应用的计算机语言为编译 BASIC。主机通过 IF-256 接口装置，模拟盘和中心站对接，实现开关量的对位显示和煤仓煤位、机组位置、煤炭产量等的数字显示；通过控制台接口

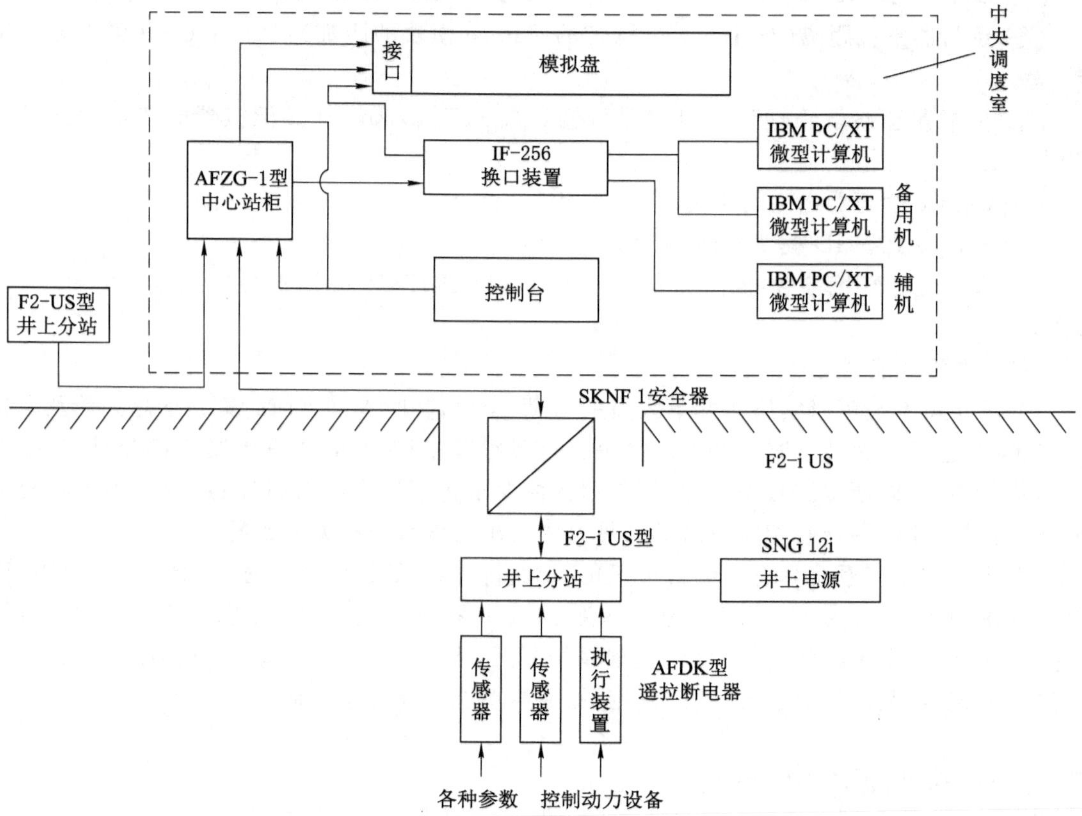

图 5-32　监控系统总示意图

电路和控制台连续，读取遥测遥信的实时数据。该系统除有国产监控系统共有功能外，还具有以下特殊功能：

(1) 系统各传感器的配置情况及参数可随时输入和修改；

(2) 可以绘制传感器安装位置模拟图，能实时显示传感器的监测值报警、预警，并用颜色区分，模拟图分为 16 个画面，用户可随时移动画面观察任一局部画面；

(3) 可将各通道的报警信号及开关量输出信号实时地控制模拟屏进行显示或控制其他设备；

(4) 除按通道顺序显示外，还可按分站集中显示；

(5) 可按用户提供的一氧化碳自然发火参数进行自然发火趋势预报。

2. 信息传输系统

信息传输系统主要由中心站、分站、井下安全栅和电缆组成。中心站可由多个中心站柜组成，中心站可连接的分站是根据用户需要的信息量多少而决定的，一个中心站柜内除电源外，装有可插 144 个组件的框架(共 9 层，每层插 16 个组件)，可传输 144 个电表显示的模拟量或 288 个计数机处理的模拟量或 288 个开关值，因此连接的分站可多可少，根据用户的要求而灵活配置。井下分站与中心站间采用安全栅作为信息传输安全隔离。信道传输采用 HUYV 型两根 4 芯(直径 8 mm)屏蔽电缆。

3. 传感器

目前系统能配接传感器近 20 种(表 5-4),其中环境传感器约 9 种,工况传感器约 10 种。

表 5-4　TF-200 监控系统传感器

名　称	型　号	测量范围
温度传感器	BAFTM-50	−10～40 ℃、0～40 ℃、50～120 ℃
风筒开关传感器	AFFK-1	D=700～800 mm
风门开关传感器	AFMK-80	Max 100 mm
电流开关传感器	AFMK-4	4～11 800 A
电压开关传感器	AFVF-600	42～660 V
风速传感器	AFG-1	0.26～15 m/s
负压传感器	KG4003	0～500 Pa
一氧化碳传感器	KG30021	0～100
瓦斯传感器	AYJ-2	0～4%
温度传感器	KG3004	0～40 ℃
流量传感器	AFL-1,2,3,4,5	0.01～22.5 m^3/min
固定插入式流量传感器	AFL-6	(1.4～56) m/s×管道内截面积
伸缩插入式流量传感器	AFL-7	(1.4～56) m/s×管道内截面积
胶带秤(地面)	K-GGP-85	0～700 t/h
胶带秤(井下)	K-GGP-85-KBH	0～1 000 t/h
煤仓煤位(地面)	KG1004	D≥0.2 L(1～5 mA)
煤仓煤位(井下)	KG1003	D≥0.2 L(1～5 mA)
机组位置	KG1001	170,300 机组
瓦斯传感器	ADJ-2	0～4%CH_4

传感器可采用四种信号制(电压、电流、电阻、频率)。新研制的传感器,只要是这四种信号制中的一种,并经防爆检验部门的核准,均可纳入本系统使用。传感器到分站的最大传输距离根据传感器本身的输出功能而定,一般为 1～2 km。

4. 执行装置

执行装置用于控制井下机电设备的断电。本系统有两种方式,一种是瓦斯超限自动断电,另一种是采用型号为 AFDK-127/380/660,远控断电器。该产品系引进联邦德国 F+H 公司技术制造,它可由井下传感器或分站发出本质安全信号实现远距离(采用 1 mm^2 电缆可达 7 km)断电,也可由井上中心站调度室发指令信号通过远控断电器实现对井下设备的控制。

5.4.1.2　主要功能

(1) 地面的中心调度室能对下列数据进行监视并进行分析。通风安全系统:CH_4、CO、风速、风门、风筒、负压、环境温度等。生产系统:采煤机及刮板运输机的工况参数,掘进机和局扇的工况参数，各个泵的工况参数，胶带机工况参数，煤流及煤量参数，烟雾监视，连接煤仓或溜煤眼的煤位、提升机、运输机等工况状态。供电系统：电压、电流、电功率及高压开关状态。

（2）对于上述实时参数能够进行统计、存储、分析、报警和提示等处理，并以汉字方式显示和打印各种图形和报表；可以定时自动实现，也可以通过功能键随时召唤显示和打印。主机本身发生故障时，备用机投入运用并维持原功能，主机和备用机也可同时使用，显示不同画面和打印不同图表。

（3）系统可以根据处理结果控制其他电气设备（如模拟盘、继电器、中心站柜、发送器组件等），在参数超限或设备故障时具有及时报警、优先显示和打印功能，实现自动断电。

（4）系统终端配有模拟盘，模拟盘由 25 mm×25 mm 塑料小方块镶嵌组成。整体外形尺寸可随用户要求而定，在上面可镶制矿区监测系统布置图、控制系统布置图及运输路线布置图等，并配有各种工作状态显示器、时间显示器等。

（5）系统每对线可同时传输 52 路频率的信号，系统简单，且采用标准级件组合，其扩展性好。当需要改变分站或中心站容量时，无需改变线路，仅用换插组件板的种类即可满足。当需要扩充传输信号通道时，增加一对传输线即可增加 52 路信号的传输。所以，该系统从理论上讲可以无限制地扩展来满足用户需要。

（6）由于接收器有较高的输入阻抗和较宽的接收通频带，因此可在沿传输线的任何地点设置 1～15 个装有同一频率接收器的分站，即可同时接收一个发送器发出的信号，以实现多点控制。

（7）井下分站具有多种供电方式，分就地供电和远程供电两种。远距离供电利用信息传输线本身实现，该装置具有对传输线短路、开路、接地等进行监视和故障显示等功能。当井下停电时，可通过远程供电耦合器直接向分站供电。

5.4.1.3 技术特征及参数

1. 信息传输装置

（1）容量

中心站：输入和输出可以无限，每个中心站柜有 144 个电流型模拟量输出，或 288 个脉冲型模拟量输出，或 288 个开关量输出；可多个中心站柜组合。

分站：如果采用 16 个组件的分站其容量如下：全传输模拟量（V、I、R）16 路；全传输脉冲型模拟量 32 路；全传输开关量输入 32 路；全传输开关量输出 32 路；全传输指令量输出 80 路。

（2）信道

采用一对普通矿用电话线传输 52 个频道，可多对线进行传输。

（3）传输距离

中心站柜至分站 18～24 km。

（4）巡检周期

传输系统一对一时实显示；计算机处理系统约 10 s。

（5）输入输出信号

模拟量输入：

电压型：0～100 mV、0～5 V、0～10 V；

电流型：0～1 mA、0～2.5 mA 、0～5 mA、0～10 mA 或 0～20 mA；

电阻型：0～100 Ω、0～1 kΩ 或 0～10 kΩ 或 Pt100 铂电阻；

脉冲型：5～15 Hz。

模拟量输出：

恒流源输出，可在 0～1 mA、0～2.5 mA、0～5 mA、0～10 mA、0～20 mA 或可调最大 20 mA 等 6 种输出值范围中任选；也可直接输出 5～15 Hz 脉冲型模拟量。

开关量输入：

① 无电位接点（本质安全型），直接输入；

② 采用继电器输入组件（F_2-ER_2）本质安全型组件：12 V（有电压触点输入）；

③ 采用光电耦合（有电压触点）：17～260 V 和 12～30 或 60 V。

开关量和指令：

① 直接输出（本质安全型）：12 V/40 mA；

② 采用继电器组件（F_2-AR_2-2，F_2-AR_2-22）输出本质安全型无电压触点信号：28 V/250 mA；

③ 采用继电器组件（F_2-AR_2-1，F_2-AR_2-3，F_2-AR_2-4）输出非本质安全型无电压触点信号：220 V/3 A、30 V/1 A。

（6）电源

具体电源参数见表 5-5。

表 5-5　电源参数表

使用设备	参数				
	输入电压/V	输出电压/V	输出电流/A	供电设备型号	输出类型
中心站	220	12	12	中心站电源	一般电源
井上分站	220/110	12	0.6	12-NG 型井上电源	一般电源
井下分站	30	11～12.5	0.5	SNG12i 型井下电源	本质安全型电
	127	11～12.5	0.5	SNG12i 型井下电源	本质安全型电
	380	11～12.5	0.5	SNG12i 型井下电源	本质安全型电
	660	11～12.5	0.5	SNG12i 型井下电源	本质安全型电
远程供电	10～30	60	0.1	FEG10 型远程供电耦合器	一般电源
远程供电	60	20	0.05	iFEG10 型远程供电耦合器	本质安全型电源
远程供电	60	12	0.2	iFEG11 型远程供电耦合器	本质安全型电源

2. 外部特征

传感器以外的主要系统设备外部特征见表 5-6。

表 5-6　系统设备外部特征

名称	防爆类型	外形尺寸（长×宽×高）/（mm×mm×mm）	质量/kg	使用地点
井上分站（8 组件）	非本安	643×480×230	24	井上
井上分站（16 组件）	非本安	643×480×230	25	井上

表 5-6(续)

名称	防爆类型	外形尺寸(长×宽×高)/(mm×mm×mm)	质量/kg	使用地点
中心站	非本安	750×570×1 600	100	地面机房
接口柜	/			地面机房
主计算机	/			地面机房
打印机	/			地面机房或调度室
井下分站(4 组件)	本安	360×270×200	7	井下
井下分站(8 组件)	本安	643×480×230	24	井下
井下分站(16 组件)	本安	643×480×230	25	井下

5.4.1.4 系统特点

TF-200 系统是从国外引进的全套技术资料、图纸、生产制造的产品，技术水平相当于国外 20 世纪 70 年代末的同类产品。其系统有如下特点：

(1) 主机可以实现汉字显示和打印。

(2) 环境监测、工况监测兼备，并能按大型调度模拟盘，实现地面集中监测和监控。

(3) 可配接各类本质安全型信号制输出的传感器。

(4) 分站类型多，可以分为 4 个、8 个和 16 个组件 3 种型式。组件互换性强，系统采用标准化、积木化，其组合设计、组件均为双功能组件。

(5) 可与电话复用传输线，传输线路简单，采用普通矿用电话电缆。

(6) 辅助装置完备，现场维护检查方便。

(7) 应用软件具有较强的容错能力和系统故障检测功能。

(8) 当使用远程供电时井下电网停电，监测不会间断。

(9) 系统配置方便灵活，适用于我国大、中、小型煤矿。

5.4.2 KJ95N 型煤矿综合监控系统

煤炭科学研究总院常州自动化研究所(现天地科技股份有限公司常州自动化分公司)是我国煤炭行业最早开发研制煤矿监测监控系统的单位。

自 20 世纪 80 年代以来，常州自动化研究所先后研制和推广了 KJ1、KJ2、KJ22、KJ12A 及 KJ95N 型等煤矿监测监控系统，相关成果多次获得国家、省部级科技进步奖。其中，KJ95N 型煤矿综合监控系统作为“八五”科技攻关的最新科研成果，吸收了单位先期开发的各个煤矿监测监控系统的长处，并吸取了国内外其他同类煤矿监测监控系统的优点，采用了先进的计算机网络技术、ARM 嵌入式技术和 EMC 抗干扰技术等，可实现矿井上、下各类环境参数、生产参数的监测与显示、报警与控制及瓦斯抽采过程的监测与显示，适用于大、中、小各类矿井。

5.4.2.1 系统组成

KJ95N 型煤矿综合监控系统将计算机网络、高速传输通道、矿井安全和生产监控及其他子系统综合在一起，形成一个完整、实用的矿井综合监控系统。根据需要，各部分既可以集成在一起又可以单独使用，可满足各个矿井的不同需求。该系统为 DCS 结构，其信息检测及分站等设备的布置完全按照矿井特点设置，使各部分设备都能被充分合理地运用，以满足矿井管理的要求。

整个系统采用 3 级网格结构形式，监控部分为两级管理系统：第一级为地面监控主机；第二级为分站及传感器。

该系统由地面中心站、计算机网路、传输接口或光端机、分站、电源、传感器、执行器及其他配套产品组成。高速传输通道有电缆、光纤、工业以太网 3 种方式供选择。下面以光纤高速传输通道为例简要介绍 KJ95N 系统的构成。光纤高速传输通道主要由地面光端机、井下光端机以及光缆组成。地面光端机将电信号变成光信号通过光纤传输，井下光端机将光信号转换成电信号与井下分站级设备相连。以光纤为主要传输信道的 KJ95N 型煤矿综合监控系统组成如图 5-33 所示。

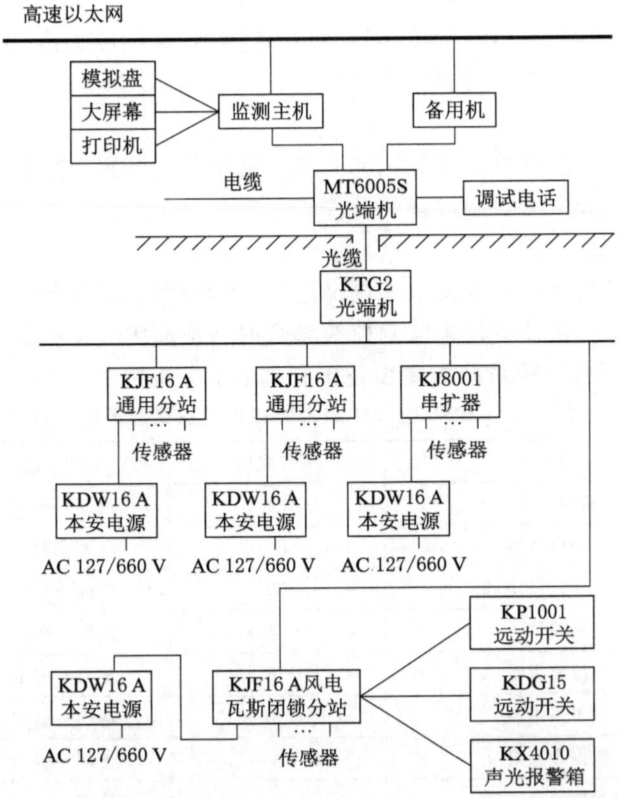

图 5-33　以光纤为主要传输信道的 KJ95N 型煤矿综合监控系统组成图

(1) 地面中心站

地面中心站由监测主机、打印机、UPS、大屏幕、模拟盘等组成。

(2) 计算机网络

计算机网络由服务器、工作站和集线器组成。网络速度为 10～100 MB/s。

(3) 传输接口

传输接口放置在地面中心站内，在地面主机与井下分站之间的信息交换中完成信号的传递和安全隔离。该传输接口用于由电缆构成主传输通道的系统。

（4）光端机

光端机包括 MT6005S 型数据传输光端机和 KTG2 型本安数据传输光端机，它们和光缆一起构成光纤高速传输通道。光端机用于由光缆构成主传输通道的系统。

（5）分站设备

分站设备包括 KJF16A 型通用监控分站和 KJ8001 型串行扩展器，主要具有数据采集和传输的功能。

（6）电源

电源包括 KDW15A 隔爆兼本安型电源箱和 KDW16A 隔爆兼本安型不间断电源箱，提供直流稳压电源及供电状态输出信号。

（7）传感器

传感器用于检测井下各种环境参数和生产参数，共有 10 余个品种，如瓦斯传感器、一氧化碳传感器、风速传感器、风门开关传感器、负压传感器、水位传感器、温度传感器、烟雾传感器、设备开停传感器、提升指示传感器等。

（8）执行器

执行器包括各类通信信号装置和远动开关。通信信号装置提供扩音通话、打点联络、声光报警等功能。远动开关可控制设备的开停。

（9）其他配套产品

其他配套产品包括 KT1013 型双工调试电话、各种接线盒、电缆和光缆等。KT1013 型双工调试电话是维修工在井下校正监测监控参数时与地面中心站相互通话的联络装置。

KJ95N 型煤矿综合监控系统主要设备配置如表 5-7 所示。

表 5-7　KJ95N 型煤矿综合监控系统主要设备配置表

序号	名称	型号规格	结构形式	使用地点
1	监控主机	P4	地面一般型	调度室
2	网络服务器	P4	地面一般型	调度室
3	UPS 不间断电源	STK	地面一般型	调度室
4	集线器	HUB 8	地面一般型	调度室
5	电源避雷器	GPU1-25/4(3)I	地面一般型	调度室
6	信号避雷器	GPU1-JP6/2S	地面一般型	地面入井处
7	数据光端机	MT6005S	地面一般型	调度室
8	地面环网接入器	CJJ02	地面一般型	调度室
9	矿用本安数据光端传输机	KTG2	本质安全型	井下
10	安全隔离器	KJA9	本质安全型	井下
11	传输接口	KJJ14	地面本安型	井下
12	矿用环网接入器	KJJ31	隔爆兼本安型	井下
13	矿用环网接入器	KJJ58	隔爆兼本安型	井下
14	通用监控分站	KJF16A	本质安全型	地面/井下
15	串行扩展器	KJ8001	本质安全型	地面/井下
16	矿用隔爆兼本安型多路电源	KDW65	隔爆兼本安型	井下

表 5-7(续)

序号	名称	型号规格	结构形式	使用地点
17	矿用隔爆兼本安电源箱	KDW15A	隔爆兼本安型	井下
18	矿用隔爆兼本安不间断电源箱	KDW16A	防爆兼本安型	井下
19	矿用直流稳压电源	KDW26	浇封本安型	井下
20	矿用本安接线盒	LH11	本质安全型	井下
21	风筒风量开关	KG5009	本质安全型	井下
22	远动开关	KP1001	隔爆兼本安型	井下
23	温度传感器	KG3007A-1	本质安全型	井下
24	温度传感器	KG3007A-3	本质安全型	井下
25	遥控瓦斯传感器	KGJ16A	本质安全型	井下
26	风速传感器	KGF3	本质安全型	井下
27	负压传感器	KGY3	本质安全型	井下
28	矿用水位传感器	KGU9	本质安全型	井下
29	机电设备开停传感器	KGT15	本质安全型	井下
30	矿用风门开闭状态传感器	KGE22	本质安全型	井下
31	矿用一氧化碳传感器	KGA5	本质安全型	井下
32	信号转换器	KZ6001	本质安全型	井下
33	远程控制开关	KDG15-K220	浇封本安型	井下
34	远程控制开关	KDG15-B660	浇封本安型	井下
35	矿用电量变送器	KGD5	本质安全型	井下
36	传感器电缆	MHYVR	本质安全型	井下
37	主传输电缆	MHYBV	本质安全型	井下
38	矿用电缆	MGTJSV	本质安全型	井下
39	矿用信号电缆分线盒	LH2	本质安全型	井下
40	矿用信号电缆连接器	KC2	本质安全型	井下
41	温度传感器	KG05	本质安全型	井下
42	压力传感器	KG03	本质安全型	井下
43	一氧化碳传感器	GTH500(B)	本质安全型	井下

5.4.2.2　系统功能

(1) 系统具有甲烷浓度、风速、风压、一氧化碳浓度、温度等模拟量的采集、显示及报警功能,具有馈电状态、风机开停、风筒状态、风门开关、烟雾等开关量的采集、显示及报警功能,具有瓦斯抽采(放)量的监测、显示功能。

(2) 可以配接胶带集中控制、轨道运输“信集闭”(信号、集中、闭塞)系统,其主要作用是合理调度机车,提高运输效率,确保行车安全,实现大巷运输现代化、电力监测、火灾监测等系统,实现局部环节的自动化。

(3) 可以在全监测系统范围内通过便携式调试电话机与地面中心站或分站、传感器处的维护人员进行语言通信。

(4) KJ95N 系统操作平台采用 Windows 2000/XP 软件,所有功能操作均有在线帮助,在中文菜单提示下完成;并可方便地点击图形,即点即得所需信息;可随时显示监测数据、图形、曲线和报警点及数值。

(5) 系统显示功能。

① 模拟量及相关显示内容包括地点、名称、单位、报警门限、断电门限、复电门限、监测值、最大值、最小值、平均值、断电/复电命令、馈电状态、超限报警、馈电异常报警、传感器工作状态等。

② 开关量显示内容包括地点、名称、开/停时刻、状态、工作时间、开停次数、传感器工作状态、报警及解除报警状态及时刻等。

③ 累计量显示内容包括地点、名称、单位、累计量值等。

④ 系统能在同一时间坐标上同时显示模拟量曲线和开关状态图等。

⑤ 系统具有模拟量实时曲线和历史曲线显示功能,能在同一坐标上用不同颜色显示最大值、平均值、最小值等曲线。

⑥ 系统具有开关量状态图及柱状图显示功能。

⑦ 系统具有模拟动画显示功能,显示内容包括通风系统模拟图、相应设备开停状态、相应模拟量数值等;还具有漫游、总图加局部放大、分页显示等方式。

⑧ 系统具有系统设备布置图显示功能,显示内容包括传感器、分站、电源箱、断电控制器、传输接口和电缆等设备的设备名称、相对位置和运行状态等。若系统庞大,一屏容纳不了,可漫游、分页或总图加局部放大。

(6) 系统支持多种图形格式,配备简便的绘图工具,可以方便地在屏幕上绘制各种模拟图形。绘图室不影响系统传输。

(7) 系统具有报表、曲线、柱状图、模拟图、初始化参数等打印功能。用户可方便地自行生成各类表格,打印所要求的各类数据表格、图形及曲线。报表包括模拟量日(班)报表、模拟量报警日(班)报表、模拟量断电日(班)报表、模拟量馈电异常日(班)报表、开关量报警及断电日(班)报表、开关量馈电异常日(班)报表、开关量状态变动日(班)报表、监控设备故障日(班)报表、模拟量统计值历史记录查询报表等。

(8) 系统软件具有实时存盘功能,存盘内容:甲烷、风速、CO 等重要测点模拟量的实时监测值;模拟量统计值(最大值、平均值、最小值);报警及解除报警时间及状态;断电/复电时间及状态;断电/复电逻辑关系不符合报警时间及状态;设备开/停时间及状态;累计量值;设备故障/恢复正常工作时间及状态等。在这些存盘项目中,所有被测参数每 2 min 存盘一次(硬盘),开/停信息及累积量按小时累计、存储,并可持续保持一年,如有特殊情况可保存更长时间,这些数据可随时用表格、曲线、矩形图(一维、二维、三维)、圆饼图等形式显示出来,也可打印保存。对重要设备,用户能够调整模拟量或设备开停信息和存储时间。

(9) 可以配接大屏幕或投影机,以便在更大的面积上显示更多的工艺流程模拟图、监测曲线、表格和文字,以及主机 CRT 上所能显示的全部内容。

(10) 对各类报警信息进行处理,并实时地存储和报警。传感器超限时有声光报警显示,并在主机屏幕上有醒目的报警条,显示传感器的数值、地点及报警时间。

(11) 传感器报警断电通过软件设定或修改,也可以在分站上直接设定。具有局部区域断电和全矿范围内异地断电多种形式。

(12) 系统控制功能。

① 系统由现场设备完成甲烷浓度超限声光报警和断电/复电控制功能。

a. 甲烷浓度达到或超过报警浓度时，声光报警。

b. 甲烷浓度达到或超过断电浓度时，切断被控设备电源并闭锁；甲烷浓度低于复电浓度时，自动解锁。

c. 与闭锁控制有关的设备(含甲烷传感器、分站、电源、断电控制器、电缆、接线盒等)未投入正常运行或故障时，切断该设备所监控区域的全部非本质安全型电气设备的电源并闭锁；当与闭锁控制有关的设备工作正常并稳定运行后，自动解锁。

② 系统由现场设备完成甲烷风电闭锁功能。

a. 掘进工作面甲烷浓度达到或超过1.0%CH_4时，声光报警；掘进工作面甲烷浓度达到或超过1.5%CH_4时，切断掘进巷道内全部非本质安全型电气设备的电源并闭锁；当掘进工作面甲烷浓度低于1.0%CH_4时，自动解锁。

b. 掘进工作面回风流中的甲烷浓度达到或超过1.0%CH_4时，声光报警、切断掘进巷道内全部非本质安全型电气设备的电源并闭锁；当掘进工作面回风流中的甲烷浓度低于1.0%CH_4时，自动解锁。

c. 被串掘进工作面入风流中的甲烷浓度达到或超过0.5%CH_4时，声光报警、切断被串掘进巷道内全部非本质安全型电气设备的电源并闭锁；当被串掘进工作面入风流中的甲烷浓度低于0.5%CH_4时，自动解锁。

d. 局部通风机停止运转或风筒风量低于规定值时，声光报警、切断供风区域的全部非本质安全型电气设备的电源并闭锁；当局部通风机或风筒恢复正常工作室，自动解锁。

e. 局部通风机停止运转，掘进工作面或回风流中甲烷浓度大于3.0%CH_4时，必须对局部通风机进行闭锁使之不能起动，只要通过密码操作软件或使用专用工具方可人工解锁；当掘进工作面或回风流中甲烷浓度低于1.5%CH_4时，自动解锁。

f. 与闭锁控制有关的设备(含分站、甲烷传感器、设备开停传感器、电源、断电控制器、电缆、接线盒等)故障或断电时，声光报警、切断该设备所监控区域的全部非本质安全型电气设备的电源并闭锁；与闭锁控制有关的设备接通电源1 min内，继续闭锁该设备所监控区域的全部非本质安全型电气设备的电源；当与闭锁控制有关的设备工作正常并稳定运行后，自动解锁。严禁对局部通风机进行故障闭锁控制。

(13) 高智能分站的功能。

① 具有初始化参数掉电保护功能，分站停电后初始化参数不会丢失；

② 具备接收其他设备接口信息的能力；

③ 电网停电后分站在满负荷情况下，供电电源连续供电>2 h；

④ 具有风、电、瓦斯闭锁功能和故障闭锁功能；

⑤ 分站有逻辑判断、数据处理功能和存储功能，当分站与地面主机脱机时，能独立工作，并能实现全部原有功能；

⑥ 大屏幕液晶显示，一次显示32个汉字或64个字符，显示分站接口所接传感器类型、实测值，报警、断电值，模拟量24 h变化曲线；

⑦ 使用键盘和红外遥控器显示或修改传感器类型、报警值、断电点等参数；

⑧ 具有显示报警和输出控制功能；

⑨ 分站的工作状态和传感器的故障显示；

⑩ 不锈钢外壳，体积小、重量轻，安装维修方便。

(14) 系统能扩展，可方便地与计算机网络联网，以实现资源共享，形成全矿井的监测信息管理中心；并可以与公司或煤管局进行网间互联，以实现监测数据实时传到公司或其他相关地方。

(15) 系统提供多种诊断功能，除实时指示各种设备的故障类型、位置并报警外，还提供故障统计功能，包括系统的传输校验、误码率测试、传感器故障统计、分站故障统计等监测系统的自身诊断。

(16) 其他功能。

a. 系统具有网络通信功能；

b. 系统具有软件自监视功能；

c. 系统具有软件容错功能；

d. 系统具有实时多任务功能，能实时传输、处理、存储和显示信息，并根据要求实时控制，周期循环运行且不中断。

5.4.2.3 系统的主要技术指标

系统容量：128 台分站级设备；

系统传输速率：1 200/2 400 B/S；

传输方式：RS-485；

传输介质：单模光缆或 2 芯电缆；

中心站到传感器之间信号的最大传输距离：2 km(电源传输线芯线直径 $\geqslant$ 0.52 mm)；

模拟量传感器信号制式：200～1 000 Hz；

开关量传感器信号：0 mA/5 mA，无电位接点；

供电：地面中心站为 AC220 V，井下设备为 AC127 V、380 V 或 660 V。

5.4.2.4 系统的主要特点

1. 技术先进、组合方式多样

技术先进、组合方式多样首先表现在系统综合能力强。KJ95N 型煤矿综合监控系统融合安全与生产监测监控系统、工业电视监视系统、电力监测系统和人员安全监测系统于一体，实现井下传输信道合一、全矿范围内各类煤矿监控系统组网管理、与局计算机网络联网、与远程终端通过公用电话网连接等，大幅度地减少信道与设备投资。其次，表现在可用作全矿井综合自动化系统的安全生产监控子系统。

2. 兼容性能好、保护原有投资

KJ95N 型煤矿综合监控系统可与原有 KJ1、KJ2、KJ22 及 KJ12A 等矿井安全与生产监测监控系统兼容。

3. 传输网络简单、可靠

KJ95N 型煤矿综合监控系统采用标准网络传输协议，传输误码率低(小于 10^{-8})，还可选用光纤传输通道，实现传输速率高、无中继传输距离长、防雷、抗电磁干扰等功能。

4. 系统内分站自主性、适应性强

(1) 由分站、传感器及执行器组成的工作单元可独立工作。当中心站与分站失去联系时，分站能存储最新 2 h 的监测数据，并可在恢复联系后上传。

(2) 分站具有风、电、瓦斯闭锁功能。分站上大屏幕液晶汉字显示窗可显示分站所接传感器类型、实时参数及模拟量变化曲线。

(3) 可在分站上红外遥控设定或修改传感器类型、报警、断电值等参数。分站的模拟量端口与开关量端口可互换，可按需增加某类端口的数量，端口支持多种标准或非标准信号制式，如电压、电流、频率和触点信号等。

(4) 分站可以作为主站继续挂接小分站，应用于局部安全生产环节的监测控制，扩大了系统的应用范围。

5. 系统软件功能强大

(1) 系统软件基于微软 COM/DCOM 组件技术，采用客户/服务器体系结构，兼容性能与开放性能好。

(2) 它可以和具有 OPC 标准接口、其他标准接口(如 RS-232、RS-422、RS-485 等采用标准协议)的设备无缝连接，非标准接口的其他监控设备可通过协议转换连接于系统中。

(3) 具有丰富的组态、画面编辑及报表(数据图)生成功能。

(4) 支持数据、开关量状态的模拟盘显示，而且支持图形、曲线、数据的大屏幕或多屏显示。

(5) 对所有监测数据和重要操作事件均采用数据库(如 Access、SQL Server 等)保存，用户可根据需要自行设定保存期限，为用户二次开发和事件的追溯提供良好的条件。

(6) 各种操作(包括测点定义、参数设置、图形生成、报表制作、数据浏览等)不影响系统的传输，保证系统的监测实时性。

(7) 具有强大的数据采集功能、先进的数据处理技术，每隔 2 min 形成模拟量传感器的最大、最小及平均值记录，随时统计各分站的通信、供电、报警、断电和复电状态及机电设备开停和运行状态。

(8) 报警与控制功能完备。可实现中心站程控或手动强行异地断电、分站和传感器就地断电及分站区域断电功能；具有声光、语音报警、报警联动及可通过程控调度通信网对井下局部或全矿井进行语音广播报警等多种类型的报警功能。

(9) 具有传输故障、设备故障、供/断电状况和软件运行故障等的自诊断功能，还具有远程维护功能。

5.5 智慧矿山及智能化建设

矿山信息化建设在经历了单机自动化、综合自动化、数字矿山几个阶段之后，在物联网、人工智能、大数据、数字孪生等技术的推动下，正朝着矿山智能化和智慧矿山的方向发展，提高矿山生产的智能化水平，从而实现矿山无人化或少人化。智慧煤矿是基于现代煤矿智能化理念，将物联网、云计算、大数据、人工智能、自动控制、移动互联网、机器人化装备等与现代矿山开发技术深度融合，形成矿山全面感知、实时互联、分析决策、自主学习、动态预测、协同控制的完整智能系统，实现矿井开拓、采掘、运通、分选、安全保障、生态保护、生产管理等全过程的智能化运行。

5.5.1 智慧矿山概述

5.5.1.1 智慧矿山概念

智慧矿山的技术内涵是将现代信息、控制技术与采矿技术融合，在纷繁复杂的资源开采信息背后找出高效、安全、环保的生产路径，对矿井系统进行最佳的协同运行控制，并根据地质环境及生产要求变化自动创造全新的控制流程。智慧矿山不仅仅是数据采集、数据处理和自动系统的集成，更多的是大数据、人工智能技术的运用，需要智能化地响应生产过程中的各种变化和需求，做到智能决策支持、安全生产和绿色开采。这里需要明确的是，智慧矿山并非是云计算、物联网、人工智能、大数据等技术的简单堆积，而是如何采用这些技术手段解决煤矿开采中的效率问题、安全问题和效益问题。

智慧矿山的技术特征是建立在矿井数字化基础上，采用现代智慧理念完成矿山企业所有信息的精准实时采集、网络化传输、规范化集成、可视化展现、自动化运行和智能化服务的智慧体(图 5-34)。

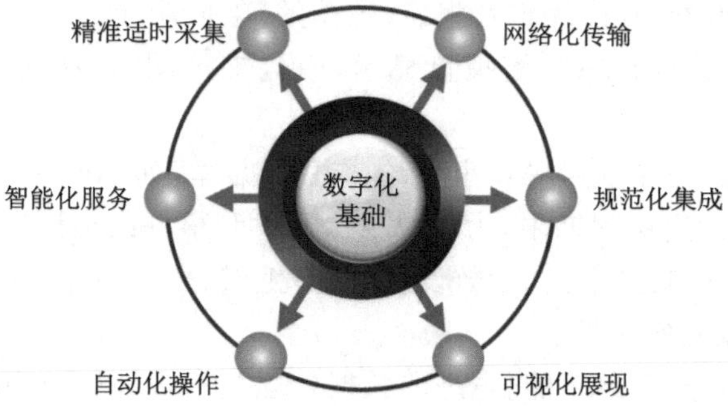

图 5-34 智慧矿山的技术特征

5.5.1.2 智慧煤矿组成

将智慧矿山的理念和技术应用于煤矿，便形成了智慧煤矿。智慧煤矿涉及 90 多个子系统，可以分为 3 部分:智慧生产系统、智慧职业健康与安全系统、智慧技术与后勤保障系统。

(1) 智慧生产系统包括主要生产系统和辅助生产系统。主要生产系统包括采煤工作面的智慧化和掘进工作面的智慧化，主要包括以无人值守为主要特征的采煤工作面和掘进工作面系统。辅助生产系统就是以无人值守为主要特征的智慧运输系统(含胶带运输、辅助运输)、智慧提升系统、智慧供电系统、智慧排水系统、智慧压风系统、智慧通风系统、智慧调度指挥系统、智慧通信系统等。

(2) 智慧职业健康与安全系统包含环境、防火、防水等多个方面。子系统主要包含如下子系统:智慧职业健康安全环境系统、智慧防灭火系统、智慧爆破监控系统、智慧洁净生产监控系统、智慧冲击地压监控系统、智慧人员监控系统、智慧通风系统、智慧水害监控系统、智慧视频监控系统、智慧应急救援系统、智慧污水处理系统等。

(3) 智慧技术与后勤保障系统包括技术保障系统、管理和后勤保障系统。技术保障系统是指地、测、采、掘、机、运、通、调度、计划、设计等的信息化、智慧化系统等。管理和后勤保障系统是指针对矿山的智慧化 ERP 系统、办公自动化系统、物流系统、生活管理、考勤系统等。

5.5.1.3　智慧煤矿目标

结合物联网、人工智能、大数据技术的发展，智慧矿山将会是信息化、自动化和智能化的高度融合，其最终目标是实现矿山关键生产环节的无人化或少人化。矿山物联网技术实现了矿山物的智能连接，使得"人-机-环"感知信息能够有效汇集；各类矿山大数据平台的涌现解决了矿山"人-机-环"感知数据的高效管理和存取问题；数字孪生技术建立了虚实融合和知识生成机制，可以将现有的矿山机理模型、经验知识和矿山"人-机-环"大数据有机融合，为矿山"人-机-环"状态判识与智能协同管控提供知识服务。基于数字孪生的智慧矿山服务架构如图 5-35 所示。

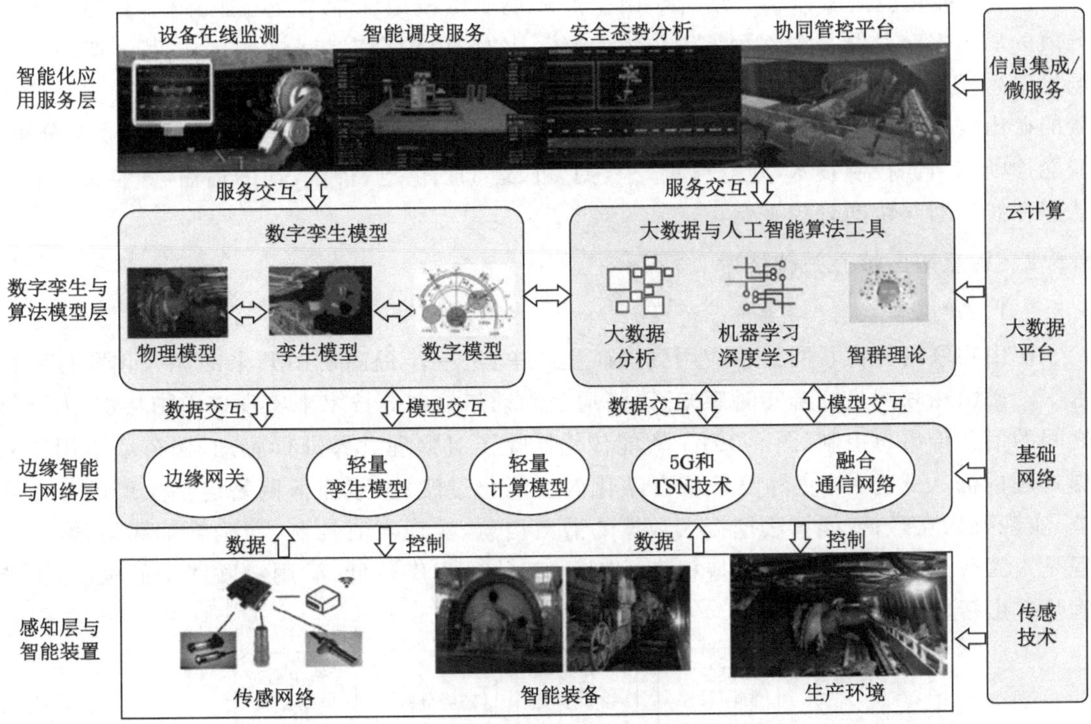

图 5-35　基于数字孪生的智慧矿山服务架构

(1) 感知层与智能装置/装备。分布式、光纤光栅、激光、MEMS(微机电系统)等低功耗等新型传感技术的发展拓宽了矿山物联网的感知边界，可以在线获取更多的安全隐患尤其是隐蔽灾害的探测数据；智能传感器装置的研发和应用，使得传感器节点具备了在线计算、状态自诊断、网络自治等能力，提升了终端节点对信号实时处理和反馈调节的效率；机器人化智能化的矿山装备为矿山生产系统的智能调度、协同控制、少人化、无人化提供了基础；智能传感和智能装备技术是矿山数据孪生技术体系中的物理基础。

(2) 边缘智能与网络层。随着各类边缘分站和智能网关算力的提升，轻量级数字孪生模型得以在边缘节点卸载，结合轻量级算法模型的应用，可以很大程度提高各子系统数据分析的效率和反馈响应的及时性；融合通信网络技术实现多源异构网络的统一接入，可以解决智能装置/装备的快速连接发现、高效连接管理和在线透明交换问题；5G 技术在矿山的应用可以解决"人-机-环"感知数据实时高效传输问题，尤其是采掘工作面等有线连接受限的场景，提高了无线通信的实时性和可靠性。

(3) 数字孪生与算法模型层。随着硬件、网络、大数据平台技术不断演进升级，围绕矿山生产过程的知识发现和知识服务成为智慧矿山发展的瓶颈。数字孪生可以实现矿山物理实体状态演化规律到虚拟实体的映射，通过虚实融合演进的状态分析模式，可以建立机理模型、自然规律、经验知识、数据特征相融合的矿山知识服务体系，从而达到对矿山物理世界实时可测、可观、准确控制、精确管理和科学决策的目的，将成为未来智慧矿山发展的技术核心。矿山数字孪生模型的建立需要矿山物理实体相关的机理模型、人工智能算法模型、大数据分析、虚拟仿真等技术的支撑。

(4) 智能化应用服务层。结合矿山生产环境孪生模型和孪生交互服务机制，融合独立分散的矿山安全监测与灾害预警系统，构建统一的矿山安全态势分析平台。基于矿山生产场景孪生模型和生产过程推理算法，结合工作流技术以及智群计算理论，研发面向多生产场景的矿山安全生产智能调度服务系统；基于矿山设备状态孪生分析模型，结合大数据分析、智能诊断与协同控制技术，建立矿山"采、掘、机、运、通、供电、排水、辅助运输"等装备系统的状态在线诊断与协同管控平台。

5.5.2 智慧矿山核心关键技术

5.5.2.1 矿山物联网

矿山物联网将物联网技术应用到煤矿生产中，进一步提高矿山开采的无人化和自动化水平。矿山物联网是综合实时感知、网络通信和动态控制等技术来实现矿山物与物、人与物之间的信息传递与控制(图 5-36)。智能传感器除了对物理世界进行感知，还搭载了用于数据处理的嵌入式芯片，使得设备从自动化向智能化过渡；高速通信网络连接生产的各个环节，实现万物互联；智能算法挖掘大数据的潜藏信息，实现实时控制、精确管理和科学决策。但是人工智能技术发展水平有待提高，设备的智能化程度较低，矿用物联网产品极少，不能满足矿山智能化生产的需求。

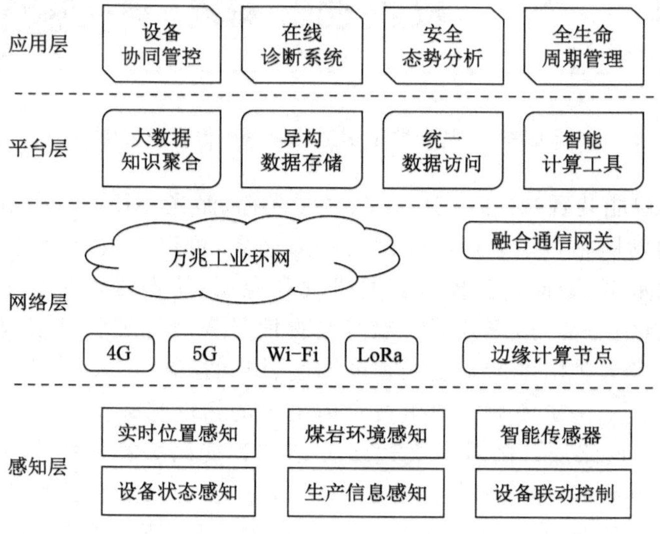

图 5-36 矿山物联网网络架构

5.5.2.2 大数据处理及人工智能技术

智慧煤矿的核心技术之一便是大数据的挖掘与知识发现。大量传感器的应用必将产生海量的数据,数据的规模效应给存储、管理及分析带来了极大的挑战。需要充分利用大数据处理技术挖掘数据背后的规律和知识,为安全、生产、管理及决策提供及时有效的依据。例如,在矿山安全管理领域,安全监控系统及其监测联网已经相当普遍,构建了完善的灾害监控和预测预警体系,达到了对矿井瓦斯、水害、火灾、冲击地压等事故的防控。人工智能是近年来发展最为迅速和最为热门的科技领域之一,它是在大数据处理的基础上研究、开发用于模拟、延伸和扩展人的智能的理论、方法和技术。从原来的自动规划、语音识别到最近的谷歌人工智能 ALPHAGO、人脸识别等都属于这一范畴。深度学习是人工智能的核心,能够实现系统自主更新和升级是其显著特征。智慧矿山要成为一个数字化智慧体就必须要有深度学习的能力。未来,在云平台和大数据平台上,融合多源在线监测数据、专家决策知识库进行数据挖掘与知识发现,采用人工智能技术进行计算、模拟仿真及自学习决策,基于 GIS 的空间分析技术实现设备、环境、人员及资源的协调优化,实现开采模式的自动生成和动态更新。

5.5.2.3 云计算技术

智慧煤矿物联网使得物和物之间建立起连接,伴随着互联网覆盖范围的增大,整个信息网络中的信源和信宿也越来越多;信源和信宿数目的增长,必然使网络中的信息越来越多,即在网络中产生大数据;大数据处理技术广泛而深入的应用将数据所隐含的内在关系揭示得也越来越清晰、及时。而这些大数据内在价值的提取、利用则需要用超大规模、高可扩展的云计算技术来支撑。特别是对煤矿井下环境、生产、灾害、人员活动高度耦合的大系统而言,数据越多,系统模型维数也就更高,监测控制也就越准确。而高维的智慧煤矿模型需要计算能力高且具有弹性的云计算技术。

5.5.2.4 数字孪生建模技术

数字孪生驱动的矿山模型设计采用数字孪生信息物理融合的思想,通过建立数字孪生矿山场景、设备和作业流程等虚拟仿真模型,实现信息空间的仿真模型与物理空间物理实体之间的映射反馈,以及全要素、全流程的虚实映射和交互融合,形成虚实共生的迭代协同优化机制,实现物理空间实际场景与所对应的虚拟空间仿真场景虚实交互、数据同步。

(1) 矿山建设的数字孪生

推进矿山建设与管理数字化、智能化内涵式发展。通过研究煤矿精准探测与数字矿山精确建模技术,构建矿山可视化物理模型、可验证的仿真模型、可表示的逻辑模型、可计算的数据模型,实现物理矿山实体与数字矿山孪生体之间的虚实映射、实时交互。建立基于数字孪生与5G通信技术融合的数字孪生矿山空间信息平台和公共信息平台,充分利用5G通信网关技术、边缘计算、高带宽和低延时等优势,为矿山数字孪生综采、综掘工作面智能化开采提供大规模边缘计算和高速传输。

(2) 矿山开采的数字孪生

促进现代矿山开发技术与数字孪生、物联网、云计算、大数据和 AI 等新型信息技术融合,形成感知分析、交互反馈、智能控制、智能决策的智能系统,实现物理矿山实体与数字矿山孪生体之间的虚实映射、实时交互,以及矿山无人化开采全息感知、全过程智能化运行、拟人化作业与虚拟场景展现。针对矿井开采工作面数字孪生模型演化的时空特性和重构复杂性,通过构建矿山开采工作面物理实体的数字孪生模型,精确表征数字孪生模型的时空演化特性与映射重构性能，实现矿山开采工作面生产过程远程智能监测、设备性能实时监控和生产场景三维可视化，提升煤炭安全、绿色、高效和智能化开采水平。

（3）矿山监控的数字孪生

推进矿山监控由信息化向智能化转变。为了克服矿山监控视频数据分离、系统承载受限、可视化效果欠佳等问题，建立基于数字孪生的智能监控系统，通过数字孪生对生产场景实时监控和虚拟映射，利用三维可视化平台获取井下综采工作面实时运行数据和精确信息，对瓦斯超限、突水前兆、顶板来压等事故进行预警。通过数字孪生、数据融合、深度学习与迭代优化，实现矿山综采工作面的远程可视化实时监控，提升智能监控系统的监控精度。

（4）矿山运维的数字孪生

建立数字矿山全息感知、业务协同控制、运维数字孪生的智慧化服务体系。基于数字孪生、物联网、大数据和 AI 等技术，以及数据可视化 App 等智慧矿山服务模式，实现矿山智能开采、智能选矿、智能煤流、智能安监和智能运维。通过矿山物联网和大数据平台，基于数字孪生实现矿山物理实体在虚拟场景的对象孪生、过程孪生和性能孪生，实现三维可视化智能运维。利用矿山运维数据的多源融合、深度学习、迭代优化和自主决策，实现矿山运维服务全生命周期的智能化，以及矿山安全、应急处置、绿色开采的智慧化管控。

5.5.3 智慧矿山八大系统

5.5.3.1 基于北斗系统的精准地质信息系统

煤矿地质信息是一种随着采掘活动在时间与空间不断发生变化的四维动态资料，随着信息技术、遥感技术、网络技术等数据采集、储存、管理与传输技术的发展，以北斗系统定位导航、GIS、三维地质建模、虚拟现实等为基础的实时空间-地质信息技术将形成天地一体化的智能信息传感网，从而实现矿山地质信息的实时智能采集、存储与应用，如图 5-37 所示。

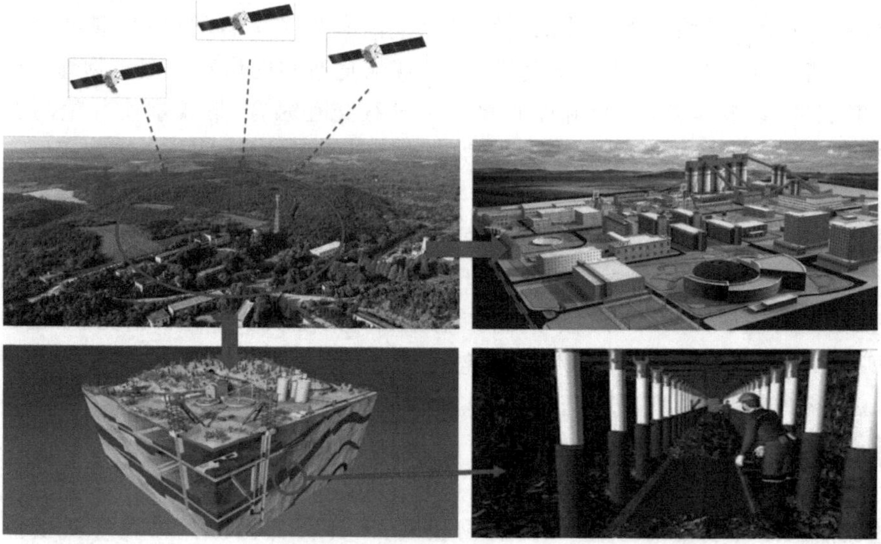

图 5-37　基于北斗系统的精准地质信息系统

北斗卫星导航系统（简称北斗系统，BDS）是我国自主研发的全球卫星导航系统，通过 3 颗静止轨道卫星、3 颗倾斜同步轨道卫星和 24 颗中圆轨道卫星实现准确导航与精准定位。

利用北斗系统定位导航技术可以实现煤矿地表地质信息的准确定位与实时监测，充分结合遥感、数字影像、地面物探、井下钻探及三维地震勘探等立体化地质勘探技术，可以实现对煤矿井上、井下地质信息的实时、精准获取。利用 GIS 对煤矿地质信息等资料进行采集、分析、查询与存储管理，将矿井所有的基础信息呈现于一张图中，并将煤矿井上、井下的地质信息进行可视化、图形化管理，实现宏观信息到微观信息的快速切换。结合三维地质建模技术与虚拟现实技术将矿井的采掘信息、煤矿地质、水文地质、瓦斯、矿山压力等多源地质信息进行有效融合，并以图、文、声、数字影像等方式在地面实时展现，实现对煤矿多种资源环境信息的实时智能管理。

5.5.3.2　智能矿井通风排运系统

智能通风系统主要是利用现代通信技术、监测监控技术及自动化控制技术进行矿井通风网络、实施方案的优化及风量、风速的智能实时控制。通过布设矿井环境、风阻、风压、风量等智能监测传感器，实现对矿井不同区域通风环境与通风状态的全面在线实时感知。基于煤矿安全规程中矿井环境的参数指标要求，对矿井各风点处的需求风量进行超前计算，利用风量智能调控系统对矿井风量进行实时调节，实现矿井通风系统的智能调控。

智能排水系统主要是通过建立矿井排水网络的三维智能管控平台，绘制各排水节点的三维坐标图，在排水点安设摄像头及水位、水量、水压监测传感器，对各排水点的水量、水位等进行实时监测，当水位、水量达到预设值时，自动开启一台或多台水泵进行排水；当水位、水量超出警戒值时，进行声光报警并启动应急设备；当水泵工作参数出现异常时，进行智能报警；当发生水害时，自动启动应急设备，进行声光报警，并对排水量、水仓容量等进行智能解析，智能显示应急救灾预案。

智能运输系统主要是对带式输送机的带速、运量、滚筒温度、胶带状态等进行远程集中智能控制。通过在带式输送机上安装智能激光煤量扫描仪，对带式输送机的煤量进行实时监测，根据上一级带式输送机煤量的实时监测结果，实现下一级带式输送机运量、带速的智能控制；对带式输送机的运行参数、状态进行实时监测，当带式输送机出现故障、胶带撕裂、烟雾等问题时，带式输送机自动停机并进行声光报警；具备带式输送机主要结构件运行参数的智能统计与分析，对主要结构件的使用寿命进行分析预测，并对主要结构件的更换进行预警提示；能够实现对带式输送机运量进行数据采集、上传、统计与智能分析决策，并具有各种统计数据查询、图表展示等功能。

5.5.3.3　危险源智能预警和消灾系统

根据危险源的致灾机理与致灾因素不同，可以将煤矿井下的危险源分为 3 类：① 煤矿系统中存在且有可能发生突然释放的物质或能量，如冲击地压、煤与瓦斯突出等；② 由于约束、限制能量的措施失效或破坏等不安全因素导致灾害性事故，如液压支架压架、顶板冒顶等；③ 由于组织管理失误、人员违章等人为因素导致灾害性事故，如作业规程不符合要求、工人违规操作等。

危险源智能预警和消灾系统是以风险预警为核心，通过对上述不同类型的危险源进行实时在线监测，利用危险源风险指数评价算法对矿井各区域发生灾害的风险性进行实时在线评估，确定风险类型、等级及解决方案。通过对井下易发生能量释放型、约束失效型危险源的区域布设各类传感器，实现对各种危险源的致灾指标进行实时监测、分析与上传，利用已经掌握的危险源致灾机理、触发条件判据、矿井工况及致灾因素监测指标值等对危险源的风险等级进行实时智能分析，判断风险类型、等级，并进行井下声光报警，井上在线预警。针对第3类危险源建立井下人员电子监控体系，利用人员精确定位系统对井下人员、车辆的位置及行进轨迹进行精确定位，当人员、车辆进入风险指数较高的区域时进行声光预警，当工人进行风险性指数较高作业时进行预警。

5.5.3.4 智能快速掘进和采准系统

实现智能快速掘进是解决采掘接续矛盾、快速形成采准系统和智能化开采的先决条件，智能快速掘进需要解决"掘—行统一"、"掘—支一体"和"掘—运连续"三大核心难题。通过在掘进机机身增加环境、位置等感知元器件和执行元器件，基于智能远程遥控系统实现掘进机的远程及就地可视化控制、防撞、智能定位、行走速度调节、故障告警并与带式输送机、局部通风机等实现联动闭锁控制。

智能化快速掘进的指挥系统即主控单元是智能快速掘进和采准系统的大脑，负责掘进工艺编制、遥控指挥控制、逻辑关系协调控制、协同指挥调度和就地显示等。在主控大脑的协同指挥调度之下，基于自动驾驶技术、测绘与导航技术，通过感知单元、定位单元、防撞单元、遥控单元、通信单元和集控单元等六大单元系统协同配合，实现"掘—行统一"、"掘—支一体"和"掘—运连续"，满足智能快速掘进的各项要求，保证采准系统的高效快速形成，解决采掘接替矛盾。

5.5.3.5 机器人化智能开采系统

机器人化开采是建立在煤炭赋存条件精准感知、截割轨迹精准调控、机器人群组精准配合和矿山压力精准预警的"四精准"基础之上的。机器人化智能开采系统通过装备的拟人化完成工作面的破煤、装煤、运煤、顶板支护和采空区处理等5个关键环节的无人智能生产，采煤机截割轨迹和截割高度自动调整，液压支架自动调整初撑力及安全阀开启压力满足开采空间的安全维护，刮板输送机自动调直保证工作面平整，采煤机和带式输送机运输速度协调统一，实现机器人群组的智能感知、精准控制和群组协调。开采机器人工作条件的透明化和可视化是机器人化智能开采系统自适应运行的基础，基于GIS建立"透明工作面"，将煤层厚度、起伏变化、构造等煤层赋存条件嵌入采煤机自主导航系统，基于自动驾驶技术，实现采煤机截割高度、截割角度、截割轨迹等精准调整。机器人化智能开采系统多工种机器人协同工作，机器人群组的控制、联动及协同是智能开采的核心。通过构建物联网系统，保证"采—装—运—支"等工序环节机器人群组的无人操作、群组协同和自动化运行，实现煤矿无人值守、远程监视、自主决策的机器人智能开采。

5.5.3.6 矿井全工位设备设施健康智能管理系统

设备预测与健康管理(prognostics and health management，PHM)技术近年来得到广泛关注，主要在军工、航空航天等领域展开具体研究。针对煤矿大型机电设备，目前主要是对于一些较为简单的故障进行了特征研究，其复杂故障特征，整个机电系统的全寿命管理还仅仅是雏形阶段。健康管理的主要过程和内容是对大型机械系统全生命周期各阶段的管理和健康维护，主要包括对系统健康指标的建立、检查检测、健康评价和健康恢复等。开展大型机械系统健康管理的主要方法和手段包括各种检查检测、状态监测、故障诊断、健康评估、剩余寿命预测等技术方法，以及维护、保养、修理和改造等手段。煤矿机电设备健康管理的核心是实现健康特征检测、健康评价以及健康恢复及维修。对于矿井全工位设备设施健康智能管理系统，由现场监测终端与远程监测中心共同组成，如图5-38所示。

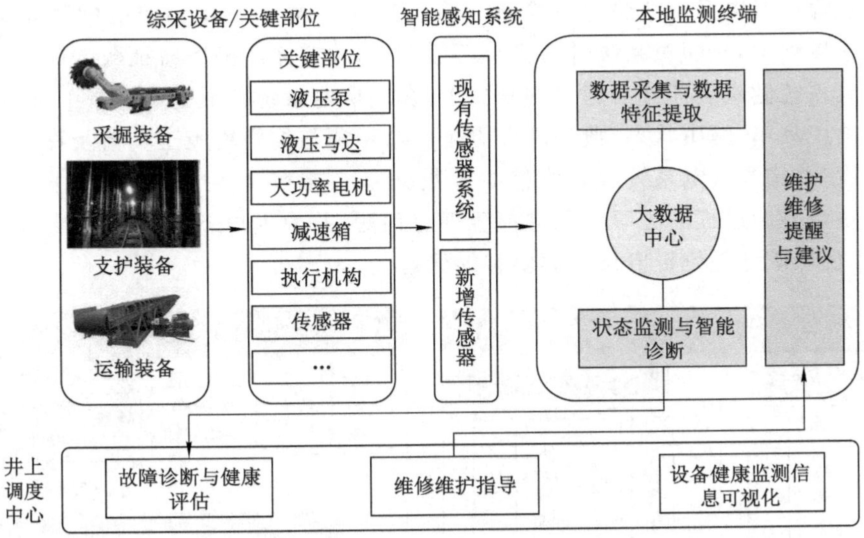

图 5-38　矿井全工位设备设施健康智能管理系统

现场监测终端对矿井设备关键部件布置传感器提取关键特征，并在现场计算提出维护维修提醒与指导建议；远程监测中心对于现场状态监测的特征数据进行健康评估与诊断，对比特征数据库，模拟设备失效机理，提出维修维护的建议。对于整个矿井全工位设备设施健康智能管理系统，其基础是实现对于整个机电系统健康的表征、健康演化规律及不同健康状态下使用与维修管理策略。对于煤矿机电设备，多数以电机旋转带动设备实现生产，其机械故障部位主要集中在轴承、齿轮、泵等，根据其典型故障部位及故障类型，确定其系统监测参数集，实现故障机理分析，从而得到监测参数、故障模式及其形象的关联矩阵(图 5-39)。

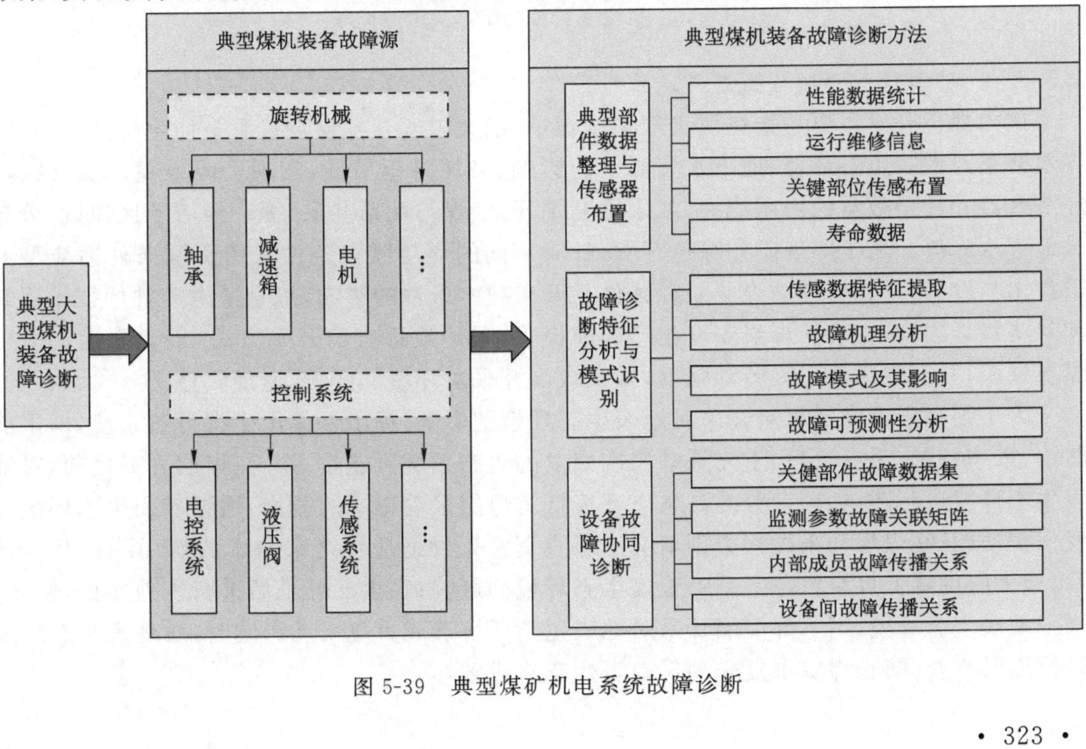

图 5-39　典型煤矿机电系统故障诊断

在典型煤矿机电系统故障分析诊断的基础上，对于整个机电系统的健康状况进行特征表征和健康度评价，从而对系统健康进行等级划分，构建系统健康特征数据库及健康标尺。

在机电系统健康表征方法建立的基础上，实现机电系统特征提取算法工具箱、故障诊断与评估算法工具箱、健康状态/典型部件剩余寿命预测与维修决策工具箱及算法辅助选择工具箱的开发，并构建机电系统综合维修决策数据库，如图 5-40 所示。该数据库可对整个煤矿机电设备全寿命过程的健康状况进行管理与预测，并根据设备健康特征给出合理维修建议，从而实现煤矿全工位机电设备健康智能管理。

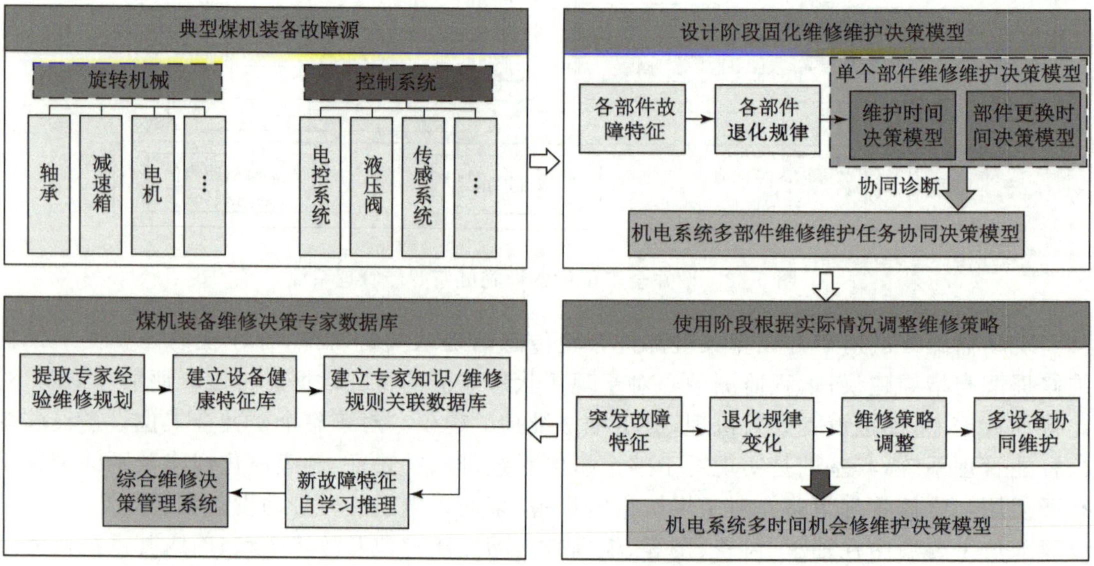

图 5-40　机电系统综合维修决策数据库

5.5.3.7　矿山绿色开发与生态再造系统

矿山绿色开发主要是指在煤炭开采过程中，最大限度开发煤炭资源与伴生资源，并且将煤炭开采对地表生态环境、地下水资源等的影响、破坏降至最低，实现资源效益、生态效益、经济效益和社会效益的协调统一，如采用充填开采、煤与瓦斯共采、循环经济园区建设、分布式地下水库等。为了实现矿井绿色开发，针对不同的煤层赋存条件采用资源条件适应型开采技术与设备，即充分考虑煤层赋存条件及开采技术条件的影响，综合考虑矿井的技术因素和经济管理因素，在确保煤炭安全生产的前提下，采用最适宜的开采方法，最大限度地采出煤炭资源，并有效降低工人劳动强度，减少煤炭开采对环境的影响，增加收益。

为了最大限度降低煤炭开采对地表生态环境的影响，提出了矿山生态再造系统，即采前防治、采中控制、采后治理、重复采动二次修复的生态系统再造技术。在煤层开采之前，对地表生态环境进行防风、固沙等提高生态环境抵抗煤层采动影响的能力，增强矿山生态环境自我保护功能；在煤层开采过程中创新基于煤炭资源条件适应型开采技术的矿山绿色开发技术，最大限度降低煤炭资源开采对地表生态环境的影响；在煤层开采后进行土地复垦，恢复、增强地表生态环境；当下部煤层开采对地表生态环境造成重复采动影响时，对地表生态环境进行适时修补，防止煤层重复采动对地表生态造成破坏。

5.5.3.8 智慧煤矿集中管理系统

集成研究成果，建设以云计算数据中心为基础，以安全管控平台和四维综合管理平台为核心的智慧煤矿系统，对矿井各个子系统进行有效整合、集中管控，及时处理、指导和调节各生产系统和环节的运行。智慧煤矿集中管理系统主要包括生产计划管理系统、矿山能耗管理系统、供电及动力系统等。

(1) 生产计划管理系统

生产计划管理系统运用生动而明确的图形和数据显示运营的关键性指标，其主要目的是使决策层最直观地了解当前主要指标运行情况生产计划安排情况，为科学、合理、及时地制定和调整企业的运行计划提供依据(图5-41)。

图5-41 生产计划管理系统

(2) 矿山能耗管理系统

矿山能耗管理系统通过数据采集系统对电、水、风、冷、热等多个系统用能情况进行监测，随后在MES平台上完成能耗分析、负荷管理、用能分配、能耗预测等功能，从而优化整个智慧煤矿系统的能量分配，在完成系统运行前提下最大限度地节约能源(图5-42)。

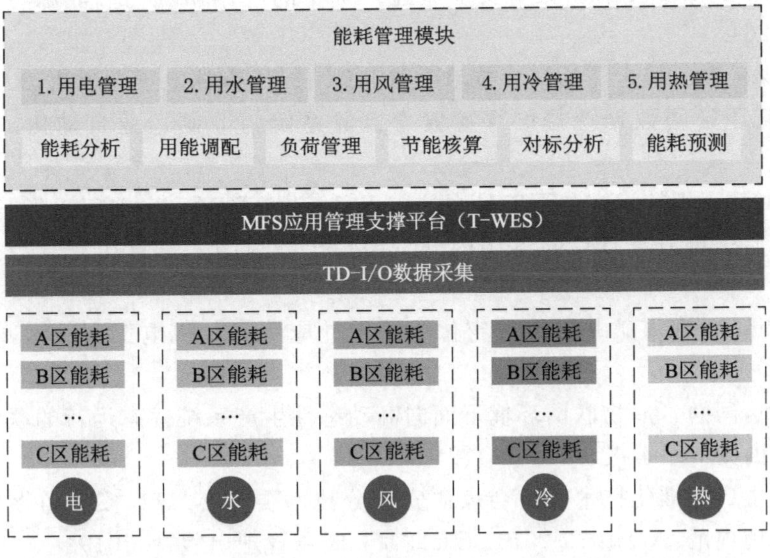

图5-42 矿山能耗管理系统

(3) 供电及动力系统

供电及动力系统通过远程计量装置对电、水、风的消耗情况进行监测，随后通过工业环网上传至MES平台，完成能源供应质量分析、能耗计算、用能分配等功能，从而优化整个智慧煤矿系统的供电及动力系统，保障各个系统用能的持续性、安全性及稳定性（图 5-43）。

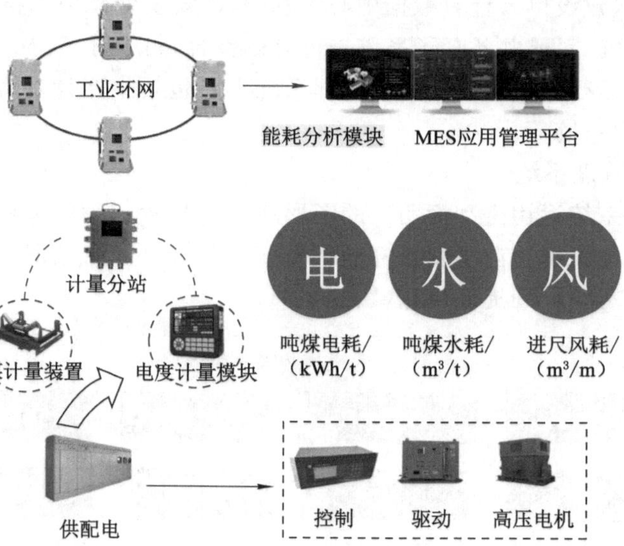

图 5-43　供电及动力系统

参 考 文 献

[1] 卞恺．降采算法在煤矿安全监控系统数据可视化中的应用[J]．煤矿机械，2023，44(3)：210-212.

[2] 陈炜，张莹．ZigBee 技术在煤矿安全监控系统中的应用研究[J]．能源与环保，2022，44(9)：259-264.

[3] 范天吉．煤矿粉(煤)尘防治综合技术手册[M]．长春：吉林电子出版社，2004.

[4] 廖美红．基于空间数据挖掘的煤矿安全监测系统[J]．制造业自动化，2012，34(24)：63-66.

[5] 刘全全．射频识别技术在井下工具中的应用[J]．化工管理，2022(21)：128-130.

[6] 吕琛，马剑，王自力．PHM 技术国内外发展情况综述[J]．计算机测量与控制，2016，24(9)：1-4.

[7] 宁传文．ZigBee 在煤矿井下人员定位中的设计应用[J]．机电工程技术，2020，49(12)：182-184.

[8] 屈挺，张凯，闫勉，等．物联网环境下面向高动态性生产系统优态运行的联动决策与控制方法[J]．机械工程学报，2018(16)：24-33.

[9] 全国安全生产标准化技术委员会煤矿安全分技术委员会．煤矿安全监控系统及检测仪器使用管理规范：AQ 1029-2019 [S]．北京：应急管理出版社，2019.

[10] 全国安全生产标准化技术委员会煤矿安全分技术委员会．煤矿安全监控系统通用技术要求：AQ 6201—2019[S]．北京：应急管理出版社，2019.

[11] 申玉玲．矿用无线一氧化碳传感器的设计与实现[J]．信息记录材料，2022，23(4)：198-200.

[12] 苏健,陈玉强,董田沼.基于传感器技术的炮控性能指标测试系统设计[J].传感器与微系统,2013,32(10):80-82.
[13] 孙凌云.施工自动定位跟踪技术选择的决策支持研究[D].大连:大连理工大学,2012.
[14] 王国法,杜毅博,任怀伟,等.智能化煤矿顶层设计研究与实践[J].煤炭学报,2020,45(6):1919-1924.
[15] 王国法,刘峰,孟祥军,等.煤矿智能化(初级阶段)研究与实践[J].煤炭科学技术,2019,47(8):1-36.
[16] 王国法,王虹,任怀伟,等.智慧煤矿 2025 情景目标和发展路径[J].煤炭学报,2018,42(2):295-305.
[17] 魏利纯.KJ90NB 型煤矿安全生产综合监控系统[J].河南科技,2013(16):62-68.
[18] 谢嘉成,王学文,杨兆建.基于数字孪生的综采工作面生产系统设计与运行模式[J].计算机集成制造系统,2019,25(6):1381-1391.
[19] 辛忠玉,葛令建,冯浩,等.矿用传感器静态特性补偿方法与研究进展[J].陕西煤炭,2016,35(6):5-11.
[20] 邢东旭.煤矿安全监测监控系统现状及发展趋势[J].内蒙古煤炭经济,2021(8):125-126.
[21] 徐光柱.安全监控系统在矿井安全生产中的科学运用[J].神华科技,2013,11(5):41-42.
[22] 徐竟天.基于 ARM9 嵌入式和工业以太网的矿井瓦斯监控系统研究[D].西安:西安科技大学,2012.
[23] 续继俊.煤矿安全监测监控技术现状及发展趋势[J].能源与节能,2022(3):92-94.
[24] 杨俊哲,陈苏社,王义,等.神东矿区绿色开采技术[J].煤炭科学技术,2013,41(9):34-39.
[25] 杨恺.煤矿安全监测监控系统的研究与实现[J].西部探矿工程,2022,34(12):172-174.
[26] 杨世兴,郭秀才.监测监控系统原理与实用设计[M].北京:中国电力出版社,2007.
[27] 杨雪梅.采煤机监控数据的应用研究与实现[D].上海:复旦大学,2008.
[28] 杨元喜.北斗卫星导航系统的进展、贡献与挑战[J].测绘学报,2010,39(1):1-6.
[29] 袁亮,俞啸,丁恩杰,等.矿山物联网人-机-环状态感知关键技术研究[J].通信学报,2020,41(2):1-12.
[30] 张建中,郭军.智慧矿山工业互联网技术架构探讨[J].煤炭科学技术,2022,50(5):238-246.
[31] 赵丹,刘剑,马恒,等.煤矿安全监测监控系统传感器设置[J].煤矿安全,2009,40(10):64-67.
[32] 赵双斌.煤矿机电硐室温度监测与预警功能实现[J].煤炭与化工,2022,45(7):86-88.
[33] 郑伟.无线传感器网络在煤矿安全监测中的应用[J].当代化工研究,2020(24):60-61.
[34] 邹翔,殷松峰,程跃,等.基于 ISSA-BP 神经网络的激光甲烷传感器温度补偿研究[J].光子学报,2023,52(8):105-116.

第6章 矿山职业安全与健康

采矿的生产过程、劳动过程、生产环境中都存在某些特有的职业卫生问题。采矿作业中产生的含有各种成分的粉尘、炮烟、毒气,直接作用于人体的噪声、振动、肮脏环境、繁重的体力劳动,作业环境中种种不安全因素,不良的微小气候和被污染的空气等因素都会对工人安全与健康造成影响。由于采矿种类的不同,职业卫生问题也有不同的特点。煤矿除粉尘外,高温及爆炸危险也比较特殊;金属和非金属矿开采的矿石中存在有毒物质(铅、汞、砷、锰、铍、铀、石棉),某些矿物(金、钨、萤石等)和石英共生,致使粉尘中游离二氧化硅含量很高,会对肺部健康造成严重危害。因此,需要系统地研究矿山职业安全与健康,保障采矿工作顺利进行。

6.1 矿山职业危害与防治概述

在采煤工业中,主要职业病危害因素有:不良气象条件、生产性粉尘、有毒气体、生产性噪声和振动等。劳动强度较大、作业姿势不良和容易发生外伤等也是井下作业的特点。煤矿井下气象具有气温高、湿度大、不同地点气流大小不等和温差大等特点。由于用通风机通风,矿井中的气流,在竖井或斜井中的风速有时可达 3～5 m/s 以上,越往巷道深处,气流越小。矿井内的不良气象条件是煤矿工人发生感冒、上呼吸道感染及风湿性疾病的促发因素,煤矿工人上呼吸道感染及风湿性疾病的发病率一般比其他工厂企业高。在夏季通风不良的深矿井中,煤矿工人可能发生中暑。

煤矿生产中存在的大量生产性粉尘,是煤矿中的主要危害因素。煤矿工人由于长期吸入含有较高游离二氧化硅的岩尘、煤尘和混合性粉尘,可发生硅肺、煤工尘肺。在矿井空气中,可能存在瓦斯、一氧化碳、二氧化碳、氮氧化物及硫化氢等有毒气体。矿井中的生产性噪声和振动主要来源于机械工具,噪声可能引发噪声性耳聋,长期受局部振动作用影响可能引起手臂振动病。劳动强度大和作业姿势不良的情况在采矿作业中大量存在,在安全条件不良的煤矿中,因外伤的休工日可占因病伤总休工日的 30%。

6.1.1 矿山职业病现状

随着工业迅速发展,工程建设、金矿开采、石英加工和宝石加工等行业产尘的作业场所和岗位不断出现,接尘人数大大增加。然而,一些企业的经营者忽视劳动卫生管理,对防护资金投入极少,作业环境恶劣,使粉尘职业危害形势严峻。其中,粉尘危害最严重的当数煤矿企业,普遍存在粉尘浓度严重超过职业卫生标准的高浓度粉尘环境,接尘作业人员的呼吸防护问题更加突出、尖锐。

根据《中国煤矿职业病防治现状典型调查分析》的报告，我国地方国有煤矿采煤工作面的总尘浓度平均为 64 mg/m^3，超标 10.7 倍，最高超标 56 倍；采煤工作面呼吸性粉尘浓度平均 16 mg/m^3，超标 4.6 倍，最高超标 9.3 倍。

面对如此恶劣的粉尘工作环境，即使设有很多的降尘措施，但在深部矿井采掘工作面仍难以有效地将粉尘浓度降至国家标准以下，例如湿法作业可极大地降低粉尘浓度，但仍远远超过职业卫生标准。所以，随着煤矿开采深度、开采强度、开采规模的持续增加，矿尘产生量也不断增大，特别是呼吸性粉尘呈大幅上升趋势，工人长期吸入较高浓度呼吸性粉尘可导致尘肺病，如图 6-1 所示，我国每年因尘肺病死亡人数已超过煤矿事故死亡人数之和。据原国家卫健委统计的全国职业病报告情况，截至 2021 年，全国累计报告职业病例约为 102.5 万例，其中，职业性尘肺病例约为 91.5 万例，占比约为 89.27%。

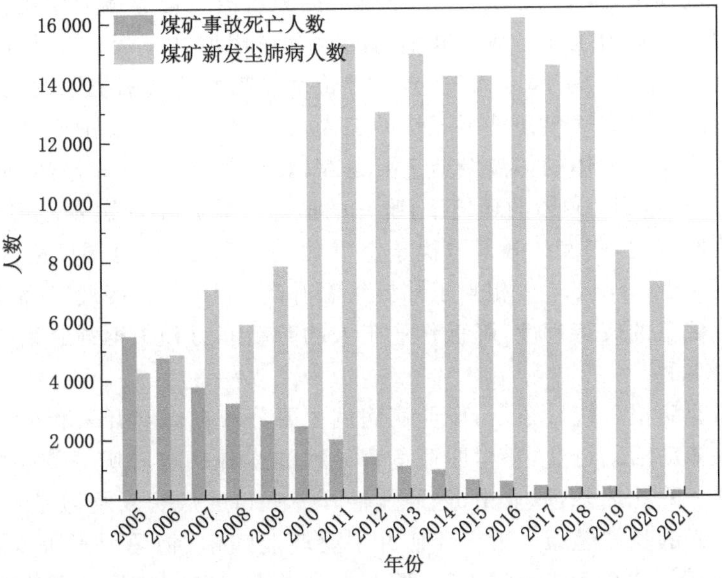

图 6-1　2005—2021 年煤矿新发尘肺病人数与煤矿事故死亡人数对比图

煤矿开采过程中包括的生产性毒物主要有 CH_4、NH_3、CO、CO_2、NO_x、H_2S 等。CH_4、NH_3 主要来源于煤层，可存在于井下生产的各个环节，主要存在于采煤工作面、煤巷掘进工作面和回风巷等；CO、CO_2、NO_x 主要来源于井下爆破、瓦斯煤尘爆炸、火灾和煤的自燃等，尤其是爆破后未及时排出炮烟或者排除不彻底而导致浓度较高；H_2S 主要来源于有机物的腐烂(坑木)、含硫矿物的水解、氧化与燃烧等。

钻孔作业等井下振动作业的工人长期持续接触大能量的手传振动，有研究结果显示，从事手传振动作业的工人，在各种职业病危害因素的作用下可能导致全身及手部综合征或疾病。手传振动主要导致手部周围神经系统、循环系统及肌肉骨骼系统的损害症状(如手麻、刺痛、白指、手冷、手指关节痛等)，最终导致职业性手臂振动病。职业性手臂振动病难以治疗，严重影响患者身心健康，并可能危及社会的稳定。

矿山生产过程中产生噪声的作业点有：矿山凿岩、爆破、运输设施、通风设施、选矿厂等。按照《工业企业噪声卫生标准》的规定，人员作业场所的噪声标准为 85 dB(A)，最高不得超过 90 dB(A)。对不符合要求的工作场所，通常采取减振、个人防护等措施加以控制。噪声源附近的作业人员应配备个体噪声防护用具，包括降噪耳塞、耳罩；噪声危害受噪声强度和来源的影响，不同的噪声强度和来源对人的影响不同，企业需要定期对环境中的噪声强度进行监测，将噪声控制在一定范围内，同时根据现场的噪声强度，来选择合适的个体噪声防护用品；对破碎、筛分设备、空压机以及通风机等噪声源应采用加减振垫、设隔音间等减振、降噪措施。

因煤矿行业生产环境特殊，矿工的工作体力和压力要远高于其他行业工人。矿工体力和压力过大时，不仅会产生矿工脑疲劳，还会严重影响矿工身体健康和其行为选择，对煤炭生产安全构成极大的威胁。应急管理部对中国煤炭事故伤亡人数进行统计，发现由于人为因素导致的矿井事故占比达到 95%以上。煤炭工人行为因素对煤矿作业安全影响极为重要。现阶段采煤过程中，煤矿工人不仅要完成采掘和机器维修等体力作业，同时也要进行机器控制和文件记录等脑力工作。体力和脑力的综合作用增加了煤矿工人的疲劳感，导致其作业灵活性降低，严重时会引起人因失误，而且长期体脑疲劳会引发职业性疾病。

在深井高温高湿恶劣气候条件下工作的工人，人体的散热平衡遭到破坏，从而产生一系列的生理和心理反应。人体的体温调节主要是靠辐射、对流、传导来散热，而当气温在 30 ℃以上，相对湿度几乎达到 100%的环境下，唯一的散热方式是出汗蒸发。但蒸发作用与空气的温度、湿度、风速有关，蒸发的效果取决于空气的相对湿度，相对湿度越大，汗液蒸发率越小。相对湿度从 45%增至 85%，相当于外界气温升高了 10 ℃。因此，高温高湿的恶劣气候环境可加速作业矿工的疲劳程度，降低作业工人的劳动能力和中枢神经系统的兴奋，极易造成井下人身伤亡事故。

根据全国职业病报告统计显示，职业病病例主要分布在煤炭开采和洗选业、有色金属矿采选业以及开采辅助活动行业，粉尘职业危害导致的尘肺病等呼吸系统疾病是矿工职业病的主要组成部分。除此之外，职业中毒、职业性耳鼻喉口腔疾病以及物理因素所致职业病也严重危害矿井工人的身体健康。近十年矿井主要职业病中，物理因素所致职业病变化趋势稳定，职业中毒病例在 2018 年大幅下降，职业性耳鼻喉口腔疾病呈上升趋势，其新增病例数目在 2015 年超过职业中毒(图 6-2)。

6.1.2 职业病危害防治

职业病的发生取决于三个因素，即：接触者、职业性有害因素、职业有害因素作用条件。这三者的因果联系，决定了职业病是否具有可预防性。三级预防理论为职业病预防提供了重要的指导思想。职业病一级预防具体内容如图 6-3 所示。

6.1.2.1 一级预防对策：防患于未然，认真落实职业病防治法要求及安全生产监督责任

(1) 控制或消除职业性有害因素的接触：改革生产工艺，实行自动化生产，密闭化作业；规范操作制度，减少有害因素产生；加强局部抽风和回收利用，控制对周围环境的污染；用无毒或低毒物质代替有毒物质等。

(2) 加强职业人群的健康教育和健康促进：教育职业者自觉地选择有利于健康的行为，消除和降低危险因素，降低职业有关疾病的发病率、伤残率和死亡率，提高职业人群的生活质量。职业人群健康教育包括一般卫生教育和职业健康教育。一般卫生教育侧重于针对个人不利于健康的生活方式和行为，如酗酒、吸烟、不合理营养等；职业健康促进包括职业安全与职业卫生教育、职业心理学教育和“以预防为主”的环境观念等。

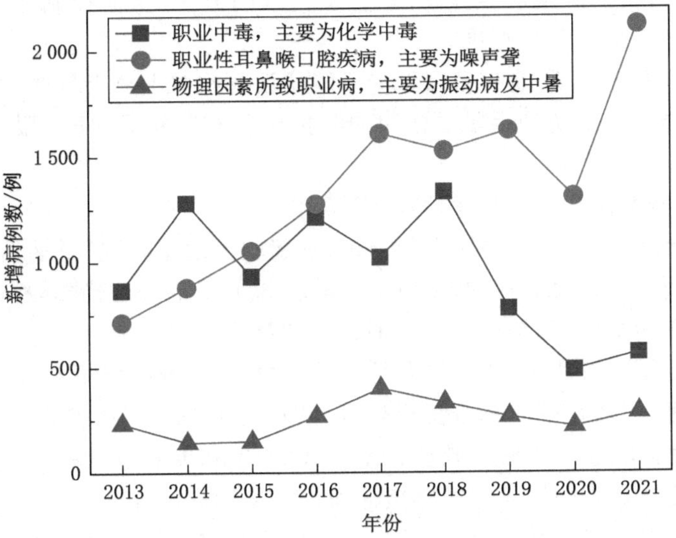

图 6-2　2013—2021 年矿井主要职业病新增病例

(3) 加强预防保健：为增强职业人群机体的抵抗力，保护受职业危害作用的靶组织、靶器官，应根据接触有害因素作用的性质和特点，补充某些特殊需要的营养成分。如对毒物接触者，根据毒物损害作用给予特殊营养。例如，接触损害肝脏为主的毒物时，应给以保肝食物，如优质蛋白质、易吸收的碳水化合物和多种维生素；脂溶性毒物接触者，应适当控制膳食中脂肪和总热能，补充优质蛋白质（保肝）及维生素 C 和维生素 B 等；对高温作业者，由于大量出汗，盐分随水溶性维生素、氨基酸分解产物大量排出，应补充无机盐、蛋白质，优质蛋白质应占总蛋白质的一半左右。

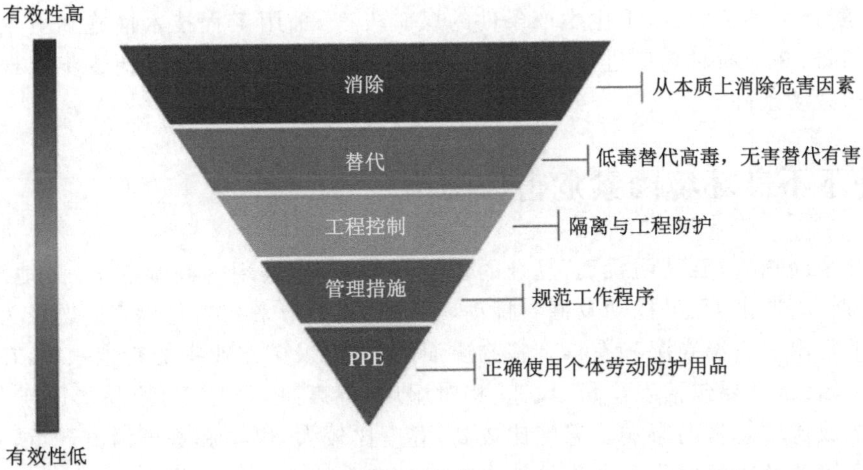

图 6-3　职业病一级预防（病因预防）示意图

(4) 研究和制定卫生标准，强化卫生监督与安全管理：通过对生产环境中有害因素的定性和定量监测，评价劳动环境的质量，并结合工人病因分析，从而控制接触。加强卫生法制建设，严格卫生监督，执行卫生标准。

（5）加强个体防护：当职业有害因素尚不能从设备改善上进行预防时，个体防护措施的采用应是保障健康的主要防护手段。常用的防护用品有防护帽、防护服、防护眼镜、面罩和各种呼吸器。

6.1.2.2　二级预防对策：早发现，早诊断，早治疗

（1）加强健康监护：通过各种检查和分析，掌握职工健康状况，早期发现健康损害征象，以评价职业有害因素对接触者健康的影响及程度，以便采取预防措施，控制疾患的发生和发展。如：就业前、在岗期间、离岗时和应急时的职业健康检查。

（2）及时发现和评估潜在危害：加大科学研究的力度，及时发现和评估潜在的有害因素和可能的潜在危害，为修订卫生标准提供依据，防止危害的进一步扩大。

（3）建立和完善职业危害紧急救援体系，及时处理和控制急性中毒事故。

（4）加强对各类职业性损害的敏感指标和特异指标的研究。

（5）引入和推进周期性健康检查制度，进一步开展和完善职业人群的早期筛检、职业病普查工作。

6.1.2.3　三级预防对策：积极治疗，防止合并症，促进康复

（1）加强职业病的临床研究，提高临床诊断、治疗水平。

（2）加强治疗药物，特别是特殊解毒药物的研究。

（3）建立健全化学物中毒和职业病预防与控制中心等职业病医疗机构。

（4）健全和完善职业病的医疗保险制度和社会救助补偿机制，积极做好职业病患者的工作能力鉴定及安置工作。

改善煤矿井下作业工人的劳动条件，控制煤矿井下作业中的职业病危害因素，保护煤矿工人健康的根本出路是对煤矿的生产过程、设备进行技术改造，逐步实现机械化、自动化生产。煤矿企业的不安全因素较多，劳动条件较差，职业危害较严重，为此必须严格执行国家法规，严格禁止不具备安全、卫生生产条件的煤矿投产，采用工程技术措施和卫生保健措施等来进行预防，并不断对煤矿进行技术改造，逐步实现采矿自动化，以便逐步从根本上改善煤矿工人的劳动条件。

6.2　井下不良环境因素危害与防治

深部开采面临着“五高两扰动”复杂的地质力学环境，表现为高地应力、高地温、高渗透水压、高瓦斯、高冲击、开采扰动及掘巷扰动，其中高地温带来的矿井热害问题较为突出。

矿井下常出现高温高湿和有毒有害物质涌出环境，采矿作业中的粉尘颗粒，在各种不同的矿井环境因素（主要包括发尘量、风速、相对湿度、温度）的作用下，容易形成矿井雾霾，对照明环境造成比较恶劣的影响。温度比较高，湿度比较大，煤尘和噪声污染严重，照度不够，矿工视觉环境差及高强度作业条件等因素会对矿工身体造成严重伤害。

6.2.1　井下高温热害与防治

目前我国主力生产矿井已经陆续进入深部开采阶段。据统计，全国井工矿平均开采深度接近 650 m，采深大于 800 m 的矿井有 200 多座，采深大于 1 000 m 的矿井约 50 座，这些

矿井集中分布在河北、河南、山东、安徽两淮及江苏徐州等华北型煤田区。据数据统计，由地温梯度引起的高温热害矿井越来越多，截至目前大约有 150 对，大部分深部矿井的工作面温度都超过了 30 ℃。已有的千米深井均达到一级热害矿井标准（采/掘工作面风温达28～30 ℃），或井田达到一级热害区标准；同时，一些非千米深井的岩温及风温也会高于正常值，例如平煤八矿（采深 660 m/风温 35 ℃/岩温 43 ℃）、东滩煤矿（采深 660 m/风温 31 ℃/岩温 33 ℃）等，经地热地质勘探确认这些高热的非千米深井均位于地热正异常区。以上问题主要是因为以下三个方面：一是深部矿井的巷道周边围岩温度升高，围岩向巷道内散热量增加；二是深部矿井的风流自压缩放热作用增强，引起入口风温升高；三是大型机械设备运转放出了更多热量。

6.2.1.1　高温作业对人体的危害

高温环境下，人体心理和生理容易出现异常反应，直接影响劳动人员的工作能力和注意力，致使劳动过程中失误次数增多，对人身健康、劳动效率和生产安全造成危害。这些危害大致可以概括为“一低三高”。

“一低”即工人劳动效率低。根据苏联职业病研究所的测试结果，当巷道风流风速为 2 m/s、相对湿度为 90%时，若巷道内空气温度不超过 25 ℃，则矿工的劳动效率能够达到 90%。随着风流温度的升高，矿工的劳动效率会越来越低，30 ℃时降低为 72%，32 ℃时只有正常工作环境条件下劳动效率的 62%。这就表明当巷道内环境的空气温度超过 30 ℃后，工人的劳动效率将急剧下降，大约为正常工作状态时劳动效率的 0.7 倍。南非的研究数据印证了苏联的测试结果，数据结果显示：当井下采掘工作面的温度超过标准温度（26 ℃）后，风温每上升 1 ℃，工人的劳动效率就会下降 7%～10%，见图 6-4。由此可见，随着矿井开采深度的增加，井下工作人员作业条件将会更加恶劣。

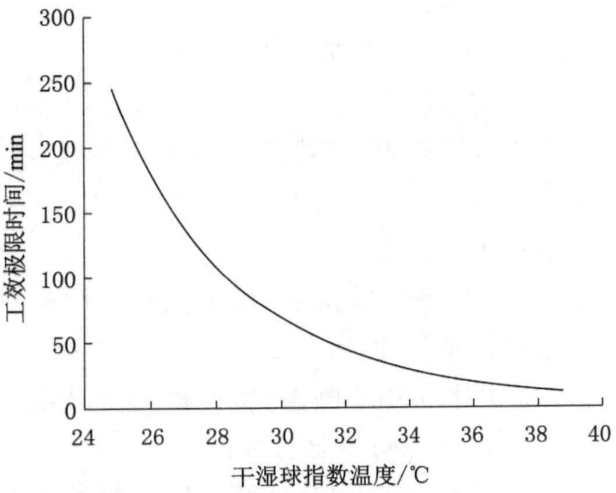

图 6-4　矿工作业时间随温度变化关系

“三高”分别是工人发病率高、事故发生率高、设备故障率高。新汶矿业集团孙村煤矿是我国乃至全亚洲最深的煤矿，于 1984 年就出现了非常严重的矿井热害问题。在安装矿井空调系统之前，该矿井下采掘工作面的矿工发病率比安全热环境时高 1.83 倍，最高时甚至达到 3.61 倍。调查数据显示，空气温度处于 30～34 ℃范围内的井下作业点的事故发生率是空气温度在 30 ℃以下的作业点的 3.6 倍以上。同时，日本北海道地区内 7 个矿井的事故调查结果也表明，空气温度在 30～37 ℃范围内的作业面与 30 ℃以下的工作面的事故发生率相比，会增加 1.15～2.13 倍。由调查结果可知，如果把 30 ℃作为温度基准，那么矿井内环境的风温每提高 1 ℃，井下机电设备发生运行故障的概率就会增加 1 倍以上。

6.2.1.2　矿山高温热害的预防措施

《煤矿安全规程》规定工作面不能超过 26 ℃，否则就必须采取降温措施，工作面温度超过 30 ℃必须停止作业。目前，高温热害矿井回采工作面的降温模式主要是在进风顺槽内设置空气冷却器，冷却工作面的进风流，而后输送冷风到工人作业地点降温。由于井下采煤作业区域并非固定不动，而是随着采煤机的推进而移动，如将降温设备安装在井下采煤作业区域，则降温设备必须随着作业区域移动而移动，严重影响井下工人正常作业效率，且回采工作面内空间有限，难以放置较大型的空气冷却设备。

现阶段，根据降温措施的不同，可将高温矿井热害治理对策分为非人工制冷降温和人工制冷降温。非人工制冷降温采取通风降温、隔热疏导、个体防护为主导方式，人工制冷降温采用人工制冷水降温、人工制冰降温、热电冷混合联产制冷降温为主要方式。

1. 非人工制冷降温

基于中央空调制冷降温原理，根据矿井通风监测系统实时传输的井下气象环境数据统计矿工人体感觉每日逐时热舒适度变化规律，针对高温矿井井下作业环境的温湿度及风速变化，实施动态补偿冷风的降温减湿调控对策。

(1) 测定并统计井上气温变化数据，绘制井上逐时热舒适曲线，依据井上逐时热舒适曲线绘制井下热舒适调控曲线，并设定井下舒适度调节区域。

(2) 设定井下初始温度和风速，构建优化目标函数，在满足井下温度变化范围、风速调节范围、舒适值变化量等约束的前提下，通过动态补偿冷风促使井下舒适值尽可能接近井下作业人员最满意的等效舒适值，从而寻优得到温度、湿度、风速等参数的设定值。

(3) 以小时为时间粒度设置补偿冷风调控周期，井下热舒适度在一天当中处于波动状态，而在每个调控周期内处于相对稳态。

2. 人工制冷降温

人工制冷降温，又称为机械制冷降温，由制冷机组产生冷量以达到降温目的。人工制冷降温是目前高温矿井热害治理的主流技术手段。根据地下矿井降温场所的不同特点，可灵活采用以下三种对策：

(1) 地面集中式降温：将机械制冷设备安装于地表，通过输送管道将冷空气送到需要降温治理的井下作业场所；

(2) 井下集中式降温：将机械制冷设备安装于坑内硐室，通过输送管道或井巷将冷空气直接送到井下高温作业场所；

(3) 地面—井下联合降温：以上两种对策的联合方式，适用于多治理场所、制冷量较大的高温矿井热害治理。

3. 矿工自身安全预防

高温矿井井下环境复杂，有些情况难以达到理想的治理效果，如新建、改建、扩建矿井的建设与制冷降温设施建设存在不同步，也存在降温措施实施困难的情况，矿工加强自身安全防护至关重要。

(1) 自身安全防护。高温作业环境下穿戴性能良好的工服及个人防护用品，并掌握个人防护用品正确使用方法，佩戴时尽可能感觉舒适。

(2) 活性作业制度。井下高温作业环境，持续作业对身体机能消耗相对严重，同时也会对生理、反应能力、协调能力产生影响。可采用活性作业制度、碎化工作量、轮流作业、交替休息等灵活策略，在安全的前提下保证较好的工作状态。

(3) 掌握必要的应急救援知识。掌握中暑等突发疾病的急救措施与方法，在井下配置必要的应急药品，当作业人员出现不适时，需及时展开救援并正确服用相应药品。

6.2.2　不良照明危害与防治

6.2.2.1　井下的照明条件

煤矿是一个特殊的照明场所，井下没有自然光源，部分地点每天照明时间可以达到 24 h，合理的电气照明是矿井安全生产的重要保证。井下照明一般有两种形式：一种是使用移动灯具照明，如矿工佩戴的矿灯；另一种是固定式照明，在巷道、硐室中安装防爆 LED 灯、荧光灯等。在《煤炭工业矿井设计规范》(GB 50215—2015)中给出了井下固定照明地点的照度标准，见表 6-1。影响矿井照明质量的主要因素有光源的选择、灯具的布置方式、巷道面的反射比和环境可见度等；衡量矿井照明质量的主要指标有色温、照度、眩光值和照度均匀度等。

表 6-1　井下固定照明照度

序号	照明地点	照度值/Lx	序号	照明地点	照度值/Lx
1	主变(配)电所	30	8	信号站、调度室	50
2	主水泵房	15	9	候车室	20
3	机电硐室	20	10	保健室	75
4	电机车库	15	11	井底车场附近	15
5	爆破材料库：发放室	30	12	运输巷道	5
6	爆破材料库：存放室	15	13	巷道交叉点	10
7	翻车机硐室	15	14	专用人行道	5

矿灯是“矿工的眼睛”，是煤矿井下每个工作人员必须佩戴的重要照明工具。但是，矿灯的照明范围小，周围存在明显的暗区，仅适合用于局部照明。在工作劳动强度大，需要较高照度的工作面，仅仅使用矿灯照明会影响矿工的工作效率。因此在煤矿采掘工作面，需要采用照度较高的固定照明灯具。

6.2.2.2　不良照明对人体和作业的影响

(1) 不良照明对人体健康的影响

我国煤矿受到井下环境的限制，虽然大部分得到改善，还是有一部分企业还存在照度不足的问题，尤其是矿井下重要的采煤工作面和掘进工作面的照度不足，有些平均照度甚至还不足 2 Lx；而地面照明，一般都在 20 Lx 以上。在光线不足的环境中进行长时间的作业，不仅会降低井下工人的工作效率，还可能引起视觉疲劳，甚至会导致职业病，如比较常见的职业眼球震颤，就是因为井下工人长期在照度不足的环境下生产和生活。过高的照明水平会导致照度不均匀，稳定性比较差，进而引起眩光现象，使视觉分辨能力持续下降；强光还会刺伤眼睛，能源浪费也比较多，长时间处于过高的照明水平不仅大幅降低工效，还会对煤矿井下工作人员的眼睛造成视觉功能的伤害、造成近视。

(2) 不良照明对作业安全的影响

良好的照明使人感到舒适，并能调整人的精神状态，进而提高工作效率。日本照明学会和欧洲照明学会研究人员发现，在一定照度下，照度可以提高工作效率，过了一定照度之后工效则不会增加。而作业环境和工作压力是导致煤矿事故发生最主要的两个因素，不良的环境往往是人的不安全行为和物的不安全状态孕育的土壤，是导致事故发生的主要原因。作业环境（照明、温度、噪声、粉尘、湿度）中光照是仅次于温度的重要因素，由此可见，照明因素和人生理及心理因素相互作用是煤矿事故发生的主要原因。

综采作业是煤炭井下开采的重要环节，综采工作面也是矿井事故的多发地点，大部分的综采工作面作业空间窄小，自然环境条件恶劣多变，风速高、湿度大，机器设备运行过程中矿尘和噪声污染严重；并且照明设备少、照度往往不够，导致视觉环境差。矿工在这种恶劣的环境中工作，受到潜在的矿井灾害威胁，不但对身体健康有害，更会在心理上产生压抑感，以致厌烦工作、精力不集中，工作中容易产生操作失误或者忽视周围环境中的危险因素。

6.2.2.3 照明与安全

良好的照明条件是安全生产的必要条件之一。经过多年的发展，我国生产环境的照明条件有了很大改善，但人们对照明理念的认识经历了普通照明—节能照明—绿色照明—健康照明的变化过程，人们对照明的要求越来越高，因此改善生产环境照明条件已成为当务之急。

（1）积极提高照度水平，保证作业环境适宜的照度

随着照度的增加，人眼识别外界事物的清晰度和速度也相应提高，同时由于掌握外界情况所消耗的人体能量减少，工人的疲劳程度也会随之减轻。研究表明，当作业环境的照度从30 Lx增加到300 Lx时，工人的疲劳程度大约下降40%；如果照度继续增加到1 000 Lx，工人的疲劳程度进一步降低至50%，达到最低点；如果照度超过1 000 Lx，则因工人感到光线刺眼又使疲劳程度回升。

（2）合理设计照明条件

在井下的设计过程中应考虑照明的设计条件，从根本上保证合理的照明。因此，要充分了解生产和工人活动的特点与要求，在人工照明设计时，考虑以下几个因素，如作业区要求的照度、视野内亮度的分布、作业或观察对象的大小与反射率、作业或观察对象与周围环境亮度的对比情况、工作中容许观察的时间、个体特征等，使设计方案更趋合理。

（3）合理运用色彩调节生产现场的照明，优化照明效果，降低劳动者的视觉疲劳

不同的色彩环境对劳动者的生理和心理都会产生不同的刺激，从而不同程度影响劳动者的生产效率。因此，在生产现场营造适宜的色彩环境，使置身于其中的劳动者感到舒适、愉快、安全、精神振奋和精力集中，是保障劳动者身心健康、提高生产效率的重要途径，也是搞好生产现场管理的一个重要手段。

（4）更新照明理念，推行健康照明

人类社会要求健康地向前发展，健康照明也就应运而生。健康照明要求做到照明技术与照明艺术的统一，要同时满足生理和心理健康的需求。现行的照明设计主要考虑被照面的照度、眩光、均匀度、阴影、稳定性和闪烁等问题；而健康照明设计不仅要考虑这些问题，同时还要处理好紫外辐射、光谱组成、光色、色温等对人的生理和心理的作用。

6.2.3 高强度重复作业骨骼肌肉损伤及预防

6.2.3.1 矿工职业性肌肉骨骼损伤现状

在部分自动化程度不高的矿井，巷道掘进作业所需的物料、设备等均需要人工进行搬运。综掘工作面的作业空间狭窄，支护作业所需的物料多、设备重，矿工和设备分布十分集

中，矿工需长时间保持较高的工作强度和紧绷的工作状态，搬运作业难度大。现场调查表明，矿工在煤矿作业中每个班次的工作时间长，工作强度大，加上井下温度高、空气潮湿、空间狭小、光线暗淡、工作面噪声大、粉尘超标及有害气体威胁等环境因素，导致矿工极易感到疲劳。在这种特殊的作业环境下，工人长时间保持不舒适的作业姿势进行搬运作业，可能导致身体肌肉纤维过度收缩，局部充血水肿，血液循环不畅，体内的代谢废物无法及时排出，从而出现肌肉酸痛、肌肉劳损等症状，最终导致职业性肌肉骨骼损伤(occupational musculo skeletal injury，OMSI)，引起腰肌劳损、肩周炎、颈椎病、下背痛等疾病。

OMSI 是指肌肉、肌腱、神经和支撑作用的骨骼系统等所形成的疼痛、不适、疲劳、麻木刺痛或局部肿胀等。OMSI 属于慢性职业病，多年以来，其患病率一直处于较高的水平，但由于其与职业中毒、心血管疾病、恶性肿瘤等疾病相比没有致死的危险，因此企业及工人对于该疾病的重视和关注程度不够。然而，OMSI 不仅会使矿工的劳动能力和工作效率下降，延误掘进进度，还会对矿工的身体健康以及生活质量造成不良的影响，严重时甚至导致矿工出现工作失误，进而诱发工伤事故，造成不必要的经济损失。常见的工伤事故有：手部砸伤、脚部砸伤、肋部肌肉拉伤以及关节扭伤等。

对于特定的矿工上肢肌肉来说，长时间保持固定的姿势进行作业更容易导致职业肌肉骨骼疾病的发生。而对于下肢肌肉而言，煤矿工人常年工作在阴暗、潮湿的井下，缺少阳光照射，工作环境艰苦，劳动强度大，且由于煤矿特殊的工作环境，工人需长时间站立，活动时间和休息时间相对较少，导致双下肢负重，血管不运动，血液长时间淤积在小腿和足部，容易形成下肢血运不畅，久而久之造成下肢静脉压过高，破坏下肢静脉瓣膜功能，导致下肢静脉曲张的发生。另外，工人们缺乏下肢静脉曲张应有的预防知识，也是易形成下肢静脉曲张的原因。

6.2.3.2 职业性肌肉骨骼损伤的预防措施

(1) 合理调节工作时间

许多煤矿为了片面地追求效益，随意加大矿工的工作量，延长工作时长。如果矿工长时间得不到休息，则会导致疲劳积累，注意力下降，很容易造成事故，影响生产安全。

(2) 积极改善工作环境

《煤矿安全规程》规定，采掘工作面温度不得超过 26 ℃，机电设备硐室温度不得超过 30 ℃，噪声声级限值为 85 dB；人体感到舒适的环境温度是 20～26 ℃、湿度 40%～60%、声音 35～45 dB。煤矿企业应当完善符合矿工实际工作的矿井温度、湿度、照明、噪声、通风系统，改善作业环境。

(3) 注重机械宜人化设计

通过机械宜人化设计、改进生产设备、加大安全投入，适当降低矿工劳动强度、减少操作失误。同时，定期举办矿工培训课堂，使矿工熟练掌握设备，加强提升操作技能水平，也能够有效避免事故的发生。

(4) 重视饮食的营养结构

人体的营养结构是影响人体机体健康及体力、运动能力的直接因素。煤矿企业应当针对煤矿工人的工作安排和制度，重视矿工工作餐营养。同时应当注意食物配比，给予矿工工作所需要的能量和营养，在保证营养全面的同时，也能减少矿工因为缺少微量元素而引发身体疾病的可能性。

6.3 矿尘的危害与防治

矿尘的危害是多方面的，如污染劳动环境，降低生产场所的可见度，影响工人的劳动效率和操作安全。长期吸入大量矿尘极有可能引起呼吸道炎症，甚至会导致尘肺病，严重影响人体健康和寿命。尘肺病作为煤炭行业的一类多发职业病，是一种"隐性"矿难，细微粉尘颗粒长时间悬浮在空气中，随气流扩散污染范围广，吸入大量细微粉尘容易引发尘肺病等呼吸系统疾病，甚至会对神经系统、血管、心脏等其他器官造成损害，对作业人员的身心健康造成极大危害。本节针对防尘技术措施，全面分析了通风净化及除尘、降尘技术，干式除尘技术、喷雾降尘技术、煤层注水抑尘、防尘供水系统设计，尘肺病及其预防等技术方法。

6.3.1 矿尘的基本物化特征

6.3.1.1 矿尘的概念

粉尘是指能够较长时间悬浮在空气中的固体颗粒。从胶体化学观点来看，含尘空气是一种气溶胶，悬浮粉尘散布在空气中，与空气共同组成一个分散体系，分散相是悬浮粉尘，分散媒是空气。矿井粉尘是指在煤矿开拓、掘进、回采和提升运输等生产过程中产生，并能长时间悬浮于空气中的岩石和煤炭的细微颗粒，简称矿尘。

6.3.1.2 矿尘的分类

1. 按矿尘成分划分

(1) 煤尘：即在采煤、煤巷掘进及运煤等过程中产生的、尘粒中以固定碳可燃物为主的矿尘。各个国家在定义煤尘的粒度范围是不相同的，没有统一的严格规定，例如：美国规定煤尘为 0.64 mm 以下的煤粒；英国规定煤尘为 0.59 mm 以下的煤粒；中国规定煤尘为 1.0 mm 以下的煤粒。

(2) 岩尘：即在岩巷或半煤岩巷掘进中产生的、尘粒中不含或极少含有固定碳可燃物的矿尘。煤矿井下作业产生的矿尘主要是煤尘和岩尘，此外，还有少量金属微粒和爆破时产生的其他尘粒等。

2. 按矿尘粒径划分

(1) 粗尘：粒径大于 40 μm，相当于一般筛分的最小粒径，在空气中极易沉降。

(2) 细尘：粒径为 10～40 μm，在明亮的光线下，肉眼可以看到，在静止空气中作等速沉降运动。

(3) 微尘：粒径为 0.25～10 μm，光学显微镜可以观察到，静止空气中作等速沉降运动。

(4) 超微尘：粒径小于 0.25 μm，要用电子显微镜才能观察到，在空气中作扩散运动。矿尘粒径示意见图 6-5。

3. 按矿尘粒径组成范围划分

(1) 全尘(总粉尘)：包括各种粒径在内的矿尘的总和，对于煤尘来说常指粒径在 1 mm 以下的所有尘粒。

(2) 呼吸性粉尘：主要指空气动力学直径 5 μm 以下的尘粒。它能通过人体上呼吸道进入肺泡区，是导致尘肺病的病因，对人体健康威胁很大。

全尘和呼吸性粉尘是粉尘检测中常用的术语。在一定条件下，两者有一定比例关系，其比值大小与矿物性质及生产条件有关，可以通过多次粉尘粒径分布测定获得。

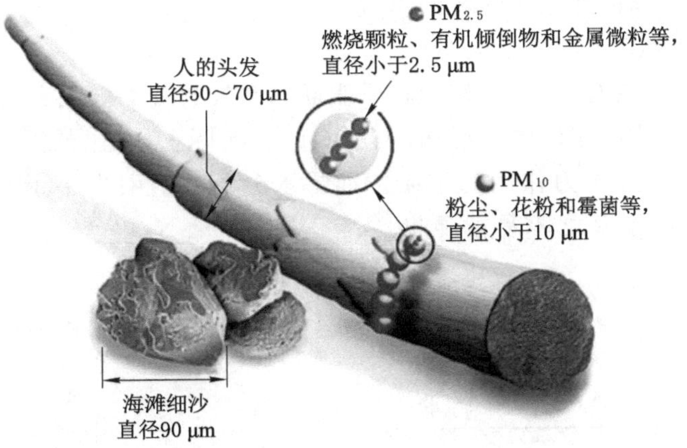

图 6-5　矿尘粒径示意图

4. 按矿尘中游离二氧化硅含量划分

(1) 硅尘：指含游离二氧化硅在 10%以上的矿尘，它是引起矿工硅肺病的主要因素，煤矿中的岩尘一般多为硅尘。

(2) 非硅尘：指含游离二氧化硅在 10%以下的矿尘，煤矿中的煤尘一般均为非硅尘。

5. 按矿尘有无爆炸性划分

(1) 有爆炸性煤尘：即经过煤尘爆炸性鉴定，确定悬浮在空气中的煤尘在一定浓度和有引爆热源的条件下，本身能发生爆炸或传播爆炸的煤尘。

(2) 无爆炸性煤尘：即经过爆炸性鉴定，不能发生爆炸或传播爆炸的煤尘。

(3) 惰性粉尘：能够减弱和阻止有爆炸性粉尘爆炸的粉尘，如岩粉等。

6.3.1.3　矿尘的性质

1. 矿尘的比表面积

煤或岩石被破碎为微细的矿尘，其总表面积显著增大。单位质量(或体积)矿尘的总表面积称为矿尘的比表面积。设尘粒为球形，则其比表面积 S_w 与直径 d 的关系为

$$S_w = \frac{\pi d^2}{\frac{\pi}{6} d^3 \rho_1} = \frac{6}{\rho_1 d} \tag{6-1}$$

式中　d——尘粒的直径，m；

ρ_1——矿尘的密度，kg/m^3。

由式(6-1)可以看出，矿尘的比表面积与粒径成反比。矿尘的粒径越小，其比表面积越大。因而，比表面积是衡量矿尘颗粒大小的指标之一。

2. 矿尘中游离二氧化硅的含量

二氧化硅在岩石和矿物中的存在状态有两种：一种是结合状态的二氧化硅，即硅酸盐矿物，对人体危害不大；另一种是游离状态的二氧化硅，常见的煤系沉积岩均含有不同数量游离状态的二氧化硅。矿尘中的游离二氧化硅是危害人体健康的重要因素，其含量越高，危害越大，煤炭中含有 1%～5%的游离二氧化硅，无烟煤中游离二氧化硅的含量一般较烟煤高。煤尘中存在的游离二氧化硅是矿工患上尘肺病的一个重要因素，长期吸入将造成肺部组织

纤维化，这也引起了国内外诸多学者的重视。

3. 矿尘的湿润性

当空气湿度较大或有水雾时，矿尘粒子表面的空气膜被水雾或水滴破坏，粒子相互碰撞凝聚在一起，这种性质叫作矿尘的湿润性（图 6-6）。实际上，矿尘的湿润现象是液体（水）和固体（尘粒）分子之间分子力作用的结果。如果水分子间的引力小于水与尘粒分子间的引力，则矿尘能被水湿润，反之不易被湿润。

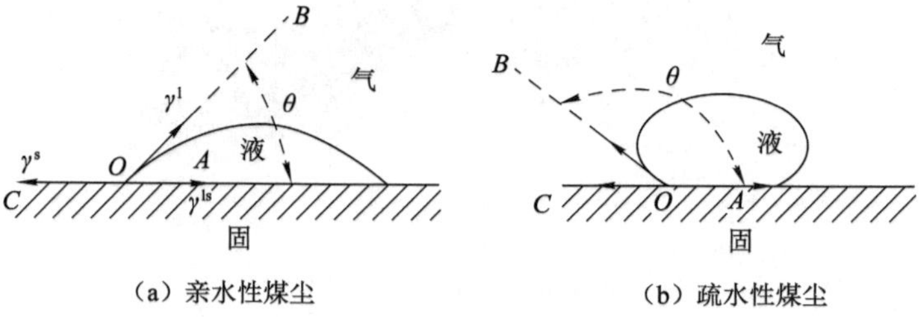

图 6-6　煤尘润湿性

4. 矿尘的荷电性

同一种尘粒可带正电，也可带负电或不带电，尘粒是否带电与其化学性质无关。矿尘粒子在被破碎过程中互相摩擦，表面得到或失去电子而使矿尘带电；悬浮在空气中的矿尘也可以直接吸附空气中的离子而产生电荷。

尘粒的荷电性与电荷符号对防尘工作有着重要的意义。同性电荷相斥，增加了尘粒在空气中的运动，不易凝聚沉降；异性电荷相吸，可使尘粒在碰撞时凝聚沉降。

5. 矿尘的浓度

矿尘的浓度是指在单位体积的矿内空气中所含矿尘的质量或数量。

（1）表示方法

常用的表示方法有质量法和计数法。其中，质量法是用每立方米矿内空气中所含浮尘的克数或毫克数来表示，单位为 g/m^3 或 mg/m^3；计数法是用每立方厘米的矿内空气中所含浮尘的颗粒数来表示，单位为粒/cm^3。

我国规定采用质量法来计量矿尘浓度。计数法因其测定复杂且不能很好地反映矿尘的危害性，因而较少使用。

（2）除尘效率

除尘效率（也叫防尘率）是采取除尘措施或除尘装置使空气中含尘量降低程度的指标，其实质就是除掉的矿尘量与空气中原有的总含尘量之比的百分数。其计算式如下：

$$\eta = \frac{G_1 - G_2}{G_1} \times 100\% = \frac{C_1 - C_2}{C_1} \times 100\% \qquad (6\text{-}2)$$

式中　G_1——原空气中的总矿尘量，g；

G_2——降尘后空气中的矿尘量，g；

C_1——原空气中的矿尘浓度，g/m^3 或 mg/m^3；

C_2——降尘后空气中的矿尘浓度，g/m^3 或 mg/m^3。

6. 矿尘的分散度

煤尘分散度是煤体被粉碎的程度，指煤尘中不同粒径范围颗粒物所占比例，是影响煤尘危害程度的一个重要因素。分散度越高，表示小颗粒呼吸性粉尘占比越大，就更容易被矿工吸入肺部而引起尘肺病。矿尘的分散度有质量百分比和数量百分比两种表示方法。

(1) 质量分散度以各粒级尘粒的质量占矿尘总质量的百分数来表示，其计算式如下：

$$P_t = \frac{u}{W} \times 100\% \tag{6-3}$$

式中　P_t——质量分散度，%；

u——某粒级矿尘的质量，mg；

W——矿尘的总质量，mg。

(2) 数量分散度以各粒级尘粒的颗粒数占矿尘总颗粒数的百分比来表示，其计算式如下：

$$P_t = \frac{n}{m} \times 100\% \tag{6-4}$$

式中　P_t——数量分散度，%；

n——某粒级尘粒的颗粒数，粒；

m——矿尘的总尘粒颗粒数，粒。

我国煤矿矿尘分散度，按数量百分比划分为 4 个计测范围：Ⅰ级为小于 2 μm，Ⅱ级为 2～5 μm，Ⅲ级为 5～10 μm，Ⅳ级为大于 10 μm。在矿尘分散度的组成中，小于 5 μm 的尘粒所占的百分比越大，对人体的危害越大。

矿尘分散度是衡量矿尘颗粒大小构成的一个重要指标，是研究矿尘性质与危害的一个重要参数。矿尘的分散度直接影响着其比表面积的大小，矿尘分散度越高，其比表面积越大。

矿尘分散度对尘粒的沉降速度有显著的影响，微细尘粒难以沉降，给降尘工作带来了不利因素。矿尘分散度对尘粒在呼吸道中的阻留有直接影响。

7. 矿尘的燃烧性和爆炸性

有些矿尘(主要是硫化矿尘和煤尘)在空气中达到一定浓度时，遇到外界明火、电火花，或在高温热源的作用下，能发生燃烧和爆炸。

8. 矿尘的可见度

在强烈的阳光下，当背景颜色不同时，可以见到 10 μm 大小的尘粒。然而，在照明条件很差的矿井里，100 μm 大小的尘粒肉眼是看不见的，这部分矿尘恰恰对人身体危害比较严重。

9. 矿尘的密度和相对密度

单位体积矿尘的质量称为矿尘密度，单位为 kg/m^3 或 g/cm^3。排除矿尘间空隙以纯矿尘的体积计量的密度称为真密度，用包括矿尘间空隙在内的体积计量的密度称为表观密度或堆积密度。矿尘的真密度是一定的，而堆积密度则与堆积状态有关，其值小于真密度。矿尘的真密度对拟定含尘风流净化的技术途径(如除尘器选型)有重要价值。矿尘的相对密度系指粉尘的质量与同体积标准物质的质量之比，因而是无因次量。

10. 矿尘的光学特性

矿尘的光学特性包括矿尘对光的反射、吸收和透光强度等性能。在测尘技术中，常利用矿尘的光学特性来测定它的浓度和分散度。

(1) 尘粒对光的反射能力

光通过含尘气流的强弱程度与岩粒的透明度、形状、气流含尘浓度及尘粒直径大小有关,但主要取决于气流含尘浓度和尘粒直径大小。当尘粒直径大于 1 μm 时,光线由于被直接反射而损失,即光线损失与反射面积成正比。

(2) 光强衰减程度

当光线通过含尘气流时,由于尘粒对光的吸收和散射等作用,会使光强减弱。

(3) 尘粒的透光程度

含尘气流(对光线)的透明程度取决于气流含尘浓度的高低。当浓度为 0.115 g/m^3 时,含尘气流是透明的,可通过 90%的光;而随着浓度的增加,其透明度将大为减弱。

11. 矿尘的吸附性和凝聚性

(1) 吸附性

矿尘微粒之间存在着吸附力,与其粒径和分散度等参数有关。粒径越小,分散度越高,颗粒之间自然接触面积就越大,矿尘微粒之间的吸附力、溶解性和化学活性也随之增强。

(2) 凝聚性

矿尘体积小,质量轻,比表面积大,增强了尘粒间的结合力。当尘粒间的间距非常小时,由于分子引力作用,尘粒相互结合而形成较大尘粒,矿尘的这种性质叫作凝聚性。若尘粒和其他物体相结合,这种现象称为附着。

12. 矿尘的悬浮性及扩散性

(1) 悬浮性

尘粒粒度越小,质量越轻,矿尘表面积越大,吸附空气的能力也越强。矿尘的表面形成一层空气膜,因此矿尘不易降落,可以长时间悬浮在空气中,矿尘的这种特性叫作悬浮性。

(2) 扩散性

悬浮于空气中的矿尘,如果存在浓度差别,则矿尘往往就会从高浓度区域向低浓度区域扩散移动,趋向于浓度均匀化,这种特性称为矿尘的扩散性。

6.3.2 矿尘的危害

在全球范围内,包括我国在内许多国家的煤矿都存在着粉尘灾害问题。世界主要采煤国家如美国、印度、澳大利亚、中国、俄罗斯、德国、波兰等国,均不同程度地存在煤矿粉尘安全隐患和职业健康等问题(图 6-7)。

图 6-7 作业现场沉积粉尘示意图

(1) 职业病

1969 年美国颁布了《联邦煤矿健康和安全法案》,之后的几十年,尘肺病得到有效控制,患病率有所降低。然而,在 20 世纪 90 年代后,该病发病率又逐渐出现明显的上升趋势。2009 年 12 月,美国矿业安全和健康管理局发起了终结尘肺病的运动,并举行听证会、收集公众意见。2013 年 8 月,该管理局将提案交至美国联邦政府,经过了近一年的等待,美国联邦政府确定了改革议程。此次改革创造了历史,但仍需严加监管。我国的煤矿接尘工人数量在全世界居于首位,且尘肺病患病率居高不下,带来了一系列的负面影响(图 6-8 和图 6-9)。因此,我国煤矿粉尘防治工作刻不容缓。

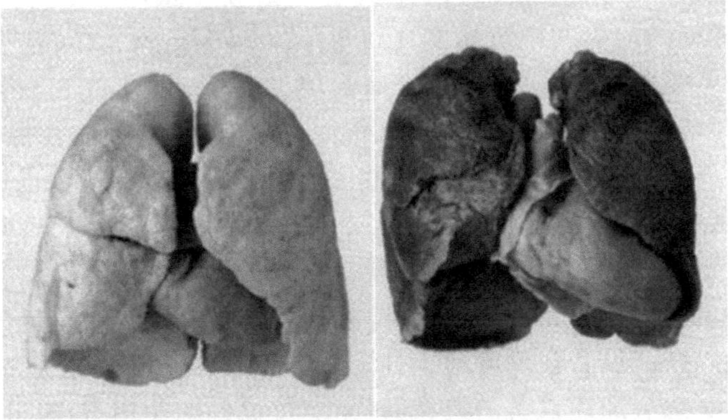

图 6-8　正常人肺部(左)和三期尘肺病(右)

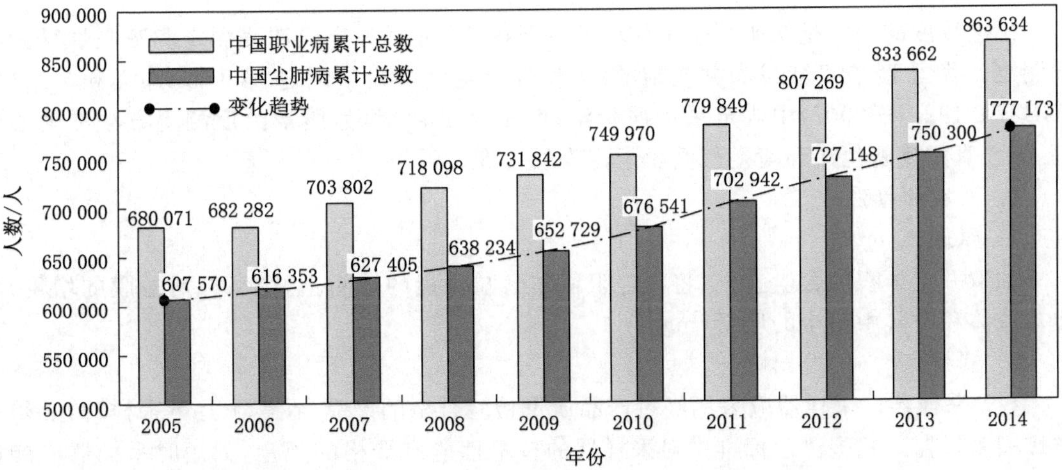

图 6-9　中国尘肺病、职业病累计总数增长示意图

(2) 煤尘爆炸

矿尘中的煤尘具有可燃性,在遇到外界火源的情况下很容易引起火灾,有的煤尘甚至会导致爆炸事故,造成巨大损失。据统计,全世界每年发生的各类粉尘爆炸事故中,煤尘爆炸事故约占 9%,而在我国这一比例更是高达 35%。2006 年 7 月 15 日,山西省灵石县蔺家庄

煤矿发生一起重大的煤尘爆炸事故，造成53人死亡；2006年2月23日，山东省枣矿集团联创公司(原陶庄煤矿)发生一起煤尘爆炸特大事故，在现场施工的27人中，15人死亡、12人受伤；2013年12月13日，新疆维吾尔自治区昌吉回族自治州呼图壁县白杨沟煤矿违规实施架间爆破，引发瓦斯爆炸，冲击波扬起运输巷、运输平巷的煤尘参与爆炸，导致事故扩大，造成22人死亡。因此，有效降低矿井粉尘的浓度，解决煤矿工作面粉尘浓度高的问题迫在眉睫。

(3) 影响视野

我国煤矿绝大部分是井工煤矿，受井下空间限制，高浓度的生产性粉尘更难进行有效处理，尤其是产尘量最大的综采面和掘进面，产尘量占总粉尘量的60%～80%，在不采取除尘措施的情况下，工作面的粉尘浓度可达到4 000～8 000 mg/m^3，有的矿井甚至更高。高浓度的煤尘弥漫在井下受限的空间内，使工作面的能见度更低，煤矿工人视野受到煤尘影响，易产生急躁情绪，可能会操作失误，甚至导致伤亡事故发生。同时，较低的能见度也将影响远程可视化开采工作面的推广和使用，阻碍了无人开采工作面的推进进程。

(4) 加速设备磨损

随着煤矿行业机械化、自动化程度的不断提高，煤矿井下的机械、电气设备越来越多，但是由于井下恶劣环境的影响，设备的使用寿命普遍不高，因此企业需要设置检修班组每日对设备进行维护检修以提高设备使用寿命。井下高浓度粉尘对设备的影响非常大，设备相对运动部位进入煤尘必然会加速设备的机械磨损，缩短设备的使用寿命。同时，煤尘沉积在设备和仪表的表面，不仅脏污仪器设备，还会对其运转部件造成磨损。

6.3.3 矿尘的检测

6.3.3.1 矿尘浓度的测定

矿尘浓度的测定是煤矿测尘工作中的主要内容，可分为全尘浓度测定和呼吸性矿尘浓度测定。我国于2007年发布并实施的《工作场所空气中粉尘测定 第1部分：总粉尘浓度》(GBZ/T 192.1—2007)中规定采用质量浓度(mg/m^3)。因为质量浓度测尘方法准确性较高，能较真实反映生产环境空气受粉尘污染的程度。

1. 滤膜称重法

1) 原理

抽取一定体积的含尘空气，将粉尘阻留在已知质量的滤膜上，由采样后滤膜的增重，求出单位体积空气中粉尘的质量(mg/m^3)。

2) 器材

(1) 采样器。采样器应采用经过产品质量检验合格的产品，在煤矿井下采样时，必须用防爆型采样器。我国测尘标准中对采样器的技术性能有严格的规定，如短时采样器应能连续工作100 min以上，采样流量(带滤膜)应大于15 L/min，负载能力大于200 Pa，长时间连续采样器应能连续工作8 h以上，采样流量(带滤膜)应大于1 L/min，负载能力大于1 000 Pa。个体采样器要求体积小，重量轻，便于工人携带且不影响生产操作(图6-10)。

(2) 采样头。采样头有多种，包括测定总粉尘浓度的采样头、测定呼吸性粉尘浓度的采样头和分级采样头，即可同时测定总粉尘浓度和呼吸性粉尘浓度。国家标准规定采样头的气密性必须达标(即将滤膜夹装上装有塑料薄膜的采样头放于盛水的容器中，向采样头内加压送气。当压差达到1 000 Pa时，水中应无气泡产生，或加压至1 000 Pa、1 min后压差下

携带式　　固定式

图 6-10 携带式个体采样器(左)和固定式采样器(右)

降不大于 100 Pa)。

(3) 滤膜。滤膜系一种高分子化合物(过氯乙烯),简称合成纤维滤膜,由纤维错综交织、形成多层重叠且多网孔的薄膜,平均厚度约 108 μm,表面呈细网状,韧性很强,不易破裂,具有静电压、憎水性、耐酸性等特点。这种滤膜对粉尘粒子阻留率较高,平均可达 99%左右,而且滤膜阻力较小,一般的抽气动力均可应用。滤膜的重量轻,在天平上称重时造成的误差较小,是当前比较理想的滤料。当生产环境中粉尘浓度为 50 mg/m^3 以下时,应用直径为 40 mm 的滤膜;粉尘浓度高于 50 mg/m^3 以上时,则应用直径为 75 mm 的滤膜;如果生产场所的温度在 55 ℃以上时,应改用玻璃纤维滤膜。

(4) 气体流量计。气体流量计常用 15～40 L/min 的玻璃转子流量计,流量计精度为 2.5级。至少每半年用钟罩式气体流量计或皂膜流量计,也可用精度为 1 级的转子流量计校正一次。若流量计有明显污染时应及时清洗校正。

(5) 分析天平。精度为万分之一克。

(6) 干燥器。装有变色硅胶干燥剂。

3) 测尘步骤

具体流程见图 6-11。

(1) 滤膜的准备。用镊子取下滤膜两面的夹衬纸,置于分析天平上称量,直至相邻两次质量差不超过 0.1 mg 为止,记录质量。将称量的滤膜,毛面向上装入滤膜夹上。确认滤膜无褶皱或裂隙后固定在滤膜夹上放入带编号的样品盒内备用。

直径 75 mm 的滤膜(漏斗形)固定法:① 旋开滤膜固定圈;② 用镊子将称量好的滤膜对折两次成 90°角的扇形,然后张开成漏斗状,置于固定盖内,使滤膜紧贴固定盖的内锥面;③ 用锥形环压紧滤膜,将螺丝底座拧入固定盖内,如滤膜边缘由固定盖的内锥面脱出时,则应重装;④ 用圆头玻璃棒将滤膜漏斗的锥顶推向对侧,在固定圈的另一方向形成滤膜漏斗;⑤ 检查安装的滤膜有无漏缝，若有应重装；⑥ 将装好的滤膜固定圈收入样品盒中备用。

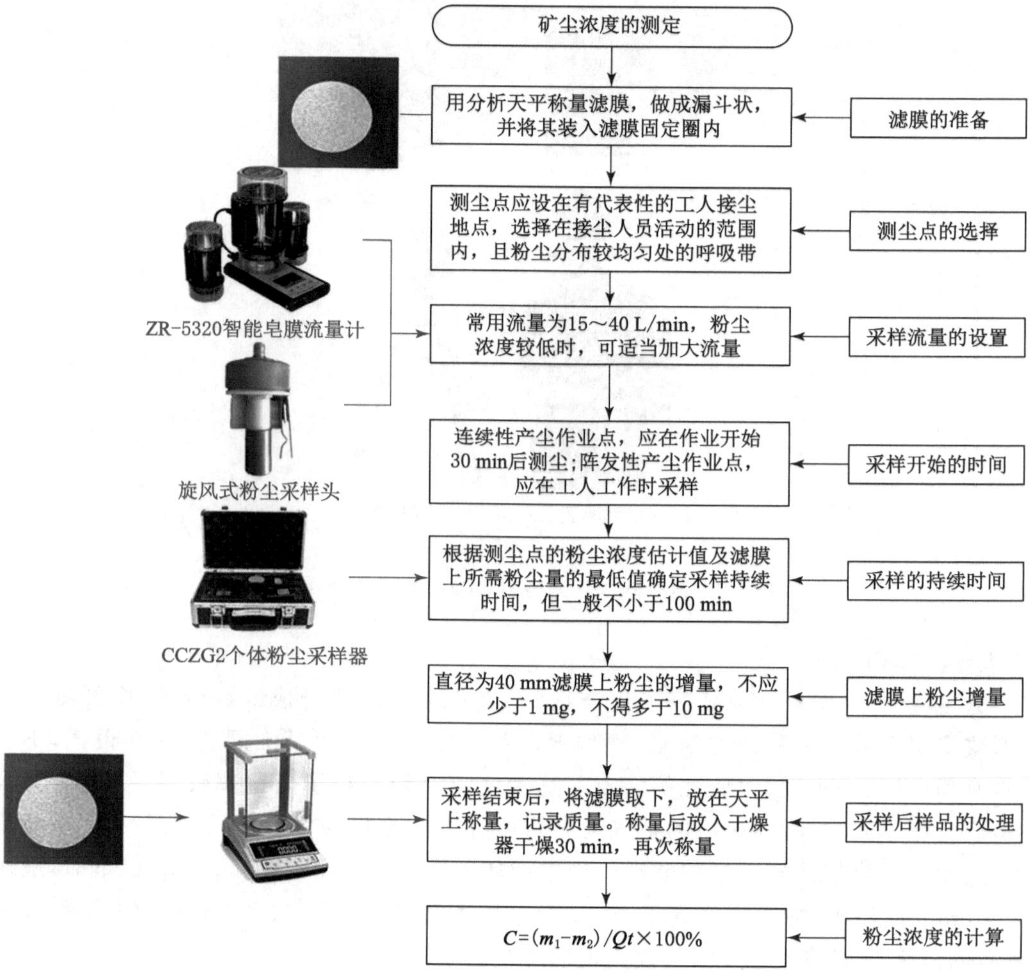

图 6-11　矿尘浓度测定流程图

（2）测尘点的选择

① 测尘点应设在有代表性的工人接尘地点；② 测尘位置应选择在接尘人员活动的范围内，且粉尘分布较均匀处的呼吸带；③ 有风流影响时，一般应选择在作业地点的下风侧或回风侧；④ 移动式产尘点的采样位置，应位于生产活动中有代表性的地点，或将采样器架设于移动设备上；⑤ 井下作业场所的总粉尘浓度，每月测定 2 次，定点呼吸性粉尘监测每月测定 1 次，工作班个体呼吸性粉尘监测，采、掘工作面每 3 个月测定 1 次，其他工作面和作业场所每 6 个月测定 1 次。每个采样工种分 2 个班次连续采样，1 个班次内至少采集 2 个有效样品，先后采集的有效样品不得少于 4 个。

（3）采样的流量。常用流量为 15～40 L/min，粉尘浓度较低时可适当加大流量但不得超过 80 L/min，在整个采样过程中应保证流量稳定。

（4）采样开始的时间。连续性产尘作业点应在作业开始 30 min 后测尘；阵发性产尘作业点应在工人工作时采样。

(5) 采样的持续时间。根据测尘点的粉尘浓度估计值及滤膜上所需粉尘量的最低值确定采样的持续时间,但一般不得小于 100 min;当粉尘浓度高于 10 mg/m³ 时,采气量不得小于 0.2 m³;低于 2 mg/m³ 时,采气量为 0.5～1 m³。采样持续时间一般按下式估算:

$$t \geqslant \frac{\Delta m \times 100}{C'Q} \times 100\% \tag{6-5}$$

式中　t——采样持续时间,min;

Δm——要求的粉尘增量,其质量应大于或等于 1 mg;

C'——作业场所的估计粉尘浓度,mg/m³;

Q——采样时的流量,L/min。

(6) 采集在滤膜上的粉尘增量。直径为 40 mm 滤膜上粉尘的增量不应少于 1 mg,但不得多于 10 mg;直径为 75 mm 的滤膜应做成锥形漏斗进行采样,其粉尘增量不受此限。

(7) 采样后样品的处理。采样结束后,将滤膜从滤膜夹上取下,一般情况下不需干燥处理,可直接放在天平上称量并记录质量。如果采样时现场的相对湿度在 90%以上或有水雾存在时,应将滤膜放在干燥器内干燥 2 h 后称量并记录称量结果。称量后再放入干燥器中干燥 30 min,再次称量。当相邻两次的质量差不超过 0.1 mg 时,取其最小值。

(8) 粉尘浓度的计算:

$$C = \frac{m_1 - m_2}{Q\,t} \times 100\% \tag{6-6}$$

式中　C——粉尘浓度,mg/m³;

m_1——采样前的滤膜质量,mg;

m_2——采样后的滤膜质量,mg;

t——采样时间,min;

Q——采样流量,L/m。

2. 光电直读法

用一定强度的光线通过受测气体,或用水洗涤一定量的受测气体,使气体中的尘粒进入水中,然后用一定强度的光线通过含尘水、气体或水中的尘粒对光线产生反射和散射现象,用光电器件测定透射光或散射光的强度,并与标准的光度比较,即可计算成粉尘浓度。

目前,国内外在矿山粉尘测定中主要使用的仪器分为滤膜采样测尘仪器、快速直读式测尘仪、个体采样器和粉尘浓度传感器。对于煤矿来说,测尘仪器必须符合防爆要求。

6.3.3.2　矿尘中游离 SiO_2 含量的测定

游离二氧化硅是指没有与金属及金属氧化物结合的二氧化硅,常以结晶形态存在。测定粉尘中游离二氧化硅含量的目的是了解粉尘的化学性质,评价各种粉尘对人体健康的危害。《工作场所空气中粉尘测定 第 4 部分:游离二氧化硅含量》(GBZ/T 192.4—2007)规定,游离二氧化硅的测定方法为焦磷酸重量法,但此方法灵敏度低、误差大、周期长、代表性差。目前,国内已开始采用红外分光光谱法和 X 线衍射法测定粉尘中游离二氧化硅含量。

1. 焦磷酸重量法

(1) 原理:在 245～250 ℃的温度下,焦磷酸能溶解硅酸盐及金属氧化物,而对游离二氧化硅几乎不溶。因此,用焦磷酸处理样品后,所得残渣质量即为游离二氧化硅的量,以百分数表示。

(2) 器材(图 6-12):锥形烧瓶(50 mL)、量筒(25 mL)、烧杯(200～400 mL)、玻璃漏斗和漏斗架、温度计(0～360 ℃)、电炉(可调)、高温电炉(附温度控制器)、瓷坩埚或铂坩埚(25 mL带盖)、坩埚钳、干燥器(内盛变色硅胶)、分析天平(感量为 0.000 1 g)、玛瑙研钵和定量滤纸(慢速)。

(a) SX2-4-10箱式电阻炉

(b) 天平、干燥箱及检测试剂

图 6-12　焦磷酸重量法实验器材

(3) 试剂:pH 试纸、焦磷酸(将 85%的磷酸加热到沸腾至 250 ℃不冒泡为止放冷,贮存于试剂瓶中)、氢氟酸、结晶硝酸铵和盐酸。

(4) 采样:采集工人经常工作地点呼吸带附近的悬浮粉尘。按滤膜直径为 75 mm 的采样方法以最大流量采集 0.2 g 左右的粉尘,或用其他合适的采样方法进行采样,当受采样条件限制时,可在其呼吸带高度采集沉降尘。

(5) 分析步骤。

① 将采集的粉尘样品放在 105 ± 3 ℃电热恒温干燥箱中烘干 2 h,稍冷,贮于干燥器中备用。若粉尘粒子较大,需用玛瑙研钵研细至手捻有滑感为止。

② 准确称取 0.1～0.2 g 粉尘样品于 50 mL 的锥形烧瓶中。

③ 样品中若含有煤、其他碳素及有机物的粉尘时,应放在瓷坩埚中,在 800～900 ℃下灼烧 30 min 以上,使碳及有机物完全灰化,冷却后将残渣用焦磷酸洗入锥形烧瓶中,若含有硫化矿物(如黄铁矿、黄铜矿等),应在锥形烧瓶中加数毫克结晶硝酸铵。

④ 用量筒取 15 mL 焦磷酸,倒入锥形烧瓶中,摇动,使样品全部湿润。

⑤ 将锥形烧瓶置于可调电炉上,迅速加热到 245～250 ℃并保持 15 min,并用带有温度计的玻璃棒不断搅拌。

⑥ 取下锥形烧瓶,在室温下冷却到 40～50 ℃,加 50～80 ℃的蒸馏水稀释到 40～45 mL,稀释时一边加水,一边用力搅拌混匀。

⑦ 将锥形烧瓶内容物小心移于烧杯中,再用热蒸馏水冲洗温度计、玻璃棒及锥形烧瓶。把冲洗液一并倒入烧杯中,并加蒸馏水稀释至 150～200 mL,用玻璃棒搅匀。

⑧ 将烧杯放在电炉上煮沸内容物,趁热用无灰滤纸过滤(滤液中有尘粒时,须加纸浆),滤液不能倒太满,一般约在滤纸的 2/3 处。

⑨ 过滤后,用 0.1 mol/L 盐酸洗涤烧杯移于漏斗中,并将滤纸上的沉渣冲洗 3～5 次,再用热蒸馏水洗至无酸性反应为止(可用 pH 试纸检验),如用铂坩埚时,要洗至无磷酸根反

应后再洗 3 次。上述过程，应在当天完成。

⑩ 将带有沉渣的滤纸折叠数次，放于恒重的瓷坩埚中，在 80 ℃的烘箱中烘干，再放在电炉上低温灰化，灰化时要加盖并稍留一小缝隙，然后放入高温电炉（800～900 ℃）中灼烧 30 min 取出瓷坩埚，在室温下稍冷后，再放入干燥器中冷却 1 h，称至恒重并记录。

（6）粉尘中游离二氧化硅含量的计算：

$$SiO_2(F)=\frac{m_1-m_2}{G}\times 100\% \tag{6-7}$$

式中　$SiO_2(F)$——游离二氧化硅含量，%；

m_1——坩埚质量，g；

m_2——坩埚加沉渣质量，g；

G——粉尘样品质量，g。

（7）粉尘中含有难溶物质的处理。

① 当粉尘样品中含有难以被焦磷酸溶解的物质时（如碳化硅、绿柱石、电气石、黄玉等），则需用氢氟酸在铂坩埚中进行处理。

② 向铂坩埚内加入数滴 9 mol/L 硫酸，使沉渣全部湿润，然后再加 40% 的氢氟酸 5～10 mL（在通风柜内进行），稍加热，使沉渣中游离二氧化硅溶解，继续加热蒸发至不冒白烟为止（防止沸腾）。再在 900 ℃温度下灼烧，称至恒重。

③ 处理难溶物质后游离二氧化硅含量的计算：

$$SiO_2(F)=\frac{m_3-m_4}{G}\times 100\% \tag{6-8}$$

式中　$SiO_2(F)$——游离二氧化硅含量，%；

m_3——坩埚质量，g；

m_4——坩埚加沉渣质量，g；

G——粉尘样品质量，g。

（8）磷酸根（PO_4^{3-}）的检验方法。

① 原理：磷酸和钼酸铵在 pH＝4.1 时，用抗坏血酸会还原变成蓝色。

② 试液的配制：a. 醋酸盐缓冲液（pH＝4.1）取 0.025 mol/L 醋酸钠溶液、0.1 mol/L 醋酸溶液等体积混合；b. 1%抗坏血酸溶液（于 4 ℃保存）；c. 钼酸铵溶液。取 2.5 g 钼酸铵溶于 100 mL 的 0.025 mol/L 硫酸中（临用时配制）。

③ 检验方法：首先测定时分别将 b 和 c 两溶液用 a 液各稀释 10 倍，然后取 1 mL 滤液加上述溶液各 4.5 mL 混匀，放置 20 min，若有磷酸根离子则显蓝色。

2. 红外光谱法

（1）原理：α-石英在红外光谱中于 12.5 μm（800 cm^{-1}）、12.8 μm（780 cm^{-1}）、14.4 μm（694 cm^{-1}）处出现特异性强的吸收带，在一定范围内，其吸光度与 α-石英质量呈线性关系。通过测量吸光度，进行定量测定。

（2）器材（图 6-13）：红外分光光度计、低温高频灰化炉、微量天平和分析天平、压片模具（13 mm，可抽真空）、压片机（实验室用，40 MPa）、玛瑙乳钵及研磨棒、铝质称量盘、镊子（无磁性）、滤膜、粉尘采样器或个体粉尘采样器。

（3）试剂：溴化钾（光谱纯）、石英（直径 10 μm 酸洗的）、乙醇（95%）。

图 6-13　红外光谱法实验器材

(4) 操作(图 6-14)。

① 清净仪器。

所用器材尽量避免粉尘污染:a. 镊子、玛瑙研钵及研磨棒、压片模具用乙醇清洗,用无纤维屑的绢布擦净;b. 铝质称量盘用蒸馏水冲洗两次,再用乙醇冲洗两次,在无尘环境下干燥。

② 样品的采集。在生产现场用滤膜采集煤尘样品 3～4 mg 精确到 0.01 mg。

③ 样品的分析。

a. 用镊子将已称重的滤膜放在铝质称量盘上,在灰化炉中灰化成残渣,取出;b. 称量干燥的溴化钾 200 mg(精确到 0.1 mg),直接加到含有灰分的铝盘中,将溴化钾和灰分充分搅拌,使之均匀(溴化钾的称量和搅拌应在相对湿度小于 25%的环境下进行);c. 坩埚连同压片模具一起放入干燥箱(110±5 ℃)中 10 min,将干燥后的混合样品置于压片模具中,加压 25 MPa,持续 3 min,制备出的锭片作为测定样品;d. 将标准系列锭片置于样品室光路中进行扫描,分别以 800 cm^{-1}、780 cm^{-1}、694 cm^{-1} 三处的吸光度值为纵坐标,以石英质量为横坐标,绘制三条不同波长的 α-石英标准曲线;e. 从峰值和基线的透过率换算成吸光度,然后从标准曲线中求得石英的质量(μg)。

④ 标准曲线。

a. 在微量天平上称量 10～100 μg 的石英(准确到 0.001 mg),在干燥环境中称量溴化钾约 250 mg,将石英和溴化钾放到玛瑙乳钵中研磨,然后制备压模、称量(准确到 0.1 mg)制成压模的质量除组成固体物的质量,此值通常为 0.98;b. 标准曲线将压模中石英的质量(μg)与在 800 cm^{-1} 压模的吸光度制成曲线,点之间要成一直线,并通过原点。

⑤ 计算。

样品中石英量(μg),可根据压模中石英的 800 cm^{-1} 吸光度从标准曲线中求得。

目前,国内对粉尘中游离二氧化硅含量测定采用化学方法——焦磷酸质量法,该测定仪器已在测定方法中介绍。这里只介绍采用物理方法测定粉尘中游离二氧化硅含量的测定仪器。

TJ270-30A/B 双光束比例记录红外分光光度计是国内第一台采用计算机直接比例记录原理的高性能红外分光光度计产品,配备通用高性能计算机和中文控制数据处理软件,采用国产 TGS 为接收器,性能可靠、操作简便、功能完善。

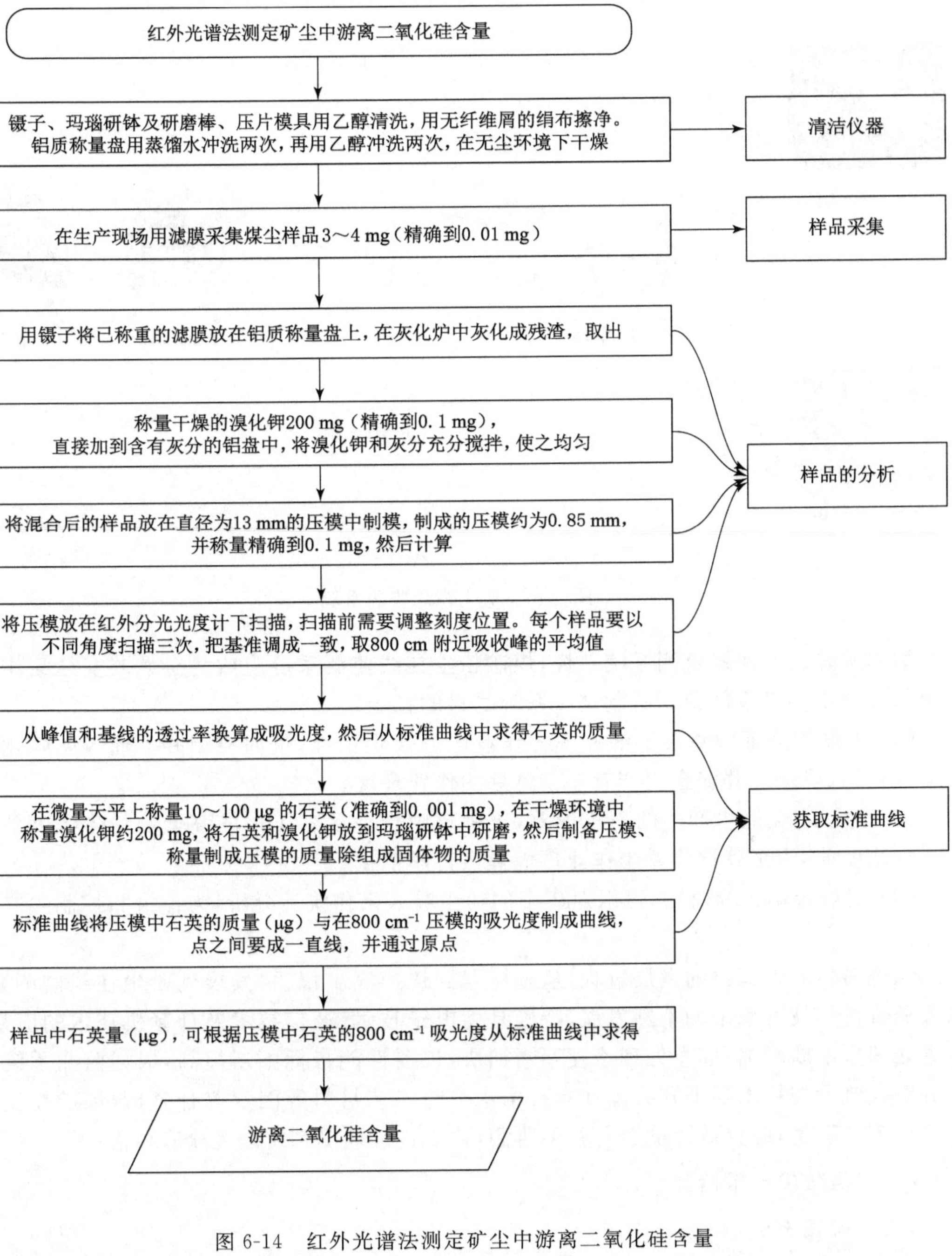

图 6-14　红外光谱法测定矿尘中游离二氧化硅含量

6.3.3.3　矿尘在线监测系统

煤矿行业是产生粉尘危害的重点行业,粉尘给煤矿工作人员和安全生产造成极大的危害,不仅严重危害工人的身体健康,而且过高浓度的煤尘潜伏着爆炸的危险,给安全生产工作增加了困难。因此,经济实用、测量误差小、可靠性强的矿井粉尘浓度实时监测及控制系统可以实时了解煤矿井下粉尘浓度，有利于采取有效措施保证工人安全健康工作，避免事故发生(图 6-15)。

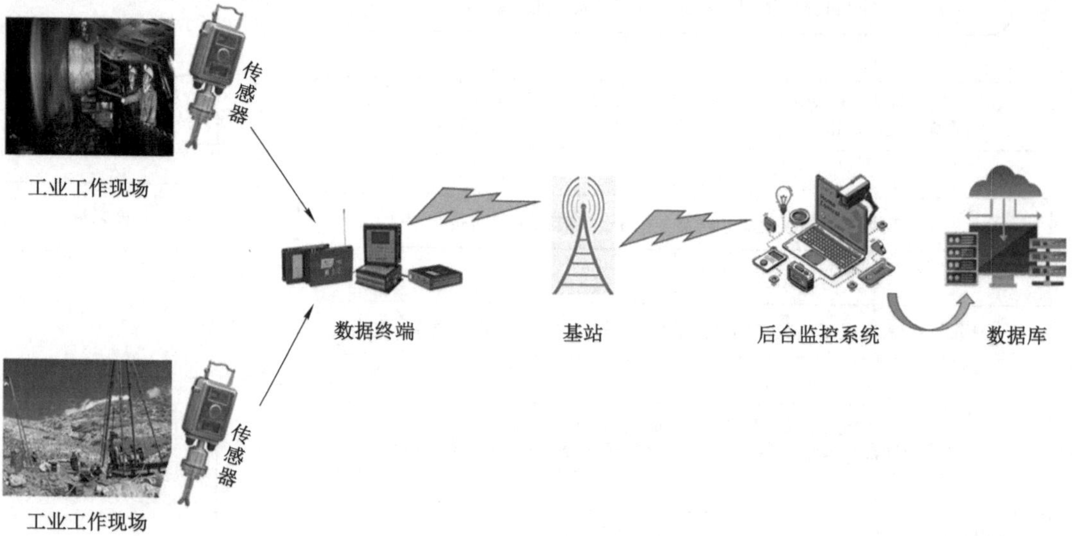

图 6-15　矿尘在线监测系统

如同矿井瓦斯在线监测系统一样，煤矿粉尘在线监测系统应成为全矿井安全集中监控系统的一个重要组成部分。研制这一系统的目的在于：

(1) 方便管理部门直接了解井下各作业区的产尘情况，进而控制井下通风防降尘设施的运行状态，确保矿井安全生产有一个良好的作业环境。

(2) 为了避免测尘产生的随机误差，正确反映作业区各工序的高低峰粉尘浓度值及累计平均浓度值，为正确评价粉尘作业环境提供科学依据。

(3) 实行长期连续监测，可以对矿工的粉尘吸入量作统计分析，为预报和控制尘肺提供可靠数据。

纵观粉尘监测仪器的发展过程，从采样器到快速测尘仪，再发展到粉尘在线监测系统，以及随着科学技术水平的不断发展，特别是微电子技术、通信技术及计算机技术的应用，使信息处理量不断增加，信息处理速度不断加快，仪器性能指标不断提高，根据监测系统的各部分组成单元的技术要求和我国现有技术水平与工艺材料等因素综合分析，煤矿粉尘监测由单机走向系统，由分散测试走向集中监测，建立连续监测系统是完全有可能的。

6.3.4　工程防尘技术措施

6.3.4.1　通风除尘

用通风的方法将粉尘稀释排出，是降低井下粉尘浓度的重要措施之一。在掘进工作面打眼、放炮、装岩等作业过程中，虽采取了相应的降尘措施，但对粒径较小的呼吸性粉尘，其降尘效果不明显。这部分微细粉尘不易被水雾捕捉，长期悬浮于空气中，难以沉降，若不及时排出，就会随着生产的继续进行使工作面粉尘越积越多，从而污染作业环境、威胁安全生产、危害工人的身体健康。因此，通风排尘就是要不断地供给新鲜空气，以稀释和排出工作面的粉尘，保证良好的作业环境，如图 6-16 所示。

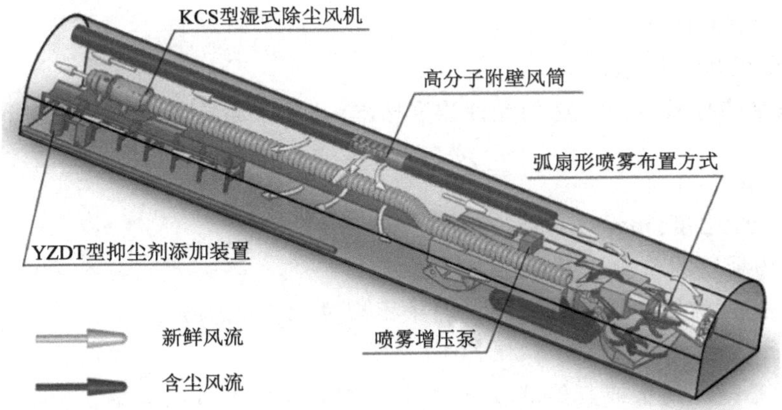

图 6-16　通风排尘结构示意图

1. 最低排尘风速

所谓最低排尘风速，是指保证风流在巷道断面内有稳定的紊流脉冲速度，使微细的呼吸性粉尘随风流的运动而排出的最低风速，可参考下式进行计算：

$$v \geqslant \frac{v_s}{\sqrt{\alpha}} \tag{6-9}$$

式中　v——最低排尘风速，m/s；

v_s——粉尘的沉降速度，m/s；

α——巷道的摩擦阻力系数。

最低排尘风速一般需要经过实验来确定，《煤矿安全规程》规定，岩巷风速不得低于 0.15 m/s，煤巷风速不得低于 0.25 m/s。现场的排尘风速一般为 0.25～0.5 m/s，对于产尘量较大的场所（如机掘巷道）可适当加大风速。

2. 极限排尘风速

所谓极限排尘风速，是指当风速增加到一定数值后，会使已经沉积的粉尘重新飞扬的风速，即二次扬尘风速，可参考下式确定：

$$v = K\sqrt{d\rho} \tag{6-10}$$

式中　v——极限排尘风速，m/s；

ρ——尘粒重率，N/m^3；

d——尘粒的直径，m；

K——系数，取 10～16，粉尘粒度及巷道尺寸较大时取大值。

在确定风速参数时，要求不应大于极限风速。在采掘工作面，一般极限风速为 4 m/s。

3. 最优排尘风速

所谓最优排尘风速，是指当风速加大或减小到一定值后，工作面粉尘浓度降到最低时的风速，通常取为 1.5～2.2 m/s。

4. 排尘风量

(1) 按保证巷道最低排尘风速确定风量时，可按下式进行计算：

$$Q = Sv \tag{6-11}$$

式中 Q——最低排尘风量，m^3/s；

S——巷道断面，m^2；

v——最低排尘风速，m/s。

（2）按满足稀释粉尘使其达到允许浓度标准，其工作面所需通风量可按下式计算：

$$Q = \frac{G}{(C - C_0)} \tag{6-12}$$

式中 G——产尘强度，mg/s；

C——稀释后的粉尘浓度，mg/m^3；

C_0——进风流粉尘浓度，mg/m^3，要求不超过 0.5 mg/m^3。

6.3.4.2 湿式降尘

湿式降尘是指利用水或其他液体，使之与尘粒相接触而分离捕集粉尘，这是煤矿井下应用最普遍的一种除尘方法。喷嘴是进行湿式除尘的主要装置，在全面介绍湿式除尘技术工艺之前，先对喷雾雾化降尘的基础知识进行一下介绍。

1. 雾化喷嘴的类型及其雾流形状

（1）喷嘴类型

喷嘴是重要的除尘装置，其种类较多，不同类型喷嘴的结构、加工难易和雾化性能相差较大，目前煤矿防尘领域普遍应用的喷嘴主要有以下几种类型：压力式雾化喷嘴、旋转式雾化喷嘴、气动雾化喷嘴、超声波雾化喷嘴。

（2）喷嘴雾流形状

喷嘴按其喷出的雾流形状分为以下 4 种类型：① 雾流呈锥面实心的锥形喷嘴；② 雾流呈锥面空心的伞形喷嘴；③ 雾流呈平面扇形的扇形喷嘴；④ 射流呈束状的束形喷嘴。

煤矿喷雾防尘系统各工序所需喷嘴的雾流形状是不同的，在对喷嘴类型及型号进行选择时，应以各工序喷雾方式及喷雾参数为依据。

2. 喷雾降尘效果的主要影响因素

（1）雾滴分散度

全部雾粒中各种粒径范围或区间内的雾粒所占的百分比叫作雾体的分散度。雾体的分散度是影响捕尘效率的重要因素。低分散度雾体水粒大、水粒数量少，尘粒与大水滴相遇时会因旋流作用而从水滴边绕过而不被捕获；过高分散度的雾体，水粒十分细小，容易汽化，降尘率也不高。

（2）雾滴与尘粒的相对速度

相对速度越高，两者碰撞时的动量越大，有利于克服水的表面张力而将尘粒湿润捕获；但如果风流速度过高，使尘粒与水滴接触时间缩短，也会降低捕尘效率。

（3）水压

喷雾洒水降尘的过程，是尘粒与水滴不断发生碰撞、湿润、凝聚、增重而不断沉降的过程。当提高供水压力（如采用高压洒水）时，由于在很大程度上提高了雾化程度，增加了雾滴密度和雾滴的运动速度，以及增加了射体涡流段的长度，无疑大大增加了尘粒与雾粒之间的碰撞机会和碰撞能量，使微细粉尘易于捕捉。同时，高压洒水能使射体雾滴增加带电性，产生静电凝聚的效果。这一综合作用，加速了尘粒与雾滴碰撞、湿润、凝聚的效果，从而提高降尘效率。

(4) 粉尘的湿润性

煤粉的湿润性是影响降尘效果的一个重要因素。不易湿润的粉尘与水滴碰撞时，能产生反弹现象，难于捕获。尘粒表面吸附空气形成气膜或覆盖油层时，都难被水滴捕获。向水中添加表面活性剂降低水的表面张力或使之荷电，均可提高湿润效果。

(5) 单位体积空气的耗水量

单位体积空气的耗水量越多，捕尘效率越高，但所用动力亦增加。使用循环水时，需采取净化措施，如水中微细粒子增加，将使水的黏性增加，且会使分散水滴粒径加大，降低降尘效率。

3. 湿式降尘机理

湿式降尘是惯性碰撞、拦截、静电、布朗扩散和重力等多种机理综合作用的结果，它的捕尘作用有：在雾体作用范围内，高速流动的水滴与浮尘碰撞接触后，尘粒被湿润，在重力作用下下沉；高速流动的雾体将其周围的含尘空气吸引到雾体内湿润下沉；将已沉落的尘粒湿润黏结，使之不易飞扬。

4. 综掘工作面湿式降尘

综掘工作面湿式除尘主要指综掘机内、外喷雾及机载液压除尘风机。

(1) 综掘机内喷雾

综掘机内喷雾是指在截割头每个截齿的齿座上或两截齿间安设喷嘴，在截割头切割煤体时，由安设在截割头上的喷嘴喷射的高压水雾将截割产尘第一时间内进行消除。但由于内喷雾喷嘴易于堵塞，所以目前绝大多数的综掘机都没有内喷雾功能。

(2) 综掘机外喷雾

综掘机外喷雾是指在综掘机机身前端侧面或摇臂处安设一定的喷嘴，而且喷嘴喷射的雾流能覆盖截割头，这样可在防止截割产尘向外扩散的同时将粉尘捕集。

(3) 机载液压除尘风机

机载液压除尘风机是一种由掘进机液压系统高压油直接驱动、直流湿式旋风除尘器组成的掘进机机载含尘风流净化装置。该除尘器主要由进风集流器、喷雾器、液压风机、除尘脱水装置及出风导向筒等组成。

5. 综采面湿式降尘

1) 采煤机内喷雾

采煤机采用内喷雾的优点是雾化水直射截齿切割点，能把煤尘尽量消灭在产生和初起阶段，其降尘率约比外喷雾高 30%。另外，内喷雾还可降低截齿温度，预防摩擦火花，延长截齿的使用寿命。

2) 采煤机外喷雾

(1) 外喷雾喷嘴的布置方式及喷雾方向

① 喷嘴安装在截割部固定箱上，位于煤壁一侧、靠采空区一侧的端面上及箱体顶部；② 喷嘴安装在摇臂上，位于摇臂的顶面上，靠煤壁的侧面上及靠采空区一侧的端面上；③ 喷嘴安装在挡煤板上。

(2) 采煤机外喷雾系统技术参数

① 喷雾压力：外喷雾压力不得小于 8 MPa；② 喷雾流量：每只滚筒外喷雾耗水量取

35～50 L/min 较为合适；③ 喷嘴材质：可采用陶瓷或金属喷嘴；④ 喷嘴直径：2.0 mm 左右；⑤ 喷嘴类型：采用扇形、伞形、锥形高压喷嘴；⑥ 单个喷嘴喷雾流量：12.0 L/min 左右；⑦ 喷头数量：应不少于 6 个；⑧ 喷嘴间距：300 mm 左右；⑨ 雾流扩散角：不小于 100°。

(3) 喷雾加压泵及清水箱

为保证采煤机内、外喷雾和工作面支架喷雾获得足够高的水压从而达到最佳的雾化降尘效果，就必须在工作面轨道顺槽的电站机组中设置喷雾加压泵和清水箱。

(4) 采煤机负压二次降尘器

采煤机负压二次降尘器主要由高压水泵、供水自动控制水箱、负压二次除尘装置及高压管路等组成。

采煤机负压二次降尘器系统的工作原理是利用设置在工作面顺槽电站后部由高压水泵、供水自动控制水箱组成的高压泵站，将静压水(低压)转化为高压水并通过沿顺槽至工作面敷设的高压管路输送到布置在采煤机两端头上的负压二次除尘装置；负压二次除尘装置将供给的高压水，转化成控制采煤机滚筒割煤产尘源向外扩散的气雾流屏障和局部含尘风流净化除尘系统。

(5) 采煤随机自动联锁喷雾

综采(放)工作面整个喷雾系统采用无线射频网络控制和液动控制技术，实现随机联动自动喷雾、移架自动喷雾、放煤自动喷雾和前后部刮板运输机、胶带输送机、转载机、破碎机等输煤设备有煤运行时的自动喷雾，从而实现综采(放)工作面全过程、全断面的喷雾降尘。

(6) 采空区灌水防尘

当采用下行陷落法分层开采厚煤层时，可以采取在上分层的采空区内灌水，对下一分层的煤体进行湿润，开采近距离煤层群时，在层间没有不透水岩层或夹矸的情况下也可以在上部煤层的采空区内灌水，对下部煤层进行湿润。

6. 水幕净化风流

水幕应覆盖全断面，以保证雾化效果。水幕尽量安装在排水点附近，电控自动水幕应在电控线路上安装紧停开关或其他类型的电控开关以便于管理。

矿井主要进风大巷和回风大巷、采区主要进风巷道和回风巷道内必须安装自动化控制净化水幕。矿井胶带巷各转载点、装载点和卸载点下风侧 10～20 m 的合适位置处应设置 1 道电控自动水幕。

7. 湿式除尘器

湿式除尘器俗称"水除尘器"，利用液滴、水膜和气泡等水的不同形态，将原先由气载的粉尘粒子通过重力沉降、拦截、惯性碰撞、扩散和静电效应接触并捕集，实现粉尘粒子由气载到液载的换乘，从而将粉尘从气体中分离出去，实现气体的净化。湿式除尘器的工作原理是将空气动力学、流体力学、射流力学和气溶胶力学等经典理论与旋流技术有机结合，应用于同一装置中，采用喷雾器产生的微细水雾对粉尘颗粒进行捕集，粉尘凝聚于水雾颗粒表面，因自身质量和粒径增加而沉降下来。

6.3.4.3 煤层注水

1. 煤层注水方式

煤层注水是采煤工作面最重要的防尘措施，它是在回采前预先在煤层中打若干钻孔，通过钻孔注入压力水，使其渗入煤体内部，增加煤的水分和尘粒间的黏着力，并降低煤的强度和脆性，增加塑性，减少采煤时煤尘的生成量；同时将煤体中原生细尘黏结为较大的尘粒，使之失去飞扬能力(图 6-17)。

图 6-17　煤层注水示意图

按照钻孔长度将煤层注水方式划分为长孔注水、短孔注水以及深孔注水。

(1) 长孔注水

长孔注水是指在工作面的进回风巷或只在进风巷或回风巷沿煤层打钻孔，且通过钻孔并利用水的压力将水注入煤层中，使煤体湿润。这种注水方式主要用于长壁式采煤法，钻孔沿煤层的走向布置，沿煤层倾向打钻孔。几种钻孔示意图如图 6-18 所示。钻孔布置在回风巷道，俯斜向下钻进，称为下向孔；钻孔布置在运输巷道，倾向向上钻进，则称为上向孔；沿煤层走向布置的钻孔称为走向孔，这种方式主要用于倾向长壁工作面。在回风平巷和运输平巷均沿倾斜打下向孔，则称为双向钻孔。当煤的裂隙很发育，而且主裂隙与工作面推进方向

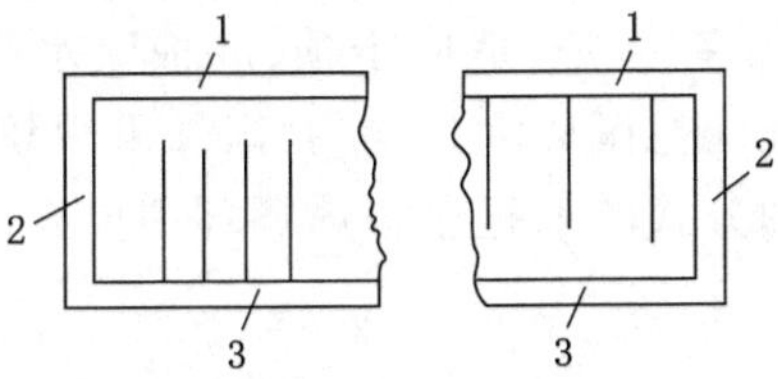

单向长钻孔注水方式示意图

1—回风巷；2—开切眼；3—运输巷。

(a)

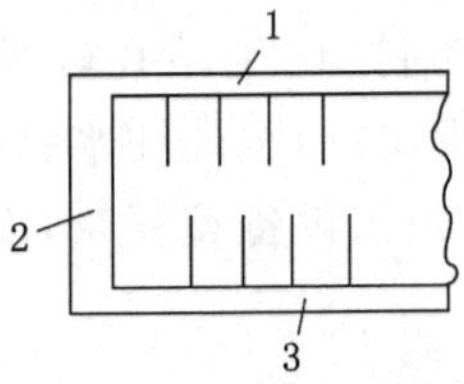

钻孔布置平面示意图

1—回风巷；2—开切眼；3—运输巷。

(b)

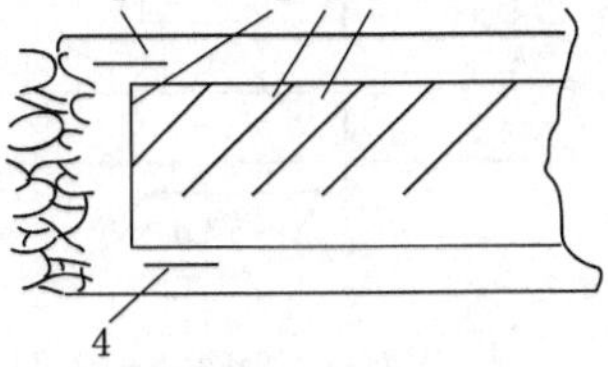

伪倾斜钻孔布置方式

1—乏风；2—工作面；3—钻孔；
4—进风；5—裂隙。

(c)

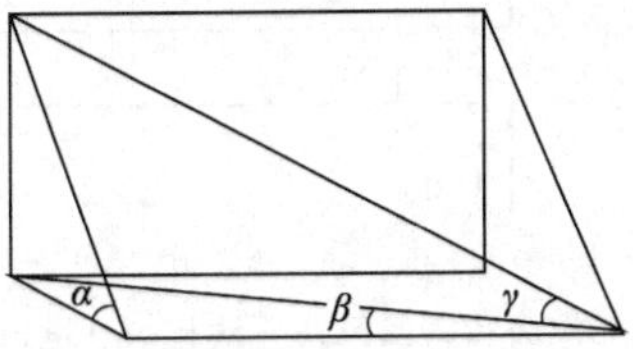

伪倾角与真倾角的关系

(d)

图 6-18　钻孔示意图

超过 50°时，或者煤层透水性很强，而且煤层倾角较大时，为扩大煤层的湿润带，应采取伪倾斜钻孔布置。长孔注水的适用条件：一般认为长孔注水是一种先进的注水方式，它能湿润较大区域的煤体；注水时间长，煤体湿润均匀，注水与回采互不干扰，缺点是钻孔难度较大，定向打孔困难，对地质条件变化的适应性差。这种方法被国内外广泛采用。按下式计算伪倾角：

$$\tan \gamma = \tan \alpha \times \tan \beta \tag{6-13}$$

式中 γ——钻孔伪倾角；

α——煤层倾角；

β——钻孔在水平面上的投影与煤层走向线的夹角。

(2) 短孔注水

短钻孔注水是在采煤工作面垂直煤壁，与节理面斜交打钻孔注水的降尘方法，如图 6-19所示。短钻孔注水的钻孔布置方式主要取决于煤层及其夹矸层厚度，若煤层厚度小于 1.8 m，可考虑布置单排眼；当煤层厚度较大并有夹矸时，可布置三花眼。短孔注水的适用条件：对于煤层赋存不稳定、地质构造复杂、煤层薄（小于 0.7 m）、产量较低的采煤工作面，或者顶、底板岩性易吸水膨胀而影响顶板管理的工作面，采用短孔注水较合理。这种注水方式的优点是要求水压低，工艺设备简单；缺点是钻孔数量多、湿润范围小、钻孔长度短、易跑水，且钻孔注水必须在准备班进行，容易与回采发生矛盾，对生产能力高的工作面不适用，加之注水效果不如长孔注水和深孔注水，所以正规工作面已很少采用。

(3) 深孔注水

深孔注水方式与中深孔注水钻孔布置相似，只是其钻孔长度为 2～5 Ld(Ld：钻孔长度，单位 m)进度，如图 6-20 所示。这种方式主要在西方国家应用，我国一般不采用这种方法。深孔注水的适用条件：由于钻孔较长，要求煤层赋存稳定，适应于顶、底板吸水膨胀的工作面。与短孔注水相比较，深孔注水钻孔数量少，湿润范围较大且均匀，国外采用较多；但注水压力要求高，注水工艺设备较复杂，而且采用这种方式的前提是采煤循环中要有准备班。

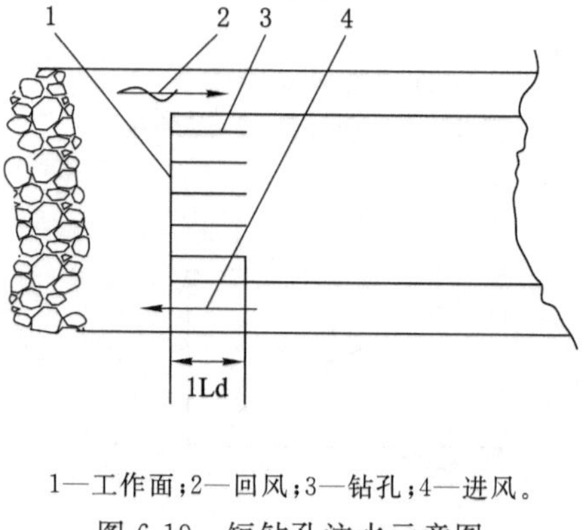

1—工作面；2—回风；3—钻孔；4—进风。

图 6-19 短钻孔注水示意图

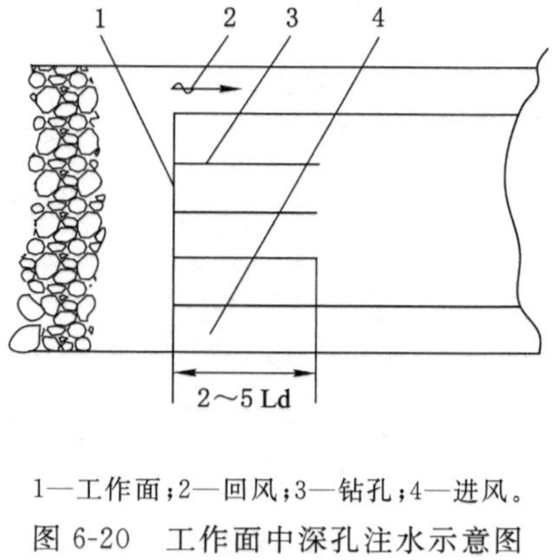

1—工作面；2—回风；3—钻孔；4—进风。

图 6-20 工作面中深孔注水示意图

2. 煤层注水工艺

1) 钻孔工艺

(1) 钻孔直径

采用长孔注水时，钻孔直径的选择应与封孔方式相适应。当采用封孔器封孔时，应按封孔器的要求确定钻孔直径。采用短孔注水时，一般与炮眼直径相同。注水孔经注水后孔内存有积水并有变形坍塌时，一般不能再做炮眼用。

(2) 注水孔间距

钻孔间距的大小取决于煤层的透水性、煤层厚度及煤层倾角等综合因素。合理的钻孔间距等于钻孔的润湿直径。

根据我国煤炭行业标准《长钻孔煤层注水方法》(MT 501—1996)规定，长孔注水钻孔的间距应为 10～25 m。当采用扇钻孔布置方式时，上部孔与下部孔间距应为 1～3 m。单向钻孔长度应比工作面长度短 20～40 m；双向钻孔长度应比 1/2 工作面长度短 5～8 m；扇形钻孔长度上部孔按双向钻孔长度确定，下部孔按单向钻孔长度确定。短钻孔注水，其孔长应根据工作面日进度，使之满足尽快湿润一个循环进度煤体的要求，一般孔长应超过湿润范围 0.2 m 为宜。

(3) 钻孔长度

长孔注水时，钻孔长度取决于工作面长度、煤层的透水性及钻孔方向。单向钻孔的按下式计算：

$$L = L_1 - S \tag{6-14}$$

式中 L——钻孔长度，m；

L_1——工作面长度，m；

S——注水常数。注水常数 S 按下列原则取值：透水性弱的煤层，上向孔、下向孔均取 $S=20$ m；透水性强的煤层，上向孔取 $S\geqslant 20$ m，下向孔取 $S=(1/3\sim 2/3)L_1$。

(4) 钻孔位置

采用长孔注水时，钻孔布置是根据煤层层理、节理、裂隙、孔隙分布等情况，充分考虑综放厚煤层的特殊条件，采用能较好湿润顶煤的穿裂隙钻孔布置，钻孔的长度及方向根据工作面长度、钻孔布置方式、煤层厚度及裂隙和孔隙分布等条件进行确定。

(5) 钻孔倾角

采用长钻孔注水时，钻孔的角度一般与煤层倾角一致，不能使终孔位置穿入顶、底板。钻孔的伪倾斜方位角计算如图 6-21 所示。在具体确定倾斜钻孔的角度时，应考虑以下要求：

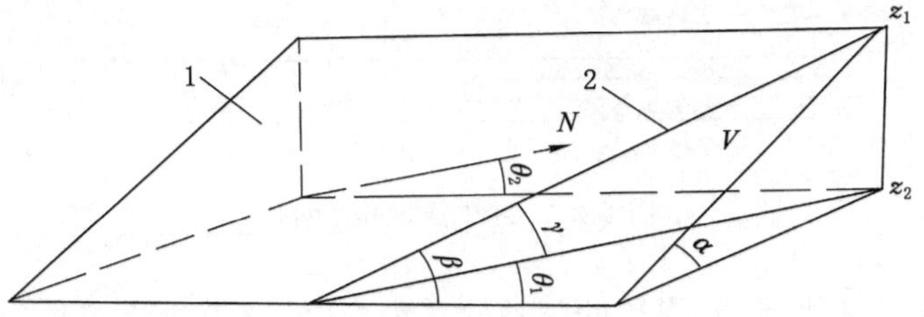

1—煤层；2—钻孔。

图 6-21 钻孔的伪倾斜方位角计算图

① 钻杆和钻具因自重影响要沿铅垂方向下沉，从而使钻孔下弯，为此在确定钻孔倾角时，应按煤层倾角做出相应调整。

② 如若欲穿透煤层中的夹矸层,应选择合理的孔口位置,调整钻孔的倾角,尽可能不要穿顶、底板。

③ 如果在煤层中布置倾斜的上向孔时,其伪倾斜方位角可按下述计算式求出钻孔的仰角和钻孔方位角。

$$\begin{aligned} \sin\gamma &= \sin\alpha\cdot\sin\beta \\ \sin\theta_1 &= \mathrm{tg}\,\gamma\cdot\mathrm{ctg}\,\alpha \end{aligned} \tag{6-15}$$

式中 γ——钻孔仰角;

α——煤层倾角;

β——钻孔在层面上的伪倾角;

θ_1——钻孔偏角(与煤层走向的夹角)。

2) 封孔工艺

目前,国内外采用水泥封孔及封孔器封孔 2 种封孔方法。

(1) 水泥封孔

采用水泥封孔时,应将封孔段的钻孔直径扩大至 76～110 mm。钻孔中充填水泥的方法有水泥砂浆灌注法、人工封堵法、送泥器封堵法、压气封堵法及泥浆泵封堵法等。

水泥封孔法劳动强度较大,耗工费料,但由于比较可靠,我国基本上采用这种方法。

水泥石膏封孔适合用于倾斜孔封孔,因为倾斜孔由于砂浆自身的重量的作用,会自动填满因砂浆收缩产生的空隙,封孔严实,如图 6-22 所示。

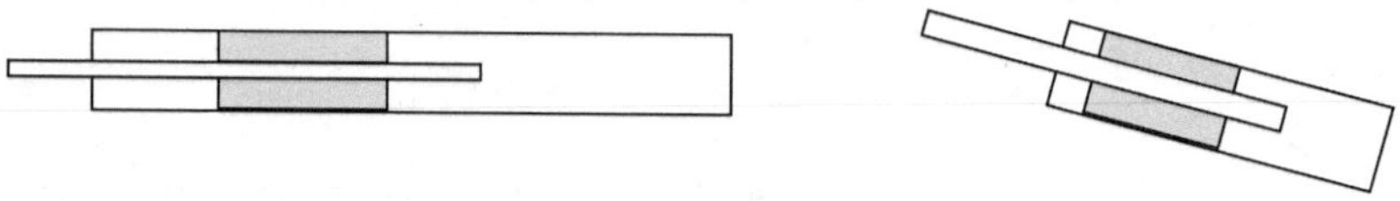

图 6-22 水泥石膏封孔示意图

水泥石膏等封孔方式一旦封好,强度大,有效封孔长度大,经久耐用。

(2) 封孔器封孔

使用封孔器封孔,对钻孔质量要求较高,孔径要圆,孔壁要平,弯度要小,孔壁直径比封孔器胶筒直径大 5～10 mm 为宜(图 6-23)。

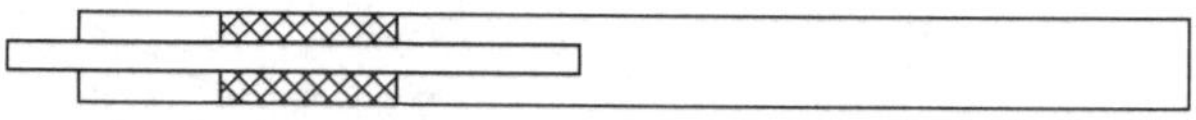

图 6-23 封孔器封孔示意图

封孔深度取决于注水压力、煤层的裂隙发育程度、沿巷道边缘煤体的破碎带宽度、煤的透水性及钻孔方向等。

对于短孔注水来讲,封孔深度随钻孔长度而异,一般为 1～1.5 m。封孔深度和煤壁所能承受的注水压力有关。

3) 注水工艺

(1) 注水压力

对于长孔注水来讲，注水压力的高低取决于煤层逆水性的强弱和钻孔的注水速度。适宜的注水压力是：通过调节注水流量使其不超过地层压力而高于煤层的瓦斯压力。

对于短孔注水来讲，短孔注水压力的供给方式有两种：一是管网静压注水，二是专用泵加压注水。

(2) 注水流量

在长孔注水中，根据水分增值的合理范围及钻孔承担的湿润煤体，则每孔注水量的计算式为：

$$M_k = K \cdot T \cdot (W_1 - W_0) \tag{6-16}$$

式中　M_k——每个钻孔的注水量，t；

T——钻孔担负的湿润煤量，t；

W_0——煤层注水前的泵水分值，%；

W_1——根据调查资料确定的煤层水分上限值，%；

K——水量不均衡系数，取 1.5～2.0。

在倾斜长钻孔注水时，每孔担负的湿润煤量按下式计算。每孔注水量如图 6-24 所示。

$$T = l \cdot S \cdot h \cdot \gamma \tag{6-17}$$

式中　l——工作面倾斜长度；

S——钻孔两侧待湿润范围(一般情况下等于钻孔间距)，m；

h——煤层厚度，m；

γ——煤的容重，t/m³。

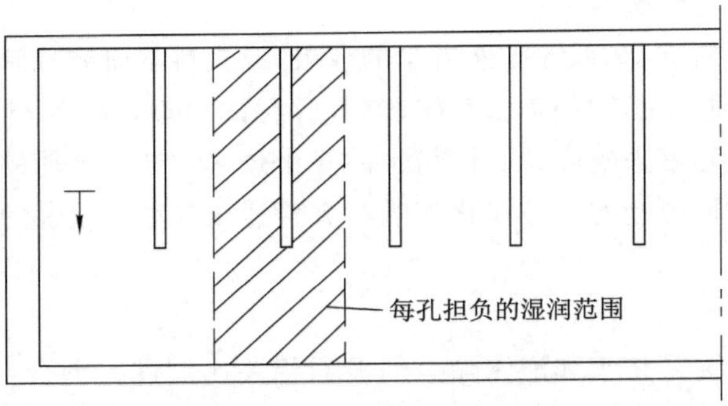

图 6-24　每孔注水量计算图

(3) 注水时间

在长孔注水中，每个钻孔的注水时间与钻孔注水量成正比，与注水速度成反比。在实际注水中，常把在预定湿润范围内煤壁出现均匀“出汗”(渗出水珠)的现象，作为判断煤体是否全面湿润的辅助方法。

6.3.4.4　其他除尘方法

(1) 磁化水除尘

目前，国内外对水系磁化技术的应用日趋广泛，水系磁化这门边缘科学已引起各领域的高度重视。苏联最先进行了磁化水除尘试验。此外，在磁化水中添加湿润剂还可提高降尘率。我国是从 20 世纪 80 年代末开始在井下进行有关实验研究的，现已在各矿井推广应用。中国矿业大学秦波涛团队研发的活性磁化水喷雾技术在掘进工作面降尘效率达 85%以上。

(2) 超声波雾化除尘

超声波雾化除尘是一种新型喷雾除尘技术，该技术与常规喷雾除尘技术的区别在于，它是利用压缩空气冲击共振腔形成超声波，借助超声波的特殊性能使液态水滴充分雾化成粒径为 1～50 μm 的微细水雾，微细水雾能够有效凝聚微细粉尘，实现微细水雾就地捕尘。因此，该技术具有耗水量极少、除尘效率高、运行成本低、无二次污染等优点。国内学者将超声波雾化除尘技术应用于选矿除尘系统，该技术与常规喷雾除尘技术相比，系统能耗降低了 50%～70%，各产尘点的粉尘除尘效率达到 87%左右，对呼吸性粉尘的除尘效率可达 80%。

(3) 荷电水雾除尘

荷电水雾除尘是一种将湿式、静电结合的除尘方法，即水雾带上电荷后，形成电场进而产生静电力。在静电力惯性碰撞等作用下雾滴与粉尘相碰撞吸附的概率增大，粉尘沉降速度加快。据报道，国外建立了多喷嘴雾化荷电系统，采用直流电晕充电的荷电方式，测定平均粒径约 0.5 μm 的微亚米级粒子的吸收效率，结果表明当喷嘴喷淋量小于 0.08 L/m^3 时，脱除效率高达 90%。

(4) 用微生物方法降低煤尘

国内外对微生物降低瓦斯和煤尘的试验也正在进行。这种方法的原理是：在有氧的情况下，微生物悬浮液能够直接在煤体中实现瓦斯的低温氧化作用，使煤体硬度降低15%～20%；当煤体破碎时，塑性增加，产尘量降低。

(5) 声波雾化降尘技术

为了改善和提高喷雾、降低呼吸性粉尘的效果，煤炭科学研究总院重庆分院研究了声波雾化降尘技术。该项技术是利用声波凝聚、空气雾化的原理，提高尘粒与尘粒、雾粒与尘粒的凝聚效率以及雾化程度来提高呼吸性粉尘的降尘效率。产生声能的声波发生器是该项技术的关键。该项技术所研制的声波雾化喷嘴具有普通压气雾化喷嘴的特点，雾化效果好、耗水量低、雾粒密度大。

(6) 泡沫除尘

泡沫除尘技术主要是将水和泡沫除尘剂根据相关比例进行混合，当混合液体通过发泡器变成泡沫时，再把泡沫全部喷洒在粉尘的源头，进行有效清除粉尘颗粒，以此来实现降尘的目的。泡沫降尘装置如图 6-25 所示。

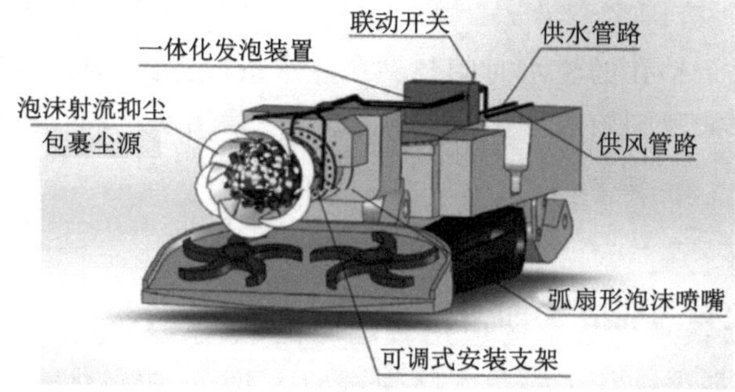

图 6-25　泡沫降尘装置

(7) 水幕降尘

在无行车、行人时，光源直射光敏电阻（光导管），控制水幕喷雾；当车辆或人员通过时，遮断光源，使光电控制器动作，而使电磁阀关闭，水幕停止喷雾，使车辆行人顺利通过，然后水幕又恢复正常喷雾（图 6-26）。

图 6-26　巷道水幕示意图

(8) 除尘器除尘

把气流或空气中含有的固体粒子分离并捕集起来的装置，又称集尘器或捕尘器（图 6-27）。根据是否利用水或其他液体，除尘装置可分为湿式和干式两大类。

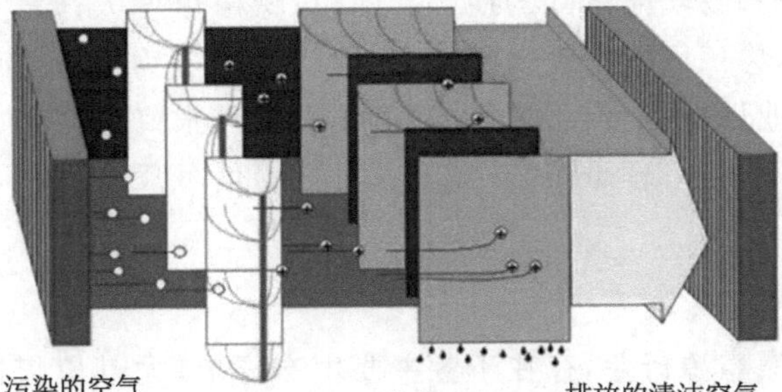

图 6-27　重力除尘器（上左）、过滤除尘器（上右）和静电除尘器（下）

6.4　噪声的危害与防治

噪声是声源进行无规则振动发出的声音，凡是干扰人们休息、学习和工作的，即不需要的声音，都称为噪声。自产业革命以来，机械设备的创造和使用给人类带来了繁荣和进步，但同时也产生了越来越多且越来越强的噪声。为防治环境噪声污染，保护和改善生活环境，保障人体健康，提出了三点防治方法，即：在声源处降低声源噪音，在噪声传播途中降低噪音，在人耳处减弱噪音。由于现代工业、交通运输业规模很大，要采取噪音控制的企业和场所为数甚多，因此，在防止噪音问题上，必须从技术、经济和效果等方面进行综合权衡。

6.4.1 噪声的危害

根据作用的系统不同,噪声危害可分为听觉系统(特异性)危害和听觉外(非特异性)系统危害两种。噪声性耳聋属于我国法定的职业病,可根据连续3年以上职业性噪声作业史,出现渐近性听力下降、耳鸣等症状,纯音测听为感音神经性聋,并结合职业健康监护资料和现场职业卫生学调查,进行综合分析,且排除其他原因所致听觉损害等情况来进行诊断。我国《职业性噪声聋的诊断》(GBZ 49—2014)中,对符合双耳高频(3 000 Hz、4 000 Hz、6 000 Hz),根据较好耳语频(500 Hz、1 000 Hz、2 000 Hz)和高频4 000加权值对该病进行诊断及分级,即26～40 dB者为轻度噪声聋,41～55 dB者为中度噪声聋,≥56 dB者为重度噪声聋。

煤矿井下的生产性噪声超标严重,听力损伤发病率高,噪声致聋将成为仅次于尘肺病的第二大职业病,约占总职业病的8%。根据《工作场所有害因素职业接触限值 物理因素》(GBZ 2.2—2007),对稳态及非稳态噪声,8 h/d或40 h/w噪声暴露等效声级大于等于85 dB(A)则为噪声超标。井下作业人员长时间处于强噪音环境而得不到有效防护,极易导致人体听力永久损伤或诱发职业性耳聋,而井下巷道掘进或工作开采时的放炮爆破会产生脉冲噪声,有可能诱发听力系统急性损伤,致使鼓膜破裂,造成听力永久性丧失。

在我国四项关于采矿业噪声的研究中,总样本量为2 245名工人。在这些研究中,工作场所报告的平均最高噪音水平为106.2 dB(A),噪声性耳聋的患病率为10.3%。

噪声还可引起听觉外系统的损害,主要表现在神经系统、心血管系统等,如易疲劳、头痛、头晕、睡眠障碍、注意力不集中、记忆力减退等一系列神经症状。高频噪声可引起血管痉挛、心率加快、血压增高等心血管系统的变化。长期接触噪声还可引起食欲不振、胃液分泌减少、肠蠕动减慢等胃肠功能紊乱的症状。同时,噪声可使人体肾上腺皮质功能亢进,女工可能出现月经失调,男工可能出现精子数量减少、活动能力下降。此外,噪声对工作的危害是不言而喻的。职业性耳聋会导致工人在工作中难以很好地与别人交换意见,降低工人的工作效率;且噪声易引起心理恐惧,导致工人对报警信号反应迟钝,增加工伤死亡事故的发生概率。

6.4.2 噪声的来源

煤炭工业为多噪声源行业,存在于各主要生产环节,尤其以煤矿井下噪声最为突出,井下噪声具有声源多、强度大、声级高、频带宽等特点。煤矿井下是煤炭工业的主要作业场所,存在大量机电设备,由于井下作业空间狭窄,反射面大,容易形成混响声,导致同一机电设备在井下作业噪声比地面高5～6 dB。

(1) 煤矿井下固定设备噪声

煤矿井下固定设备是指安装于煤矿井下硐室或巷道内不长期移动的大型流体动力设备,如局部通风机、空气压缩机、提升机、水泵等。

局部通风机的噪声级一般在90～120 dB(A)之间,并且随功率的设备使用年限的增加,噪声级不断增高。新局扇使用约一年后,噪声级升高约10～15 dB(A),一般局扇的使用周期在5年左右,所以,局扇的噪声级一般都在120～140 dB(A)以上。

空气压缩机在井下运行时,设备安装于硐室内,噪声声压级可高达100 dB(A)以上,主要接触噪声的人是井下空气压缩机房内的司机,但噪声还可以沿着井下硐室与巷道向外传播,影响周围作业环境。

除局部通风机和空气压缩机之外，提升机和水泵也可产生 85～100 dB(A)声压级的噪声。这些矿井机电设备产生的噪声不仅声压级高、低频突出，而且几乎是不间断的存在。

(2) 采煤工作面噪声

采煤工作面的噪声主要来源于采煤机械和运输机械。

采煤机发出的噪声来自自身机械噪声和切割煤体产生的噪声。根据调查表明，采煤机自身噪声和它的工作功率有关，割煤噪声随着割煤速度和截深的增加而增高。采煤机噪声一般在 90～110 dB(A)之间。

刮板输送机的噪声级一般在 90～106 dB(A)之间。刮板接头部件与刮板的碰撞产生有规律的噪声，刮板输送机在负载工作时碰撞声可控制在 90 dB(A)以下。但当其空载时，由于运行部件(链条、刮板)重量大以及溜槽结合不平整，尤其在速度较快的情况下，噪声会显著变大。

(3) 掘进工作面噪声

掘进工作面有凿岩、装岩、运输、支护和局部通风机等机械设备和放炮作业，由于掘进工作面狭窄，空间小，噪声沿巷道延长方向传播。

掘进面的噪声属于气体动力噪声和机械噪声的复合噪声。钻机的噪声级范围为 100～120 dB(A)。岩石掘进工是遭受井下噪声危害最严重的工种之一，噪声强度甚至达到了 120 dB(A)以上，噪声的直接来源即钻机和钻机凿岩。

装岩噪声主要来自装载、转运机构与岩石碎块的摩擦与碰撞，噪声可超过 90 dB(A)，巷道污染距离大于 10 m。

在掘进工作面，由于通风需要，几乎都配备局部通风机，由于其需要连续运转且声压级高，除了危害井下工作人员外，还常常掩蔽井下报警信号，造成意外事故。

井下放炮的噪声因强度不同很难用声压级来衡量。虽然放炮的时间很短，但是其产生的巨大冲击波往往可以波及很远，会产生强度非常大的噪声。如不采取防护措施，在极短的时间内即可造成永久性听力损失。工作在一线的掘进放炮工长年经受着这种巨大噪声的折磨，因此，井下炮工耳聋检出率较高。

6.4.3　噪声的检测

对作业场所的噪声进行评价或控制，首先要对噪声进行测量，图 6-28 为几种噪声测量仪器，最常用的仪器为声级计和频率分析仪。如图 6-29 所示，各类仪器都可以用一个噪声检测系统表示。

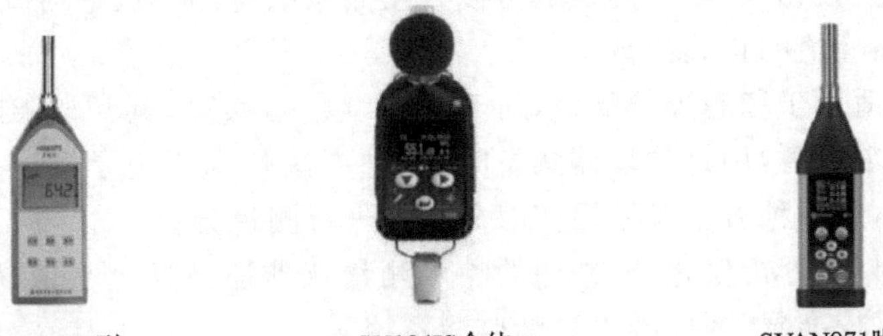

HS5633T型声级计　　SV104IS个体噪声剂量计　　SVAN971噪声与振动分析仪

图 6-28　几种常见噪声测量仪器

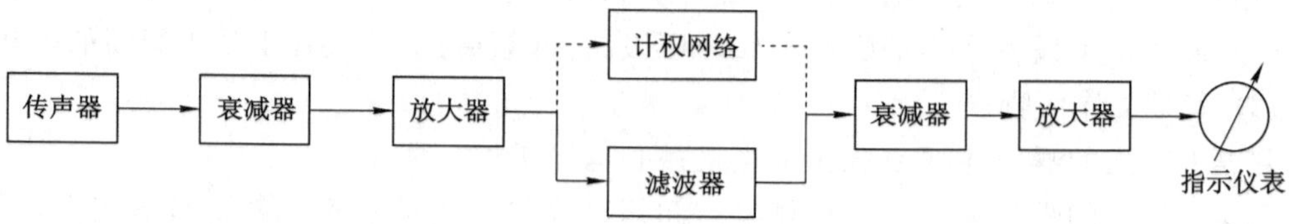

图 6-29 噪声检测基本系统

1. 仪器构造及原理

声级计主要由传声器、放大器指示器(或显示器)及计权网络等部分组成,是噪声测量系统中最广泛使用的基本声学仪器。声级计是根据国际标准按照一定的频率计权和时间计权测量声压级和声级的仪器,具有体积小、质量轻、操作简单、便于携带等优点。

(1) 传声器是将声能(声压)转变为电能的换能器。通常采用的有晶体式、电容式及动圈式换能器。

(2) 放大器将传声器输出的信号经一级或多级放大转换成可以显示的信号。

(3) 衰减器将放大后的信号精确地按照每挡 10 dB 衰减,以便读数。仪器面板上输出衰减器由旋钮按键或移动键控制。

(4) 指示器用以显示所测噪声强度的大小。指示器量程一般为每挡 10 dB,并附有“快”“慢”控制键,一般情况下,如果所测噪声比较稳定,可使用“快”挡测量,以便节省测量时间;如果所测噪声稳定性不好,使用“慢”挡能够读出比较准确的读数。使用液晶数字显示的声级计,用起来比较方便,指针式指示器需与衰减器配合读数。

(5) 计权网络常用的有 A、B、C 三种滤波器,是根据不同频率声音的等响曲线而设计的计权网络,用计权网络测出的声级须注明该计权网络的代号,如 dB(A)、dB(B)或 dB(C)。

总的来说,由传声器将声音转换成电信号,再由前置放大器变换阻抗,使传声器与衰减器匹配。放大器将输出信号加到计权网络,对信号进行频率计权,然后再经衰减器及放大器将信号放大到一定的幅值,从而在电容平上给出噪声声压级的数值。

频率分析仪能够对声信号进行实时频谱分析,如图 6-30 所示,其核心部分为滤波器,声学测量的频谱分析经常使用带通滤波器,只允许一定频率范围内的信号通过,高于或低于这一信号的不能通过。频率分析仪通过接口与声级计相连,可以测量各频带声压级的大小。有的频率分析仪具有测量 1/2 倍频程、1/3 倍频程的功能,使用时根据需要加以选择。放大器的原理与声级计大致相同,不同的是其可以直接测量电压、峰值、平均值,有的还可以测量+峰、一峰以及最高峰值的正确读数。

频谱分析仪只适用于稳态连续噪声,对于非连续稳态噪声,其频谱随时间变化,脉冲冲击噪声作用时间非常短暂,用这种仪器测量时,一种方法是利用记录器记录噪声信号,然后反复重放进行测量,另一种方法是采用实时分析仪进行测量分析。

除了声级计和频率分析仪之外,常用的噪声测量仪器还包括电平记录仪、磁带记录仪、个人噪声暴露计、声校准器、环境噪声自动监测系统等。

2. 测量方法

根据《工作场所物理因素测量 第 8 部分:噪声》(GBZ/T 189.8—2007),为了现场调查能够正确选择测量点、测量方法和测量时间等,必须在测量前对工作场所进行现场调查。调

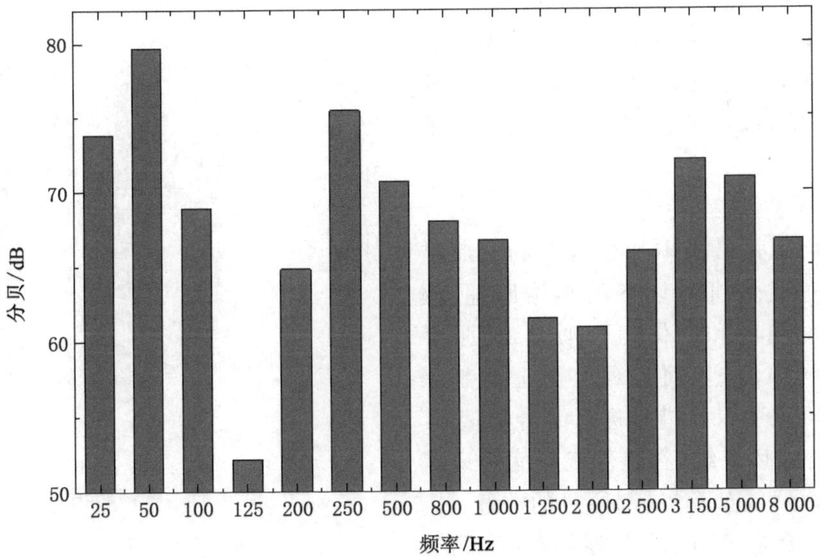

图 6-30　频率分析仪显示的频谱特性

查的主要内容包括工作场所的面积、空间、工艺区划、噪声设备布局等并绘制略图；工作流程的划分、各生产程序的噪声特征、噪声变化规律等；工作人员的数量、工作路线、工作方式、停留时间等。除此之外，还要进行预测量，判定噪声是否稳态、分布是否均匀。

测量仪器的准备目前可供应用的声级计和频率分析仪种类很多，使用前一定详细阅读仪器使用说明书，了解使用方法和注意事项，严格按照要求对仪器进行检查和使用。测量前应根据仪器校正要求对测量仪器校正。固定的工作岗位选用声级计，流动的工作岗位优先选用个体噪声剂量计，或对不同的工作地点使用声级计分别测量，并计算等效声级。

选择测点时，当工作场所声场分布均匀，即测量范围内 A 声级差别＜3 dB(A)时，选择 3 个测点，取平均值；当工作场所声场分布不均匀时，应将其划分若干声级区，同一声级区内声级差别＜3 dB(A)，每个区域内选择 2 个测点，取平均值。劳动者工作是流动的，在流动范围内对工作地点分别进行测量，计算等效声级。

噪声测量时传声器应放置在劳动者工作时耳部的高度，站姿为 1.50 m，坐姿为 1.10 m，传声器的指向为声源的方向，测量仪器固定在三脚架上置于测点。现场不适于放置三脚架时，可手持声级计，但应保持测试者与传声器的间距＞0.5 m。对于稳态噪声的工作场所，每个测点测量 3 次，取平均值；对于非稳态噪声的工作场所，根据声级变化（声级波动＞3 dB）确定时间段，测量各时间段的等效声级，并记录各时间段的持续时间。脉冲噪声测量时，应测量脉冲噪声的峰值和工作日内脉冲次数。测量应在正常生产情况下进行。工作场所风速超过 3 m/s 时，传声器应戴风罩，尽量避免电磁场的干扰。

测量记录应包括测量日期、测量时间、气象条件（温度、相对湿度等）、测量地点（单位、厂矿名称、车间和具体测量位置）、被测仪器设备型号和参数、测量仪器型号、测量数据、测量人员以及工时记录等。

6.4.4 噪声的防治

噪声污染的三要素为噪声源、传播过程和噪声接触者，只有三者同时存在才能构成噪声污染，因此，如图 6-31 所示，防治噪声要从这三方面入手。

图 6-31 噪声防治方法

1. 控制噪声源

控制噪声源是最根本和最有效的控制措施。人们通过改进机械设备的结构原理，提高各个零件的精度和整体组装质量，使强噪声源变成弱噪声源，从而实现声源上控制噪声的目的。可采用以下措施进行综合治理：

(1) 改善通风系统，在确保工作面通风需求的情况下，尽可能缩减局部风机的数量。

(2) 选择合适零件、减少零件摩擦，调节机械运转速度，如合理筛选采煤机截齿类型，适度减缓采煤机滚筒转速，并适度提升采煤机牵引速度，从而减小噪声。图 6-32 和图 6-33 展示了通过对切割滚筒钻头的力传导隔离，减小从切削钻头传递到主滚筒结构的动态采煤力，从而对长壁开采进行噪声控制。

图 6-32 长臂切割滚筒示意图

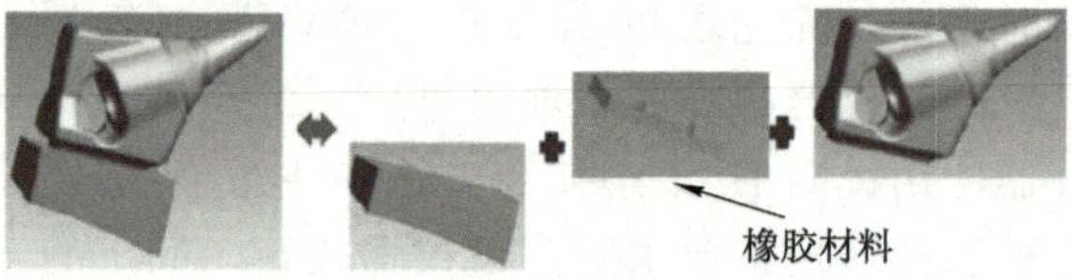

图 6-33 切削钻头示意图

(3) 革新技术，如在工作面割煤时，可通过向煤层注水降低煤体强度及硬度，从而减小采煤机破煤和割煤时产生的噪声，根据实践统计显示：煤体内部水分每增加 3%，煤体硬度会减少 0.5～1，煤体强度可降低 30%，割煤噪声可缩减 10 dB(A)。

(4) 使用消声器，如根据排风噪声的频谱设计合理的排风消声器，在空压机进气口增加消声器等。

(5) 衰减噪声源的振动，如使用阻尼物质，加装减振设备，减小共振面积等。

2. 阻断传播过程

煤矿井下作业空间狭窄且封闭，声波较地面集中，同时巷道四壁坚硬致密，易使声波反射，使噪声对煤矿工人的危害程度进一步加剧。因此，当从声源处无法有效地解决噪声问题时，应考虑从声波的传播途径入手，即在传播途径上阻断或屏蔽声波的传播，或使声波传播的能量减弱。具体措施如下：

(1) 采用隔声罩、隔声间、隔声屏等阻隔装置，阻止噪声传播的隔声技术措施。噪声较大的设备应尽量将噪声源与操作人员隔开，如建造主扇隔声室，主要用于阻断机壳振动引起的机械噪声和电机房传来的电磁噪声。

（2）还可采用吸声性能好的材料降低噪声，如使用能够吸收噪声的合金做凿岩机外壳，在井下巷道岩面喷射高膨胀泡沫稳定层。

由于煤矿井下环境较为特殊，加上经济、工艺等限制，导致这些方法目前在煤矿领域应用都不是特别成熟。

3. 接触者个体防护

在声源和传播过程上均无法采取有效措施以达到预期效果的时候，只有从噪声接触者方面来考虑降低噪声的危害。目前较为常见的手段是让井下作业人员佩戴专门的护听器，如防护耳塞、防护耳罩和头盔（图 6-34），其隔声效果可高达 20～40 dB，能够对外界噪声进行一定程度的隔绝，使其削减到作业人员可接受的范围内。在噪声达到或超过 85 dB(A)的场合，工人必须使用护听器；当噪声达到或超过 100 dB(A)时，应同时佩戴耳塞和耳罩。但结合井下工作实际，佩戴存在以下几点问题：

图 6-34　常见听力防护用品

（1）井下施工工艺繁复，防噪用品的佩戴一定程度上会干扰工人的正常作业；

（2）井下工作面多潮湿、闷热，防噪用品长时间佩戴易让人感觉不适；

（3）防噪用品佩戴后会对井下工人接收相关有效信息产生干扰。

因此，护听器的选择首先应遵循三个主要原则：一是安全与健康原则，选择护听器要充分考虑使用环境和佩戴个体的条件，保证佩戴护听器过程中的人员安全与健康；二是适用原则，护听器应在提供有效听力保护的同时不影响生产作业的进行，避免过度保护；三是舒适原则，应根据护听器产品的特点，选择适合个体的护听器，以满足较好的佩戴舒适性，避免由于佩戴不舒适导致佩戴者不按正确的方式使用护听器，从而降低其听力防护作用。在遵循上述三个原则基础上，采用 SNR 方法选择护听器，确保在不影响井下工人作业的情况下，最大程度发挥防噪功效。

4. 辅助措施

针对目前煤矿井下噪声危害现状，必须结合相应的行政管理手段，采取以下有效措施治理噪声危害：

（1）煤矿井下工作制度尽量由三班八小时制改为四班六小时制，减少工人单次井下作业时间，合理布置工作量，避免工人加班作业、连续作业。

（2）煤矿企业要提高对噪声危害严重性的认识，要严格按照职业卫生标准对工作场所噪声控制的要求，调查清楚本矿井的危害程度，每半年至少开展一次噪声危害因素检测，并针对具体情况制定降噪、防噪措施。对于操作人员每天接触噪声不足 8 h 的场合，也可根据实际接触噪声的时间，按接触时间减半、噪声声级卫生限值增加 3 dB(A)的原则，确定其噪声声级限值，但最高限值不得超过 115 dB(A)；作业人员每天连续接触噪声时间达到或者超过8 h的，噪声声级限值 85 dB(A)；每天接触噪声时间不足 8 h 的，可以根据实际接触噪声的时间，按照接触噪声时间减半、噪声声级限值增加 3 dB(A)的原则确定其声级限值(表 6-2)。

表 6-2　工作场所噪声职业接触限值

接触时间	接触限值/[dB(A)]	备注
5 d/w，=8 h/d	85	非稳态噪声计算 8 h 等效声级
5 d/w，≠8 h/d		计算 8 h 等效声级
≠5d/w		计算 40 h 等效声级

(3) 加强宣传教育，提升工人的自我保护意识，增强工人的自我防范意识。

(4) 对工人进行健康监护，对上岗前的职工进行体格检查，检出职业禁忌证，如听觉系统疾患、中枢神经系统疾患、心血管系统疾患等。对在岗职工则进行定期体检，以早期发现听力损伤。

6.5　个体防护

个体防护是指为了保护现场工作人员免受化学、生物与放射性污染的危害而设计的装备，包括安全帽、口罩、防护服、防护眼面护具、防护手套和呼吸用品等。个体防护可以有效预防现场环境中的有害物质对人体健康的危害，但所有个体防护装置都只能够在一定程度上降低所接触的有害物质的量。个体防护用具的使用是在经过充分的风险评价并已采取了其他控制方法后仍需要在有害环境下工作时的最后的一道防线，使用个体防护装置时，必须充分理解所选用装置的性能和局限性。现场工作人员要经过系统的个体防护培训并进行定期演练，临时动员到现场工作的人员要在使用前进行应用培训，并在专业人员监督下工作。

6.5.1　头部防护

6.5.1.1　头部防护用品介绍

在生产劳动过程中，头部可能受到物体打击、高处坠落、机械性损伤及污染毛发(头皮)等方面的伤害，因此需要佩戴头部防护用品。头部防护装备有安全帽、工作帽和防护头罩三类。

1. 安全帽

(1) 安全帽的防护作用

在生产劳动中，坠落物伤及人体的意外事故时有发生。安全帽的防护作用就在于：当作业人员受到坠落物、硬质物体的冲击或挤压时，安全帽可减轻冲击力的作用，以消除或减轻对人体头部的伤害。在冲击过程中，即从坠落物接触头部开始到坠落物脱离帽壳，安全帽的各个部件(图 6-35)首先将冲击力分解，然后通过各个部分的弹性变形、塑性变形和合理破坏吸收大部分冲击力，使最终作用在人体头部的冲击力小于 4 900 N(人体颈椎骨最大受力)，从而起到保护作用。安全帽的这种性能叫作冲击吸收性能，该性能是判定安全帽合格与否的重要指标之一。

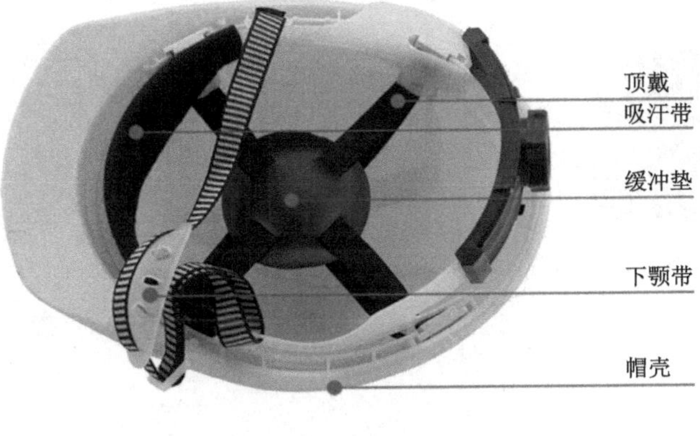

图 6-35　安全帽结构

(2) 安全帽的技术性能要求

① 冲击吸收性能：安全帽在受到坠落物冲击时对冲击能量的吸收能力。规定 5 kg 钢锤自 1 m 高度自由落下，冲击到戴在木制头模上的安全帽顶部的冲击力应小于 4 900 N。

② 耐穿刺性能：安全帽受到带尖角坠落物冲击时的抗穿透能力。要求帽壳材料具有较高的强度和韧性，使安全帽在受到尖锐坠落物冲击时不会因帽壳太软而穿透，也不会因帽壳太脆而破裂，以防坠落物扎伤头部。

③ 安全帽的尺寸和质量要求：安全帽的尺寸要求包括帽壳内部尺寸、帽舌、帽檐、佩戴高度、垂直间距和水平间距、突出物和通气孔等多项的要求，其中垂直间距和佩戴高度是安全帽的两个重要尺寸。垂直间距是安全帽佩戴时头顶最高点与帽壳内表面之间的轴向距离(不包括顶筋的空间)，其值应小于或等于 50 mm；佩戴高度是指安全帽在佩戴时帽箍底部至头顶最高点的轴向距离，应为 80～90 mm。安全帽的整体质量在保持良好技术性能的前提下应越轻越好，以减轻佩戴者头颈部的负担。大檐、中檐和卷檐安全帽的总质量不应超过 430 g，防寒安全帽的总质量不应超过 600 g。

④ 安全帽的外观和颜色要求：安全帽的外观应平整、光滑，无毛刺、飞边，式样美观。安全帽的颜色可以根据不同工种和不同作业场所的背景环境(包括机器、设备等)需要，分别采用浅显醒目的白、红、黄等颜色，便于引起高空作业人员及其他在场作业人员的注意和识别。

2. 工作帽

工作帽主要是对头部特别是头发起到保护作用，故也称为护发帽。工作帽对头发的保护作用主要有两种：一是可以保护头发不受煤尘和其他环境因素的污染，二是可以避免头发被卷入转动着的传动链、传动带或滚轴里等。

工作帽一般选用经久耐用的纤维织物制作，样式不宜过于复杂，且容易洗涤熨烫。工作帽的大小最好可以随意调节，以适合各种头型的人佩戴。选用工作帽时，应根据自己的工作性质和实际需要进行选择。使用工作帽时，应把帽体戴正，把头发全部罩在帽中，以免头发外露而降低防护作用(图 6-36)。

3. 防尘帽

防尘帽也称防尘头罩，是防护头罩的一种，通常由头罩、披肩组成。在作业环境不太恶劣的场所，防尘帽通常与防尘眼镜和防尘口罩配合使用，以防粉尘进入。防尘帽的面料选择范围比较广泛，可以根据企业的经济情况，选择不同档次的纯棉或化纤面料(图 6-37)。

图 6-36　工作帽

图 6-37　防尘头罩

6.5.1.2　测评标准

我国安全帽的技术要求必须符合《头部防护 安全帽》(GB 2811—2019)标准，测试标准为《安全帽测试方法》(GB/T 2812—2006)。各类标准适用条件如下：

(1)《头部防护 安全帽》。该标准规定了安全帽的分类、标记、技术要求、检验、标识与适用场所等，适用于作业场所头部防护所用的安全帽。

(2)《安全帽测试方法》。该标准规定了安全帽佩戴高度、垂直间距、冲击吸收性能、耐穿刺性能、下颏带强度、防静电性能、电绝缘性能、侧向刚性、阻燃性能等的测试方法，并适用于《头部防护　安全帽》中规定的安全帽及安全帽的技术要求。

6.5.1.3　使用与维护

安全帽在使用与保养时要注意以下四点：

(1) 选择适宜且合格的产品，佩戴前应检查安全帽各配件是否有破损、装配是否牢固、帽衬与帽壳间距是否规范等，确保各部件完好。

(2) 根据使用者的尺寸，将帽箍调节到适宜位置，规范佩戴安全帽。高空作业人员，应将下颏带和后颈箍拴牢，以防脱落。

(3) 安全帽使用时，如果受到较大冲击，无论是否发生明显变形，都应停止使用并更换掉受损安全帽，一般安全帽使用期限不超过三年。

(4) 不得随意在安全帽上打气孔；不得添加、拆卸安全帽上的附件；不得随意碰撞安全帽或当坐凳使用；不得将其储存于酸碱、高温、日晒、潮湿等场所；热塑性安全帽可用清水冲洗，不得用热水浸泡，不得用暖气片、火炉烘烤，以防帽体变形。

6.5.2　呼吸防护

6.5.2.1　呼吸防护用品

按照国家有关规定，在粉尘环境下工作，作业者必须佩戴个人防尘防护用具，使作业者既能呼吸净化后的洁净空气，又不影响正常生产活动，以保护工人的身体健康。目前，个体防护的防尘用具主要包括：防尘口罩、防尘面罩、防尘帽、防尘呼吸器等。按照工作原理和结构，个体防护的防尘用具一般分为两大类：一是过滤呼吸保护器，通过将空气吸入过滤装置去除污染而使空气净化；二是供气式呼吸保护器(又称为隔绝式)，是从一个未经过污染的外部气源向佩戴者提供洁净空气。

1. 自吸过滤式防颗粒物呼吸器

自吸过滤式防颗粒物呼吸器属于自吸过滤式呼吸防护用品，是由佩戴者通过呼吸产生动力克服呼吸器部件气流阻力的过滤式呼吸防护用品。自吸过滤式防颗粒物呼吸器是最常见的防尘用品，根据其主要部件构成可分为简易式和复式两大类。

(1) 简易式防尘呼吸器

简易式防尘呼吸器没有过滤盒、吸气阀等复杂装置，有些直接用过滤材料做成，其构件十分简单，如防尘口罩，有些则依靠简单支撑件而构成。该类呼吸器有夹具式和支架式等结构形式，如图 6-38 所示。简易式防尘呼吸器具有结构简单、重量轻便、呼吸阻力小、携带方便等优点，但其阻尘效率一般低于复式呼吸器，并且不宜用于湿度较大的淋水和湿式作业场所。

(2) 复式防尘呼吸器

凡由滤尘盒和呼吸气阀两部分组成的呼吸器，统称为复式呼吸器。滤尘盒又有单滤尘盒和双滤尘盒之分。复式呼吸器见图 6-39，由主体件、过滤盒、滤料、呼吸气阀等部件组成。其阻尘率可高达 97%～99%，而呼吸阻力仅为毫米汞柱。

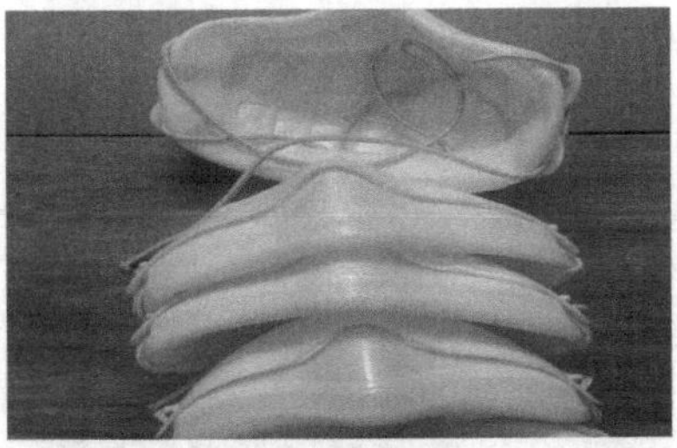

图 6-38　夹具式防尘呼吸器基本构成

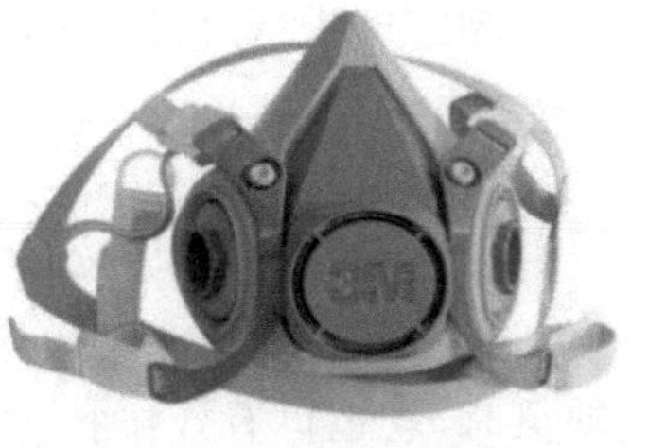

图 6-39　3M 防护半面复式呼吸器

2. 动力送风过滤式防尘呼吸器

动力送风过滤式防尘呼吸器是通过动力作用如空压机、压缩气瓶装置等使呼吸器内部（或腰间）放置的微型电动风机旋转，将经过滤除尘的干净空气吸入呼吸器内，使佩戴者尽管在污染的环境中工作，仍能呼吸到干净空气，从而改善劳动者的工作条件。送风式防尘呼吸器通常具有阻尘率高、低泄漏、呼吸阻力小、不憋气、质量轻、携带方便、使用寿命长、成本及维护费用均低等特点。

(1) 送风口罩

图 6-40 为 YMK-3 型送风口罩，这种口罩主体由无毒橡胶制成，为内卷式，左右装两个呼吸阀，下部有吸气嘴与导气管连装。导气管为蛇形管，过滤盒由塑料注塑成形。风机送风量不小于 60 L/min，由每分钟转速为 5 000～7 000 转的微电机抽吸染尘空气制成，当空气经过过滤器净化后，通过蛇形管送入口鼻罩供人呼吸，呼吸器的阻尘效率超过 90%。由于采取机械送风，罩体或头盔内保持正压，故没有呼吸阻力，使用者感觉比较舒适。

(2) 送风面罩

密合型电动送风过滤式防尘呼吸器应具有必要的结构，以使电动风机向呼吸器内送入经过滤的干净空气，并从排气阀排出佩戴者的呼气及剩余空气，如图 6-41 所示。

3. 隔绝式压风呼吸器

隔绝式压风呼吸器（又名“自给正压式空气呼吸器”）是一种隔绝式的动力个体防护用具，将人的呼吸部位与染尘作业环境隔离，通过长导气管将作业环境外的洁净空气或者对井

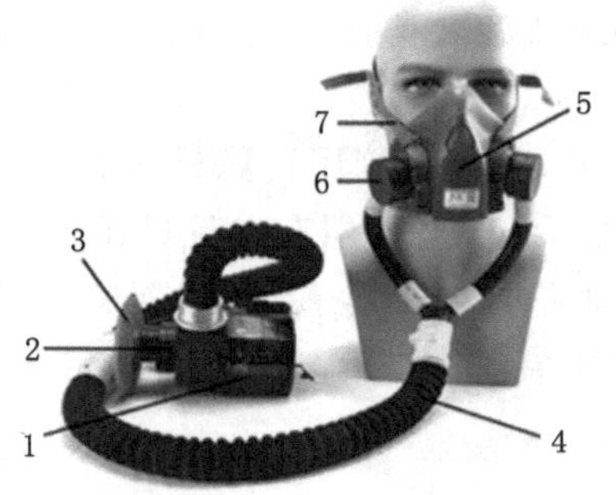

1—电动机；2—风机；3—过滤器；
4—导气管；5—主体；6—呼吸阀；7—系带。

图 6-40　YMK-3 型送风口罩

图 6-41　密合型电动送风过滤式防尘面罩

下风管中的压缩空气进行过滤、消毒、减压后送入口罩内口鼻部，供使用者呼吸(图 6-42)。

图 6-42　隔绝式压风呼吸器

隔绝式压风呼吸器的优点：

(1) 该类呼吸器不仅可以实现对粉尘的隔离防护，同时可免除炮烟及有害气体的侵害。当瓦斯突然增大造成缺氧时，它也可有效维持矿工的正常呼吸。

(2) 呼吸器始终保持微正压，吸气阻力小，且气流湿度、温度等都比较适合操作者。

(3) 防尘效率高。高压气流能够可靠地还原为新鲜空气，经导管送入呼吸口罩内，供佩戴者呼吸用，隔绝尘、毒的效率甚至可达 100%，尤其适用于气溶胶浓度高和短期内暴露不会有生命危险的场所。

(4) 供风简单，具备压风管路的岩巷或其他巷道中的风流可以作为供风源，或者直接通过携带装有清洁压缩气体的背负式气瓶的自给正压式供风实现对劳动者的个体防护。

隔绝式压风呼吸器的缺点：呼吸器必须连接压风装置和供风管路，使用者行动不便，操作者活动范围受限，不能实现远距离作业。

6.5.2.2　测评标准

我国不同呼吸防护用品的技术要求与测试标准不同，各类标准适用条件如下：

(1)《呼吸防护 自吸过滤式防颗粒物呼吸器》(GB 2626—2019)与《呼吸防护 自吸过滤式防毒面具》(GB 2890—2022)规定了两类呼吸器的泄漏性、呼气阀、死腔、视野、头带、连接和连接部件、镜片等技术要求与测试方法。另外《呼吸防护 自吸过滤式防毒面具》规定了该类呼吸器的导气管、过滤件的技术要求与测试方法。

(2)《呼吸防护 动力送风过滤式呼吸器》(GB 30864—2014)与《电动送风过滤式防尘呼吸器通用技术条件》(LD 6—1991)规定了送风过滤式呼吸器的送风量、连续运转性能、高低温性能、电动风机、导气管、电源的技术要求与测试方法。

(3)《呼吸防护 长管呼吸器》(GB 6220—2023)规定了长管呼吸器的技术要求、部件的性能要求、抗拉强度、呼吸阻力、静态压力、连续工作性能、送风量、固定带压力等测试方法。

6.5.3 眼面部防护

6.5.3.1 眼面部防护用品分类

眼部的防护主要采用防护眼镜。防护眼镜分为防异物的安全护目镜和防光的护目镜两种。防异物的安全护目镜是防御有害物伤害眼睛的产品，如防冲击护目镜和防化学药剂护目镜等；防光的护目镜是防御有害辐射线伤害的产品，如焊接工防护眼镜和炉窑护目镜、防激光护目镜和防微波护目镜等。防冲击眼护具用来防止高速粒子（大、小）对眼睛冲击的伤害，主要是大型切削、破碎、清砂、木工、建筑、开山、凿岩、等各种行业的工人使用。防冲击眼护具的种类较多，大体可分为眼镜、眼罩两种，每种又分为不同的形式。眼镜分为普通眼镜和带侧护罩的眼镜；眼罩分为敞开式和密闭式。敞开式眼罩又有无边和有边两种。防冲击眼护具使用的材料为无色透明的材料，可见光透过率在 89%以上，镜片有一定强度，可受外来冲击力，不至于因异物冲击导致镜片破碎而造成眼睛伤害。

面部防护主要采用防护面罩。防护布置分为安全型和遮光型两种。安全型防护面罩是防御固态或液态有害物体伤害眼面部的产品，如钢化玻璃面罩、有机玻璃面罩、金属丝网面罩等；遮光型防护面罩是防御有害辐射线伤害眼面部的产品，如焊接工防护面罩、炉窑面罩等，其分类见表 6-3。

表 6-3 眼面防护用品分类

名称	样型			
眼镜	普通型		带侧光板型	

眼罩	开放型		封闭型	
	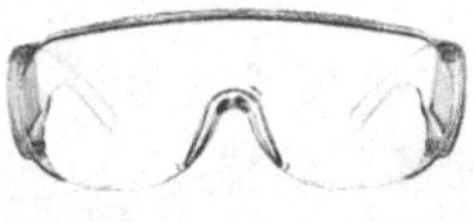		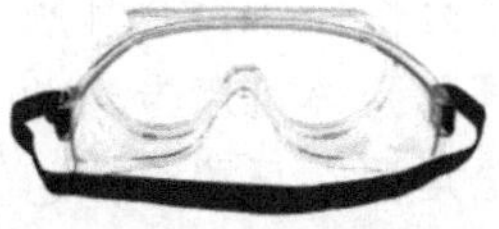	
面罩	手持式	头戴式	安全帽与面罩组合	头盔式
		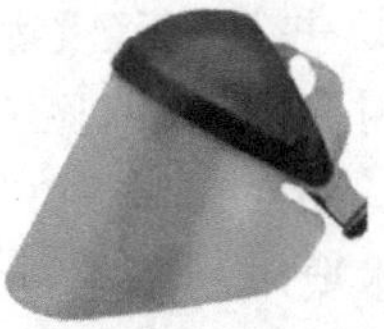		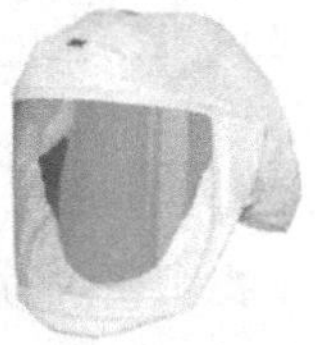

6.5.3.2 测评标准

（1）《眼面防护具通用技术规范》（GB 14866—2023）对眼面部防护用品的无害性、头带、尺寸、光学要求、强度、抗老化性能、阻燃性做了具体规定，规定了个人用眼护具的技术性能要求及相应的试验方法，适用于除核辐射、X光、激光、紫外线、红外线及其他辐射以外的各类个人眼护具。

(2)《眼面防护具通用技术规范》(GB 14866—2023)规定了职业眼面部防护用品的光学和非光学性能测量方法。

① 光学性能试验：球镜度、柱镜度、棱镜度、装成镜或覆盖双眼镜片的棱镜度互差、透射比、广角散射(雾度)、狭角散射(光漫射)、材料和表面质量；

② 非光学性能试验：抗冲击性能试验、耐热性能试验、紫外辐射稳定性能试验、耐腐蚀性能试验、阻燃性能试验、防高速粒子冲击性能试验、防重物冲击性能试验、防液滴性能试验(适用于眼罩型防护具)、镜片表面耐磨性能试验、镜片防雾性能试验。

6.5.4 听力防护

6.5.4.1 听力防护用品分类

(1) 耳塞

耳塞是插入人外耳道内或置于外耳道口处的护耳器，其产品质量应符合国家标准《个体防护装备 护听器的通用技术条件》(GB/T 31422—2015)的规定。耳塞的种类按其声衰减性能分为防低、中、高频声耳塞和隔高频声耳塞，按使用材料分为纤维耳塞、塑料耳塞、泡沫塑料耳塞和硅橡胶耳塞。

在对耳塞进行结构设计时，应考虑佩戴时应容易放进和取出，使用时不容易滑脱失落，佩戴后无明显的痒、胀、疼痛和其他不舒适感。在造型上，应考虑不能插入人外耳道太深，与外耳道各壁应轻柔贴合密封。耳塞要求选用隔声性能好的材料，在一般使用情况下不易破损，强度、硬度和弹性适当，容易清洗、消毒；在恶劣环境中使用不易产生永久性变形、老化和破裂，与皮肤接触时必须无刺激性(图 6-43)。

耳塞的优点是结构简单、体积小、质量轻、使用方便，对中、高频噪声有较好的隔声效果，而对低频噪声的隔声效果较差。它的缺点是当佩戴时间长或耳塞大小选用不当时会感觉不舒适，容易引起耳道疼痛。

(2) 耳罩

耳罩是由压紧每个耳廓或围住耳廓四周而紧贴在头上遮住耳道的壳体所组成的一种护耳器。耳罩壳体可用专门的头环、颈环或借助安全帽或其他设备上附着的器件而紧贴在头部。耳垫是覆在耳罩壳体边缘上和人头接触的环状软垫。

在耳罩的结构上，要求其头环弹性适中，长短应能调节，佩戴时没有压痛或明显的不舒服感，高度应在 112～142 mm 且可调，壳体必须能在相互垂直的两个方向上转动。耳垫必须是可更换的，接触皮肤部分应无刺激，并且能经受消毒液的反复清洗。耳垫材料必须柔软，具有一定的弹性，以增加耳罩的密封和舒适性(图 6-44)。

6.5.4.2 听力防护用品测评标准

我国听力防护用品(护听器)的技术要求必须符合《个体防护装备 护听器的通用技术条件》(GB/T 31422—2015)，测评标准主要为《声学 护听器 第1部分：声衰减测量的主观方法》(GB/T 7584.1—2004)、《声学 护听器 第2部分：戴护听器时有效的A计权声压级估算》(GB/T 7584.2—1999)以及《声学 护听器 第3部分：使用专用声学测试装置 测量耳罩式护听器的插入损失》(GB/T 7584.3—2011)，各类标准适用条件如下：

(1)《个体防护装备 护听器的通用技术条件》。该技术要求规定了耳罩式和耳塞式护

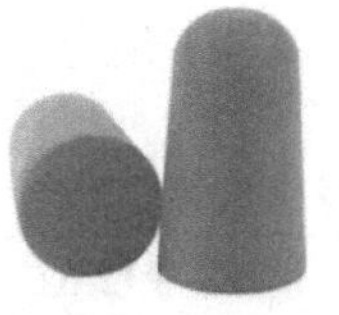

图 6-43　耳塞

图 6-44　耳罩

听器的要求、物理性能测试、声学性能测试及标识等，适用于在工作场所中使用的耳罩式和耳塞式护听器。

(2)《声学 护听器 第 1 部分：声衰减测量的主观方法》。该标准规定了在听阀处测定护听器的声衰减值的主观测量方法，此测量法是在低声压级获得的数据，也可反映护听器在较高声压级下的衰减值。对于声衰减与声压振幅密切相关的护听器，当声压级超过其相关特性有效点时，此测量方法不适用。

(3)《声学 护听器 第 2 部分：戴护听器时有效的 A 计权声压级估算》。该标准规定了估算戴护听器时有效的 A 计权声压级三种方法（倍频带法，高、中、低频法和单值评定法），适用于稳态噪声暴露以及脉冲组分噪声。

(4)《声学 护听器 第 3 部分：使用专用声学测试装置测量耳罩式护听器的插入损失》。该标准规定了使用专用声学测试装置测量耳罩式护听器插入损失的方法。此方法适用于耳罩式护听器声衰减值测量，但获得的耳罩式护听器性能数据并不用于表征耳罩的真耳声衰减或耳罩所提供的防护性能。

6.5.5　躯体防护

6.5.5.1　防护服技术要求

防护服是替代个人衣服或穿在个人衣服外，用于防止一种或多种危害的衣服。防护服可分为防尘防护服和特种防护服两类。一般防护服主要是防一般性油污、粉尘以及机械性擦伤，国家和行业没有指定统一的一般劳动防护服的产品标准，但有些省市制订了地方标准，并纳入地方产品管理范围，如湖北省、江苏省。其中防尘服是矿山、建材、化工、冶金、食品、医药、军工等行业有关作业人员防止粉尘污染危害体肤的专用服装。

1. 防尘服的分类

防尘服按用途分为 A 类防尘服（普通型）和 B 类防尘服（防静电型）。

B 类防尘服即防静电防尘服，是用防静电织物为面料而缝制的工作服，主要是为了防止服装上的静电积累，在静电影响安全生产的场合需要使用，见图 6-45。

图 6-45　防静电型防尘服

2. 衡量防尘服的基本性能

衡量防尘服的基本性能包括防尘效率、沾尘量、带电电荷量。

A 类、B 类防尘服的防尘效率、沾尘量、带电电荷量应符合表 6-4 规定。

表 6-4 防尘服的防尘效率、沾尘量、带电电荷量指标

防尘服类别	防尘效率/%		沾尘量/[mg(10 cm×15 cm)]		带电电荷量/[μC/件(套)]	
	洗涤前	洗涤后	洗涤前	洗涤后	洗涤前	洗涤后
A类	≥90	≥90	≤250	≤250	—	—
B类	≥95	≥95	≤150	≤150	≤0.6	≤0.6

3. 应用在煤矿井下的防护服需具备的其他性能

(1) 阻燃性能

煤矿工作环境下引起燃烧的隐患较多，而且矿工会在熔融金属附近作业，除此之外，还有许多易燃、易爆物质。在突发的火灾事故中穿着具有阻燃功能的防护服，可以在一定时间内保护人体免受伤害，有效保障工人的生命安全。

(2) 防水拒油性能

矿工在劳动操作时经常接触到水、油等液体介质，这类介质会渗透衣服，接触皮肤，导致人体污物感染或引发风湿疾病，所以，矿工防护服应具有防水拒油功能。

(3) 警示要求

为了耐脏防护服装一般大面积的采用深色，这与井下的土石颜色近似，且井下作业中车和人都较密集，加之重型矿车司机的“视野盲区”，很容易发生事故。所以，在井下这种较危险的环境作业时，矿工防护服应局部采用高反光度的材料，在服装的胸、背、腰、大腿、膝等部位合理设置反光条，以起到警示作用。此外，在救援过程中，高反光度的材料易识别，能够准确定位矿工位置从而确保矿工生命安全。

6.5.5.2 防护服评测标准

防护服的质量是否合格关系着每一名作业人员的生命安全，因此，我国关于防护服的性能测评制定了一系列严格的标准。目前我国现行防护服性能的测评标准如表 6-5 所示。

表 6-5 防护服性能的测评标准

防护服防护性能	测评标准
热防护性能	《防护服装 热防护性能测试方法》(GB/T 38302—2019)
防渗透性能	《防护服装 化学物质渗透试验方法》(GB/T 23462—2009)
抗动态撕裂性能	《防护服装 机械性能 材料抗刺穿及动态撕裂性的试验方法》(GB/T 20654—2006)
抗刺穿性能	《防护服装 机械性能 抗刺穿性的测定》(GB/T 20655—2006)
静电防护性能	《交流高压静电防护服装及试验方法》(GB/T 18136—2008)
抗熔融金属滴冲击性能	《防护服用织物 防热性能 抗熔融金属滴冲击性能的测定》(GB/T 17599—1998)

6.5.6　手、足及其他防护

6.5.6.1　手(臂)防护

手(臂)的防护用品按照防护部位分为防护手套和防护袖套两类。防护手套主要用来保护肘部以下(主要是腕部以下)手部免受伤害。防护袖套用以保护前臂或全臂免遭伤害(表 6-6)。

表 6-6　手(臂)部防护用品分类

绝缘手套	耐酸碱手套	焊工手套	防静电手套	耐高温阻燃手套	防辐射热套袖
		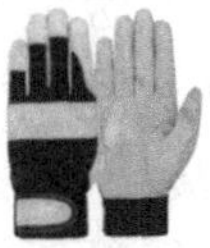			

1. 手(臂)防护用品

(1) 带电作业用绝缘手套

带电作业用绝缘手套是作业人员在交流电压 10 kV 及以下电气设备(或相应电压等级的直流电气设备)上进行带电作业时,戴在手上起电气绝缘作用的一种绝缘手套。其产品型号、外形尺寸和技术要求应符合《带电作业用绝缘手套》(GB/T 17622—2008)的规定。

(2) 耐酸碱手套

耐酸碱手套主要用来预防酸、碱等伤害手部,其质量应符合技术规范的规定。耐酸碱手套的主要技术性能是手套的不泄漏性和耐渗透性能。前者要求手套在(10+1) kPa 压力下不准有漏气现象发生;后者应进行耐渗透性试片试验和成品试验,并符合相应技术要求。

(3) 焊工手套

焊工手套是防御焊接时的高温、熔融金属和火花烧灼手的个人防护用手套,采用牛、猪绒革或二层革制成,按指型不同分为二指型(A)、三指型(B)和五指型三种。焊工手套产品的技术性能应符合《手部防护 焊工防护手套》(GB 45188—2024)技术标准规定。

(4) 防静电手套

防静电手套主要有两种:一种是由含导电纤维的织料制成;另一种是用长纤维弹力腈纶编织手套,然后在手掌部分贴附聚氨酯树脂,或者在指尖部分贴附聚氨酯树脂或手套表面有聚乙烯涂层。含导电纤维的手套是使积累在手上的静电很快散失,而有聚氨酯或聚乙烯涂层的手套主要是不易产生尘埃和静电。这些产品主要用于弱电流、精密仪器的组装、产品检验、电子产业、印刷、各种研究机关的检验工作等。

(5) 耐高温阻燃手套

耐高温阻燃手套是用于冶炼炉或其他炉窑工种的保护手套,主要有三种。一种是用石棉为隔热层,外面衬以阻燃布制成的手套;另一种是用阻燃的帆布为面料,中间衬以聚氨酯为隔热层的手套;还有一种是手套表面喷涂金属,不仅能耐高温阻燃还能反射辐射热。

(6) 防护袖套

其中,防辐射热袖套有石棉袖套和铝膜布隔热袖套两种。前者长 60 m,袖口直径为 200 mm,用于高温炉窑等高温有辐射的场所;后者长 595 mm,袖口直径为 195 mm,用于高温炉窑及有强辐射的作业环境。防水、化学腐蚀袖套有胶布袖套和塑料袖套两种，均适用于与水、酸、碱和污物等接触的作业。

2. 测评标准

我国防护手套必须符合《手部防护 通用技术规范》(GB 42298—2022)要求，测评标准为《手部防护通用测试方法》(GB/T 12624—2020)，各类标准适用条件如下：

(1)《手部防护 通用技术规范》。该标准规定了防护手套的类型、标记、技术要求、检验、标识与信息等，适用于保护手部或延伸保护至手臂的防护装备，或作为整体防护装备一部分的防护手套。

(2)《手部防护 通用测试方法》。该标准规定了防护手套无害性、手套尺寸、穿戴时间与脱卸时间、灵活性、水蒸气渗透性、水蒸气吸收性、抗渗水性、抓握性能等测试方法，适用于工业用防护手套的通用测试方法。不适用于消防员用防护手套、医疗用防护手套以及防护手套的特殊防护性能测试方法(特殊防护性能是指针对特定危害种类而提供的防护性能，例如机械危害防护、化学危害防护等)。

3. 使用与维护

防护手套应遵循《手部防护 防护手套的选择、使用和维护指南》(GB/T 29512—2013)进行选择、使用与维护。首先应明确防护对象，然后再仔细选用。防水、耐酸(碱)手套使用前应仔细检查，观察表面是否有破损，简易办法是向手套内吹气，用手捏紧套口，观察是否漏气。橡胶、塑料等类橡胶防护手套用后应冲洗干净、晾干，保存时避免高温，并在制品上撒上滑石粉以防粘连。绝缘手套应定期检验电绝缘性能，不符合规定的不能使用。乳胶手套只适用于弱酸、浓度不高的硫酸、盐酸和各种盐类，不得接触强氧化酸(硝酸等)。

6.5.6.2 足部防护

1. 足部防护用品

足部防护用品主要是防护鞋，其中对应用场所有害因素有较大防护作用的鞋统称为特种防护鞋，对有害因素不显现的防护鞋统称为常规防护鞋。防护鞋按防护功能可分为工业用防护鞋、林业安全鞋、铸造及类似热作业用安全鞋、建筑等高处作业用安全鞋、搬运和修理工等工种用的安全鞋、采矿鞋等(表 6-7)。

表 6-7 足部防护用品

矿工安全靴	保护足趾鞋(靴)	防静电鞋(靴)	导电鞋(靴)
		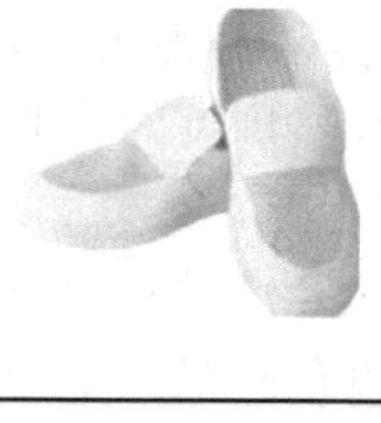	

(1) 矿工安全靴

矿工安全靴主要应用于煤矿企业，用以保护矿工的足部和腿部安全。矿工安全靴具有耐油、抗冲击、抗刺穿、耐化学品腐蚀等功能。

(2) 防护鞋

保护足趾安全鞋是用皮革或其他材料制成的，并在鞋的前端装有金属或非金属的内包头，可以承受一定的力量，能保护足趾免受外来物体打击伤害的鞋。按照《足部防护 安全鞋》(GB 21148—2020)的定义，只有鞋的前部能承受 200 J 能量的冲击和 15 kN 压缩力的鞋叫安全鞋，而承受 100 J 能量冲击的叫保护鞋。

(3) 防静电鞋和导电鞋

防静电鞋是既能消除人体静电积聚又能防止 250 V 以下电源电击的防护鞋；导电鞋是具有良好的导电性能，可在短时间内消除人体静电积聚，只能用于没有电击危险场所的防护鞋，这是与防静电鞋的重要区别。防静电鞋和导电鞋都有消除人体静电积聚的作用，可用于易燃易爆作业场所。防静电鞋要与防静电服同时穿用才能更有效地消除静电。

此外，还有其他特种防护鞋，它们分别有各自的技术标准，如电绝缘鞋(靴)是能使人的脚与带电物体绝缘，预防电击，其产品的质量应符合《足部防护 安全鞋》(GB 21148—2020)的规定；高温防护鞋能耐高温，又隔热，可以保护足部不受高温和灼热的物体伤害，其产品质量应符合《高温防护鞋》(LD 32—1992)技术标准的规定。

2. 测评标准

足部防护用品技术需符合《足部防护 安全鞋》要求，主要包括足趾保护性能、抗冲击性能、耐压性、抗刺穿性能、电性能、隔热性、耐恶劣环境性能等技术要求。根据足部防护鞋的类型不同，其各性能的测试标准有所差异。

《足部防护 鞋(靴)限量物质要求及测试方法》(GB/T 31009—2020)规定了足部防护鞋(靴)中的限量物质分类、安全性要求分级、鞋(靴)中存在的限量物质及其类别、安全性要求、测试方法和检验报告。《个体防护装备 鞋的测试方法》(GB/T 20991—2007)规定了鞋的抗刺穿性、抗冲击性、耐压力性、导电性、防静电性、电绝缘性、耐恶劣环境性的测试方法。

6.5.6.3　其他防护用品

根据《用人单位劳动防护用品管理规范》，坠落防护用品为第九大类，是防止高处作业劳动者坠落或者高处落物伤害的坠落防护用品。根据《坠落防护装备安全使用规范》(GB/T 23468—2009)，一般坠落防护用品主要有：

(1) 安全带

安全带(图 6-46)是防止高处作业人员发生坠落或发生坠落后将作业人员安全悬挂的个体防护装备，由带子、绳子和金属配件组成。安全带是供高 2 m 以上场所的一些高空作业，以及以这个高度为标准的其他工作等，为防止坠落而使用的。

《坠落防护 安全带》(GB 6095—2021)规定了高处作业用安全带的总体结构、零部件、系统性能、附加性能、耐腐蚀性能等技术要求。《坠落防护 安全带系统性能测试方法》(GB/T 6096—2020)规定了各类安全带的系统性能、救援性能、阻燃性能、防静电性能、耐化学品性能、耐腐蚀性能测试方法。

(2) 安全网

安全网(图 6-47)用来防止高处作业人员或物体坠落，避免或减轻坠落伤亡或落物伤人，对高处作业人员和作业面有整体防护功能。安全网的结构包括网体、边绳、系绳等。网体是由单丝线、绳等经编织(手工编织或机织)而成，为安全网的主体。边绳是沿网体边缘与网体连接的绳，有固定安全网形状和加强抗冲力的作用。系绳是把安全网固定在支撑物(架上）的绳。为了增加安全网的强度，还可以在安全网（平网）的网体中有规则地穿些筋绳。所有种类的安全网产品均应符合《安全网》（GB 5725—2009）的规定。

图 6-46　安全带

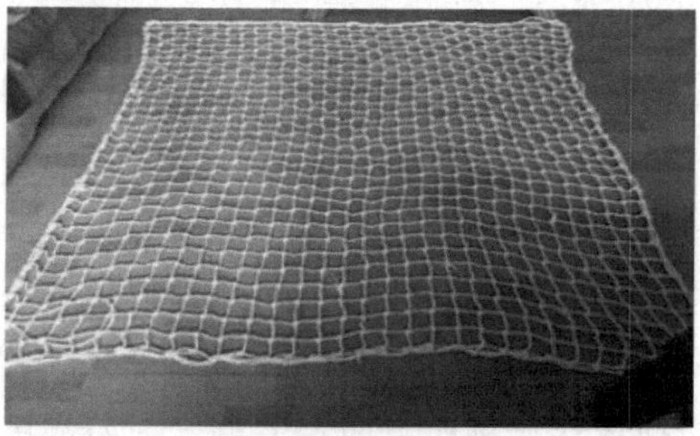

图 6-47　安全网

6.6　矿山职业健康的挑战、机遇与发展方向

我国在矿山职业健康领域已经开展了大量研究，但仍存在薄弱之处。同时由于矿山职业健康涉及理、工、医多学科的知识，内容复杂，实施过程中需要解决诸多科学问题，而现有理、工、医学科交叉融合研究较少，因此很难从根本上解决职业病防治问题。呼吸性粉尘浓度超标，矿山生产过程中产生的呼吸性粉尘质量浓度仍远远高于国家规定，尘肺病发病率始终居高不下。目前，我国矿山职业健康的发展才刚起步，现有矿山职业危害因素防控技术装备的防护效果不佳，在矿山职业健康方面相关政策标准仍有待完善。我国职业卫生监管和职业病防治服务能力也不足，导致现有政策的执行效果不佳，难以有效保障我国矿山职业健康稳定发展。未来亟需围绕矿山粉尘等危害因素前期干预、重点人群健康促进职业病防治，深化政产学研用金协同创新，加大矿山职业危害因素智能监测、粉尘智能防控、职业危害智能研判与筛查、职业健康智能预警、职业病智慧诊疗等科研的投入力度，重视典型矿山示范工程建设和科技成果转化，为矿山职业健康保障提供科技支撑。

6.6.1　矿山职业健康面临挑战

根据《2021 年我国卫生健康事业发展统计公报》，2021 年我国共报告职业病新病例 15 407例，其中尘肺病及其他呼吸系统疾病 11 877 例。其中，累计报告的煤工尘肺新发病例绝大多数分布在煤炭行业。需要指出的是，尘肺病具有迟发性、隐匿性等特点（10～30 年潜伏期），数量庞大的高流动性、潜在尘肺病群体或将成为新的社会隐患，不容忽视。此外，由于职业健康检查覆盖率低和用工制度不完善等原因，实际尘肺发病人数远高于报告病例数，每年职业病致死人数已经超过因安全事故死亡的人数。

在传统职业危害尚未得到有效控制的同时，新技术、新工艺、新产品也带来新的职业危害，如石油天然气开采新技术——水力压裂法带来的粉尘/化学药剂暴露、高压容器/管路爆炸风险；工程纳米材料的生产、运输、使用会不可避免地造成纳米颗粒的暴露，而纳米颗粒除其固有毒性，也易携带病菌、重金属至人体呼吸道深处；替代能源/汽车燃料——甲醛有毒、易燃，且可通过皮肤、呼吸、眼部进入人体。新的职业危害也带来了新型职业病，如图 6-48

所示，我国《职业病分类和目录》已从 1957 年认定的 14 种扩展至 2013 年最新认定的 132 种。矿山职业危害防控面临的另一项挑战在于职业危害因素允许暴露限值的不断降低，即随着职业医学的发展，专家学者更为深刻地认识到，即使更低剂量职业危害因素的长期暴露（如煤矿井下煤尘、矽尘浓度）也会对职业健康造成损害，而随着工艺的革新、防控技术的发展，工矿企业也愈发有能力将职业危害因素降至更低水平。鉴于此，纵观国际、国家职业卫生标准中关于职业危害因素允许暴露限值的规定，均是不断降低的。

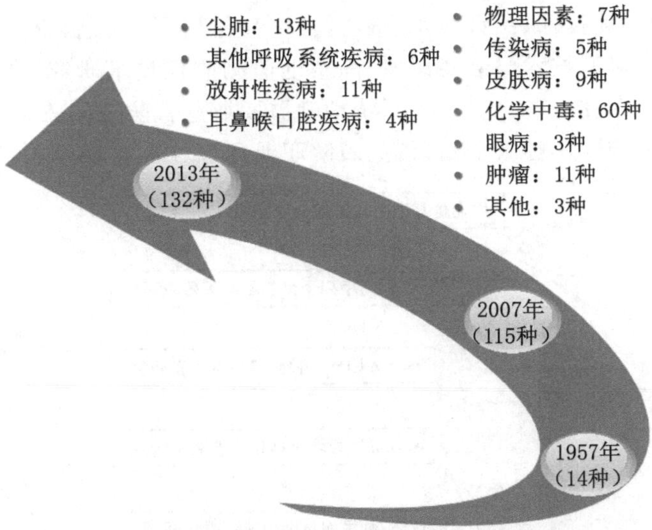

图 6-48　1957—2013 年我国《职业病分类和目录》变革

6.6.2　矿山职业健康发展机遇

我国高度重视尘肺病等职业健康问题，党的十九大和二十大，十九届二中、三中、四中全会连续部署关于职业病防治工作的决策，坚持以人民为中心的发展思想，加快完善职业病防治技术支撑体系，为职业健康监管提供坚强支撑，为维护劳动者职业健康权益提供有力保障，为实施健康中国战略奠定坚实基础。

2017 年 1 月 4 日，为加强职业病防治工作，国务院办公厅印发了《国家职业病防治规划（2016—2020 年）》，把强化源头治理、落实用人单位主体责任和加大职业卫生监管执法力度等作为职业病防治的主要任务。

2018 年，国务院职业病防治工作推进会安排部署“尘肺病防治攻坚行动”，将提升职业病防治技术支撑能力纳入 5 大攻坚重点。

2016 年中共中央、国务院印发的《“健康中国 2030”规划纲要》提出，要把我国全面建成小康社会，必须提高全民健康素养和身体素质。

国家卫生健康委等 10 部门印发的《关于印发尘肺病防治攻坚行动方案的通知》（国卫职健发〔2019〕46 号）要求，进一步解决我国作业场所粉尘职业危害问题，保障劳动者的职业健康，践行《“健康中国 2030”规划纲要》国家战略。

2020 年 9 月，习近平总书记在主持召开的科学家座谈会上提出，科技事业发展要坚持面向人民生命健康。

2022年，习近平总书记在党的二十大报告中明确指出，推进健康中国建设，把保障人民健康放在优先发展的战略位置。

6.6.3 矿山职业健康发展方向

如图6-49所示，针对职业健康面临的重大科技难题，通过理、工、生、医多学科交叉融合，形成“源头消除＋传播阻隔＋个体防护＋诊疗康复”的“工医融合型”研究思路，重点围绕高效综合防控技术(减/降/除尘毒噪、个体防护等措施)研发及工程化验证，解决职业危害因素防治工程方向的共性技术、关键技术、核心技术等“卡脖子”问题，重点开展矿山职业危害综合治理技术研究、典型技术与装备研发、高精度监测监控技术研究、高效个体防护技术与装备研发等，统一规划、统一实施，深入系统地开展职业危害防控的关键基础理论、技术和装备的技术攻关，是进行职业健康创新研究、破解职业危害难题的可行之道。

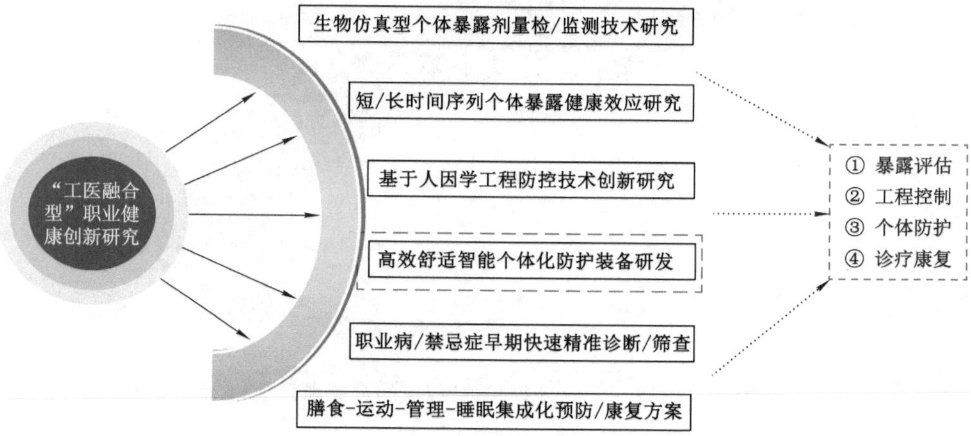

图6-49 矿山职业健康发展方向：
“源头消除＋传播阻隔＋个体防护＋诊疗康复”工医融合型研究方案

由图6-49可知，矿山职业健康发展方向包括生物仿真型个体暴露剂量检/监测技术研究、短/长时间序列个体暴露健康效应研究、基于人因学工程防控技术创新研究、高效舒适智能个体化防护装备研发、职业病/禁忌证早期快速精准诊断/筛查、膳食—运动—管理—睡眠集成化预防/康复方案等。其中，生物仿真型个体暴露剂量检/监测技术研究囊括了个体采样、定点采样等采样方式，通过先进的气路通道设置，使得检/监测获得的采样剂量更贴近于人体真实暴露剂量。此外，个体采样设备的研制更趋于小型化、微型化、多功能化，定点采样仪表具备更好的功能稳定性，实现自清洁、自功能等多重优势，以便更好地接入、服务于无人化实时在线监测监控系统。短/长时间序列个体暴露健康效应研究则偏重于职业预防医学类方面，通过建立健全职工健康档案(职工基本信息、入职前体检、历年健康检查等)、汇集职业危害暴露史(职业危害因素种类、暴露剂量、暴露时长)、长时间系列大规模人群统计研究，揭示各类职业危害因素暴露情况与其诱发职业健康效应的内在联系，为职业危害因素种类及其允许暴露限值的确定提供科学依据。基于人因学工程防控技术创新研究则是在传统工程防控技术、工艺基础之上，融入人因学设计，以人为本，使工人能够更舒适、愉悦、高效率地开展工作。高效舒适智能个体化防护装备研发包括安全头盔、护听器、呼吸器、护目镜、防护服、手套、劳保鞋等一系列个体防护装备，基于人体测量学的合理化设计、新型高效舒适防护材料的运用、创新性防护原理/多重化防护功能的引入等，使得个体防护装备能够在无干扰作业条件下全工班高效防护工人健康。职业病/禁忌证早期快速精准诊断/筛查既包括在入职前利用禁忌证筛查手段规避易感人群，也包含研发针对在职工人的无痛、非侵入式快速精准职业病筛查技术装备，从而达到减少职业病以及重度职业病发生的目的。“膳食—运动—管理—睡眠集成化预防/康复方案”则包含了针对职业工人发生职业病前后生活方面的科学化管理，既要从日常健康管理的角度提升工人体质，抵御、减少职业病发生，又在发生职业病之后提供康复训练、营养膳食等的科学化设计。

参考文献

[1] 白雪. 动力送风式滤尘呼吸器的研究现状与发展趋势[J]. 煤矿机电，2021，42(3)：36-39.
[2] 陈海江，魏国山. 浅谈掘进工作面局部通风[J]. 黑龙江科技信息，2010(10)：1.
[3] 陈红霞. 论煤矿采掘引起粉尘污染与防治[J]. 科技与企业，2014(17)：151.
[4] 程卫民，周刚，陈连军，等. 我国煤矿粉尘防治理论与技术 20 年研究进展及展望[J]. 煤炭科学技术，2020，48(2)：1-20.
[5] 樊晶光，张建芳，王海椒，等. 我国煤矿尘肺病防治现状，问题与对策建议[J]. 职业卫生与应急救援，2021，39(1)：1-5.
[6] 方菲. 几种常用防护眼镜[J]. 中国个体防护装备，2009(4)：42.
[7] 国家安全生产监督管理总局，国家煤矿安全监察局. 煤矿安全规程：条文对比[M]. 北京：煤炭工业出版社，2016.
[8] 韩英，洪军，王欣，等. 人体静态操作姿势与血流特性关系的实验研究[J]. 西安交通大学学报，2007，41(3)：312-315.
[9] 姜勇国. 谈局部通风方法[J]. 煤炭技术，2008，27(7)：115.
[10] 蒋瑞靓，肖晓. 安全鞋的选用和配备[J]. 中国个体防护装备，2022(5)：4-7.
[11] 雷柏伟，吴兵，程根银，等. 煤矿井下主要设备噪声源测定分析研究[J]. 中国安全生产科学技术，2011，7(1)：72-75.
[12] 李刚，吴将有，金龙哲，等. 我国金属矿山粉尘防治技术研究现状及展望[J]. 金属矿山，2021(1)：154-167.
[13] 刘奕，张宇栋，张辉，等. 面向 2035 年的灾害事故智慧应急科技发展战略研究[J]. 中国工程科学，2021，23(4)：117-125.
[14] 聂武，孙新. 中国职业病防治 70 年回顾与展望[J]. 中国职业医学，2019，46(5)：527-532.
[15] 钱鸣高，许家林. 科学采矿的理念与技术框架[J]. 中国矿业大学学报(社会科学版)，2011，13(3)：1-7.
[16] 孙永泰. 个体防护用品的种类[J]. 安全，2008，29(10)：42-43.
[17] 王国法，王虹，任怀伟，等. 智慧煤矿 2025 情景目标和发展路径[J]. 煤炭学报，2018，43(2)：295-305.
[18] 王利京，李五强，张学钊. 采煤机负压二次降尘装置的实践与应用[J]. 煤炭工程，2008，

40(4):48-49.

[19] 王祖兵,李克勇,郑光,等.我国职业健康事业传承与发展[J].职业卫生与应急救援,2019,37(2):101-106.

[20] 徐扣源.人体头部的安全防护:谈安全帽的防护作用与正确佩带[J].化工劳动保护,1996(5):8-9.

[21] 徐翔.煤矿作业场所职业危害现状与防治对策[J].煤矿安全,2010,41(1):105-108.

[22] 闫丙宏,祁娜,杨华,等.喷雾除尘技术机理及其在煤矿中的应用[J].内蒙古煤炭经济,2021(15):158-159.

[23] 杨文芬,陈倬为.劳动防护用品知识讲座(22) 听力防护用品(下)[J].劳动保护,2007(9):100-102.

[24] 袁亮.煤矿粉尘防控与职业安全健康科学构想[J].煤炭学报,2020,45(1):1-7.

[25] 张鸽.改革开放以来职业健康法制建设研究[J].职业卫生与应急救援,2019,37(4):386-390.

[26] 中华人民共和国应急管理部.头部防护 安全帽:GB 2811—2019[S].北京:中国标准出版社,2019.

[27] 朱能天,陈旺生,黄董平,等.多孔介质湿式除尘器收集细颗粒物性能研究[J].金属矿山,2021(10):204-208.